U0159482

中国戏曲剧场建筑及音质研究

何杰　著

中国建筑工业出版社

图书在版编目（CIP）数据

中国戏曲剧场建筑及音质研究 / 何杰著 . —北京 ：
中国建筑工业出版社，2021.10
ISBN 978-7-112-26374-5

Ⅰ.①中… Ⅱ.①何… Ⅲ.①剧场—建筑史—研究—
中国—现代②剧场—音质设计—研究—中国 Ⅳ.
① TU242.2 ② TU-098.9 ③ TU112.4

中国版本图书馆 CIP 数据核字（2021）第 140874 号

配套资源下载方法：
中国建筑工业出版社 www.cabp.com.cn →输入书名或征订号查询→点选图书→点击配套资源即可下载。
（重要提示：下载配套资源需注册网站用户并登录）

责任编辑：张 明 陆新之
责任校对：张惠雯

中国戏曲剧场建筑及音质研究
何杰 著
*
中国建筑工业出版社出版、发行（北京海淀三里河路9号）
各地新华书店、建筑书店经销
北京雅盈中佳图文设计公司制版
北京富诚彩色印刷有限公司印刷
*
开本：880毫米 × 1230毫米 1/16 印张：$22^1/_4$ 字数：679千字
2022 年 2 月第一版 2022 年 2 月第一次印刷
定价：228.00元（附网络下载）
ISBN 978-7-112-26374-5
（37924）

序

剧场是工程技术难度很高的单体建筑。从公元前 4 世纪后半叶古希腊的伊必陶罗斯露天剧场到经典歌剧院，作为艺术殿堂的剧场建筑一直见证和体现着人类认识水平的提高、审美意识的发展和科学技术的进步。中国传统剧场曾以其特殊的建筑样式及传统戏曲特有的表演形式，在世界璀璨的剧场史上占有重要一席，但如今西式剧场却占据了近现代剧场建筑发展的主流。

在民族文化复兴的过程中，剧场建筑是焦点之一，而声学是其核心技术。过去“搭台唱戏”曾是国人热爱的一种文化演出模式，尽管随着时代发展，专业化的戏曲剧场已逐渐取代其演出地位，但研究传统剧场的建筑声学特性对建造现代戏曲剧场亦具参考价值。

该书是作者学位论文学术积累的成果，含有大量第一手的图文资料，并结合声学模拟与实地测量进行了一系列详尽的研究，具有较高的学术意义和参考价值。对广大读者而言，阅读中国戏曲剧场建筑发展历史的丰富内容也饶有兴趣。

康健

2021 年 10 月于伦敦

目录

第三部分 探索性研究

第四部分 设计启示

绪　言

纵观历史，与我国老百姓最有亲和感、最能代表国人心理、适合我们表达情感的重要方式就是戏曲。据不完全统计，我国戏曲剧种约三百多种，传统剧目数以万计，依托在各地方言的基础上，有着最广泛的戏曲受众人群和从业人员。我国戏曲有着千年的历史，萌芽于先秦，成熟于元代，繁荣于明清，已成为中华民族重要的文化命脉之一。然而，近百年来在多元文化的冲击下，中国戏曲艺术生存与发展的空间变得十分局促和狭小。尤其在今天这个科技化、信息化、娱乐方式多样化的时代，其本体更是变得不堪辨识。因此，戏曲文化作为博大精深的中华文化中的一朵浪花，它只有依附在传统文化终极复兴的基础上才能得以生存与升华。

对于戏曲文化的载体——戏曲剧场，全国各地虽纷纷建设，但一些剧场设计中却存在着某种跟风或西化的现象。要么打着传承传统文化精神的旗号，去追求功能上的多用途和造型上的新奇异；要么仅仅是为了传统而传统，把传统简单理解为复制和照搬。这种设计不但体现不出传统文化精神，反而给城市的整体面貌留下了难以弥补的长久“伤疤”。

面对实际情况中的诸多问题，我们该如何有选择、有甄别、有提取、有感悟地继承？如何激活传统并汲取当代资源，在继承的基础上创新？如何依据多样的剧种、多元的曲艺文化来设计出符合演出要求的现代戏曲剧场，以达到经济、美观、适用，又形态各异、百花齐放的理想状态呢？……这些，都是每一位建筑从业者，尤其是设计师所应肩负的复兴中华传统文化的重要职责。

本书从我国传统剧场建筑的历史演变入手，研究了其建筑和声学方面的各项主要特性，并在此基础上进一步探究和提炼出能为我国现代戏曲剧场所适宜借鉴或应用的几点设计启示，旨在古为今用、推陈出新，为广大建筑师今后在从事相关方面的设计上提供借鉴。同时，也为丰富我国传统剧场建筑声学实测资料，以及为该领域的后续研究提供参考。

第一部分
历史回顾与发展概述

所谓“观今宜鉴古，无古不成今”，为了更好地对中国戏曲剧场建筑进行较为全面、深入的研究，本书第一部分包含两个章节，分别对古代戏曲与传统剧场的历史演变进行一个整体回顾，并对厅堂音质技术的发展进行简要概述，旨在为后续各章节的展开作铺垫。

第一章　古代戏曲与传统剧场建筑的发展和演变

中国传统戏曲是包含有文学、音乐、舞蹈、美术、武术、杂技及人物扮演等各种因素的综合性艺术，同古希腊的悲剧和喜剧以及印度的梵剧一起被称为“世界三大古老戏剧文化”。中国戏曲剧场既是戏曲发展的产物，也是戏曲表演的载体，是展现中华民族文化，为国人提供精神享受的曲艺殿堂，它随戏曲的产生而产生，随戏曲的发展而发展。所谓“观今宜鉴古，无古不成今”，为了更好地对我国戏曲剧场建筑进行较为全面、深入的研究，本章将从古代戏曲和传统剧场的起源与发展入手，旨在为后续各章节的展开作一个铺垫。

1.1　古代戏曲的起源和形成

1.1.1　古代戏曲的萌芽

我国戏曲的起源主要归为两个方面，一是古优表演，二是巫术表演[①]。早在先秦时期，各国宫廷里有许多优人，他们是贵族豢养的“演员”，专门表演歌舞和滑稽类节目。而巫术表演的目的则是祭祀，表演形式主要有巫舞和傩舞。巫舞是为了娱神，而傩舞是为了驱魔避凶。优和巫祝的不同之处有三：其一，优一般由男人充任，而巫祝则有男有女；其二，优纯粹用以娱人，不带任何宗教色彩，而巫祝为专司祭祀的人员，带有浓厚迷信与宗教色彩；其三，优的社会地位非常低，大多为奴隶，而巫祝本身就相当于高级别的官职。从某种意义上说，古优表演和巫术表演，都是在我国民族文化沃土中萌芽的两粒戏曲种子。

文献资料表明[②]，戏曲的主要题材来自古代神话、英雄传说和民间故事，而祭祀、巫歌则为戏曲提供了创作的源泉。古代祭祀由巫扮成“神保”，作为神灵依附的实体。后来，人们根据自身的体验，赋予神灵以思想和性格，从而与外界发生联系，于是产生动作和情节，这样就出现了戏剧因素。从装扮到扮演是宗教祭祀仪式向戏曲表演过渡的一种形式，这一过渡的产物就是傩戏。因此，傩戏的表演是祭坛上或祭祀活动中的一种表演形式，其目的是酬神、娱神，乞求神灵消灾除疫，保佑人寿年丰。傩戏表演中有人物、有装扮、有故事情节，戏剧因素比较完备，且宗教色彩十分浓厚。

1.1.2　古代戏曲的发展

先秦时，宫廷里出现了角抵戏，由优人表演，表演时两人头上均带角，相互角斗。秦汉时期中原一带也发现有角抵戏。最初是模拟蚩尤与黄帝斗，以角抵人的战斗故事，称为蚩尤戏。《中国戏曲通史》[③]中提到，这种戏很可能是原始时代祭蚩尤的一种舞蹈仪式。到了两汉，宫廷角抵戏变得非常盛行。汉武帝就曾用大型角抵戏表演来招待外国使臣。当时，角抵戏是汉代宫廷里“百戏”中的一种。“百戏”是一个统称，指宫廷中用于娱乐的各种表演，包括魔术、杂技、歌舞等。在汉代百戏中，有不少表演已带有人物装扮和少许布景，这就向真正意义上的戏曲迈了一步。从两汉到南北朝，再到隋唐，古优表演在宫廷中经历了近800年，逐渐发展成了两人或两人以上的表演，这为展开戏剧故事情节和冲突奠定了基础，为唐代参军戏和歌舞戏的形成开辟了道路。

1.1.3　古代戏曲的成形

唐代是我国文学发展的鼎盛时期，朝廷加强了对歌舞和戏曲表演的管理，其管理部门的名称也由“乐府”

---

① 周贻白 . 中国戏曲发展史纲要 [M]. 上海：上海古籍出版社，1979.
② 廖奔，刘彦君 . 中国戏曲发展史 [M]. 太原：山西教育出版社，2000.
③ 张庚，郭汉城 . 中国戏曲通史 [M]. 北京：中国戏剧出版社，1992.

改为“教坊”。某种意义上说，这不仅仅是名称的简单改变，还意味着对表演艺术人才的重视超过了对音乐艺术人才的重视。至此，中国表演艺术进入全盛时代，而唐代参军戏和歌舞戏的出现，则是我国戏曲成型的主要标志。其中，参军戏和古优表演有着紧密的联系，而歌舞戏和角抵戏则有着一定的关系。

1.1.4　古代戏曲的逐渐成熟

我国戏曲成熟的主要标志是南宋的南戏和金代的北曲杂剧。南戏又称为温州杂剧、永嘉杂剧或南曲戏文等。据《明史》记载，南戏是在北宋末、南宋初的浙江温州永嘉一带产生的。鉴于戏曲或戏剧在表演内容上要求故事情节具有一定的长度，相较于宋代以前只有极为简单情节内容的参军戏和歌舞戏，南戏的剧本专门由书会进行创作，剧目得到了前所未有的丰富和发展。同时，南戏有七行角色，即生、旦、净、末、丑、外、贴，这也是相对于以前戏曲表演的一个巨大发展。

至于北曲杂剧，起先是在宋代的宫廷或勾栏之中出现的。杂剧和参军戏相似，只是表现的题材更为多样，上场人数也无限制。宋代城市发达，市民生活娱乐形式丰富多样，各种演出活动也很多。因此在民间，勾栏里的杂剧演出非常繁荣。于是金灭北宋后，把宋杂剧和宫廷百戏这套东西基本原封不动地全盘接收。因此，北方的北曲杂剧大约在金后期形成，其产生时间要比南戏晚。北曲杂剧最辉煌的时期是在元代，人们往往称它为元杂剧。一个北曲杂剧一般由四套曲子组成，每套一个宫调，这一套曲子就是一折。“折”，和南戏中的“出”一样，是一种戏剧结构单元。在明代，北曲杂剧开始走下坡路，并逐渐退出了历史主流，成为文人雅玩的案头文学。这时社会需要另一种新的戏曲血液注入，而昆山腔的兴起正好填补了这一需求。昆山腔是一种婉转、清丽、绵长而又高雅的音乐。时人因它的缠绵，称之为水磨腔。昆山腔很快席卷全国。在这种情势下，文人开始大量创作昆曲剧本。明清两代留下了大量的昆曲传奇剧本，现在的许多地方戏剧均由当时的昆曲剧本改编而来。

昆山腔传奇从明代后期直到清康熙年间，都处于繁盛时期，时间长达两百余年之久。也是在康熙年间，昆曲传奇盛极而衰，渐渐失去了活力。它的衰落，关键在于受到了地方戏兴起的全面冲击。在民间，地方戏一直是广泛存在的，即便是昆曲极盛的时代，它在民间也有一定市场。清中叶时，地方戏开始兴起。乾隆年间，江苏盐务为了迎接皇帝南巡，在扬州设立了花、雅两部。总之，地方戏兴起后，的确是种类繁多，相互之间的争奇斗艳使戏曲舞台遍及全国各地，竞相繁荣。

1.1.5　古代戏曲的演出类型

中国戏曲从孕育萌芽，到宋元南戏、元杂剧、明清传奇，再到清代地方戏，大致上保持着三种基本演出类型[①]，即宗教性的神庙演出、礼仪性的宴会演出和商业性的营业演出。

（1）神庙演出

中国历来有供奉神灵和纪念祖先的祭祀传统，中国古代的神庙遍及城乡。宗教祭祀的连绵不断，且以歌舞戏曲为其重要形式，客观上极大地推动了戏曲的繁荣兴盛。可以说，神庙演出是古代戏曲演出的主要形式。

（2）宴会演出

中华民族历来崇尚礼乐，宴会演出作为最普遍的演出形式，源远流长，贯穿整个中国戏曲的发展史。上至皇家、仕宦之家，下至平民百姓之家，均有宴会演出，仅豪华与简单之分。明清时期，堂会演戏配合酬神许愿、婚丧嫁娶、家聚宴会、请客娱乐，变得更为频繁，呈现出强盛的生命力。特别在明代中后期，勾栏剧场衰微之时，堂会演戏甚至成为戏曲演出的顶梁柱之一。

（3）营业演出

商业化营业娱乐演出，在我国戏曲发展的萌芽时期便已出现。宋金时期，路歧人迫于生计而穿州过府，浪迹江湖的卖艺则是商业性营业演出的成形时期。直到宋代勾栏剧场的出现，才标志着商业性营业演出走向正规化。清代的戏园演出，是我国饮食文化和戏曲文化的结合，是古代商业性营业演出的完善形式。

1.2　传统剧场的历史演变

1.2.1　传统剧场的早期雏形

古代戏曲从孕育、形成和发展经历了很长的时间，而古戏台的形成、发展和定型则与之基本同步，二者在

① 廖奔．中国戏剧图史 [M]. 郑州：河南教育出版社，1996.

此过程中相互促进、相互影响。正如上文所述，同世界上任何地区、任何民族的戏剧一样，我国戏曲也源于原始的宗教性仪礼歌舞。在祭神的神庙中，自然要为酬神、娱神的仪式活动提供一个表演场所，而这个表演场所的建筑形式就是戏台。神庙与戏台唇齿相依的关系，便由此形成。

此外，古代戏曲从娱神到娱人的转变，再到汉代发展为优戏、百戏，均沿袭了拟兽装扮和竞技争斗的路径，并且从一开始就有"牵索为屏""随地作场"的习惯。如山东济南无影山的西汉百戏陶俑及山东沂南百戏画像石，就很生动地反映了古代百戏表演场所及表演形式的具体情形。这种"即地为场"的状况在戏曲成熟以前保留了很长的时期，即使在戏曲成熟之后，演出上依旧还较多地保留着这种特征，最为突出的表现就是我国"空台式"的戏台形式，这种形式对戏曲的艺术特点和美学风格的形成起到了很大的作用。

（1）原始社会

该时期的特点是戏曲借原始宗教反映于剧场。原始社会前期，表演区与观众区未明确区分，一般在天然场所表演原始歌舞。如春秋时代陈国的宛丘。《诗经·陈风》中有述："坎其击鼓，宛丘之下；无冬无夏，值其鹭羽"①。这首诗描述了春秋时代的陈国人民，在宛丘之下，手持鹭鸟的羽毛，打着鼓跳舞的情景。宛丘是没有什么人工设施的自然地形，观与演不分，观演场所尚未建筑化。原始社会后期，表演区与观众区逐渐开始分化，如巫祝一般在祭坛内表演，人们则在祭坛外围观。

（2）春秋战国至汉魏

该时期的特点是戏曲借等级观念反映于剧场。春秋战国时期，戏曲呈贵族化趋势，表演进入人工建筑场所。一般在殿庭或院落内表演俳优，观众在殿庭的座席上观看。到了汉魏，戏曲进一步贵族化，观众区开始抬起，一般在殿庭或广场上表演百戏，观众在台、座席、帐篷内观看，如汉代的"甲乙之帐"。张衡《西京赋》②记载："大驾幸乎平乐，张甲乙而袭翠被。攒珍宝之玩好，纷瑰丽以侈靡。临迥望之广场，程角抵之妙戏。"从这段文献可以看出，到了汉代，观演场所首先建筑化了的是"观"的部分。封建社会的统治者看演出要居于有利的地位，要设"帐"，且帐还要区分出甲、乙等级差别，来供不同级别的官员们享用。

（3）隋唐

该时期的特点是戏曲借市民文化反映于剧场。戏曲呈市民化趋势，表演区开始抬起，一般在歌台、舞台或乐棚内表演歌舞，观众在广场上观看，如隋代绵亘八里的剧场。《隋书·音乐志》③记载："每岁正月，万国来朝，留至十五日，于端门外，建国门内，绵亘八里，列为戏场。百官起棚夹路，从昏达旦，以纵观之。"说的就是每年从正月初一至十五，在皇宫端门以外，辟出长八里的演出场所，百官及来贺的使臣可以随意观看。《隋书·柳彧传》中有述："就邑内外，每以正月望夜，鸣鼓聒天，燎炬照地，人戴兽面，男为女服，倡优杂会，诡状异形，高棚跨路，广幕凌云"。上述两段文献概略地说明隋代的剧场设在路上，观众席是夹路建棚，没有说明演出部分的设施如何。

而把表演区域建筑化，大约始自唐代。元稹《哭女樊四十韵》④有述："腾踏游江舫，攀缘看乐棚"。乐棚就是最早的专供表演者使用的临时性建筑。王建《宫词》⑤有述："更筑歌台起妆殿，明朝先进画图来"，崔令钦《教坊记》⑥有述："内妓与两院歌人，更代上舞台唱歌"。这些歌台、舞台虽未必是专为歌舞而设的表演台，但从这些诗句提供的信息中可以看出，观演场所的演出在唐代已部分建筑化了。六朝用于奏乐的木雕台"熊罴案"(图1-1)，是会宴时临时置于殿庭内，供奏乐助演之用。梁武帝创造的这一奏乐台，为木结构，高丈余，设有矮栏杆和台阶，并可整体移动，因其周围装饰了熊罴图而得名。该演奏台可追溯为古戏台的早期雏形。

① 骆玉明（解注）. 诗经 [M]. 西安：三秦出版社，2018.
② 《西京赋》还记载了"扛鼎""缘竿""钻圈""跳丸剑""走索""鱼龙变化""吞刀吐火""画地成川"等许多精彩杂技、幻术节目，并有乐队伴奏。
③ 《隋书》首次在正史中使用"音乐志"这一体裁。其中《隋书·音乐志》的内容包含诸多方面，记载了123件乐器、62部乐舞、118首乐曲、"五旦七调""八十四调"乐律体系以及礼乐和宫廷燕乐制度等丰富的内容。
④ 《哭女樊四十韵》是唐代诗人元稹创作的一首五言排律。
⑤ 《宫词》为古代的一种诗体，多写宫廷生活琐事，一般为七言绝句，唐代诗歌中多见。
⑥ 《教坊记》由唐代崔令钦著，是唐代中国俗乐（歌舞百戏）论著。

1.2.2 传统剧场的正式产生

宋之前，在优戏的基础上，戏曲演出融合了民间说唱艺术的经验和技巧，同时也增添了音乐结构。宋之后，戏曲演出完成了从初级戏剧到成熟戏剧的过渡，即宋杂剧、元杂剧和南戏的创立，也正是这一时期，古戏台得以正式产生，即从宋代露台发展到金代舞亭再到元代戏台，逐渐形成了由四面围观到三面围观的格局。可以说，整个宋、元时期是古代戏曲与传统剧场相互促进、并肩发展最为显著的时期。

宋代早期的观演场所以露台为主。据《史记·孝文本纪》[①]记载，露台之名，汉代已有，但在当时是供皇帝游幸所用。至唐代露台则用以招致神灵，都不是表演台。另据《武林旧事·元夕》[②]记载，宋代的露台是百艺群工竞呈奇伎的场所，且分为固定和临时两种形式。固定的用石头砌成，临时的用枋木垒成，两者一般都不设顶棚。每逢节日演出，皇帝在露台对面的楼座上观看，百姓皆在露台下观看。有的露台高达丈余，百姓不论远近，都能看到台上的演出。宋代露台在神庙中较为常见，一般在正殿前的庭院中设方形实体台一座。其用途，一为布牲陈皿，摆列珍馐；二为安置乐人，奏音于上。这里的第一种用途逐渐为献殿所代替，献殿是祭祀圣母的殿堂，香案前陈设牺牲和钱物等供品，每逢重大庙会，尤其农历七月初二，这里便是举行隆重祭祀活动的重要场所。第二种用途才逐渐成为露台的主要功能。如山西省万荣县荣河镇庙前村后土庙里有金天会十五年绘刻的庙貌图碑，于坤柔之殿（正殿）的前面就绘有一座方形的露台（图 1–2），这一庙貌反映的是北宋时期的建筑状况。

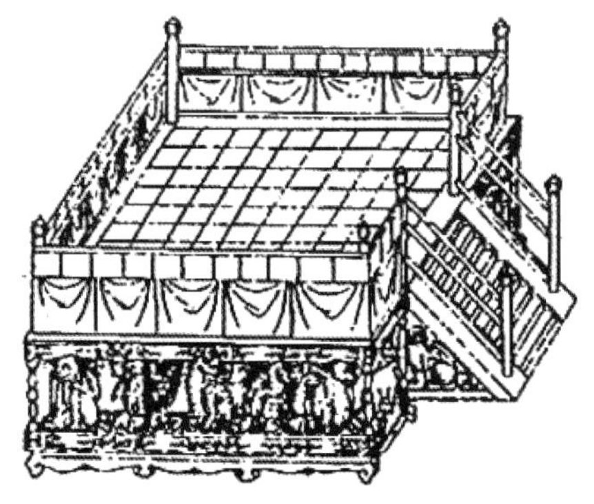

图 1–1 熊罴案

（资料来源：http：//www.hwjyw.com/zhwh/ctwh/zgds/xljz/200708/t20070827_4960_1.shtml）

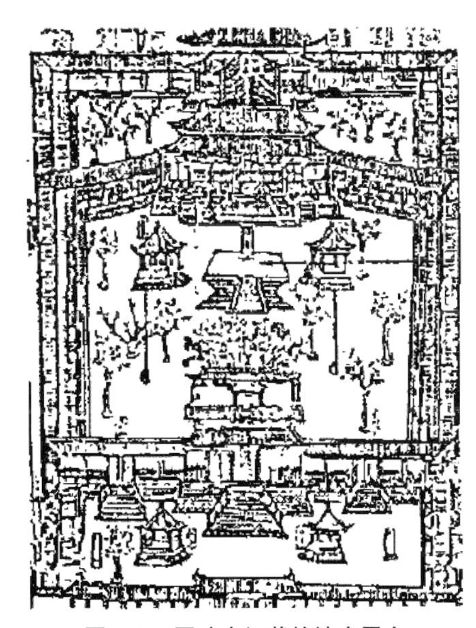

图 1–2 图碑中记载的神庙露台

（资料来源：http：//www.hwjyw.com/zhwh/ctwh/zgds/xljz/200708/t20070827_4960_1.shtml）

宋代是商品经济发达、市民文艺空前活跃的时期，特别在 11 世纪后半叶，北宋京城汴梁（今开封）及南宋京城临安（今杭州）都相继出现了一种长年集中向市民观众卖艺的地方，即瓦舍勾栏。因此，于露台之后出现的瓦舍勾栏也是宋代典型的观演场所。其中演出的伎艺，除杂剧外，还有小说、讲史、诸宫调、傀儡戏、皮影戏等。在瓦舍勾栏中，表演者为招揽观众，相互竞争，互相观摩，促进了戏曲的形成，杂剧就是在这种条件下融合了各种伎艺特点而形成的一种综合性戏曲艺术。可见，戏曲演出的发展要求观演建筑予以配合，而观演建筑的改进也促进了戏曲演出的发展。宋代的瓦舍勾栏正是观演建筑商业化的开端，直到元代仍称瓦舍勾栏。只可惜，尚无遗物可见，但从《耍孩儿·庄家不识勾栏》[③]的描述中，大体可知勾栏有台，周围有栏杆，

① 《史记·孝文本纪》主要讲述了西汉第五位皇帝汉文帝刘恒一生的文治武功。

② 《武林旧事》为宋末元初周密创作的杂史。该书成书于元至元二十七年（1290 年）以前，为追忆南宋都城临安城市风貌的著作，全书共十卷。作者按照“词贵乎纪实”的精神，根据目睹耳闻和故书杂记，详述朝廷典礼、山川风俗、市肆经纪、四时节物、教坊乐部等情况，为了解南宋城市经济文化和市民生活，以及都城面貌、宫廷礼仪等提供较丰富的史料。

③ 《耍孩儿·庄家不识勾栏》是金末元初散曲作家杜仁杰创作的套曲。这套曲子生动地描写了一个庄稼汉秋收后进城看戏的情形，再现了元代勾栏的建筑和院本、杂剧的演出情况，保留了一份研究中国戏曲史的珍贵资料。

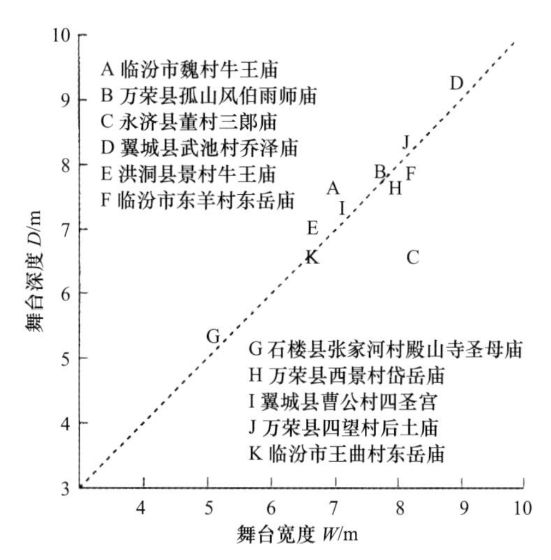

图 1–3　现存山西省境内金、元时期戏台尺寸图

（资料来源：王季卿 . 中国传统戏场建筑考略之一——历史沿革 [J]. 同济大学学报（自然科学版），2002，30（1）：30.）

有座钟楼模样的建筑，观众席为设在木坡上的座位，在场外有纸榜写明剧目及演员名单，要先纳资而后入场，可见古剧场的雏形已基本形成。

金代称剧场为舞亭或舞厅，应是有顶建筑，可惜也无遗存，只能从一些出土墓葬中看到砌有戏台的模型和砖雕。而元代剧场尚有遗存，其中以始建于元至元二十年（1283 年）的山西临汾魏村牛王庙古剧场为最早。如图 1–3 所示，元代戏台平面多呈方形，面积一般在 50 ~ 60m^2，最大的达 94m^2。与宋代城市勾栏剧场以娱人为主的日常营业性演出不同的是，此类元代农村戏台皆置于神庙之中，以酬神为主，故又称庙台。这些庙台均面向广场，即使后来出现院落式的庙台，剧场内也不设固定的观众席[①]。

1.2.3　传统剧场的逐渐成熟

明清时期，戏曲趋于成熟，成为一种唱、做、念、打的综合性表现艺术，古代戏曲与传统剧场进一步相互促进。比如，随着明代戏曲表演复杂程度的提高，戏台相应得到了完善，前台加宽，后台加大。到了清代，戏曲得到皇家重视，在建筑上有了更为显著的体现，出现了室内空间完整的古剧场——宫廷戏楼。因此，随着历史的演进，明清剧场无论在数量还是质量都有了较大程度的提高。归纳起来，该时期观演场所的典型代表有如下几类[②]：

（1）神庙剧场

大约明万历年间以后，一些庙宇在建筑布局上做出改造和调整，把两侧的廊房向中轴靠拢，并改建为两层的阁楼样式，两侧转折处分别与戏台和神殿连接，在戏台后部增设独立的后台，即扮戏房，于是形成了现存数量最多的神庙剧场，成为明清以后典型的庭院式古剧场样式。

其后，在市井中还出现了固定的剧场，如商业会馆、营业性戏园，以及皇家宫廷大戏楼和私家小戏台等，这些观演场所都受神庙剧场的影响，尤其戏台，均有着类似的格局。

（2）会馆剧场

在一些通商大埠，各帮商贾云集，建造为本乡同人活动的会馆在清代蔚然成风。会馆中除日常商务和食宿招待外，也常有祭祀活动，演戏也就成为同乡人士聚集时的重要娱乐联谊节目，故凡有条件的会馆无不设有戏台，大多建在四合院式的庭院之中，遍布南北各地。由于会馆的经济实力远比一般营业性的茶园剧场强，故会馆剧场的规模都较大，建造坚实精致且耐久，使之得以较好保留。之后再因建筑构造技术的进步，大跨度木结构趋于成熟，清代后期便出现了将戏台和观众席置于同一屋檐下，而不受四季气候变化影响的室内厅堂式古剧场。这类会馆剧场遗存至今者，散见国内各地[③]。如北京市内现存完好的室内厅堂式古剧场就有四座，即湖广会馆古剧场（图 1–4）、正乙祠古剧场、安徽会馆古剧场和平阳会馆古剧场。前三座经修复后还在使用。上海、苏州等地至今也有利用会馆演出戏剧的场所，如全晋会馆（图 1–5）、三山会馆。其他如天津的广东会馆（图 1–6）等也保存完好。

（3）皇家剧场

清宫中建造的几座皇家戏楼专为宫廷内的节庆大典及演出场面宏大的剧目而建造，其规模在当时堪称世界之最。如图 1–7 所示，它们分别由底层寿台、中层禄台和顶层福台组成，彼此之间均有天井通连，底层台面

① 王季卿 . 中国传统戏场建筑考略之一——历史沿革 [J]. 同济大学学报（自然科学版），2002，30（1）：30.
② 廖奔 . 中国古代剧场史 [M]. 郑州：中州古籍出版社，1994.
③ 王季卿 . 中国传统戏场建筑考略之一——历史沿革 [J]. 同济大学学报（自然科学版），2002，30（1）：33.

图 1–4　北京湖广会馆古剧场室内戏台[1]

图 1–5　苏州全晋会馆古剧场庭院戏台
（资料来源：https：//www.sohu.com/a/316416974_279363）

图 1–6　天津广东会馆古剧场室内戏台
（资料来源：http：//www.cd-pa.com/bbs/forum.php?mod=viewthread&tid=690052）

之下设有地井。当戏剧中有上天入地一类特技时，便可利用天井和地井的翻板、辘轳架和绞盘等设施来升降演员和道具。如演天女下凡，天女可从天井飘然而降；如演地狱厉鬼，鬼魂可从地井突然钻出。据记载，此类巨型表演的出场演员最多时可达千人，远远超过观戏人数。因此需要很大面积的后台才能满足演出的使用要求，其单层面积甚至超过寿台，即使现代大型剧场也少见如此规模的后台[2]。

清代颇具盛名的宫廷戏楼有三座。现存最大的为故宫宁寿宫内的畅音阁大戏楼，该戏楼始建于乾隆四十一年（1776 年），底层寿台宽 17.4m、深 18.5m，台面高 1.2m，戏楼总高 20.7m，总建筑面积 685.9m^2。另一保存完好的宫廷戏楼是颐和园内的德和园大戏楼，该戏楼与畅音阁大戏楼非常相似，只是戏台、院落和两侧观廊在尺寸上略有不同，其寿台长宽均为 17m，面积为 289m^2。此外，承德避暑山庄福寿园内的清音阁在当时被称为第二号的大戏楼，与第一号的畅音阁也基本相似，只可惜已毁于 1945 年的大火[3]。

（4）王府剧场

清代京城各大王府内一般都设有自己的剧场，现存完好的有三处[4]：

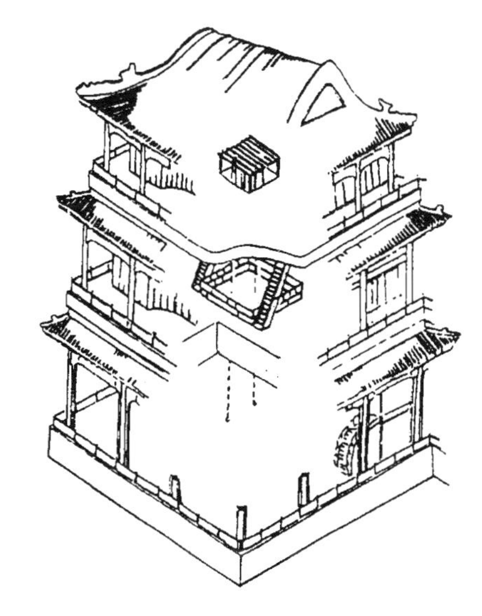

图 1–7　清宫大戏楼构造示意图
（资料来源：王季卿 . 中国传统戏场建筑考略之一——历史沿革 [J]. 同济大学学报（自然科学版），2002，30（1）：31.）

① 本书图表，除标注外，均由笔者拍摄或绘制。
② 王季卿 . 中国传统戏场建筑考略之一——历史沿革 [J]. 同济大学学报（自然科学版），2002，30（1）：30–31.
③ 王季卿 . 中国传统戏场建筑考略之一——历史沿革 [J]. 同济大学学报（自然科学版），2002，30（1）：31.
④ 周华斌 . 京都古戏楼 [M]. 北京：海洋出版社，1993.

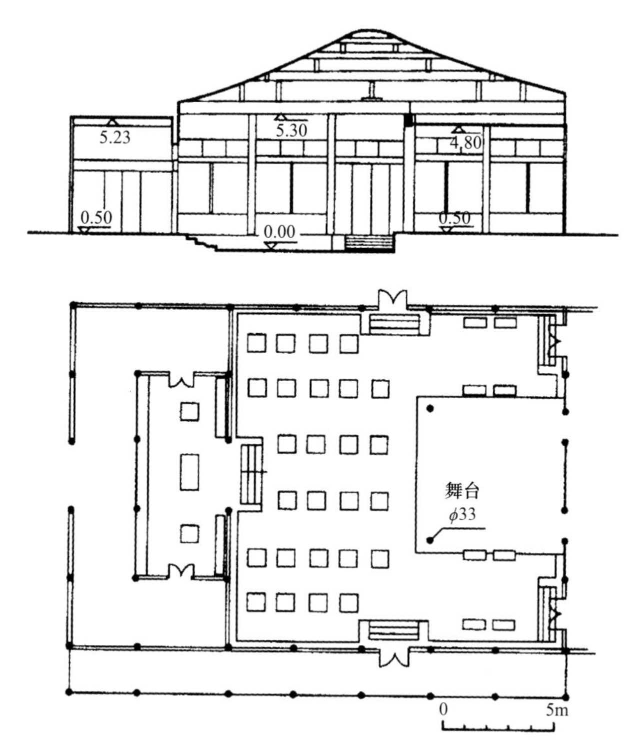

图 1–8　北京恭王府古剧场平面和剖面图
（资料来源：王季卿 . 中国传统戏场建筑考略之一——历史沿革 [J]. 同济大学学报（自然科学版），2002，30（1）：33.）

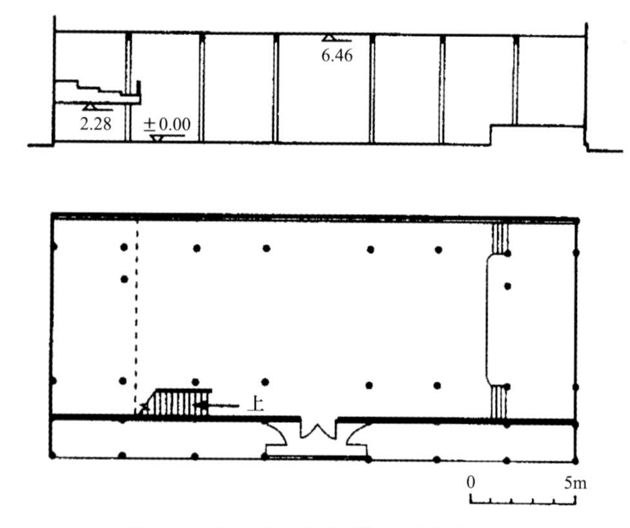

图 1–9　北京孚王府古剧场平面和剖面图
（资料来源：王季卿 . 中国传统戏场建筑考略之一——历史沿革 [J]. 同济大学学报（自然科学版），2002，30（1）：33.）

一是后海附近的恭王府古剧场（图 1–8），它是一座厅堂式古剧场，厅宽 15.6m，厅长 16.0m，厅内有 26 个大方桌及少量散座，容座量约为 200 座，至今仍有戏曲表演在此上演。

二是东城区的孚王府古剧场（图 1–9），它也是一座厅堂式古剧场，平面呈矩形，包括戏台在内的大厅总长为 32.5m，厅宽 12.2m，厅高 6.5m，厅内两侧各有一排立柱，且大厅双侧均设有大片窗扇，因而室内敞亮，加之彩画吊顶，显得金碧辉煌。该剧场在新中国成立后，一直归中国科学院自然科学史研究所作为礼堂使用，演出时可不必借助扩声设备进行演唱，音质依旧良好。

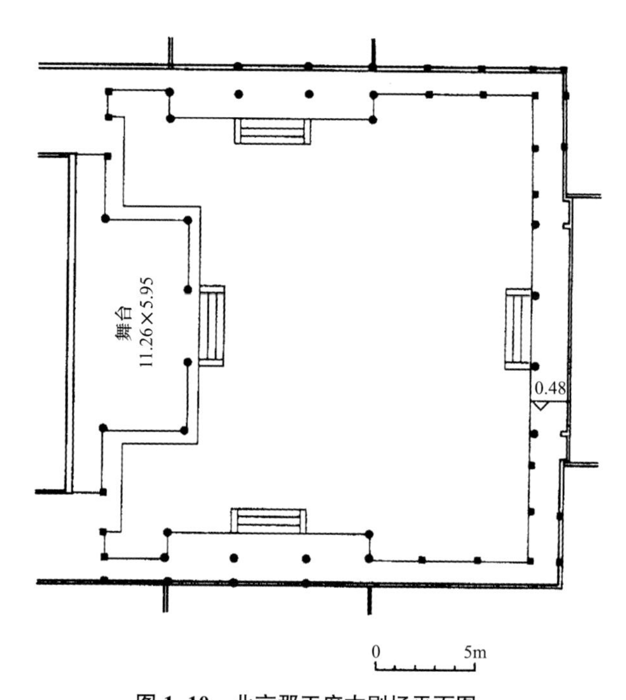

图 1–10　北京那王府古剧场平面图
（资料来源：王季卿 . 中国传统戏场建筑考略之一——历史沿革 [J]. 同济大学学报（自然科学版），2002，30（1）：33.）

三是位于东城区安定门附近的那彦图王府古剧场（图 1–10），它是蒙古和硕亲王那彦图的府邸剧场，该剧场为庭院围合式格局，院内大戏台的后部与堂屋相连。如今，王府内大部分已被改建，只有国祥胡同甲 2 号还保留着当年的风貌。

（5）水榭剧场

临水建筑称水榭，水榭剧场顾名思义，即戏台下方架空于水面之上，这样既利于台面通风，也可利用水面的回声使乐音更为清脆悦耳、婉转悠扬。水榭剧场多见于明清时期江南及闽南地区的私家园林之中，如苏州拙政园鸳鸯厅水榭戏台（图 1–11）、扬州寄啸山庄（今何园）水榭戏台（图 1–12）以及福州衣锦坊水榭戏台（图 1–13）等。

或许闽南的风俗较之江浙更为开放，福州衣锦坊水榭戏台的对面建造了花厅，以便主人和宾客欣赏戏剧。在男女有别的古代，男宾在楼下品茶、听曲，女眷则坐在楼上观戏。而扬州寄啸山庄的水榭戏台，只允许

图 1-11　苏州拙政园鸳鸯厅水榭戏台
（资料来源：http：//travel.qunar.com/p-pl4028691）

图 1-12　扬州寄啸山庄水榭戏台
（资料来源：https：//www.sohu.com/a/227092114_174981）

图 1-13　福州衣锦坊水榭戏台
（资料来源：http：//blog.sina.com.cn/s/blog_44092fa80102x8vi.html）

男子观赏，女子是不能抛头露面坐在戏台周围的，只能通过侧方围墙上镂空的窗体进行观看。

（6）戏园剧场

城市中的戏园剧场是瓦舍勾栏的进一步建筑化（图 1-14）。戏台在建筑样式与功能上有前台和后台之分，其三面凸出，围有栏杆，观众席则有池子、包厢和楼座之分。池子内设方桌或纵列的长桌，观众均围桌而坐，并不全都正对戏台，边品茶、边听戏。

总而言之，古代戏曲本身的发展，不仅直接要求传统剧场本身更趋完善，同时还借助城市和农村中社会、经济发展的力量，使得传统剧场在建造数量以及分布范围上都得到了大大提高；而这种更多、更完善的传统剧场，也为古代戏曲提供了更为广阔的发展空间[①]（表 1-1）。

1.2.4　传统剧场的建筑特征

（1）庭院式布局

我国传统建筑，多采用庭院式布局的形式。选择庭院模式，并不是历史的偶然，而是由庭院性质和中国传统文化之间的默契决定的。庭院模式的最大优点，可概括为“三个体现”“两个有利于”和“一个适应”[②]。即能全方位体现儒道思想，体现“天人合一”的追求，

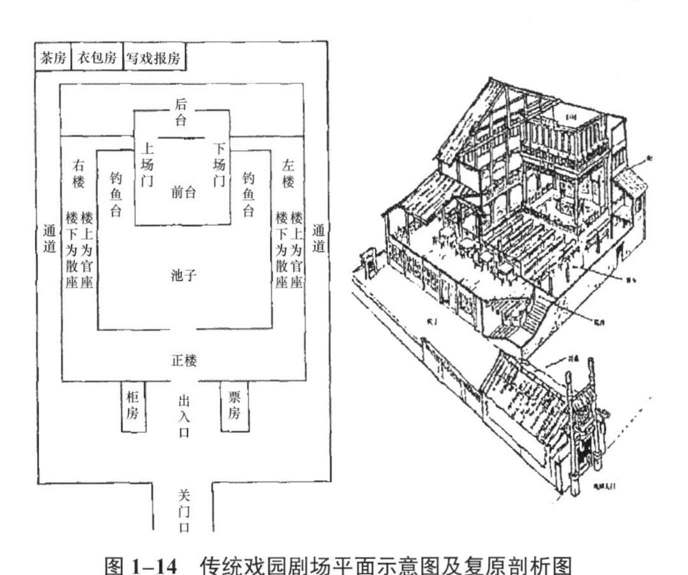

图 1-14　传统戏园剧场平面示意图及复原剖析图
（资料来源：（日）青木正儿．中国近世戏曲史[M].王古鲁译著．北京：中华书局，2010；李畅．清代以来的北京剧场[M].北京：燕山出版社，1998.）

① 罗德胤，秦佑国．中国戏曲与古代剧场发展关系的五个阶段 // 张复合．建筑史论文集（第 16 辑）[M].北京：清华大学出版社，2002：54-58.
② 许晏方．中国传统合院式戏场建筑声环境之研究 [D].台北：台湾科技大学，2006.

古代戏曲与传统剧场演进关系表　　表 1-1

时代	戏曲代表	表演区	观众区	关系
原始社会	原始歌舞	天然场所（如苑丘）		戏曲借原始宗教反映于剧场
	巫祝	祭坛	天然场所	
春秋战国	俳优	殿庭、院落	殿庭中座席	戏曲借等级观念反映于剧场
汉魏	百戏	殿庭、广场	台、座席、帐篷	
隋唐	歌舞	歌台、舞台、乐棚	戏场、变场	戏曲借市民文化反映于剧场
宋元	杂剧、北曲	舞亭、乐亭	神庙广场	戏曲与剧场的直接相互促进
		完整戏台	神庙广场、瓦舍勾栏	
明	南戏	戏台进一步完善	宗祠、神庙广场、街巷、会馆	戏曲与剧场进一步相互促进
清	地方戏	宫廷戏台	宗祠、神庙广场、街巷、会馆、戏园、庭院	

（资料来源：罗德胤，秦佑国．中国戏曲与古代剧场发展关系的五个阶段 // 张复合．建筑史论文集（第 16 辑）[M]. 北京：清华大学出版社，2002：54-58）

体现宗法观念和礼教意识；有利于建筑的通风采光和保暖纳凉，有利于不同功能空间的组合；以适应中国人虚实相生、阴阳交合的空间观念。

对此，我国传统剧场建筑也不例外，普遍采用戏台与庭院相结合的布局模式，如神庙剧场的基本格局就是戏台与神庙处于同一南北向的轴线上，神庙背北向南，戏台背南向北，台口面对神殿（正殿），东西两侧一般建配殿（厢房）或围廊形成庭院围合式的格局。此外，露天会馆剧场和宫廷剧场也都采用庭院式的布局模式。

（2）伸出式戏台

从建造样式上看，古代戏台大致可分为伸出式和镜框式两种，而且这两种样式在中国剧场史上处于并存发展的状态。从全国范围来看，三面敞开的伸出式是中国传统剧场戏台样式的主流，占主导地位。与镜框式戏台的表演空间和观众空间彼此独立不同的是，伸出式戏台把主要表演区突向观众，三面开敞，使演员在观众的包围中表演。其最大的特点就是模糊的、流动的、交汇的观看空间与演出空间之间的弱界定，台上台下能相互沟通，保持亲密的观演关系。然而，伸出式戏台却不利于布景艺术，不利于制造种种幻觉，不利于把表演场所转化为剧情地点。从而也就造成了戏曲的表演往往不能利用直感艺术，而是集中于演员的“唱、做、念、打”，通过演员的虚拟动作，实现戏台时空转换的自由。这也正是中国古代戏曲这种写意性表演较西方写实性戏剧表演更能自由发展剧情的原因所在。

（3）多样性造型

从戏台样式看，有伸出式、镜框式，其开敞和封闭的程度随台而异；从戏台面积看，小的仅 20m^2，大的约 100m^2，相差数倍；从戏台组织看，有品字台、对台、二连台、三连台、三面开台等不同形制；从屋顶样式看，有单檐歇山式、重檐歇山式、十字歇山式、硬山式、悬山式、卷棚式、歇山卷棚结合式、硬山卷棚结合式，甚至庑殿式；从建筑规模看，有高大宏伟的皇家大戏楼，也有矮小狭窄的村落小戏台；从装饰雕刻看，有雕龙画凤、金碧辉煌的，也有裸露无饰、朴实无华的；从围合情况看，有全开敞的露天式、有半围合的庭院式、也有全封闭的厅堂式；从建筑材料看，有纯木结构、砖木结构、石木结构、土木结构；从地域差异看，北方戏台敦实坚固、豪放壮观，南方戏台自由奔放、精巧奇特；从历史发展看，有神庙剧场、勾栏剧场、戏园剧场等多种不同形态；从延续时间看，有临时的，也有固定的。一言以蔽之，我国传统剧场建筑形式多样、千姿百态，而这种剧场建筑的多样性正是同戏曲剧种的多样性相伴而生的。

1.3　本章小结

作为古代戏曲演出的载体，传统剧场建筑从秦汉时期的殿庭、广场，发展到唐宋时期的露台、勾栏，再到明清时期的会馆、戏楼，历经了纷繁复杂的演变过程，与古代戏曲一样，同样度过了由萌芽发展到成熟、定型的阶段。而传统剧场建筑的这种沿革过程，究其本质，不仅在于对观演条件在建筑样式、建造结构上的变化，而且在于对观演关系在合理性、亲密性上的寻求。因此，随着古代戏曲的发展历程，戏曲演出的场所从不固定走向固定，从露天走向室内，其观演布局和演出条件都得到了逐步改进，并且使演出本身也逐渐成为观众注意的中心。

第二章　厅堂音质的设计与模拟

对于世界古代剧场的研究，各国学者均有涉足。尤其，对古希腊和古罗马剧场的建筑及其声学领域的研究更是一度成为全球学界关注的焦点。国内学者对我国传统剧场在建造方面的研究已进展得较为深入和全面，对其声场音质方面的研究部分学者也已有所涉猎，但该领域还存在着进一步探讨和研究的空间。对此，本章将对厅堂音质的设计及其模拟方面的基本知识做一个简要概述，旨在为本书后续各章节的展开奠定基础。

2.1　厅堂音质技术发展概述

2.1.1　厅堂音质技术的诞生（20 世纪初期）

厅堂音质是建筑物理学的一个分支，它体现了厅堂与声学之间的密切关系。在混响时间这一评价厅堂音质的物理指标被提出之前，厅堂音质技术可以说是仅仅停留在感性认识和实践经验的摸索阶段。尽管 19 世纪也曾建造过以维也纳爱乐之友协会音乐厅为代表的观演建筑，厅堂音质也都非常出色，但这些建筑的设计与建造主要基于建筑师的经验和直觉判断，并未经过任何科学计算。

直到 19 世纪末 20 世纪初，美国物理学家赛宾（W. C. Sabine）通过研究发现，混响时间近似与房间体积成正比，与房间总吸声量成反比，并提出了著名的混响时间经验计算公式——赛宾公式，厅堂建筑的设计与建造方才发生根本改变[①]。如第一座按照赛宾原理进行设计的建筑物是 1900 年落成并于 1905 年开幕的波士顿交响音乐厅，此音乐厅被证明是一项巨大的成功，其音质效果与著名的维也纳音乐厅齐名。从此混响时间 T_{60} 作为控制和评价厅堂音质优劣的重要客观指标被广泛应用。

2.1.2　厅堂音质技术的探究与实践（20 世纪中期）

自赛宾之后到“二战”之前，学界的注意力都集中于完善混响时间的计算方法、改进混响时间的测试技术、研究材料的吸声性能以及探讨混响时间的优选值上[②]。如 1929~1930 年间，有几位学者各自用统计声学方法推导出混响时间的理论公式，其中最具代表性的是伊林公式；1930 年，麦克纳尔（W. A. MacNasi）发表了有关厅堂最佳混响时间值的论文；这时期还有莫尔斯（P. M. Morse）等人（包括我国的马大猷）在室内波动声学和简正波理论上获得了开创性的研究成果；1932 年努特森（V. O. Knudsen）出版的《建筑声学》（*Architectural Acoustics*）[③] 和 1936 年莫尔斯出版的《振动与声》（*Vibration and Sound*）[④] 则标志着厅堂音质技术已初步形成为一门系统的学科。

在探讨最佳混响时间的过程中，人们发现，在同一大厅中混响时间 T_{60} 值大致相同，但位置不同，可以具有不同的音质效果；混响时间 T_{60} 值相同的不同大厅也可以具有不同的音质效果；混响时间 T_{60} 值不同的大厅也可以被评定为具有同等级别的音质效果。可见，混响时间 T_{60} 并非决定厅堂音质的唯一指标[⑤]。此外，无论赛宾公式或伊林公式，都认为 T_{60} 与房间的形状无关，与吸声材料的空间分布无关，而这与实际情况存在偏差[⑥]。

---

① Sabine W C. Architectural Acoustics[J]. Journal of the Franklin Institute，1915.
② Jordan V L. Room Acoustics and Architectural Development in Recent Years[J]. Applied Acoustics，1969.
③ Knudsen V O. Architectural Acoustics[M]. New York：Wiley，1932.
④ Morse P M. Vibration and Sound[M]. New York：McGraw-Hill，1936.
⑤ 项端祈 . 实用建筑声学 [M]. 北京：中国建筑工业出版社，1992.
⑥ 王季卿 . 建筑厅堂音质设计 [M]. 天津：天津科学技术出版社，2001.

因此，从20世纪50年代初到60年代末，声学设计除考虑混响时间 T_{60} 对厅堂音质的影响外，还探索了其他因素的作用。比如研究发现[①]，在厅堂声能衰减过程中，声音往往不是一开始就进入混响过程的，而是经过一个短暂时间之后（约20 ~ 40ms）才开始。从而，音质设计开始考虑前次反射声对厅堂音质的影响。设计中利用反声板控制前次反射声，并发现来自侧向的前次反射声有加强直达声的作用，对厅堂的空间感有利。由此，自20世纪60年代末，随着专家学者们对前次反射声研究的进一步深化，对反射声中的前次反射声形成空间感的机制和量值作了很有价值的研究，这对厅堂建筑从形式到内容均产生了相当深远的影响，使厅堂音质效果根据厅堂的具体用途有了更为明确的设计要求。即以音乐节目为主的厅堂，需要有足够的丰满度；以语言为主的厅堂，要求有较高的清晰度、较短的混响时间；以自然声为主的厅堂，则要求扩散性能良好，声场分布均匀，响度合适[②]。

此外，设计者为在设计阶段能够提前了解建成后的音质效果，采用多种方法研究厅堂声学特性。比如，20世纪30年代声学缩尺模型开始出现。早期的音质模型实验采用水槽，从水波的反射来推测声波界面的反射情况；1934年，斯朋多克（F. Spondok）提出最早的声学缩尺模型技术，采用1 ∶ 5的模型和变速录音的方法来研究混响过程；经过几十年发展和深入研究，到20世纪六七十年代，声学缩尺模型技术达到成熟，并在模拟厅堂声学特性上积累了丰富经验。该技术至今应用广泛，但由于经济成本较高，所需实验设施较多，仅应用于某些重要的建筑设计上。

2.1.3 厅堂音质技术的逐渐成熟（20世纪末期）

伴随着计算机技术的发展，为弥补声学缩尺模型技术的不足，厅堂音质数字仿真技术开始发展起来，从20世纪60年代至今，约有近60年的发展历程，大致可分为以下三个阶段[③]：

（1）发展的初期阶段

厅堂音质模拟技术发展的初期阶段主要集中在20世纪60年代末至70年代末。随着计算机技术的诞生，基于计算机模拟室内声场的探究开始得到发展。最早可查到的文献为阿尔雷德（C. J. Allred）和纽豪斯（A. Newhouse）于1958年发表的用蒙特卡罗法计算声线在界面上碰撞概率的论文[④]。1968年，挪威的克罗克斯塔德（A. Krokstad）等人发表了关于声线追踪法模拟室内声场的论文，提出了第一个比较完整的声线追踪计算方法，使计算机模拟技术切实应用于实际室内声场成为可能[⑤]。1972年，琼斯（D. K. Jones）和吉勃斯（B. M. Gibbs）又提出了利用虚声源法来模拟室内声场[⑥]。此后，计算机模拟技术便沿着两个方向发展：一是利用计算机试验来研究室内声学，对经典理论进行验证；二是致力于仿真技术实用化，用于指导厅堂音质设计。

（2）快速发展阶段

厅堂音质模拟技术的快速发展阶段主要集中在20世纪80年代末至90年代初。随着计算机技术的飞速发展，20世纪80年代前期，一种强大的数值算法开始应用于室内声场研究，即以波动声学为基础的算法，包括有限元法、边界元法、时域有限差分法等。由于计算量大，这类方法仅应用于一些小尺度、结构简单的室内声场分析计算。20世纪80年代后期，沃兰德（M. Vorländer）提出了一种混合方法，利用声线追踪的过程寻找有限的虚声源，使计算效率和精度都得到了提高[⑦]。以此为基础，德国ADA声学设计公司推出了第一个矩形空间的可听化软件，后来发展成为EARS软件，并与EASE软件配合使用，这标志着室内声场计算机模拟研究逐渐向工程实践迈进。

---

① Beranek L L. Concert and Opera Halls：How They Sound[J]. Applied Acoustics，1998.
② 马大猷 . 现代声学理论基础 [M]. 北京：科学出版社，2004.
③ 吴硕贤，张三明，葛坚 . 建筑声学设计原理 [M]. 北京：中国建筑工业出版社，2000.
④ Allred C J，Newhouse A. Applications of the Monte Carlo Method to Architectural Acoustics[J]. The Journal of the Acoustical Society of America，1958.
⑤ Krokstad A，Strom S，Sϕrsdal S. Calculating the Acoustical Room Response by the Use of a Ray Tracing Technique[J]. Journal of Sound & Vibration，1968.
⑥ Gibbs B M，Jones D K. A Simple Image Method for Calculating the Distribution of Sound Pressure Levels within an Enclosure[J]. Acta Acustica united with Acustica，1972.
⑦ Vorländer M. Simulation of the Transient and Steady-state Sound Propagation in Rooms Using a New Combined Ray-tracing/ Image-source Algorithm [J]. The Journal of the Acoustical Society of America，1989.

（3）实际应用阶段

建筑声学模拟的实际应用阶段主要集中在20世纪90年代中期至今。这一阶段，计算机声场仿真模拟方法出现了多样化的发展趋势，除声线追踪法、虚声源法和混合法外，还出现了声束追踪法（其自身又包括圆锥束追踪法、三棱锥束追踪法和自适应声束追踪法）以及声学辐射度法等改良方法，并在不同的算法中得到应用。其中以声线追踪法、声束追踪法和混合法最受关注，现有商品化声学模拟软件基本都是基于以上几种方法研发。随着研究的不断深入，关于复杂声学现象的模拟方法也得到了发展，如室内扩散、表面散射、边缘衍射等均得到探究，特别是对散射的处理出现了多种可行方法。但决定声场复杂性现象还包括声源、空间内部障碍物的分布以及空间外部的影响因素等，这期间的研究离实际声场的复杂程度还有一定差距。值得注意的是，本阶段另外一项重要发展是双耳模拟和可听化技术的发展，以及可听化与网络技术的结合等。不过，如何更精确进行脉冲响应的仿真计算和测量仍是一项重要的研究课题。

总之，随着计算机软硬件技术的飞速发展和电声器件与设备质量的不断提高，可以预期，今后声场计算机仿真技术必然与高保真环绕立体声技术相结合，将有可能在设计阶段忠实地预演出厅堂内的音质效果，使声场模拟达到可视化与可听化的高度仿真阶段，并能逼真地模拟出任何声景。而在未来厅堂音质的设计方面，也将推出能产生优良音质的观演建筑空间新形式。

2.2　厅堂中的基本声学概念

2.2.1　直达声和直达声场

室内声场中的声音主要由直达声、早期反射声和混响声组成。直达声是指从声源发出原始声后不经过任何反射而以直线形式直接传播到听音者耳朵的声音。它决定了声音的方向感，反映了声音的瞬态响应，决定了声音的清晰度，与声源强度有关。声源功率越大，直达声声压级就越大，反之越小。直达声场则是指声源在厅堂内稳定地辐射声波时，声源附近直达声能量大于总反射声能量的区域。

2.2.2　早期反射声和前次反射声

因为人耳的听觉系统能将一连串重复的声音序列信息捏合在一起，将其听成一个整体，所以，早期反射声是在直达声以后到达的，并不会另外形成新的声音序列，而仅仅会对原始声起到有利支持作用的反射声，主要由原始声的初次反射或二次反射产生。时间范围一般取直达声以后50～80ms以内的反射声信号，也有人认为可取到95ms。而前次反射声则主要指直达声后50ms以内到达听音者的反射声。

2.2.3　混响声和回声

厅堂中从声源发出的声能在传播过程中由于不断被空间各壁面所吸收而逐渐衰减。对此，声波在各方向来回反射，而又逐渐衰减的现象称为混响。厅堂内存在混响这是有界空间的一个重要声学特性。因此，除了直达声以外，95ms以内所有反射的声音便形成了混响声，它可使厅堂内声压级增强，有利于音乐声的丰满度，但阻碍语言声的清晰度。混响声场是指声源在厅堂内稳定地辐射声波时，室内声场中离声源较远处反射声和散射声能量大于直达声能量的区域。

在直达声后100～200ms内延迟到达的反射声不但无法与早期反射声融为一体，反而会干扰和破坏早期反射声给予听音者感知上的清晰度和确定性。这些紧随有利声音（早期反射声）的中度延时反射声可能会，也可能不会作为单独的声音被听音者所听到。而若在直达声中的一个强音后250～300ms内延迟到达的反射声，听音者将会听到清晰的与该强音完全不同的另外一个反射声，即通常所称的回声，且即使与多种杂音相叠加时该反射声仍清晰可辨。

厅堂内减弱混响和消除回声的方法一般有两种[①]：一种是在厅堂内各个壁面上用地毯、吸音板、塑形海绵等吸声材料以及沙发、坐垫等软性物品使声源发出的原始声不易再反射回去；另一种是在厅堂内多放置一些桌椅家具，且墙面处理得不应过于光滑，使声源发出的声音反射后散射开来，这样散射声音再经过多次反射

① 马大猷，沈壕．声学手册（修订版）[M]. 北京：科学出版社，2004.

后进入到聆听者耳内的音量便会减小很多。

2.3 厅堂音质的客观评价指标

2.3.1 混响时间 *RT* 和早期衰减时间 *EDT*

混响时间 RT（或 T_{60}）是厅堂音质评价最重要的指标之一。它是指当声能密度在厅堂内达到稳定状态时，声源停止发声后从初始的声压级降低 60dB 所经历的时间。赛宾（Sabine）公式表示如下：

$$T_{60}=\frac{0.161V}{A}=\frac{0.161V}{\alpha S} \quad \text{（式 2-1）}$$

式中 A 为总吸声量，α 为吸声系数，S 为厅堂内总表面积，V 为厅堂容积。值得注意的是，由于衰减量程及本底噪声的干扰，造成很难在 60dB 内都有良好的衰减曲线，有时取 T_{15} 或 T_{30} 来代替 T_{60}。如待厅堂内声场达到稳态后，在 -5 ~ -35dB 区段量得时间，然后乘以 2，即得出混响时间 T_{30}。

实际应用中发现，赛宾公式存在着较大的局限性，误差会随着吸声系数的增大而增大。随后，另一混响时间计算公式被提出，即伊林（Eyring）公式：

$$T_{60}=\frac{0.161V}{-S\ln(1-\alpha)} \quad \text{（式 2-2）}$$

式 2-2 中各符号的意义与式 2-1 相同。

赛宾公式与伊林公式的不同在于，赛宾公式认为封闭声场的声能是连续衰减的，而伊林公式认为封闭声场的声能是呈台阶形曲线衰减的，即声波与壁面每碰撞一次才衰减一次。由于伊林公式更符合实际声场的特点，故伊林公式较赛宾公式更为准确，尤其对于吸声系数较大的情况。

此后人们又发现，声音在较大厅堂内的传播过程中，空气对频率较高的声音会产生很大的吸收，吸收程度主要取决于空气的相对湿度和温度。对此，1932 年美国声学家努特森（V. O. Knudsen）在伊林公式的基础上对其进行了修正，推出努特森（Knudsen）公式：

$$T_{60}=\frac{0.161V}{-S\ln(1-\alpha)+4mV} \quad \text{（式 2-3）}$$

式 2-3 中各符号的意义与式 2-1 相同，m 为空气对声波的衰减率，厅堂内空气越干燥，声音频率越高，空气吸声就越明显。

另一个与混响时间高度相关的声学指标是早期衰减时间 EDT，它由乔丹（V. L. Jordan）于 1968 年提出。EDT 定义为厅堂内声级从 0 ~ -10dB 的衰变率外推得出的声压级衰减 60dB 的时间。它同样可从声能衰减曲线中得出，即根据初始 0 ~ -10dB 的衰减所需时间乘以 6 便可推算出声能衰变 60dB 所需要的混响时间。通常 EDT 的值比 T_{60} 约少 0.1s，该指标在评价体量较小的厅堂音质时较为重要。通常认为，$EDT < T_{60}$ 的厅堂适用于语言信号，$EDT > T_{60}$ 的厅堂适用于音乐信号。

2.3.2 明晰度 C_{80} 和清晰度 D_{50}

对于音乐声声源来讲，通常将直达声之后 80ms 以内到达的反射声称之为早期反射声，它对直达声有加强和美化的作用，而在此之后到达的反射声有可能形成回声干扰。对此，理查德（Reichardt）等人于 1973 年提出了明晰度 C_{80} 的指标用于音乐扩声系统的评价。明晰度 C_{80} 是早期声能（紧随直达声后 80ms 以前到达的声能）与后期声能（80ms 以后的声能）之比取对数值。若为 0，则表明早期声能量等于混响声能量。该音质指标与 RT 和 EDT 高度负相关。公式表示如下：

$$C_{80}=10\lg\frac{\int_0^{80ms}p^2(t)dt}{\int_{80ms}^{\infty}p^2(t)dt} \quad \text{（式 2-4）}$$

式中，$p(t)$ 为观众或听众接收点的瞬时声压，单位为 Pa，C_{80} 的单位为 dB。

清晰度 D_{50} 是席勒（R. Thiele）于 1953 年提出的，主要用于评价语言扩声系统，反映语言可懂度的音质指标。它定义为 50ms 以内到达接收点的声能与总声能的比值。D_{50} 大于 0.5，语言可懂度就能达到 90%；D_{50} 等于 0.7，语言可懂度为 95%。ISO3382 建议其范围为 0.3 ~ 0.7。公式表示如下：

$$D_{50}=\frac{\int_0^{50ms}p^2(t)dt}{\int_0^{\infty}p^2(t)dt} \quad \text{（式 2-5）}$$

式 2-5 中各符号的意义与式 2-4 相同，D_{50} 的单位也为 dB。事实上，上述两个公式中，从 50ms 或 80ms 至 ∞ 的积分段，在经过了 1 ~ 2s 后，厅堂内的反射声波几乎已衰竭殆尽。

综上所述，清晰度 D_{50} 与明晰度 C_{80} 都是用于评价早期反射声时间分布的参数，不同的是明晰度 C_{80} 多适用于衡量音乐用厅堂，而清晰度 D_{50} 则多适用于衡量语言用厅堂。此外，明晰度 C_{50} 与清晰度 D_{50} 有着明确的关系，公式表示如下：

$$C_{50}=10\lg\left[\frac{D_{50}}{1-D_{50}}\right] \quad \text{（式 2-6）}$$

2.3.3 重心时间 T_S

重心时间 T_S 是由克来默（L. Cremer）和库勒（Kurer）于 1969 年提出的涉及能量重心到达时间的指标，单位是 s。它表示明晰度与混响感之间的平衡关系，与语言可懂度有关。公式表示如下：

$$T_S=\frac{\int_0^\infty tp^2(t)dt}{\int_0^\infty p^2(t)dt} \quad \text{（式 2-7）}$$

在确定上述清晰度 D 值或明晰度 C 值时，使用 50ms 或 80ms 作为时间分割，这种截然分开的界限前后附近的衰减变化或反射情况有可能使参数指标产生跳动性变化而不连续，从而导致 D 值或 C 值与主观感受不符。而重心时间 T_S 可以避免划分脉冲响应早期和后期的不对称性。

2.3.4 侧向反射因子 *LF*

早期反射声不仅在时间上的分布情况对声场音质有着重要影响（如 C_{80} 和 D_{50} 描述的就是早期反射声在时间上的分布情况），而且在空间上的分布情况对声场音质也有着较大影响（如来自侧向的早期反射声能使听众形成空间感）。对此，英国声学家巴隆（M. Barron）于 1974 年提出了侧向反射因子 LF，该指标涉及侧向声能与总声能的比值，被认为是与音质空间感有关的指标。它表示前 80ms 侧向到达声能的比例，可以通过无指向话筒和双指向（八字形）拾音话筒测量的脉冲响应获得。公式表示如下：

$$LF=\frac{\int_{5ms}^{80ms} p_L^2(t)dt}{\int_0^{80ms} p^2(t)dt} \quad \text{（式 2-8）}$$

式中，$p_L(t)$ 是双指向拾音话筒所测厅堂中的侧向声压，$p(t)$ 是相同位置无指向话筒测量的声压，单位均为 Pa。此外，式 2-8 中分子的积分下限为 5ms，表示消除了直达声的影响，因此表示来自侧向反射的声音能量，分母则表示来自各个方向的声音能量。当 LF 为 0 时，表示声音均来自声源方向，侧向反射的声音为 0。

2.3.5 声压级 *SPL*

声压是定量描述声波的最基本的物理量，它是由声扰动产生的逾量压强，是空间位置和时间的函数。但在实际中经常会遇到强度变化范围很宽的各种声音，若直接采用声压级数字表示，其变化范围可能达到 10^6 量级，使用起来极不方便，而运用对数标度以突出其数量级的变化则相对方便明了。另一方面，人耳对声音的感受并不是正比于强度的绝对值，而是更近似于正比其对数值。因此，在声学中普遍使用对数标度来度量声压，称为声压级。在建筑声学中，常用 SPL 来表示声压级。公式表示如下：

$$SPL=20\lg\frac{p_e}{p_{ref}} \quad \text{（式 2-9）}$$

式中，SPL 单位为 dB；p_e 是待测声压的有效值，单位为帕斯卡（Pa）；p_{ref} 为参考声压，即在空气中人耳能听到的最小声压，一般取值为 2×10^{-5}Pa。

值得注意的是，人耳对不同频率声音的灵敏度不同，以 100 ~ 3000Hz 最为敏感，即听觉阈值最低，而对低频和高频声音的听觉阈值较高。考虑到人耳的这一特性，声压级要经过一个频率记权网络的换算才能得出相应的声级。根据所使用的计权网不同，分别称为 A 声级、B 声级和 C 声级，单位记作 dB（A）、dB（B）和 dB（C）。因 A 计权的增益曲线更符合人耳对声音的等响度曲线，所以应用较多。

2.3.6 强度指数 *G*

强度指数 G 由德国声学家列曼（Lehman）于 1976 年提出，是用来评价响度感的音质指标。它表示无指向性声源到达厅堂内某一座席处的声能，与同一声源在消声室中 10m 距离所测得的声能之比。公式表示如下：

$$G=10\lg\left[\frac{\int_0^\infty p^2(t)dt}{\int_0^\infty p_A^2(t)dt}\right] \quad \text{（式 2-10）}$$

式中，$p(t)$ 是采用无指向性的脉冲声源激发，在实际厅堂内某受声点处记录的声压；$p_A(t)$ 是同一声源在消声室内距声源 10m 处记录的声压。G 是一个相对的声压级量度，并不反映听者在厅堂中所听到的绝对声压级。理论上，强度指数 G 正比于厅堂的混响时间 RT，反比于厅堂的容积 V。

2.3.7 语言传输指数 *STI*

语言传输指数 *STI*，或称语言可懂度，其最终目的与清晰度 D_{50} 一样，都是衡量讲话人语言可理解程度的音质指标。按相关标准，由发音人发出语言单位（词、句或音节），经语言传递系统，考察听音人正确识别的比率，其结果即语言传输指数。*STI* 的评定数值范围为 0 ~ 1（0 代表完全不可懂的语音传输，1 代表完美的语音传输），且按主观感受分为五档，即 0 ~ 0.3（劣）、0.3 ~ 0.45（差）、0.45 ~ 0.60（中）、0.60 ~ 0.75（良）、0.75 ~ 1.0（优）。

2.4 与客观评价指标相关的音质主观评价基本术语

2.4.1 丰满度

人们在无回声的旷野里听到的只是直达声，因而声音听起来显得很干涩，而在反射声丰富的厅堂里听到的声音则显得饱满、浑厚。这种由于室内各壁面的声反射而获得的相较于旷野中听闻音质有所提高的程度称为丰满度。有时还把低频反射声丰富的厅堂音质称为具有温暖度，而把中、高频反射声丰富的厅堂音质称为具有活跃度。丰满度主要与混响时间和早期声能比有关，混响时间越长，混响声能与早期声能比值越大，则丰满度越高。

2.4.2 清晰度和明晰度

发音人发出的语言单位（词、句或音节）听得清楚称为具有语言清晰度，音乐演奏过程中各个音彼此间可分辨的程度高则称为具有音乐明晰度。一般而言，混响时间越短，厅堂音质的丰满度越弱，则清晰度越高；即当 T_{60} 较短，D 或 C 值较大时，厅堂语言清晰度增强。反之，混响时间越长，丰满度越强，则清晰度越低。因此，当 T_{60} 较长时，对于演奏速度较慢的音乐段落仍可听得清晰，而对于演奏速度较快的段落则音乐的起奏和自然衰变均被淹没在混响声中而显得模糊不清。

2.4.3 响度

响度又称音量，它是人对声音大小的一个主观感觉量，与强度指数 G 相关。响度的大小一是与声源的振幅有关，即振幅越大，响度越大；二是与声源的距离有关，即距声源越近，响度越大；三是与传播途径中声能损失的程度有关，即同样振幅、同样距离，用喇叭和听诊器等传递声音时，声能损失少，响度大。

此外，人耳对不同频率的声音有着不同的敏感度，因此当不同频率的声音具有相同响度的时候，它们的强度并不一定一致，这样便产生了等响度曲线（图 2-1）。即以频率为 1000Hz 的纯音作为基准音，其他频率的声音听起来与基准音一样响，该声音的响度级就等于基准音的声压级，响度级的单位是方。例如，某噪声的频率为 100Hz，强度为 50dB，其响度与频率为 1000Hz，强度为 20dB 的声音响度相同，则该噪声的响度级为 20 方。

2.4.4 空间感

空间感主要针对音乐而言，包括声源的轮廓感、立体感、声源在横向和纵向的拓宽感。此外，空间感还包括环绕感，即被音乐所包围的感觉。

空间感与反射声的方向、数量、延时及相对强度有关，还与响度的大小有关。因此，空间感与 *LF*、*G* 等音质评价指标相关。而环绕感主要取决于混响声能的大小和声场的扩散程度。如果混响声能较强，且充分

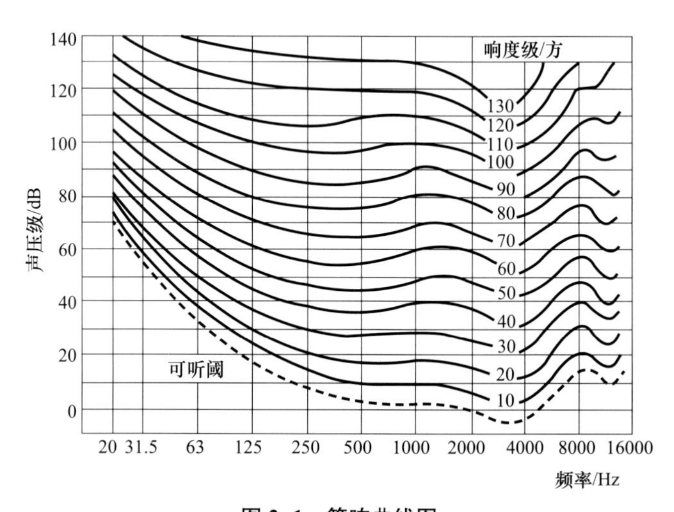

图 2-1 等响曲线图

（资料来源：https：//zhuanlan.zhihu.com/p/48206681）

扩散，即声音从四面八方到达听众的耳朵，则听众会感到仿佛被音乐声所包围而沉浸其中，从而获得良好的听音感受。

2.4.5　亲切度

亲切度也是评价厅堂音质的一种主观感受，它使听众能感受到在其中演奏音乐的空间大小，即对厅堂大小的听觉印象。不同风格的音乐，只有在亲切感适度的厅堂内演奏，其音质才最佳。这不是说厅堂一定要有规定的空间大小，而是指音乐听起来与厅堂空间的大小相吻合。

美国声学家白瑞纳克（Leo L. Beranek）认为，亲切度主要取决于初始延时间隙 t_1，即直达声与第一个反射声的时间间隔，并认为在观演建筑的池座中心处 t_1 应控制在 30ms 以内。他的结论为日本声学家安藤四一的实验室仿真声场听觉实验所证实。但也有一些专家学者不太同意白瑞纳克的这一看法，认为亲切度主要取决于音乐的响度，在小空间厅堂内演奏比在大空间厅堂内的演奏声要响，响度高则亲切度也高。

2.4.6　活跃度

一个混响的厅堂可称为“活跃”的厅堂。混响时间短的厅堂叫“沉寂的”或“干的”厅堂。活跃度主要与 350Hz 以上的中、高频混响时间有关。因此，一个厅堂可能中、高音活跃，但低音仍不足。若厅堂的低频混响足够，表示该厅堂音质具有温暖感。音乐的温暖感定义为低音（75 ~ 350Hz）相对于中音（350 ~ 1400Hz）的活跃度或丰满度。

2.4.7　均匀性

剧场内的部分听众，例如坐在出挑很深的楼座下，或观众厅前部两侧，或反射产生了回声和使声音模糊或缺乏明晰度的特定区域内的听众，其听音效果会较差。这类区域也被称为沉寂点，即区域内的音乐不如观众厅其他区域清晰和活跃。因此，良好音质厅堂的另一个要求便是声场中的声音应当具有均匀性。

2.5　厅堂音质模拟软件概述

计算机厅堂音质模拟技术主要针对报告厅、影剧院、体育馆、飞机场、火车站等建筑在声学设计上的重要手段和有力工具。现将几款主流声学软件做一个简要概述：

2.5.1　CATT

厅堂音质模拟软件 CATT 是由瑞典的 CATT 公司开发，其模拟算法是以几何声学为基础，即声波的传播和能量的衰减过程用声源发出的大量声线或声源对反射界面所形成的各级声像来描述。该软件主要针对各种类型的厅堂空间进行建筑声学参数的分析，设计者可通过 SketchUp 配合 AutoCAD 软件建模后导入 CATT 中，并对模型各界面设定相应材质的吸声与扩散系数，再通过其软件的虚声源和声线追踪等计算方法来对模型内各种声学行为所形成的声场进行模拟计算。

2.5.2　RAYNOISE

声学模拟计算软件 RAYNOISE 是由比利时 LMS 公司所开发，软件计算主要基于镜像声源法和声线追踪法，能精确模拟声学传递的物理过程和结果，可用来分析任意封闭空间、开放空间或半开放空间的声学特性。因此，在建筑设计领域的应用中，可以根据建筑形状和表面特性，模拟出建筑的声学特性，并进行各种后处理显示。

2.5.3　ODEON

ODEON 是丹麦技术大学开发的一款建筑声学模拟软件，运算模型可从 SketchUp 或 AutoCAD 软件中导入，并通过控制模型各界面材质的声反射、声吸收和声散射等性质，使音乐、语音及扬声器系统达到想要的声学或降噪效果。ODEON 能处理室内声学、扩声装置及声音在同一模型中的不同传播方式，输出结果包括声学参数、声像图、GIF 动画及双耳或环绕可听化音效，使设计师能用高仿真的声场景为客户较为直观地分析所设计出的厅堂音质效果。

该软件同样也采用了声线追踪法和虚声源法，不同的是，它吸收了两种经典算法的优点，即软件算法中，将模拟分成直达声及早期反射声和后期反射声两部分，对不同的阶段采取不同的模拟方法，使得模拟结果与实测结果更具可比性，实现了计算精度和计算效率上的兼顾。因此，该软件多用于复杂空间的声学模拟。

2.5.4 EASE

EASE是Electro Acoustic Simulator for Engineering的英文缩写，意思是电子声学模拟工程软件。EASE由德国ADA公司研发，是目前全球声学界在厅堂的建声和电声系统设计模拟分析过程中使用最广泛的声学设计软件。EASE的扬声器数据库包含了70多家世界著名扬声器厂商所提供的扬声器数据。因此，该模拟软件成为一个统一的声学模拟设计计算平台，即通过EASE软件可以对不同品牌的扬声器模拟结果进行比较。

不过EASE的模拟算法也是以几何声学为基础，不太适用于家庭听音室这类小房间的声学模拟。因为小房间空间尺寸较小，更多地需用波动声学来进行仿真，而用EASE进行声学仿真，其仿真结果通常与实际情况误差较大。

2.6 本章小结

良好的声学效果应当在厅堂音质的客观评价指标及与客观评价指标相关的音质主观评价中取得适度的平衡。例如，厅堂中有较好的丰满度和一定的清晰度，有适当的响度，有一定的空间感和活跃度的声音会使聆听者感到悦耳与舒心。因此，厅堂音质的主客观评价参量之间的关系并非简单的一一对应关系，而是一种错综复杂的多元映射关系。在进行音质设计时，一般需根据各类厅堂的主观听音要求和相应的声学参数指标，结合厅堂的体型、材料、构造及艺术处理来进行设计，且音质设计应与厅堂的建筑设计同时并进，并贯穿于建筑设计和施工建造的全过程。最后，还需经过必要的测试和主观听音评价来进行适当的调整和修改，以求达到预期的声学效果。

第二部分
可行性研究

因软件 CATT 是综合运用声线追踪法和虚声源法这两种算法所开发，而几何声学的模拟方法在以波动方程为基础进行模拟计算的功能上存在着欠缺，本书第二部分包含三个章节，分别对不同建筑形制的传统剧场进行现场声学实测，并将实测结果与声学模拟展开详尽的对比和分析，旨在探讨软件 CATT 对中国传统剧场建筑声学模拟的可信度究竟如何。

第三章　实地测量与数据分析

根据文化部2017年发布的全国地方戏曲剧种普查成果，截至2015年8月31日，我国共有348个剧种。从地理方位的分布、演职人员的数量以及戏迷受众面的大小等情况来看，北京的京剧、河南的豫剧、浙江的越剧、山西的晋剧以及重庆的川剧等，可以说是中国地方戏曲剧种中的几个典型代表。而山西素有“中国戏曲艺术摇篮”之乡的美誉。据2008 ~ 2010年全国第三次文物普查统计，山西境内的传统剧场尚存2888座，存量为全国各省之最。由此，笔者以山西为主，选取上述5个地区共35座传统剧场展开实地调研，并对其中的23座进行了声学实测（所测数据见附录，测试音频见本书所附网络下载内容）。本章主要针对具有代表性的9座传统剧场所测数据逐一展开对比与分析，旨在发现与归纳出传统剧场所具有的某些共性或个性的声学特征。

图3–1　传统剧场声场实测设备

3.1　声学测试方式

3.1.1　测试设备

如图3–1所示，各传统剧场声场中的声压级 *SPL* 主要通过十二面体无指向声源（AWA5510型）和泰仕八音度即时音频分析仪（TES–1358型）这两样设备进行测定，而早期衰减时间 *EDT*、混响时间 T_{30} 和强度指数 *G* 则主要通过使用发令枪（T–23型）、麦克风（B&K Type 4138 1/8型）及安装有声学分析软件01dB–dBBATI32和声学测量软件DIRAC的便携式笔记本电脑这三样设备进行测定。其中，测试软件DIRAC是由丹麦B&K公司所研发，主要用于厅堂音质各参数的测量，其测量精度和准确性被业界一致认可，并在测量过程中，脉冲声、MLS声源和啭音等均可作为测试声源，适用范围广且所有参数的测量及数据处理均依照ISO3382和IEC60268–16中的标准进行。

3.1.2　测试参数

一般来讲，不同使用要求和有效容积的厅堂，有着各自的最佳混响时间。比如，用于歌剧和音乐演奏（唱）的厅堂，混响时间应取较长值，混响时间频率特性应使中、高频音平直，而低频音则应适当提升，这样可使演唱和音乐富有温暖感，起到美化音色的作用；用于以语言清晰度为主的厅堂则应选用较短的混响时间，并采用接近平直的混响时间频率特性曲线为宜。由于我国传统地方戏曲演唱十分讲究吐字的清晰和字音的情感变化，对戏曲剧场声场的清晰度要求较高（本书主要以语言传输指数 *STI* 的数据来评价剧场清晰度），从而混响时间不宜过长。目前，无论是戏剧界还是声学界，对我国传统剧场声学领域的研究还不够深入，且传统剧场的音质评价还是一门发展中的科学，尚缺乏一系列权威和特定的音质评价标准。为此，本书借鉴我国著名建筑声学家项端祈教授在其著作《传统与现代——歌剧院建筑》[①] 中所提到的现代戏曲剧场最佳混响时间推荐值范围（0.9 ~ 1.3s）来作为对我国传统剧场音质效果的一项评价标准。

此外，若要保障剧场观众区每一位戏迷都能听清戏曲演唱中的对白内容，戏曲剧场的声场除了具备较高的清晰度外，还应拥有足够的响度。原则上讲，剧场中只要有多重反射声的存在，便总会使声音强度有所增加，并引起交混回响的效果，即便在传统露天式或庭院式剧场中也是如此。2004 年有学者（Gade 等人）曾对地处土耳其的古代阿斯潘多斯（Aspendos）露天剧场进行过声学实测和软件模拟，其结论认为：该类顶面开敞的空间因反射声能较小，在众多音质参数中强度指数 G 随距离的变化应是考虑的重点。声学泰斗白瑞纳克博士在著作《*Concert Halls and Opera Houses*》[②] 中提到，就西方歌剧而言，歌剧院声场中的强度指数 G 推荐值最小不得低于 2.5dB，一般认为强度指数 G 小于 –2dB 时将会感到响度明显不足。为此，本书将这一推荐值作为对我国传统剧场音质效果的另一项评价标准。

值得注意的是，除传统厅堂式剧场外，传统露天式和传统庭院式剧场均为非封闭空间，它们与经典混响时间和声场分布计算公式所假设的扩散场相去甚远，因此以扩散场为基础的赛宾公式在此不能适用。同济大学王季卿教授曾指出，在庭院中的听音效果既不属于露天的自由场，也不属于一般封闭空间的混响场，若庭院内存在些许混响感也仅限于早期部分少数反射声所形成的效果，但由于后期反射声骤降，早期反射声在庭院空间中便起着主导的作用[③]。研究表明，人的主观混响感与声能的早期衰减曲线相关性更高[④]。为此，针对我国传统剧场中的露天式和庭院式两种类型的剧场建筑，相较于混响时间 T_{60}，本书将早期衰减时间 *EDT* 和混响时间 T_{30} 作为更重要的音质参数来对其进行研究分析。

综上，本章对传统剧场声场进行实测与分析的主要声学指标有：早期衰减时间 *EDT*、混响时间 T_{30}、强度指数 G、声压级 *SPL* 以及语言传输指数 *STI* 等。

3.1.3 测试频率

一般对于大多数以语言清晰度为主的厅堂主要以 500Hz 和 1000Hz 这两个频带音质参数的平均值作为其声场特性的表征值，这是因为人声能量最集中的地方就在 500 ~ 1000Hz。而我国传统戏曲表演除了注重声乐部分的唱腔和韵白外，还十分讲究器乐部分的伴奏、开场及过场音乐的演奏。因为唱腔的伴奏、过门和行弦能起到托腔保调、衬托表演的作用，而开场、过场和武场所用的打击乐等则能起到渲染气氛、调节舞台节奏与戏曲结构的作用，且大多数自然乐器的基音和泛音均主要落在 1000 ~ 3000Hz 这样的中频段，所以，增加对传统剧场声场在 2000Hz 频带音质特性的探究也是十分必要的。

基于以上情况，本书将主要依据 500Hz、1000Hz 和 2000Hz 三个频带各音质参数的实测数据来探究传统剧场的声学特性。

3.2 水镜台古剧场声学实测

3.2.1 剧场基本概况

水镜台位于山西省太原市西南约 25km 处的晋祠（图 3–2），是现存较大的明清戏台，其建筑形制属于传统广场式剧场（图 3–3）。

水镜台之名出自《汉书 · 韩安传》“清水明镜，不可以形逃”之句，意思是清水、明镜都可以照出映像，人的善恶美丑在清水、明镜面前一览无遗[⑤]。水镜台坐南朝北，背向山门，后台悬有“三晋名泉”横匾（图 3–4）。

水镜台采用前后勾连式。后台正脊题记有“万历元年六月吉”等字样，为明代所建，前台则为清代补建。如图 3–5 所示，前台为单檐卷棚歇山顶，后台为重檐歇山顶，后台略高于前台，从正面观看，高低错落、造型丰富。水镜台台基高 1.3m、宽 18.1m、深 17.2m，平面

① 项端祈 . 传统与现代——歌剧院建筑 [M]. 北京：科学出版社，2002.
② Beranek L L. Concert Halls and Opera Houses[M]. New York：Springer，2004.
③ 王季卿 . 中国传统戏场建筑与音质特性初探 [C]. 第八届建筑物理学术会议论文集，2000.
④ Barron M. The Subjective Effects of First Reflections in Concert Halls—The Need for Lateral Reflections[J]. Journal of Sound and Vibration，1971; Barron M，Marshall A H. Spatial Impression Due to Early Lateral Reflections in Concert Halls：The Derivation of a Physical Measure[J]. Journal of Sound and Vibration，1981; Barron M. Interpretation of Early Decay Times in Concert Auditoria[J]. Acta Acustica united with Acoustica，1995.
⑤ 戏台之所以取名水镜台，意思大概是故事虽然离奇，戏曲虽然夸张，但希望看戏的人能够从小小的剧本之中看清世态炎凉，人间百味。

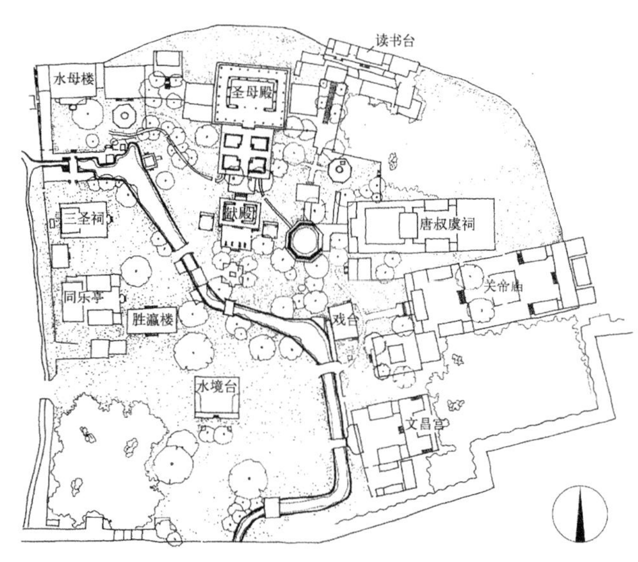

图 3–2　晋祠总平面图

（资料来源：薛林平. 中国传统剧场建筑 [M]. 北京：中国建筑工业出版社，2009.）

图 3–3　晋祠水镜台

图 3–4　水镜台后台匾额

图 3–5　水镜台前台与后台

图 3–6　水镜台二龙戏珠状雀替

图 3–7　水镜台前台匾额

接近方形。前沿排列 0.6m 高的石望柱，并用石条衔接。前台通面阔三间 9.6m，其中明间 5.4m，进深 6.2m。后台进深 4.8m。前后檐阑额上施六架梁。所用木柱皆无侧脚和生起，无明显收分。柱上施由额、阑额、翼形栱等，雕刻华丽。雀替雕成二龙戏珠状，工艺极为考究（图 3–6）。后台则三面设廊，形式别致。前后台之间由木隔扇分隔，隔扇上侧悬“水镜台”匾额（图 3–7）。

总而言之，水镜台是一座由殿楼和卷棚合而为一的特殊建筑，且从东边看去，上部为重檐歇山顶，它像座楼；下部为宽阔的宫殿形制，它又是殿。从西边看去，上部是单檐卷棚顶，像座阁；而下面又是宽敞的高台。因此，水镜台可谓极好地融合了殿、台、楼、阁四种古建类型于一体。

至今，晋祠每年都要举行数十次祭祀活动，其中的 13 个祭日要唱戏，除了祭关帝时在关帝庙前的钧天乐台演出外，其余均在水镜台上进行。为了解决离戏台较远的观众能听清演员唱腔和道白的问题，相传古人想到了一个理想的扩音办法，即在台前两侧各设置 4 个大瓮，每 2 个扣在一起，形成 4 个“大音箱”，从而将声音传向较远的地方。对于水镜台台前是否存在设翁一事现已无从考证，但同济大学建筑系教授王季卿在其论文《析古戏台下设瓮助声之谜》[①] 中对戏台下设瓮助声这一广为流传的说法专门做了考证与声学分析，认为事属妄传，当予澄清。为此，本书也不再就此种说法展开进一步的探究。

3.2.2　测试结果分析

晋祠是山西省著名旅游景点，2011 年被公布为第一批国家 4A 级旅游景区，故观光晋祠的游客可谓全天候接连不断，来水镜台前拍照留念的游客更是络绎不绝。因此，游览人群产生出的背景噪声将不可避免地给古剧场声场测试带来一定程度的干扰。对此，经与有关管理部门沟通并获得准许后，笔者一行于夜深人静之时对水镜台古剧场的声场进行了现场实测（图 3–8，因实测照均在夜间所摄，拍摄效果不理想），测试声源及各测点的排布见图 3–9。值得注意的是，有两个测点（a3 和 c2）的测试结果相较其他各测点的测试结果存在着较大偏差，因此其测值将不在声场测试结果线性分析图中列出。

如表 3–1 所示，晋祠水镜台古剧场各测点（a1、a2、b1、b2、b3、c1、c3、d1、d2、d3）早期衰减时间 *EDT* 的平均值为 0.40s，混响时间 T_{30} 的平均值为 0.93s，强度指数 *G* 的平均值为 1.73dB，语言传输指数 *STI* 的平均值为 0.76。由此可见，晋祠水镜台古剧场声场虽然具有较为合适的混响时间以及较高的清晰度，但整体响度不足。因此，未能达到戏曲剧场声场所需满足的基本要求，不能很好展现出戏曲表演的最佳音质效果。

以各频带来看各测点间早期衰减时间 *EDT* 的测

水镜台古剧场各主要音质参数测试结果　　表 3–1

	500Hz	1000Hz	2000Hz	平均值
早期衰减时间 *EDT*/s	0.42	0.40	0.38	0.40
混响时间 T_{30}/s	0.86	1.00	0.93	0.93
强度指数 *G*/dB	0.31	3.80	1.08	1.73
语言传输指数 *STI*				0.76（优）

① 王季卿 . 析古戏台下设瓮助声之谜 [J]. 应用声学，2004（4）.

图 3-8　晋祠水镜台古剧场声学现场实测照

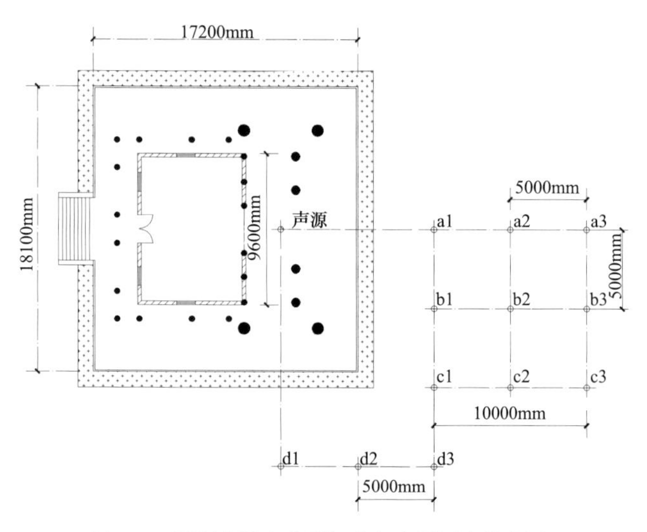

图 3-9　晋祠水镜台古剧场声场音质测点排布图

量结果，如图 3-10（a）所示，整体而言，各频带离散性较小，标准偏差仅在 0.06 ~ 0.08s，这表明水镜台古剧场各测点的差异性不大。此外，从图 3-10（a）中还可看出，三个频带上各测点间早期衰减时间 *EDT* 测量结果的离散程度基本相同，且各测点间早期衰减时间 *EDT* 的平均值在各频带上的差别也并不大，几乎处于同一水平线上。

图 3-10（b）显示的是早期衰减时间 EDT_m 与测点和声源水平间距（测距）之间的关系，可以看出，各测点的早期衰减时间 EDT_m 与测距呈负相关关系，但两者负相关趋势线的斜率较小，且各测点早期衰减时间 EDT_m 的测值与图中趋势线基本吻合，EDT_m 的最大测值

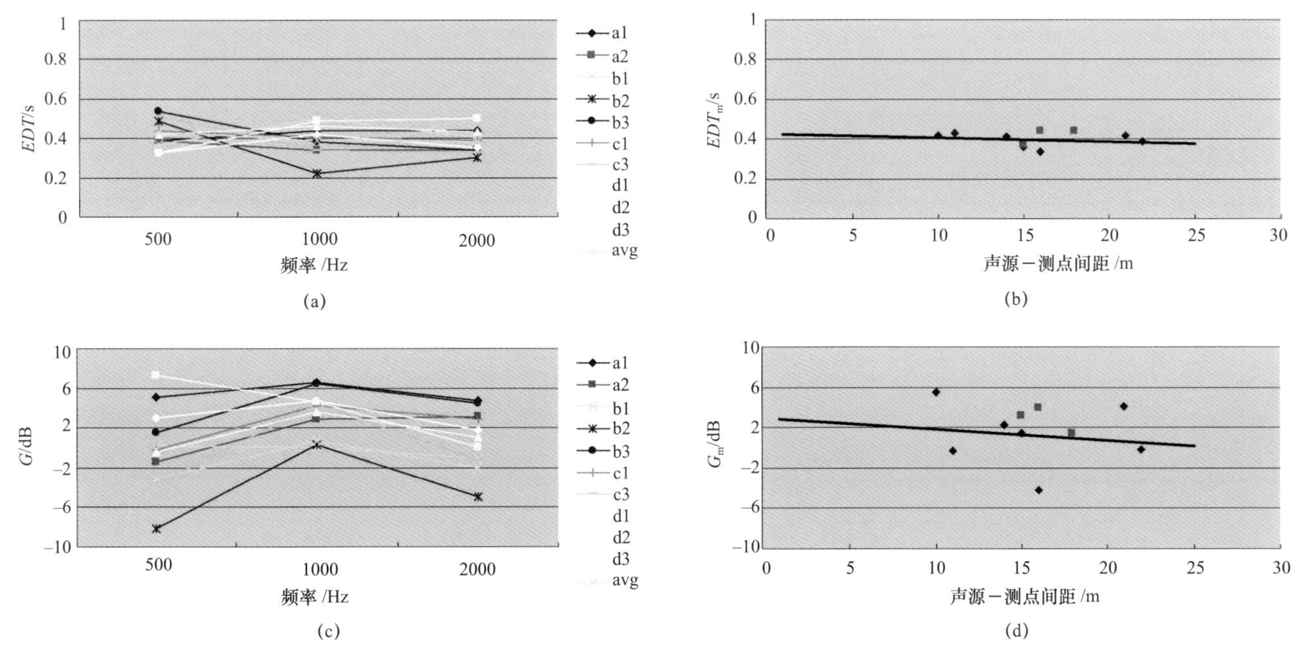

图 3–10 晋祠水镜台古剧场声场测试结果线性分析图

与最小测值之间仅相差 0.08s，这表明该古剧场声场的声能分布极为均匀。

在强度指数 G 方面，如图 3–10（c）所示，各频带的测量结果均未趋于一致，但离散程度基本相同，且各频带强度指数 G 的平均测值不高，差别也不大，几乎处于同一水平线上，其在 1000Hz 频带上的最大平均测值也仅为 3.80dB，这表明该古剧场的封闭性较差，声场响度不足。

图 3–10（d）显示的是强度指数 G_m 与测点和声源水平间距（测距）之间的关系，可以看出，各测点的强度指数 G_m 与测距呈明显的负相关关系，该现象和声能与距离呈负相关的特性相符。但各测点 G_m 的测值大多与图中呈现出的负相关趋势线偏离较远，较大的离散性表明声场的扩散性不太好。不过，虽是露天广场式剧场，但声场中各频带混响时间 T_{30} 的平均值依然为 0.93s，且处于戏曲剧场最佳混响时间推荐值（0.9 ~ 1.3s）的区间范围之内，这说明该古剧场存在着一定的混响效果。

在语言传输指数 STI 方面，所测平均值为 0.76，处于语言传输指数评价档次中的“优”，表明该古剧场具有极高的清晰度，非常适合语言类的表演。只可惜，声场响度不足，整个古剧场强度指数 G 的平均测值仅为 1.73dB，未达到 2.5dB 的基本要求。因此，笔者认为晋祠水镜台古剧场并非是传统戏曲演出的最佳观演场所。

3.3 九龙庙古剧场声学实测

3.3.1 剧场基本概况

九龙庙位于山西太原市晋源区晋源镇古城营村北，系祀九龙圣母娄太后之庙宇。始建于宋代，金皇统年间重建，大定六年（1176 年）重修。元、明、清均有修葺，民国 17 年（1928 年）再修。1992 年经村民集资后再次翻修，2004 年又在南北厢房增塑了娄太后所生六子像，现存建筑很好地保持了清代风格。

九龙庙坐西向东，南北宽 40m，东西长 60m，占地面积 2400m^2，有山门、戏台、钟鼓楼、南北小院、井神祠、土地祠、南北厢房、南北配殿、南北偏殿、正殿等建筑。其中，临街山门（图 3–11）的正门上悬“九龙庙”横匾，两旁门有砖雕镌刻“仙露”、“明珠”门额；正门与旁门之间各有平台，上置铁狮，北雄南雌，于“文化大革命”初期丢失，现依原样补铸；正门和两旁门之上则分别建有戏台和钟楼、鼓楼。

如图 3–12 所示，戏台面西与正殿相对，采用前后勾连的形式，前台为单檐歇山顶，后台（即山门）为卷棚悬山顶。前台面宽三间，其中明间 4.55m，次间 1.87m，移柱造（图 3–13）。前台进深二间五架椽，约 5.62m，后台进深约 5.20m。前檐角柱附加辅柱。台基石砌，高 1.95m。台面下部中间为山门，门洞宽 1.50m。

图 3–11　九龙庙古剧场临街山门

图 3–14　九龙庙古剧场戏台隔扇及匾额

图 3–12　九龙庙古剧场戏台屋顶及内部构造

前檐斗栱雕成龙状，下悬垂柱。雀替也雕刻为龙状。额枋上布满木雕，显得富丽堂皇。明间悬“胜瀛洲”匾，隔扇上侧悬“传真楼”匾，上下场门分别题写“阳春”、“白雪”（图 3–14）。

庙院正面主殿为圆山式歇山顶，面宽五间，进深四间（图 3–15），三面廊中有 14 根圆柱支撑。殿内奉祀的九龙圣母是高欢（南北朝时北朝东魏的丞相）之妻娄昭君，这位鲜卑女辈过世后的谥号是“神武明皇后”。殿中有木雕彩绘神龛，塑金装九龙圣母坐像和两侍女立像，两侧殿壁上绘降龙、伏虎罗汉画像。整座大殿是重新修缮的，但东墙北侧的壁画则为清代遗物。正殿两侧有偏殿，分祀子孙圣母、痘疹圣母。庙院南北两厢分别有耳厅、廊房、土地祠、井神祠及南北两座小院，庙院中还有祭台及两株古槐、一眼古井。整体看来，九龙庙建筑错落有致、布局严谨、古朴简洁、气势磅礴。

图 3–13　九龙庙古剧场戏台前台

图 3–15　九龙庙古剧场正殿

3.3.2　测试结果分析

测试当天，天气晴朗、风和日丽，为保障测试时尽量不受到交通、人流等背景噪声的干扰，笔者一行将声场测试时间选在了清晨进行（7：00am）。因此，整个测试期间周边环境十分安静，庙内人流量也极少，很好地保障了声场的测试效果（图 3–16）。此外，测试时为避免明显声场耦合现象的发生，庙内正殿及两侧厢房建筑的门窗均保持关闭状态。测试声源及各测点的排布见图 3–17。

如表 3–2 所示，九龙庙古剧场各测点（a1、a2、a3、b1、b2、b3、c1、c2、c3）早期衰减时间 *EDT* 的平均值为 0.62s，混响时间 T_{30} 的平均值为 0.82s，强度指数 *G* 的平均值为 –0.46dB，语言传输指数 *STI* 的平均值为 0.69。由此可见，虽然九龙庙古剧场声场清晰度良好，但混响时间以及整体响度均未达到戏曲剧场声场所需满足的基本要求，因此不能很好展现出戏曲表演的最佳音质效果。

以各频带来看各测点间早期衰减时间 *EDT* 的测量结果，如图 3–18（a）所示，整体而言各频带离散性较大，标准偏差在 0.08 ~ 0.12s，这表明该古剧场各测点的差异性较为明显。同时，从图 3–18（a）中还可看出，三个频带上各测点间早期衰减时间 *EDT* 测量结果的离散程度基本相同，且各测点间早期衰减时间 *EDT* 的平

图 3–16　九龙庙古剧场声学现场实测照

九龙庙古剧场各主要音质参数测试结果列表　表 3–2

	500Hz	1000Hz	2000Hz	平均值
早期衰减时间 *EDT*/s	0.58	0.68	0.61	0.62
混响时间 T_{30}/s	0.79	0.82	0.84	0.82
强度指数 *G*/dB	–1.70	0.36	–0.03	–0.46
语言传输指数 *STI*				0.69（良）

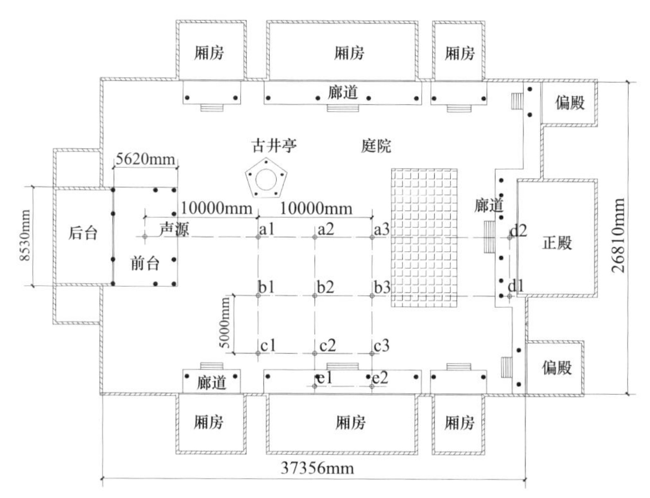

图 3–17　九龙庙古剧场声场音质测点排布图

均值在各频带上的差别也并不大，近乎处于同一水平线上，最大平均值与最小平均值之间仅相差 0.1s。

图 3–18（b）显示的是早期衰减时间 EDT_m 与测点和声源水平间距（测距）之间的关系，可以看出，各测点的早期衰减时间 EDT_m 与测距呈正相关关系，且两者正相关趋势线的斜率较大，各测点早期衰减时间 EDT_m 的测值与图中趋势线也基本吻合，EDT_m 的最大测值与最小测值之间仅相差 0.30s，这表明该古剧场声场的声能分布较为均匀。

在强度指数 *G* 方面，与早期衰减时间 *EDT* 的测量结果相似，如图 3–18（c）所示，各频带的测量结果均未趋于一致，但离散程度基本相同，且各频带强度指数 *G* 的平均测值差别并不大，近乎处于同一水平线上，其中最大平均测值与最小平均测值之间的差距不超过 2.06dB。但整体来看，各频带强度指数 *G* 的平均测值依旧不高，其在 1000Hz 频带上的最大平均测值也仅为 0.36dB，这充分表明该古剧场的封闭性较差，声场响度明显不足。

图 3–18（d）显示的是强度指数 G_m 与测点和声源水平间距（测距）之间的关系，可以看出，各测点的强度指数 G_m 与测距呈明显的负相关关系，该现象和声能与距离呈负相关的特性相符。但各测点 G_m 的测值大多与呈现出的负相关趋势线偏离较远，较大的离散程度表明该古剧场声场的扩散性不是很好。

在语言传输指数 *STI* 方面，所测平均值为 0.69，处于语言传输指数评价档次中的“良”，表明该古剧场具有良好的清晰度，同时九龙庙古剧场各频带混响时间 T_{30} 的平均值为 0.82s，与戏曲剧场最佳混响时间推荐值（0.9 ～ 1.3s）区间范围的最小值极为接近，按理非常适合语言类的表演。只可惜，声场响度不足，整个古剧场强度指数 *G* 的平均测值仅为 –0.46dB，未达到 2.5dB 的

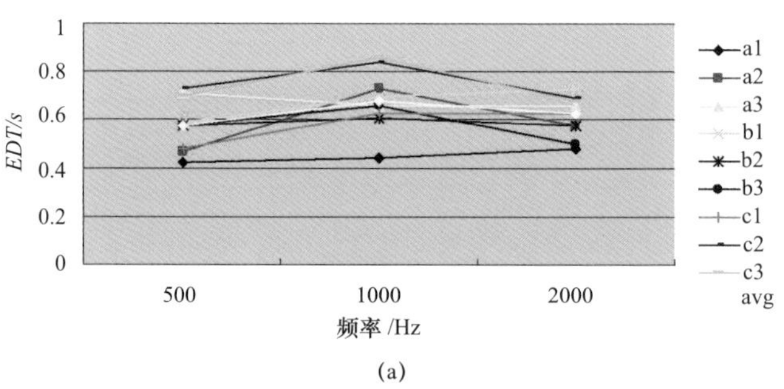

(a)

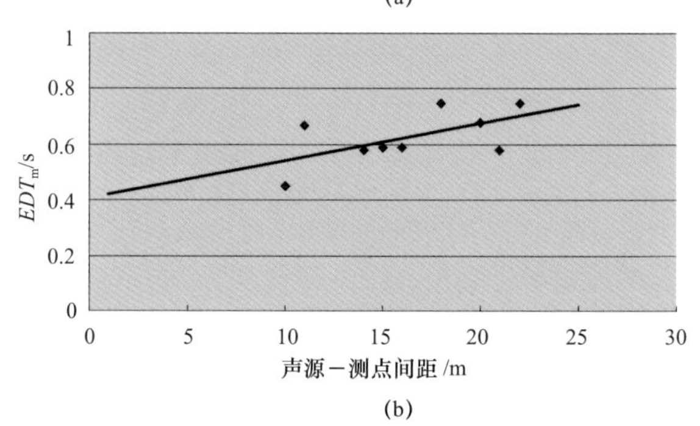

(b)

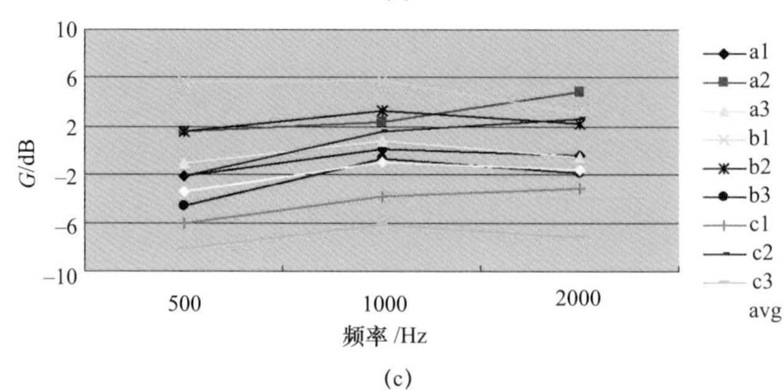

(c)

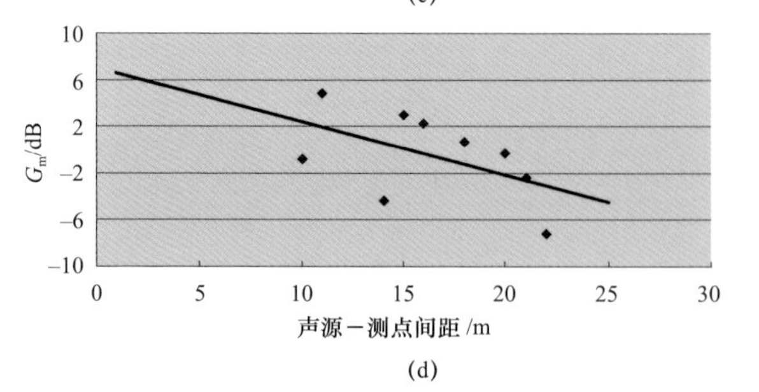

(d)

图 3–18　九龙庙古剧场声场测试结果线性分析图

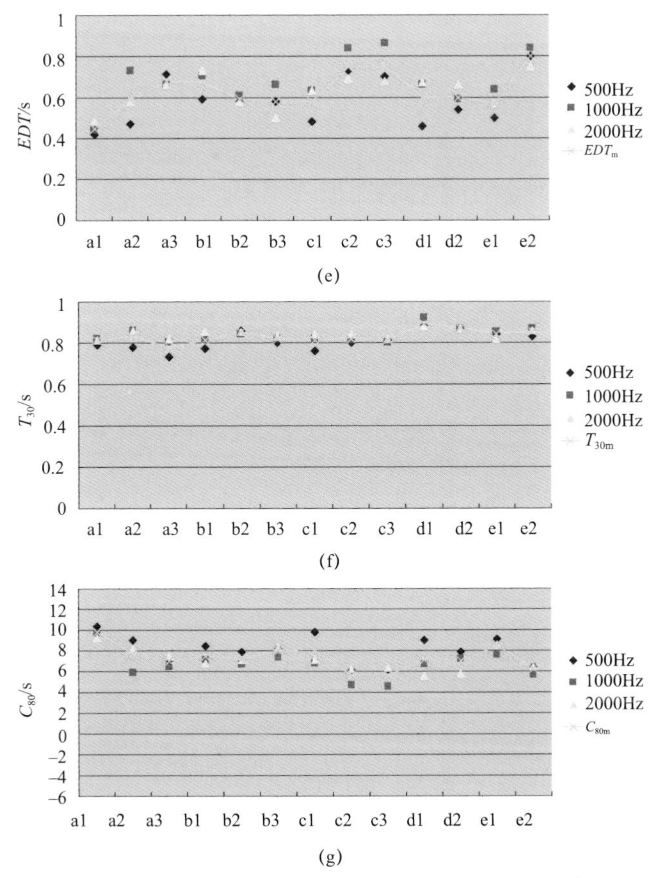

图 3–18 九龙庙古剧场声场测试结果线性分析图（续）

基本要求。因此，笔者认为九龙庙古剧场并非是传统戏曲演出的最佳观演场所。

此外，在庙内正殿及厢房建筑的所有门窗均处于关闭状态的情况下，如图 3–18（e）所示，古剧场不同区域早期衰减时间 EDT_m 的测量结果呈现出 EDT_m（厢房廊道）> EDT_m（庭院）> EDT_m（正殿廊道）的现象，且各区域间测点 EDT_m 的差别均很小。比如，厢房廊道处测点（e1、e2）的 EDT_m 为 0.69s，庭院中测点（a1、a2、a3、b1、b2、b3、c1、c2、c3）的 EDT_m 为 0.63s，正殿廊道处测点（d1、d2）的 EDT_m 为 0.60s。在相同情况下，如图 3–18（f）所示，古剧场不同区域混响时间 T_{30m} 测量结果则呈现出 T_{30m}（正殿廊道）> T_{30m}（厢房廊道）> T_{30m}（庭院）的现象，且各区域间测点 T_{30m} 的差别也均很小，在图中近乎呈现为一条水平直线。比如，正殿廊道处测点（d1、d2）的 T_{30m} 为 0.88s，厢房廊道处测点（e1、e2）的 T_{30m} 为 0.85s，庭院处测点（a1、a2、a3、b1、b2、b3、c1、c2、c3）的 T_{30m} 为 0.82s。

而且，如图 3–18（e）和图 3–18（f）所示，古剧场各区域间测点混响时间 T_{30} 的差值及在图中显示出的离散程度均远小于早期衰减时间 EDT 测值的差别和离散程度。因此，通过对古剧场所测早期衰减时间 EDT 和混响时间 T_{30} 各自及相互间平均值的比对分析，可以看出，该古剧场声场声能的整体分布是随着时间的推进变得越来越均匀的。

最后，在庙内正殿及厢房建筑的所有门窗均依旧保持关闭状态的情况下，如图 3–18（g）所示，古剧场不同区域明晰度 C_{80} 测量结果的平均值呈现出 C_{80m}（庭院）> C_{80m}（厢房廊道）> C_{80m}（正殿廊道）的现象，且各区域间测点明晰度 C_{80m} 的差别均不明显。比如，庭院处测点（a1、a2、a3、b1、b2、b3、c1、c2、c3）的 C_{80m} 为 7.36dB，其中测点 a1 处的测值最大，为 9.73dB；厢房廊道处测点（e1、e2）的 C_{80m} 为 7.31dB；正殿廊道处测点（d1、d2）的 C_{80m} 为 7.02dB。可以看出，古剧场声场中所测明晰度 C_{80} 的均值分布正好与所测混响时间 T_{30} 的均值分布情况相反，这与该音质指标 C_{80} 和混响时间 RT 呈高度负相关的特性相吻合，也间接表明了声学测量中所测数据的合理性。

3.4 泰岳祠古剧场声学实测

3.4.1 剧场基本概况

泰岳祠又名泰山庙、东岳庙（图 3–19），位于晋源镇东北隅，现为区级文物保护单位。始建年代不详，但从明嘉靖《太原县志》[①]“东岳庙，县治东北”的记载中，可知该庙始建于明嘉靖之前，但从建筑形制判断，应为清代建筑。祠中所祀者为东岳大帝黄飞虎。

泰岳祠坐北朝南，东西宽 26m，南北长 51m，占地面积约 1330m^2（图 3–20）。正殿面宽三间（15.5m），进深两间（10m），上为单檐悬山顶，有琉璃菱形图案，高 10 余米，前檐由 4 根廊柱支撑，廊柱上有斗栱、双昂头，

① 现存历代《太原县志》有 5 个版本，分别为：嘉靖版、天启版、雍正版、道光版、光绪版。明嘉靖三十一年（1551 年）版由太原县东庄人高汝行创修。从嘉靖二十七年起，历时数载完成。该志分为 3 册、6 卷、46 目类，有沿革、疆域、山川、风俗、祠庙、寺观、古迹、人物、杂志、集文、集诗等内容。

庙内左右两侧各有厢房 5 间。正殿对面设有戏台，卷棚歇山顶。如图 3–21 所示，台基由砖石垒砌，高 2.30m，前侧三面有石栏杆，并有石望柱，中间辟山门。戏台前檐明间两柱移向两侧，为移柱造。前檐三开间，其中明间面阔 5.00m，次间面阔 1.58m。后排柱子明间面阔 3.75m，次间面阔 2.20m。前台进深 3.29m，后台进深 2.80m。前檐明间设有修复后的雀替，次间施骑马雀替。前檐额枋悬垂柱，木雕华丽。

图 3–19　泰岳祠古剧场主入口

一般而言，庙宇建筑多为对称布局，而泰岳祠却略有不同，正殿以东另有小院，占地约 40 余平方米，号曰吕祖堂；正殿之西建有殿堂 3 间，东西宽 11m，南北深 5.30m，号曰奶奶庙。其殿比泰岳祠正殿坐后 3 米余，据说旧有东西厢房，俨然另成一庙，明显与泰岳祠不是同期建筑。值得一提的是，吕祖堂有吕祖木主神位，吕祖名岩，字洞宾，号纯阳，唐朝蒲州永乐（今山西省永济市）人。

3.4.2　测试结果分析

测试当天，天气晴朗、风和日丽，为保障测试时不受到交通、人流等背景噪声的干扰，笔者一行将声场测试时间选在了清晨进行（7：00am），整个测试期间庙内无人流，周边环境也十分安静，从而古剧场声场的测试效果得到了很好保障（图 3–22）。此外，测试过程分别

图 3–20　泰岳祠古剧场庭院空间

图 3–21　泰岳祠古剧场戏台及戏台顶棚内部构造

图 3–22 泰岳祠古剧场声学现场实测照

在关闭和开启两种状态模式下进行[①]，即一种是在祠内正殿及两侧厢房建筑的所有门窗均处于关闭的状态模式下进行（Case1），另一种是在两侧厢房建筑的门窗依然保持关闭，而正殿建筑的大门处于开启的状态模式下进行（Case2）。值得注意的是，测点 a1 的测试结果相较于其他各测点的测试结果存在着较大偏差，因此其测值将不在如下声场测试结果线性分析图中列出。古剧场测试声源及各测点的排布见图 3–23。

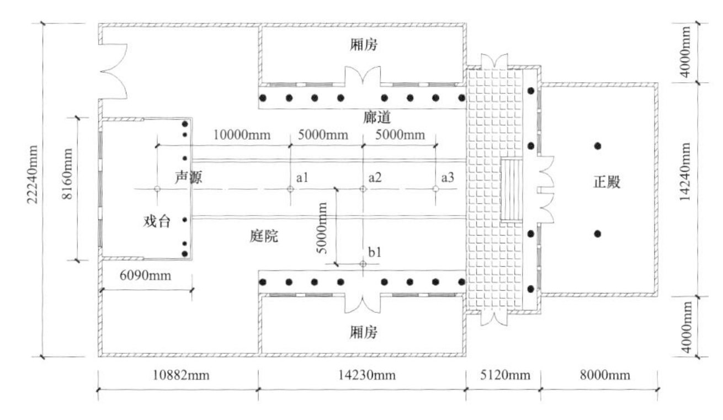

图 3–23 泰岳祠古剧场声场音质测点排布图

如表 3–3 所示，在关闭的测试模式（Case1）下，泰岳祠古剧场各测点（a2、a3、b1）早期衰减时间 *EDT* 的平均值为 0.84s，混响时间 T_{30} 的平均值为 0.79s，强度指数 *G* 的平均值为 0.18dB，以及语言传输指数 *STI* 的平均值为 0.62。而在开启的测试模式（Case2）下，如表 3–4 所示，古剧场各测点早期衰减时间 *EDT* 的平均值为 0.83s，混响时间 T_{30} 的平均值为 0.79s，强度指数 *G* 的平均值为 –0.24dB，以及语言传输指数 *STI* 的平均值为 0.63。由此可见，无论在哪一种测试模式下，泰岳祠古剧场声场的清晰度均较好，只是混响时间以及整体响度均未达到戏曲剧场声场所需满足的基本要求，因此不能很好展现出戏曲表演的最佳音质效果。

以各频带来看各测点间早期衰减时间 *EDT* 的测量结果，如图 3–24（a）所示，整体而言各频带离散性较

① 葛强 . 多功能厅堂建筑的声学设计与耦合空间的研究 [D]. 西安：长安大学，2014.

泰岳祠古剧场各主要音质参数测试结果列表（Case1）　　表 3-3

	500Hz	1000Hz	2000Hz	平均值
早期衰减时间 *EDT*/s	0.81	0.86	0.86	0.84
混响时间 T_{30}/s	0.77	0.79	0.80	0.79
强度指数 *G*/dB	–1.27	1.42	0.39	0.18
语言传输指数 *STI*				0.62（良）

泰岳祠古剧场各主要音质参数测试结果列表（Case2）　　表 3-4

	500Hz	1000Hz	2000Hz	平均值
早期衰减时间 *EDT*/s	0.73	0.89	0.86	0.83
混响时间 T_{30}/s	0.79	0.79	0.79	0.79
强度指数 *G*/dB	–0.66	0.72	–0.79	–0.24
语言传输指数 *STI*				0.63（良）

小，标准偏差在 0.03 ~ 0.05s，这表明该古剧场各测点的差异性较小。同时，从图 3-24（a）中还可看出，三个频带上各测点间早期衰减时间 *EDT* 测量结果的离散程度基本相同，且各测点间早期衰减时间 *EDT* 的平均值在各频带上的差别并不大，近乎处于同一水平线上，最大平均值与最小平均值仅相差 0.05s。

图 3-24（b）显示的是早期衰减时间 EDT_m 与测点和声源水平间距（测距）之间的关系，可以看出，各测点的早期衰减时间 EDT_m 与测距呈负相关关系，且 EDT_m 的最大测值与最小测值之间虽然仅相差 0.07s，但两者负相关趋势线的斜率依然较大，各测点早期衰减时间 EDT_m 的测值与图中趋势线基本吻合，这表明在关闭的测试模式（Case1）下该古剧场声场的声能分布较为均匀。

在强度指数 *G* 方面，如图 3-24（c）所示，各频带的测量结果均未趋于一致，且与早期衰减时间 *EDT* 的测量结果相似，各频带强度指数 *G* 测值的离散程度基本相同，平均测值差别也并不大，近乎处于同一水平线上，其中最大平均测值与最小平均测值之间的差距不超过 2.69dB。但整体而言，各频带强度指数 *G* 的平均测值

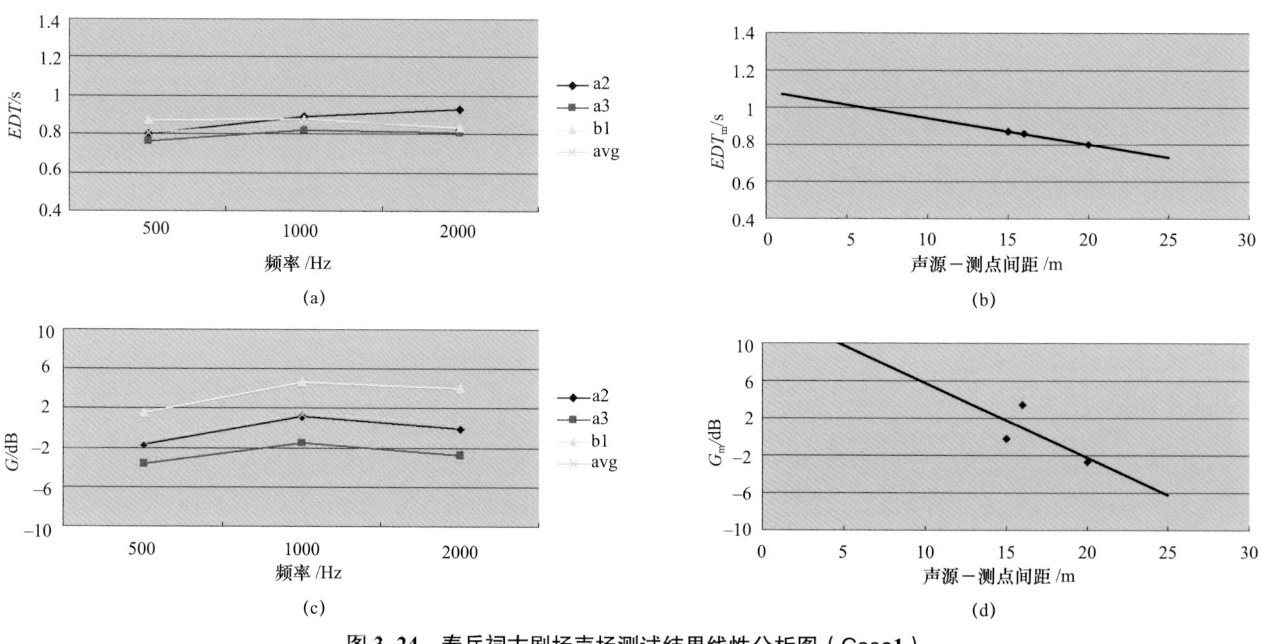

图 3-24　泰岳祠古剧场声场测试结果线性分析图（Case1）

依旧不高，其在1000Hz频带上的最大平均测值也仅为1.42dB。这充分表明该古剧场的封闭性较差，声场响度明显不足。

图3–24（d）显示的是强度指数G_m与测点和声源水平间距（测距）之间的关系，可以看出，各测点的强度指数G_m与测距呈明显的负相关关系，该现象和声能与距离呈负相关的特性相符。但各测点G_m的测值与呈现出的负相关趋势线并非十分吻合，较大的离散程度表明该古剧场声场的扩散性不是很好，这同样是因为该古剧场为庭院围合式剧场，其空间封闭性较差所造成。

在语言传输指数*STI*方面，所测平均值为0.62，处于语言传输指数评价档次中的“良”，表明该古剧场具有良好的清晰度，同时泰岳祠古剧场各频带混响时间T_{30}的平均值为0.79s，与戏曲剧场最佳混响时间推荐值（0.9 ~ 1.3s）区间范围的最小值非常接近。只可惜，声场响度不足，整个古剧场强度指数*G*的平均测值仅为0.18dB，未达到2.5dB的基本要求。因此，笔者认为泰岳祠古剧场并非传统戏曲演出的最佳观演场所。

如图3–25（a）所示，以各频带来看各测点间早期衰减时间*EDT*的测量结果，整体而言各频带离散性并不大，标准偏差在0.05 ~ 0.10s，这表明该古剧场各测点的差异性不太大。此外，从图3–25（a）中还可看出，除1000Hz频带外，其余两个频带上各测点间早期衰减时间*EDT*测量结果的离散程度均较小，且各测点间早期衰减时间*EDT*的平均值在三个频带上的差别也都较小，近乎处于同一水平线上，最大平均值与最小平均值仅相差0.13s。

图3–25（b）显示的是早期衰减时间EDT_m与测点和声源水平间距（测距）之间的关系，可以看出，各测点的早期衰减时间EDT_m与测距也呈负相关关系，且EDT_m的最大测值与最小测值之间虽然仅相差0.11s，但两者负相关趋势线的斜率依然较大，各测点早期衰减时间EDT_m的测值与图中趋势线基本吻合，这表明在开启的测试模式（Case2）下该古剧场声场的声能分布也较为均匀。

在强度指数*G*方面，与关闭的测试模式（Case1）所获强度指数*G*的测量结果相似，如图3–25（c）所示，在开启的测试模式（Case2）下各频带的测量结果同样均未趋于一致，离散程度也基本相同，且各频带强度指数*G*的平均测值差别也不大，近乎处于同一水平线上，其中最大平均测值与最小平均测值之间的差距不超过1.51dB。同时，与关闭的测试模式（Case1）相似的是，各频带强度指数*G*的平均测值依旧不高，其在1000Hz频带上的最大平均测值也仅为0.72dB，这充分表明该古剧场在开启的测试模式（Case2）下其声场响度也明显不足。

图3–25（d）显示的是强度指数G_m与测点和声源水平间距（测距）之间的关系，可以看出，各测点的强度指数G_m与测距也呈明显的负相关关系。同时，各测点G_m的测值多与呈现出的负相关趋势线偏离较远，存

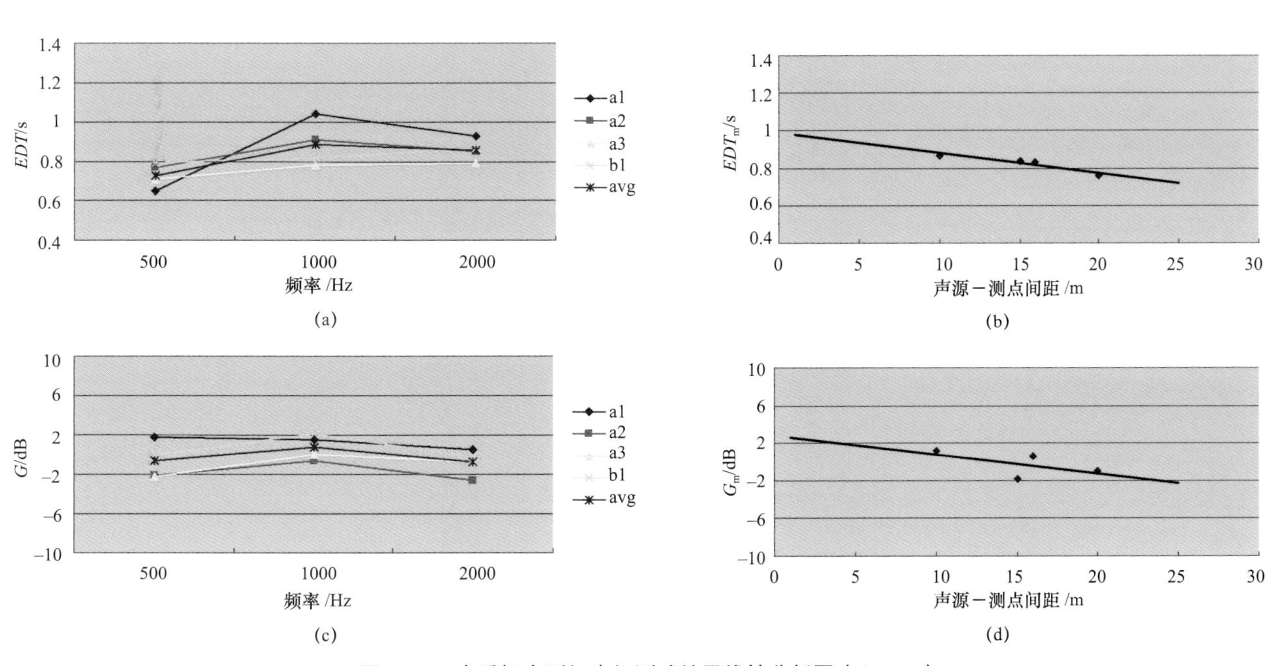

图3–25　泰岳祠古剧场声场测试结果线性分析图（Case2）

在着的离散程度表明该古剧场声场的扩散性在开启的测试模式（Case2）下也不太好。

在语言传输指数 *STI* 方面，所测平均值为 0.63，处于语言传输指数评价档次中的“良”，同时在开启的测试模式（Case2）下，泰岳祠古剧场各频带混响时间 T_{30} 的平均值与关闭的测试模式（Case1）一样，均为 0.79s。

此处，在对上述两种测试模式各音质参数进行对比分析之前，有必要对泰岳祠古剧场各区块的建筑面积做一个大概的了解，即古剧场整体建筑面积（25.1m × 22.2m）– 两侧厢房建筑面积[2 ×（14.2m × 4m）]– 戏台建筑面积（8.1m × 6.1m）= 394.2m^2；正殿建筑面积为 14.2m × 8m=113m^2。

可以看出，开启的测试模式（Case2）较关闭的测试模式（Case1）增加了近 1/3 的声场面积，造成古剧场声场容积增加不少，如图 3–26（a）所示，古剧场早期衰减时间 *EDT* 平均值也随之相应地发生了变化，即关闭的测试模式（Case1）下所获早期衰减时间 *EDT* 平均值为 0.84s，开启的测试模式（Case2）下所获早期衰减时间 *EDT* 平均值为 0.83s。但如图 3–26（b）所示，古剧场混响时间 T_{30} 的平均值却并未随声场面积和容积的增加而增大，即关闭的测试模式（Case1）和开启的测试模式（Case2）下所获混响时间 T_{30} 平均值均为 0.79s，仅庭院中测点 T_{30} 值略有增大。造成该现象的主要原因是泰岳祠古剧场正殿、厢房门扇的主要材料是木头和玻璃，而玻璃的吸声系数非常小，在关闭的测试模式（Case1）下，古剧场混响时间 T_{30} 值会较高。而当古剧场正殿的门扇开启时，尽管古剧场声场的容积显著增加，但建筑物表面整体的吸声系数也相应增大，从而两者的 *EDT* 和 T_{30} 测值的差别也就不那么明显了。

如图 3–26（c）所示，在关闭的测试模式（Case1）下所测古剧场强度指数 *G* 的平均值为 0.18dB，相比开启的测试模式（Case2）所测得的强度指数 *G* 平均值 –0.24dB 要稍高。可见，随着古剧场声场容积的增大，古剧场庭院区域声场强度指数 *G* 的测值有所减小。造成该现象的主要原因依旧是随着古剧场声场容积的显著增加，建筑物表面整体的吸声系数以及建筑物吸声界面的面积均相应增大，被吸收的声能也随之增多。在声源发声量保持不变的情况下，根据能量守恒定律，充斥在古剧场声场中的声能是随着古剧场声场容积的增加而减少的，表征声场响度的强度指数 *G* 值也就相应减小。

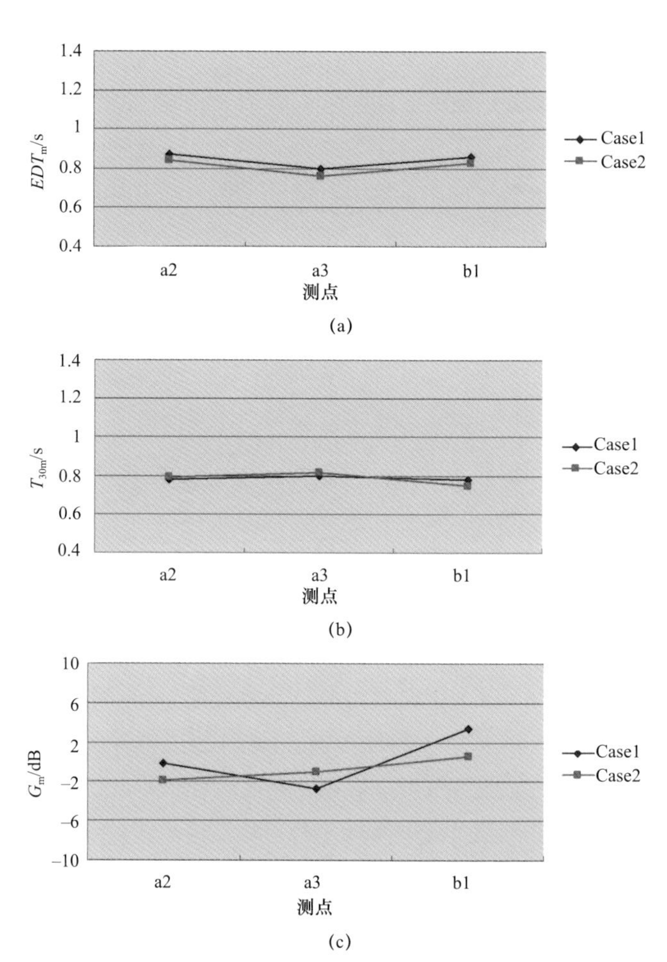

图 3–26　两种模式下 EDT_m、T_{30m} 及 G_m 的线性对比分析图

3.5　后土庙古剧场声学实测

3.5.1　剧场基本概况

介休后土庙位于山西省介休市城内庙底街，据《重修后土庙碑记》记载，南朝宋孝武帝大明元年（公元 457 年）及梁武帝大同二年（公元 536 年）皆重修之。之后经历代修葺、重建、扩建，便形成了现存的八座庙宇，即后土庙、真武庙、三官祠、三清观、娘娘庙、吕祖阁、关帝庙、土神庙，用地面积达 9196m^2，建筑面积 2206m^2。

后土庙古建筑群按中国传统深进院落式结构，即以木构架之三楹、五楹、七楹等为单位构成单座庙殿建筑，再以单座建筑组成庭院，进而以庭院为单位串连排叠形成建筑群。古人建造这一系列庙宇时，以子午线为中轴，坐北朝南进行布局。五个中轴线上，自西向东，三清观、后土庙与娘娘庙、吕祖阁、关帝庙、土神庙等依次排开。两边则根据日东月西、坎离对称的原则，设置垛殿、配殿以及钟鼓楼等建筑。其中，后土庙、关帝庙内，又分别建有真武殿、三官殿、三曹考校殿，以及王灵官、火神殿等。因这些建筑均与道家有关，介休后土庙这片集中的古建筑群，也便成为历史上颇负盛名的道教圣地，史称“道家地”。

后土庙中主要供奉后土夫人，她是掌管阴阳生育以及大地、山河的女神。自秦汉以来，历代帝王多有祭祀，殿内供奉的塑像均为明代作品。后土庙建筑群，不仅宏观的布局有讲究，就连每个中轴线上的建筑也根据道教宫观的建筑规制作了安排。即庙前建影壁，然后是山门、过殿、主殿，主殿前设献亭、戏台，两侧设配殿等。以第一个中轴线为例，形成以影壁、山门、娘娘庙为轴线的东侧中轴线，和以三清观影壁、山门、过殿、献亭、三清楼为轴线的西侧中轴线，造就了两庙纵向双轴平行并置的奇特建筑设计理念。后土庙古建群落的奇绝之处不止于此，例如，吕祖阁、关帝庙，为当地特殊建筑形制——窑套楼。即一层无梁窑，利用青砖起拱，取代梁架结构修筑而成。上层是在窑顶筑基墁砖而建的悬山、硬山阁楼，砖木结合，巧夺天工。而在吕祖阁、关帝庙、土神庙前，则是根据地形所限和建筑需要，一连建成的三个依次排列的戏台（图 3–27）。这种三连台在我国古建中极为罕见。

后土庙古建筑群有两大精华，即精美琉璃与彩塑悬塑。山西是琉璃的发祥地之一，而在琉璃的建造上介休琉璃在山西明清时又自成体系。介休后土庙古建筑群八座古庙的屋顶，均饰有色彩斑斓的精美琉璃（图 3–28）。琉璃瓦件、精美的脊饰以及楼阁狮瓶、吻兽鸱尾、仙人瑞禽等，件件设计精巧、造型逼真，釉质细腻牢固，历经数百年不变色。因琉璃品种之多和色调之全，介休后土庙古建筑群被誉为“中国琉璃艺术建筑的博物馆”，可谓实至名归。其中，特别值得一提的是，在中国古建中极其罕见的孔雀蓝琉璃，也可在后土庙的护法殿、天王殿屋顶看到。如今，孔雀蓝琉璃的烧制配方早已失传，类似琉璃艺术品存世甚少，故后土庙古建筑群中的孔雀蓝实为不可多得的琉璃珍品。

图 3–27　后土庙古建群落中的三连台

此外，后土庙正殿纯粹用金黄色琉璃覆顶，并在殿顶的脊梁中央饰以狮象、楼阁、宝瓶等琉璃饰件。这种在封建社会皇宫、皇陵专用的金黄色琉璃，在山西民间仅见于五台山菩萨顶的喇嘛庙和介休的后土庙。由此可见，介休后土庙在当时的建造规格和级别非同一般。细看后土庙主体建筑三清殿（图 3–29）上的八卦楼，是一座三重檐转角顶结构的阁楼，屋顶为十字歇山造顶，金黄色的琉璃莲花脊岭，高约两米的琉璃楼阁和狮瓶，高耸威严的大吻和浮雕龙凤显得格外壮观。八卦楼顶的坡面也是用黄、绿相间的双色琉璃瓦覆顶，就是在悬鱼和博风板上也有造型生动别致、色泽艳丽的琉璃雕花饰片。在八卦楼旁的钟鼓楼（图 3–30），顶上都有十四道脊岭、十六个吻兽以及四面博风板组成的十字歇山顶，配以黄色琉璃的宝瓶、楼阁，更显高雅别致。每道戳脊末端安装一尊琉璃雕琢的仙人，美轮美奂[①]。

后土庙建筑群三清观东西配殿内有堪称“明代彩塑宝库”的 800 余尊彩塑神像（图 3–31）。人物有南极勾陈大帝、北极紫微大帝、东王公、西王母，也有三十二天帝君、三十六天罡、七十二地煞、五湖四海之龙王等，神态各异，气韵生动，实为明塑之上乘。这些神像，在特定悬塑背景下，分为上、中、下三层，或脚踏祥云，或凌空而飞，行进在朝拜三清的路上。整个场面气势宏大、蔚为壮观，被称为“万圣朝元图”。

后土庙古建筑群还有一种好似背靠背的建筑格

① 山西古代建筑精华之五十五　后土琉彩 [EB/OL].[2012-10-12].http://wwj.shanxi.gov. cn/e/action/showInfo.php?classid=251&id=20339.

图 3-28　后土庙中精美的琉璃饰件

（资料来源：https：//www.sohu.com/a/206051889_526303）

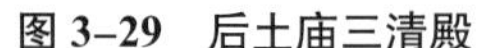

图 3–29　后土庙三清殿

图 3–30　后土庙钟鼓楼

图 3–31　万圣朝元图

局，即在三清观的献殿背面，连接着一个空阔、独特的戏台，二者分处南北，倚背而建（图 3–32）。对于这种戏台与其他建筑建为一体的建构方式在明清时期是较为多见的，其中的原因主要表现在两个方面：一是传统戏曲对表演空间并不苛求，使戏台和其他建筑的合建成为可能；二是由于戏曲活动的频繁，许多场所需建古剧场，使戏台和其他建筑的合建在一定程度上成为必要。

后土庙内存正德十四年（公元 1519 年）碑刻《创建献楼之记》，对此戏台的建造有着详细的描述。碑刻中述及“旧有乐棚三间，因其敝坏矮窄不堪”，便“欲建楼广阔而重修之”。可见由于地势关系，戏台建造易高于三清殿。民众担心这样是对神灵的不敬，即碑中所言：“奈城下有三清观，与乐棚相近，建楼愈高而神愈下”。为了使“神上而乐下”，设计者便匠心独具地将戏台和三清阁巧妙地组合起来，共用一个台基，中间一分为二，北为戏台，南为三清殿。戏楼略低于三清阁，使得“人心安而神妥也”。二者的结合，扩大了建筑的体量，使其恢弘壮观，造型丰富。戏台由抱厦和斗栱支撑而起（图 3–33），屋顶用彩色的琉璃筒瓦和构件加以装饰，高阁参天、宝瓶中立，对称的龙吻和走兽形象逼真。戏台柱头科和补间斗栱皆五踩双下昂，象鼻上卷，阑额、普柏枋及雀替刻满木雕、绘满彩绘（图 3–34）。

如图 3–35 所示，戏台两侧为砖砌八字影壁，重檐歇山顶，上檐斗栱三抄七踩，下檐单抄三踩，壁心雕神兽。后台东西墙各开一窗，采光较好。后墙通向三清殿，门扇六抹。整个建筑屋顶形式多样，三清殿为重檐歇山顶，戏楼为单檐歇山顶，八字影壁为悬山顶，戏楼两侧钟鼓楼为十字歇山顶。几种屋顶形式高低错落，前后扬抑，左右呼应，十分壮观、奇特和优美。正如碑文中赞曰：“孰不曰美哉，斯楼诚一方之胜景也”。戏台檐下提额处木刻的炉、瓶、钟鼎，挂落处的七彩凤戏牡丹，虽历经四百多年的风吹雨打，仍完好如初，它们虽为静态，望去仿佛凌风欲舞，十分传神。每年农历三月十八，传说是后土娘娘的生日，后土庙会举办传统庙

图 3–32　后土庙古戏台与三清殿侧面衔接处

图 3–33　后土庙古戏台顶棚构造

图 3–34　后土庙古戏台刻满木雕的雀替

图 3–35　后土庙古戏台及其台基构造

会，庙会期间人们便在后土庙古剧场内酬神唱戏，给后土娘娘叩拜寿诞，祈求安康（图 3–36）。

1962 年，后土庙古建筑群被山西省人民政府公布为山西省重点文物保护单位，并于 2001 年被公布为全国重点文物保护单位。

3.5.2　测试结果分析

测试当天，天气阴沉、清冷无风（图 3–37）。因现场实测在下午进行（3：30pm），测试期间庙内人流如潮，笔者一行仅能抓住片刻人流量稍少，现场环境相对安静的间隙来断断续续展开实测，整个测试过程持续了两个多小时。好在后土庙虽与市内交通干道相毗邻，但测试期间庙外并无明显建筑施工、交通运输等环境噪声的干扰。总体说来，后土庙古剧场声场测试的效果仍得到了较好保障。此外，为避免明显声场耦合现象的发生，测试时庙内正殿建筑的门窗均保持关闭状态。古剧场测试声源及各测点的排布见图 3–38。

如表 3–5 所示，后土庙古剧场各频带混响时间 T_{30} 的平均值为 0.99s，处于戏曲剧场最佳混响时间推荐值（0.9 ~ 1.3s）区间范围内。剧场语言传输指数 *STI* 的平均值为 0.62，处于语言传输指数评价档次中的“良”，这些均表明该古剧场具有合适的混响时间和良好的清晰度。只可惜声场响度不足，整个古剧场强度指数 *G* 的平均测值仅为 0.20dB，未达到 2.5dB 的基本要求。因此，笔者认为后土庙古剧场并非传统戏曲演出的最佳观演场所。

另外，值得注意的是，该古剧场观众区被划分为前部与后部两个区域，且存在着较大的高差。测点 a1 和 b1 位于古剧场前部较为低矮的观众区，而位于后部观众区各测点（a2、a3、a4、b3）早期衰减时间 *EDT* 的平均值则为 0.84s，混响时间 T_{30} 的平均值为 0.79s，强度指数 *G* 的平均值为 0.18dB，以及语言传输指数 *STI* 的平均值为 0.62。由此可见，后土庙古剧场后部观众区虽然较前部观众区具有更好的观戏视角，但剧场音质效果和混响感却不及前部观众区。

如图 3–39（a）所示，以各频带来看各测点间早

图 3–36　后土庙传统庙会

（资料来源：https：//www.jiexiu365.com/article/article_5791.html）

后土庙古剧场各主要音质参数测试结果列表　　**表 3–5**

	500Hz	1000Hz	2000Hz	平均值
早期衰减时间 *EDT*/s	0.72	0.84	0.86	0.81
混响时间 T_{30}/s	0.99	1.00	0.97	0.99
强度指数 *G*/dB	0.19	1.45	–1.03	0.20
语言传输指数 *STI*				0.62（良）

图 3–37　后土庙古剧场声学现场实测照

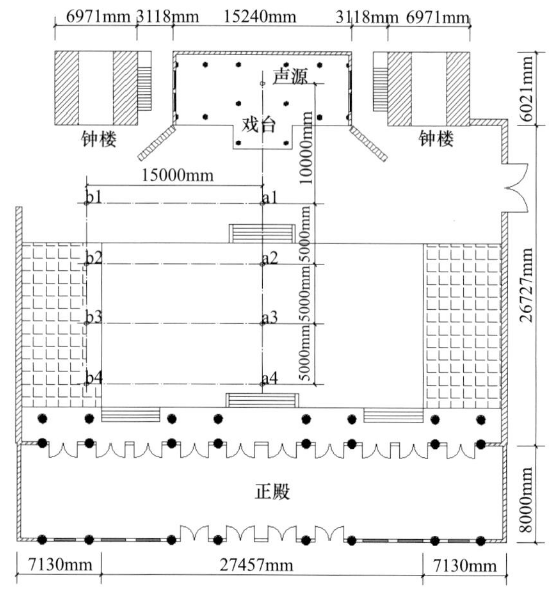

图 3–38　后土庙古剧场声场音质测点排布图

期衰减时间 *EDT* 的测量结果，可以看出，就整体而言各频带离散性较大，标准偏差在 0.04 ~ 0.11s，这表明该古剧场各测点的差异性较为明显，尤以 500Hz 与 1000Hz 频带为甚。同时，从图 3–39（a）中还可看出，除测点 a2 外，三个频带上其余各测点间早期衰减时间 *EDT* 测量结果的离散程度基本相同，且各测点早期衰减时间 *EDT* 的最大测值均在 2000Hz 频带上，最小测值则均在 500Hz 频带上，最大与最小测值间相差 0.31s。

图 3–39（b）显示的是早期衰减时间 EDT_m 与测点和声源水平间距（测距）之间的关系，可以看出，各测点的早期衰减时间 EDT_m 与测距呈负相关关系，且 EDT_m 的最大测值与最小测值虽仅相差 0.14s，但两者负相关趋势线的斜率仍然较大。此外，各测点早期衰减时间 EDT_m 的测值与图中趋势线较为吻合，这表明该古剧

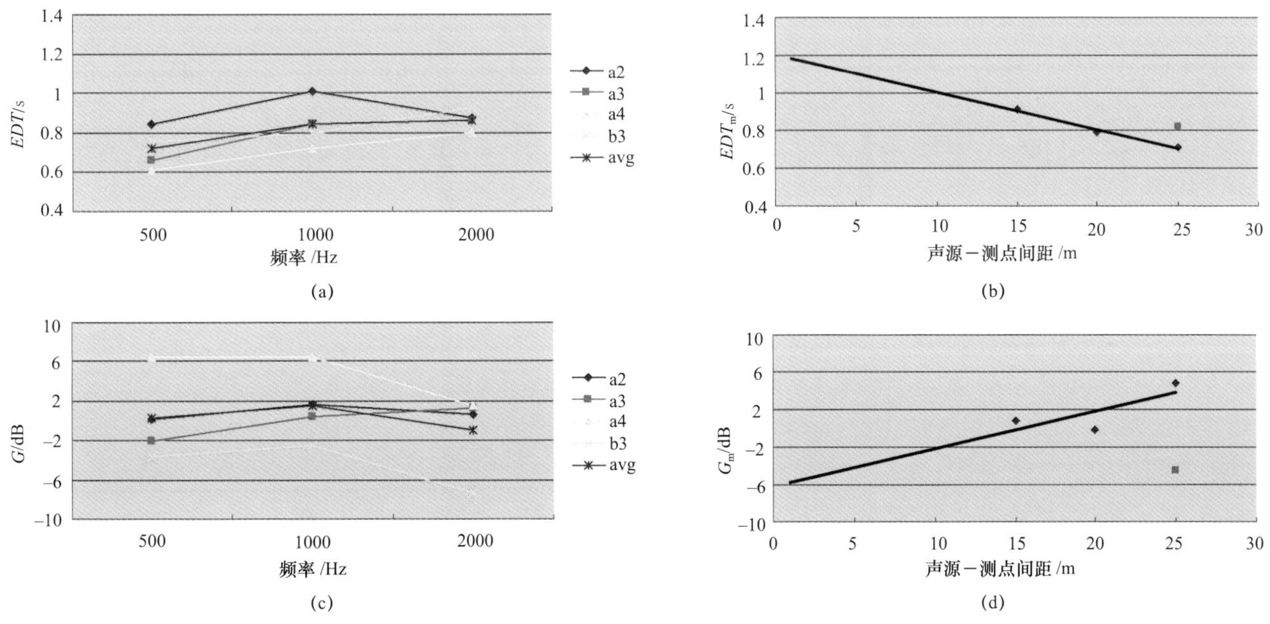

图 3-39　后土庙古剧场声场测试结果线性分析图

场声场的声能分布较为均匀。

在强度指数 G 方面，如图 3-39（c）所示，各频带的测量结果均未趋于一致，但离散程度基本相同，且各测点在 2000Hz 频带上强度指数 G 的测值普遍较 500Hz 与 1000Hz 频带上的测值偏小。整体来看，各频带强度指数 G 的平均测值均不高，其在 1000Hz 频带上的最大平均测值也仅为 1.45dB，这充分表明该古剧场的封闭性较差，声场响度明显不足。

图 3-39（d）显示的是强度指数 G_m 与测点和声源水平间距（测距）之间的关系，可以看出，各测点的强度指数 G_m 与测距呈明显的正相关关系，该现象和声能与距离呈负相关的特性不相符，其主要原因是观众区前后存在着较大的高差，导致测点和声源之间的真实距离与反映两者间水平距离的测距存在较大偏差所造成。此外，各测点 G_m 的测值与呈现出的正相关趋势线并不太吻合，存在着的离散程度表明后土庙古剧场声场的扩散性不是很好。

3.6　东岳庙古剧场声学实测

3.6.1　剧场基本概况

东岳庙古剧场位于山西省临汾市西北约 10km 土门镇东羊村，庙内现存前后两进院落，坐南朝北，占地面积约 2500m^2，中轴线上从南至北有山门、戏台、钟鼓楼、正殿等建筑。东岳庙始建于元至元二十年（1283 年），元大德七年（1303 年）地震损毁。庙内戏台前檐西侧石柱上部刻有建年题记，曰："本村施主王子敬、男王益夫，施到石柱一条，众社般（搬）载，至正五年月日，本村石匠王直、王二"，可见戏台始建于元至正五年（1345 年）。另据庙内碑文及其他题记，可知该庙在明嘉靖二年、万历四年、天启二年、清乾隆二年、光绪二年分别经历了五次大修。现存建筑中，戏台为元代遗构，其余则为清代重建。

历史上，东羊村东岳庙香火很旺，庙宇内整日烟雾缭绕。正殿里供奉的是 3 米多高的东岳大帝塑像，东厢房是十八层地狱塑像，西厢房是十八罗汉及一些不知名的神塑。土改时期，东岳庙成了村里的小学。而 20 世纪 70 年代，因改建教室便把东西厢房拆掉了，后因东岳庙正殿逐渐成为危房，山墙、后墙均大面积开裂，村民便用木柱支撑起来，但又担心学生进去玩耍时发生危险，最终村里索性把正殿也拆毁了，现仅存台基和柱础。因此，整座庙宇留下来的殿堂建筑便仅有后土圣母殿了（图 3-40）。从此，东羊村东岳庙也就有了另一个名称——后土庙。据庙内老者回忆，原东岳庙正殿面宽五间、单檐歇山顶。现存后土圣母殿始建于明代，悬山顶、面宽三间、进深五架椽、灰脊筒瓦，柱头斗栱为四铺作单下昂，耍头呈蚂蚱头，出檐较深，补间铺作仅明间一朵。与后土圣母殿正对着的，是连在一起的牌楼（图 3-41）和两侧的钟鼓楼（图 3-42）。一般来说，民间庙宇戏台理论上是为了娱神，戏台台口大多直接面向庙内殿堂所祭之神。而该东岳庙后土圣母殿和戏台之间却隔着这么一道屏障建筑，其视听效果必将大打折扣。

如图 3-43 所示，与牌楼相对的东岳庙古戏台坐南朝北，单开间、单进深，平面近乎成正方形，面宽 7.47m、进深 7.55m，正面敞廊，三面封闭，十字歇山顶，台基高 1.75m，前檐石柱抹楞，柱身正面雕刻着精细的牡丹花纹图案和化生童子（图 3-44），覆莲柱础。清代重修时曾在前檐下填建了三开间廊形成重檐，但在 1986 年重修时又恢复成元代旧貌。后檐两侧为圆形木柱，柱头卷杀。如图 3-45 所示，内檐梁架斗栱三层，叠成八卦形藻井，结构别致精巧，故戏台又称八卦亭。两侧山墙内分别设辅柱两根，直径略细，前侧的山柱距离前角柱 0.80m，后侧的山柱约在山墙后部的三分之一处。除戏台台口外的其余三面均筑墙，其中后墙壁画《钟馗降贪图》栩栩如生。

总而言之，此元代戏台是我国仅存 7 座早期戏台之中最为精巧的一座。整座戏台无一根大梁，仅用斗栱和井口枋层层相叠，形成八卦攒顶，其工艺精湛巧妙，堪称我国古代建筑一绝。如今，每年农历三月十八是后土娘娘的生日，周边村庄的人们将纷纷前来赶庙会，届时人山人海且庙内必唱大戏（图 3-46），一来祈求风调雨顺、五谷丰登，二来祈求驱邪避祸、家人平安。

图 3-40　东岳庙后土圣母殿

图 3-41　东岳庙牌楼

图 3-42　东岳庙钟鼓楼

图 3-43　东岳庙元代古戏台

图 3-44　东岳庙古戏台前檐石柱

图 3-45　东岳庙古戏台八卦藻井及《钟馗降贪图》

图 3-46　东岳庙庙会现场人山人海
（资料来源：https：//tieba.baidu.com/p/4024996583?red_tag=3167668372）

3.6.2　测试结果分析

测试当天，天气晴朗、风和日丽，且东岳庙地处村郊，周边环境较为偏僻，基本不存在任何人流及交通等背景噪声的干扰，因此声场测试的效果能够得到很好保障（图 3-47）。古剧场测试声源及各测点的排布见图 3-48。

如表 3-6 所示，东岳庙古剧场各测点（a2、a4、b2、b4）早期衰减时间 *EDT* 的平均值为 0.61s，混响时间 T_{30} 的平均值为 0.94s，强度指数 *G* 的平均值为 0.07dB，语言传输指数 *STI* 的平均值为 0.67。由此可见，虽然东岳庙古剧场具有良好的声场清晰度以及合适的混响时间，但整体响度不足。因此，笔者认为东岳庙古剧场并非传统戏曲演出的最佳观演场所。

以各频带来看各测点间早期衰减时间 *EDT* 的测量结果，如图 3-49（a）所示，整体而言各频带离散性较小，标准偏差在 0.03 ~ 0.06s，这表明该古剧场各测点的差异性不大。同时，从图 3-49（a）中还可看出，各测点间早期衰减时间 *EDT* 的平均值在各频带上的差别也并不大，近乎处于同一水平直线上，最大平均值与最小平均值仅相差 0.02s。

东岳庙古剧场各主要音质参数测试结果列表　　表 3-6

	500Hz	1000Hz	2000Hz	平均值
早期衰减时间 *EDT*/s	0.60	0.62	0.62	0.61
混响时间 T_{30}/s	1.02	0.91	0.88	0.94
强度指数 *G*/dB	−1.09	1.39	−0.08	0.07
语言传输指数 *STI*				0.67（良）

图 3–47　东岳庙古剧场声学现场实测照

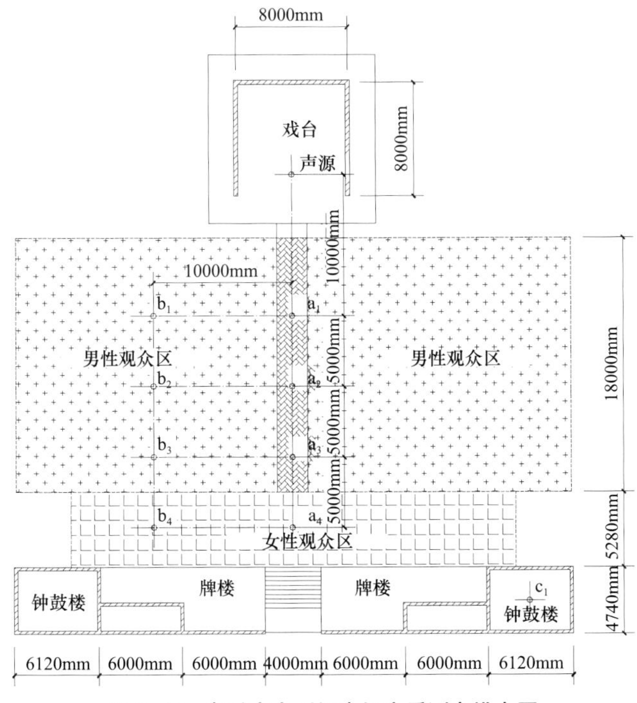

图 3–48　东岳庙古剧场声场音质测点排布图

图 3–49（b）显示的是早期衰减时间 EDT_m 与测点和声源水平间距（测距）之间的关系，可以看出，各测点的早期衰减时间 EDT_m 与测距呈负相关关系，且两者负相关趋势线的斜率非常之小，以至于该趋势线近乎呈现为一条水平线。此外，各测点早期衰减时间 EDT_m 的测值与图中趋势线基本吻合，这表明该古剧场声场的声能分布较为均匀。

在强度指数 G 方面，与早期衰减时间 EDT 测量结果的离散度分布情况相似，如图 3–49（c）所示，各频带的测量结果均未趋于一致，但除 2000Hz 频带外，其余两个频带上强度指数 G 测值的离散度基本一致，且各频带强度指数 G 的平均测值差别并不大，近乎处于同一水平线上，其中最大平均测值与最小平均测值之间的差距不超过 2.48dB。但整体来看，各频带强度指数 G 的平均测值依旧不高，其在 1000Hz 频带上的最大平均测值也仅为 1.39dB，这充分表明该古剧场的封闭性较差，声场响度不足。

图 3–49（d）显示的是强度指数 G_m 与测点和声源水平间距（测距）之间的关系，可以看出，各测点的强度指数 G_m 与测距呈明显的负相关关系，该现象和声能与距离呈负相关的特性相符。同时，各测点 G_m 的测值与呈现出的负相关趋势线基本吻合，较小的离散程度表明东岳庙古剧场声场的扩散性很好。

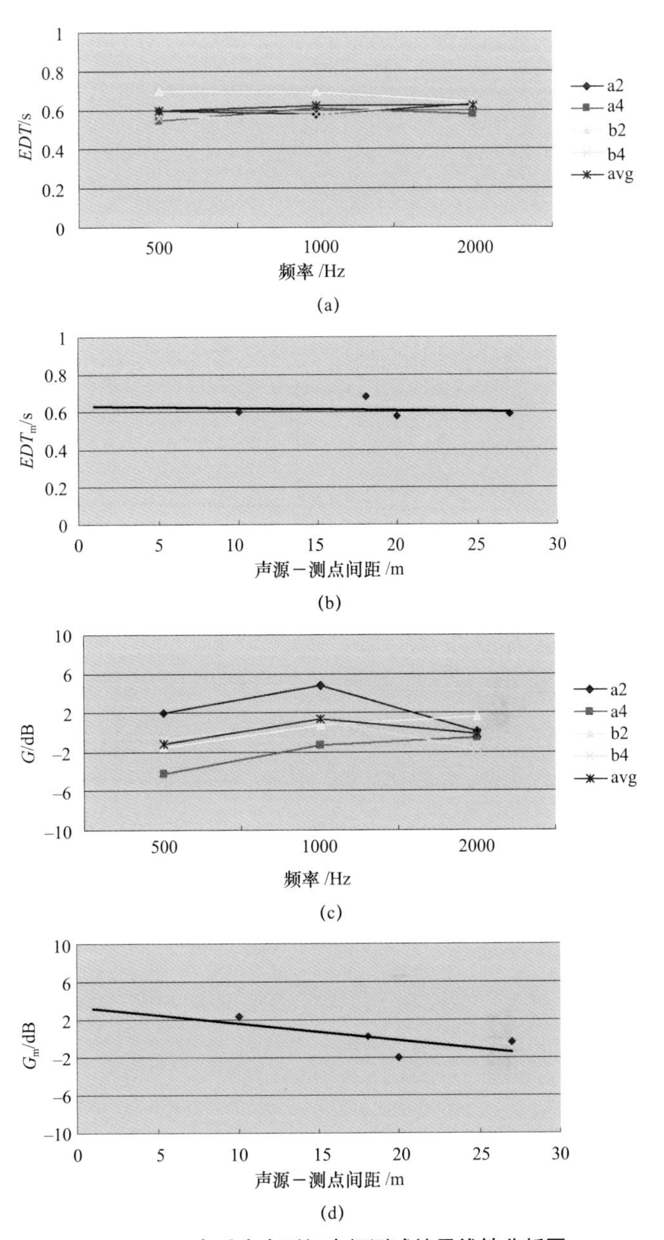

图 3–49　东岳庙古剧场声场测试结果线性分析图

此外，特别值得一提的是，位于钟鼓楼的测点 c1 所测得的早期衰减时间 EDT、混响时间 T_{20} 及 T_{30}，与剧场观众区各测点所获相应测值之间存在的差别并不大，甚至有的测值完全一致；但该测点明晰度 C_{80} 的测值则比观众区各测点所获相应测值略高一些，其差别约 1.52dB，且该测点强度指数 G 的测值较观众区各测点所获相应测值略小，其差别约 4.78dB。同时，测点 c1 处于古剧场观演区范围内的最高点，登上钟鼓楼平台，整座寺庙尽收眼底，观看戏台演出的视觉效果也较好。据寺庙管理人员介绍，因牌楼两侧钟鼓楼平台位置的独特性，旧时曾为达官显贵观戏时所专用的特设席位，类似于当今现代剧场中的包厢。对此，相较于普通观众区各测点音质效果而言，测点 c1 具有相近的混响感，具有更高的曲乐明晰度，虽然其响度效果有所减弱，但减弱幅度并不大。因此，从这些比较看来，该达官显贵的“特设包厢”较之普通观众区理应具有更好的视听效果，名副其实才对。然而，东岳庙古剧场属于开敞式剧场，戏台周边所存建筑的空间围合度不高，强度指数 G 的平均值仅为 0.07dB，因此在古剧场整体响度明显不足的情况下，测点 c1 较普通观众区再出现强度指数 G 约有 4.78dB 的减弱，那么该测点其他音质指标的测值就算再合适，其听音效果也便无从谈起。因此，可以判定的是，对于牌楼两侧钟鼓楼这种旧时达官显贵的特设席位，在功能上除了能遮阳避雨，在位置上具有专属性和独特性，给人以高高在上的优越感之外，其观戏的视听效果实际上并不比普通观众区好。

3.7 真武庙古剧场声学实测

3.7.1 剧场基本概况

真武庙位于山西省河津市城区三里许的西北隅紫金山麓的九峰之中，其状如龙，故俗称九龙庙。据考证，真武庙创建于北宋宣和年间，元代遭毁，明嘉靖、万历、清康熙、乾隆、咸丰、道光年间均有不同程度的增建或重修。真武庙居势高峻，三面临空，形状似岛。又因岗头遍岭是青松翠柏，故远在清乾隆以前就有卧麟岗之称。清咸丰十一年，崇文社王照离等人在创建崇文阁、纯阳洞时方题名麟岛。早在宋元以前，紫金山麓紧连的九个山头均建有大小不等的庙宇，即禹王庙、雷公庙、八仙庙、药王庙、真武庙、山神庙、帝君庙、三皇庙、天神庙等。随着时间的变迁，多数庙宇均倒塌圮毁，唯独九峰之中最大的建筑群真武庙尚存。由于庙址宽敞，后人便陆续把损毁的庙宇迁建到了真武庙的山头上。通过历代不断地迁建、添建以及 1980 年的重建，真武庙逐渐形成为今日较大规模的道教建筑群。

真武庙总用地面积约 3400m^2，总建筑面积约 2500m^2。庙内殿宇楼台共 30 余处，有朝殿坡、真武香厅、真武献殿、真武神龛、娘娘庙、三皇洞、玉帝阁、南天门、朝天宫、纯阳院、麟岛等景观。一般而言，道教主张清静无为、返璞归真、简朴隐居的思想，表现在建筑上即将传统的建筑模式与地形地势相结合，而呈现出不同的布局形式。真武庙是山林道教建筑的典型代表，所有建筑皆依山势而上下，殿坡栈道均随地形而低高，其势突兀，高下悬绝。

从布局上看，真武庙建筑群存在着三条轴线，东面为主轴线，呈南北走向，建有真武殿院落；西面为次轴线，呈东西走向，建有玉皇阁、纯阳院院落；再向北则是南北走向的建筑轴线，为朝天宫院落。其中，主轴线上的真武殿院落灵官楼是登上真武庙必经的山门，楼分三级，即楼台、四照亭、翠云阁，与山相连。过了山门灵官殿，地势开始陡峻，过一条狭窄而陡长的 160 级朝天坡山道（图 3–50），便到达真武庙（图 3–51）。真武庙院落的布局为传统四合院式布局，穿过山门戏台，即为庭院。据明万历六年（1578 年）《重修玄帝庙并增建洞阁记》记载，可知真武庙明代已有戏台，可惜屡修屡毁。现存戏台除前檐两角柱柱础为明代原物外，梁架结构皆为清代重修时所改建。如图 3–52 所示，戏台台基高 1.69m，前侧设低矮栏杆，并有栩栩如生的人物雕刻。戏台采用单檐歇山顶，面阔三间，其中明间面阔 4.80m，次间面阔 2.65m；进深两间，其中前台进深 3.60m，后台进深 3.00m。

值得一提的是，真武庙古剧场的观众空间非常别致，庭院从高到低分为上、中、下三阶：下阶两侧以围墙围成(图 3–53)；登 5 级台阶，到中阶，中阶即为庙院，庙院两侧建有功德坊及八仙阁各一座，东为八仙阁，西为功德坊（图 3–54）；再登十余级台阶，到上阶，由香亭、献殿、真武殿，以及两侧的厢房围合而成（图 3–55），上中下三阶与戏台成一线，观戏视角均较好。旧时，上

图 3–50　真武庙 160 级朝天坡山道

图 3-51　真武庙山门入口

图 3-52　真武庙古戏台

图 3-53　真武庙古剧场庭院下阶

图 3-54　真武庙古剧场庭院中阶

图 3-55　真武庙古剧场庭院上阶

阶俯视是官绅名人雅座；中阶可置板凳平视，供老幼妇孺观瞻；下阶则为普通男性观众立站而仰视之。

与戏台正对的便是真武庙主体建筑真武殿(图3-56)，其正殿面宽三间，进深四椽，单檐歇山顶。通常，道教建筑多通过增加建筑的体量感来突出强调其主体建筑的核心性，因此真武殿由香亭、献亭、正殿和真武神殿4个部分组成，且各单体建筑均靠近放置，并采用开敞式，不设门窗分割，彼此间相互通透的设计手法，使正殿建筑的进深变得更大，体量更为恢宏，层次更加丰富，形成真武庙中规模最大、结构最为紧凑的核心建筑组群[①]。

图3-56　真武庙主体建筑真武殿

综上，山西河津真武庙古建筑群，其建筑轴线偏移转折，布局随形就势，宛如游龙蜿蜒曲折，又变化有致。整体建筑布局体现出了对自然地势的适应，对道教文化思想崇尚自然、道法自然、天人合一，以及对人的审美的适应。同时，结合对自然环境和人工建筑的利用，赋予建筑以情感的美，使游众香客产生出寄情于景的精神意境，吸引着香客和游众怀着宗教的虔诚心态和世俗的审美心态前来参拜、游赏。如今，每年农历三月初三、九月初九是人们前来真武庙赶庙会的隆重节日（图3-57）。每逢盛会，必车水马龙，善男信女，身穿艳服，摩肩接踵，蜂拥云集。

图3-57　真武庙庙会人流如潮

（资料来源：https：//www.sohu.com/a/199705114_720528）

① 赵昕．浅析山西河津真武庙的建筑布局[J]. 文艺生活．文艺理论，2015（9）.

3.7.2　测试结果分析

测试当天，天气晴朗、风和日丽。因真武庙居势高峻，三面临空，天然地避开了公共交通、社会生活等环境噪声的干扰，加之测试期间庙内人流极少，从而声场测试的效果得到了很好保障（图 3–58）。遗憾的是，因笔者测试时的疏忽，在古剧场上阶观众区内未布置任何测点，仅对中阶和下阶观众区进行了测点上的排布，旧时作为官绅名人专用雅座的上阶观众区具有怎样的剧场声效，在此无法得到客观上的了解与评判。不过，鉴于

图 3–58　真武庙古剧场声学现场实测照

上阶观众区与戏台的距离较远，无论视效还是声效都或多或少受到一定程度的影响，尤其声效在响度上会存在着显著不足的可能。因此，从主观感受来看，笔者认为该区域观戏的视听效果不如中阶和下阶的好。古剧场测试声源及中阶和下阶观众区各测点的排布见图 3–59。

如表 3–7 所示，真武庙古剧场各测点（a1、a3、b1、b3）早期衰减时间 *EDT* 的平均值为 0.84s，混响时间 T_{30} 的平均值为 0.79s，强度指数 *G* 的平均值为 2.84dB，语言传输指数 *STI* 的平均值为 0.63。由以上测试数据可以看出，虽然古剧场混响时间 T_{30} 的平均值 0.79s 不在戏曲剧场最佳混响时间推荐值范围（0.9 ~ 1.3s）之内，但已十分接近该区间范围的最小值，且古剧场强度指数 *G* 的平均值 2.84dB 也满足了强度指数推荐值最小不得低于 2.5dB 的基本要求，此外声场清晰度整体良好。因此，真武庙古剧场达到了戏曲剧场声场所需满足的主要基本要求。于是从音质指标的客观角度看，笔者认为，该古剧场声场条件与传统戏曲演出的音质要求相吻合，是能够较好展现出戏曲表演最佳音质效果的。

以各频带来看各测点间早期衰减时间 *EDT* 的测量结果，如图 3–60（a）所示，整体而言，除 2000Hz 频带外，其他两个频带测值的离散性均较大，标准偏差在 0.11 ~ 0.05s，这表明该古剧场各测点在 500Hz 与 1000Hz 频带上的差异性较为明显。同时，从图 3–60（a）中还可看出，各测点间早期衰减时间 *EDT* 的平均值在各频带上的差别并不大，近乎处于同一水平线上，最大平均值与最小平均值仅相差 0.04s。

图 3–60（b）显示的是早期衰减时间 EDT_m 与测点和声源水平间距（测距）之间的关系，可以看出，各测点的早期衰减时间 EDT_m 与测距呈正相关关系，虽然 EDT_m 的最大测值与最小测值之间仅相差 0.21s，但两者正相关趋势线的斜率依然较大，且各测点早期衰减时间 EDT_m 的测值与图中趋势线也均基本吻合，这表明该古剧场声场的声能分布非常均匀。

在强度指数 *G* 方面，如图 3–60（c）所示，各频带的测量结果均未趋于一致，但离散程度基本相同，且各

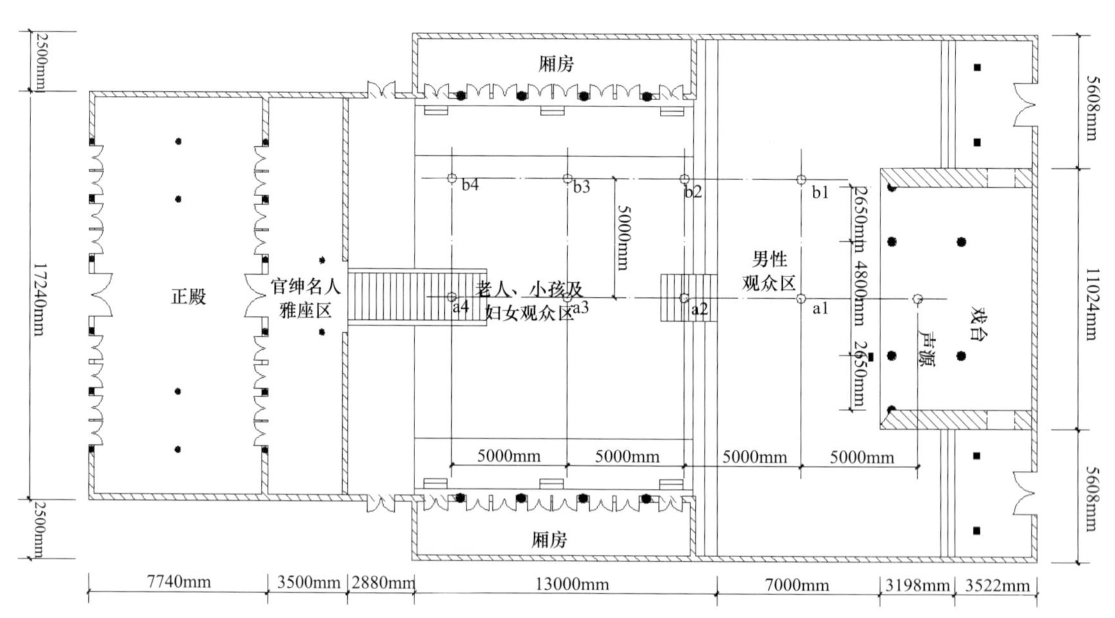

图 3–59　真武庙古剧场声场音质测点排布图

真武庙古剧场各主要音质参数测试结果列表　　**表 3–7**

	500Hz	1000Hz	2000Hz	平均值
早期衰减时间 *EDT*/s	0.86	0.82	0.83	0.84
混响时间 T_{30}/s	0.80	0.79	0.77	0.79
强度指数 *G*/dB	1.86	4.11	2.54	2.84
语言传输指数 *STI*				0.63（良）

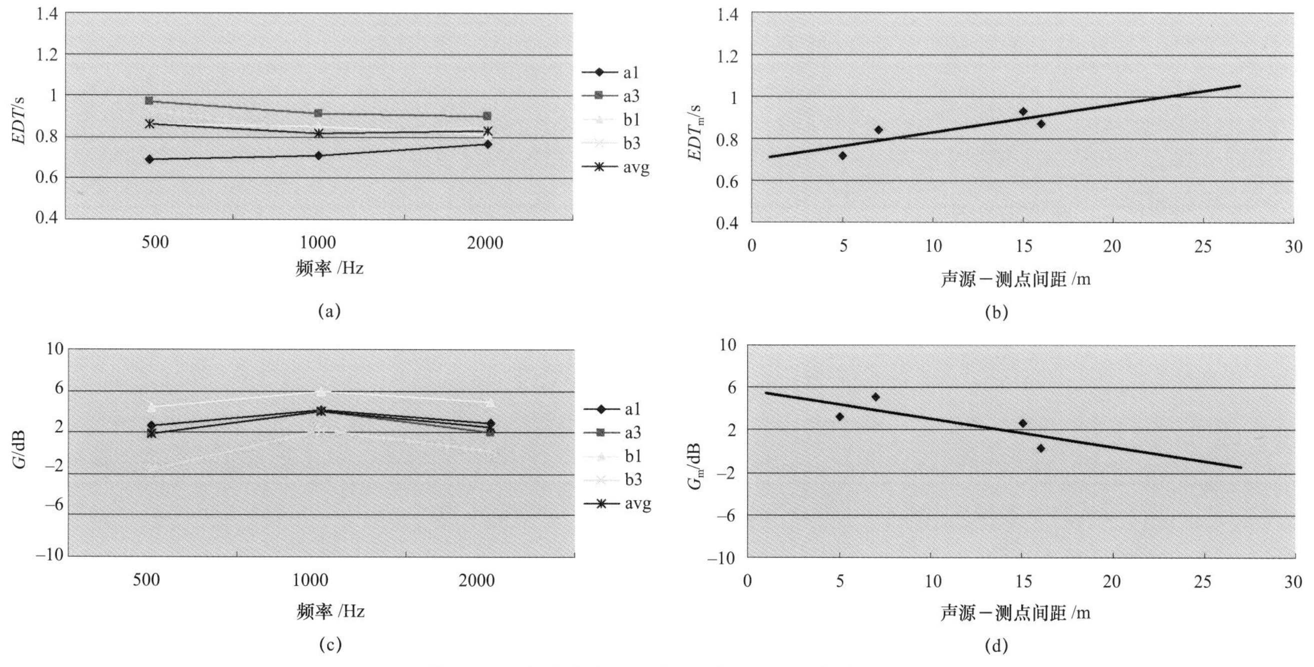

图 3-60　真武庙古剧场声场测试结果线性分析图

测点强度指数 G 在 1000Hz 频带上的测值较 500Hz 与 2000Hz 频带上的测值均稍高。此外，除 500Hz 频带外，其他两个频带上各测点强度指数 G 的平均值均大于强度指数最小推荐值 2.5dB。不过，各测点在 500Hz 频带上强度指数 G 的平均值依然拥有 1.86dB 的不低值。这表明，与大多数传统庭院式剧场相比，真武庙古剧场庭院空间内的建筑在竖向围合度上较好，尤其位于上阶观众区的真武殿更是居势高峻，能为声场提供大量的反射声，从而促使声场响度能够达到所需 2.5dB 的基本要求。

图 3-60（d）显示的是强度指数 G_m 与测点和声源水平间距（测距）之间的关系，可以看出，各测点的强度指数 G_m 与测距呈明显的负相关关系，该现象和声能与距离呈负相关的特性相符，且各测点 G_m 的测值与呈现出的负相关趋势线基本吻合，较小的离散程度表明真武庙古剧场声场的扩散性较好。

3.8　牛王庙古剧场声学实测

3.8.1　剧场基本概况

牛王庙古剧场（图 3-61）位于山西省临汾市尧都区魏村西北面的山冈上，西南靠近姑射山，东南濒临汾水。牛王庙始建于元至元二十年（1283 年），后因大

图 3-61　牛王庙古剧场山门入口

德七年（1303年）平阳地震而损坏，至治元年（1321年）维修，明、清两代屡有修葺。庙内中轴线上由南至北依次有戏台、献亭、正殿等建筑。1996年牛王庙被国务院公布为第四批全国重点文物保护单位。

牛王庙古剧场现存戏台为元代建筑，采用乐楼形式，是国内现存最早的木构亭式戏台。如图3–62所示，戏台为砖石台基，高1.15m，面阔7.45m，进深7.55m，平面为方形，进深略大于面阔，整体采用大额枋结构，完全沿袭宋金时期乐亭戏台的独特风貌；为了减少两山面的负荷，在山面进深方向后1/3处立辅柱，并从此处后侧起砌墙，前面敞开，观众可由三面观戏，戏台的这一特点与现代剧场的T形舞台有着异曲同工之妙。此外，戏台辅柱顶端原有铁环，用以悬挂帷幕区分前后台之用①。

戏台四角立柱，前檐石柱，后檐木柱。前檐石柱四角抹楞，正面雕以化生童子和牡丹图案，抹角处有铭文。西柱铭文：蒙大元国至元二十年（1283年）岁次癸未季春竖石泉南施石人杜秀。柱头上方刻：交底都维那郭仲臣。东柱铭文：维大元国至治元年（1321年）岁次辛酉孟秋月下旬九月竖，石匠赵君王。柱头上方刻：交底众社人施石柱一条。两柱题记相差三十多年。大概西柱为创建时的原物，东柱为重修时的构件②。

戏台角柱均置大斗，斗口内施十字形雀替，上架四根大额枋，形成井字形框架；额枋上每面各施斗栱四朵，四面共十二朵，分补间和转角两种，均为双下昂五铺作；斗栱上承檐出和梁架，转角处施抹角枋，上承井口枋，形成第二层井字形的框架；井口枋又铺梁架，上施第二层斗栱，每面四朵，共十二朵，每面中间的两朵斜栱之上，承抹角梁，形成一个扭转90°的方框，抹角枋中心处设垂柱，上架小枋，四角抹去，形成八角形的框架，每面施斗栱各一，共八朵，汇合于中心；故从戏台内部观看，顶部最上边两层木结构均为从大到小的八角形，而到了最下一层又巧妙地回归到四方四正的四边形木结构，如图3–63所示，最终形成八角形藻井。

综上，与明清戏台相比，元代戏台大多面阔一间，台口仅在两侧设立柱，且为了增加视角宽度，戏台两侧山墙仅砌筑1/3或1/4长度。而明清之后的戏台，大多为面阔三间，台口处设4根立柱，台下观看时往往会出现多处视觉死角。除此之外，明清戏台还普遍过多地追求建筑立面装饰的华丽，而对戏曲演出的功能缺乏一定程度的设计，某些方面远不如元代戏台实用。比如，牛王庙古戏台从其木结构看，多在四根角柱上设雀替大斗，大斗上施四根横着的大额枋，以形成一个巨大的方框，方框下面是空间较大的表演区，上面承受着整个屋顶的重量。元代戏台这种大额枋木结构的普遍采用，使台口空间得到了较大程度的增大，对需要开间较大的戏台是十分有利的。另据《临汾县志》记载，元大德七年八月，平阳府发生八级大地震，当时的魏村牛王庙被夷为平地，唯独庙内戏台保存完好，震后只对破损部分进行了少许修缮。经分析，这与牛王庙戏台独

图3–62　牛王庙古戏台

① 薛林平．中国传统剧场建筑[M]. 北京：中国建筑工业出版社，2009.

② 薛林平．中国传统剧场建筑[M]. 北京：中国建筑工业出版社，2009.

图 3-63　牛王庙古戏台八角形藻井

图 3-64　牛王庙献亭及正殿

特的建造工艺有关。比如，戏台为木质亭式结构，体量轻盈，结构稳定，且整座戏台没有使用一根钉子，完全由木材榫卯搭构结合而成；再就是元代北方建筑的另一个特点，即所有立柱并非完全垂直设立，而是均带有一定的侧脚，这在一定程度上符合力学的平衡原理，增强了建筑的稳定性，尤其对抵抗地震中产生出的横波剪切力十分有效。

戏台对面为献亭和正殿（图 3-64）。献亭呈方形，面宽和进深均为一间，为 5.10m；四角圆木柱略有收分和侧脚；东北角柱柱础为覆莲式，其余角柱为素盆柱础；内顶有藻井。值得注意的是，檐下四周的 10 根柱子均是光绪年间附加上去的。光绪二十三年（1897 年）《重刻广禅侯元时碑记》记载：且于献亭下辅立柱十根。正殿面宽三间，悬山顶；檐柱为 4 根粗大的圆木柱，有侧脚和收分；门额上有匾“广禅侯殿”；殿内有牛王、马王、药王泥塑像，均为清代所塑；牛王头上有短角，正视前方；马王和药王的头偏向牛王。旧时，每年四月初十牛王庙均有庙会，会期 3 天，期间均有戏曲演出。明清时期，成立三王会，各社轮流负责演剧。清同治十一年（1872 年）《三王会碑》中记载了其会规。

3.8.2　测试结果分析

测试当天，天气清冷无风、阴雨绵绵，降雨断断续续持续了几乎整个白天。为了保证测试时不受到雨声的干扰，笔者一行将声场测试选在了夜间雨停之后进行（图 3-65）。同时，因牛王庙地处魏村村郊的山岗上，故周边环境十分僻静，且整个测试期间，不受任何游众香客等人流噪声的干扰，因此古剧场声场测试效果得到了很好保障。古剧场测试声源及各测点的分布见图 3-66。

如表 3-8 所示，牛王庙古剧场各测点（a1 ~ a7、b1 ~ b7、c1 ~ c7、d1 ~ d7、e1 ~ e7）早期衰减时间 *EDT* 的平均值为 0.58s，混响时间 T_{30} 的平均值为 0.96s，强度指数 *G* 的平均值为 –0.80dB，语言传输指数 *STI* 的平均值为 0.70，处于语言传输指数评价档次中的“良”。可见，虽然牛王庙古剧场满足戏曲剧场最佳混响时间要求，且声场清晰度较高，但整体响度不足，未达到 2.5dB 的基本要求。因此，笔者认为牛王庙古剧场并非传统戏曲演出的最佳观演场所。

以各频带来看各测点间早期衰减时间 *EDT* 的测量结果，如图 3-67（a）所示，整体而言各频带离散性并

牛王庙古剧场各主要音质参数测试结果列表　　表 3-8

	500Hz	1000Hz	2000Hz	平均值
早期衰减时间 *EDT*/s	0.52	0.55	0.66	0.58
混响时间 T_{30}/s	0.85	1.01	1.03	0.96
强度指数 *G*/dB	–1.72	0.45	–1.14	–0.80
语言传输指数 *STI*				0.70（良）

图 3–65　牛王庙古剧场声学现场实测照

不太大，标准偏差在 0.08 ~ 0.09s，这表明该古剧场各测点的差异性并不太明显。同时，从图 3–67（a）中还可看出，各测点早期衰减时间 *EDT* 的测量结果在 2000Hz 频带上的测值最大，在 500Hz 频带上的测值最小，最大值与最小值相差约 0.40s。这表明该古剧场在 500Hz 频带上的吸声或扩散效果较其他两个频带要强。

图 3–67（b）显示的是早期衰减时间 EDT_m 与测点和声源水平间距（测距）之间的关系，可以看出，各测点的早期衰减时间 EDT_m 与测距呈正相关关系，且两者正相关趋势线的斜率非常小，各测点早期衰减时间

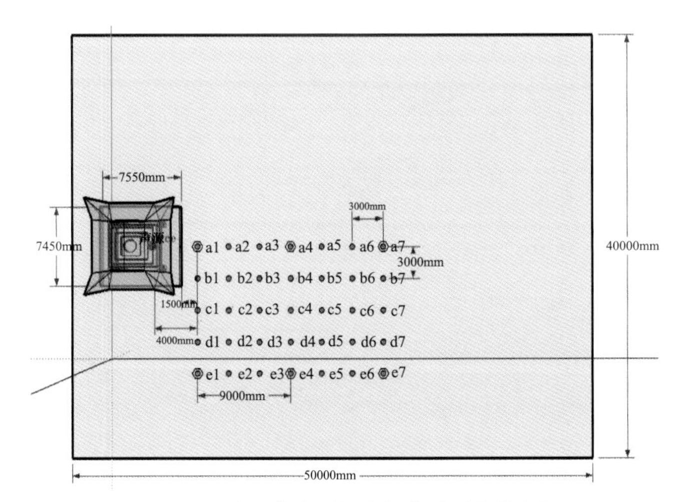

图 3–66　牛王庙古剧场声场音质测点排布图

EDT_m 的测值与图中趋势线也均基本吻合，EDT_m 的最大测值与最小测值差别不超过 0.19s，这表明该古剧场声场的声能分布较为均匀。

在强度指数 G 方面，如图 3–67（c）所示，各频带的测量结果均未趋于一致，但离散程度基本相同，各测点强度指数 G 的测量结果在 1000Hz 频带上的测值要稍大于在 500Hz 和 2000Hz 频带上的测值，且各频带强度指数 G 的平均测值均非常小，其位于 1000Hz 频带上的最大平均测值也仅为 0.45dB，这充分表明该古剧场的封闭性很差，声场响度明显不足。

图 3–67（d）显示的是强度指数 G_m 与测点和声源水平间距（测距）之间的关系，可以看出，各测点的强度指数 G_m 与测距呈明显的负相关关系，该现象和声能与距离呈负相关的特性相符。但各测点 G_m 的测值大多与呈现出的负相关趋势线偏离较远，较大的离散程度表明该古剧场声场的扩散性不是很好。

值得一提的是，牛王庙古剧场混响时间 T_{30} 测值的平均值为 0.96s，虽然该平均值处于戏曲剧场最佳混响时间推荐值范围（0.9 ~ 1.3s）之内，但与声学模拟结果（0.31s，见 92 页）存在着明显的差别。经笔者分析，其主要原因是在运用声学软件 CATT 进行模拟运算时，所创建的模型是在理想环境中建立的广场式剧场，即整个剧场模型仅为一座孤立的戏台，四周无任何建筑物环绕，模型中所设置的包围在戏台四周及顶部各界面吸声系数的数值均为 99.99（注：若吸声系数设置成最大值 100，CATT 便无法进行模拟运算），软件在模拟运算时对撞击到该界面的声线均默认成近乎 100% 全吸收。然而在实际环境中，戏台后侧立有砖墙，且庙内存在着的献亭、正殿等建筑物均会对实际声场造成一定程度的影响。故牛王庙古剧场声场中由砖墙、庙内建筑以及花草树木等植被所提供的反射声是使得混响时间实测值明显大于其声学模拟值的主要原因。

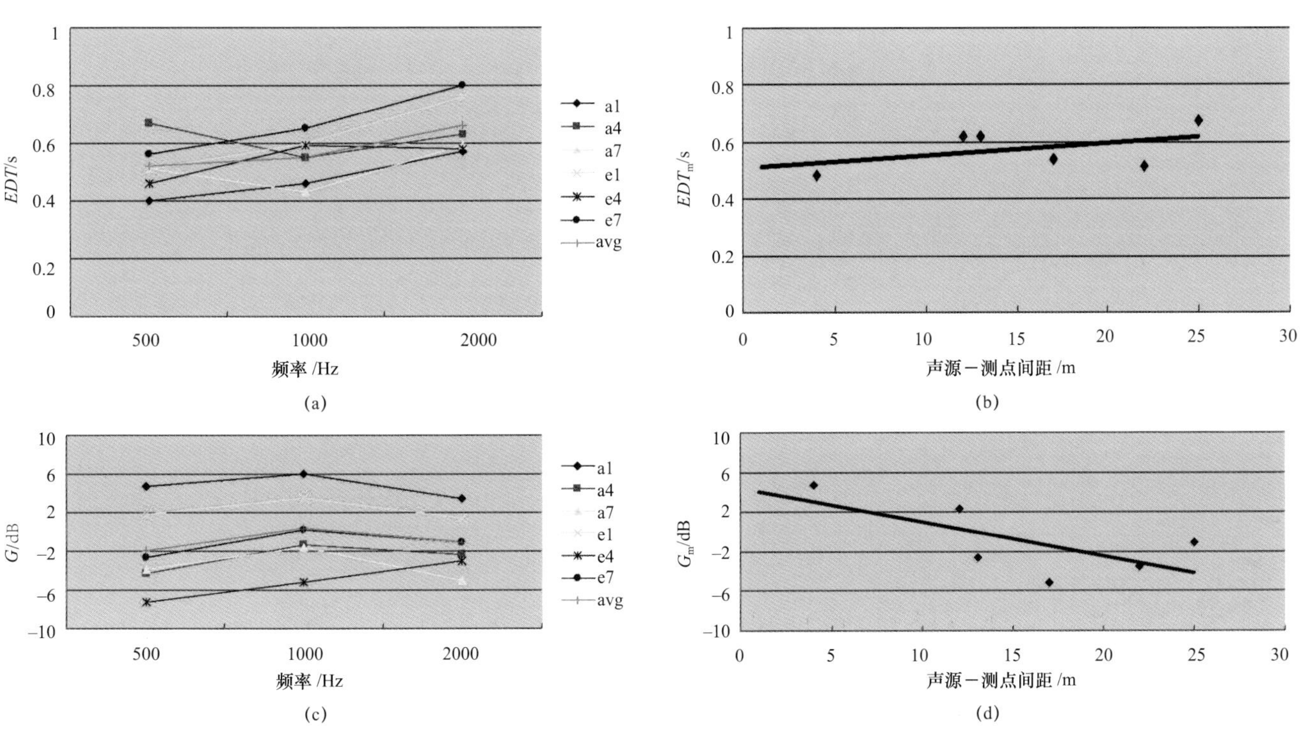

图 3–67　牛王庙古剧场声场测试结果线性分析图

3.9 秦氏支祠古剧场声学实测

3.9.1 剧场基本概况

秦氏支祠位于浙江省宁波市海曙区马衙街，始建于1923~1925年，由秦氏后裔秦君安出资修建，耗银元20余万。建成后次年至1949年，作为甬上望族的秦氏后人每年均在此举行祭祖活动。2001年秦氏支祠作为近代建筑，被国务院批准列入第五批全国重点文物保护单位名单，并入天一阁文物项中。

该祠坐北朝南，以南北为纵轴线，由照壁、门厅、戏台、正殿、后殿、左右厢房等组成一个规模宏大的木结构建筑群。平面布局呈长方形，占地面积约2000m^2，建筑面积为2165m^2。第一进门厅面宽七间，穿斗式，重檐硬山顶，门厅内接戏台；第二进正殿，面宽七间，重檐硬山顶，明间为抬梁式，其余各间均为穿斗式；第三进为后殿，面宽七间，重檐硬山顶，明间为五架梁抬梁结构，其余各间为穿斗式，梁枋上雕刻各种花鸟、人物等。

如图3-68所示，秦祠内戏台伸出于庭院中，是整座建筑中最为华丽的部分，其面宽单间6.1m，进深5.9m，单檐歇山顶。戏台檐柱为铁柱，直径12cm，显得轻巧灵活。台内设穹形藻井，由16个盘旋而上的斗栱昂嘴拼接而成，每个斗栱都雕成如意形状，盘旋而上，交汇于穹顶中央的“明镜”处，不可不谓宁波工艺一大特色（图3-69）。檐枋、斗栱、隔扇等装饰均非常精美，集雕刻、金饰、油漆于一体，流光溢彩、熠熠生辉。戏台后侧第二层用作戏房，为演员化妆、休息之用，庭院两侧设看楼（图3-70）。

此外，秦氏支祠还在空间布局、建筑设计及装饰上均依据江南传统的营造格式，融合了木雕、砖雕、石雕、贴金、拷作等民间工艺于一体，具有与众不同的宁波地方风格。

3.9.2 测试结果分析

测试当天，天气晴朗、风和日丽。考虑到天一阁博物馆开馆后全天参观游客众多，络绎不绝，为保证测试时不受到游览人群所带来背景噪声的干扰，经与管理人员沟通，笔者一行获得了能在当日开馆前提早1小时入内进行声学测试的特别准许（图3-71）。从而，古剧场声场测试的效果得到了很好保障。真诚感谢天一阁博物馆的有关负责人及陪同全程测试的馆内安保人员。

测试时，为避免明显声场耦合现象的发生，祠内门厅、正殿及左右看楼建筑的门窗均保持了关闭状态。古剧场测试声源及各测点的分布见图3-72。

图3-69　秦氏支祠古剧场戏台藻井

图3-68　秦氏支祠古剧场戏台

图3-70　秦氏支祠古剧场庭院及看楼

图 3-71　秦氏支祠古剧场声学现场实测照

如表 3-9 所示，天一阁秦氏支祠古剧场各测点（a1 ~ a4、b1 ~ b4、c1 ~ c4）早期衰减时间 *EDT* 的平均值为 0.86s，混响时间 T_{30} 的平均值为 0.93s，强度指数 *G* 的平均值为 4.89dB，语言传输指数 *STI* 的平均值为 0.64。由此可见，古剧场声场清晰度良好，混响时间及整体响度均达到了戏曲剧场声场所需满足的基本要求。从音质指标的客观角度看，笔者认为，该古剧场声场条件与传统戏曲演出的音质要求相吻合，是能够较好展现出戏曲表演最佳音质效果的。

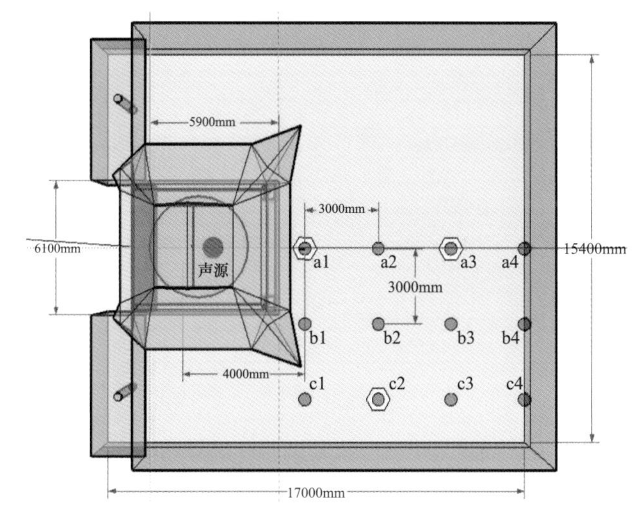

图 3-72　秦氏支祠古剧场声场音质测点排布图

以各频带来看各测点间早期衰减时间 *EDT* 的测量结果，如图 3-73（a）所示，整体而言各频带离散性较小，标准偏差在 0.03 ~ 0.05s，较广场式传统剧场典型

秦氏支祠古剧场各主要音质参数测试结果列表　　表 3-9

	500Hz	1000Hz	2000Hz	平均值
早期衰减时间 *EDT*/s	0.83	0.88	0.86	0.86
混响时间 T_{30}/s	0.90	0.95	0.95	0.93
强度指数 *G*/dB	3.60	5.35	5.71	4.89
语言传输指数 *STI*				0.64（良）

代表牛王庙古剧场的标准偏差小，这也表明该古剧场各测点的差异性不大。同时，从图 3-73（a）中还可看出，三个频带上各测点间早期衰减时间 *EDT* 测量结果的离散程度基本相同，且各测点间早期衰减时间 *EDT* 的平均值在各频带上的差别并不大，近乎处于同一水平线上，最大平均值与最小平均值仅相差 0.05s。

图 3-73（b）显示的是早期衰减时间 EDT_m 与测点和声源水平间距（测距）之间的关系，可以看出，各测点的早期衰减时间 EDT_m 与测距呈正相关关系，但两者正相关趋势线的斜率较小，且各测点早期衰减时间 EDT_m 的测值与图中趋势线十分吻合，这表明该古剧场声场的声能分布较为均匀。

在强度指数 *G* 方面，如图 3-73（c）所示，各频带的测量结果均未趋于一致，且位于 500Hz 频带上的强度指数 *G* 测值均略小于其位于 1000Hz 和 2000Hz 频带上的 *G* 测值。同时，各频带强度指数 *G* 的平均测值均较牛王庙古剧场相应的平均测值要高，且最小平均测值也依然具有 3.60dB 的响度大小。这充分表明，与全开敞的传统广场式剧场相比，四面围合的庭院式传统剧场建筑空间更有利于剧场声场响度的提高。

图 3-73（d）显示的是强度指数 G_m 与测点和声源水平间距（测距）之间的关系，可以看出，各测点的强度指数 G_m 与测距呈明显的负相关关系，其呈现出负相关趋势线的斜率较大，且各测点 G_m 的测值基本与呈现出的负相关趋势线相吻合，较小的离散程度表明该古剧场声场的扩散性很好。

在语言传输指数 *STI* 方面，所测平均值为 0.64，表明该古剧场声场清晰度良好。同时，天一阁秦氏支祠古剧场各频带混响时间 T_{30} 的平均值为 0.93s，位于戏曲剧场最佳混响时间推荐值（0.9 ~ 1.3s）范围之内，且与广场式的牛王庙古剧场不同的是，其强度指数 *G* 的平均测值整体得到了较大提升，并满足了强度指数 *G* 推

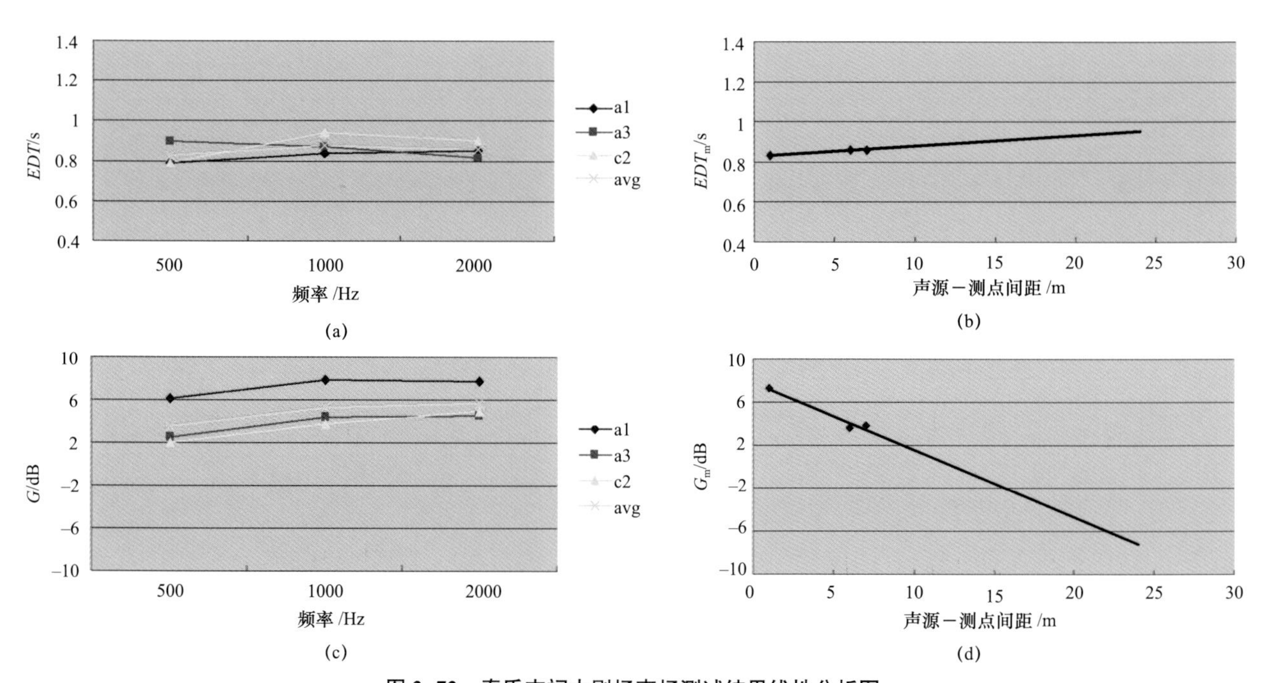

图 3-73　秦氏支祠古剧场声场测试结果线性分析图

荐值最小不得低于 2.5dB 的基本要求。由此可见，从音质指标的客观角度看，笔者认为，秦氏支祠古剧场声场条件与传统戏曲演出的音质要求相吻合，是能够较好展现出戏曲表演最佳音质效果的。

此外，特别值得一提的是，该古剧场混响时间 T_{30} 的平均测值（0.93s）与声学模拟计算值（0.70s，见 92 页）基本吻合，这也侧面表明了软件 CATT 在中国传统庭院式剧场声学模拟中的适用性。

3.10　湖广会馆古剧场声学实测

3.10.1　剧场基本概况

在介绍北京湖广会馆古剧场之前，想必有人会问，北京的会馆建筑究竟有多少呢？对此，各时期的统计数据不尽相同。比如，光绪十二年（1886 年）《朝市丛载》[①] 记载，北京的会馆有 384 座；光绪《顺天府志》记载，北京大小会馆有 414 座；清末笔记《清稗类钞》曰："各省人士侨寓京都，设馆舍以为联络乡谊之地，谓之会馆。或省设一所，或府设一所，或县设一所，大都视各地京官之多寡贫富而建设之，大小凡四百余所。"另据北京市民政局 1949 年的调查，北京当时有会馆 391 座，且多为清代所建；2007 年出版的《北京会馆资料集成》[②] 则收录了明永乐十三年（1415 年）至 1949 年间北京所建的 647 座会馆。从这些统计数据可知，清代北京会馆的数量是非常庞大的。

那么，北京为何有着如此众多的会馆建筑呢？其主要有两个方面的原因：一是，每三年一次的会试，促进了北京会馆建筑的发展。明清两朝，北京作为京师之地，每三年要进行一次会试，大量文人墨客云集于此。为方便这些人的食宿，各地纷纷在北京设立会馆。二是，商业的繁荣促进了会馆建筑的发展。北京自明清以来，不仅是全国的政治文化中心，也是经济商业中心。随着经济的繁荣和商业的发展，工商业者为了联络感情、协调商务、维护利益，需要经常集会、商议、宴饮，也促使各地商人在京建立会馆。此外，就北京会馆建筑的具体分布而言，所建会馆主要分布在城外的宣南地区。究其原因，一方面是由于清初有着旗汉分治的政策，即规定内城只准住旗人；另一方面是由于中原和南方各省的人员进京时，一般是经过涿州向北过卢沟桥进入广安门，途经宣南一带。

在众多北京会馆建筑中最为典型的代表则为湖广会馆，湖广二字始于元代的湖广省，而湖广自 1376 年后专指（湖南、湖北）两湖之地。北京湖广会馆坐落在西城区骡马市大街东口南侧（虎坊桥西南），会馆旧址为明万历年间大学士张居正的相府。清嘉庆十二年（1807 年），湖南长沙籍在京官员刘云国等，创议修建湖广会馆。创建之初，规模并不大。道光十年（1830 年）重修时，增建戏台，升其殿宇，添设穿廊。道光二十九年（1849 年）又增置亭榭等。光绪十八年至二十二年（1892 ~ 1896 年）再次大修，历时四载，耗银 1.8 万两余，工程浩大。现存 1927 年实测的总平面图，则反映了光绪二十二年（1896 年）重修后的状况。按照 1927 年的测绘图，会馆占地共 4305m²，建筑面积约 2400m²。光绪年间，湖广会馆转为两广总督叶名琛的私宅。光绪二十六年（1900 年），八国联军入京，该会馆一度成为美军提督的司令部。后长期被企业、机关、居民占用，直至 1984 年被列为北京市文物保护单位为止。且于 20 世纪 90 年代大修后，被辟为北京市戏曲博物馆，并于 1997 年 9 月 6 日正式对外开放。

根据《1947 年各省会馆总登记表》记载，当时湖广会馆有如下建筑：正院楼房三间，即乡贤祠，前院东房六间、南房三间，后院北房五间、南房一间，西院北房三间、南北房六间，东院楼房十二间、戏楼一座，以及临街铺房二十五间。湖广会馆分东、中、西三路。目前现存的大部分建筑为原构，如中部的剧场、文昌阁、风雨怀人馆，西院的楚畹堂，东院的北房（原倒座厅）、东厢房、垂花门、小南房，以及中院、东院游廊等。而南部部分平顶游廊则为后来陆续添建。前清时名流学士常在此宴会唱酬，成为宣南一胜地。两湖旅京人士更定时在此聚会、礼神和祭祀乡贤。

如图 3-74 所示，北京湖广会馆古剧场采用室内厅堂式建筑形制，面积约 430m²，双卷棚勾连悬山式屋

① 《朝市丛载》是一部清代光绪年间多次再版、广为流传的北京旅行指南，记述清时京师都城、衙署、厂肆、人物、文物、掌故等的书籍。该书向人们展示出清代北京社会的一个剖面，为研究清代社会、北京历史和民俗学提供了可贵的资料。

② 李金龙，孙兴亚．北京会馆资料集成 [M]．北京：学苑出版社，2007.

图 3–74　北京湖广会馆古剧场建筑内外

顶，四角出重檐。戏台面积约 $45m^2$，重檐悬山顶，上檐双卷高跨为十檩，低跨为六檩。戏台天幕为黄色金丝缎绣制的五彩龙凤戏珠图案。如图 3–75 所示，台基高 0.94m，台宽 7.08m，台深 6.38m。柱间面宽 5.68m，进深 5.68m。柱子上端以雕花额枋连结成正方形，额枋下以木格组成垂花。扮戏房由两部分组成，一部分为戏台南面的五间房；另一部分为同样尺寸的五间披檐房，向南开三间隔扇门。

古剧场观众厅面宽五间，进深七间。如图 3–76 所示，一层中部为池座，东、西、北三面为二层观戏廊，进深均为 3.75m。北面明间有隔扇门三间。东面为板门一间，后又开辟一门。西面向西突出二小间，原为场面（乐队）位置。楼上包厢正面五间，两侧每面六间，北面二间为附属用房。北面二隅设窄陡的楼梯。

图 3–75　北京湖广会馆古剧场戏台

图 3–76　北京湖广会馆古剧场一层池座与二层观戏廊

会馆后院设乡贤祠，乡贤祠原在该馆中院，北屋3间房，南向；文昌阁，在乡贤祠楼上，南向，阁中奉文昌帝君神位；宝善堂，在后院中院，5间房，南向；楚畹堂，在该馆西院，前后各3间；风雨怀人馆，在乡贤祠和文昌阁的后室，3间，建筑在高台上，从两侧斜廊而下，前后均可通达，传为曾文正公所布置。会馆门嵌精美砖雕，花园不大，堆以假山，设置亭榭，搭配走廊。乡贤祠前有一口子午井，每日逢子午时，清泉上涌，清甜异于平时，故名子午井。中国戏曲博物馆位于文昌阁内，基本陈列为北京戏曲史略，通过戏曲文献、文物、图片和音像资料向参观者展示了以京剧艺术为主的北京戏曲发展史，其中有京剧名家王瑶卿、梅兰芳的拜师图，以及武生泰斗杨小楼演出用的戏装等珍贵藏品。

3.10.2　测试结果分析

为保障古剧场声场的测试效果，声学测试特选在馆内无演出的时段进行（图3–77）。测试时，会馆门窗均处于关闭状态。古剧场测试声源及各测点的分布见图3–78。整个测试过程进展顺利，唯一美中不足的是，因馆内规定严格，实测未能带入十二面体无指向声源，对古剧场厅堂内声压级 *SPL* 的整体分布情况无法了解。

图3–77　北京湖广会馆古剧场声学现场实测照

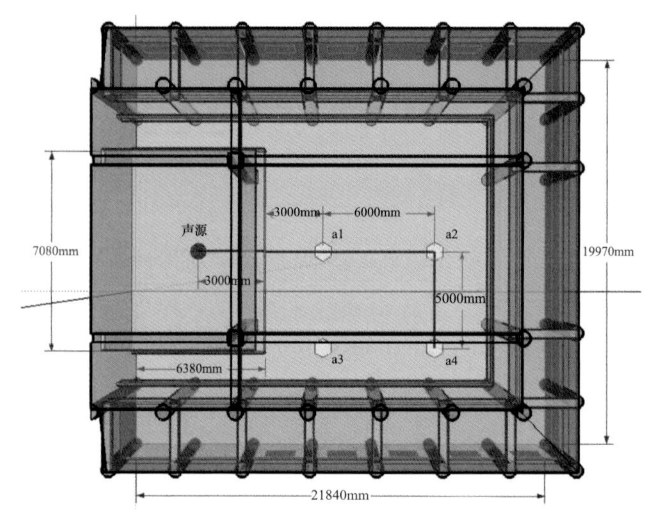

图 3-78　北京湖广会馆古剧场声场音质测点排布图

如表 3-10 所示，北京湖广会馆古剧场各测点（a1 ~ a4）早期衰减时间 *EDT* 的平均值为 1.01s，混响时间 T_{30} 的平均值为 0.92s，强度指数 *G* 的平均值为 7.59dB，语言传输指数 *STI* 的平均值为 0.58。由此可见，虽然湖广会馆古剧场声场清晰度一般，但混响时间以及整体响度均达到了戏曲剧场声场所需满足的基本要求。从音质指标的客观角度来看，笔者认为，北京湖广会馆古剧场是比较理想的戏曲演出场所，有利于展现传统戏曲表演的最佳音质效果。

以各频带来看各测点间早期衰减时间 *EDT* 的测量结果，如图 3-79（a）所示，在三个频带中，位于 500Hz 频带上 *EDT* 测值的离散度明显偏大，其标准偏差为 0.26s，而 2000Hz 频带上 *EDT* 测值的离散度则最小，这表明该古剧场各测点在 500Hz 频带上的差异性较 1000Hz 和 2000Hz 频带更为明显，但三个频带上各测点间早期衰减时间 *EDT* 的平均值在各频带上的差别却并不大，近乎处于同一水平线上，最大平均值与最小平均值仅相差 0.12s。

图 3-79（b）显示的是早期衰减时间 EDT_m 与测点和声源水平间距（测距）之间的关系，可以看出，各测点的早期衰减时间 EDT_m 与测距呈正相关关系，只是两者正相关趋势线的斜率较小，各测点早期衰减时间 EDT_m 的测值与图中趋势线也基本吻合，这表明该古剧场声场的声能分布较为均匀。

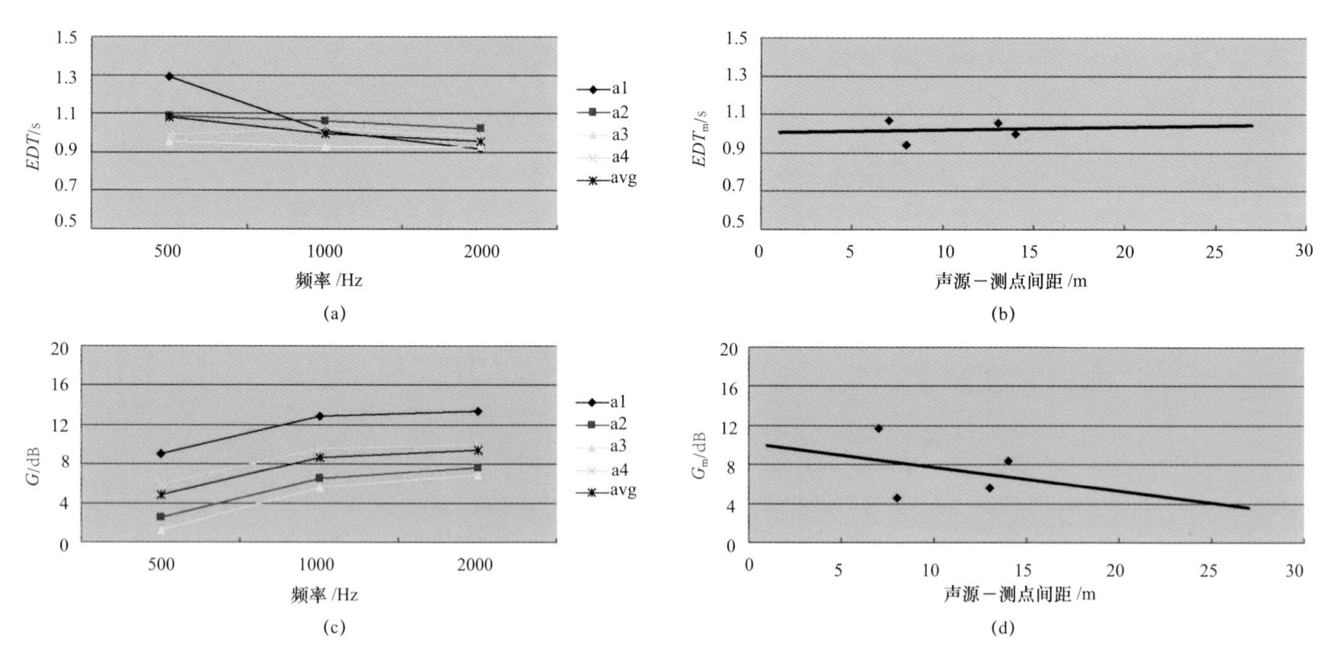

图 3-79　北京湖广会馆古剧场声场测试结果线性分析图

北京湖广会馆古剧场各主要音质参数测试结果列表　　表 3-10

	500Hz	1000Hz	2000Hz	平均值
早期衰减时间 *EDT*/s	1.08	1.00	0.96	1.01
混响时间 T_{30}/s	0.94	0.92	0.91	0.92
强度指数 *G*/dB	4.67	8.65	9.45	7.59
语言传输指数 *STI*				0.58（中）

在强度指数 G 方面，如图 3-79（c）所示，各频带的测量结果均未趋于一致，且位于 500Hz 频带上的强度指数 G 测值均明显小于其位于 1000Hz 和 2000Hz 频带上的 G 测值。同时，各频带强度指数 G 的平均测值均较天一阁秦氏支祠古剧场相应的平均测值高，其最小平均测值为 4.67dB。这充分表明，与顶部开敞的传统庭院式剧场相比，全封闭的传统厅堂式剧场建筑空间更有利于剧场声场响度的提高。

图 3-79（d）显示的是强度指数 G_m 与测点和声源水平间距（测距）之间的关系，可以看出，各测点的强度指数 G_m 与测距呈明显的负相关关系，其呈现出负相关趋势线的斜率较大，但各测点 G_m 的测值与呈现出的负相关趋势线并非十分吻合，较大的离散程度表明该古剧场声场的扩散性不是很好。

值得注意的是，该古剧场各频带混响时间 T_{30} 的平均值为 0.92s，虽然位于戏曲剧场最佳混响时间推荐值（0.9 ~ 1.3s）范围之内，但与声学模拟计算值（1.32s，见 92 页）并不十分吻合。笔者分析，可能因为真实剧场较模拟剧场（CATT 模型）中存在着更多能够吸收声能的组件，比如观众区内摆设着的桌椅、铺在桌上的桌布以及椅子上柔软的坐垫等。此外，真实剧场中还会存在门框、窗扇、墙体、楼板以及顶棚等木质构件产生出的薄板共振现象，这些木质薄板在声波交变压力激发下被迫振动，使板心发生肉眼看不见的细微弯曲和变形，出现了板材内部的摩擦损耗，将机械能变为热能，从而对声场中的声能也产生出一定程度的吸收效应，而这种因薄板共振现象造成的声能损耗，在声学软件的模型中是无法设置和模拟的。

在语言传输指数 STI 方面，所测平均值为 0.58，处于语言传输指数评价档次中的“中”档，表明该古剧场清晰度一般，不如牛王庙古剧场和天一阁秦氏支祠古剧场的清晰度高，但与顶部开敞的庭院式秦氏支祠古剧场较全开敞的广场式牛王庙古剧场有利于提升剧场声场响度相比，全封闭的厅堂式湖广会馆古剧场其强度指数 G 的平均测值整体上又一次得到了较大提升，并远高于剧场强度指数 G 推荐值最小不得低于 2.5dB 的基本要求。因此，虽然湖广会馆古剧场声场的清晰度效果一般，但从音质指标的客观角度来分析，笔者认为，该古剧场声场条件与传统戏曲演出的音质要求相吻合，是能够很好展现出戏曲表演最佳音质效果的。

3.11　三个典型传统剧场音质的比较与分析

3.11.1　三个典型传统剧场的选择

中国传统剧场建筑的发展和演变历史悠久，早期戏曲表演场地非常随意和灵活，天气好时通常只需一块露天场地即可展开演出。当古人为了遮风避雨改善和创造更好演出条件而搭建戏台并建造固定场所的戏院后，观演场所在逐渐发展和演变的过程中便形成了多样的建筑形制，且装饰风格也各具特色，出现了较为明显的地域性和文化性差异。

但总体上，根据其建筑形制及空间围合度，中国传统剧场建筑大致可分为三种类型，即全开敞的广场式古剧场、四面围合的庭院式古剧场和全封闭的厅堂式古剧场。如今，中国现存并保留完好的古戏台或古剧场数量众多，尤其在山西和浙江两省境内分布较为广泛。根据上述三种建筑形制，笔者在实测的全部传统剧场中选择了三个不同建筑形制的古剧场作为典型代表性实例来进行比较与分析。这三个典型代表性实例分别是：山西临汾魏村的牛王庙古剧场、浙江宁波的天一阁秦氏支祠古剧场和北京的湖广会馆古剧场。为何选择此三个实例来作为典型代表呢？其主要原因有四。

一、从空间围合度上来看，这三个实例分别属于全开敞的广场式古剧场（牛王庙古剧场）、四面围合的庭院式古剧场（秦氏支祠古剧场）和全封闭的厅堂式古剧场（湖广会馆古剧场）。因此，三个实例可作为三种传统剧场建筑形制的典型代表。

二、从建造年代上来看，三个实例分别建于元代（牛王庙古剧场）、清代（湖广会馆古剧场）和民国时期（秦氏支祠古剧场）。因此，三个实例可作为中国传统剧场建筑发展历史及演变过程的一种间接展现。

三、从古剧场建筑遗存的完整性上来看，三个实例无论是建筑外观还是内部环境均保存完好，过程中历经多次大修，但均按原貌复原。即使是近代的修缮，也是尽量遵从传统原貌，未添加任何砖石或钢筋混凝土等现代建材的融合与改造，对较为真实地呈现出“原汁原味”东方古剧场的音质特性有利。

四、从地理位置的分布上来看，三个实例分别位于我国的山西省、浙江省和北京市。而这三个地区所特有的地方戏曲，即晋剧、越剧和京剧，均是我国传统戏曲的典型代表。其中，京剧是中国国粹，而越剧是我国第二大剧种，有第二国剧之称。

综上，声学实测是探析我国传统剧场建筑音质特性最为直接和有效的研究方式。因此，在现存众多的传统剧场建筑中，笔者选择了上述三个典型实例来进行声学实测、软件模拟与比较分析。

3.11.2 三个典型传统剧场的实测对比

三个典型实例声学实测的整体结果分别列于表 3–11 中，可以看出，随着古剧场空间围合与封闭程度的逐渐增加，早期衰减时间 *EDT* 的平均测值是逐渐变长的，但混响时间 T_{30} 的平均测值基本没有任何变化，这可能与声波在剧场中的反射模式有关。正如所料，随着我国传统剧场建筑由广场式到庭院式，再到厅堂式这种逐渐演变与发展的过程，其整体响度 *G* 的平均测值是在逐渐增大的。同时，也因为早期衰减时间 *EDT* 的随之变长，表征剧场清晰度的语言传输指数 *STI* 的测值则是逐渐变小的，但其最小测值依旧有 0.58 的大小，处于语言传输指数评价档次中的“中”档。

3.12 所测传统剧场音质参数的比较与分析

3.12.1 早期衰减时间与混响时间的比值分析

从建筑形制上讲，无论传统广场式剧场还是传统庭院式剧场，其观演空间都属于非扩散声场的开放空间，因此经典混响理论和赛宾公式对这两类传统剧场的声场并不适用。然而，从声学实测的结果来看，无论传统广场式还是传统庭院式剧场均有着其自身固有和稳定的早期衰减时间 *EDT* 及混响时间 T_{20}、T_{30} 的测值，且这些测值均能一定程度上反映出戏迷们在这两类开放空间中听戏时的主观混响感。

早前，英国声学家巴隆曾对英国 17 座歌剧院早期衰减时间 *EDT* 与混响时间 T_{30} 的比值进行过统计，发现其平均比值为 0.94，且大多数比值主要集中在 0.80 左右。不过在这 17 座歌剧院中，有 4 座歌剧院早期衰减时间 *EDT* 与其混响时间 T_{30} 的比值是大于 1 的。鉴于笔者对我国 23 座传统剧场进行了现场声学实测，并就其中的 9 座逐一进行了详尽分析。在此，为了更加全面比较和研究中国传统剧场的音质特性，表 3–12 列出了全部 23 座所测传统剧场最为重要音质参数——早期衰减时间 *EDT* 和混响时间 T_{30} 的测值。同时，根据声学家巴隆的研究方式，笔者对所测传统剧场 *EDT* 与 T_{30} 的比值也进行了对比统计，发现无论是传统广场式还是传统庭院式剧场，其早期衰减时间 *EDT* 与混响时间 T_{30} 的比值均小于 1，且大多数比值主要集中在 0.75 ~ 0.95。而对于传统厅堂式剧场的典型代表——北京湖广会馆古剧场来说，其早期衰减时间 *EDT* 与混响时间 T_{30} 的实测比值为 1.10，大于 1。

值得注意的是，在建筑体量上，西方歌剧院的厅堂空间普遍较北京湖广会馆古剧场的观演空间大。由此，可以推测，剧场早期衰减时间 *EDT* 与混响时间 T_{30} 的比值与观演空间大小及声场闭合度有关。经进一步比较研究，可以得出，剧场观演空间越小，声场闭合度越高，其 *EDT* 与 T_{30} 的比值则越大，反之越小。对此，笔者提出一个设想，即建议建筑界或声学界未来可继续深入探究各种不同建筑形制、不同体量规模剧场早期衰减时间 *EDT* 与混响时间 T_{20}、T_{30}、T_{60} 之间的比值关系，归纳总结出适合其统一规模和类型的最佳比值范围，来作为厅堂音质设计的一项参考指标。

三个典型古剧场各主要音质参数整体测试结果列表　　表 3–11

	牛王庙古剧场	秦氏支祠古剧场	湖广会馆古剧场
早期衰减时间 *EDT*/s	0.58	0.86	1.01
混响时间 T_{30}/s	0.96	0.93	0.92
强度指数 *G*/dB	–0.80	4.89	7.59
语言传输指数 *STI*	0.70（良）	0.64（良）	0.58（中）

所测古剧场早期衰减时间 *EDT* 与混响时间 T_{30} 测试结果及其比值列表　　表 3–12

编号	古剧场名称	建筑形制	*EDT*/s	T_{30}/s	*EDT*/T_{30}
1	山西临汾市魏村牛王庙古剧场	广场式古剧场	0.58	0.96	0.60
2	山西太原市晋祠水镜台古剧场	广场式古剧场	0.40	0.93	0.43
3	山西临汾市东羊村东岳庙古剧场	广场式古剧场	0.61	0.94	0.64
4	山西新绛县城隍庙古剧场	广场式古剧场	0.84	1.00	0.84
5	山西运城市舜帝陵庙古剧场	广场式古剧场	0.59	0.63	0.94
6	浙江宁波市天一阁秦氏支祠古剧场	庭院式古剧场	0.86	0.93	0.92
7	山西太原市古城营村九龙庙古剧场	庭院式古剧场	0.62	0.82	0.76
8	山西太原市晋源镇泰岳祠古剧场	庭院式古剧场	0.84	0.79	1.06
9	山西介休市后土庙古剧场	庭院式古剧场	0.81	0.99	0.82
10	山西河津市真武庙古剧场	庭院式古剧场	0.84	0.79	1.06
11	山西祁县渠家大院古剧场	庭院式古剧场	0.71	0.70	1.01
12	山西临汾市王曲村东岳庙古剧场	庭院式古剧场	0.65	0.84	0.77
13	山西高平市王报村二郎庙古剧场	庭院式古剧场	0.82	1.01	0.81
14	山西高平市仙翁庙古剧场	庭院式古剧场	0.78	0.82	0.95
15	山西阳城县上伏村成汤庙古剧场	庭院式古剧场	0.99	1.02	0.97
16	山西晋城市沁水县关帝庙古剧场	庭院式古剧场	0.87	0.77	1.13
17	浙江嵊州市清风庙古剧场	庭院式古剧场	0.58	0.80	0.73
18	浙江嵊州市城隍庙古剧场	庭院式古剧场	0.75	0.89	0.84
19	浙江宁海县西店镇史氏宗祠古剧场	庭院式古剧场	0.69	0.73	0.95
20	浙江宁海县清潭村双枝庙古剧场	庭院式古剧场	0.65	0.68	0.96
21	浙江宁海县加爵科村林氏宗祠古剧场	庭院式古剧场	0.58	0.63	0.92
22	浙江宁海县潘家岙村潘氏宗祠古剧场	庭院式古剧场	0.59	0.62	0.95
23	北京湖广会馆古剧场	厅堂式古剧场	1.01	0.92	1.10

3.12.2　早期衰减时间与混响时间的标准偏差分析

如表 3–13、表 3–14 所示，无论是全开敞的广场式古剧场、半开敞的庭院式古剧场还是全封闭的厅堂式古剧场，其相同剧场中各测点间早期衰减时间 *EDT* 的标准偏差值均较小，极少大过 0.15s，大多集中在 0.07 ~ 0.12s；相同剧场中各测点间混响时间 T_{30} 的标准偏差值也较小，很少大过 0.05s，大多集中在 0.02 ~ 0.04s。

由此可见，中国传统剧场各测点间早期衰减时间 *EDT* 的标准偏差值明显较同一剧场混响时间 T_{30} 的标准偏差值略大，且普遍能大过 0.05s。这是因为 *EDT* 是一个表征声场声能早期衰减情况的声学参数，它很大程度上受早期反射声能的影响，而早期反射声能的分布往往不如后期均匀。所以，与混响时间 T_{30} 相比，早期衰减时间 *EDT* 可以更好地表征主观混响感，并且对测点位置的变化也更加敏感。但值得注意的是，在巴隆统计的 17 个英国歌剧院中，其相同剧院各测点间早期衰减时间 *EDT* 的标准偏差值平均在 0.1s 左右，其最小值为 0.05s，最大值为 0.21s，略高于我国传统广场式和传统庭院式剧场中各测点间相应 *EDT* 的标准偏差值。笔者分析，其主要原因有两点：一是从观演空间大小上来看，中国传统剧场的观演空间普遍较英国歌剧院的小，因此其相应的声场空间也不如英国歌剧院的大；二是声学实测时笔者将各测点普遍按照 5m × 5m 的网格状进行排布，测点间间隔的距离并不算大，从而测点间音质参数的标准偏差值也会相应受到一定程度的影响。

所测古剧场早期衰减时间 *EDT* 标准偏差值列表 表 3-13

编号	500Hz	1000Hz	2000Hz	受声点数量
1	0.092	0.085	0.100	6
2	0.073	0.084	0.062	10
3	0.068	0.052	0.029	4
4	0.070	0.085	0.016	4
5	0.113	0.072	0.097	4
6	0.064	0.030	0.040	3
7	0.120	0.116	0.083	13
8（Case1）	0.056	0.038	0.064	3
8（Case2）	0.063	0.115	0.058	4
9	0.101	0.124	0.049	4
10	0.124	0.084	0.056	4
11	0.031	0.056	0.022	4
12	0.222	0.140	0.123	6
13	0.172	0.118	0.086	5
14	0.101	0.133	0.092	5
15	0.125	0.109	0.078	6
16	0.131	0.072	0.060	6
17	0.236	0.142	0.159	4
18	0.058	0.130	0.115	4
19	0.254	0.152	0.112	6
20	0.123	0.045	0.055	4
21	0.085	0.127	0.109	5
22	0.196	0.155	0.121	3
23	0.149	0.054	0.046	4

所测古剧场混响时间 T_{30} 标准偏差值列表 表 3-14

编号	500Hz	1000Hz	2000Hz	受声点数量
1	0.064	0.032	0.012	6
2	0.089	0.064	0.048	10
3	0.110	0.074	0.015	4
4	0.022	0.029	0.010	4
5	0.054	0.097	0.055	4
6	0.012	0.026	0.006	3
7	0.450	0.035	0.022	13
8（Case1）	0.031	0.010	0.000	3
8（Case2）	0.041	0.033	0.019	4
9	0.033	0.047	0.018	4
10	0.038	0.013	0.019	4

续表

编号	500Hz	1000Hz	2000Hz	受声点数量
11	0.018	0.015	0.013	4
12	0.060	0.049	0.046	6
13	0.046	0.045	0.032	5
14	0.041	0.048	0.052	5
15	0.091	0.027	0.023	6
16	0.033	0.020	0.015	6
17	0.042	0.039	0.019	4
18	0.016	0.030	0.016	4
19	0.025	0.022	0.021	6
20	0.041	0.035	0.031	4
21	0.024	0.023	0.026	5
22	0.032	0.015	0.040	3
23	0.020	0.017	0.010	4

此外，从表 3–13 和表 3–14 中还可看出，传统开敞式和传统庭院式剧场各测点间音质参数 *EDT* 和 T_{30} 的标准偏差值普遍较传统厅堂式剧场典型实例北京湖广会馆古剧场的标准偏差值大，这证明在声场大小差别不太大的情况下，封闭空间的声场一般较开敞空间声场的扩散性更好，各音质参数的差异性更小，声场也更为均匀。

3.12.3　重心时间的标准偏差分析

重心时间 T_S 是由德国的克来默（L. Cremer）和库勒（Kurer）于 1969 年建立的一项音质参数，是表征时间上脉冲响应声压平方的重心，即涉及能量重心到达时间的指标，单位是秒。重心时间 T_S 与混响的平衡感、语言可懂度有关。值得注意的是，重心时间 T_S 的最大优点是在计算它的公式里没有任何明确的时间边界来进行分割，避免了计算时因声音反射造成其在时间边界附近出现不稳定现象。例如，我们在确定声场明晰度 C_{50} 和 C_{80} 以及清晰度 D_{50} 和 D_{80} 时，使用 50ms 和 80ms 作为时间分割，在这种截然分开的时间界限前后附近的声能衰减变化或反射，有可能使得音质参数产生跳动性变化而不连续。在这种情况下得到的明晰度 *C* 值或清晰度 *D* 值均会与主观感受不符，而重心时间 T_S 则避免了划分声场脉冲响应早期与后期不对称性现象的发生。

如表 3–15 所示，无论是全开敞的传统广场式剧场、半开敞的传统庭院式剧场还是全封闭的传统厅堂式剧场，其相同剧场各测点间重心时间 T_S 的标准偏差值均不算太大，大多集中在 5 ~ 10ms。其主要原因也是中国传统剧场建筑声场空间的尺度不算太大，且测点排布间隔不算太远。由此也可看出，中国传统剧场声场混响的平衡感以及语言可懂度均较好。

所测古剧场重心时间 T_S 标准偏差值列表　　**表 3–15**

编号	500Hz	1000Hz	2000Hz	受声点数量
1	4.748	2.392	7.119	6
2	8.653	2.810	2.733	10
3	1.763	4.432	9.160	4
4	6.459	7.722	6.248	4
5	5.383	5.498	4.783	4

续表

编号	500Hz	1000Hz	2000Hz	受声点数量
6	2.364	0.404	3.647	3
7	5.566	6.507	6.908	13
8（Case1）	33.549	5.424	1.955	3
8（Case2）	5.088	6.162	4.354	4
9	3.134	7.165	6.031	4
10	7.788	5.225	2.889	4
11	6.619	5.482	7.228	4
12	6.303	4.717	6.842	6
13	12.227	10.187	7.933	5
14	7.858	10.194	8.581	5
15	17.668	14.223	14.015	6
16	8.671	6.354	4.746	6
17	10.677	10.601	8.909	4
18	13.547	13.011	13.043	4
19	13.876	10.855	9.109	6
20	8.573	9.405	6.187	4
21	9.061	7.545	6.331	5
22	12.583	8.157	9.084	3
23	6.985	3.142	2.978	4

3.13 本章小结

本章通过实测发现：

首先，传统广场式及传统庭院式剧场声场的响度普遍不足，这是因为这两类剧场建筑全部或部分开敞，剧场内声能逸散度较大所造成。不过，由于古代建筑在空间跨度上受制于建筑材料和建造技术的局限性，传统庭院式剧场在建筑体量和建造规模上一般都不太大，其庭院面积大多仅为 150 ~ 350m^2。因此，半开敞的传统庭院式剧场声场强度指数 G 大多集中在 –0.5 ~ 5dB 范围内，其声场响度并不会像全开敞的传统广场式剧场那样显得十分不足。

其次，随着声源距测点水平距离（测距）的增加，强度指数 G 的测值呈现下降趋势，且衰减趋势线的斜率主要与庭院内声能的强反射界面有关。比如，山西河津市真武庙古剧场庭院两侧的厢房仅为单层建筑，但因处于高位的正殿及正殿前陡峭的石梯形成了剧场声能较大面积的强反射界面，尽管真武庙古剧场庭院的开敞面积很大，但该古剧场声场声能衰减曲线的斜率却并不大。

再次，在传统庭院式剧场中因其顶部开敞，造成大量声能逸散，但剧场内正殿建筑的内部空间通常较大且相对封闭，内部各壁面的吸声系数也不太大，因此正殿的内部空间与庭院之间便形成了一个典型的声场耦合空间。比如，与山西太原市晋源镇泰岳祠古剧场门窗均处于关闭的测试模式（Case1）相比，在该剧场正殿门窗开启的测试模式（Case2）下，随着声源距测点水平距离（测距）的增加，其强度指数 G 的降幅相对较小。这是因为，在正殿门窗开启的测试模式下，庭院内声场声能的衰减曲线较易形成带有明显弯折点的双坡度曲线，从而造成声场声能衰减曲线的斜率会相应变小，这便是声场耦合现象的一种体现。

最后，在古剧场建筑形制方面，与全封闭的传统厅堂式剧场相比，传统广场式剧场和传统庭院式剧场其声场均具有更高的明晰度，且因剧场声场的重心时间 T_S 主要与声场闭合度、声场耦合度以及声源与测点间的距离等因素相关，故对于传统庭院式剧场，在门窗均开启的测试模式下，各测点重心时间 T_S 存在着的差异性则相对较大，其测值大致在 30 ~ 85ms。

第四章　软件 CATT 在建筑声学模拟中的应用

现代剧院建筑内部空间形式普遍复杂，对室内声学质量要求也较高，建筑师仅凭经验和理论计算来预测厅堂建成后音质效果的设计方法已不能满足复杂的现代化厅堂音质设计要求所需，从而一种新的设计方法——建筑声学模拟仿真技术应运而生。该技术的发展主要来自两个方面：一方面如 BOSE、L-ACOUSTICS 和 YAMAHA 等设备制造商伴随相关设备提供的模拟软件；另一方面则是一些软件研发机构，如 CATT、EASE、RAYNOISE 和 ODEON 等的不断努力。而这种由学院派于 20 世纪 70 年代研发出的简单函数模拟计算仿真技术，如今已发生巨大变化，同时也在不断发展和更新中。本章将从计算原理、计算方法及基本功能等方面阐述软件 CATT 在声学模拟中的应用，旨在为探讨 CATT 在中国传统剧场建筑声学模拟中的可行性与可靠性做一个引子。

4.1　软件 CATT 模拟计算原理

Bengt-Inge Dalenbäck 博士研发了软件 CATT，并于 1986 年在瑞典创立了 CATT（Computer Aided Theatre Technique）公司。起初公司致力于软件 CATT 在剧院照明和内装设计方面的研发，后因 Bengt-Inge Dalenbäck 攻读了瑞典查尔默斯技术大学建筑声学方向的博士学位，公司于 1988 年转而专注 CATT 软件在厅堂音质模拟方面的研发工作。经过 30 多年的发展，CATT 软件已得到不断升级和完善，并具备了可听化功能。现已广泛应用于影剧院、体育馆、演播室、视听室、练琴房、录音棚等建筑的声学分析与设计中。

因声学问题本身具有物理学上的复杂性和计算机运算上的局限性，故深入了解软件模拟的原理，明确其参考价值和客观存在的局限性并注重与实践经验相结合是非常重要的。同大多数声场仿真系统一样，软件 CATT 基本思路是通过一定的方法模拟声场的脉冲响应，以求得任意点或者区域的声学参数，同时将脉冲响应做进一步处理后与人工头传递函数（HRTF）卷集实现音质可听化[①]，其主要通过虚声源和声线追踪等模拟方法对空间内诸如混响时间、脉冲响应、语言清晰度、音乐明晰度、声压级分布等一系列建筑声学参数进行计算。因此，软件 CATT 的运算同 RAYNOISE、ODEON 等声学软件类似，主要建立在几何声学原理的基础上，在声学波动性方面则存在着计算机模拟上的客观局限性。

4.2　软件 CATT 模拟计算方法

4.2.1　声线追踪法

如图 4-1 所示，在厅堂（房间）等封闭空间内，假设处于其中的声源某时刻向各个方向均匀地发射出大量的声粒子，这些声粒子沿着直线运动，与壁面碰撞后发生镜面反射，而将其运动的路径相连所形成的线称为声线。软件模拟追踪声粒子传播路径的方法称为声线追踪法。假定声线带有一定能量，其声能大小取决于声源辐射的能量和粒子数量。如图 4-2 所示，当粒子遇到壁面，则声线在该处一部分作镜面反射，按入射角等于反射角确定新的传播方向，每次与壁面发生碰撞时，由于壁面材质吸收的作用，声线的能量都会发生衰减，若壁面的吸收系数为 a，每次碰撞后能量便衰减为原来的（1-a）倍。模拟计算中，当声线携带的能量低于设定能量的限值时或者反射次数高于预先设置的阶数时，则停止对该声线的追踪，直到设置的全部声线均被追踪完毕为止。为了在受声点得到一个精确的结果，需要定义一

① Jordan V L. Acoustical Criteria for Auditoriums and Their Relation to Model Technique[J]. The Journal of the Acoustical Society of America，1970.

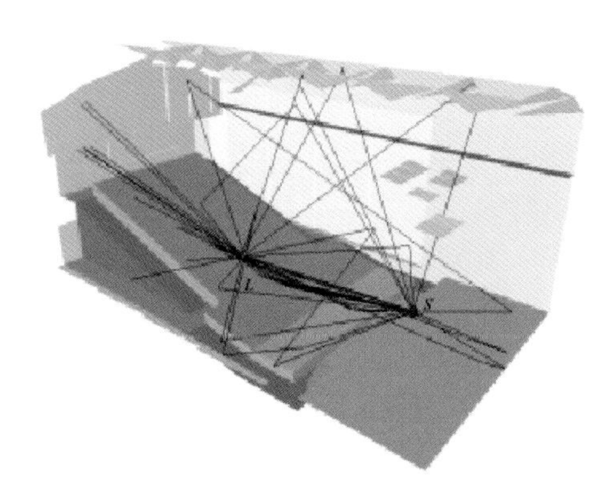

图 4-1　厅堂声线追踪法模拟示意图

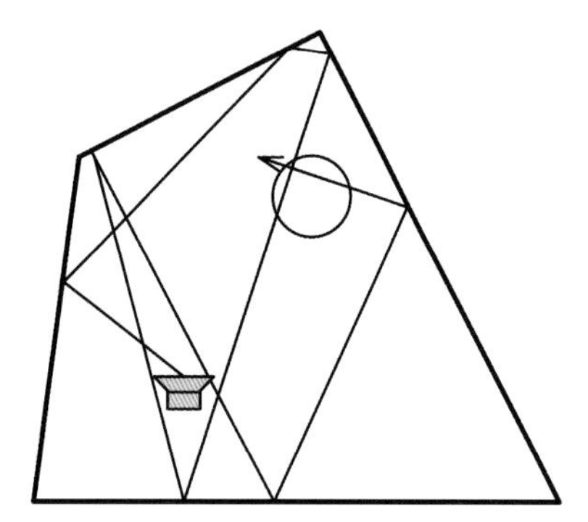

图 4-2　声线运行的 2D 轨迹
（资料来源：Raynoise v3.0 英文使用手册）

个受声点周围的面积或体积来捕获经过的声粒子，无论如何处理，均会收集到错误的声线和丢失的粒子。为了保证精准度，必须设置足够密度的声线和足够小的受声点区域[①]。

声线追踪法是模拟脉冲响应的一种运算方法，当需要脉冲响应图时，可把每条通过接收单元的声线所带的能量在指定的时间间隔内相加，从而形成柱状图。然而，由于时间平均效应和声线到达的随机性，这个柱状图只是真实脉冲响应图的近似结果。声线追踪法的主要优点是算法简单，容易被计算机实现，算法的复杂程度是空间平面数量的倍数；而它的缺点一是计算精度低；二是由于声音波动的物理特性，波长越长，绕过障碍物的能力越强，对低频音的模拟得不到可靠的计算结果。

4.2.2　镜像虚声源法

如图 4-3 所示，镜像虚声源法是建立在镜面反射成像原理上，用几何法作图求得反射的传播范围。即如图 4-4 所示，假设实际声源在壁面另外一侧对称位置处存在一个虚声源，而虚声源又可产生下一阶虚声源（图 4-5），以此类推。

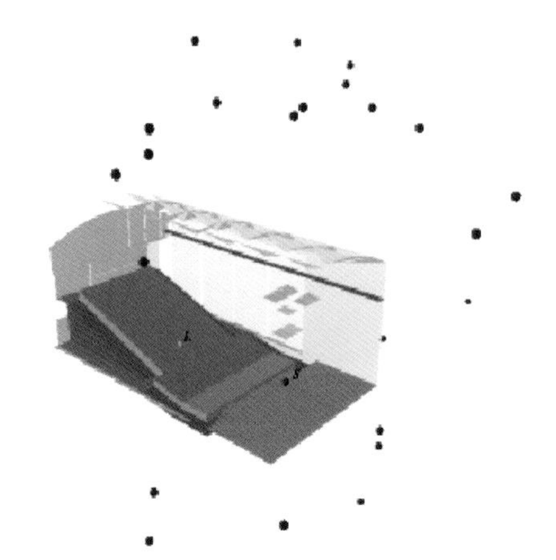

图 4-3　厅堂镜像虚声源法模拟示意图

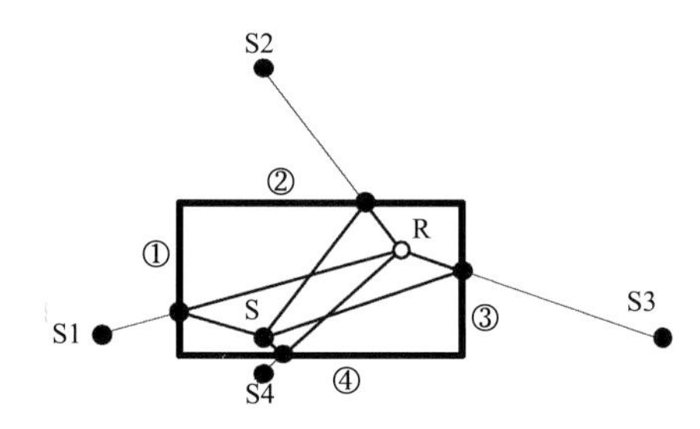

图 4-4　矩形 2D 界面中一阶镜像与其相应的反射路径
（资料来源：Raynoise v3.0 英文使用手册）

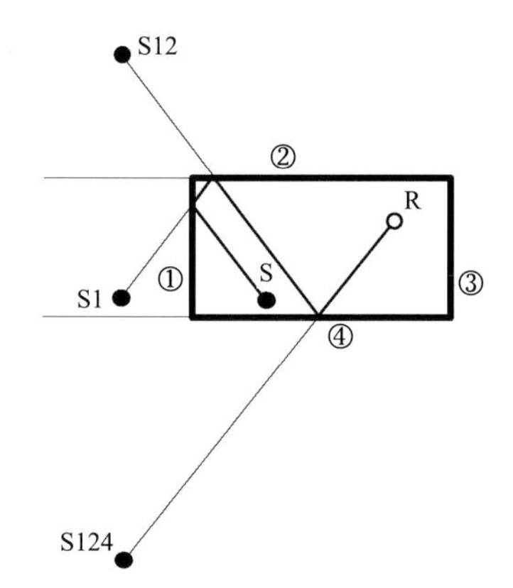

图 4-5　矩形 2D 界面中三阶镜像与其相应的反射路径
（资料来源：Raynoise v3.0 英文使用手册）

镜面反射后的声线可认为是虚声源发出的，对于简单的矩形空间，容易得到一定阶数的虚声源，可以推导出容积为 V，以 r 为半径的球内虚声源数目 N 约为：

① 余斌 . 声线法在剧院建筑声学设计中的应用 [J]. 演艺科技，2018.

$$N=\frac{4\pi r^2}{3V}t^3 \qquad \text{（式 4-1）}$$

这也是声音发出 t 时间后受声点处接收到的反射次数。而对于非矩形空间，若空间内有 N 个壁面，就会产生 N 个一阶虚声源，并且每个一阶虚声源又可产生 N-1 个二阶虚声源。假设在一定时间内有 c 次反射，则空间内虚声源数目为：（N-1）c 个。

当虚声源的阶次越高，离受声点的距离就会越远，由于声能呈几何衰减，其对受声点声能的贡献相应就越小。实际上通常仅需考虑一、二阶虚声源的作用，在特定的受声点位置，大多数虚声源不产生反射声，大部分计算是无效的。比如，在不规则的空间中，计算机模拟时需要做可见性测试。如图 4-6 所示，声源通过墙面①的一阶反射可以到达受声点 R1，然而不能到达受声点 R2。换句话说，从镜像声源 S1 看，R1 是可见的，而 R2 则不可见。

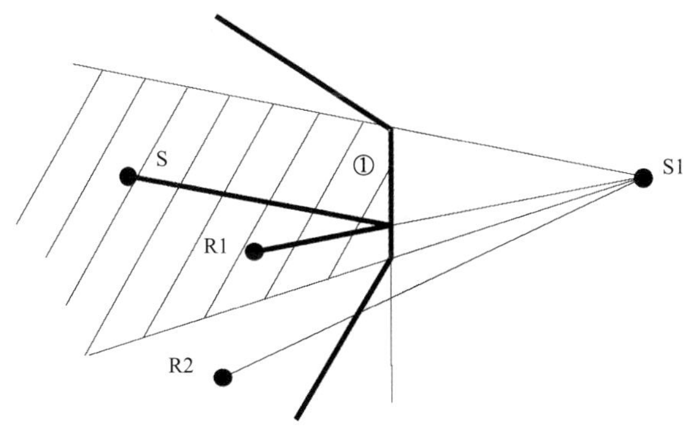

图 4-6　计算机模拟可见性测试
（资料来源：Raynoise v3.0 英文使用手册）

综上，镜像虚声源法的优点是准确度较高，缺点是计算量过大，耗时较长。因此，虚声源模型多用于壁面较少的简单空间，这样可以避免因空间形体的复杂性而增加可见性测试的计算时间。

4.2.3　圆锥声线束法

如图 4-7 所示，锥形声线束法需从声源发出大量以声源为顶点的锥体。锥体在空间中的传播通过使用声线追踪法跟踪锥体的轴来控制。接收单元为点，而不像在声线追踪法中具有一定的体积。当受声点在两个连续的反射间都位于一个锥体范围之内，就意味着存在一个可见的镜像声源。然后再利用锥体的球形发散规律，便可容易地计算出它所提供的声能大小。

图 4-8 展示了锥体跟踪法是如何得到在图 4-6 所示例子中镜像声源 S1 对于受声点 R 声能贡献量的。可以容易地看到，与镜像虚声源法相比较，锥体跟踪法不需要任何可见性测试，因为只有可见的镜像声源才会被检测。尽管如此，仍然有两个问题需要特别注意：

问题一：图 4-8 中的例子是在二维平面内的情况，在三维空间中情况则更为复杂。比如，对于循环交叉的锥体该如何重建其最初的球面波阵面呢？

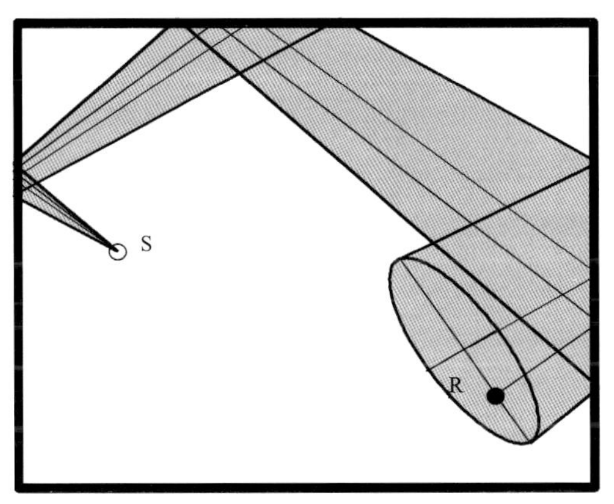

图 4-7　锥体传播的物理边界示意图
（资料来源：Raynoise v3.0 英文使用手册）

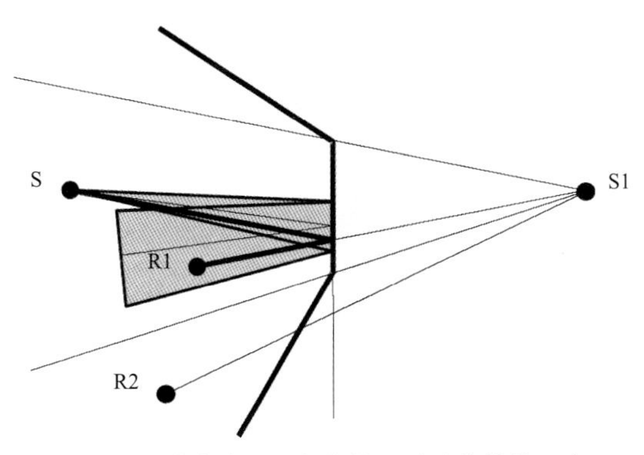

图 4-8　镜像虚声源法与锥体跟踪法的等效示意图
（资料来源：Raynoise v3.0 英文使用手册）

解决方案：如图 4-9 所示，为了避免锥体间的间隙，有必要让锥体间相互交叉，但这意味着同一个镜像声源会被跟踪计算两次、三次甚至四次。此时，计算机可通过记录每次到达受声点的路径轨迹，使得相同的镜像声源数量只被计算一次，这一问题便可得到解决。而更好的解决方案则是让计算机对每个锥体的交叉部分进行加权计算，以使其可以重建最初的球面波声源（图 4-10）。这样做的优点是不需要保存额外数据，节省了大量的计算时间。

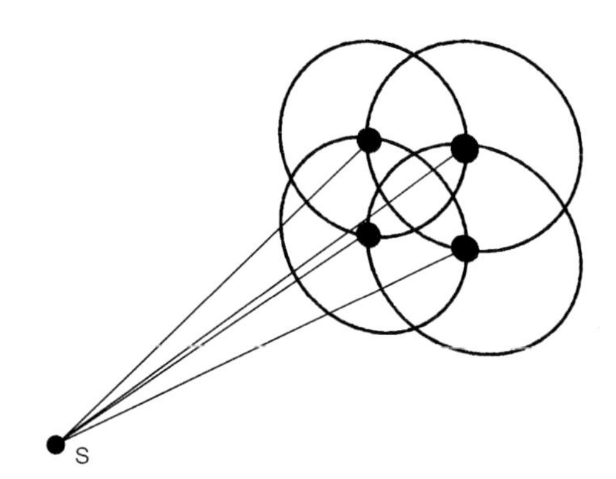

图 4-9　锥体跟踪法中互相重叠的锥体
（资料来源：Raynoise v3.0 英文使用手册）

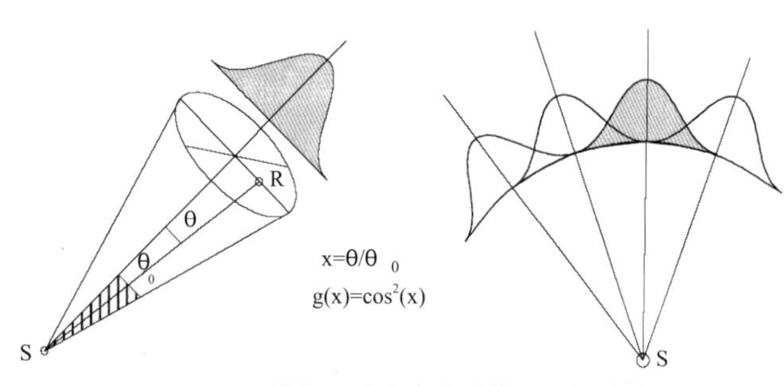

图 4-10　锥体跟踪法中的计算机加权计算
（资料来源：Raynoise v3.0 英文使用手册）

问题二：随着圆锥体在空间中传播时间的逐渐增加，碰撞壁面的机会也越来越大。当这种情况发生时，一种被称为圆锥收缩的效应便会出现（图 4-11），即一些产生该效应的可见镜像声源会被认为产生了错误的反射路径而不能被计算。这意味着一些声能会在计算过程中丢失，即算法吸收现象。

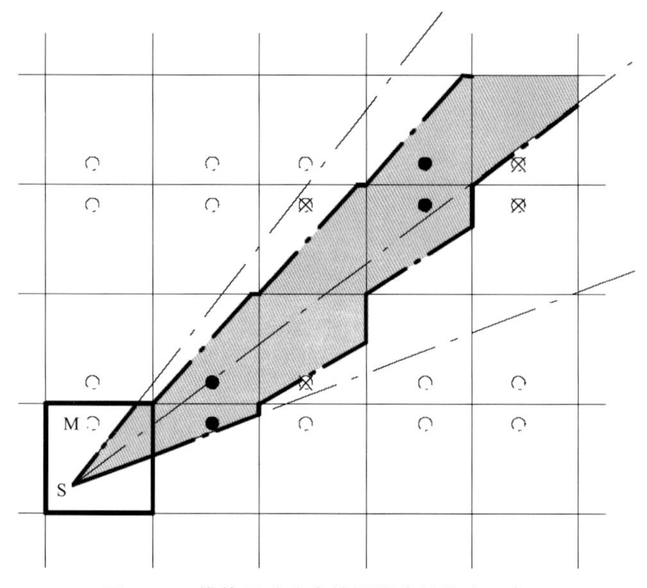

图 4-11　锥体跟踪法中的圆锥收缩效应示意图
（资料来源：Raynoise v3.0 英文使用手册）

解决方案：这种错误情况在模拟中会经常发生。计算机可使用更小角度的圆锥体来减少其发生的次数，但这会增加计算量，延长计算时间。而更好的解决方案则是放宽运用镜像虚声源法的僵硬概念，可从基本原理上接纳这些错误的镜像声源，这样就不会出现有能量被算法吸收的情况发生了。在某种程度上，错误的镜像声源弥补了某些计算遗漏。因此，圆锥跟踪法是基于镜像虚声源法的确定性来换取源于声线跟踪法统计学特性的一种模拟计算方法。

4.2.4　三角锥法

如图 4-12 所示，三角锥法与圆锥声线束法非常相似，不同的是其通过发射三角锥而不是圆锥来分解球面波阵面。该算法没有重叠区域的产生，因此不必进行加权计算；可以得到比圆锥声线束法更为精准的结果，但收敛率略低，因此仅适用于反射阶数较低的简单空间的声学模拟。圆锥声线束法和三角锥法其实是镜像虚声源法和声线追踪法的一种混合算法，并综合了这两种算法的全部优点，因此在计算效率以及精准度上均较高。

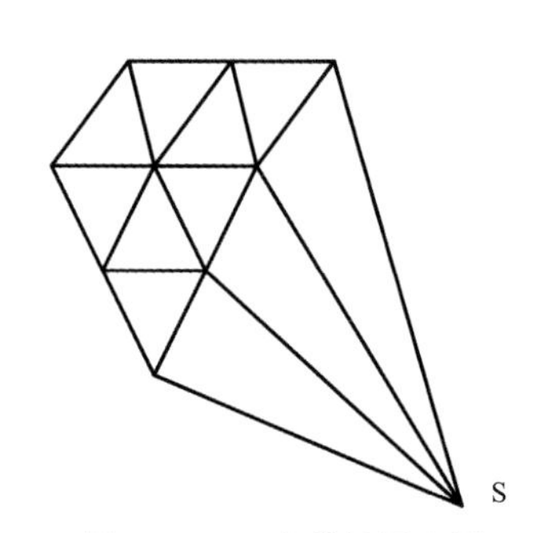

图 4-12　三角锥法示意图
（资料来源：Raynoise v3.0 英文使用手册）

4.3　软件 CATT 散射系数的设置及模拟计算的尾部矫正

4.3.1　软件 CATT 散射系数的设置

声场模拟的第三次国际巡回对比测试结果表明，音质模拟的准确性主要受空间表面吸声和扩散特性的影响。表面扩散特性目前主要采用扩散和散射系数来表示，前者用于描述反射声能的空间分布，后者仅反映反射声能中非镜面反射声能的比例。

模拟时，软件 CATT 需要用户对模型空间各壁面根据其自身材质设置出相应的散射系数，即上述的声波撞击壁面后漫反射的量，该系数是非镜面反射能量与全部能量的百分比。CATT 中散射系数的取值范围是 0~100，散射系数为 0 表示壁面为理想状态的全镜面反射，散射系数为 100 表示壁面为理想状态的全散射。散射方向依据朗伯定律（Lambert's Law）来进行计算，镜面反射方向按照镜面反射法则计算，因此散射系数决定了两个方向矢量之间的百分比。

软件 CATT 处理漫反射的运算过程主要分为两个步骤：第一步是用声线追踪法计算出全部反射的镜面部分；第二步是将声线作为能量的输送者来处理丢失的漫反射。计算时声线每撞击一次壁面，都会产生一个 0 到 100 之间的随机数，之后再分两种情况[①]：一种情况是，如果这个数比壁面的散射系数小，则在撞击点产生出一个二次声源，这个声源将它的散射能量发散给所有的受声点，之后再反射一个随机方向的单一声线；另一种情况是，如果这个数比壁面的散射系数大，那么任何受声点均得不到能量（因为已在第一个步骤中处理了镜面反射部分），这条声线仅以镜面反射方向发射。

值得注意的是，因为散射系数是由频率决定的，所以对于每个频率值都需要计算一个全新的声线追踪程序，而且这种运算法则将一种确定性的方法和一种统计学的方法相结合，这样结合出来的完整阵列（镜面反射至镜面反射、散射至散射、镜面反射至散射、散射至镜面反射）都将被带入计算之中。

4.3.2 统计学尾部矫正

当圆锥或三角锥声线束达到弃值而被放弃追踪时，仍有一些不能忽视的能量留在这些圆锥或三角锥中。由于能量守恒的原理，必须确定所选择的弃值足以使留下的能量小到可以忽略的程度。在声场混响时间较长的情况下，这会导致很长的声线传播路径，需要耗费很长的计算时间。那么，为了减少计算时间，软件 CATT 为用户设置了在受声点处运用统计声学的方法来处理脉冲响应图的最后部分（图 4-13）。

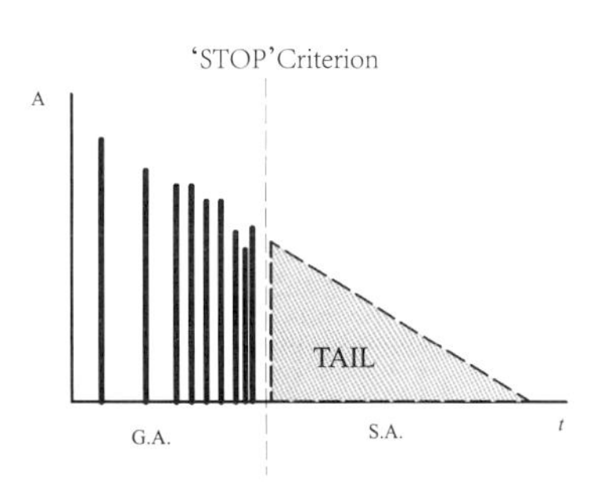

图 4-13 从几何声学转换到统计声学示意图
（资料来源：CATT-Acoustic v8.0 英文使用手册）

这种几何声学和统计声学间的结合，将获得更少的计算时间和更高的收敛速度。但值得注意的是，在对室外声场的模拟中，软件 CATT 自带的这种尾部矫正功能便失去了实质意义，甚至有可能导致计算结果产生较大误差。

4.3.3 连续尾部矫正

连续尾部矫正是在声线追踪法中每一个检测结果乘以一个时间变化修正因数，用这种平滑、连续的方式可以补偿随时间而增加的检测损失。软件 CATT 这种连续尾部矫正的优点是可以用更少的声线得到更快的收敛速度，但仍需选择一个足够高的反射阶数来描述有反射声持续到瞬变区域最后部分的脉冲响应图。因此，在任何室外空间的声场模拟中，尾部矫正功能便无效。

4.4 软件 CATT 的基本功能

4.4.1 编程式建模法

软件 CATT 有自带的建模功能，笔者称之为编程式建模法。顾名思义，其建模过程类似于编程。即主要建模原理是将所需模拟的声场空间置于笛卡尔坐标系内，使用者在模型编辑界面中运用软件 CATT 自身的一套建模语言，逐一编写声场空间各顶点在坐标系中 X、Y、Z 轴的坐标，并对各顶点进行依次编号，再将顶点的编号统一沿声场空间各壁面顺时针或逆时针方向逐一编辑出来（顺时针或逆时针的编辑方向决定了声场空间各壁面声波透射或反射界面的朝向），且分别用指令语言（LOCK）对各壁面进行闭合。这样就形成了在笛卡尔

① Cox T J, Lam Y W. Prediction and Evaluation of the Scattering from Quadratic Residue Diffusers[J]. The Journal of the Acoustical Society of America, 1994.

坐标系内先确定点，再形成面，最后合成体的“点——面——体”建模法。实例详解如下。

首先，启动软件 CATT，模拟界面将一并打开，点击工具栏“Utilities/Create a New Project”将出现创建新模型的指令界面（图 4–14）。其次，根据界面提示，输入模型文件及模型名称。如指定的文件夹不存在，可点击“Browse”按钮，将根据设定路径创建新的模型文件。然后，点击“OK”按钮，模型文件“MASTER.GEO”的编辑界面便相应出现。

第一步，如图 4–15 所示，编辑出剧场模型中的观众席及地面，编写内容如下：

; MASTFULL.GEO

; PROJECT : CATT-Acoustic tutorial for v8.0

; general materials defined here or from library

ABS wood = <12 10 8 7 5 4> {213 220 160}

ABS carpet = <10 8 6 4 3 2> {98 209 44}

ABS audience = <35 50 55 70 85 80> L <30 40 50 60 70 80> {128 128 0}

ABS floorabs = carpet

GLOBAL ah = 1.0; audience height

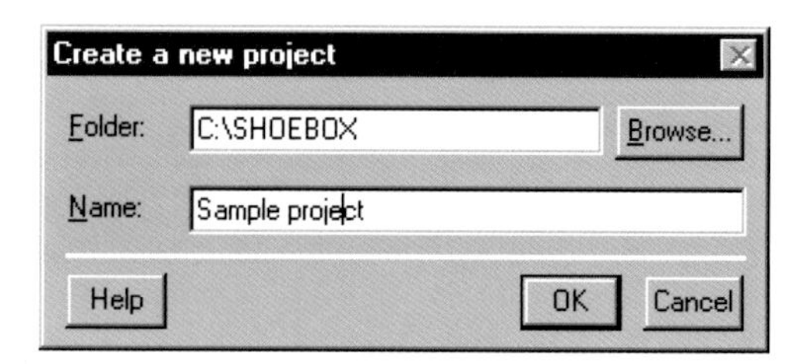

图 4–14　软件 CATT 中创建新模型的指令界面
（资料来源：CATT）

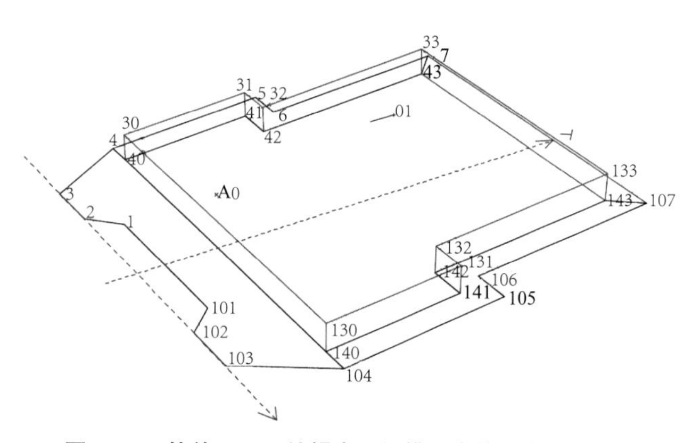

图 4–15　软件 CATT 编辑出剧场模型中的观众席及地面
（资料来源：CATT）

GLOBAL rh = 0.3; receiver height above audience plane

GLOBAL aww = 1.0; audience sidewalk widths

GLOBAL fsd = 1; front-stage depth

GLOBAL fsw = 6; front-stage width

GLOBAL sw = fsw + 2; stage width

GLOBAL pw = 2; prosc. width

GLOBAL w = 16; max hall width

GLOBAL ew = 1.4; entrance width

GLOBAL fld = 3; flank depth

GLOBAL flt = 1; floor tilt

GLOBAL wl1 = 6; first side wall length

GLOBAL wl2 = 7; second side wall length

GLOBAL hd = fld + wl1 + wl2; hall depth from prosc

MIRROR 100 200; corner and plane offsets for mirrored part

CORNERS

; floor corners

1 -fsw/2 fsd 0

2 -sw/2 0 0

3 x（2）-pw 0 0

4 -w/2 fld 0

7 -w/2+ew hd flt

8 0 y（4）0 ; help corner for lock

5 x（4）fld+wl1 lock（4 7 8）

6 x（7）y（5）lock（4 7 8）

; audience surface

; 20-21 help corners to lock audience corners at ah above floor

20 x（8）y（8）z（8）+ah

21 x（4）y（4）z（4）+ah

22 x（7）y（7）z（7）+ah

; 23-25 help corners to lock receiver positions at rh above audience

; surface（in REC.LOC）

23 x（20）y（20）z（20）+rh

24 x（21）y（21）z（21）+rh

25 x（22）y（22）z（22）+rh

; audience upper corners

30 x（4）+aww y（4）lock（20 21 22）

31 x（4）+aww y（5）-aww lock（20 21 22）

32 x（7）+aww y（5）-aww lock（20 21 22）

33 x（7）+aww y（7）-aww lock（20 21 22）

；audience lower corners

40 x（30）y（30）lock（4 7 8）

41 x（31）y（31）lock（4 7 8）

42 x（32）y（32）lock（4 7 8）

43 x（33）y（33）lock（4 7 8）

PLANES

；audience surfaces

[1 audience surface / 33 32 31 30 130 131 132 133 / audience]

[2 audience front / 140 130 30 40 / audience]

[3 audience rear / 143 43 33 133 / audience]

[4 audience front side / 30 31 41 40 / audience]

[5 audience middle side / 42 41 31 32 / audience]

[6 audience rear side / 43 42 32 33 / audience]

；floor surfaces

[7 front floor / 101 102 103 104 140 40 4 3 2 1 / floorabs]

[8 sloped side floor / 40 41 42 43 7 6 5 4 / floorabs]

[9 sloped rear floor / 107 7 43 143 / floorabs]

值得注意的地方有四点：一是为了更好利用剧场模型空间上的对称性，建模时将笛卡尔坐标系的原点编辑在了剧场模型的对称轴上；二是平面“Help corners”设置在观众席界面之上的固定高度，是用于辅助受声点的定位所设；三是在对模型声场空间各顶点 X、Y、Z 轴坐标值的编辑上，可用空格符或圆括号来进行分隔，比如剧场地面“Floor corners”顶点 5 的 Y 轴数值，可以编写成“fld+wl1”或“（fld+wl1）”；四是该实例中所有壁面顶点编号均按壁面垂直方向从声场空间由外向内看时的顺时针方向进行排序。模型编辑时，除了将壁面各顶点编号按顺时针或逆时针方向排序来调整各壁面声波透射或反射界面的朝向外，通过编辑符号“/”或“\”的斜向变换也可用来调整声波透射或反射界面的朝向，同一模型的编辑符号应尽量保持一致性。

第二步，如图 4–16 所示，编辑出剧场模型中的墙面及顶棚，编写内容如下：

ABS ceilabs = wood

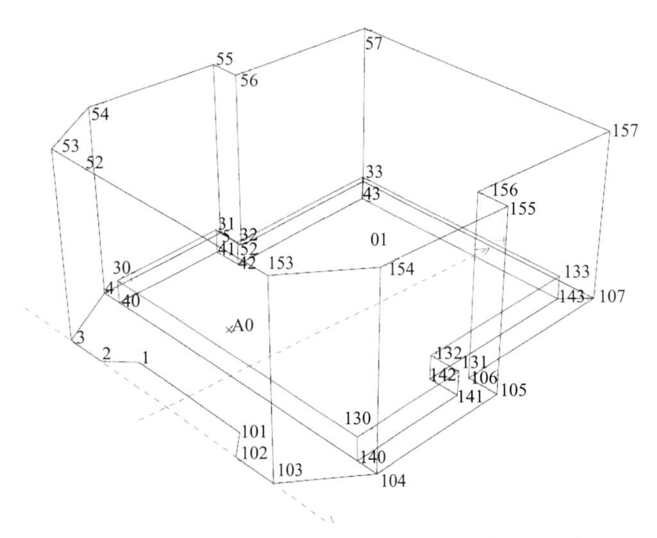

图 4–16　软件 CATT 编辑出剧场模型中的墙面及顶棚
（资料来源：CATT）

ABS wallabs = wood

GLOBAL h = 8；hall height

CORNERS

；ceiling

52 x（2）y（2）h

53 x（3）y（3）h

54 x（4）y（4）h

55 x（5）y（5）h

56 x（6）y（6）h

57 x（7）y（7）h

PLANES

[20 ceiling / 52 53 54 55 56 57 157 156 155 154 153 152 / ceilabs]

[21 back wall / 107 157 57 7 / wallabs]

[22 side wall front / 5 55 54 4 / wallabs]

[23 side wall back / 56 6 7 57 / wallabs]

[24 front flank wall / 54 53 3 4 / wallabs]

值得注意的是，“x（ ）和 y（ ）”是模型编辑语言中的复制坐标值功能，即模型编辑时将剧场地面“Floor corners”各顶点 X、Y 轴的坐标值复制给顶棚各顶点，这样一旦地面各顶点发生平移变动，顶棚各顶点便也会相应发生一致的平移变动，节省了对顶棚顶点 X、Y 轴坐标单独进行修改的时间。

第三步，如图 4–17 所示，编辑出剧场模型中的入口墙面及门，编写内容如下：

ABS doorabs = wood

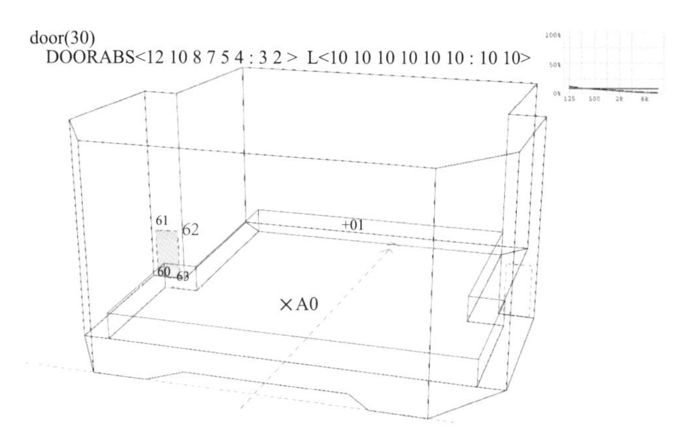

图 4–17　软件 CATT 编辑出剧场模型中的入口墙面及门
（资料来源：CATT）

```
GLOBAL e = 0.2 ； edge width entrance door
GLOBAL dh = 2 ； entrance door height
CORNERS
; entrance door
60 x（5）+e y（5）z（5）
61 x（5）+e y（5）z（5）+dh
62 x（6）-e y（5）z（5）+dh
63 x（6）-e y（5）z（5）
PLANES
[30 entrance wall / 5 6 56 55 /
（door / 63 62 61 60 / doorabs）
（wall / 5 6 56 55 / wallabs）]
```

值得注意的是，此处用到了对同一壁面进行界面分裂（Sub–division）的方法，即在剧场实例中，将入口墙面和门首先定义为一个整体平面，其次将门的平面作为第一个被分裂的界面列出，然后再将入口墙面作为第二个被分裂的界面列出。若同一壁面内存在着更多这样的分裂界面需要被列出的话，均可按此方法依次进行界面分裂，逐一编辑下去。可以看出，使用该方法比逐一分块的编辑同一平面内的不同界面要更加便捷和高效。

第四步，如图 4–18 所示，编辑出剧场模型中的舞台，编写内容如下：

```
ABS sfloorab = wood
ABS swallabs = wood
GLOBAL sh = 1 ； stage height
GLOBAL sd = 5 ； stage depth
GLOBAL sbw = 4 ； stage back width
GLOBAL sfh = h-2 ； stage front height
GLOBAL sbh = sfh-1 ； stage back height
```

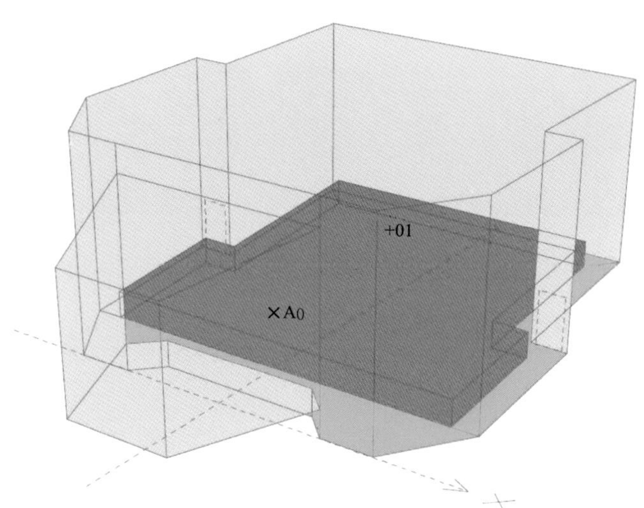

图 4–18　软件 CATT 编辑出剧场模型中的舞台
（资料来源：CATT）

```
CORNERS
; prosc. and stage
74 x（2）y（2）sh
75 x（1）y（1）sh
76 -sbw/2 -sd sh
77 x（76）y（76）sh+sbh
78 x（2）y（2）sh+sfh
PLANES
[40 prosc. walls / 2 3 53 52 78 74 / wallabs]
[41 stage side edge / 2 74 75 1 / swallabs]
[42 stage front edge / 1 75 175 101 / swallabs]
[43 stage floor / 176 174 175 75 74 76 / sfloorab]
[44 stage ceiling / 77 78 178 177 / swallabs]
[45 stage back wall / 76 77 177 176 / swallabs]
[46 stage side wall / 76 74 78 77 / swallabs]
[47 prosc. top / 78 52 152 178 / swallabs]
```

值得注意的是，剧场模型中的舞台分为两个部分，即前台（Prosc.）和后台（Stage），建模时分别进行了编辑。

第五步，如图 4–19 所示，编辑出剧场模型中的声源和受声点，编写内容如下：

①对声源文件“SRC.LOC”进行如下编辑：

```
; SRC.LOC
; PROJECT : CATT-Acoustic tutorial v8.0
SOURCEDEFS
IF step < 5 THEN
A0 0.0 3.0 2.0 OMNI 0.0 10.0 3.0
```

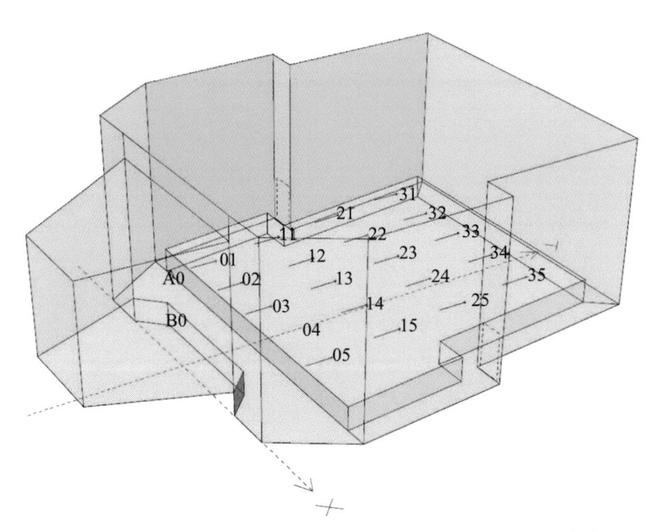

图 4–19　软件 CATT 编辑出剧场模型中的声源及受声点
（资料来源：CATT）

```
Lp1m_a = <70 73 76 79 82 85>
B0 1.0 2.0 2.0 OMNI 0.0 10.0 3.0
Lp1m_a = <70 73 76 79 82 85>
ENDIF
IF step >= 5 THEN
A0 -2.5 fsd-0.5 sh+1.7 OMNI -2.0 fsd+2 sh+1.7
Lp1m_a = <70 73 76 79 82 85>
B0 1.0 fsd-2.0 sh+1.7 OMNI 1.0 fsd+2 sh+1.7
Lp1m_a = <70 73 76 79 82 85>
ENDIF
```

②对受声点文件“REC.LOC”进行如下编辑：

```
; REC.LOC
; PROJECT : CATT-Acoustic tutorial v8.0
IF step >= 5 THEN
LOCAL dx = 2.2
LOCAL dy = 3
LOCAL y0 = fld+1
ENDIF
RECEIVERS
IF step < 5 THEN
1 0.0 10.0 3.0
ENDIF
IF step >= 5 THEN
1 -2*dx y0 lock ( 23 24 25 )
2 -1*dx y0 lock ( 23 24 25 )
3 0*dx y0 lock ( 23 24 25 )
4 1*dx y0 lock ( 23 24 25 )
5 2*dx y0 lock ( 23 24 25 )
11 -2*dx y0+dy lock ( 23 24 25 )
12 -1*dx y0+dy lock ( 23 24 25 )
13 0*dx y0+dy lock ( 23 24 25 )
14 1*dx y0+dy lock ( 23 24 25 )
15 2*dx y0+dy lock ( 23 24 25 )
21 -2*dx y0+2*dy lock ( 23 24 25 )
22 -1*dx y0+2*dy lock ( 23 24 25 )
23 0*dx y0+2*dy lock ( 23 24 25 )
24 1*dx y0+2*dy lock ( 23 24 25 )
25 2*dx y0+2*dy lock ( 23 24 25 )
31 -2*dx y0+3*dy lock ( 23 24 25 )
32 -1*dx y0+3*dy lock ( 23 24 25 )
33 0*dx y0+3*dy lock ( 23 24 25 )
34 1*dx y0+3*dy lock ( 23 24 25 )
35 2*dx y0+3*dy lock ( 23 24 25 )
ENDIF
```

值得注意的是，模型中的声源和受声点均需点击进入相应的编辑界面对其勾选后才能进行有效的发声和接收测试，否则视为无效声源和无效受声点。如图 4–20 所示，在操作界面“General settings”中点击“Sources/Which to use”和“Receivers/ Which to use”可对声源和受声点分别进行勾选操作。

第六步，如图 4–21 所示，编辑出剧场模型中的侧墙反声板，编写内容如下：

```
; REFLECT.GEO
; PROJECT : CATT-Acoustic tutorial for v8.0
; STEP 6 side-wall reflectors
ABS backabs = <20 30 40 50 60 60> {64 128 128}
ABS frontabs = <12 10 8 7 6 5> {0 0 128}
LOCAL r_w = wl1/5
LOCAL r_h = h-3
LOCAL tx = w/2 - 0.5
LOCAL ty = r_w
LOCAL tz = 2.75
LOCAL ry = -10
LOCAL rz = 15
OBJECT
ROTATE 0 ry rz
```

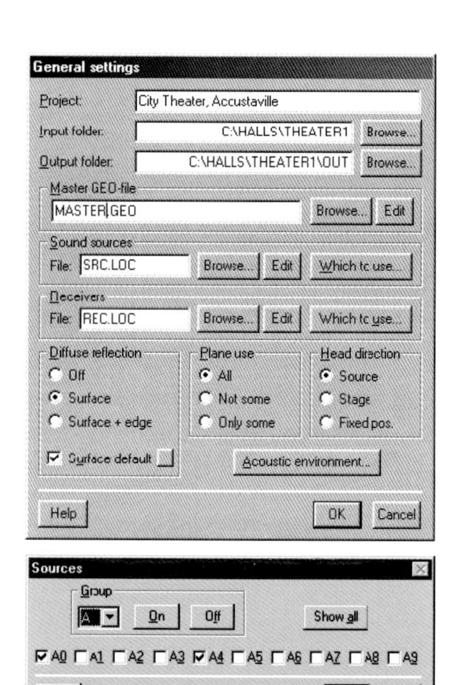

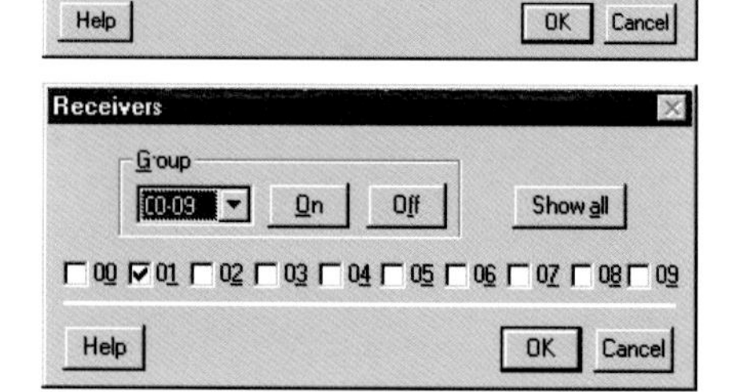

图 4–20　软件 CATT 中声源及受声点的勾选界面
（资料来源：CATT）

TRANSLATE tx fld+ty tz

OFFSETPL 100

OFFSETCO 80

MIRROR 100 200

*COPY 5 2 0 0 0 tx fld+2*ty tz 0 ry rz*

*COPY 10 4 0 0 0 tx fld+3*ty tz 0 ry rz*

*COPY 15 6 0 0 0 tx fld+4*ty tz 0 ry rz*

CORNERS

0 0 -r_w/2 0

1 0 -r_w/2 r_h

2 0 r_w/2 r_h

3 0 r_w/2 0

PLANES

; * = *auto edge diffusion + enable in General settings*

[0 refl front / 0 1 2 3 / frontabs]*

; *the back MUST be defined too*

[1 refl back \ 0 1 2 3 \ backabs]*

值得注意的是，将侧墙反声板建立成一个单独的模型文件“REFLECT.GEO”与剧场模型文件“MASTFULL.GEO”相区分，其主要原因有两点：一是侧墙反声板

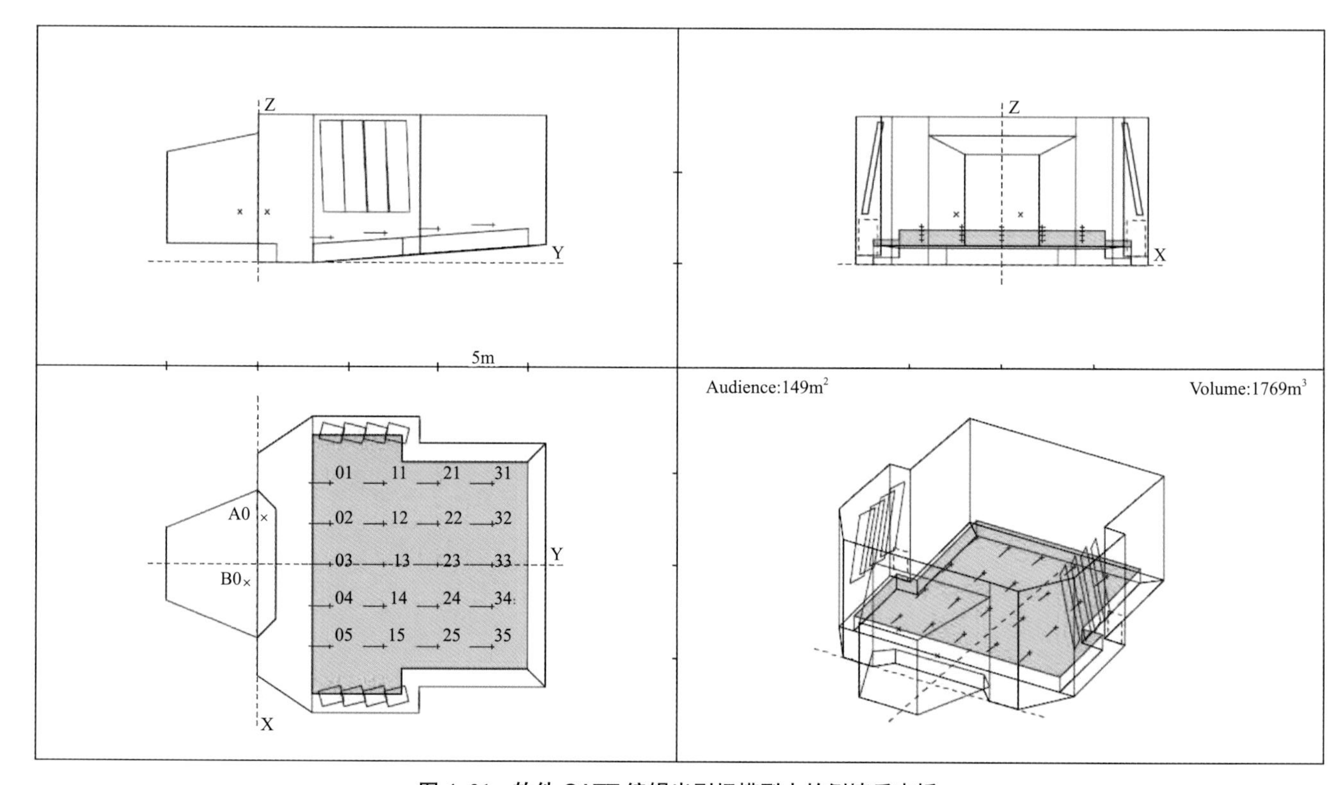

图 4–21　软件 CATT 编辑出剧场模型中的侧墙反声板
（资料来源：CATT）

整体作为一套独立的模型组件存在于剧场模型中，能便于设计者更好地对其进行翻转或旋转（指令语言为 TRANSLATE/ROTATE）等方位上的设计调整；二是侧墙反声板作为单独的模型文件可以与其他新建的剧场模型文件相融合，即编辑出的侧向反声板模型可以独立放置于其他新建的剧场模型中，仅需对“OFFSETPL”和“OFFSETCO”的数值进行相应调整即可。

4.4.2　导入式建模法

软件 CATT 自带的编程式建模法仅适合于壁面较少且形状并不复杂的声场空间，而对于带有曲面、弧形或穹形等复杂空间的声场模拟，则较难完成建模编辑。对此，使用者可运用导入式建模法来解决复杂空间的建模问题。即，首先通过软件 SketchUp 建好声场空间模型，然后导入 AutoCAD 中设置声源和受声点，并根据声场空间内各壁面的不同材质来设置相应的吸声和扩散系数，最后导入 CATT 中进行声学模拟计算。因中国传统剧场建筑造型极其复杂，后续章节将主要采用导入式建模法来展开对所选实例的声学模拟，故此处不再举例详细阐述其建模步骤，仅就该方法在建模过程中值得注意的几项要点简述如下：

第一，建模时，声场空间模型中的任一壁面都存在着正、反两个界面。在软件 CATT 中，同一壁面的这两个界面对声波所起的作用是完全不同的。一个是反射界面，即对声波起到吸收和反射的作用；另一个是透射界面，即对声波不起任何作用，可视为空面，声波能无障碍、无损耗地将其穿透。在软件 SketchUp 的建模过程中，能非常直观地鉴别出模型壁面正反两个界面的颜色，因此设计者在建模时必须根据声场中声线的运行轨迹来设置反射或透射界面的朝向，声场中凡能被声线撞击到的模型壁面，均需设置成反射界面。

第二，为便于所建模型在导入 AutoCAD 后能更精准快捷地根据各壁面不同材质设置出相应的吸声和扩散系数，使用者在运用软件 SketchUp 建模的过程中，有必要对模型壁面的材质逐一进行分类和命名，将相同材质的壁面组合成同一个模型组件，并直接用材质或者自定义的名称对其命名。这样，在模型导入 AutoCAD 并进入 AUTOLISP 界面后便可直接输入模型组件的名称，对相应的壁面进行精准框选。

第三，打开 AUTOLISP 界面的步骤是：启动 AUTOCAD，在命令提示符下输入路径“C：/CATT/ACAD/CA_LOAD”，若 AUTOLISP 的界面是第一次被打开，输入路径“C：/CATT/ACAD/”即可。此外，在软件 AUTOCAD 中空格键（Space）和回车键（Enter）均代表“确认”的命令，因此在路径命名的设置中字符间不可存在间隔。比如，若软件 CATT 的安装路径为“C：/Program files/...”，那么在使用 AUTOLISP 界面前，则需将 ACAD 文件夹移至如“C:/ACAD”路径之下方可打开。

第四，在 AUTOLISP 界面中存在的命令符有：SETCATTSCALE、CATTSCALE、DRAW、PUT、GET、CONV、SRC、CHSRCPOS、CHSRCAIM、REC、EXP、IMP、MARKFIX、UNMARKFIX、SHDIV、HIDEDIV、SHDIRECT、SHR、DELSHDIRECT、CHDIRECT 等。其中常用的几项命令为：① SETCATTSCALE：设置或更改导入模型尺寸的比例，该命令在任何情况下都必须最先使用；② CONV：将导入 AutoCAD 中模型的 3DMESH 格式转变为 3DFACE 格式，并将框选的模型界面移至 CATT_MAIN 图层；③ SRC：在模型中设置声源，并标明受声点的编号，若为指向性声源还需指明发声方向，同时可用 CHSRCPOS 和 CHSRCAIM 命令来修改声源的位置和发声方向；④ REC：在模型中设置受声点，并标明受声点的编号；⑤ EXP：将 CATT_MAIN 图层上所有 3DFACE 格式的界面、声源和受声点导出并保存为 *.GEO 文件。

第五，为便于更精准快捷地在 AutoCAD 模型中设置声源和受声点，我们可在最初使用 SketchUp 建模时根据声源和受声点的方位建立相应的辅助线，待进入 AUTOLISP 界面时，各辅助线的端点即声源和受声点的中心点。

第六，编程法建立的壁面是由各顶点通过人工编辑，并使用闭合命令（LOCK）围合而成的一个完整平面，即壁面是什么形状的平面，编辑出来的界面就是什么形状的平面，因此编程法所建模型中的任何壁面均显得干净平整。而导入式建模法在确定壁面各顶点方位后，计算机便根据空间中三点即可围合成面的方式，自动连接空间各顶点围合成三角形的面，即导入法所建立出来的任何壁面均是由若干个三角形拼接组合而成的平面，因此整个壁面显得粗糙破碎，但并不妨碍模型建立的完整性。

第七，如图 4–22 所示，软件 CATT 对任一壁面材质均给出了八个可选的倍频带（分别为 125Hz、250Hz、500Hz、1000Hz、2000Hz、4000Hz、8000Hz、16000Hz），用户可根据模型壁面的材质对其吸声和散射系数进行编辑，后续章节的建模中则收集了多种常规建材的吸声系数以供参考。

第八，软件 CATT 自带三维模型排错功能（3D Geometry Debugger），可对导入的模型进行快速检查，且只有在满足计算要求之后方能进行声学模拟。此外，如图 4–22 所示，声源所发射出的声线数量必须根据建模的精细程度来设置相应的数值，即模型建得越精细，所需发射的声线数量就越多。

第九，一般来讲，设计师对建模精细化程度的要求都比较高，即模型建立得越精细，局部细节也就建得越完善，与真实建筑物越相符。这与钢琴房、录音棚、演播室等小空间声场模拟的建模要求是相吻合的，但对于影剧院、体育馆、飞机场等空间尺度较大的声场模拟，其建模要求则并非如此。例如，如图 4–15 所示，剧场中观众区所有座椅被视为一个整体，有意忽略掉单个座椅的局部细节，仅根据座椅的高度和观众席的边界范围将其建成一整块立方体，这样得到的声学模拟结果反而要比深抠座椅局部，逐一细致地建立出观众区每个座椅模型后所得到的模拟结果来得更加准确，也更为节省计算时间。因此，在面对空间尺度较大的声场模拟时，比如中国传统剧场的建模过程中，往往需要有意识地忽略掉剧场建筑中的窗雕、瓦片、斗栱等建筑局部和结构细节，运用“抓大放小”的方式（即将这些建筑局部和结构细节“抽象”成近似的界面或体块）来进行建模。

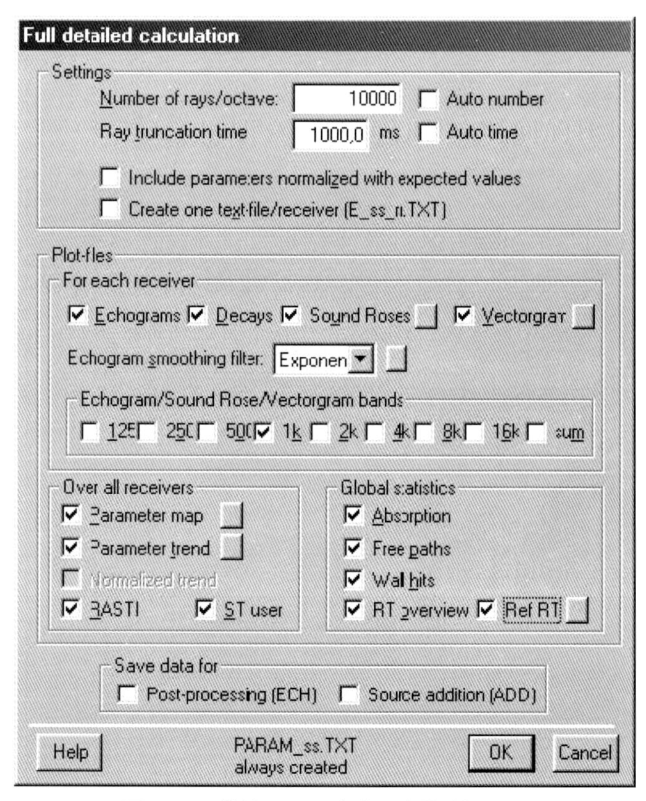

图 4–22　软件 CATT 中详尽计算编辑界面

（资料来源：CATT）

4.4.3　视听化功能

软件 CATT 可视化功能相当丰富，可以提供声线、声粒子和基于 Open GL 的 3D 模型效果，即对载入软件的建筑模型可以三维显示，并能进行平移或任意角度的旋转。用户可在自己想要的角度对模型进行查看并导出相应的 3D 效果图。

可听化功能则是借助物理或数学的模型，将空间中声源的声场表现为可听见的过程。软件 CATT 是利用声场空间模型中某处的脉冲响应及人工头在消声室测量所得出的相关传输函数 HRTF，再加上消声室录制的原始听音材料，将其依次卷积运算得到的包含模型声场效果和声源定位效果的听音文件。用户可通过扬声器或耳机即可聆听模型空间中的音质效果，实现双耳可听化和多通道可听化功能，使用户在设计阶段就能听到建成后近似的音质效果，从而可避免建成后声学缺陷的发生。

4.5　影响软件 CATT 模拟准确性的因素

在软件 CATT 应用的过程中，影响模拟有效性和准确性的因素除了软件自身计算方法外，更大程度上取决于软件使用过程中的操作技术问题，主要包括：三维模型的建立、表面吸声和散射系数的设置以及其他模拟参数的设置等。对于软件的计算方法，使用者无法选择；而对于使用过程中的操作技术问题，用户则可通过自身学习和体会将其把握好。

4.5.1　模拟计算的方法

虽然引入了一定的波动特性，但软件 CATT 的模拟基础依旧是建立在几何声学基础之上的。因此，对于涉及声波干涉和衍射等波动性方面的模拟，软件 CATT 存在着一定的局限性。

4.5.2 建立模型的精度

声场计算机模拟中三维模型的复杂程度与模拟所需计算量有关，同时也会影响声场的模拟精度。在几何声学中声线的反射均以无限大平面来模拟，而实际由于声音波动性的存在，有限尺度壁面的反射过程与壁面的大小和形状是存在关系的。对于非平面的壁面，目前模拟中均采用多个平面近似的方法，这也是三维模型产生误差的一项主要原因[①]。此外，模型建立的精度不仅影响建立模型的时间，而且影响模拟的效率。模型建得越精细，所需声线数目就越多，计算时间也就相应越长。

4.5.3 吸声系数的设置

吸声系数的准确性是影响模拟结果准确性最为关键的因素之一。模拟中吸声系数设置得正确与否，直接反映了声场空间模拟结果与实际情况是否相符。吸声系数的误差较大将导致模拟结果的偏差也会较大[②]。

4.5.4 其他参数的设置

软件 CATT 中影响模拟结果的参数还有很多，其中包括壁面材料的散射系数（Scattering Coefficient）、声线数目（Number of Rays）、声线截止时间（Ray Truncation Time）、脉冲响应长度（Impulse Response Length）、最大镜面反射次数（Specular Reflection Order）和最大漫反射次数（Diffuse Reflection Order）等数值，尤其是在散射系数的设置上具有很大的不确定性。

在计算机声场模拟中，由于受到模拟算法的限制，目前均采用无规入射的散射系数来模拟空间表面的扩散特性。虽然针对无规入射散射系数的实验室测试方法已经建立，但由于受空间表面特性、尺度与几何形状等因素的影响，音质模拟计算中散射系数的确定除了根据模拟软件自带的一些推荐值外，很大程度上还依赖于设计师的经验。研究表明[③]，即使相同材质，其散射系数的正确取值也与模拟空间的体形、比例及尺度等有关，同时还与所建立模型的精细程度有关。此外，混响时间模拟计算中，模型壁面的散射系数会根据其吸声布置的不同条件对声场音质产生相应影响[④]。即当空间表面吸声布置较为均匀时，散射系数的偏差对混响时间模拟计算值的影响较小；而当吸声布置不太均匀时（如剧场建筑中吸声界面主要集中在观众区）表面散射系数估计的偏差将会给混响时间的模拟值带来较大的误差。

4.6 本章小结

计算机建筑声学模拟仿真技术主要分为两大类：一类是以波动方程为基础进行计算；另一类是以几何声学为基础进行计算。前者主要包括有限元法和边界元法，这种方法对计算机性能要求较高，且运行时间较长，有着很大的局限性；后者主要包括声线追踪法和虚声源法，该方法应用声线的反射关系，追踪各条声线传播进程以及应用虚声源原理来确定空间各界面引起的声反射规律，达到研究、计算和模拟实际声场特性的目的，这种方法的计算过程较前者简单，因而得到了推广和应用。

软件 CATT 便是综合使用了声线追踪法和虚声源法这两种算法而创建，其计算精度较高，能节约大量的计算时间，而且对计算机资源的占用也不多，目前已获得声学界及工程界较为广泛的应用。

---

① Tisseyre A, Moulinier A. An Application of the Hall Acoustics Computer Model[J]. Applied Acoustics, 1999.

② Morimoto T. Sound Absorbing Materials[J]. The Journal of the Acoustical Society of America, 1993; Nijs L, Jansens G, Vermeir G. Absorbing Surfaces in Ray-tracing Programs for Coupled Spaces[J]. Applied Acoustics, 2002.

③ Lam Y W. The Dependence of Diffusion Parameters in a Room Acoustics Prediction Model on Auditorium Sizes and Shapes[J]. The Journal of the Acoustical Society of America, 1996.

④ Lam Y W. A Comparison of Three Diffuse Reflection Modelling Methods Used in Room Acoustics Computer Models[J]. The Journal of the Acoustical Society of America, 1996; Hargreaves T J, Cox T J, Lam Y W. Surface Diffusion Coefficients for Room Acoustics : Free-field Measures[J]. The Journal of the Acoustical Society of America, 2000.

第五章　软件 CATT 在中国传统剧场建筑声学模拟中的可信度探究

虽然几何声学的模拟方法在以波动方程为基础进行模拟计算的功能上存在着欠缺，但因中高频音波长较短，一定程度上可以忽略其声波的波动特性，因此理论上讲，建立在几何声学基础上的软件 CATT 对模拟中国戏曲剧场这种以中高频唱腔声为主的剧场声场是适用的。而中国传统剧场起源于原始社会，发展于唐宋，成熟于明清，在整个漫长的历史演变过程中逐渐形成了各式各样的建筑形制，总体上看大致分为三种类型：即露天的广场式古剧场、四面围合的庭院式古剧场以及全封闭的厅堂式古剧场，三者间的声场特性存在不同。故本章将运用 CATT 分别对传统剧场不同建筑形制的三个典型实例进行详尽的声学模拟，并与实测结果展开对比和分析，旨在探讨软件 CATT 在中国传统剧场建筑声学模拟中的可信度究竟如何。

5.1　软件 DIRAC 在声学实测中的应用

传统的建筑声学测量系统是用宽频的粉红噪声或白噪声作为激励声源，在室内声场达到稳态后切断声源，通过控制软件记录声压级的衰减曲线来计算混响时间，这种方法不能得到空间的脉冲响应，因此也就无法测量与脉冲响应相关的声学参数。而 DIRAC 是一款基于 ISO3382 标准的建筑声学测量软件，可采用 MLS 信号、扫频信号或外部脉冲信号来进行脉冲响应的测量，即其内置信号发生器有最大长度序列信号（MLS）、线性扫频信号（Lin-Sweep）、对数扫频信号（E-Sweep），信号长度最小为 0.34s，最大为 21.8s。测试时需根据声场空间的实际情况而定，一般来说为了使测量的脉冲响应有较高的信噪比，信号的时长要超过声场空间的混响时间。关键的是，软件 DIRAC 所需配置的硬件相对简单，仅需笔记本电脑、发令枪、无指向扬声器和传声器即可。因此，笔者选取该软件来对传统剧场建筑进行声学实测。

5.1.1　软件 DIRAC 传声器连接方式

DIRAC 提供六种传声器连接方式：①单通道无指向性传声器，可获得单通道的脉冲响应并计算声场空间的基本声学参数，如 L_p、T_{20}、T_{30}、EDT、C_{50}、C_{80} 及 STI 等；②单通道可调八字形指向性传声器，可测量厅堂基本声学参数和与空间感相关的参数 LF；③一个通道连接无指向性传声器，另一个通道接八字形指向性传声器，也可测量厅堂基本声学参数和与空间感相关的参数 LF；④双通道无指向性传声器，可两个通道同时测量厅堂基本声学参数；⑤连接人工头或双耳头戴传声器，可获得双耳脉冲响应并计算与空间感相关的参数 $IACC$；⑥连接声强探头，可测量厅堂基本声学参数和与空间感相关的参数 LFC[①]。

5.1.2　软件 DIRAC 所测声学参数

DIRAC 软件可计算的主要声学参数有：①混响时间（Reverberation Time）包括早期衰变时间 EDT、混响时间 T_x、混响时间低音比 BR；②空间感（Spaciousness）包括侧向因子 LF、LFC、双耳互相关系数 $IACC_x$；③能量比（Energy Ratio）包括明晰度 C_x、清晰度 D_x、重心时间 T_S；④声级（Level）包括脉冲响应信噪比 INR、信噪比 SNR、强度指数 G、相对强度指数 $Grel$、强度谱 Magnitude、线性计权等效声压级 Leq、A 计权等效声压级 $LAeq$、C 计权等效声压级 $LCeq$、声压级低音比 BR；⑤语言清晰度（Speech Intelligibility）包括语言清晰度 STI、用于公共广播系统的语言清晰度 $STIPA$、

① 孙海涛，刘培杰，王红卫 . DIRAC 软件在建筑声学测量中的应用 [J]. 电声技术，2009（12）.

室内语言清晰度 *RASTI*、用于通信系统的语言清晰度 *STITEL*、辅音清晰度损失百分比 *ALC*、调制转移函数 *MTF*；⑥舞台支持（Stage）包括早期舞台支持 STearly、后期舞台支持 STlate、总舞台支持 STtotal；⑦吸声系数（Absorption）包括反射指数 *RI*、声功率反射因子 *QW*。

5.1.3　软件 DIRAC 的后期处理

软件 DIRAC 提供强大的后处理功能，主要包括：①可在时域图上对脉冲响应进行编辑，并计算其声学参数。在脉冲响应的测试过程中，不可避免地会记录一些噪声信号，软件 DIRAC 允许用户对脉冲响应在时域上进行移位（Rotate）、删除（Silence）、放大（Amplify）等处理，使得脉冲响应的计算结果更精确。②可对在缩尺模型（Scale Model）中测得的脉冲响应进行高频空气吸声补偿，按照缩尺的比例转换为实际的脉冲响应，计算其声学参数。测试时先要记录在缩尺模型中测得的高频脉冲响应，在软件 DIRAC 中读入该脉冲响应，根据测试时缩尺模型中的温湿度和实际厅堂中的温湿度以及缩尺比例对高频脉冲响应进行修正，得到实际厅堂中的脉冲响应。③可将干信号与双耳脉冲响应卷积实现可听化（Auralization）。要运行该功能必须先利用人工头或双耳头戴传声器作为前端来获得双耳脉冲响应，在软件 DIRAC 中同时读入干信号文件和双耳脉冲响应文件进行卷积，得到的卷积信号可用于可听化主观评价[①]。

5.2　第一轮模拟与实测的对比和分析

5.2.1　声学建模

（1）建模说明

第一，由于所选典型实例精准详尽的古建测绘图纸无从获取，或者也并不存在，对此笔者仅通过使用激光尺及视觉估量的方法来对三个典型实例进行了现场测绘，所测尺寸和尺度与实际建筑能够基本保证一致，但其精准和精细度并不算高。所幸大空间声场模拟在建模的要求上并不需要具备太高的精细度，因此测绘上所存在的误差对于传统剧场声学模拟结果的合理性与准确性影响并不大。

第二，鉴于广场式和庭院式古剧场在建筑形制上均属于开敞空间，建模时若将模型中开敞的各界面均设置成透射界面（即空面）或全吸声界面（即吸声系数为 100 的壁面），则剧场声场的混响时间便无法通过 CATT 模拟运算而得出。但是，若将各开敞界面的吸声系数设置成 99.99 时，剧场声场的混响时间便能计算得出。

第三，虽然广场式古剧场存在着露台式古剧场（无顶戏台）、亭台式古剧场（有顶戏台）以及水榭式古剧场（水榭戏台）三种建筑样式，但总体上看，后两者的建筑样式其实是相同的，即均为独立的有顶戏台，唯一的区别在观众区的界面上。前者为广场地面，观众簇拥着站立观戏，后者为湖泊水面，观众在停泊的乌篷船上坐着观戏。因此，为避免造成研究上的重复性，在针对后两种建筑样式的对比分析时，仅选取亭台式古剧场进行实测与模拟。

第四，在三个典型实例的剧场模型中，戏台上的声源均设置在距台面 1.6m 高，较戏台中心点往台口方向偏 1.5m 处；观众区中的受声点均设置在距地面 1.2m 高，并以 2m × 2m 的网格状阵列排布。

（2）建模步骤

步骤一：如图 5-1 所示，运用导入式建模法，首先在软件 SketchUp 中按实际尺寸分别创建出三个典型实例的剧场模型，建模时务必注意反声界面和透声界面的方向设置是否正确，同时根据声源及受声点的空间排布建立出相应的辅助线。

步骤二：如图 5-2 所示，将所建 SketchUp 模型导入 AutoCAD 中，打开 AUTOLISP 界面，运用相应的界面命令将所建模型根据不同的壁面或材质逐一转换至 CATT_MAIN 图层，同时对各壁面或材质进行命名，并分别设置相应的吸声及散射系数，然后再根据辅助线添加声源和受声点。值得注意的是，只有当 AutoCAD 模型中的线条变成红色时，才表明图层转换成功，否则未变红的模型线条将不被软件 CATT 所辨识。

步骤三：如图 5-3 所示，在软件 CATT 中载入转换至 CATT_MAIN 图层的 AutoCAD 模型，即可显示出相应

---

① 孙海涛，刘培杰，王红卫. DIRAC 软件在建筑声学测量中的应用 [J]. 电声技术，2009（12）.

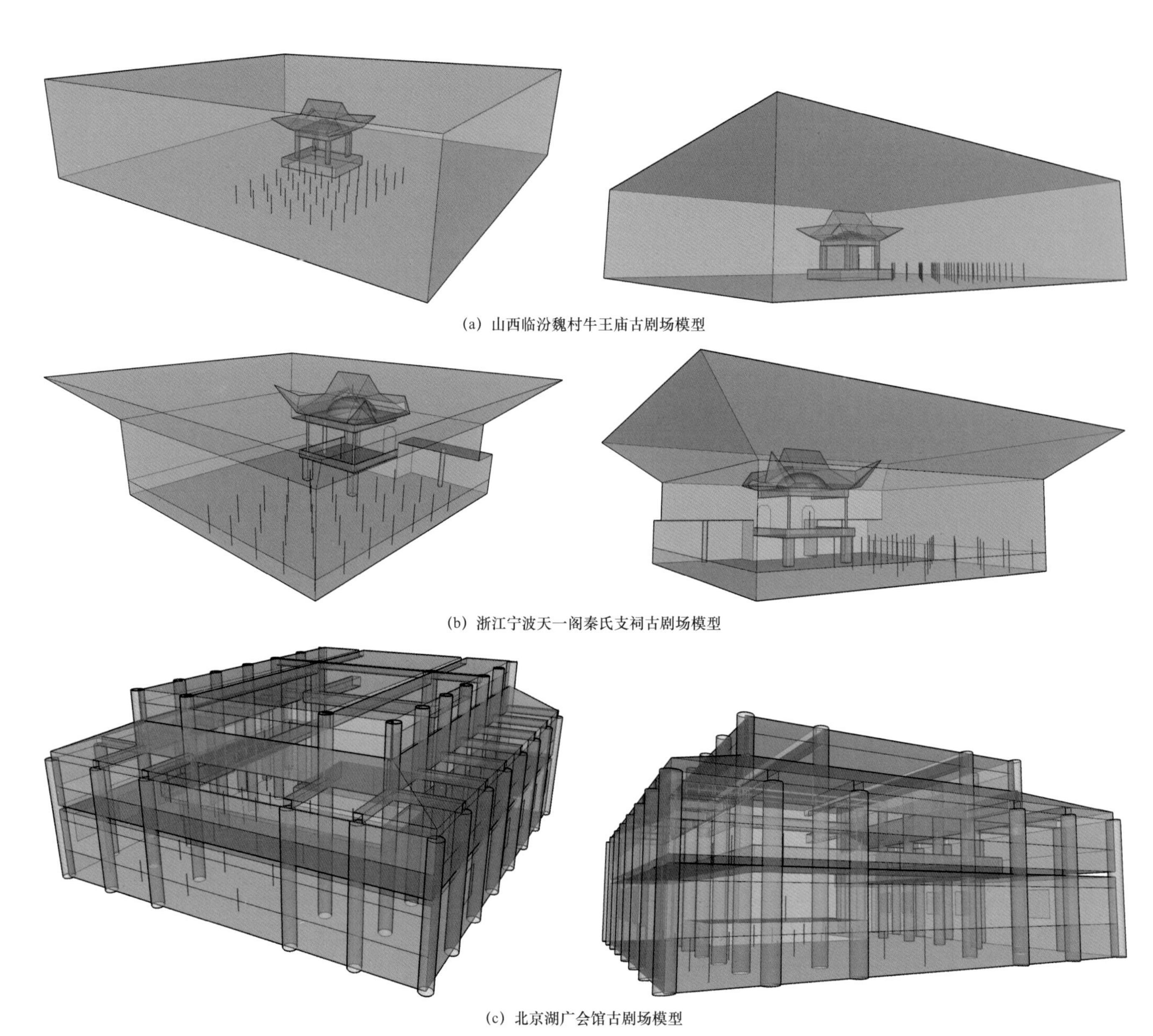

(a) 山西临汾魏村牛王庙古剧场模型

(b) 浙江宁波天一阁秦氏支祠古剧场模型

(c) 北京湖广会馆古剧场模型

图 5-1 三个典型实例的第一轮 SketchUp 模型

模型的三维效果图。需要注意的是，只有在软件 CATT 自带的三维模型排错功能检测无误之后，剧场声场的模拟计算才能顺利运行。

5.2.2 模拟设置

在第一轮模拟中，声源各频带声功率系数的设置源于软件 CATT-Acoustic v8.0 自带的数据库，即 70 73 76 79 82 95 : 95 95。此外，如表 5.1 ~ 表 5.3 所示，三个典型实例模型中各壁面材质的吸声系数均源自数据库 BB93①（用字母 a 加以标识）以及源自软件 CATT 自带的材质数据库（用字母 b 加以标识）。至于材质表面散射系数的设置及其对声场的影响，前述章节略有提及且已有学者对此做出相关研究②，笔者便不再展开说明。不过，由于散射系数的设置具有显著的不确定性，通常需凭经验进行设置，于是在声学模拟中，为了尽可能地减少因经验缺乏而造成设置上的较大偏

① Department for Education. Building Bulletin 93: Acoustic Design of Schools[M]. London: TSO, 2003.

② Wang L M, Rathsam J. The Influence of Absorption Factors on the Sensitivity of a Virtual Room's Sound Field to Scattering Coefficients[J]. Applied Acoustics, 2008; Kang J. Acoustics of Long Spaces: Theory and Design Guidance[M]. London: Thomas Telford Publishing, 2002.

(a) 山西临汾市魏村牛王庙古剧场模型

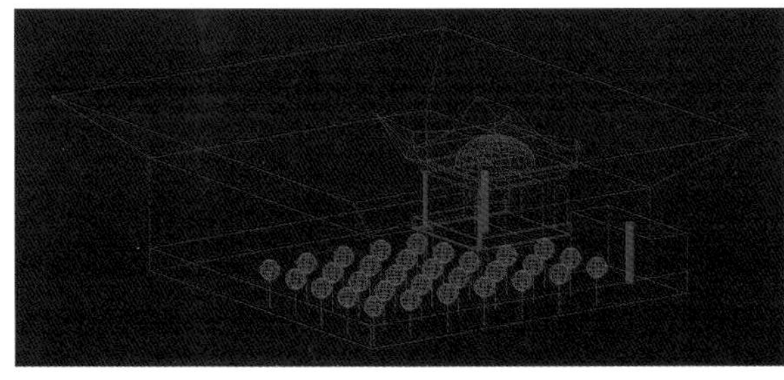
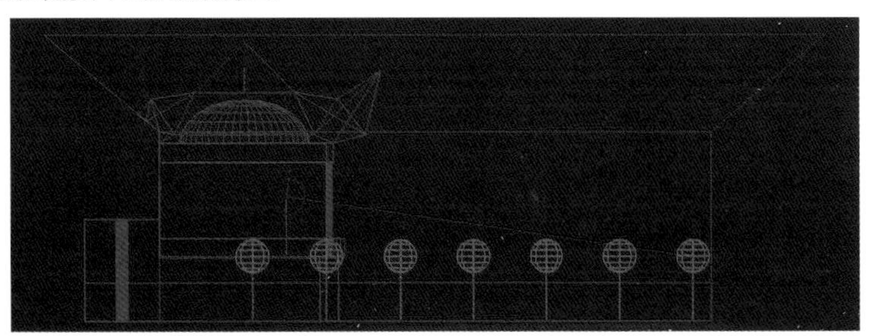

(b) 浙江宁波天一阁秦氏支祠古剧场模型

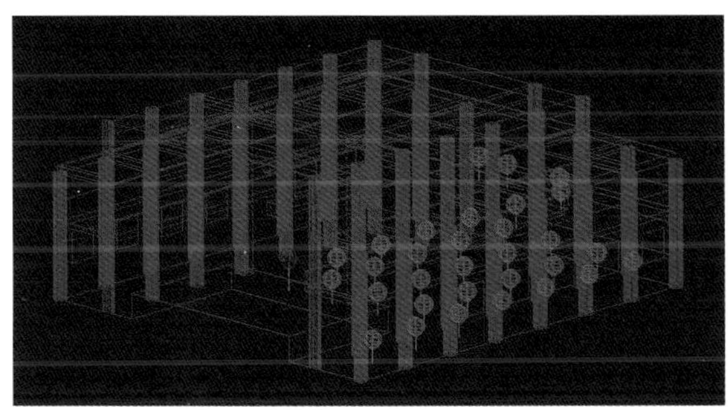
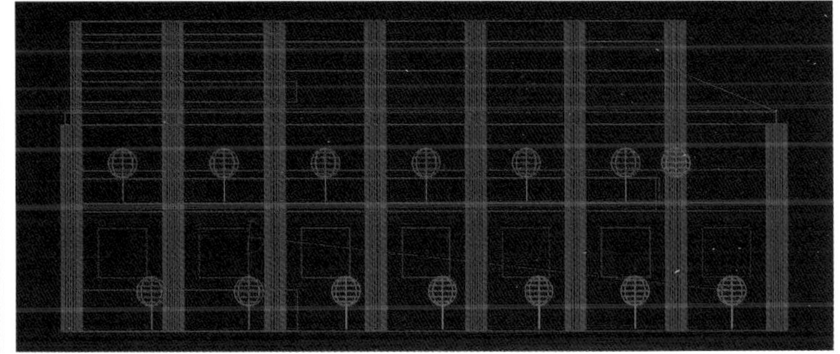

(c) 北京湖广会馆古剧场模型

图 5-2　三个典型实例的第一轮 AutoCAD 模型

差，同时也为了更加方便快捷和更为直观有效地定义各种不同材质，如表 5.1 ~ 表 5.3 所示，笔者将同一材质对应不同频带的各项散射系数取其平均值来进行统一设置。即相同材质不同频带的散射系数均统一设置成所取的平均值。

不可否认，此做法必然会存在一定的争议，其合理性也会遭受一定的质疑，但不论是凭经验对材质不同频带各项散射系数分别进行设置，还是取其平均值统一进行设置，两者所得系数值与真实值之间或多或少都会存在一定程度的差异，只是差异大小不同而已。相比之下，将材质各频带散射系数统一取平均值的设置方式，对于无经验或经验值不高的用户来说更为简单适用，关键是能弥补因经验不足而造成散射系数设置上偏差过大的缺陷。

第一轮模拟中牛王庙古剧场模型各壁面吸声及散射系数　　表 5-1

模型壁面	吸声系数						散射系数
	125Hz	250Hz	500Hz	1kHz	2kHz	4kHz	平均值
墙面（a）	2	3	3	4	5	7	20
屋顶（a）	8	9	12	16	22	24	80
地面（a）	2	3	3	3	4	7	50
戏台（a）	2	3	3	4	5	7	20
立柱（a）	25	5	4	3	3	2	10
藻井（b）	30	20	15	13	10	8	80
透射界面	99.99	99.99	99.99	99.99	99.99	99.99	100

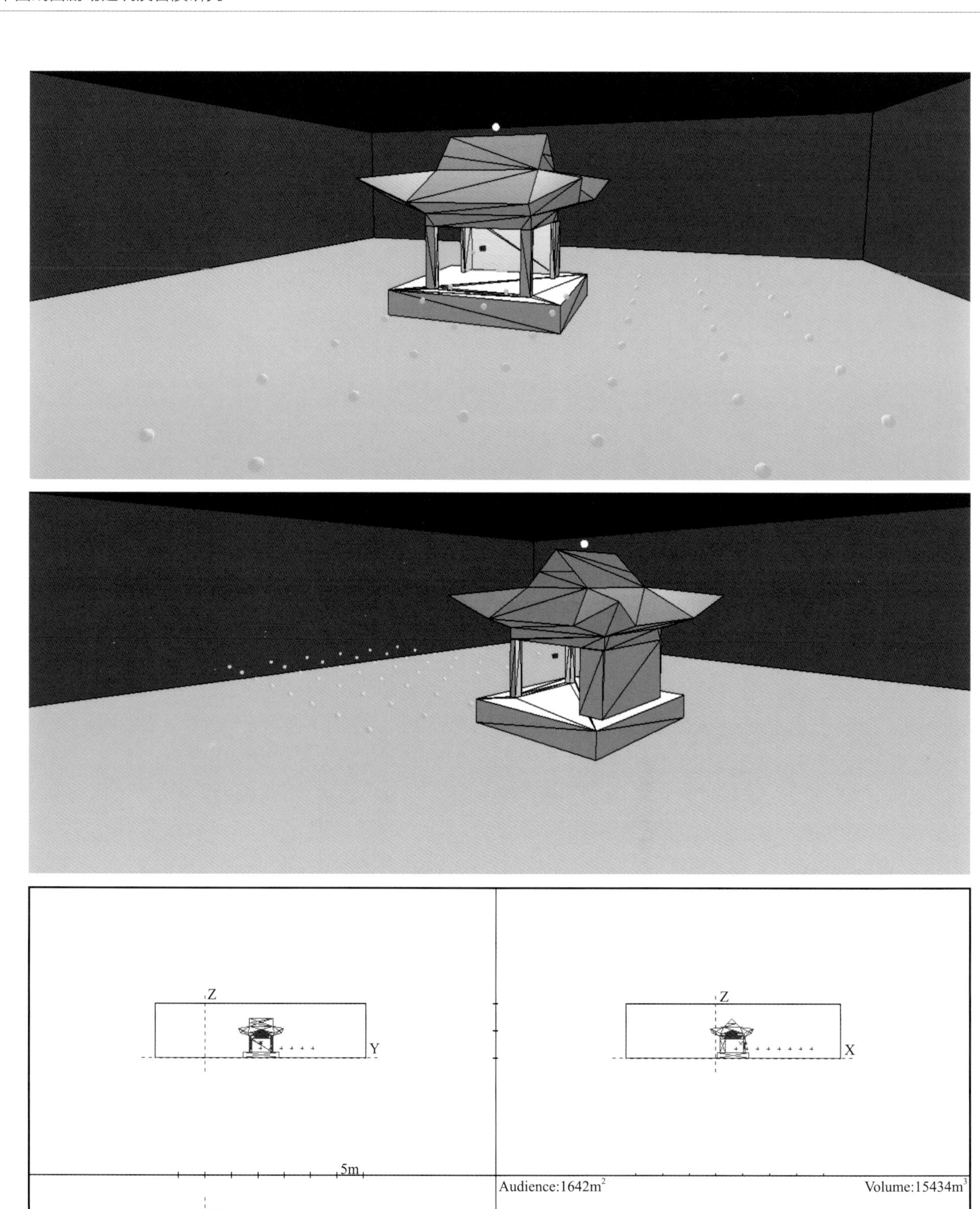

（a）山西临汾市魏村牛王庙古剧场模型

图 5-3　三个典型实例的第一轮 CATT 模型

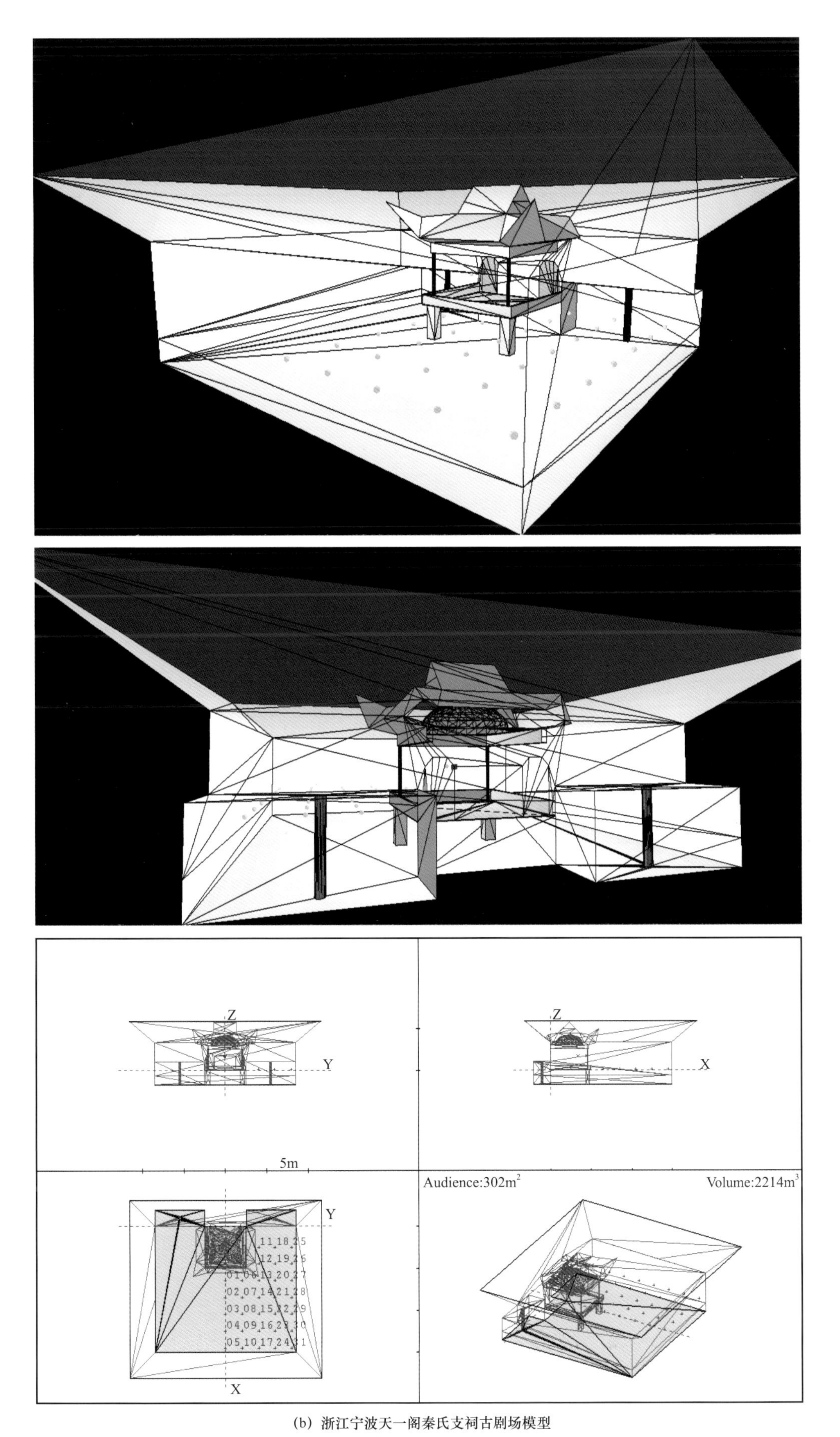

(b) 浙江宁波天一阁秦氏支祠古剧场模型

图 5-3 三个典型实例的第一轮 CATT 模型（续）

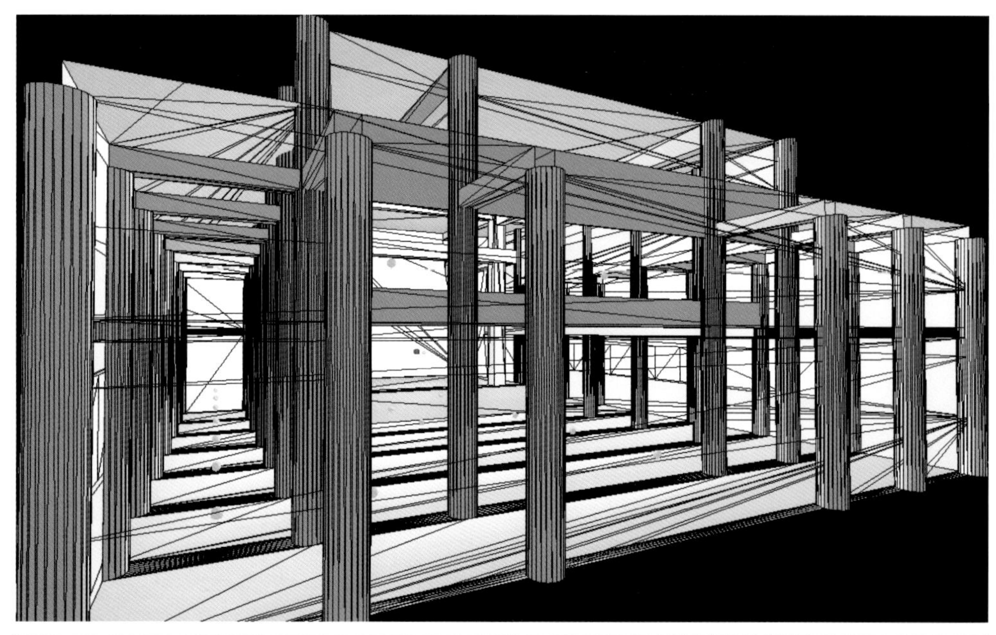

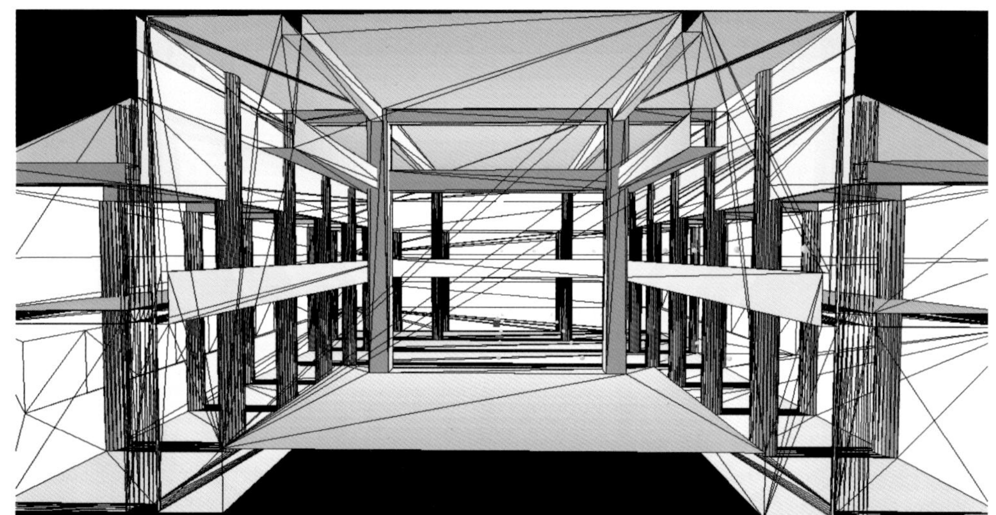

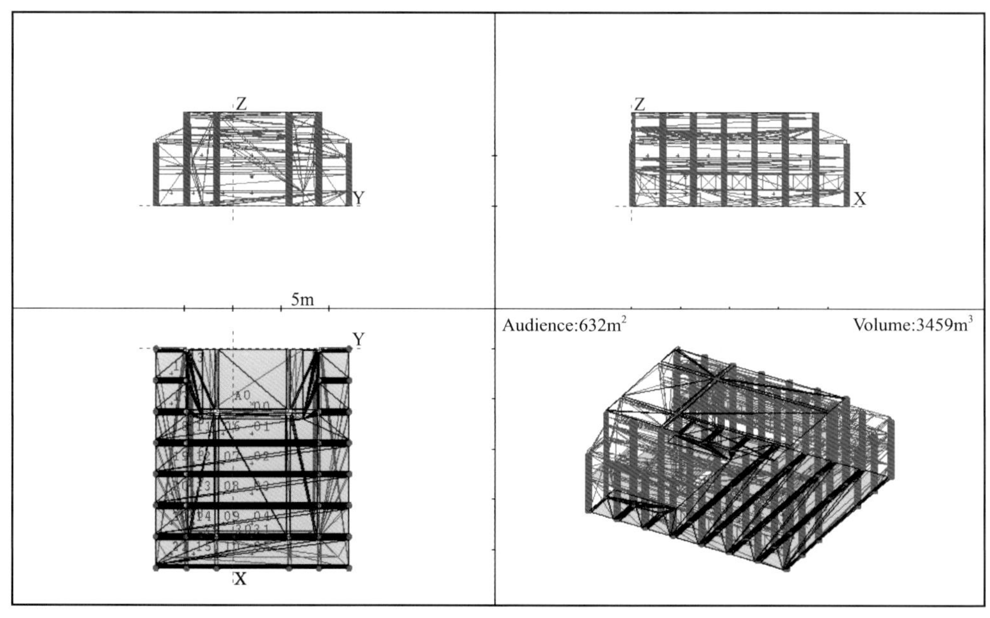

（c）北京湖广会馆古剧场模型

图 5-3 三个典型实例的第一轮 CATT 模型（续）

第一轮模拟中秦氏支祠古剧场模型各壁面吸声及散射系数　　表 5-2

模型壁面	吸声系数						散射系数
	125Hz	250Hz	500Hz	1kHz	2kHz	4kHz	平均值
墙面（b）	32	10	8	6	4	2	70
屋顶（a）	8	9	12	16	22	24	80
地面（a）	2	3	3	3	4	7	50
戏台（b）	10	14	20	33	50	60	40
石料（a）	2	3	3	4	5	7	20
立柱（a）	25	5	4	3	3	2	10
藻井（b）	30	20	15	13	10	8	80
门帘（a）	30	45	65	56	59	71	60
护栏（b）	30	20	15	13	10	8	50
透射界面	99.99	99.99	99.99	99.99	99.99	99.99	100

第一轮模拟中湖广会馆古剧场模型各壁面吸声及散射系数　　表 5-3

模型壁面	吸声系数						散射系数
	125Hz	250Hz	500Hz	1kHz	2kHz	4kHz	平均值
墙面（b）	30	20	15	13	10	8	40
戏台（b）	10	14	20	33	50	60	40
立柱（a）	25	5	4	3	3	2	10
门窗（b）	32	10	8	6	4	2	60
一层地面（a）	8	9	12	16	22	24	40
二层地面（b）	30	20	15	13	10	8	50
一层吊顶（b）	30	20	15	13	10	8	50
二层吊顶（b）	25	5	4	3	3	2	50
三层吊顶（b）	28	8	7	7	9	9	30

5.2.3　对比和分析

通过对表 5-4 中的模拟值和实测值进行对比可以看出，牛王庙古剧场声学模拟所得早期衰减时间 *EDT* 和混响时间 T_{30} 在 500Hz、1000Hz 和 2000Hz 三个频带上的平均值 EDT_m 和 T_{30m} 分别为 0.30s 和 0.31s，均较其实测值 0.58s 和 0.96s 短。尤其是混响时间 T_{30m}，模拟值和实测值之间的差别有 0.65s 之多。这是因为，软件 CATT 模拟的牛王庙古剧场是一个在理想环境中创建的剧场模型，即仅为一座独立的亭式戏台，戏台四周无任何建筑物环绕，也就无法提供相应的反射声返回至剧场。而在真实的剧场环境中，与戏台正对着的有祭祀所用的献亭和正殿，尽管两者距戏台很远，但仍能提供一定量的反射声回到剧场中。此外，古剧场四周还留有红色砖墙环绕（经笔者问询，该砖墙是后人为维护戏台所建，并非古迹），剧场内也零星散布着些许树木和植物，所有这些真实存在着的环境因素同样也能为剧场声场提供一定量的混响声甚至回声，从而导致实测得到的早期衰减时间 EDT_m 和混响时间 T_{30m} 的数值均大于其相应的模拟值。

秦氏支祠古剧场声学模拟所得早期衰减时间 *EDT* 和混响时间 T_{30} 在 500Hz、1000Hz 和 2000Hz 三个频带的平均值 EDT_m 和 T_{30m} 均为 0.70s，略小于其实测值 0.86s 和 0.93s。两者模拟值和实测值的差别均不超过 0.23s，由此可以认为模拟值与实测值基本吻合。

牛王庙古剧场（A）、秦氏支祠古剧场（B）及湖广会馆古剧场（C）第一轮模拟与实测数据　　表 5-4

古剧场	参数	500Hz	1000Hz	2000Hz	平均值
模拟值（A）	EDT/s	0.30	0.30	0.31	0.30
	T_{30}/s	0.30	0.31	0.31	0.31
	STI				0.85（优）
实测值（A）	EDT/s	0.52	0.55	0.66	0.58
	T_{30}/s	0.85	1.01	1.03	0.96
	STI				0.70（良）
模拟值（B）	EDT/s	0.71	0.70	0.69	0.70
	T_{30}/s	0.68	0.71	0.70	0.70
	STI				0.70（良）
实测值（B）	EDT/s	0.83	0.88	0.86	0.86
	T_{30}/s	0.90	0.95	0.95	0.93
	STI				0.64（良）
模拟值（C）	EDT/s	1.89	1.90	1.76	1.85
	T_{30}/s	1.33	1.32	1.30	1.32
	STI				0.51（中）
实测值（C）	EDT/s	1.08	1.00	0.96	1.01
	T_{30}/s	0.94	0.92	0.91	0.92
	STI				0.58（中）

湖广会馆古剧场声学模拟所得早期衰减时间 EDT 和混响时间 T_{30} 在 500Hz、1000Hz 和 2000Hz 三个频带的平均值 EDT_m 和 T_{30m} 分别为 1.85s 和 1.32s，均较其实测值 1.01s 和 0.92s 长。尤其是早期衰减时间 EDT_m，模拟值和实测值之间的差别竟有 0.84s 之多。究其原因，是由于真实剧场内存在着较软件模型中更多的吸声单元，比如观众区的桌椅，以及与其相配套的桌布和坐垫等，而这些吸声单元均会对实际声场产生较大影响。

此外，还因传统剧场建筑存在着一个共性的建造特征所导致，该特征也是中国古代建筑中的一大特色，即中国古建的构架一般包括柱、梁、枋、垫板、桁檩、斗栱、椽子、望板等基本构件，这些构件相互独立，需要通过一定的结构方式将其连结起来才能组成房屋，而这种独具特色的结构方式称为榫卯。它是在两个木制构件上采用凹凸部位相互结合的一种连接方式，凸出部分称榫（或叫榫头），凹进部分称卯（或叫榫眼、榫槽）。正因如此，当声源发出的声波入射到各木制构件的表面时，除了很大一部分声能直接被木构件所吸收和散射之外，还有一部分声能会因声波交变压力的激发迫使木构件产生振动，振动的动能会同时被传递到各木构件的榫卯连接处，造成木构件相互间的摩擦碰撞，并使得一部分动能损失转变成木构件摩擦碰撞界面处的热能。当然，这些细微的振动和碰撞，人们是无法通过肉眼观察得到的，但却切实存在，并最终导致一定程度的声能损耗。然而，这部分因榫卯结构的摩擦碰撞而转变成热能的声能，在软件 CATT 的模拟中是无法得以体现和计算的。

而且，与榫卯结构造成声能损耗的情况相似，真实湖广会馆剧场中的吊顶、门窗及楼板等均为木制薄板构件，当声源发出的声波入射到该类构件的表面时，薄板构件在声波交变压力的激发下会被迫振动，其振动幅度普遍较非薄板构件更为明显，从而使板心发生弯曲和变形，造成板材内部的摩擦损耗，并将机械能转变成薄板构件自身的内部热能。依据能量守恒定律，由薄板共振产生的热能同样也会消耗掉一部分的入射声能，而这部分被消耗掉的声能在软件 CATT 的模拟中也是无法得以体现和计算的。

5.3　第二轮模拟与实测的对比和分析

5.3.1　声学建模

基于上述对牛王庙古剧场和湖广会馆古剧场模拟值与实测值不相匹配的原因分析，笔者对三个古剧场的声学模型均进行了深度细化，使其尽可能与真实剧场的内部环境相符合。同时，还对某些建筑材质的吸声或散射系数进行了相应调整，并对三个剧场模型中声源和受声点的排布统一进行了重置，即将戏台上的声源设置在距台面 1.6m 高，较戏台中心点往台口方向偏 2.5m 处；观众区中的受声点设置在距地面 1.6m 高，以 3m×3m 的网格状阵列排布，且第一排受声点与戏台台口的距离为 1.5m。三个典型实例运用导入式建模法的整个建模过程见图 5-4 ~ 图 5-6。

5.3.2　模拟设置

在第二轮模拟中，声源各频带声功率系数的设置依然源于软件 CATT-Acoustic v8.0 自带的数据库，即 70 73 76 79 82 95 : 95 95。同时，如表 5-5 ~ 表 5-7 所示，

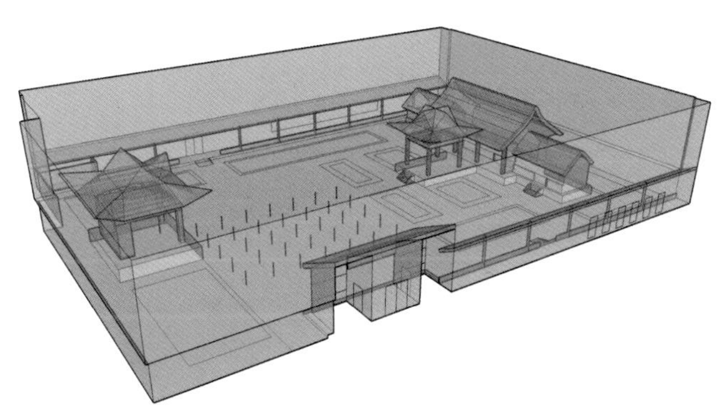
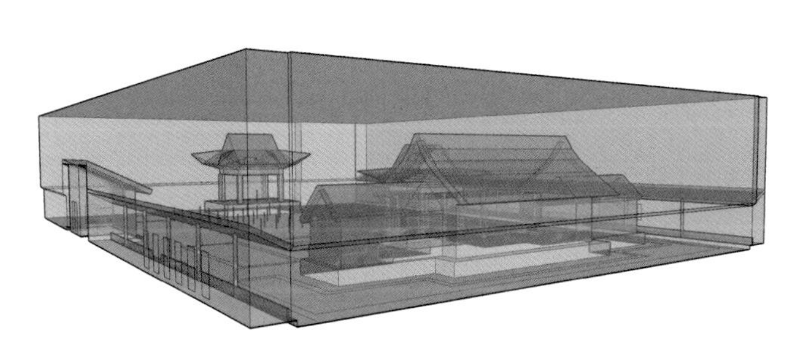

(a) 山西临汾魏村牛王庙古剧场模型

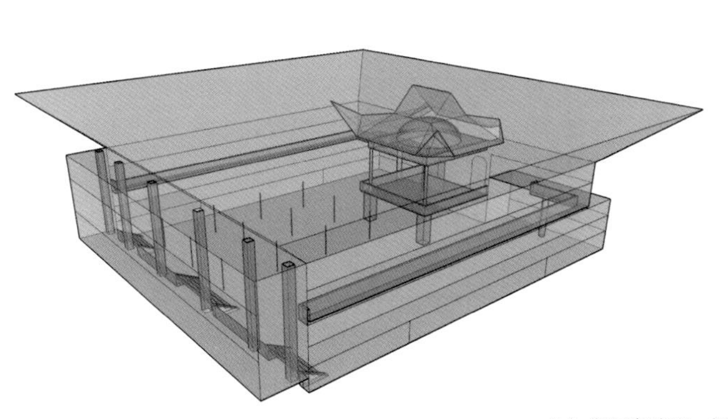
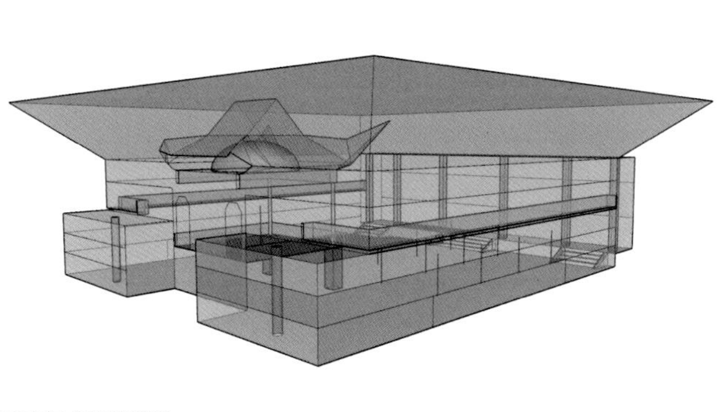

(b) 浙江宁波天一阁秦氏支祠古剧场模型

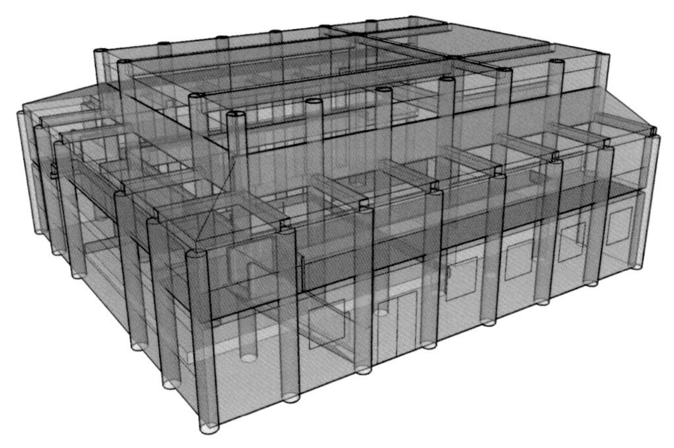
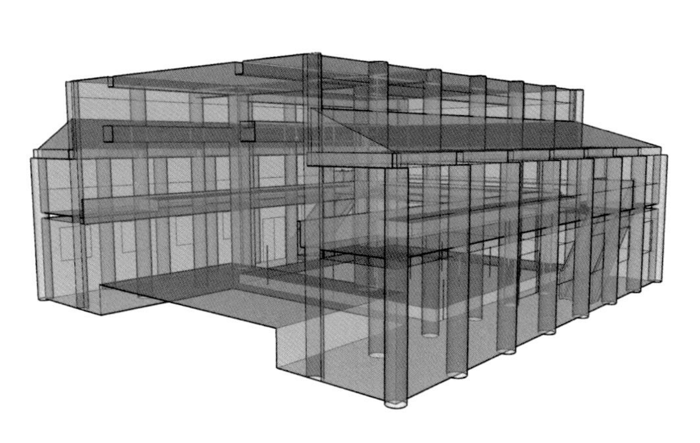

(c) 北京湖广会馆古剧场模型

图 5-4　三个典型实例的第二轮 SketchUp 模型

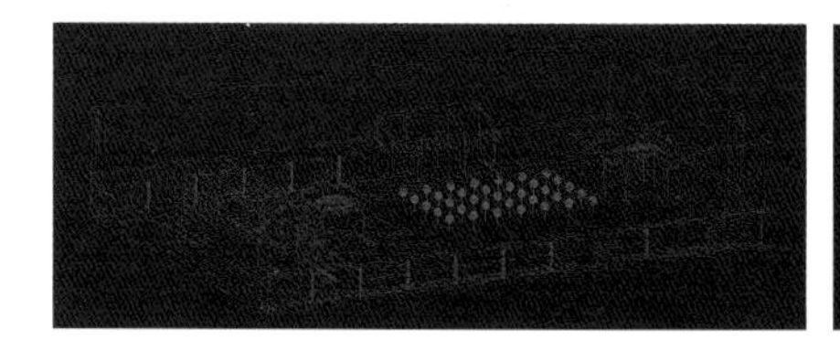

(a) 山西临汾市魏村牛王庙古剧场模型

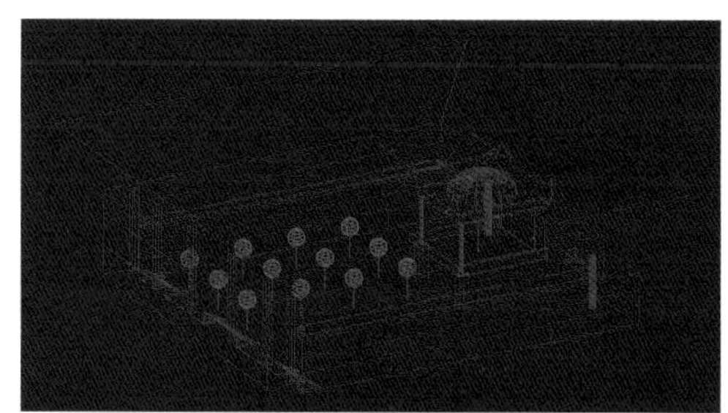
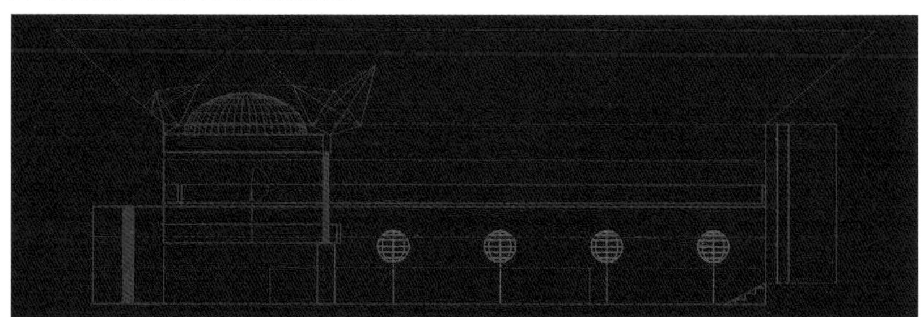

(b) 浙江宁波天一阁秦氏支祠古剧场模型

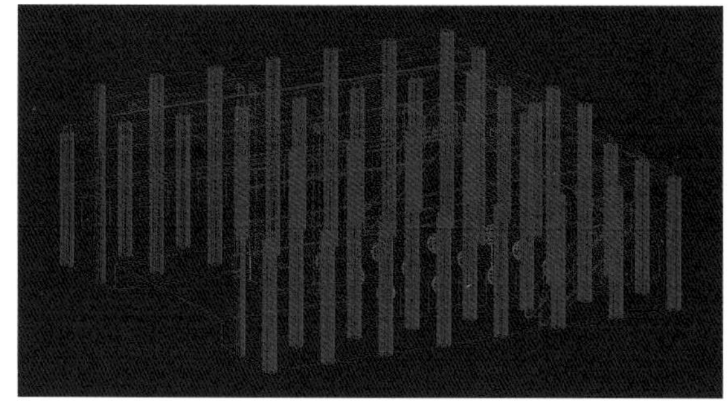
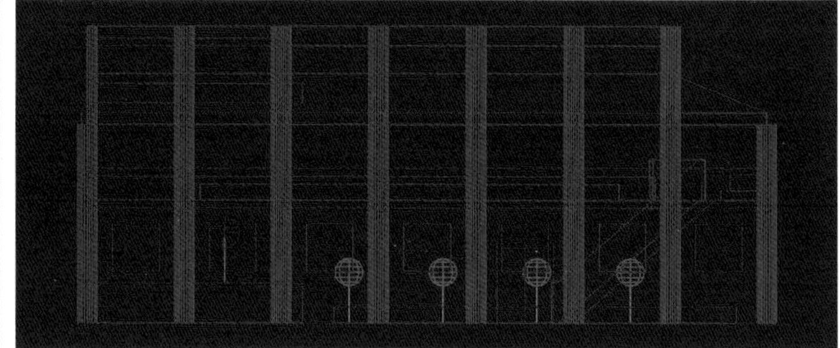

(c) 北京湖广会馆古剧场模型

图 5-5 三个典型实例的第二轮 AutoCAD 模型

三个典型实例模型中各壁面材质的吸声系数均源自数据库 BB93[①]（用字母 a 加以标识）以及源自软件 CATT 自带的材质数据库（用字母 b 加以标识），而对于特殊材质的吸声系数则参考相关资料[②]（用字母 c 加以标识）。同时，三个模型中各壁面材质不同频带的散射系数均统一设置成各材质的平均散射系数。

此外，需要特别说明的是，在牛王庙古剧场的实际环境中，正殿和献亭前均栽植有树木和植物，它们的存在毫无疑问对真实声场有着一定程度的影响。鉴于软件 CATT 建立在几何声学计算原理的基础上，对声音波动特性的模拟存在着一定的局限性，即无法对声波出现衍射的现象进行很好的模拟和计算。笔者在牛王庙剧场的声学模型中并未根据实际环境创建出与之相符合的树木及植物模型，取而代之的则是适当加大剧场模型中墙面和窗面的散射系数（列表中用符号“★”加以标识），以求达到与真实剧场相近似的声学模拟效果[③]。

5.3.3 对比和分析

通过对表 5-8 中的模拟值和实测值进行对比可以看出，在确保声学模拟和现场实测均操作无误的情况下，三个典型实例的模拟值和实测值在古建榫卯结构的摩擦碰撞以及木制构件的薄板共振等现象引起的合理误差范围之内，其相互间数据的匹配度均较高。

① Department for Education. Building Bulletin 93: Acoustic Design of Schools. London: TSO, 2003.

② Morimoto T. Sound Absorbing Materials[J]. The Journal of the Acoustical Society of America, 1993.

③ Kang J, Yang H S. Absorption and Scattering Characteristics of Soil and Leaf[J]. Proceedings of the Institute of Acoustics, 2013; Oldham D J, Egan C A, Cookson R D. Sustainable Acoustic Absorbers from the Biomass[J]. Applied Acoustics, 2010.

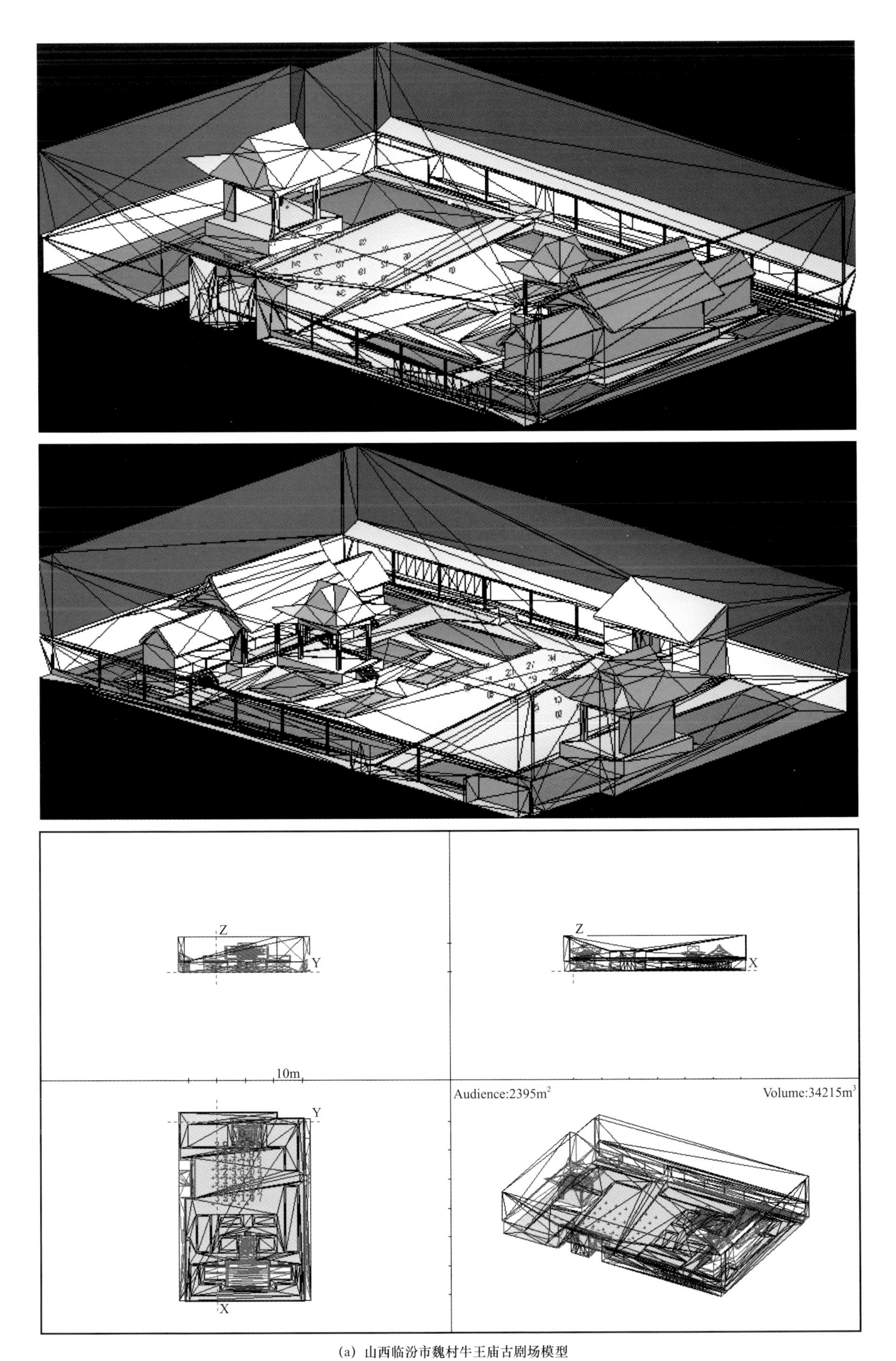

（a）山西临汾市魏村牛王庙古剧场模型

图 5–6　三个典型实例的第二轮 CATT 模型

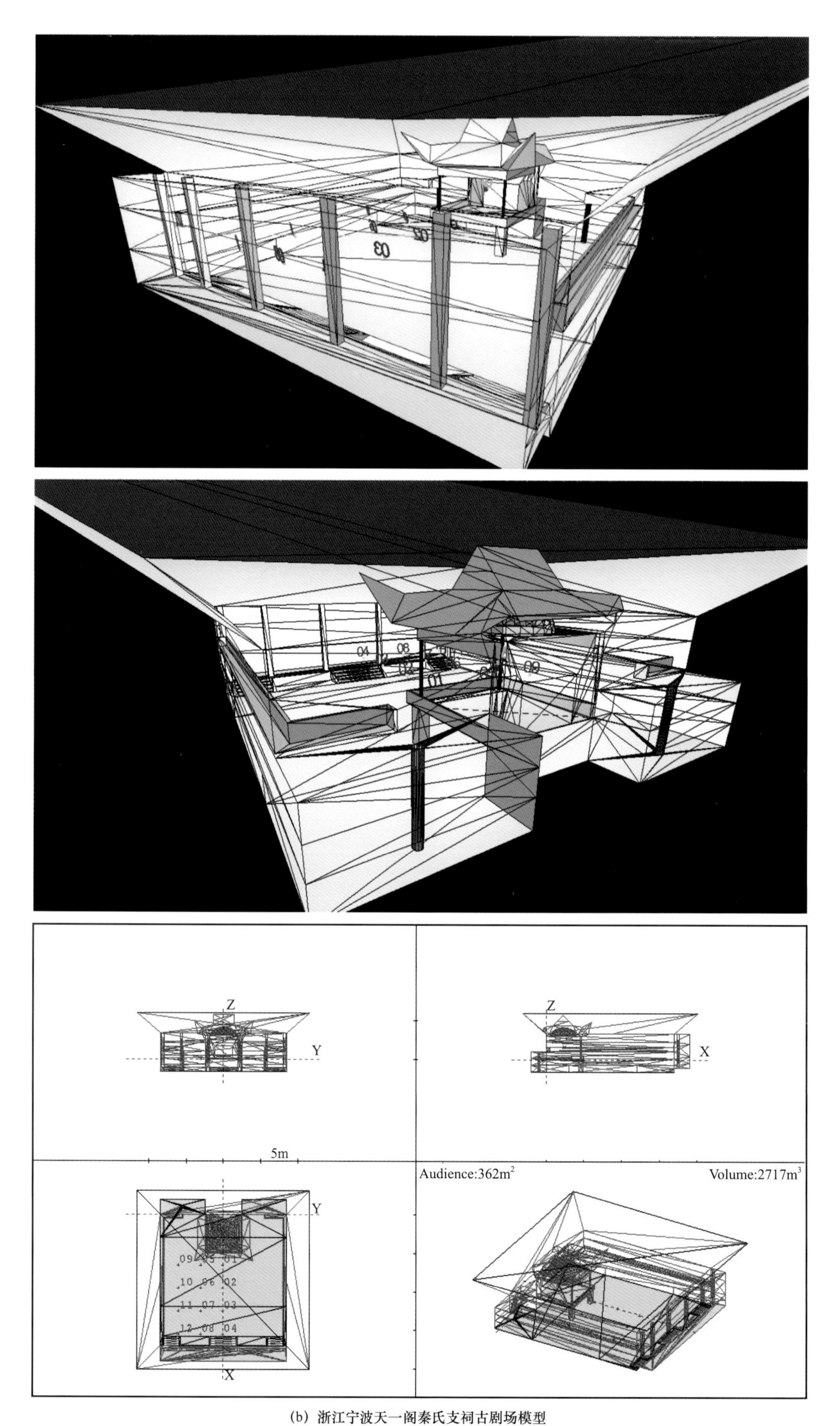

（b）浙江宁波天一阁秦氏支祠古剧场模型

图 5–6　三个典型实例的第二轮 CATT 模型（续）

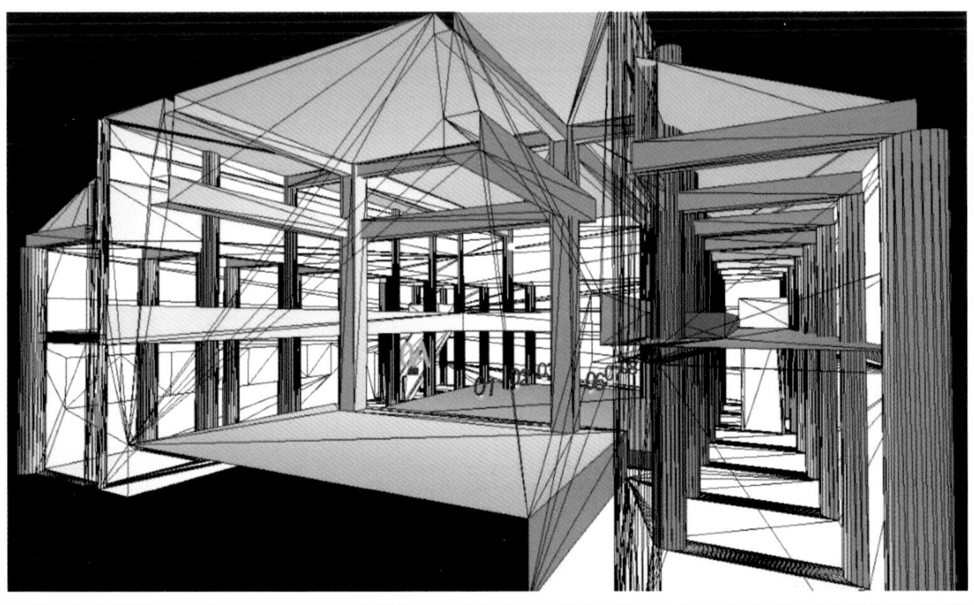

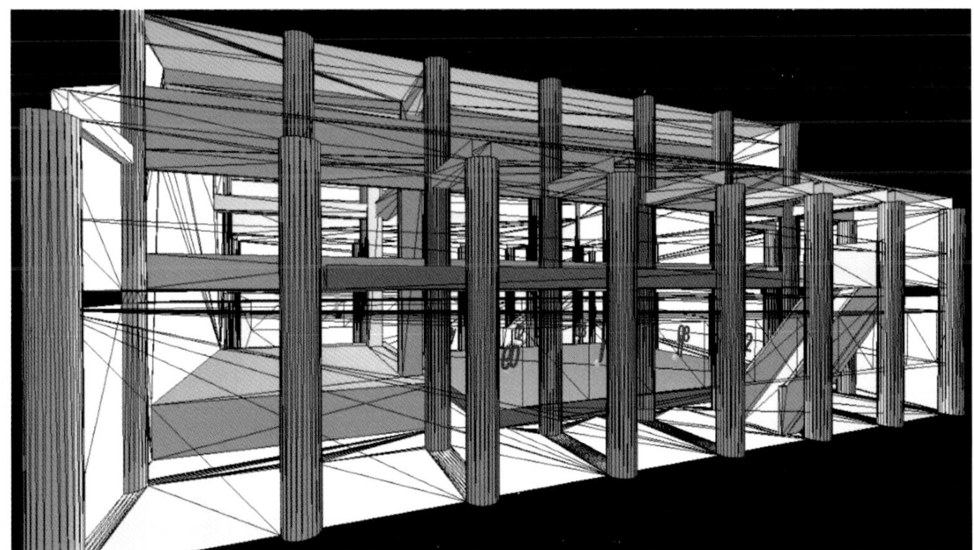

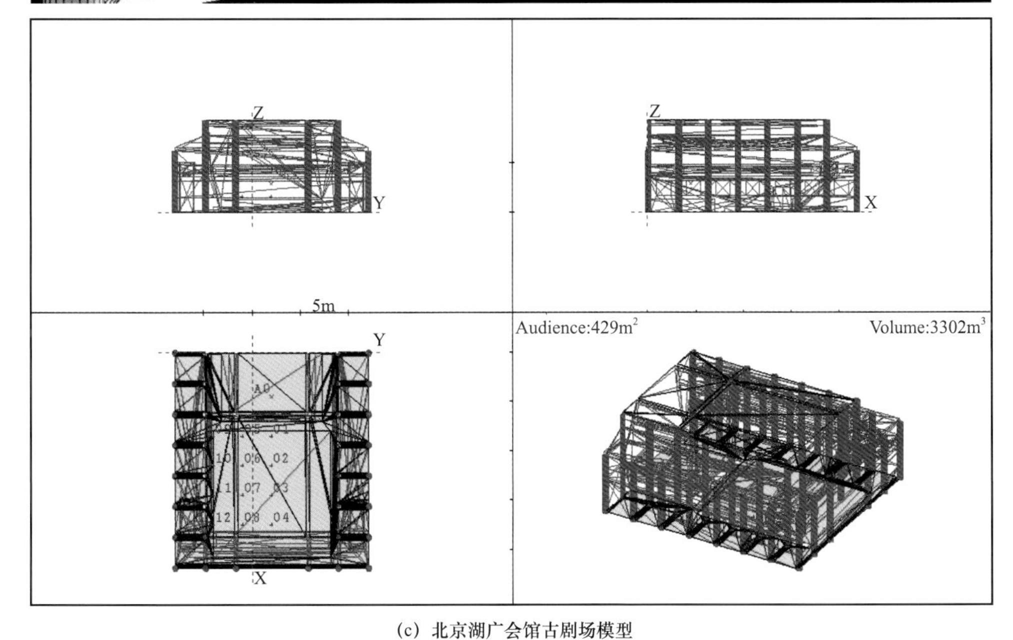

(c) 北京湖广会馆古剧场模型

图 5-6　三个典型实例的第二轮 CATT 模型（续）

第二轮模拟中牛王庙古剧场模型各壁面吸声及散射系数 表 5-5

模型壁面	吸声系数						散射系数
	125Hz	250Hz	500Hz	1kHz	2kHz	4kHz	平均值
护栏（b）	30	20	15	13	10	8	80
斗栱（b）	30	20	15	13	10	8	80
砖墙（a）	8	9	12	16	22	24	70 ★
藻井（b）	30	20	15	13	10	8	80
屋门（b）	30	20	15	13	10	8	40
草坪（c）	11	26	60	69	92	99	80
地面（a）	2	3	3	3	4	7	20
土壤（c）	15	25	40	55	60	60	80
屋顶（a）	1	1	1	2	2	2	80
戏台（a）	2	3	3	3	4	7	20
台阶（a）	2	3	3	3	4	7	20
石柱（a）	2	3	3	3	4	7	20
木柱（b）	30	20	15	13	10	8	10
窗户（a）	8	4	3	3	2	2	85 ★
透射界面	99.99	99.99	99.99	99.99	99.99	99.99	100

第二轮模拟中秦氏支祠古剧场模型各壁面吸声及散射系数 表 5-6

模型壁面	吸声系数						散射系数
	125Hz	250Hz	500Hz	1kHz	2kHz	4kHz	平均值
挑台（b）	30	20	15	13	10	8	20
栏杆（b）	30	20	15	13	10	8	50
斗栱（b）	30	20	15	13	10	8	80
藻井（b）	30	20	15	13	10	8	80
顶棚（b）	30	20	15	13	10	8	40
门帘（a）	30	45	65	56	59	71	60
屋门（b）	30	20	15	13	10	8	40
地面（a）	2	3	3	3	4	7	20
铁柱（a）	13	9	8	9	11	11	10
石柱（a）	2	3	3	3	4	7	20
屋顶（a）	1	1	1	2	2	2	80
戏台（b）	30	20	15	13	10	8	20
台阶（a）	2	3	3	3	4	7	20
石墙（a）	2	3	3	3	4	7	30
木墙（b）	30	20	15	13	10	8	40
窗户（a）	8	4	3	3	2	2	35
透射界面	99.99	99.99	99.99	99.99	99.99	99.99	100

第二轮模拟中湖广会馆古剧场模型各壁面吸声及散射系数 表5-7

模型壁面	吸声系数						散射系数
	125Hz	250Hz	500Hz	1kHz	2kHz	4kHz	平均值
栏杆（b）	30	20	15	13	10	8	50
吊顶（b）	30	20	15	13	10	8	20
椅子（a）	40	50	58	61	58	50	40
立柱（b）	30	20	15	13	10	8	10
屋门（b）	30	20	15	13	10	8	40
一层地面（a）	1	1	1	2	2	2	10
二层地面（a）	8	8	30	60	75	80	40
戏台（a）	3	9	20	54	70	72	40
台阶（b）	30	20	15	13	10	8	35
墙面（b）	30	20	15	13	10	8	40
窗户（a）	8	4	3	3	2	2	35
透射界面	99.99	99.99	99.99	99.99	99.99	99.99	100

牛王庙古剧场（A）、秦氏支祠古剧场（B）及湖广会馆古剧场（C）第二轮模拟与实测数据 表5-8

古剧场	参数	500Hz	1000Hz	2000Hz	平均值
模拟值（A）	*EDT*/s	0.80	0.77	0.73	0.77
	T_{30}/s	1.02	1.16	0.99	1.06
	STI				0.71（良）
实测值（A）	*EDT*/s	0.52	0.55	0.66	0.58
	T_{30}/s	0.85	1.01	1.03	0.96
	STI				0.70（良）
模拟值（B）	*EDT*/s	0.88	0.91	0.90	0.90
	T_{30}/s	0.97	1.05	0.95	0.99
	STI				0.63（良）
实测值（B）	*EDT*/s	0.83	0.88	0.86	0.86
	T_{30}/s	0.90	0.95	0.95	0.93
	STI				0.64（良）
模拟值（C）	*EDT*/s	1.17	1.13	1.20	1.17
	T_{30}/s	1.18	1.16	1.19	1.18
	STI				0.57（中）
实测值（C）	*EDT*/s	1.08	1.00	0.96	1.01
	T_{30}/s	0.94	0.92	0.91	0.92
	STI				0.58（中）

5.4 本章小结

首先，通过第一轮模拟与实测之间的数据对比可以发现，除了剧场内外的实际空间环境、榫卯结构的摩擦碰撞以及木制构件的薄板共振等现实因素影响着模拟与实测的匹配度之外，现实剧场内存在着的影响声场声能和音质效果的各种客观因素，远比声学软件模拟中能够考虑和体现到的因素复杂。因此，任何的声学模拟都只能做到近似反映出声场音质模拟的可预见性效果，而并不能完全等同于其实际音质效果。

其次，通过第二轮模拟与实测所得数据的良好匹配，可以印证笔者对第一次模拟结果与实测数据不相匹配的原因分析是较为合理的。同时，也间接表明了软件 CATT 虽然在声音波动特性的模拟上存在着局限，但并不影响其在中国传统剧场建筑声学模拟中的适用性和可靠性，即软件 CATT 不仅适用于传统厅堂式剧场这类封闭空间的声场模拟，而且还适用于传统庭院式及传统广场式剧场这类半开敞和全开敞空间的声场模拟。

再次，通过第二轮模拟与实测所得数据的匹配度明显较第一轮的匹配度高，可以看出声学模型的精细度对声场模拟的仿真性存在着较大影响。因此，根据声场空间的尺度大小，合理追求声学模型的精细化程度对声场模拟的仿真性有利。即声场空间的尺度越小，对创建声学模型精细化程度的要求就越高，反之则越低。

最后，无论对于第一轮模拟时导入的精细化程度不太高的简陋模型，还是对于第二轮模拟时导入的经过深度细化后的精致模型，软件 CATT 均能模拟并计算出相应的合理结果，这也再次证明了该软件在中国传统剧场建筑声学模拟中的良好可信度。对此，为了更加便捷高效地展开进一步研究，笔者将在后续章节的声学模拟中对传统剧场的声学模型予以一定程度的合理简化。

第三部分
探索性研究

在证实软件 CATT 对中国传统剧场建筑声学模拟具有良好可信度的基础上，为更加便捷、高效、深入地展开进一步研究，本书第三部分包含四个章节，分别通过简化后的抽象声学模型对传统剧场的藻井、戏台、庭院空间及历史演变过程等进行详尽的声学模拟与数据分析，旨在探究其建筑声学特性究竟如何。

第六章　中国传统剧场藻井的建筑及声学特性

中国古代建筑最为复杂的部分大概是内部的梁架，其中最常见的两种结构形式是抬梁式和穿斗式。古戏台作为古建中的一种建筑类型，其梁架特点主要表现在两个方面：一是戏台作为观演建筑，需要较为宽敞的表演空间，因此通常采用移柱造和抬梁式结构；二是与其他古建相比，戏台更多地采用藻井天花，而藻井多在等级较高的建筑中使用。若把建筑比作凝固的音乐，藻井便是一曲乐章中十分巧妙、复杂的一组装饰音。目前，鉴于学界对戏台藻井的声学特性持有两种截然不同的观点，本章将运用软件 CATT 对不同样式的藻井逐一进行声学模拟和对比分析，旨在研究和探讨其建筑声学特性究竟如何。

6.1　藻井的演变

藻井，古代又称天井、绮井、圜泉、方井、斗四、斗八、龙井等，是用木块相叠而成，上圆下方。它是模仿古代穴居建筑的结构发展而成。远古时期，我们的祖先是居住在地穴之中的，为了出入方便和室内采光的需要，在地穴的顶端开一个小洞，洞口是用树枝以抹角梁形式层层堆叠，即抹角叠木的做法，这也许就是藻井的起源[①]。后来随着人类文明的发展、社会的进化以及技术的进步，房屋便逐渐建到了地面上，但有些房屋仍然保留了这种屋顶开口的形式，称之为天窗。此天窗即后来藻井顶部明镜的前身，因为它形状似井，又饰藻纹，故称之为藻井[②]。其演变过程大致可分为以下几个阶段。

6.1.1　初始时期

汉代及汉代之前的藻井已无遗存实物，但汉代的文献中已有关于藻井的描述，《西京赋》记载："蒂倒茄于藻井，披红葩之狎猎。"注曰："藻井当栋中，交木如井，画以藻纹，缀其根井中，其华下垂，故云倒也"。由此可见，藻井已基本形成，且成为建筑中常见的部分。至于魏晋南北朝时期，建筑中的藻井无论从形式上还是从纹饰上均基本继承了汉代藻井的装饰式样，不过这个阶段是中西文化交融的时期，同时印度佛教也在中国兴盛起来，建筑中不可避免地吸收了西域文化和佛教艺术中的各种因素。例如，在藻井的装饰纹饰上主要表现为出现了一些忍冬、云气、火焰等具有西域或佛教风格的新纹饰。

此外，敦煌壁画也展示了大量的藻井图案，由于它处于石窟顶部，受风沙及恶劣自然环境的损坏较少，同时也避免了许多人为的损坏，故保存较好。敦煌藻井简化了中国传统古建层层叠木藻井的结构，中心向上凸起，四面为斜坡，成为下大上小的倒置斗形。主题作品在中心方井之内，周围的图案层层展开。例如，敦煌莫高窟第 285 窟，开凿于西魏大统年间，纵向 246cm，横向 245cm，窟顶藻井的构图仍为早期交木为井的斗四形藻井（图 6–1）。

无论从文献还是壁画遗存中均可看出，汉魏南北朝时期的藻井样式是一脉相承的，藻井的形式多为斗四藻井，造型及装饰都较为简单，可以看作是藻井的最初形式。

6.1.2　发展时期

隋唐时期为藻井的发展阶段。其中，隋代的藻井逐渐摆脱了汉魏以来斗四藻井的形式，且纹饰吸收了很多波斯图案花纹，藻井的中心多用莲花纹、三兔纹、飞天纹，边饰以忍冬纹为主，甚至还出现了联珠纹的图案。用色上也一改北朝的土红基调而多用青绿色，风格俊逸飘洒、清新爽朗。例如，敦煌莫高窟第 407

---

① 李斗．工段营造录 [J]．中国营造学社汇刊，1931.
② 张淑娴．中国古代建筑藻井装饰的演变及其文化内涵 [J]．文物世界，2003（6）：35.

图 6-1　敦煌莫高窟第 285 窟藻井图案

（资料来源：https：//www.sohu.com/a/73572593_383684）

窟（图 6-2）便属于隋代中期流行的藻井样式，覆斗形窟顶中央饰藻井，纵向 201cm，横向 203cm[①]。

隋代晚期开始出现一种新的藻井图案，并一直延续至唐代。这种新的图案便是层层相套的藻井，藻井中心为宝相花，花的四周方井的四个角是花瓣形纹饰，在最里层的方井内形成八角形的意味，朝着宋代斗八藻井的样式发展，布局由疏朗逐渐转向繁密。而从唐代后期开始，藻井装饰变得更加复杂，方井层数逐渐增多，各种边饰多达十余层。卷草纹得到充分发展，波浪起伏、变化无穷。色调则由浓艳华丽转变为清新淡雅。例如，敦煌莫高窟第 320 窟便为盛唐时期的作品，纵向 180cm，横向 183cm。如图 6-3 所示，藻井为典型的唐代样式，中心方井很小，外层边饰层次增多，着色也更为精细，以朱、青、绿、黑、白五色交相辉映[②]。

图 6-2　敦煌莫高窟第 407 窟藻井图案

（资料来源：https：//k. sina.cn/article_1644225642_6200e46a04000hdd1.html?from=cul）

6.1.3　定型时期

宋代是古建中藻井基本定型的时期，制作规范化，且制作方式有了明确记载。从宋人李诫编写的《营造法式》[③]中可以了解宋代藻井有两种形式，即斗八藻井和小斗八藻井。斗八藻井多用在殿内照壁屏风前或殿堂的明间正中，而小斗八藻井常用在屋内不太重要的地方，如四隅转角等处。

---

① 张淑娴 . 中国古代建筑藻井装饰的演变及其文化内涵 [J]. 文物世界，2003（6）：36.

② 张淑娴 . 中国古代建筑藻井装饰的演变及其文化内涵 [J]. 文物世界，2003（6）：37.

③ 《营造法式》是宋代李诫创作的建筑学著作，是李诫在两浙工匠喻皓《木经》的基础上编成的，为北宋官方颁布的一部建筑设计、施工的规范书。

图 6-3　敦煌莫高窟第 320 窟藻井图案
（资料来源：https：//www.sohu.com/a/223725435_750865）

图 6-4　天津蓟县独乐寺观音阁藻井
（资料来源：https：//www.sohu.com/a/295958118_733597）

现存最早的木构藻井，是天津蓟县独乐寺观音阁上的藻井（图 6-4），建于 984 年，为方形抹去四角，上加斗八，即八根角梁组成的八棱锥顶。类似样式的藻井在山西应县佛宫寺释迦塔（即应县木塔）第一层中也有出现，藻井呈八角形（图 6-5），没有最下层的方井，藻井直接建在八角形井框上，其直径 9.48m，高 3.14m。类似的还有河北易县开元寺毗卢殿藻井、山西大同善化寺大雄宝殿藻井等。

此外，在方井斗栱之上作天宫楼阁以承八角井者有山西应县净土寺大殿藻井，其大殿之内共有 9 个藻井（图 6-6），分别做出九种式样，殿内中心藻井的形式为天宫楼阁式。以天宫楼阁作为室内装修是佛殿内饰常见的手法，一般可用在壁藏、经橱、佛龛内，藻井周围也常见到，也许是想通过佛殿内天宫楼阁的装饰处理以唤起信徒对神仙世界的向往。藻井最下层方井，上施斗栱，并在方井四面正中建天宫楼阁。第二层是八角井，八角井和角蝉内均施斗栱，角蝉内绘龙凤图案。最上层圆井，内雕二龙戏珠。方井、八角井、斗栱施绿彩，压槽板涂红彩。藻井上楼阁全部贴金，显得十分辉煌。斗栱中的小斗也贴金，在绿色斗栱的衬托下金光闪闪，如夜空中的繁星，效果极佳。此款藻井造型美观、结构玲珑、金碧辉煌。井底金龙盘绕、气势磅礴，制造十分精巧，是了解金代建筑技术做法的重要参考材料[①]。

而制作成圆穹隆状层层叠涩式样的藻井一般多用于砖塔内，但木结构的建筑中也有一些，如浙江宁波保国寺大殿中的宋代藻井式样（图 6-7），该藻井与《营造法式》中所述的藻井式样最为相似。此外，山西芮城永乐宫建于元中统三年（1262 年），是元代道教全真派的重要宫观。它的藻井（图 6-8）为八角形藻井，此样式较宋代斗八藻井丰富，为明清时期的藻井开创了新路。

6.1.4　繁荣时期

明清时期的藻井式样非常复杂，也更为细致，有四方形、八角形及圆形等多种形式。装饰也更加华丽，大量用金。大部分的藻井形式还是从宋代的斗八藻井形式演变而来。由上、中、下三部分组成，最下层为方井，中层为八角井，上层为圆井。方井是藻井的最外层部位，四周通常施斗栱，方井之上，通过施抹角枋，正、斜套

① 张淑娴 . 中国古代建筑藻井装饰的演变及其文化内涵 [J]. 文物世界，2003（6）：38.

图 6–5　山西应县木塔藻井
（资料来源：https：//www.sohu.com/a/372640177_617491）

图 6–6　山西应县净土寺大殿藻井
（资料来源：http：//www.shanxiwenbow.com/photoss/show–1372.html）

图 6–7　浙江宁波保国寺大殿藻井
（资料来源：https：//blog. sina. com. cn/s/blog_59f3a1e50102wd29. html）

图 6–8　山西芮城永乐宫藻井
（资料来源：http：//blog.sina.com.cn/s/blog_5139b8ee0102v4yu.html）

方，使井口由方形变成八角形，这是方井向圆井过渡的部分。方井与八角井之间的角蝉在明清时期明显增多，甚至多达 20 多个，此时还出现了菱形的角蝉。角蝉周围施小斗栱，平面雕饰龙、凤图案。在八角井内侧角枋上施雕有云龙图案的随瓣枋，将八角井归圆，这样就将宋代的斗八形式转变成了明清时期的圆形，名为圆井。圆井多用斗栱雕饰，满刻云龙、富丽堂皇。圆井之上为明镜，明清时期明镜的范围扩大，有的占去八角井的一半。圆井内施雕刻，均作龙形，故清代称藻井为龙井[①]。

北京故宫太和殿藻井（图 6–9）堪称清代建筑中最华贵的藻井。在顶心，明镜之下雕有蟠龙俯视，口衔宝珠。藻井三层通高近 1.8m，整个藻井精致华美，使整个大殿显得金碧辉煌、庄严肃穆。

天坛建筑内的藻井则多为圆井。其中的皇穹宇是平日供奉祀天大典所供神版的殿宇。如图 6–10 所示，皇穹宇内部的圆形天花由向心排列的镏金斗栱承托，形成藻井三层，层层收进，极具装饰效果。藻井正中为贴金蟠龙，环绕附近的是贴金龙凤纹天花，其下由 8 根金

① 张淑娴 . 中国古代建筑藻井装饰的演变及其文化内涵 [J]. 文物世界，2003（6）：38.

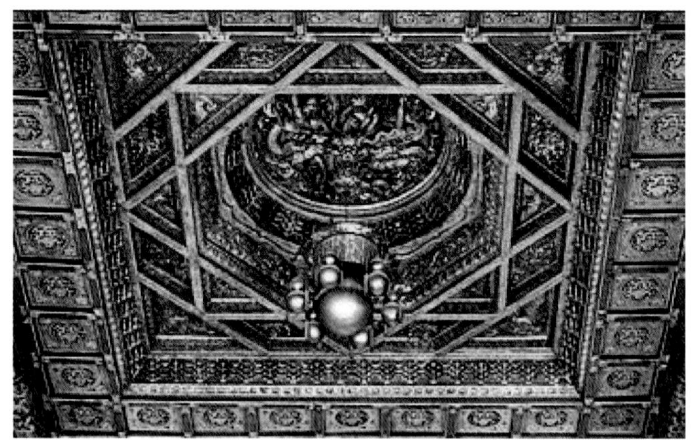

图 6-9 北京故宫太和殿藻井

（资料来源：https：//www.douban.com/note/174456432/?type=like）

图 6-10 北京天坛皇穹宇藻井

（资料来源：http：//blog.sina.com.cn/s/blog_59f3a1e50102wd29.html）

柱绘红底贴金缠枝莲。

6.2 藻井的寓意与分类

6.2.1 防火的寓意

中国的古代建筑均为木结构建筑，当遭受雷电袭击或人为纵火时很容易被火烧毁。因此，防火成为古代建筑的头等大事。而中国自古以来就有阴阳五行之说，认为水可以克火，于是在藻井中绘藻纹。藻，乃水中之物，可以压火。《风俗通》[①] 中记载“今殿做天井。井者，東井之像也；藻，水中之物，皆取以压火灾也。”《宋书》中也记载“殿屋之为圆渊方井兼植荷华者，以压火祥也。”因此，藻井在古代有着避火之意。建筑物内饰以藻井，旨在避免火灾以取吉祥。

6.2.2 等级的寓意

中国古代自从氏族社会解体以后，就建立了以血缘关系为基础的宗法制度。周代在宗法制度的基础上，建立了一套体系完整的礼制，并对建筑的等级差别进行了明确的划分。此后历朝历代也对建筑的等级规格均作了一定的限制，如《新唐书》中记有“非王宫之居不施重栱藻井”的规定；又如《宋史》中有“六品以上宅舍，许作乌头门，凡民庶之家，不得施重栱、藻井及五色文采为饰”的规定；再如《明史》中有“官员营造房屋，不准歇山转角、重檐重栱及绘藻井，惟楼居重檐不禁”的规定。从这些规定中均可看出，藻井的使用在中国古代是受到严格限制的，它是等级的象征。尤其龙凤纹的藻井，只能用在最高等级的皇家建筑中。

6.2.3 “天人合一”理念的寓意

中国传统文化思想中无论是儒家思想还是道家思想都很注重人与自然的关系，强调人与自然和谐相处。春秋时期，孔子提倡知天命、畏天命，是指人不可预测休咎、命运和机遇，是对天崇拜的表现。庄子也极力主张无以人灭天，认为“天地有大美而不言，四时有明法而不议，万物有成理而不说。圣人者，原天地之美而达万物之理，是故至人无为，大圣不作，观于天地之谓也”，表现出对天的敬畏和崇拜，追求一种天地与我并生，而万物与我为一的精神境界。汉代董仲舒发展了先秦的哲学思想，创制天人感应、天人合一的学说，认为天的运动法则规范着世间的一切变化，人类的一切活动只有效法于天，才能达到理想的目的。

而藻井的造型上圆下方，来源于古代天窗的形式，正合乎了中国古代天圆地方的宇宙观，于是藻井就有

① 《风俗通》是东汉文人应劭写的风俗书，记录了大量的神话异闻，但作者加上了自己的评议，从而成为研究汉以前风俗和鬼神崇拜的重要文献。

了象征天的意味。犹如西方教堂建筑中的穹隆顶代表上苍一样，中国古建内的藻井也是一个天体的缩影。例如，北京天坛的祈年殿、皇穹宇等建筑均建造了一个硕大的圆形屋顶，象征着苍穹。祈年殿中 4 根龙井柱代表一年四季，中层 12 根金柱象征一年 12 个月份，外层 12 根檐柱表示 12 个时辰，内柱 24 根代表二十四节气，整个大木柱的排列与数目均与天象有关系，而这几层柱子托起的是一个巨大的穹隆形藻井来象征天体（图 6–11）。人们通过这个“天体”向上天传达人间的意愿。藻井中绘制龙凤纹，与室内地面的一块龙凤石上下呼应，形成天地对应的局面。

图 6–11　北京天坛祈年殿藻井

（资料来源：https：//www.thepaper.cn/newsDetail_forward_6948987）

另外，有些建筑物的藻井中还绘制了天体图。例如，北京隆福寺正觉殿藻井（图 6–12）的中心就绘制了一幅天文图，图以北天极为中心，圈出六个半径不等的同心圆，最内一圈表示盖天图中之内规，第二圈为天球赤道，第三圈为盖天图之外规，第三、四圈之间有二十八宿文字，四、五圈之间为宫次分野，第六圈为外轮廓线。画面上另有二十八条赤经线，穿过二十八宿距星而联接内外规。此图为观测者所在纬度见到的全天星象。藻井内绘制天象图，可能也是以此代表天体，成为人与上天沟通的一种途径[①]。

6.2.4　藻井的分类

藻井按材质可分为：石雕藻井（如洛阳龙门石窟藻井）、砖砌藻井（如北京田义墓碑亭藻井）和木结构藻井（如紫禁城太和殿藻井）三类；按正中心明镜的演变可分为：明镜藻井（如浙江宁波天一阁秦氏支祠藻井）、蟠龙藻井（如河南嵩山中岳庙大殿藻井）和悬珠藻井（如北京故宫宁寿宫藻井）三类；按所属建筑类型可分为：宫殿藻井（如北京故宫皇极殿藻井）、宗教藻井（如北京雍和宫大殿藻井）和戏台藻井（如山西平遥城隍庙戏台藻井）三类；按结构形式可分为：方形、矩形、圆形、六角、八角、斗四、斗八和螺旋形藻井。

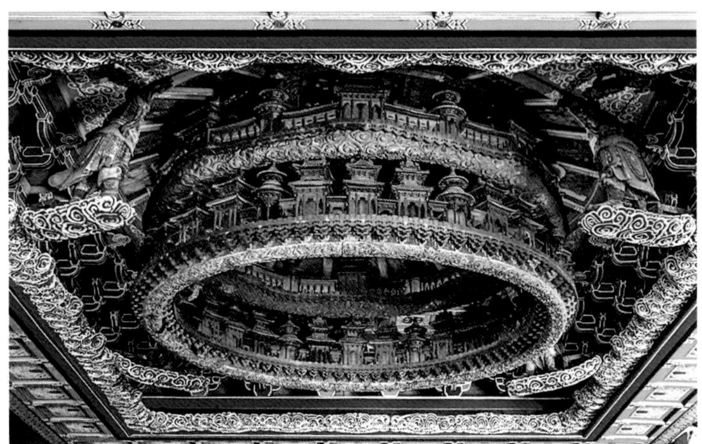

图 6–12　北京隆福寺正觉殿藻井

（资料来源：https：//www.sohu.com/a/257480511_100146616）

① 张淑娴 . 中国古代建筑藻井装饰的演变及其文化内涵 [J]. 文物世界，2003（6）：41.

6.3 戏台藻井的样式

传统剧场中戏台藻井的构造可分为井口、穹隆、井顶三部分，剖面呈倒置的喇叭形，层层里收至顶部。其中，井口一般呈八角形，由 4 根正心桁和 4 根斜放的踩步金围合而成；穹隆建造最为考究，有单层和双层之分，具体形式丰富多彩、不拘一格；井顶则多为圆形的明镜形式，绘双鱼、龙头、八卦等图案。戏台藻井可根据具体样式大致分为：螺旋式、聚拢式、轩棚式、叠涩式、层收式、聚合式，共六种[①]。

6.3.1 螺旋式

螺旋式藻井，就是藻井呈盘旋上升的形式，其造型具有很强的动感。如江苏苏州全晋会馆古剧场的戏台藻井（图 6–13），18 条旋涡螺旋上升，栱头雕成 24 只黑蝙蝠和 306 朵金黄色云头，显得富丽堂皇，且每个斗栱都雕成如意状，穹隆顶汇合于中间的明镜，极富动感。

6.3.2 聚拢式

聚拢式藻井，就是藻井竖向汇合于中心，造型具有强烈的向心性。如浙江宁海县潘家岙村潘氏宗祠古剧场戏台藻井（图 6–14），九层斗栱层层收拢，汇合于明镜处，明镜上绘彩画。

6.3.3 轩棚式

轩棚式藻井，就是藻井通过“轩”的结构逐层汇合于中心。如安徽祁门县珠林村余庆堂古剧场的戏台藻井（图 6–15），分为上下两个部分，下层四周均匀分布 32 根“S”形木筋，上层四周均匀分布 24 根“S”形木筋，上部的木筋端头汇聚于明镜，明镜上绘八卦图案，装饰性较强。

6.3.4 叠涩式

叠涩式藻井就是利用尺度较大的斗栱层层叠落，聚拢成藻井的形式。如山西平遥县财神庙古剧场戏台藻井（图 6–16），由五重八角井组成，从下到上逐渐向内收缩，最下一重由额枋、平板枋以及每角的一根垂莲柱组成，层层叠叠，汇合于明镜，非常华丽，明镜上则绘有阴阳八卦图。

6.3.5 层收式

层收式藻井，就是藻井呈逐层收缩的形式，每层均用板材。如浙江武义县郭洞村何氏宗祠古剧场戏台藻井

图 6–13 江苏苏州全晋会馆古剧场戏台藻井
（资料来源：http：//blog.sina.com.cn/s/blog_562015df0102xeph.html）

图 6–14 浙江宁海县潘家岙村潘氏宗祠古剧场戏台藻井

① 薛林平在《中国传统剧场建筑》一书中将藻井样式分为螺旋式、聚拢式、轩棚式、叠涩式和层收式五类，笔者借鉴其分类，并将双藻井式、三藻井式等概括为聚合式。

图 6-15　安徽祁门县珠林村余庆堂古剧场戏台藻井
（资料来源：http：//www.360doc.com/content/17/0406/12/40190330_643304665.shtml）

图 6-16　山西平遥县财神庙古剧场戏台藻井
（资料来源：薛林平 . 中国传统剧场建筑 [M]. 北京：中国建筑工业出版社，2009.）

（图 6-17），用木板构筑，上下三层，逐层收缩，形式简洁，但由于饰以彩画，仍显得非常雅致。

6.3.6　聚合式

聚合式藻井，即有些戏台采用 2 个、3 个或者 5 个独立的藻井以拼接相连或对称分布的方式组合在一起。例如双藻井式，就是戏台沿庭院中轴线纵向延长至两间，每间上面均有藻井，这种戏台藻井主要见于江浙一带。如浙江宁海县潘家岙村潘氏宗祠古剧场的戏台藻井（图 6-18），纵向呈两间，藻井为二连贯式。其中，主台藻井呈圆形，小坐斗勾连成 16 条直线汇合于中心；靠近中庭的藻井，外围呈轩的形式，内部为八边形，用重翘小坐斗逐层升高，汇合于中心，坐斗之间用镂空彩绘连拱板横向相接。

又如三藻井式，是戏台沿庭院中轴线纵向延长至三间，每间上面均有独立的藻井，这种戏台藻井形式也多见于江浙一带。如浙江宁海县岙胡村胡氏宗祠古剧场的戏台藻井（图 6-19），纵向的三开间均有藻井。其中，主台藻井为螺旋式，以 16 个龙头状坐斗向上重叠，龙尾归汇于井顶圆形明镜，动感很强，也非常华

图 6-17　浙江武义县郭洞村何氏宗祠古剧场戏台藻井
（资料来源：http：//jhgxt.jhlib.com/jieshaoInfo/?182.html）

图 6-18　浙江宁海县潘家岙村潘氏宗祠古剧场双藻井式戏台藻井

图 6–19　浙江宁海县岙胡村胡氏宗祠古剧场三藻井式戏台藻井
（资料来源：http：//www.nbwb.net/pd_wwbh/info.aspx?Id=3521&type=2）

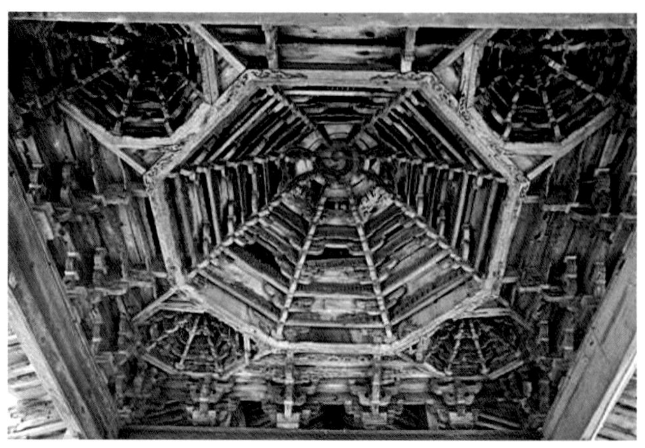

图 6–20　浙江宁海县西店镇塘下村镇东庙古剧场五藻井式戏台藻井
（资料来源：http：//www.nbwb.net/info.aspx?Id=6952）

丽；中间的藻井呈圆形，以八龙、八凤形坐斗，逐层升起，凤尾停在第八道连拱板上，龙尾则汇合于井顶的圆形明镜中，镜中彩绘一条盘龙，意指一龙生九子；而靠近中庭的藻井也呈圆形，外沿绘有如意花鸟图案，非常细腻。井口分内外两道，下层呈轩的形式，上层则是 8 个鱼状坐斗逐层升起，汇合于明镜，明镜中彩绘双鱼①。

再如五藻井式，则是在戏台顶部的单一开间内，由 5 个独立的藻井以花瓣状分布的方式组合而成。如浙江宁海西店镇塘下村镇东庙古剧场的戏台藻井（图 6–20），就是由 5 个用重翘小坐斗逐层升高的藻井组合而成，中间藻井是核心，体量也最大，四周均匀分布着 4 个体量较小的藻井，与核心藻井的形状一致，均呈八边形②。

6.4　戏台藻井的声学特性

6.4.1　持拢音特性的正方观点

对于戏台藻井的声学特性，学界主要存在两种观点。第一种观点（暂且称为正方观点）认为戏台藻井具有拢音效果，特别是戏台天花呈穹隆形的藻井，其拢音效果更甚③。换言之，在古戏台这样一个有着不太高的顶棚（通常在 4m 左右），不太大的台面（通常后墙至台口不超过 6 ~ 7m）的情况下，演员在戏台任何位置至少可以获得多次来自顶棚和后墙小于 50ms 的短延迟反射声，这样既有利于声音反射至台下观众，也能给台上演员提供声学上的支持，使其获得良好的自我感受，演唱更为舒畅。

尤其，采用穹隆形藻井的戏台顶棚，不仅造型美观华丽、构造精致，具有很高的艺术价值，而且还有利于聚集较多的反射声（图 6–21），使演员发出的声音能更好地聚集起来，听起来更加洪亮也更为圆润，这与如今高大且挂满强吸声布景的现代剧场舞台相比，其声学上的优越性显而易见。此外，由于穹顶藻井的圆心接近戏台顶棚，还可以起到一定程度的散射作用，亦不至于在演员耳际高度的位置引起声聚焦而适得其反地带来干扰效果。

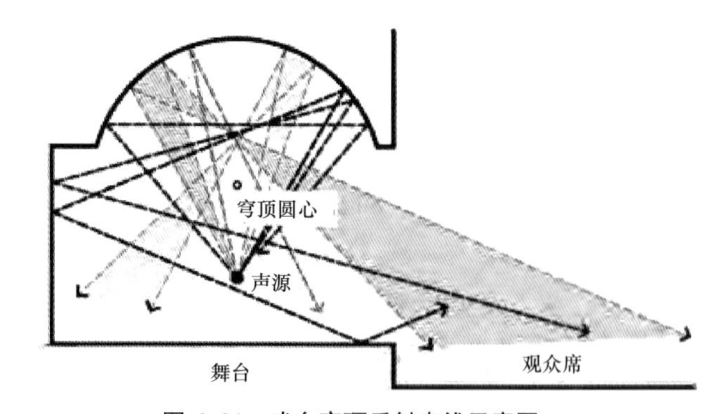

图 6–21　戏台穹顶反射声线示意图
（资料来源：王季卿 . 中国传统戏场建筑考略之二——戏场特点 [J]. 同济大学学报（自然科学版），2002，30（2）：181.）

① 薛林平 . 中国传统剧场建筑 [M]. 北京：中国建筑工业出版社，2009.
② 精美的五藻井戏台 [EB/OL].[2008–09–08].http：//www.nbwb.net/info.aspx?Id=6952.
③ 王季卿，莫方朔 . 中国传统戏场亭式戏台拢音效果初析 [J]. 应用声学，2013（4）.

6.4.2　持散射特性的反方观点

第二种观点（暂且称为反方观点）与第一种观点正好相反，该观点认为穹隆形藻井戏台不仅不能为演员提供良好的声学支持，相反演员在戏台上演唱时所听到的自己和乐队伴奏的声音会比预期的偏干、偏小[①]。造成此现象的主要原因是穹隆形藻井表面存在着许多的突起结构，突起结构的尺寸在5.2～24.5cm，突起内的镂空雕花孔径则在1～3cm，突起间距为6～18cm不等，并从底部至顶部逐渐加大。对于某些频段的声音由于突起尺寸大于声音的波长，声音会被这些突起的表面阻挡，而形成扩散和散射的声学效果，造成声音在藻井笼罩的空间内反射路径过长，空气吸声变大，导致戏台声学支持度下降。因此，穹隆形藻井对声音具有较强的散射和吸收作用，不但没有正方观点所认为的拢音效果，反而对反射声的集中分布具有破坏作用。

不过，上述两方观点持有的共识是不论何种样式的藻井天花，均有利于为戏台附近的观众提供较多的早期反射声而提高观戏时的听感。

6.5　探究方法及其运用

藻井是构成古戏台的重要组成部分，因此古戏台的声学特性很大程度上取决于戏台顶棚藻井的构造样式，以及这种样式对声音的吸收和散射程度。但相较于传统剧场的整体空间而言，藻井的尺度则显得相对较小，其尺度及样式上的变化对整座剧场声场的影响程度也不大。为此，笔者对戏台藻井天花的声学模拟将不在传统剧场的声场空间中进行，而是单独提取其作为独立的声学模型，运用模拟手段在考究上述两项观点合理性与否的同时，进一步根据其建筑样式及尺度大小的变化来探究各种藻井天花自身所具有的独特声学特性，并根据相应的声学特性来分析其对戏台及观众区内声场音质的影响情况[②]。

6.5.1　音质参数的选择

根据藻井天花的样式特征，笔者主要选取以下声学指标来对其展开定性和定量分析，它们分别是：声压级（*SPL*）、侧向反射因子（*LF*）、侧向声能系数（*LFC*）、强度指数（*G*）、清晰度（D_{50}）及明晰度（C_{80}）等。因古戏台多为三面围观的伸出式舞台，属半开敞空间，且本章研究的重点仅针对各样式藻井天花自身所具有的声学特性，及其对戏台及观众区范围内声场音质的影响情况。因此，混响时间（*RT*）和早期衰减时间（*EDT*）这两项主要反映剧场空间整体声场特性的音质指标在此将不予考虑。

此外，特别值得一提的是舞台声场中的音效环绕感，即评价音质的听感有很多，比如立体感、力度感、亮度感、临场感、软硬感、松弛感、宽窄感等，其中立体感显得尤为重要。而立体感的听感又由声音的空间感（环绕感）、定位感（方向感）和层次感（厚度感）等所构成，其中空间感（环绕感）是最为重要的[③]。通常，一次反射声和多次反射混响声虽均滞后于直达声，对声音的方向感影响并不大，但反射声若总是从四面八方到达两耳，那么对听觉判断周围空间的大小便有着重要影响，使人耳有被环绕包围的感觉，这就是音效的空间感（环绕感）[④]。因此，除上述音质指标的对比分析外，笔者还将着重研究藻井天花对戏台声场音效在环绕感上的影响效果。

6.5.2　藻井的声学建模

根据实地调研，笔者在综合考量各类藻井大小尺寸的基础上，定制了一个标准模型，即大小尺寸较为适中的藻井模型，该模型是一个直径为7m的半球形穹顶藻井，底部距地面4m；地面的边界呈60m×60m的一个正方形广场；无指向性声源位于半球体藻井球心正下方距地面1.6m高的位置；从距声源1m处起，30个受声点分别以依次相隔1m的间距由近及远沿直线排布，

① 邓志勇，张梅玲，孟子厚．天津广东会馆舞台天花藻井声学特性测量与分析[C].中国声学学会2006年全国声学学术会议论文集，2006.

② He J，Kang J. Architectural and Acoustic Features of the Caisson Ceiling in Traditional Chinese Theatres[J]. International Symposium on Room Acoustics，2010.

③ 古林强，谢璇．一种穹幕展演空间的CATT声学模拟分析[J].电声技术，2017，Z3.

④ Barron M. Late Lateral Energy Fractions and the Envelopment Question in Concert Halls[J]. Applied Acoustics，2001；Evjen P，Bradley S. J. The Effect of Late Reflections from above and behind on Listener Envelopment[J]. Applied Acoustics，2001.

且与声源等高，均距地面 1.6m。所建戏台藻井的声学标准模型见图 6–22。

6.5.3 模拟设置

模拟中，标准模型各壁面材质在各频带的吸声系数均源自于数据库 BB93[①]。其中，藻井材质的吸声系数设置为〈14 10 6 8 10 10〉，地面材质的吸声系数设置为〈2 2 3 4 4 5〉；它们的散射系数在各频带最初均设置为〈10 10 10 10 10 10〉，此后再单独对藻井的散射系数进行修改，用以比较修改前后声场音质所受到的影响。笔者之所以最初将标准模型各壁面的散射系数设置得较小，其目的是让模型壁面显得非常光滑，使更多声线的反射路径呈现镜面反射，以求从各音质指标的彩色等值线图中能更清晰地观察出声线反射后的模拟效果。此外，模型中无指向性点声源各频带声功率系数的设置来源于软件 CATT 自带数据库，设置为 70 73 76 79 82 95 ：95 95。

6.6 模拟与分析

6.6.1 藻井天花的有无对戏台音质的影响

相较于无顶戏台（即宋代时期的露台），穹形藻井戏台的声场，具有更强的声压级 *SPL*、更多的侧向反射因子 *LF*、更大的侧向声能系数 *LFC* 和更高的强度指数 *G*，以及具有更低的清晰度 D_{50} 与明晰度 C_{80}。导致该结果的主要原因是因为穹形藻井天花能够为戏台提供一定量的反射声，只是所提供反射声的能量与声源发出的声能相比并不算多。此外，如图 6–23 所示，由于穹顶和无顶戏台的四面均开敞，声能逸散较快，就算能够提供一定反射声的穹顶戏台，其声能衰减度也依然较高。因此，从图 6–24 可以看出，穹顶戏台较无顶戏台声场的声压级 *SPL*、侧向反射因子 *LF*、侧向声能系数 *LFC* 以及强度指数 *G* 的测值虽均有所增加，但增幅不大，甚至某些受声点处的测值几乎不变。不过，尽管穹顶戏台提供的反射声十分有限，但相较于完全无任何反射声提供的无顶戏台而言已显得足够丰富，以至于如图 6–25 所示，其清晰度 D_{50} 与明晰度 C_{80} 测值的减幅均较为明显，且波及范围也较广。

此外，如图 6–24 所示，各受声点离声源越远，所测声压级 *SPL*、侧向反射因子 *LF*、侧向声能系数 *LFC* 和强度指数 *G* 测值的增幅就越小，甚至没有任何增加；且如图 6–25 所示，所测清晰度 D_{50} 与明晰度 C_{80} 测值的减幅也越小，甚至没有任何减少。这是因为经穹形藻井天花反射回来的声音具有一定的波及范围，在此范围内，各受声点所测上述音质指标的测值则会相应地增大或减小，若超出该范围，受声点的测值便不再发生明显的变化。

最后，笔者在对方形样式的藻井做同样的模拟探究之后发现，与藻井天花的有无对古戏台声场音质所造成的不同影响相比，藻井天花各样式之间，无论四边形、八边形还是圆形，在戏台声场音质上所产生的差别

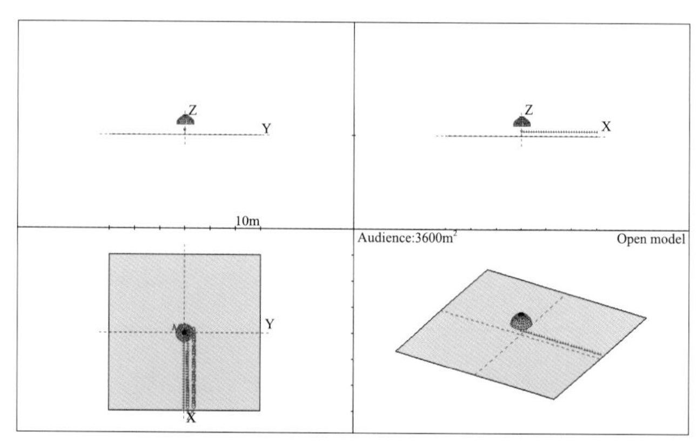

图 6–22 戏台藻井声学模拟的标准模型

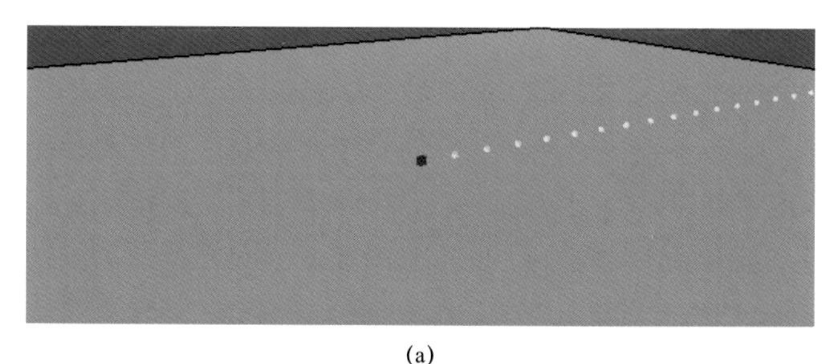

(a)

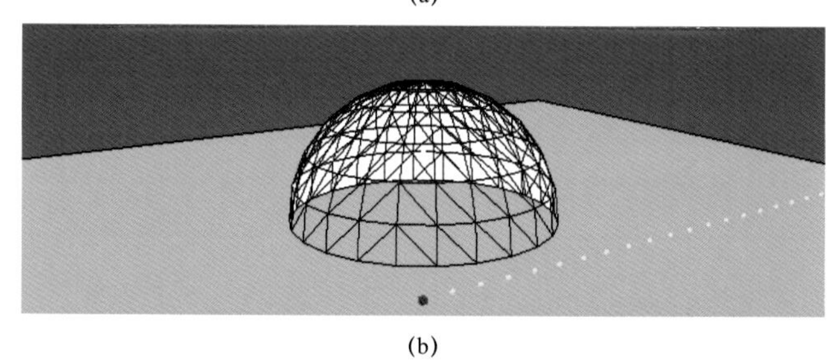

(b)

图 6–23 无顶（a）与有顶（b）戏台的声学模型

① Department for Education. Building Bulletin 93 : Acoustic Design of Schools. London : TSO, 2003.

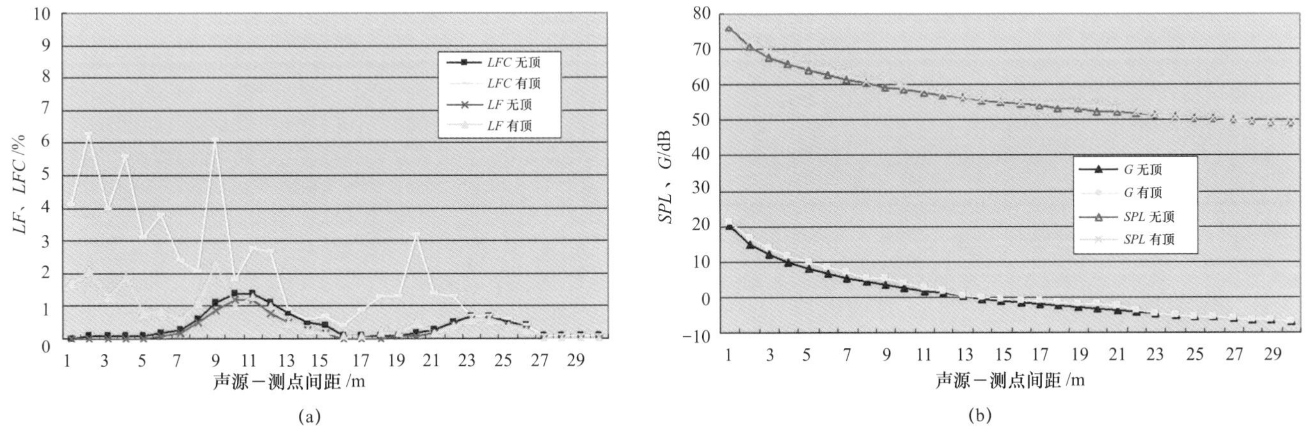

图 6–24 无顶与有顶戏台音质指标 LF、LFC、SPL、G 线形图

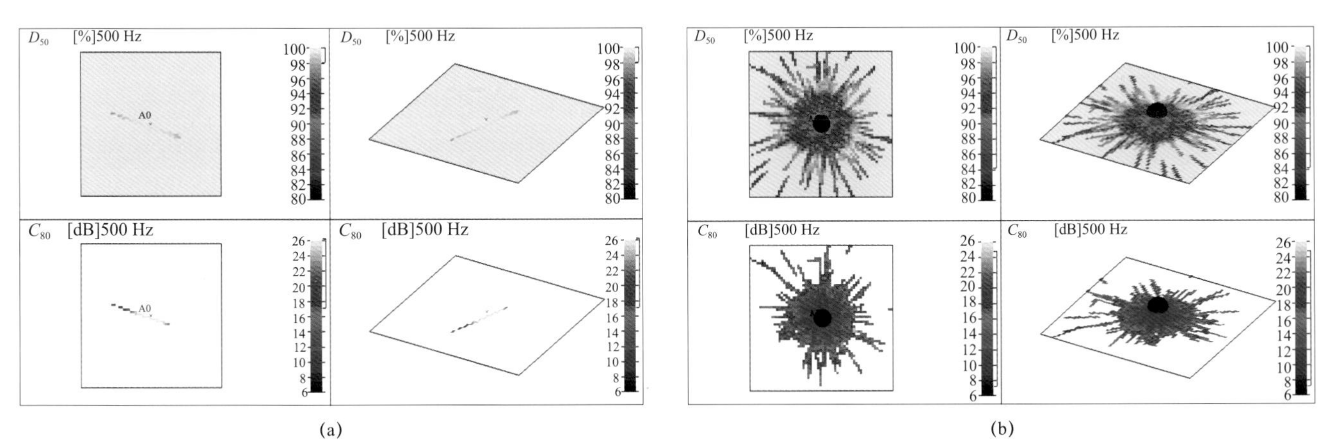

图 6–25 无顶（a）与有顶（b）戏台音质指标 D_{50} 及 C_{80} 彩色等值线图

显得微不足道。

综上所述，在实际的传统剧场空间中，古戏台顶部的藻井天花，无论样式如何，均能为台上的演员和戏台附近的观众提供一定量的早期反射声，以提升听感。而对于传统露天广场式剧场中的无顶戏台（宋代露台）而言，因顶棚的缺失而无法提供任何的早期反射声，故不仅对演唱与伴奏之间的融合度不利，也不利于演员实时根据表演期间感受到自身唱腔的好坏来对音量、音色、节奏等做出相应的调整，更不利于提升戏台附近人们观戏时的听感，让声音听起来更加洪亮，更为圆润。因此，与无顶戏台相比，古戏台的顶棚，无论其藻井天花的样式如何，均具有明显提升舞台支持度及提高戏台附近观众区响度的声学功效。

6.6.2 藻井天花的深浅对戏台音质的影响

在保持穹形藻井天花底部开口形状及距离地面高度不变的情况下，如图 6–26 所示，深藻井的内部纵深为 3.5m，浅藻井的内部纵深为 1.75m，笔者对该纵深尺度不同的两个藻井分别做了声学模拟的比较分析。

首先，如图 6–27 所示，随着穹形藻井纵深尺度的增大，其对戏台声场各音质指标（声压级 SPL、侧向反射因子 LF、强度指数 G、清晰度 D_{50} 及明晰度 C_{80}）的影响范围在逐渐减小。由此可见，古戏台藻井天花纵深尺度的变化对其提供反射声的波及范围影响较大。

其次，分别比较两者间的声压级 SPL、侧向反射因子 LF 和强度指数 G，尤其从侧向反射因子 LF 的彩色等值线图中可以看出，深藻井 LF 的颜色较浅藻井的更为明亮，表明穹形藻井天花提供反射声形成的舞台支持度随着其纵深尺度的增大而逐渐变强。这是因为当穹形藻井的纵深尺度由浅变深时，藻井内部用来提供侧向反射声的壁面面积在随之变大，从而使得相应产生的侧向反射声也随之增多。

再次，随着藻井纵深尺度的增大，穹形藻井对各方向声音的聚拢效力也在随之增强，致使演员在戏台上的

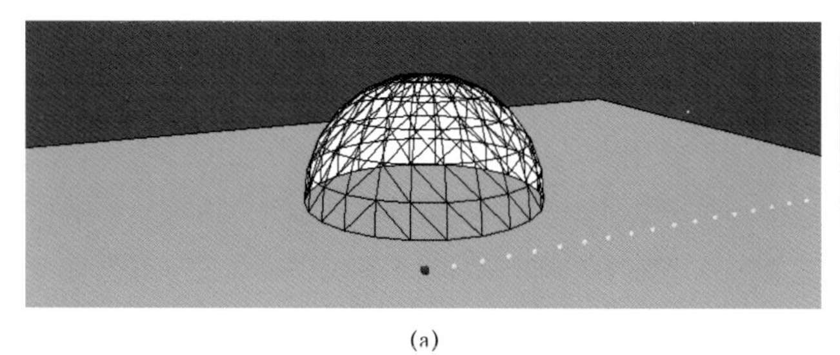
(a)

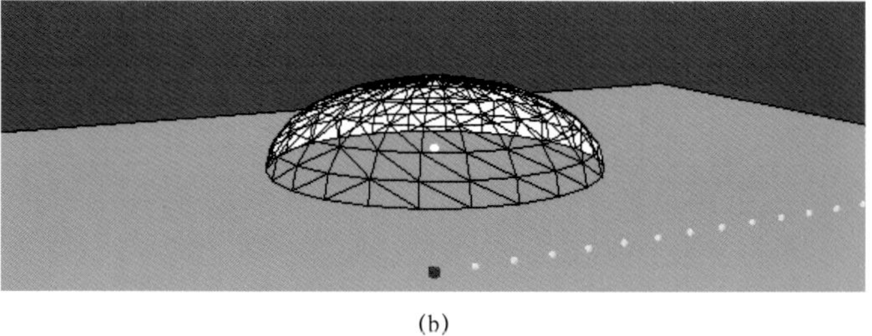
(b)

图 6–26　深藻井（a）与浅藻井（b）天花的声学模型

自我听闻感和音效环绕感均相应增强，即所谓的拢音效果在逐渐加大。同时，随着藻井纵深尺度的增大，穹形藻井内部用来提供竖向反射声（即垂直或近似垂直方向上的反射声）的壁面面积在随之减小，从而致使产生的竖向反射声也在相应减少。因此，从声压级 *SPL* 的彩色等值线图 6–27（a1、b1）中可以看出，浅藻井下方的黄色耀斑明显较深藻井下方的更为明亮，便是此原因所致。

然后，清晰度 D_{50} 及明晰度 C_{80} 彩色等值线图中色彩随藻井纵深尺度的变化情况亦可运用几何声学的理论进行分析和诠释。

最后，对于方形藻井，笔者在深浅的变化上也进行了同样的模拟和比对，发现其各项结果与上述穹形藻井的基本一致，故此处不再赘述。

6.6.3　藻井天花的大小对戏台音质的影响

在保持穹形藻井天花整体形状及底部距离地面高度不变的情况下，如图 6–28 所示，大藻井的圆形开口直径为 7m，小藻井的圆形开口直径为 3.5m，笔者对该大小尺寸不同的两个穹形藻井分别做了声学模拟与比较分析。如图 6–29 所示，当穹形藻井按比例缩小一定尺寸后，其对戏台声场各音质指标（声压级 *SPL*、侧

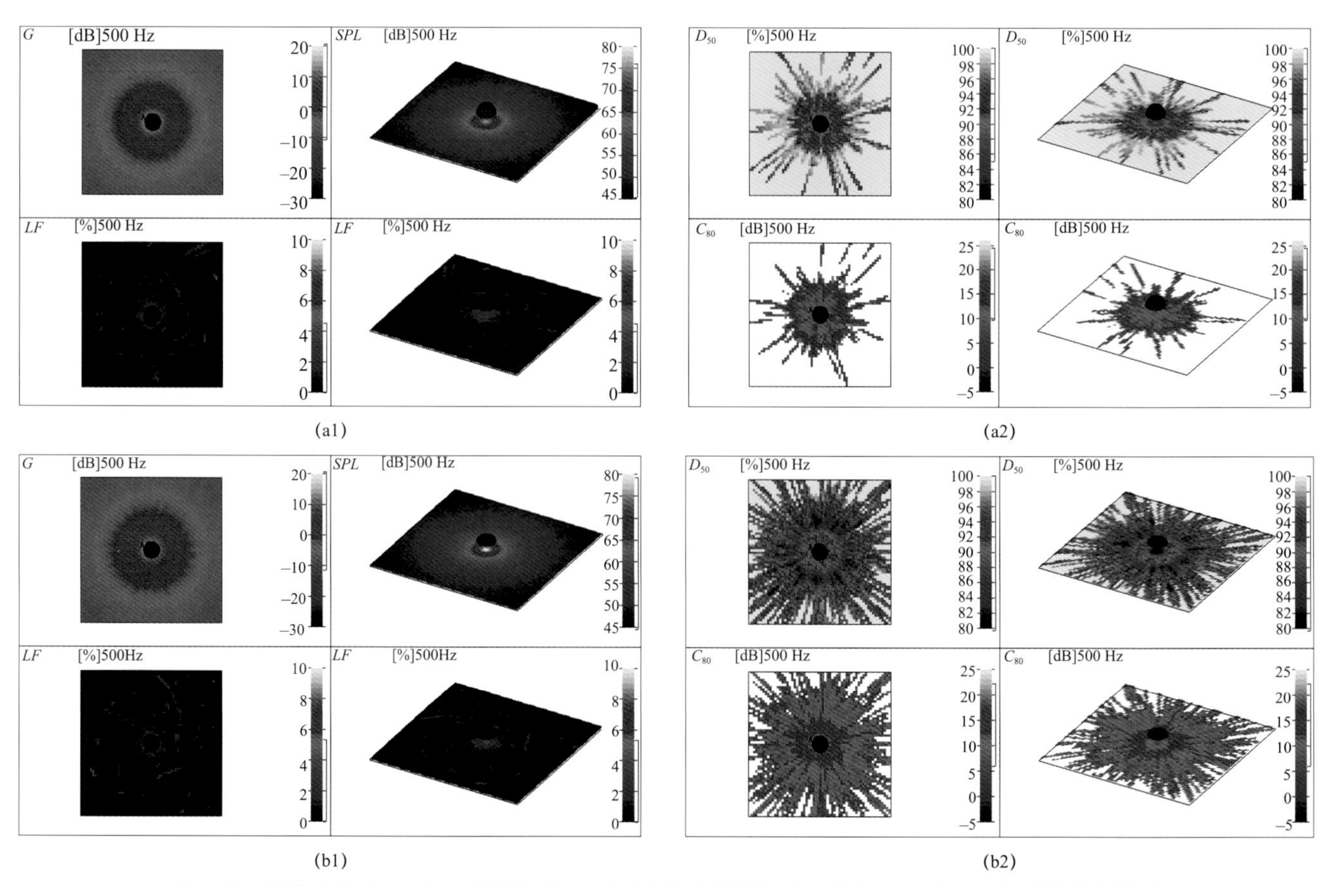

图 6–27　深藻井（a1、a2）与浅藻井（b1、b2）天花音质指标 *G*、*SPL*、*LF*、D_{50} 及 C_{80} 彩色等值线图

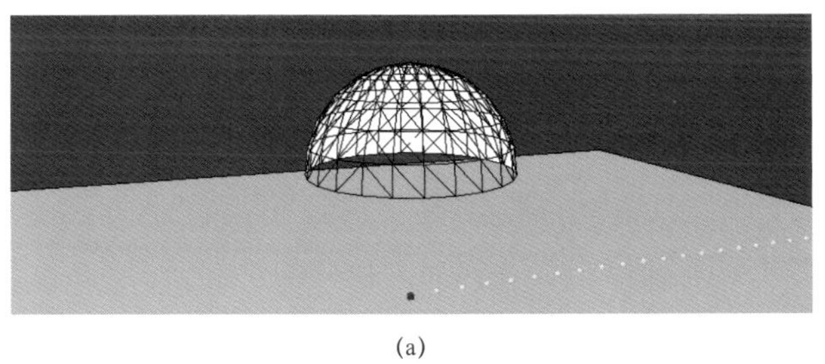
(a)

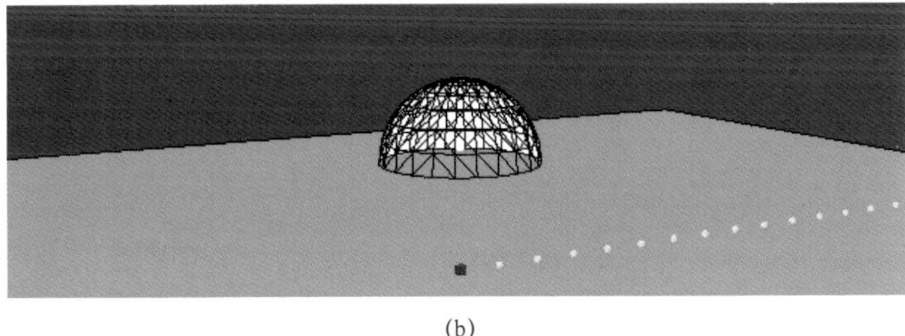
(b)

图 6–28　大藻井（a）与小藻井（b）天花的声学模型

向反射因子 *LF*、强度指数 *G*、清晰度 D_{50} 及明晰度 C_{80}）的影响范围也随之减小；与此同时，在其影响范围内声压级 *SPL* 的模拟值平均减少了 0.49dB，侧向反射因子 *LF* 平均降低了 0.1%，强度指数 *G* 也平均减少了 0.49dB，而清晰度 D_{50} 及明晰度 C_{80} 的测值则有所增大。这是因为当穹形藻井尺寸按比例缩小时，藻井内部用来提供反射声的壁面面积也在相应减小，致使总的反射声能随之减少。

此外，依据几何声学原理的分析还可看出，反射声的波及范围随着藻井尺寸的缩小也在相应地变小。因此，随着穹形藻井尺寸的等比例缩小，戏台上的舞台支持度、演员的自我听闻感以及音效的环绕感均有所变差，同时戏台声场各音质指标也随之相应地增大（清晰度 D_{50} 及明晰度 C_{80}）或减小（声压级 *SPL*、侧向反射因子 *LF* 及强度指数 *G*）。

最后，笔者对方形藻井在大小的变化上也做了同样的模拟和比对，发现其各项结果与穹形藻井的基本一致，故此处不再赘述。

6.6.4　藻井天花的高低对戏台音质的影响

在保持穹形藻井天花整体大小和形状不变的情况下，如图 6–30 所示，笔者对距地面高度分别为 6m 及

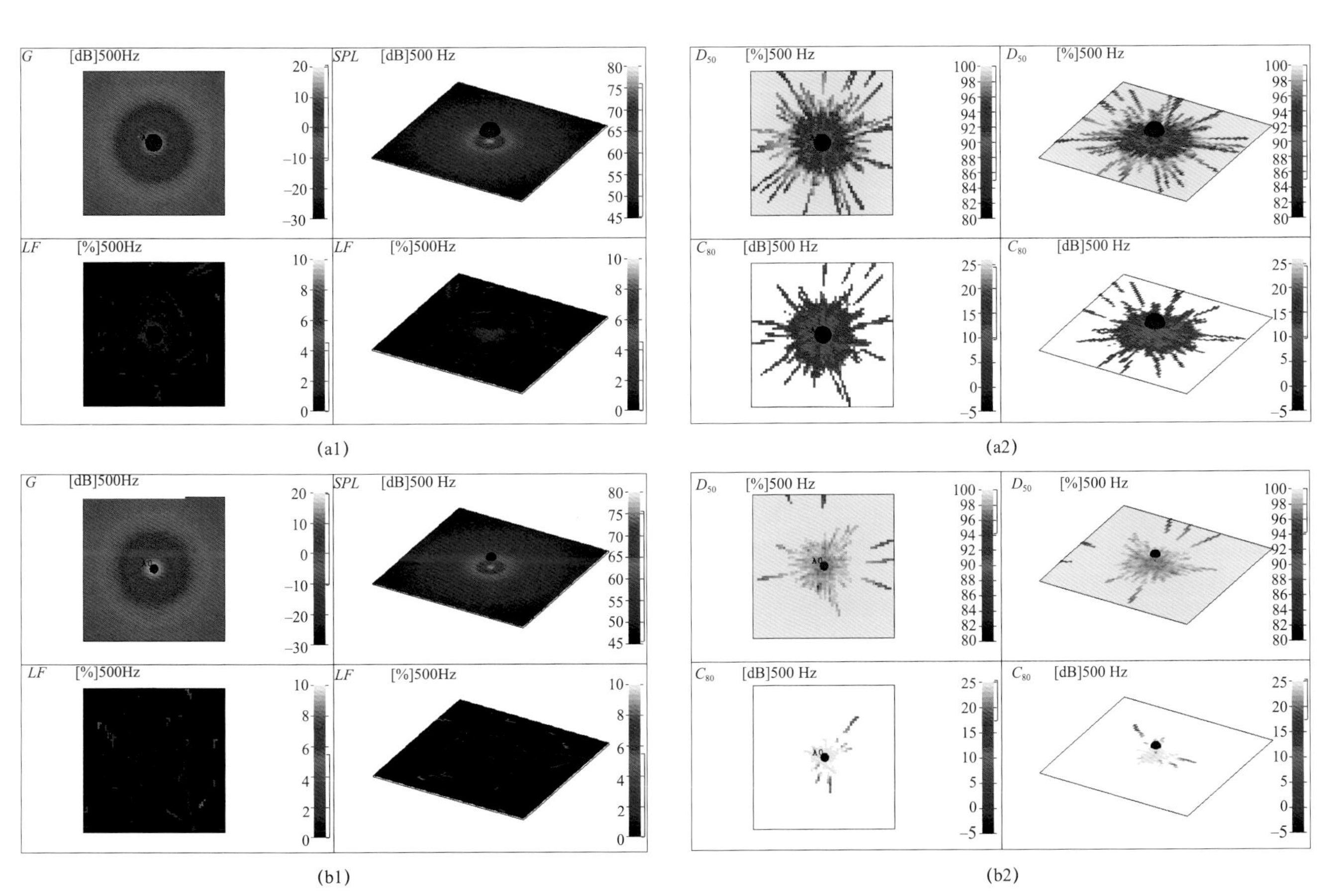

图 6–29　大藻井（a1、a2）与小藻井（b1、b2）天花音质指标 *G*、*SPL*、*LF*、D_{50} 及 C_{80} 彩色等值线图

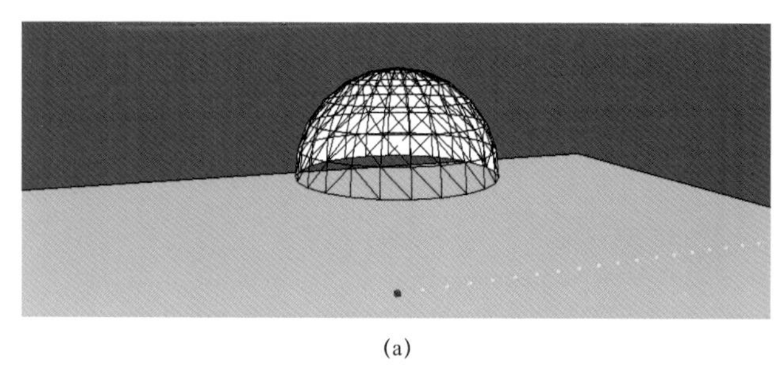
(a)

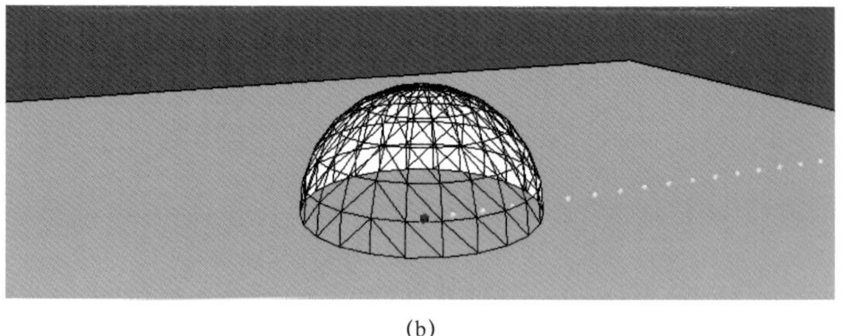
(b)

图 6–30　高藻井（a）与矮藻井（b）天花的声学模型

2m 的两个穹形藻井逐一进行了声学模拟与比较分析。

首先，与几何声学原理相符的是，当穹形藻井的高度降低时，如图 6–31 所示，其对戏台声场各音质指标（声压级 *SPL*、侧向反射因子 *LF*、强度指数 *G*、清晰度 D_{50} 及明晰度 C_{80}）的影响范围随之减小。

其次，当穹形藻井的高度设置在距离台面为 2m 时，如图 6–32 所示，基于几何声学原理可以看出，声线从声源出发经藻井内部壁面反射至戏台表面的路径显得相对较短，且戏台表面接收到反射声的声线密度也显得相对较大；而当穹形藻井的高度升高至距离台面为 6m 时，相同声线由声源出发经藻井内部壁面反射至戏台表面的路径则相应地变长了，且戏台表面接收到反射声声线的密度也相应地变小了。由此，对于相同藻井而言，离台面距离越低，其给予的舞台支持度就越高，且从强度指数 *G*、侧向反射因子 *LF*、清晰度 D_{50} 及明晰度 C_{80} 的彩色等值线图中还可看出，藻井距离台面越低，戏台上演员的自我听闻感和音效的环绕感就越好，但戏台音质的清晰度 D_{50} 和明晰度 C_{80} 却越差。这是因为藻井的高度越低，与声源的距离就越近，藻井内部用来接收直达声壁面的声压级强度也就越大，从而该壁面提供反射声的声压级强度自然也就越大，致使舞台支持度得到明显提升。

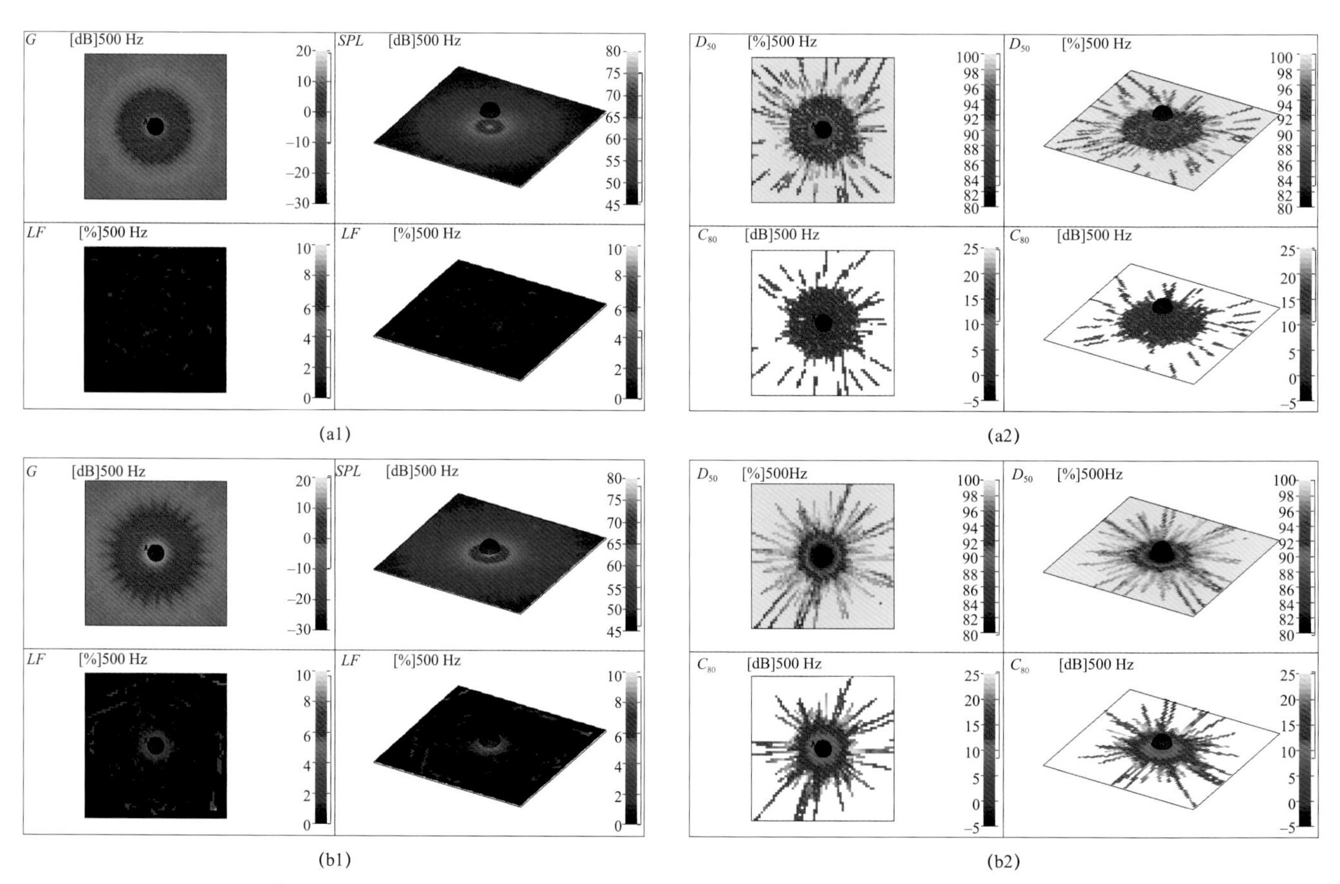

图 6–31　高藻井（a1、a2）与矮藻井（b1、b2）天花音质指标 *G*、*SPL*、*LF*、D_{50} 及 C_{80} 彩色等值线图

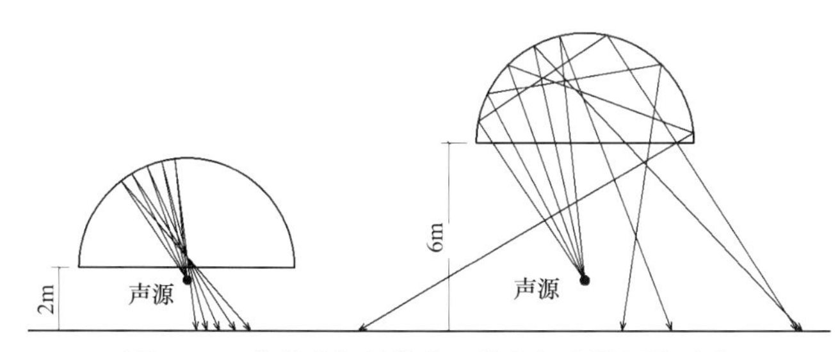

图 6-32　高藻井与矮藻井天花之间声线图的对比

同上，笔者对方形藻井在高低的变化上也做了同样的模拟和比对，发现其各项结果与穹形藻井的基本一致，故此处不再赘述。

6.6.5　藻井天花的形状对戏台音质的影响

中国传统剧场中的戏台藻井天花按其底部开口形状大致可分为圆形与多边形两大类，而后者底部形状以四边形和八边形为主（图 6-33）。通过对图 6-27（a1）及图 6-34（a1）中侧向反射因子 *LF* 的彩色等值线图进行对比可以看出，尽管四边形藻井天花内部用来反射直达声的壁面面积较体积相当的圆形藻井天花更大（相同体积的情况下，球体表面积最小），致使四边形藻井天花所提供的侧向反射声总量较圆形藻井天花所提供的更多，令侧向反射因子 *LF* 的彩图显得更为鲜亮，但圆形藻井天花所提供侧向反射声的声能分布则较四边形藻井天花显得更为均衡。这是因为，模拟中无指向性声源发出的直达声可被圆形藻井天花向各个方向十分均匀地反射至戏台及戏台附近的观众区，且对实际演出中戏曲演员发声的指向性也不会产生任何干扰。而四边形藻井天花则会将直达声主要反射至 4 个不同的方向，如图 6-34（a1）侧向反射因子 *LF* 彩图中显示出的 4 个粉红色耀斑便是反射声较为集中的 4 个不同区域，从而造成戏台及戏台附近不同位置所获侧向反射声的差异性极大，并对实际演出中戏曲演员发声的指向性也或多或少产生一定程度的干扰（尤其在现代厅堂音质的建筑设计中，应尽可能地避免该现象的发生）。因此，四边形藻井天花所提供侧向反射声声能的分布状况远不如圆形藻井天花所提供的那般均衡，以至于其戏台声场音效的环绕感也远不及圆形藻井天花戏台的好。

由此可见，多边形藻井底部开口的边数越多，其戏台声场音效的环绕感就越好。这是因为，当多边形藻井天花底部开口的边数越多时，该藻井天花对直达声产生重点反射方向的数量也相应增多（直达声主要反射方向的数量与多边形的边数基本一致），且多边形藻井天花底部开口的形状就越接近于圆形，以至于直达声各主要反射方向相互交融的可能性也就越大。此现象可通过对图 6-34（a1、b1）进行对比后得到印证。因此，实际演出中各方向上来自八边形藻井天花的反射声要比来自四边形藻井天花的能更为均衡地传达至演员的耳中，且八边形藻井天花对演员发声指向性的干扰力度也较四边形藻井天花的弱，从而其戏台声场音效的环绕感较四边形藻井天花的强。但值得注意的是，其戏台及戏台附近不同位置所获侧向反射声的差异性虽不如四边形藻井的那般显著，可依旧明显存在。

至于八边形和圆形藻井天花两者间对戏台声场音质产生影响的具体差异，可通过比对图 6-27（a1）和图 6-34（b1）中侧向反射因子 *LF* 显示出的不同而能够较为直观地加以辨识。即八边形藻井天花侧向反射因子 *LF* 彩图中的耀斑较圆形藻井的显得更为鲜亮，表明其提供给戏台的侧向反射声明显较圆形藻井天花的更多，因此其舞台支持度也就相应更好。只是，由于八边形藻井对声音向各个方向反射的均匀度依旧不如圆形藻井来得更为均衡，故圆形藻井天花对戏台声场音效的环绕感仍然要优于八边形藻井天花。

综上所述，从藻井天花给予戏台声场音效的环绕感以及舞台支持度这两个方面综合来看，笔者认为圆形

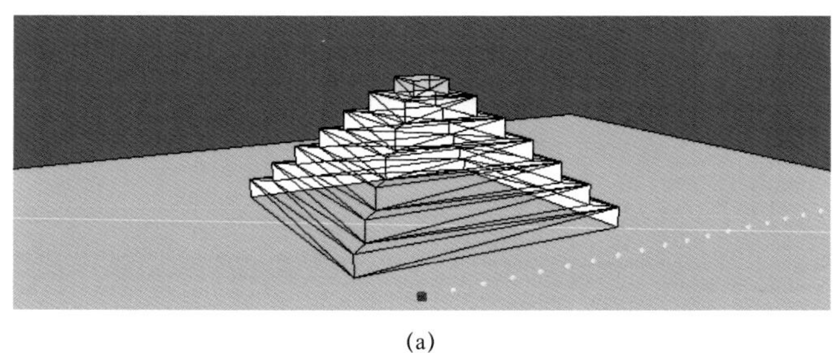
(a)

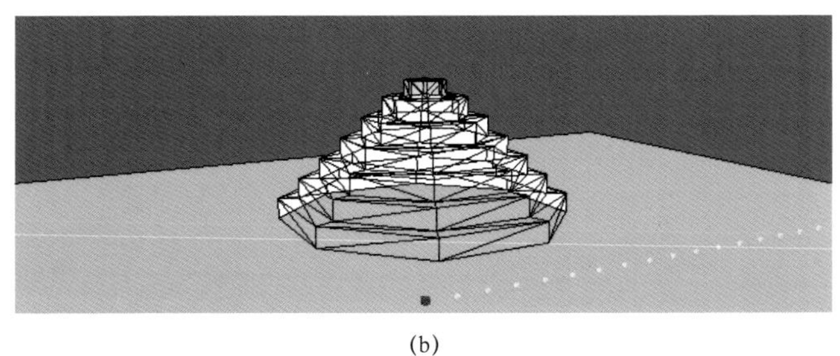
(b)

图 6-33　四边形藻井（a）与八边形藻井（b）天花的声学模型

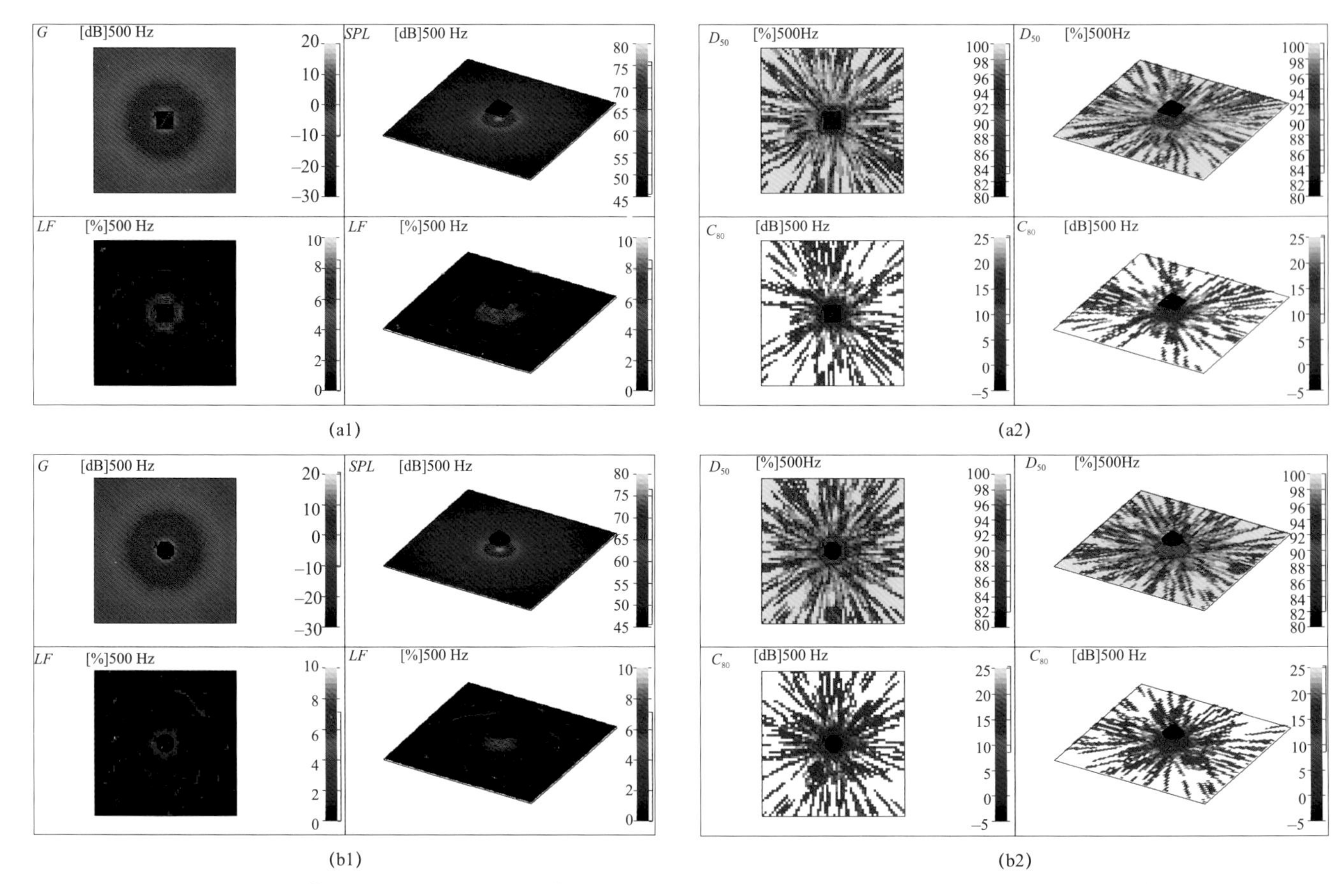

图 6-34 四边形藻井（a1、a2）与八边形藻井（b1、b2）天花音质指标 G、SPL、LF、D_{50} 及 C_{80} 彩色等值线图

藻井天花的声学功效要略优于八边形藻井天花的，而八边形藻井天花的又明显优于四边形藻井天花的。通俗地讲，相较于四边形藻井天花的古戏台而言，顶棚施八边形或圆形藻井天花的古戏台更有利于提升演员在戏台上演唱时的自我感受，尤其圆形藻井天花在创造戏台声场音效的环绕感上更胜一筹。

6.6.6 藻井天花的数量对戏台音质的影响

如前文所述，中国传统剧场戏台藻井天花根据其具体样式的不同大致可分为六种。其中，聚合式是不多见且较为特殊的一种戏台藻井样式。因此，如图 6-35 和图 6-37 所示，笔者对单藻井天花和聚合式戏台藻井天花中主要的三种样式（双藻井天花、三藻井天花和五藻井天花）分别进行了声学模拟与对比分析。结果显示，虽然这些聚合式藻井天花彼此间对戏台声场提供舞台支持度的差异性并不太大，但单藻井和五藻井天花为戏台声场音效提供的环绕感却均优于双藻井和三藻井天花。而且，通过对图 6-36 和图 6-38 进行对比可以看出，在四种藻井天花的样式中，单藻井天花所提供戏台声场音效的环绕感最佳。这是因为，与戏台所获反射声强度

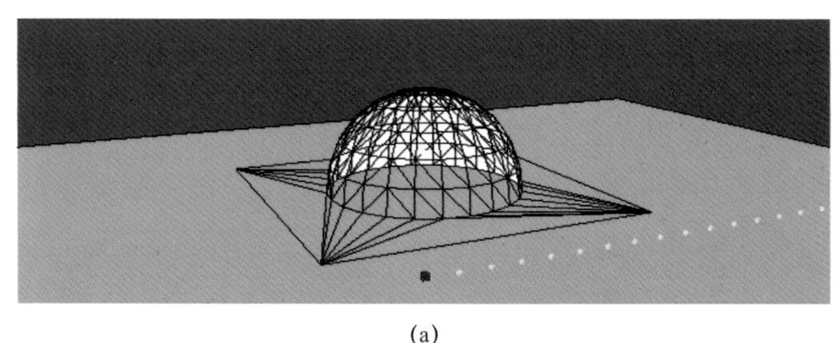
(a)

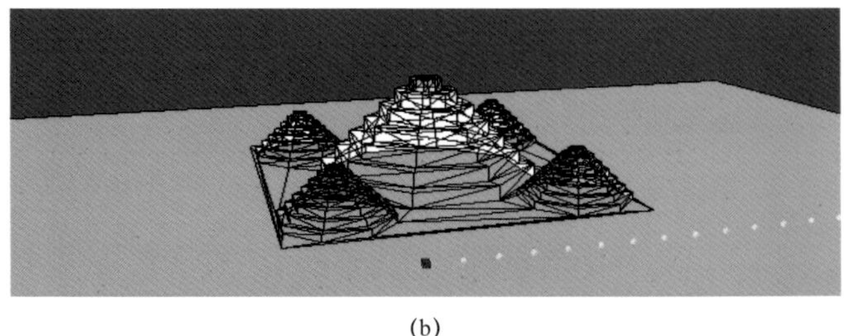
(b)

图 6-35 单藻井（a）与五藻井（b）天花的声学模型

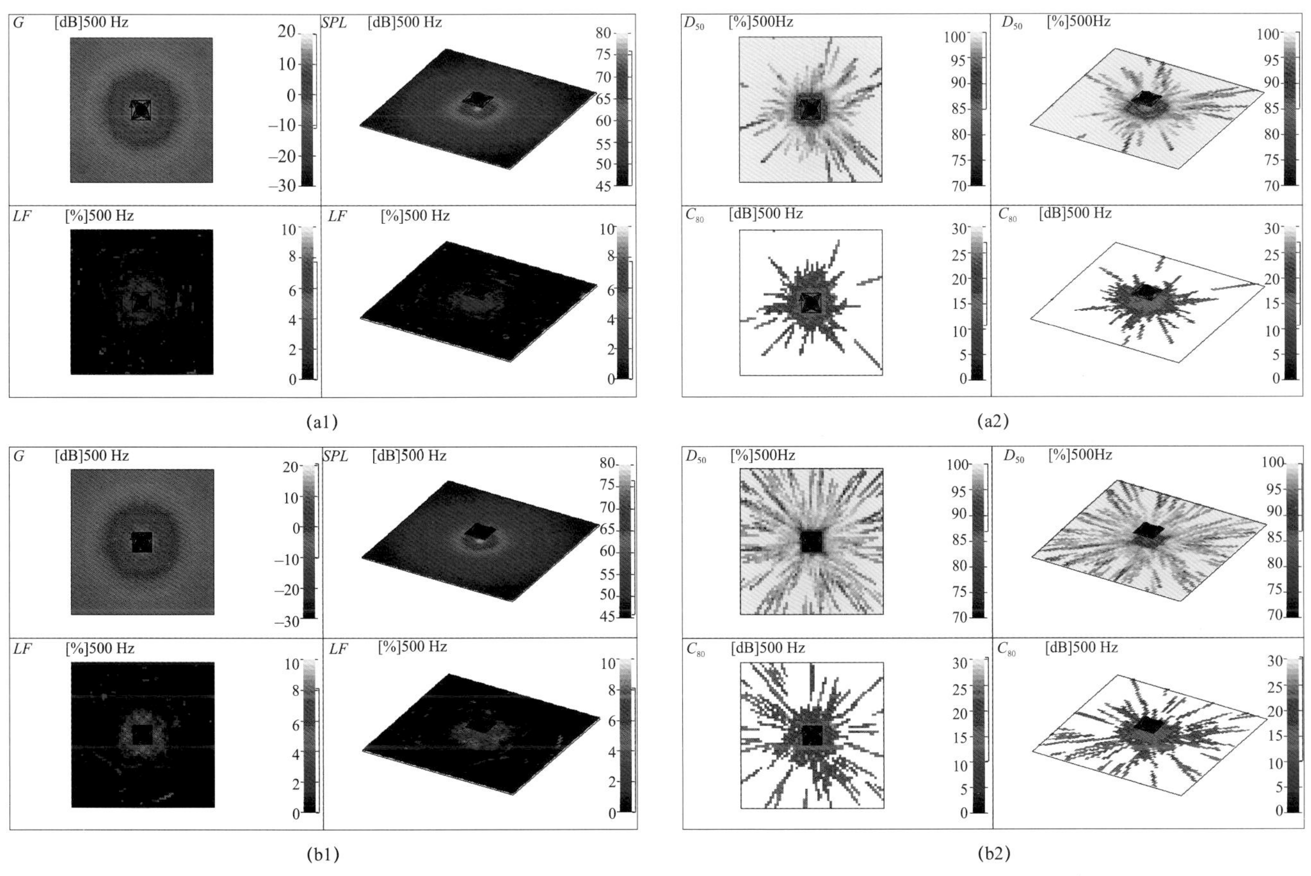

图 6–36　单藻井（a1、a2）与五藻井（b1、b2）天花音质指标 G、SPL、LF、D_{50} 及 C_{80} 彩色等值线图

大小紧密相关的舞台支持度不同的是，戏台声场音效的环绕感不仅与反射声的强度大小相关，还与反射声声能分布的均衡状态相关。即只有当藻井天花所提供反射声的声压级越大，并且反射声声能的分布越均衡时，该戏台声场音效的环绕感才会越好，两者缺一不可。而五藻井天花虽然较单藻井天花提供给戏台的反射声更多，但所提供反射声声能分布的均衡度却明显不如单藻井天花的好。经综合考量，单藻井天花声场音效的环绕感最佳。

此外，比较图 6–36 和图 6–38 还可以更为直观地看出，与单藻井和五藻井天花相比，双藻井和三藻井天花对剧场观众区声场音质的影响效果更为显著，尤其对于设置三藻井天花的古戏台，更有利于剧场整体音质的提升。这是因为，观众区声场音质的响度除了主要与声源发出直达声声压级的强弱相关外，还与藻井天花提供反射声的强度大小相关。即藻井天花延伸并覆盖观众区的面积越广，所提供反射声的波及范围也就越远，从而对观众区声场音质的整体影响效果也就相应越大。同上，笔者对方形藻井在数量的变化上也做了同样模拟和比对，发现其各项结果与穹形藻井的基本一致，故此处不再赘述。

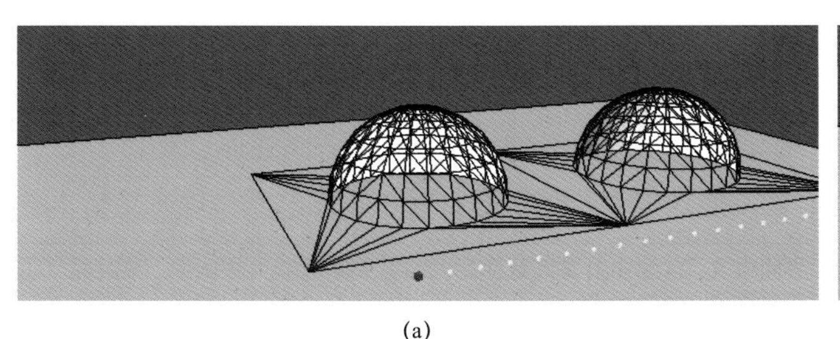

(a)

(b)

图 6–37　双藻井（a）与三藻井（b）天花的声学模型

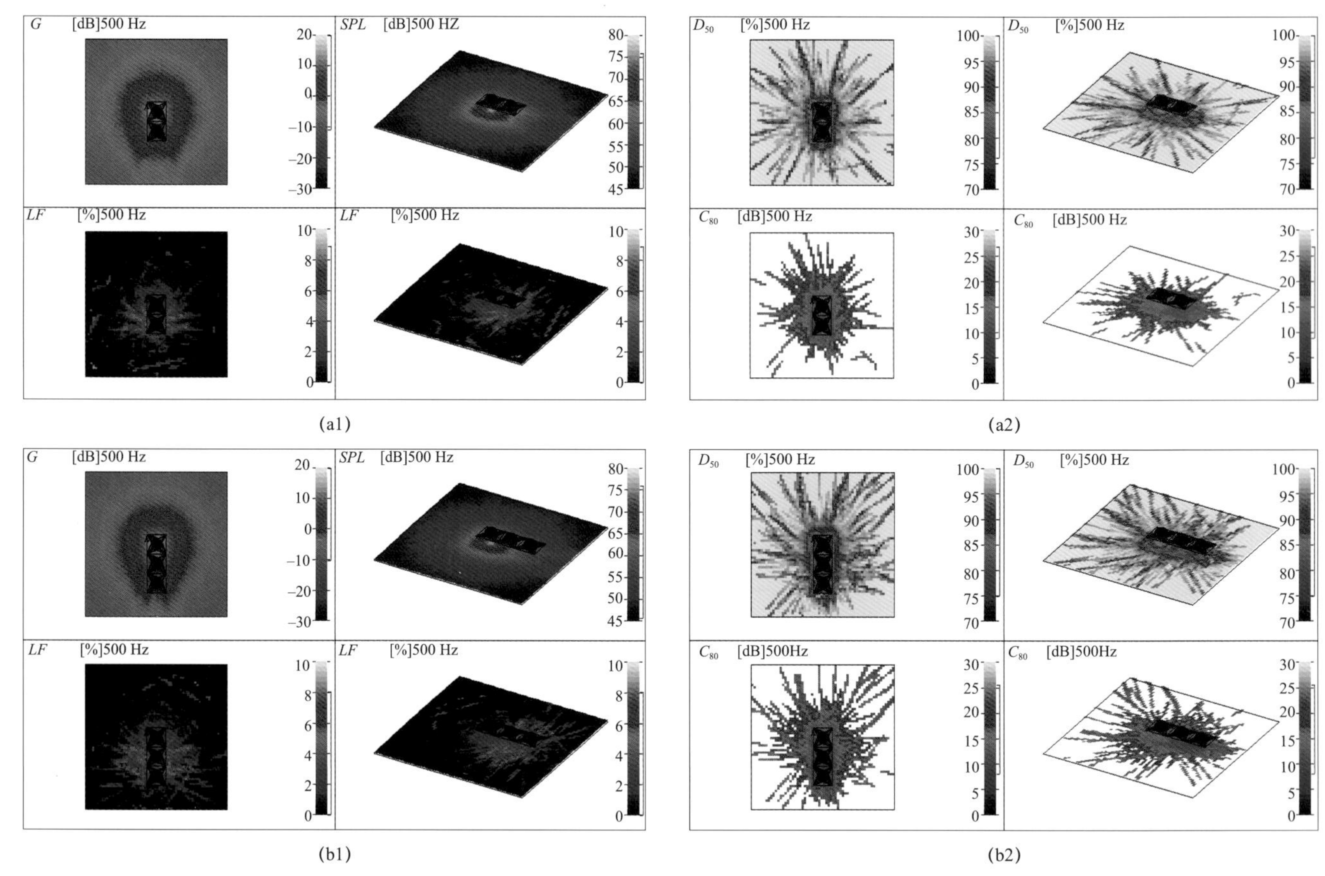

图 6–38 双藻井（a1、a2）与三藻井（b1、b2）天花音质指标 G、SPL、LF、D_{50} 及 C_{80} 彩色等值线图

6.6.7 藻井天花的吸声和散射系数对戏台音质的影响

笔者将相同戏台藻井天花的散射系数依次设置为0、50和100，并分别进行声学模拟和对比分析。其结果如图6–39所示，在穹形藻井天花吸声系数保持不变的情况下，戏台声场各音质指标（声压级 SPL、侧向反射因子 LF、强度指数 G、清晰度 D_{50} 及明晰度 C_{80}）的影响范围是随着藻井天花散射系数的增大而扩大的。这是因为藻井天花对声音的扩散力度是随着自身散射系数的增大而增强的，根据几何声学理论，被其反射的直达声的波及范围也会相应地随之扩大。值得注意的是，当藻井天花的散射系数逐渐增大时，如图6–40所示，剧场声场中各受声点清晰度 D_{50} 模拟值的最大值与最小值之间的差别，并未随测距的增大而发生明显的变化。这是因为在保持穹形藻井天花吸声系数不变，仅改变散射系数的情况下，根据能量守恒定律，其对藻井天花向戏台及观众区提供反射声总声能的影响程度是微乎其微的，甚至可以忽略不计。

但如图6–39所示，从侧向反射因子 LF 的彩色等值线图中可以看出，戏台音效的环绕感以及舞台支持度却随着藻井天花散射系数的增大而在逐渐变弱。尤其从图6–39（b1、c1）LF 的彩图中可以很明显地看到，在穹形藻井的正下方出现了一小块暗黑色的斑点，且随着散射系数的增大，有逐渐变大、变深的趋势。这表明当藻井天花对声音的扩散力度随着散射系数的增大而增强时，其对声音的聚拢力度也便相应地在减弱，即所谓的拢音效果随之变差。这确实证明了反方观点存在的合理性。只不过，如图6–39（c1）所示，就算当藻井天花的散射系数增长到最大值时，侧向反射因子 LF 彩图中暗黑色斑点的大小也始终未增大到超出藻井覆盖的区域范围。这表明，穹形藻井对声音的扩散力度虽然随着散射系数的增大而增强，但其表现出的整体拢音效果依旧良好，且较大的散射系数对提升远戏台观众区的声场音质更为有利。

与此相反，如图6–41所示，在穹形藻井天花散射

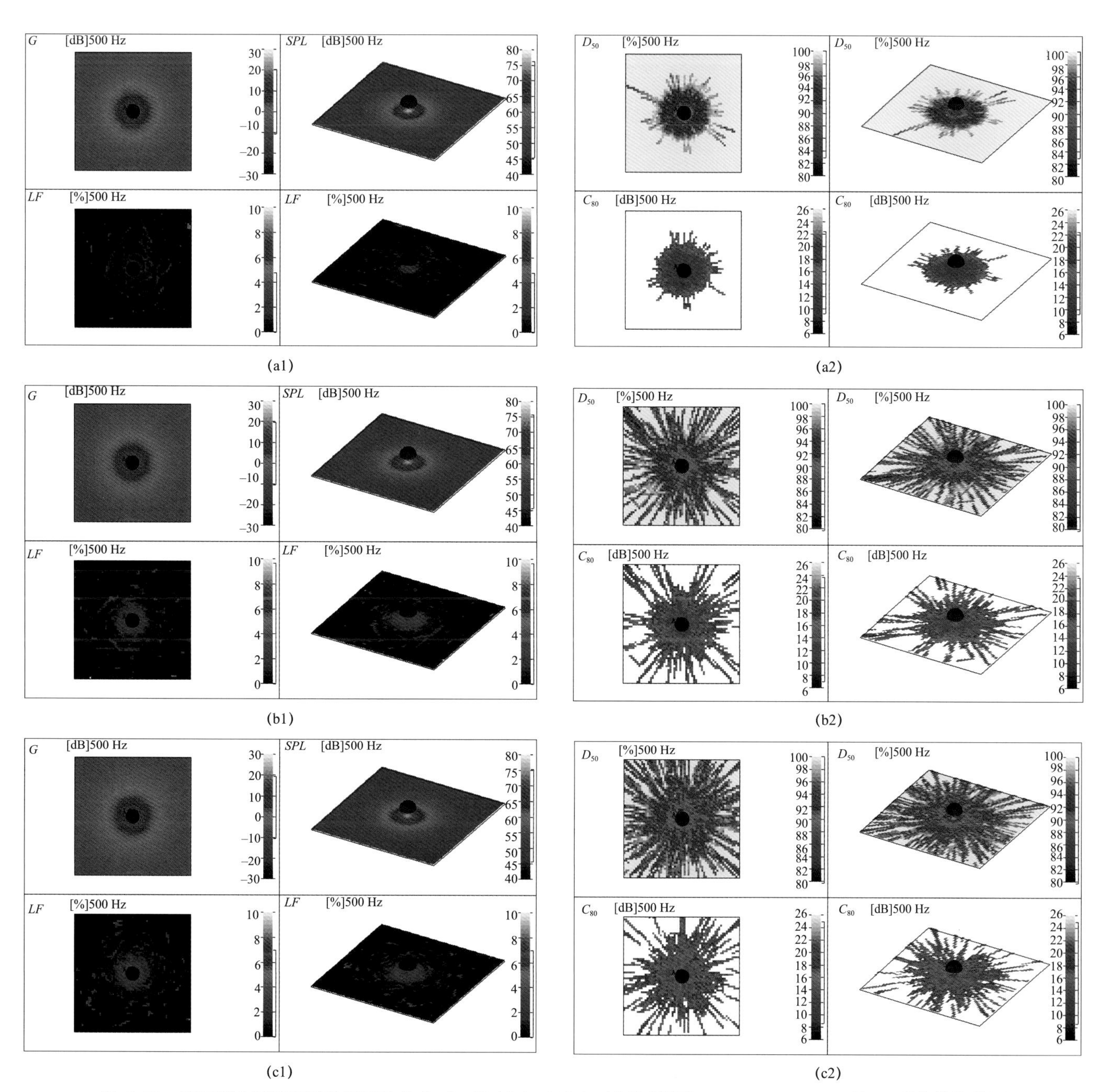

图 6-39　相同藻井天花不同散射系数 [0（a）、50（b）、100（c）] 音质指标 G、SPL、LF、D_{50} 及 C_{80} 彩色等值线图

系数保持不变的情况下，戏台声场上述各音质指标的影响范围随着藻井天花吸声系数的增大基本保持不变。这是因为，保持藻井天花散射系数不变，即意味着藻井天花对声音的扩散力度维持不变，因此被其反射的直达声的波及范围也就不会改变。值得注意的是，如图 6-42 所示，当藻井天花的吸声系数逐渐增大时，戏台声场中各受声点清晰度 D_{50} 模拟值的最大值与最小值之间的差距，随着测距的增大在逐渐变小，甚至消失。而且，戏台声场的音效环绕感及舞台支持度均随着藻井天花吸声系数的增大也在逐渐变弱，不过剧场声场的清晰度 D_{50} 及明晰度 C_{80} 则均有所提高。这是因为，在保持穹形藻井天花散射系数不变的情况下，藻井天花向戏台及观众区所提供反射声声能的大小对藻井天花吸声系数的变化是非常敏感的。即吸声系数越大，所提供反射声的声能就越小，从而戏台声场的音效环绕感及舞台支持度就越弱。最后，笔者对方形藻井在吸声和散射系数的变化上也进行了同样的模拟和比对，发现其各项结果与上述穹形藻井的基本一致，故此处不再赘述。

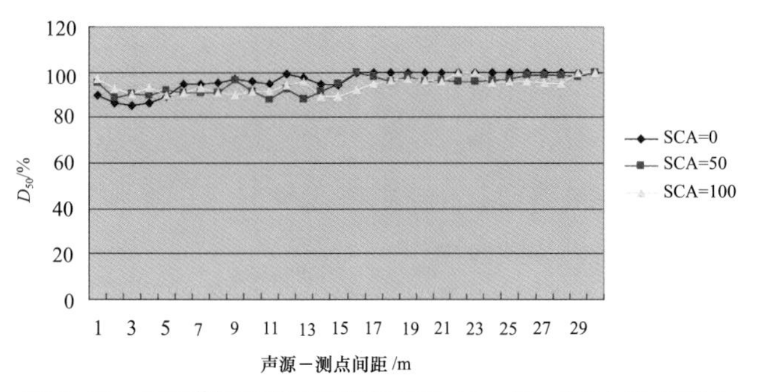

图 6-40 相同藻井天花不同散射系数（0、50、100）音质指标 D_{50} 线形图

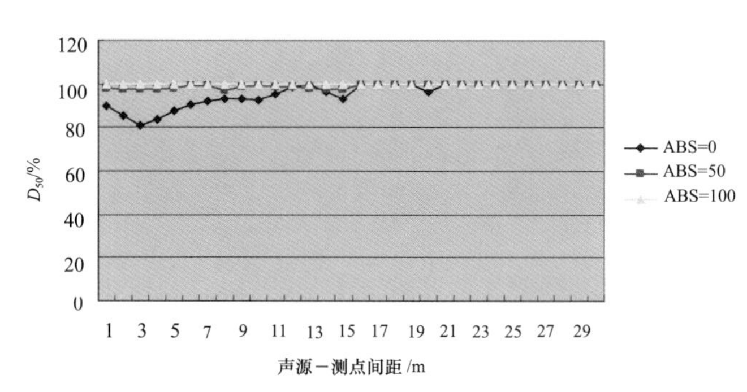

图 6-42 相同藻井天花不同吸声系数（0、50、100）音质指标 D_{50} 线形图

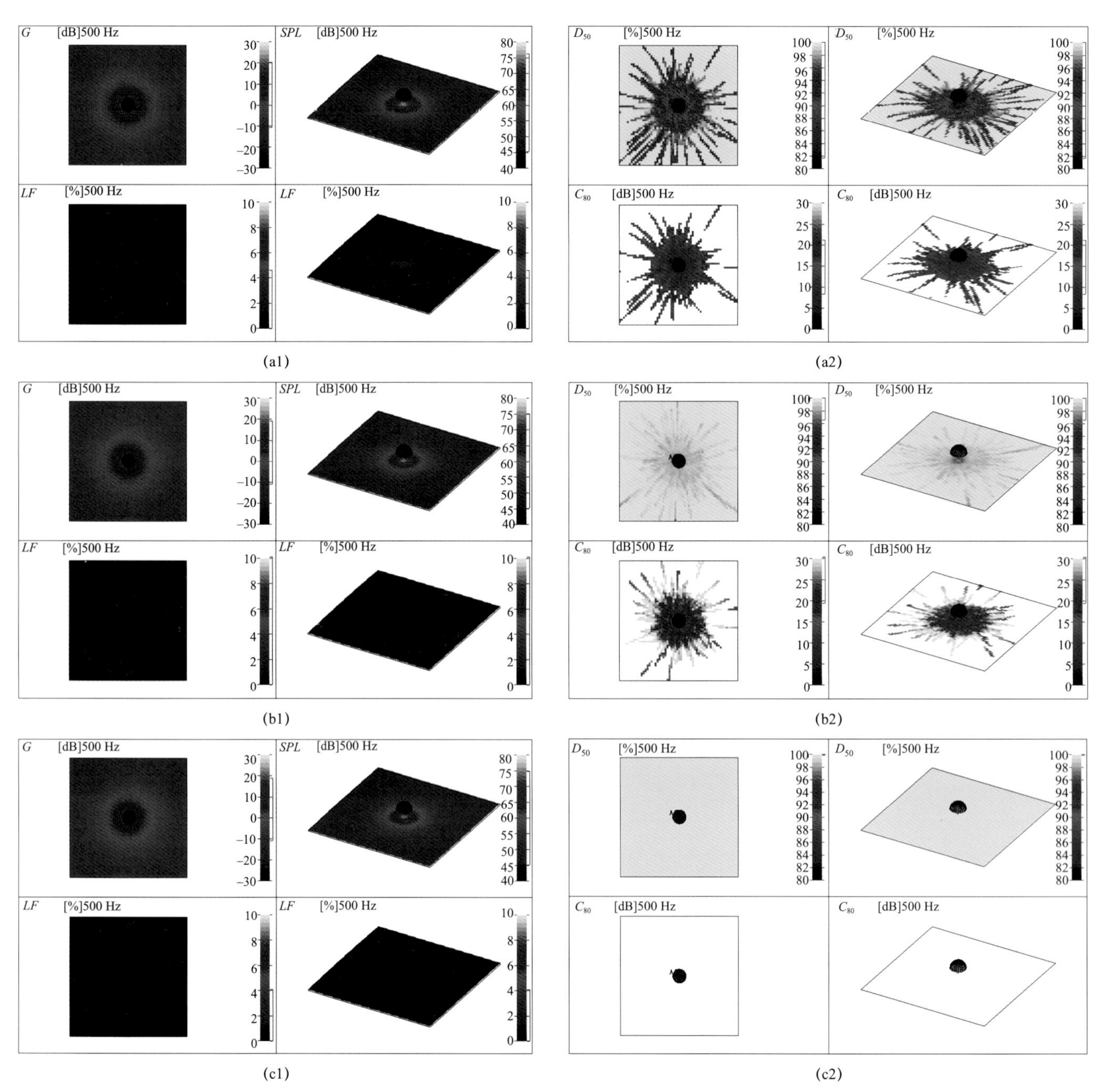

图 6-41 相同藻井天花不同吸声系数 [0（a）、50（b）、100（c）] 音质指标 G、SPL、LF、D_{50} 及 C_{80} 彩色等值线图

6.7　本章小结

传统剧场中的藻井可谓古戏台之精华，其功能主要体现在两个方面：一是能够点缀戏台的造型，二是能够提升戏台的音质。由于戏台藻井多呈穹隆形，经研究，证实其整体拢音效果良好。即尽管穹形藻井天花对直达声具有一定的扩散力度，但其反射的声音仍然能从前后左右较为均匀地反射至人耳中，此刻戏台上的音效环绕感可谓最佳，起到了提升舞台支持度，并改善演员演出时自我感受的作用。同时，由于构造上的特点，藻井天花所具有的这种较强扩散性，还对远戏台观众区提供一定量的早期反射声有利，使演员的声音听起来更加洪亮，也更为圆润。

此外，对于相同样式的戏台藻井而言，无论圆形还是方形，在尺寸越大、纵深越深、高度越低、吸声和散射系数越小的情况下，藻井天花为戏台声场所提供的舞台支持度和音效环绕感就越好；而在尺寸越大、纵深越浅、高度越高、吸声系数越小但散射系数越大的情况下，藻井天花对观众区音质效果的提升就越有利。然而，对于不同样式的戏台藻井，从戏台声场音效的环绕感及舞台支持度这两个方面综合来看，圆形藻井天花的声学功效最佳。即相较于四边形藻井天花的古戏台而言，顶棚施八边形或圆形藻井天花的古戏台更有利于提升演员在戏台上演唱时的自我感受，尤其圆形藻井天花在创造戏台声场音效的环绕感上则更胜一筹。

因此，对于聚合式中的单藻井天花而言，为了既提高演员演出时的自我感受，又提高观众看戏时的听觉感受，传统戏曲表演宜设置在一个尺寸较大、深度适中、高度适中、散射系数也适中，但吸声系数较小的圆形藻井天花的古戏台上进行；而对于聚合式中的多藻井天花，为了也能提高演员演出时的自我感受和观众看戏时的听觉感受，使剧场整体音质达到最佳，传统戏曲表演宜设置在一个具有三藻井天花的古戏台上，且台面正上方藻井天花的设置宜采用圆形样式来进行建造。

第七章　中国传统剧场戏台的建筑及声学特性

古戏台，也称舞楼、舞亭、乐楼、乐亭、戏楼、舞台，是传统剧场建筑中的主体，多数坐南朝北，面对正殿。其最早出现在宋、金时期，而后成熟于元代，发展至清代的颐和园德和园大戏楼、故宫博物院畅音阁大戏楼及承德避暑山庄清音阁大戏楼则更是驰名中外。虽然，传统戏曲表演多以虚拟时空的手法为特征，台面无需配置任何布景等舞台装置，但经过一千多年的发展演变，古戏台的建造规模却不尽相同，围观形式也多种多样。对此，本章将运用软件 CATT 对各种样式的古戏台依据不同的建造规模逐一进行声学模拟和对比分析，旨在研究和探讨其建筑声学特性究竟如何。

7.1　古戏台的平面形式

古戏台的基本形式大致可分为三种类型，即单幢式、双幢前后勾连式和三幢左右并列式（图 7–1）。中国古代建筑一般为单幢式，尽管开间多少不等，但支撑结构和屋顶是一个整体。古戏台除了单幢式外，有不少还采用两幢或三幢单体的组合，这也是古戏台的独特之处。古戏台采用单体组合的形式，主要有两个方面的原因：一是明清时期戏曲表演空间扩充的需要；二是古戏台作为表演空间的功能特点以及前台和后台对空间封闭程度不同要求的体现[①]。

7.1.1　单幢式古戏台

单幢式，就是古戏台的支撑结构、构成方式和屋顶构造是一个完整统一的整体，例如山西临汾市东羊村东岳庙古戏台（图 7–2）。单幢式古戏台的优点是构造简单，宋元时期主要采用这一形式，直接原因就是宋元杂剧演出时演员数量并不多。由于经济条件的限制和演出规模的影响，明清时期仍有相当一部分戏台依旧采用单幢式。此外，根据戏台开间的数目，又可分为单开间、三开间和五开间等，北方明清戏台多采用三开间的形式。

7.1.2　双幢前后勾连式古戏台

随着演出规模的扩大，单幢式古戏台暴露出面积狭窄的缺点，对此古人分别建出前台和后台，并将其组合在一起，于是就产生了双幢前后勾连的样式。这种样式的戏台中，前台和后台不仅在空间上用隔扇分隔，

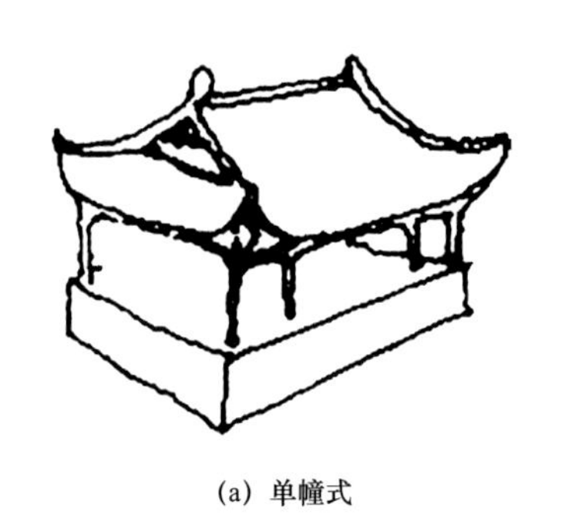

(a) 单幢式

(b) 双幢前后勾连式

(c) 三幢左右并列式

图 7–1　古戏台基本形式示意图

（资料来源：薛林平 . 中国传统剧场建筑 [M]. 北京：中国建筑工业出版社，2009：550.）

---

① 薛林平 . 中国传统剧场建筑 [M]. 北京：中国建筑工业出版社，2009.

图 7–2　山西临汾市东羊村东岳庙古戏台

而且使用不同的屋顶和梁架，前后台交接处通常共用一排柱子来承重[①]。例如山西太原晋祠水镜台古戏台（图 7–3）。

前后勾连式古戏台是中国明清戏台中最为常见的一种形式。

7.1.3　三幢左右并列式古戏台

左右并列式古戏台是在戏台的左右两侧分别建耳房，用作后台。这种戏台形式产生的直接原因是随着戏曲艺术的发展而要求有更大的后台相匹配[②]。例如山西泽州县保伏村三官庙古戏台（图 7–4）。

7.2　古戏台的基本特征

7.2.1　古戏台的台基

（1）台基的样式

台基是中国传统建筑构成中非常重要的要素，具有防水避潮、稳固基础、调适构图、扩大体量、调度空间、标志等级等多重功能。古戏台作为观演建筑，其台基的作用尤为显著。戏台台基有两个明显特点：一是，和其他类型的传统建筑相比，由于古戏台多采用高台基，台基在整个建筑中的比例较大，显得更为醒目；二是，一般传统建筑中的台基往往采用砖、石实心砌筑，而古戏台往往与山门结合而建，台基中设置通道，故更多地采用架空的空心台基。

因此，古戏台台基样式大致可分为两大类，即实心台基和空心台基[③]。如图 7–5 所示，实心台基多用砖石砌筑。我国现存的金代和元代戏台台基均采用这一形式。例如，山西高平市王报村二郎庙古戏台台基，采用石砌须弥座样式（图 7–6）。明清时期，随着制砖业的快速发展，传统建筑也更多地采用砖作为构筑台基的材料，古戏台自然也不例外。不过，大部分古戏台在砖砌台基的台明边沿和抱角仍用条石压沿。

古戏台的空心台基，又可分为拱券式、覆板式和柱撑式等样式[④]。拱券式台基，即戏台台基用砖或石砌成

图 7–3　山西太原市晋祠水镜台古戏台

图 7–4　山西泽州县保伏村三官庙古戏台

（资料来源：http：//blog.sina.com.cn/s/blog_4b2fe0470101djjk.html）

① 薛林平 . 中国传统剧场建筑 [M]. 北京：中国建筑工业出版社，2009.

② 同上。

③ 同上。

④ 同上。

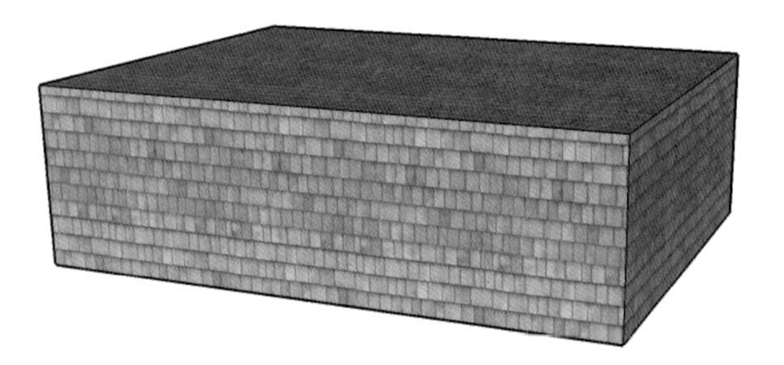

图 7–5　古戏台实心台基示意图

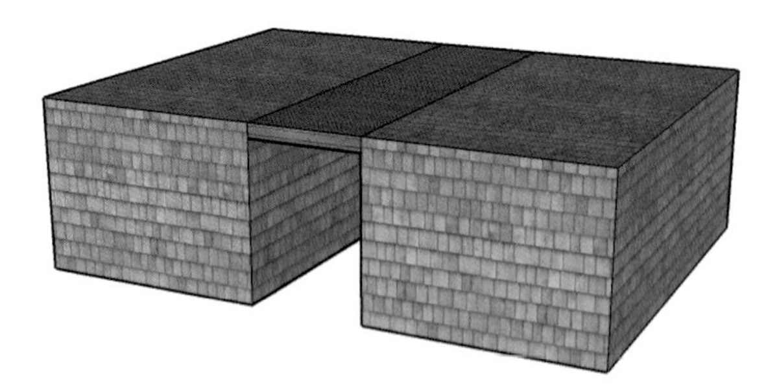

图 7–9　古戏台覆板式台基示意图

图 7–6　山西高平市王报村二郎庙古戏台台基样式

图 7–10　河北蔚县宋家庄穿心楼古戏台台基样式

（资料来源：https：//you.ctrip.com/travels/youyouctripstar2565/2291953.html）

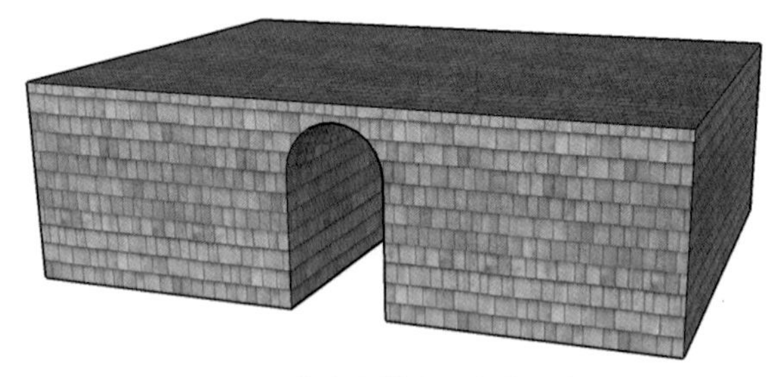

图 7–7　古戏台拱券式台基示意图

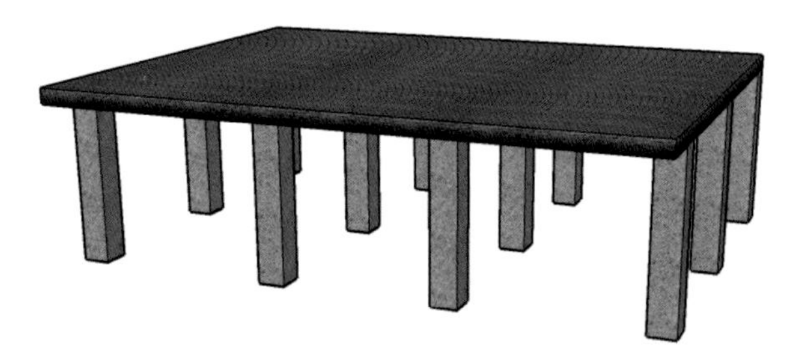

图 7–11　古戏台柱撑式台基示意图

图 7–8　山西临县碛口镇黑龙庙古戏台台基样式

拱券的形式（图 7–7），拱券则被用作传统剧场的出入口。例如，山西临县碛口镇黑龙庙古戏台采用的就是典型的拱券式台基（图 7–8）。

覆板式台基，就是在戏台中间预留通道，上面覆盖木板或石板作为台基（图 7–9）。例如，河北蔚县宋家庄穿心楼古戏台为典型的覆板式台基，台基内侧石条上凿凹槽，每逢戏曲演出时沿凹槽纵向铺设木板构成台面（图 7–10）。

柱撑式台基，就是用短柱支撑板材，形成戏台的台面（图 7–11）。例如，重庆湖广会馆齐安公所古戏台为木制柱撑式台基（图 7–12），柱撑式台基在我国南北方

图 7-12　重庆湖广会馆齐安公所古戏台台基样式

均非常多见，其原因：一是节省建筑材料；二是台下的空间可兼作通道使用。

（2）台基的高度

中国传统建筑台基的高度，历史上多有讲究。如清代的《大清会典事例》[①] 中对台基建造的规定基本上是等级礼制的严格体现。相比之下，宋代《营造法式》关于台基高度的规定，则更多地考虑到了建筑自身尺度以及其和庭院的比例关系。即台基的高度随建筑的规模而相应地变化，保持了建筑各部分之间适宜的比例，同时还考虑了不同规模庭院空间对台基的视觉需求。与其他类型的古建相比，我国古戏台大多采用高台基的形式，其主要原因是为了防止演出时观众之间出现视线遮挡的现象，即与现代剧场观众厅地面起坡设计不同的是，传统剧场观众区一般为水平布置，若戏台台基太过低矮，观众之间就容易出现视线阻挡的问题。此外，随着时间的推移，戏台台基呈逐渐升高的趋势。例如，我国现存元代戏台及戏台遗迹的台基高度大都在站立观众的人眼高度以下，仅山西临汾东羊村东岳庙古戏台（台基高1.63m）以及山西沁水海龙池天齐庙古戏台遗址（台基高2.50m）等个别戏台的台基超过此高度。戏台高度在人眼以下，能让观众看到演员的全身，这是有利于戏曲欣赏的一面，但也带来不利于扩大观众人数和规模的缺陷。

促成现存元代戏台的台基大都在1m左右的主要原因可能是为了节省砖材和石材。从现存实例来看，元代还没有出现底部架空的戏台，当时的戏台台基均是实心的，中心一般用土夯实，四周及台面则多用砖材或石材。因此，元代匠人估计是在扩大观戏规模和降低建造成本的取舍之间寻求一个平衡，才选择了1m左右的台基高度。而明清以后，其表演台台基高度大大增加，并提高到了人体高度以上。其主要原因：一是底部架空的高台基在建筑用料上比实心的矮台基更为节省；二是戏台下设置了山门作为人们行走的通道，其净空一般在2m以上，可供观戏的范围相应得到了较大程度的扩大；三是增加了戏台气势和宏伟的程度，且随着清代建筑举架的增高，屋顶变陡，更增添了戏台的高耸和挺拔[②]。

7.2.2　古戏台的前后台

中国古戏台还有一个非常明显的建筑特征，就是用隔扇来区分前后台，即前台是演出空间，后台是化妆、休息空间。前台和后台在空间上进行分隔，有利于净化表演空间，把那些分散观众注意力的东西遮蔽起来。戏台的后台在古代碑刻和文献中，多被称为戏房或扮戏房。后台为前台演出而设，其作用表现在多个方面：其一，后台是演员休息和化妆的空间；其二，后台是服装和道具存放的空间；其三，后台有时兼作场面（乐队）安置之处；其四，后台也有临时用作演出的空间，作为前台的一种延伸，即所谓的暗场。

此外，中国传统戏曲以分场作为表演的基本形式，场和场之间的推进，并不是像今天这样通过幕启幕落，而是通过演员的上下场来实现。如图 7-13 所示，所谓上场门是演员上场的入口，位于隔扇的左边，横梁上一般写有“出将”，演员从上场门走出，意味着剧情的开始；所谓下场门是演员下场的出口，位于隔扇的右边，横梁上一般写有“入相”，演员从下场门进入，说明剧情告一段落。每一次上场和下场，都意味着时间和空间的变化。这里借用“将、相”，有出则将军，入则丞相，盼成大器之意。演戏时，上、下场门上往往悬以垂帘。旧时，上、下场门均设有门帘，戏班中有打门帘的行当，即在演员上下场时，专门负责掀开门帘，方便演员上下场。尤其，在打上场门的门帘时，必须掌握演员出场的火候和劲头，方能起到很好的烘托作用。

---

① 《大清会典事例》是清代制定的行政法典，包括康熙、雍正、乾隆、嘉庆、光绪五朝会典。

② 建筑科学研究院建筑理论及历史研究室，中国建筑史编辑委员会．中国建筑简史 [M]. 北京：中国工业出版社，1962.

图 7-13　山西阳城县上伏村成汤庙古戏台的上、下场门

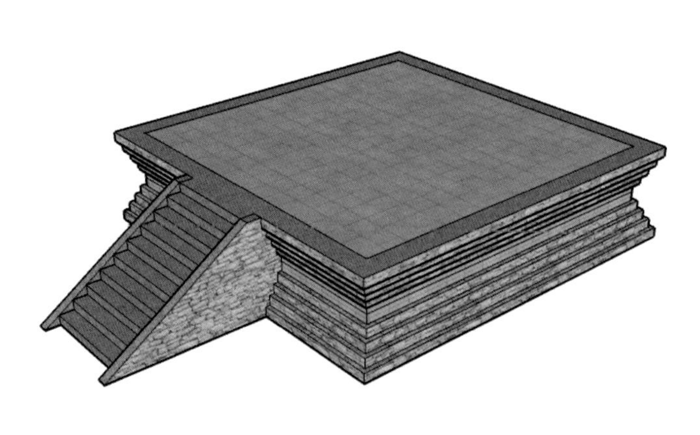

图 7-14　宋代露台示意图

7.2.3　古戏台的围观形式

古戏台由露台（图 7-14）演化而来。根据敦煌壁画所描绘的佛寺庭院演出场景，隋唐时期的露台表演是有着主次之分的四面围观形式；宋金时期又出现了献殿和舞亭这些可用于戏曲表演的木构建筑。此类献殿或舞亭的建筑形式为四角立柱、四面开敞的亭式建筑，说明它们的观演方式仍是四面围观的。随着戏曲表演的发展和观众对戏曲欣赏环境要求的提高，献殿和舞亭也开始进一步分化[①]：献殿仍然维持四面开敞的格局，而舞亭则开始在远离正殿的一面加墙，变成三面观格局的戏台，或在两边侧面也加墙，变成一面观格局的戏台。其中，三面观格局的戏台，可在一定程度上扩大戏台的观戏角度，从而提高观戏场地的利用率，但也会造成角柱遮挡视线的缺陷；而一面观格局的戏台，虽可避免角柱遮挡视线的问题，但在观戏场地的利用率上又不如前者高。总体而言，这两种观戏方式在当时被民众所接受的程度是不相上下的。

值得一提的是，对于单幢式古戏台，采用三面观格局的占了大多数；双幢前后勾连式古戏台采用一面观格局的稍多；而三幢左右并列式古戏台采用一面观格局的数量则远远超过了采用三面观格局的数量。究其原因，可能是古代匠人在选择戏台建筑围观形式时更趋向于利用单幢式古戏台的方形平面以形成三面观，而利用并列式古戏台的横长形平面形成一面观。此外，一面观戏台较为适合于气候寒冷、风沙较大的北方地区，三面观戏台则更适合于气候温暖、无风沙的南方地区。因此，从地域分布上看，清代戏台在山西、陕西等地以镜框式一面观为主，在江西、浙江等地则以伸出式三面观为主，显示出与当地气候相适应的特征。而北京、河北、山东、河南等地的古戏台以伸出式稍多，镜框式略少，显示出了两者间的过渡与混合特征。

7.2.4　古戏台的面宽

中国传统剧场成型于宋元时期，形制多样、因地而异。早期多属露天广场式剧场，观众在空旷场地上围观。随着社会文明和经济的发展，与观演方式从四面观过渡为三面观或一面观相一致，古戏台的平面形式也从方形逐渐向横长形发展。例如，现存元代戏台均在后檐设墙，有的在两山面也设墙，说明当时的戏曲表演可能已很少或者没有四面围观的现象了；且元代戏台的平面大都呈方形，但就表演台本身而言却是横长形，因为后台需占据后部约三分之一的面积。类似的情形还可见于明清的许多单幢式古戏台，即尽管其前台的平面呈方形，但靠后位置是留给伴奏人员

① 刘敦桢 . 中国古代建筑史 [M]. 北京 : 中国建筑工业出版社，1981.

的，表演重心仍靠近前部，实际提供给表演人员的戏台区域呈横长形。

此外，随着时间的推移，古戏台的面宽也从一开间为主逐渐演变成三开间为主，且为了保证表演区的有效面积，方便演出，明间的面宽远大于次间和梢间。例如，金大安二年（1210年）山西侯马牛村董明墓砖雕仿木构古戏台模型和金代的山西高平县王报村二郎庙古戏台，其开间均采用单开间形式。元代现存的9座古戏台，除芮城永乐宫龙虎殿古戏台外，都采用单开间形式。而明代戏台则开始出现大量面宽为三开间的形式。明代三开间戏台的流行很大程度上归因于戏曲表演的进步和木材资源的减少。在金元时期，戏曲表演还比较简单，上场人数较少，表演场面较小，尤其是武戏，基本上用一种名为调阵子的舞蹈队形的变化即可充分表现，此时单跨7～8m甚至4～5m的戏台已能满足需求。而到明代，随着戏曲表演的不断进步，其表演场面也在逐渐扩大，尤其是广泛流行于社会底层，以题材广阔和庞大武戏场面见长的弋阳腔，对表演台规模的要求尤为突出。而与此同时，元代和明代初期仍较易寻得的大型木材，但在明代中期以后随着森林资源的破坏大型木材也变得越来越难以寻到。在此前提下，古代匠人和戏曲观众不得不开始接受以三开间为主的戏台形式。不过，三开间戏台的优点又是显而易见的，它不但为表演者提供了更为广阔的舞台空间，也使古戏台在面宽尺寸上不再受到木构跨度的限制，使其更显宏大，外观也更为丰富。

清代戏台在面宽的开间上大多延续了明代戏台的特征。但也有个别实例，如北京颐和园德和园大戏楼（图7-15），其扮戏楼面宽达五开间，呈凸字形平面，整座戏楼高21m，分上中下三层。南部毗连的两层扮戏楼是规模巨大的后台。

图7-15　北京颐和园德和园大戏楼

7.2.5　古戏台的进深

相对于古戏台的面宽而言，大部分戏台在进深方向的尺寸虽有一定程度的增加，但因梁架体系在纵深跨度上的局限性，而不如面宽增大得更为显著。同时，戏台在前后台的划分上随着时间的推移也更趋分明。例如，宋金和元代的戏台除芮城永乐宫龙虎殿之外，均采用进深两开间的形式。不过，此时的后台进深尚不能算作完整的一间，因为划分进深开间的辅柱仅在山面出现，戏台内部并没有任何柱子划分前后台，而且戏台在前后台之间仅以幕布相隔（元杂剧将其称为“靠背”），还没有形成专门的上下场门。直至明清，许多戏台仍维持着前后台进深比约为2∶1的格局，但除了一部分延续元代亭式风格的戏台之外，大多数戏台的前后台开始有了较为明显的划分，其标志是前后台之间不仅有板壁或帐幕相隔，还有位于戏台内部及山面之外的平柱作为分隔。此外，明清戏台还出现了后台进深与前台进深不相上下，甚至有个别前者超过后者的现象。尤其前后勾连式古戏台中的一部分，其通进深较之其他类型的戏台有非常明显地增大。如山西介休后土庙古戏台，与三清观前后相接，通进深达9m；又如河北蔚县陈家涧的城门古戏台，背靠关帝庙正殿，通进深四间，约11m；再如山西洪洞霍山水神庙古戏台，其山门与戏台后台和前台连为一体，且进深各占约三分之一，通进深达14.70m。

特别值得一提的是，元代戏台梁架体系中占用特殊地位的大额，在明代以后随着单开间戏台的比例降低以及单开间戏台柱距及梁架构件尺寸的减小，也逐渐趋于消亡。明代山西仍有5座具有元代风格的单开间戏台，它们仍然保留了大额之制，但其他地区的明代单开间戏台以及清代各地的单开间戏台，则由于柱距减少至约5～6m甚至更小，已无需采用截面尺寸较大的梁枋构件。至于在明清戏台中占主流的三开间戏台，除了像新绛阳王村东岳稷益庙古戏台这样极为特殊的实例外，其明间跨度较之元代戏台的单开间跨度更是逊色不少，同样无须大尺度的梁枋构件。因此，失去大跨度结构功能的元代大额之制，最终走向了末路①。

7.2.6 古戏台的移、减柱造

中国传统建筑在宋金元时期常采用移、减柱的做法来创造大的空间，以求更为合理自由地布置室内平面，达到某种实用要求或审美效果。但移、减柱的做法往往会产生大跨度的梁柱以及不规则的结构，致使建筑的安全性降低，所以明清时期普通建筑中已较少见到移、减柱的做法。不过，作为观演建筑的古戏台则需要有相对宽敞的表演空间来扩大表演区的使用面积。因此，明清三开间或五开间戏台则经常存在着移柱造这样一种能影响明间台口框高宽比的建造方式。即戏台的明间立柱并不与大梁对位，而是略微外移，一般以一个柱径为常见。对于明间的两根立柱来说，一个柱径的移位距离也许并不明显（明清戏台的柱径约 1 尺，即 0.32m 左右），但两柱同时外移，移位的距离之和便颇为可观了（约 0.64m）。故明间台口框高宽比在相当程度上受此影响而变小。同时，由于外移的距离也是次间跨度减小的距离，于是明间跨度与次间跨度的差值在移位前后实际上存在着约三个柱径的差别，即 0.96m 左右。这个长度放在通面阔一般不超过 10m 的三开间戏台上，已然是一项不容忽视的因素了。例如，山西新绛阳王村稷益庙明代戏台采用“明三暗五”的前檐减柱造，明间面阔达 10m，保证了台面的宽度；又如，山西河津县樊村关帝庙明代戏台，前檐施大额枋（图 7-16），使平柱向两侧偏移，扩大了明间表演区的面积；再如，山西沁水县城关镇玉皇庙明代戏台，6 根小八角柱分前后两排，其中后排 4 根，前排则减少为 2 根，上置大额枋，由于这样不设平柱，明显扩大了表演区的面积。

7.2.7 古戏台的八字墙

古戏台的装饰构件主要包括戏台的隔扇、雀替、栏杆、柱础、圆窗、八字墙、屋顶装饰等。不少文献将古戏台中的八字墙称为音壁，顾名思义，该装饰构件与传统剧场声场的音质应是密切相关的。八字墙的组成大致可分为三个部分，即壁座、壁身和壁顶。壁座多为须弥座或须弥座的变体，构造繁简不同。一些木构八字墙往往不设壁座，仅有壁身和壁顶。壁身的中心和四角是八字墙装饰的重点，一般刻有汉字、兽纹、动物、花卉等。八字墙常见的构造形式主要可分为三种：一为砖砌八字墙，如陕西韩城堡安村马王庙古戏台台口两侧的八字墙为砖砌，八字墙上书有楹联（图 7-17）；一为木构八字墙，如山西太谷阳邑镇净信寺古戏台八字墙，八字墙两侧立柱，柱间安木板，柱间上连枋，施斗栱，上覆单檐歇山顶（图 7-18）；一为木构支撑的砖砌八字墙，如山西忻州东张村关帝庙古戏台八字墙（图 7-19），八字墙两侧立柱，柱间则用砖砌，上施五踩斗栱，覆单檐歇山顶②。

图 7-16　山西河津县樊村关帝庙古戏台及前檐大额枋

① 罗德胤 . 中国古戏台建筑研究 [D]. 北京：清华大学，2003.
② 薛林平 . 中国传统剧场建筑 [M]. 北京：中国建筑工业出版社，2009.

图 7–17　陕西韩城堡安村马王庙古戏台
（资料来源：https：//graph.baidu.com）

图 7–19　山西忻州东张村关帝庙古戏台
（资料来源：http：//blog.sina.com.cn/s/blog_40a5c0ef01016z7x.html）

图 7–18　山西太谷阳邑镇净信寺古戏台及其八字墙
（资料来源：http：//blog.sina.com.cn/s/blog_53d980450102wwwu.html）

我国北方清代戏台在台口设置八字墙的现象较为普遍，而古戏台的八字墙和其他古建中的影壁有所区别。首先，两者的适用位置不同。戏台的八字墙建于戏台的两侧，而影壁则或位于门外，或位于门内，或位于门两侧。影壁是入口不可分割的一个组成部分。由于进出大门均需要和影壁打照面，又称之为照壁。其次，尽管两者的建筑形制相似，但两者的功能不同。影壁主要起到屏障的作用，使视觉在空间上得以缓冲[①]。而八字墙的主要功能从其起源和初衷来看，则有改善剧场音质的作用（即无需通过声学模拟与实测分析，仅运用几何声学的分析方法从图 7–20 中便可看出，八字墙的出现从更多角度增加了戏台的声反射，尤其能更好地为剧场声场提供较多的早期反射声，并有助于戏台声音的集中收拢和有效传播，使演员的声音变得更为洪亮，对提升剧场音质及观众听感均有利），就是直到声学技术高度发达的今天，舞台声学设备也依然沿用着八字墙形制的声反射罩来提升剧场音质。图 7–21 为四面全包的现代镜框式舞台音乐罩使用实景。

① 薛林平 . 中国传统剧场建筑 [M]. 北京：中国建筑工业出版社，2009.

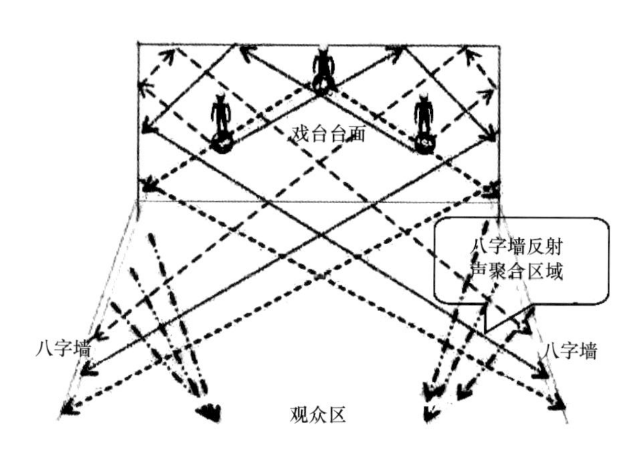

图 7-20　戏台八字墙声反射示意图

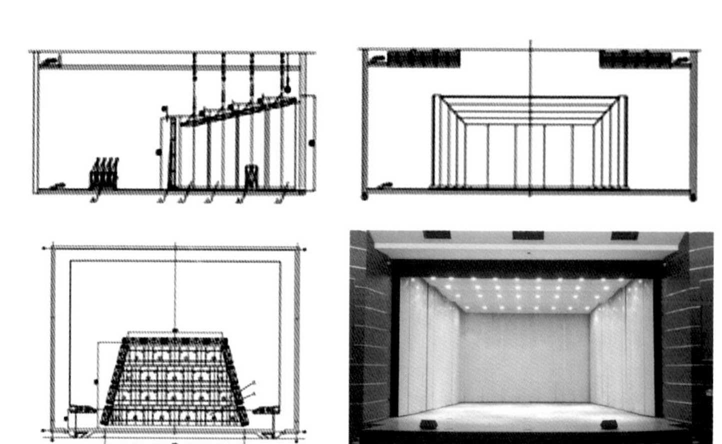

图 7-21　现代剧场声反射罩平面、立面、剖面图及现场实景

（资料来源：http：//www. 子午舞台 .com/Products/Wutai/Taishang/15.html）

此外，客观上八字墙还有美化戏台造型、扩大戏台体量，使其显得更加宏伟壮观的装饰作用。如山西介休市后土庙古戏台八字墙，在其第一层屋顶上再架枋，枋上施斗栱，上覆悬山顶，形成重檐屋顶（图 7-22）。八字墙的宽度较大，高度和台口齐平，装饰华丽，既较好地改善了剧场的音质效果，又丰富了戏台的整体造型，可谓一举两得之美。当然，也有的戏台八字墙尺度较小，仅起点缀戏台的作用。如山西运城盐池神庙古戏台通面阔达 27.60m，而两端的八字墙宽度仅为 1.30m。八字墙为砖砌，中央雕“寿”字，上覆单檐硬山顶，造型十分朴实（图 7-23）。由于八字墙的尺度较小，其改善剧场音质和扩大戏台体量的作用均很小。此时的八字墙更多的是作为一种装饰构件存在，同时视觉上起戏台收分的作用[①]。

总之，不管古戏台的八字墙客观上对传统剧场音质贡献的大小如何，显而易见，古代匠人主观上应是有意识地希望通过这种设置来改善剧场音质状况的。有鉴于此，笔者对古戏台八字墙的声学特性将不再展开进一步探究。

图 7-22　山西介休市后土庙古戏台及其八字墙

① 薛林平 . 中国传统剧场建筑 [M]. 北京：中国建筑工业出版社，2009.

图 7-23　山西运城盐池神庙古戏台及其八字墙
（资料来源：https：//www.sohu.com/a/217927984_800514）

7.3　探究方法及其运用

7.3.1　探究方法

模型的构建方法主要有抽象法和科学想象法[①]。所谓模型抽象法是将现实的对象简化成与其相似的替代物再加以研究的方法。模型抽象法是建立在模型与原型之间存在着的结构、功能、样式、数量关系等方面的相似性这一基础之上的。通过抽象法，舍弃原型中非本质的、次要的、与研究宗旨无关的因素，而只保留原型中本质的、主要的与研究宗旨密切相关的因素，应用科学想象法，把通过抽象后获得的各因素按一定的逻辑进行组合以形成抽象模型。根据相似性原理，实物原型与抽象模型之间在对应性方面具有可表达性，即原型可以表达为模型；而对抽象模型的研究也可以在一定范围内、在一定程度上用类推法还原为对实物原型的研究。值得注意的是，因抽象模型以更加简明的形式反映实物原型，特别是在建立科学理论的过程中，它具有清晰的表达性、简捷的可理解性。因此，它在科学研究中得到了广泛的运用。但是，由于模型与原型的关系是建立在相似理论而不是完全等价的基础上，由模型抽象法得出的结论不免具有一定的局限性、或然性和相对性。

综上，本章将运用抽象法和科学想象法重点针对镜框式一面观戏台、过道式穿心楼戏台以及伸出式三面观戏台这三种主要样式的古戏台进行声学建模，并对相同样式的古戏台采用尺寸渐变的纵向对比法展开模拟探究；而对不同样式的古戏台，则采用形制渐变的横向对比法展开模拟探究[②]。

7.3.2　古戏台的声学建模

第一，戏台的建立：台面的进深和宽度、台口框及台基的高度是构成古戏台建筑尺度的四项基本要素。其中，古戏台台面的宽度大多在 3 ~ 18m 范围内，通常约为 9m；台面的进深大多在 3 ~ 13m 范围内，通常约为 5m；台口框的高度大多在 3.5 ~ 4.5m 范围内，通常约为 4m；台基的高度大多在 0 ~ 4m 范围内，通常约为 1.5m。对此，笔者在本章声学模拟的探究中，将根据此四项基本要素来建立古戏台的声学抽象模型，并将其称之为抽象戏台。

第二，声源的建立：无指向性点声源位于戏台中心处，距台面 1.6m 高，距台口 2.5m 远，且无论抽象戏台的样式如何变化，无指向性点声源总保持在相同的位置。

第三，受声点的建立：观众区内设置 100 个距地面均为 1.6m 高的受声点[③]，且彼此之间的距离均保持在 2m，整体呈边长为 18m × 18m 的正方形网格状阵列排布。

第四，边界空间的建立：边界空间的长、宽、高（即戏台模型所处声学模拟空间的边界尺寸）分别设置为 50m、50m 和 10m，且边界空间形成的朝向戏台模型的各壁面（透射面或空面）均设置成近乎 100% 的全吸声界面，即各透射面的吸声系数均设置成 99.99（注：若

① 李庆臻 . 科学技术方法大辞典 [M]. 北京：科学出版社，1999.

② He J，Kang J. Architectural and Acoustic Characteristics of the Stage of Traditional Chinese Theatres. 8th International Conference on Auditorium Acoustics，2011.

③ 声学模型中的观众区内共设置了 100 个受声点，形成纵向 10 列、横向 10 排的布局方式，且每个受声点都有各自对应的编号。其中，受声点 1~10 为沿戏台中轴线方向排布的第一列，受声点 11~20 为紧靠第一列的第二列，受声点 21~30 为紧靠第二列的第三列，以此类推，依次向远离中轴线方向排列至受声点编号为 91~100 的第十列。因此，本章相关线形图（如图 7-25、图 7-27、图 7-29 等）中的横轴即为受声点的编号。值得注意的是，在戏台宽度较窄（仅 3m）时，鉴于几何声学模拟方法的软件 CATT 在以波动方程为基础进行模拟计算的功能上存在着欠缺，测试结果线形图 [如图 7-25（a）、图 7-27（a）等] 的横轴仅显示至编号为 1~70 的受声点，对未能获得声线束的受声点 71~100 不予显示。

吸声系数设置成最大值100，CATT便无法进行模拟运算）；同时，为便于观察抽象戏台建筑样式与声场音质之间的关系，获得更为清晰直观的声场音质彩色等值线图，笔者将各透射界面的扩散系数都设置成0，即均视为全镜面反射的理想光滑界面。

模拟中，之所以设置此边界空间，其主要原因是软件CATT无法计算出非封闭空间内的声场混响时间。故笔者在非封闭空间的戏台模型之外再创建出一个封闭的，且尺度足够大的边界空间将其"笼罩"，该边界空间的模型不包括广场地面，仅包括戏台四周的4个透射界面和1个顶部天空的透射界面，射向这些透射面的声音几乎不产生任何反射声，从而达到近似模拟抽象戏台所处户外空间环境的目的。

第五，抽象戏台模型中声源声功率及各壁面吸声与散射系数在软件CATT中的具体设置如下：

声源：70 73 76 79 82 85：95 95（来源：CATT自带数据库）；

戏台墙面＝〈2 3 3 4 5 7〉L〈10 10 10 10 10 10〉（来源：BB93）；

戏台台面＝〈2 3 3 4 5 7〉L〈10 10 10 10 10 10〉（来源：BB93）；

广场地面＝〈2 3 3 3 4 7〉L〈20 20 20 20 20 20〉（来源：BB93）；

戏台屋顶＝〈15 11 10 7 6 7〉L〈70 70 70 70 70 70〉（来源：BB93）；

戏台台基＝〈2 3 3 4 5 7〉L〈10 10 10 10 10 10〉（来源：BB93）；

边界空间＝〈99.99 99.99 99.99 99.99 99.99 99.99〉L〈0 0 0 0 0 0〉。

7.3.3 建模补充说明

第一，本章将采用假设法来分析和探究古戏台的建筑样式与剧场声场之间的关系。即模拟过程中保持抽象戏台四项基本尺寸中的三项为各自通常值不变，并按一定尺度对剩余一项基本尺寸进行渐变；之后，再根据抽象戏台尺寸渐变上所得模拟结果来观察戏台该项基本尺寸对传统剧场声场音质所产生的具体影响，以求归纳出古戏台在建造样式及规模上的某些声学特性。

第二，将抽象戏台屋顶内壁的散射系数设置成较大值70，其主要原因是我国传统建筑屋顶的内部构造十分复杂，古戏台除了具有南方运用较多的穿斗式屋顶构架和北方运用较多的抬梁式屋顶构架之外，还采用大量的枋、檩、椽、斗栱等承重构件，以及利用榫卯结构将斗栱层层堆叠成藻井天花等装饰构件。而这些木制构件密密麻麻、相互穿插，排布出各种大小不等的界面、孔洞和缝隙，对声波具有较大的散射作用。

第三，古戏台的坡屋顶及其内部藻井均形制多样，且大多采用单檐歇山顶与穹形的藻井天花。因在运用假设法渐进式地改变抽象戏台某一基本尺寸的过程中，坡形屋顶及穹形藻井的形状也会随之发生特定的改变，对戏台声场也会造成相应的影响，且戏台屋顶和藻井天花的此种特定改变属于较为严重的失真变化，导致假设法中的模拟结果仅具有唯一性而不具备普遍性。对此，为避免其对声场的特定影响，更好地运用假设法来进行声学模拟和比较分析，笔者索性取消了对抽象戏台顶部藻井天花模型的建立，并将抽象戏台的坡屋顶设置成平屋顶的样式，旨在模拟和对比的过程中仅单纯考虑抽象戏台各项基本尺寸的变化对声场音质所产生的影响。

第四，CATT是一款主要基于几何声学原理研发出来的声学模拟软件，对因声音波动性而产生声衍射现象的模拟具有一定的局限性。因此，在运用软件CATT模拟和分析古戏台各音质参数时，应着重研究戏台声场中声音非衍射区范围内的声学特性。况且，在实际的传统剧场中，戏台声场声音衍射区的范围一般来说对于观众而言同时也是视觉盲区。即在看戏时，处于该区域范围内的观众虽然能通过声音衍射的自身波动性特征听到来自台上戏曲演员的演唱声，但在视觉上往往会受到诸如山墙、立柱、台口栏杆等戏台建筑构件的遮挡而无法观赏到表演。换言之，位于戏台声场衍射区范围内的各音质参数自然也就失去了对其分析的价值和研究的必要。因此，在本章的声学模拟中，声音衍射区将不予考虑，笔者仅针对戏台声场中声音非衍射区范围内各受声点音质参数的模拟结果来展开对比和分析。

第五，丹田被称为气之海，是人体经脉中最重要的穴位之一。戏曲演员的唱功讲究的便是配合腹式呼吸的方式运用丹田之气来发声，并充分发挥头腔共鸣的作用将自己的声音传得远而稳，且具有穿透力。此外，传统戏曲尤其是京剧、昆剧等剧种中的小生及除老旦以外的旦角用的均是小嗓，即假声，且整曲一直保持这种状态。故传统戏曲的唱声集中在高音区的较多，特别是北方戏。因此，对于中国传统戏曲剧场声场的研究而言，选取1000Hz频带作为声学模拟的主频带是较为适合的。

7.4　模拟与分析

7.4.1　镜框式一面观抽象戏台的模拟与分析

（1）假设一

保持镜框式一面观抽象戏台的台面进深为5m、台口框高度为4m以及台基高度为1.5m不变，如图7–24所示，当台面宽度每次以5m为尺寸增量，从3m宽逐渐增大至18m宽时，通过对各模拟图表进行分析比对后，得出结论如下。

第一，从图7–25可以看出，不同台面宽度的镜框式一面观抽象戏台，其观众区内侧向反射因子*LF*均较小，最大值不超过25%，台面宽3m时其侧向反射因子*LF*的整体平均值几乎接近于0%。而且，在戏台台面宽度逐渐增大的过程中，观众区内侧向反射因子*LF*虽有所增加，但其整体平均值依然较小，均不超过15%。这是因为戏台处于开敞空间，四周无任何建筑物环绕，故观众区内的侧向反射声主要由构成戏台的两面山墙来提供。此外，侧向反射因子*LF*沿观众区纵向方向的变化趋势是，受声点离戏台越远，所获相应的*LF*值越小。这是因为受声点离戏台越远，即意味着距离戏台的两面山墙也就越远，故所获得相应的侧向反射声声能也就越小。

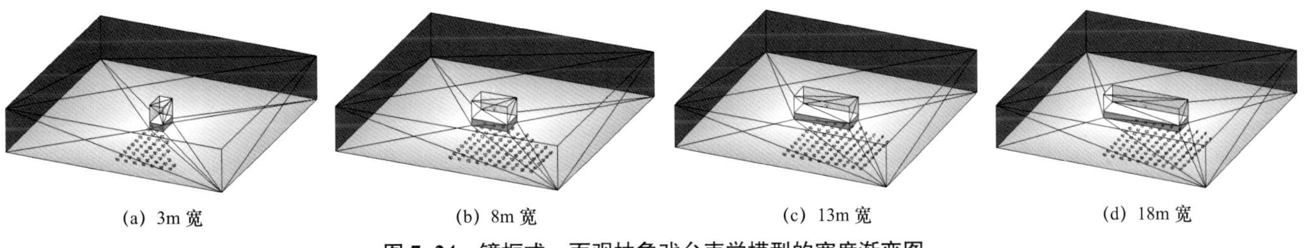

图7–24　镜框式一面观抽象戏台声学模型的宽度渐变图

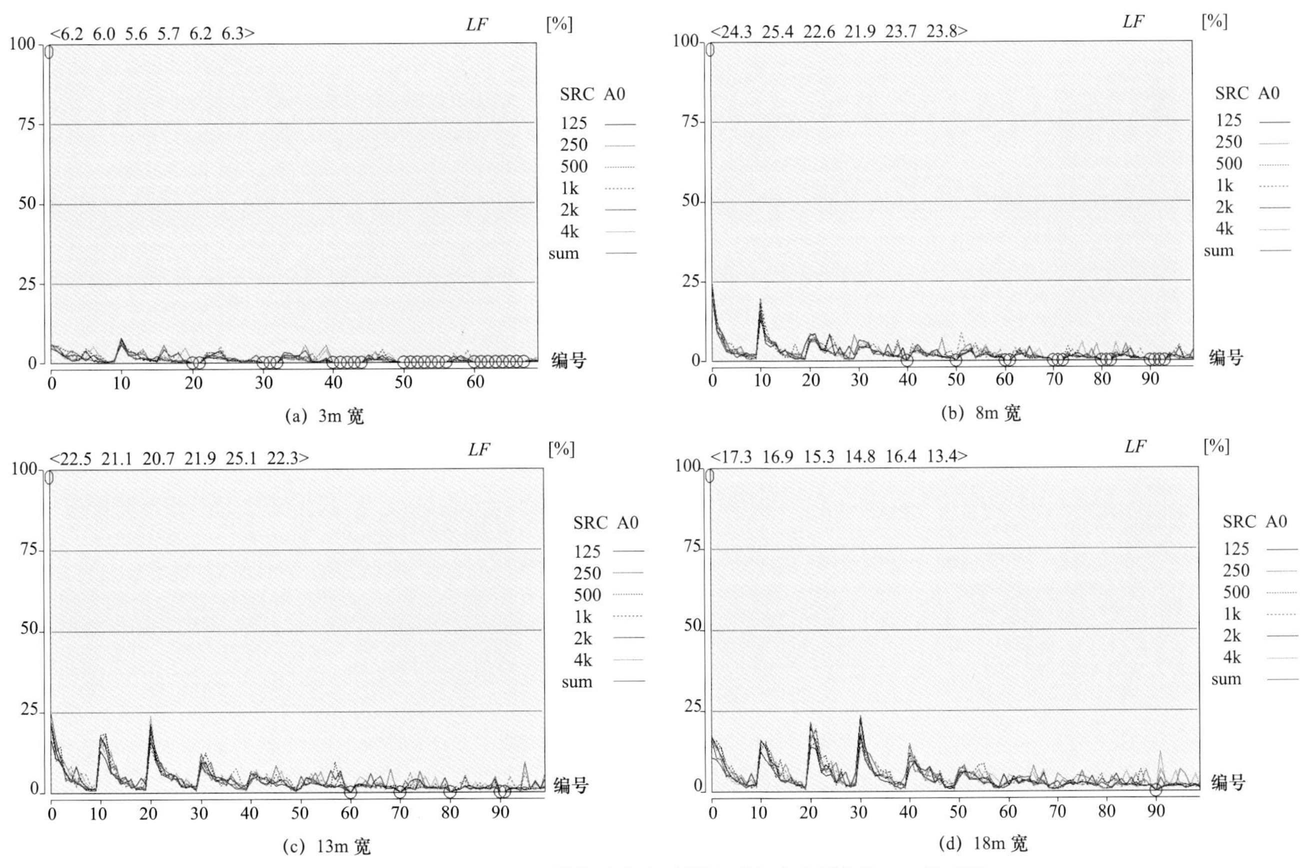

图7–25　镜框式一面观抽象戏台宽度渐变过程中音质指标*LF*线形图

第二，从图 7-25 还可看出，除图 7-25（a）中所示侧向反射因子 *LF* 的变化幅度较小外，其他戏台观众区内侧向反射因子 *LF* 的变化幅度都较大，且基本一致，均保持在 0 ~ 25% 的区间范围内。这意味着除台面宽度较小时（3m 左右）的情况之外，戏台台面宽度的尺寸变化对其观众区内侧向反射声声能的大小影响并不大。主要原因是，在相同声源发声的条件下，戏台声场中侧向反射因子 *LF* 的大小与提供侧向反射声壁面的界面大小有关。界面越大，所提供侧向反射声的声能也就越多，反之越小。此外，因观众区内侧向反射声的大小主要由戏台的两面山墙所提供，而在戏台台面宽度逐渐变化的过程中，因其台面进深和台口框高度均保持不变，故戏台两山墙的界面大小不会变。从而，所提供戏台观众区内侧向反射声声能的总量也基本保持不变。值得注意的是，图 7-25（a）中侧向反射因子 *LF* 在 0 ~ 6% 区间范围内的变化幅度，明显小于图 7-25 中其他三个 *LF* 在 0 ~ 25% 区间范围内的变化幅度。不过，这并不表示台面宽度最小的镜框式一面观抽象戏台为声场所提供侧向反射声的总声能较其他三个不同台面宽度戏台所提供的要少，而是因为该戏台台面宽度着实太小，仅 3m 宽，如图 7-26 所示，与其他三个不同宽度戏台所提供的侧向反射声大部分扩散至观众区范围内不同的是，该戏台所提供的侧向反射声则大量集中在戏台内部，仅少量的侧向反射声扩散至观众区。因此，该戏台观众区内侧向反射因子 *LF* 的变化幅度显著小于其他三个戏台观众区内 *LF* 的变化幅度。

第三，从图 7-25 中还可看出，当台面宽度逐渐增大时，镜框式一面观抽象戏台所提供的侧向反射声在观众区内扩散的范围也在随之增大，且如图 7-26（b、c、d）所示，三个侧向反射声声能分布的 *LF* 彩图中均存在着一个不太明显的“<”符号状耀斑。该现象均可通过几何声学原理得到解释。

第四，随着镜框式一面观抽象戏台台面宽度的逐渐增大，戏台体量也在相应地随之变大。根据赛宾公式 $RT=0.161V/A=0.161V/\alpha S$（$A$ 为总吸声量，α 为吸声系数，S 为壁面面积，V 为房间体积）可知混响时间近似与房间体积成正比，因此在戏台体量逐渐变大的情况下，理论上声场的混响时间也会相应地随之增加。对此，从图 7-27 可以看出，戏台声场早期衰减时间 *EDT* 和混响

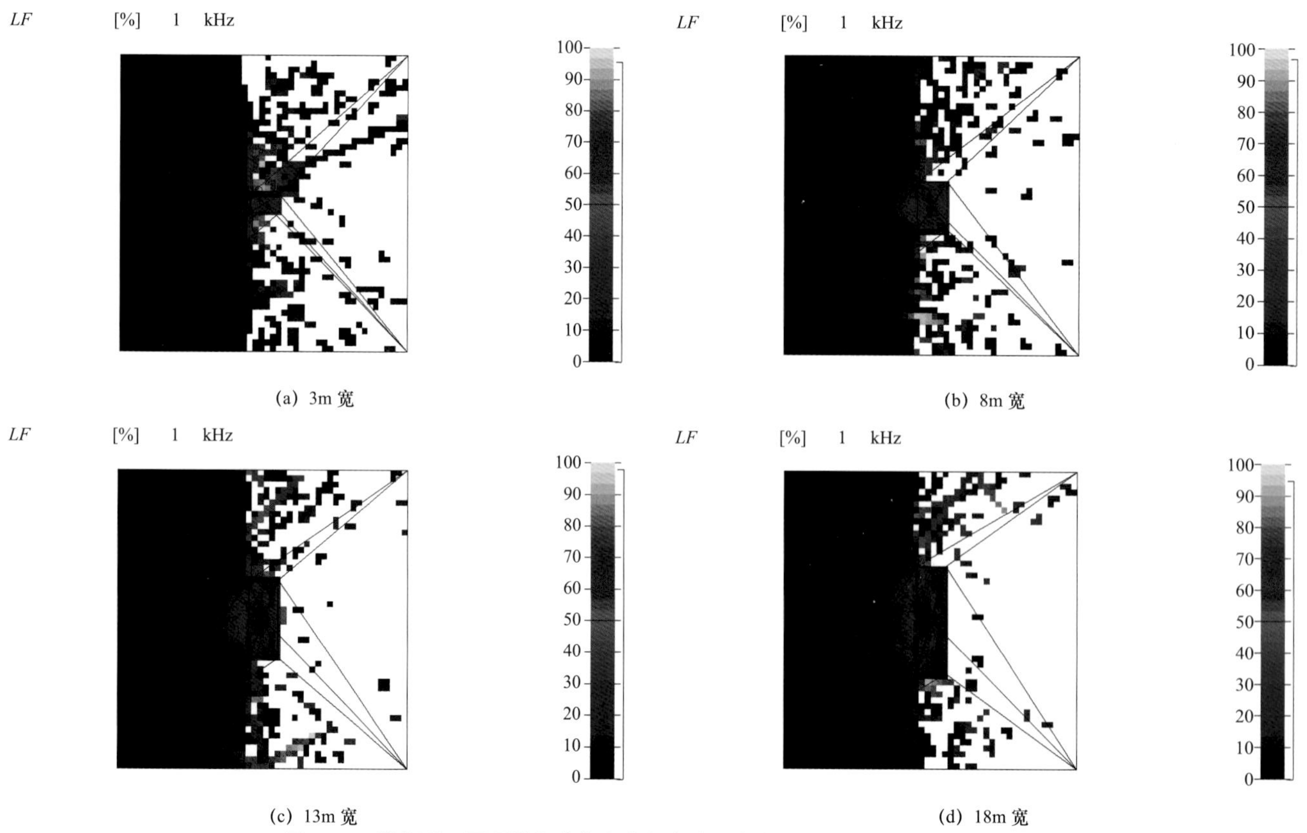

(a) 3m 宽　(b) 8m 宽　(c) 13m 宽　(d) 18m 宽

图 7-26　镜框式一面观抽象戏台宽度渐变过程中音质指标 *LF* 彩色等值线图

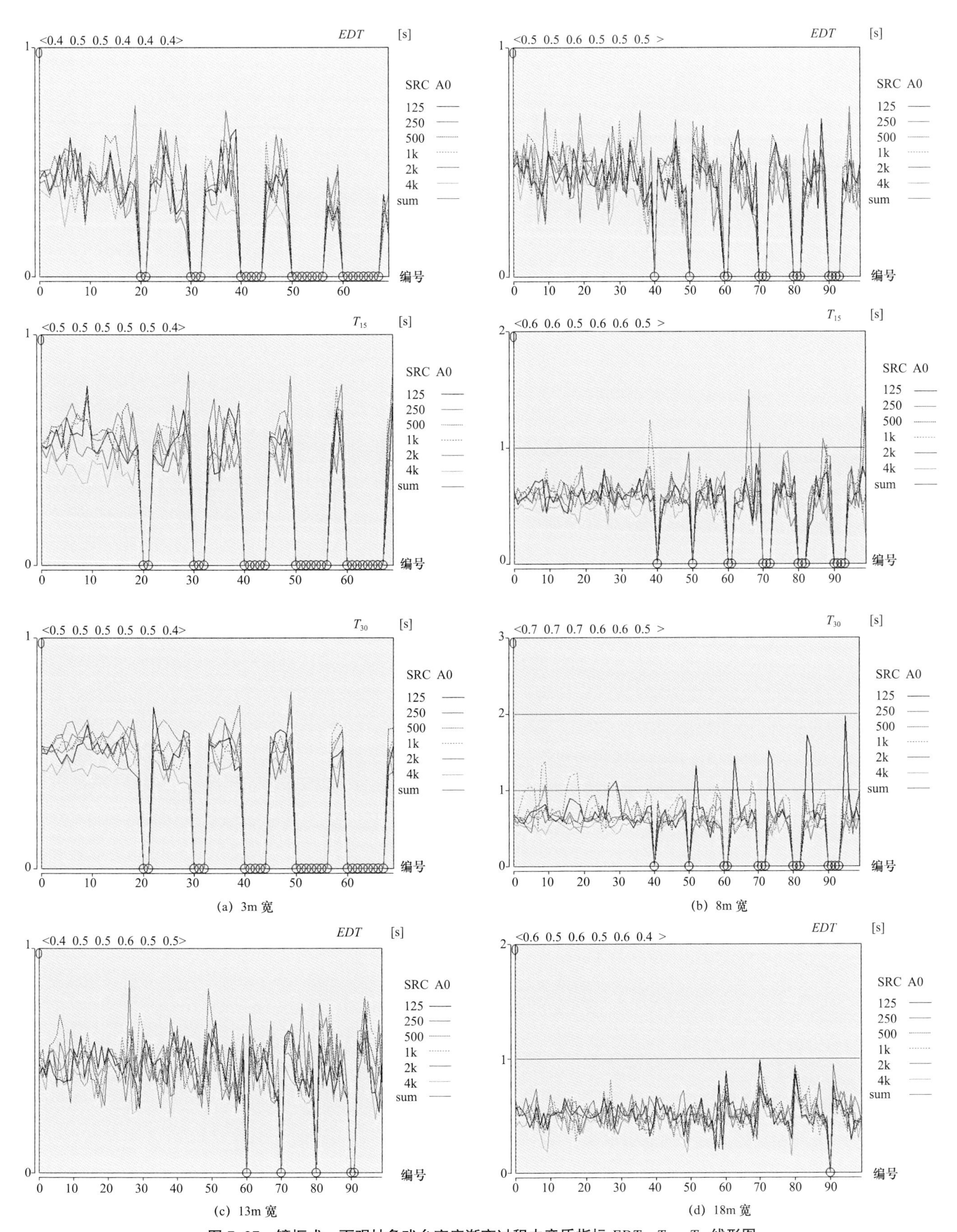

(a) 3m 宽　(b) 8m 宽

(c) 13m 宽　(d) 18m 宽

图 7–27　镜框式一面观抽象戏台宽度渐变过程中音质指标 *EDT*、T_{15}、T_{30} 线形图

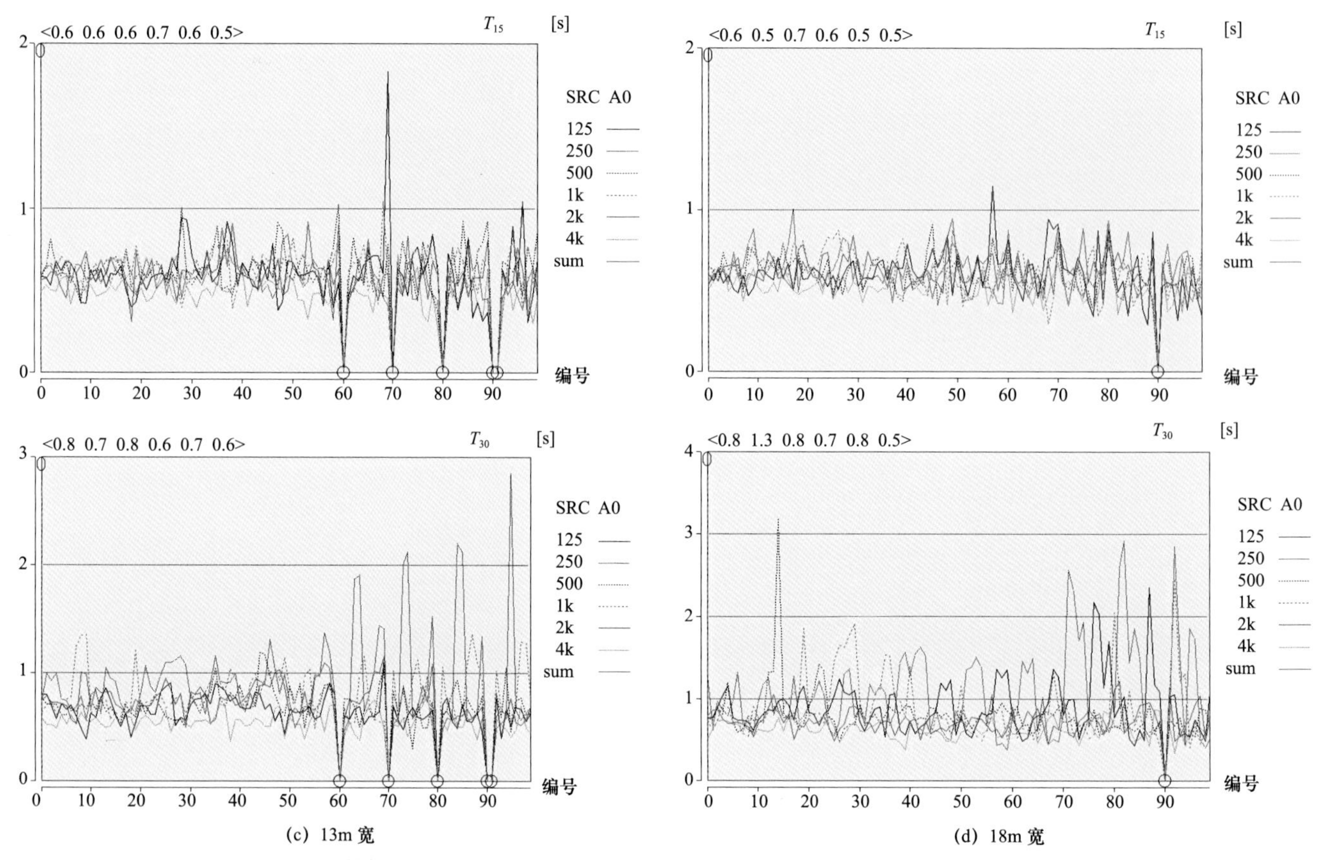

(c) 13m 宽　　(d) 18m 宽

图 7–27　镜框式一面观抽象戏台宽度渐变过程中音质指标 EDT、T_{15}、T_{30} 线形图（续）

时间 T_{15}、T_{30} 确实随着台面宽度的增大而相应地随之增加，只是其增量均较小，平均增量仅约 0.15s。这是因为，在相同声源发声的条件下，混响时间的长短除与声场体积有关外，还与声场中混响声能的大小有一定关系。因镜框式一面观抽象戏台的台面进深和台口框高度不变，当戏台体量随着台面宽度的增大而相应变大时，作为戏台开敞面的台口框大小也在随之增大，致使戏台内混响声能的逸散度也随之变大，最终造成更多混响声的逸散和大量声能的损失（也可理解成赛宾公式中总吸声量的增大）。因此，相较于戏台体量的显著增大，镜框式一面观抽象戏台内混响声能的实际增量却并不大，以至于戏台声场中早期衰减时间 EDT 和混响时间 T_{15}、T_{30} 的增加并不明显。

第五，如图 7–28 所示，当戏台台面宽度逐渐增大时，镜框式一面观抽象戏台的声场清晰度 D_{50}、明晰度 C_{80} 及语言传输指数 STI 均有所降低，但其降幅均较小，甚至微乎其微，以至于各清晰度 D_{50}、明晰度 C_{80} 及语言传输指数 STI 的模拟值几乎没有变化。这是因为，该类音质参数与声场中混响声声能的大小也有一定关系，尤其与 50ms 或 80ms 之后的混响声声能关系更为密切。即在相同声源发声的条件下，声场中混响声声能越大，其清晰度 D_{50}、明晰度 C_{80} 及语言传输指数 STI 就越低，反之越高。如前所述，虽然镜框式一面观抽象戏台的体量随着台面宽度的增加而显著增大，但戏台内混响声声能的增量却并不大。因此，戏台声场中清晰度 D_{50}、明晰度 C_{80} 及语言传输指数 STI 的模拟值相应减少得也就并不多。

第六，如图 7–29 所示，当戏台台面宽度逐渐增大时，镜框式一面观抽象戏台的声场强度指数 G 和声压级 SPL 均有所减小，但其减幅也均较小，甚至微乎其微，以至于各强度指数 G 和声压级 SPL 的模拟值几乎没有变化。这是因为，观众区内所获总的声能主要由声源提供的直达声声能和戏台提供的反射声声能所组成。因此，声场强度指数 G 和声压级 SPL 的模拟值不仅与各受声点和声源之间的距离有一定关系，还与各受声点和戏台各壁面的距离相关。在戏台台面宽度逐渐变化的过程中，声源和各受声点的相对位置没有发生变化，故受声点所获声源直达声的声能则保持不变。此外，台面进深和台口框高度不变，故各受声点与戏台后墙、屋顶

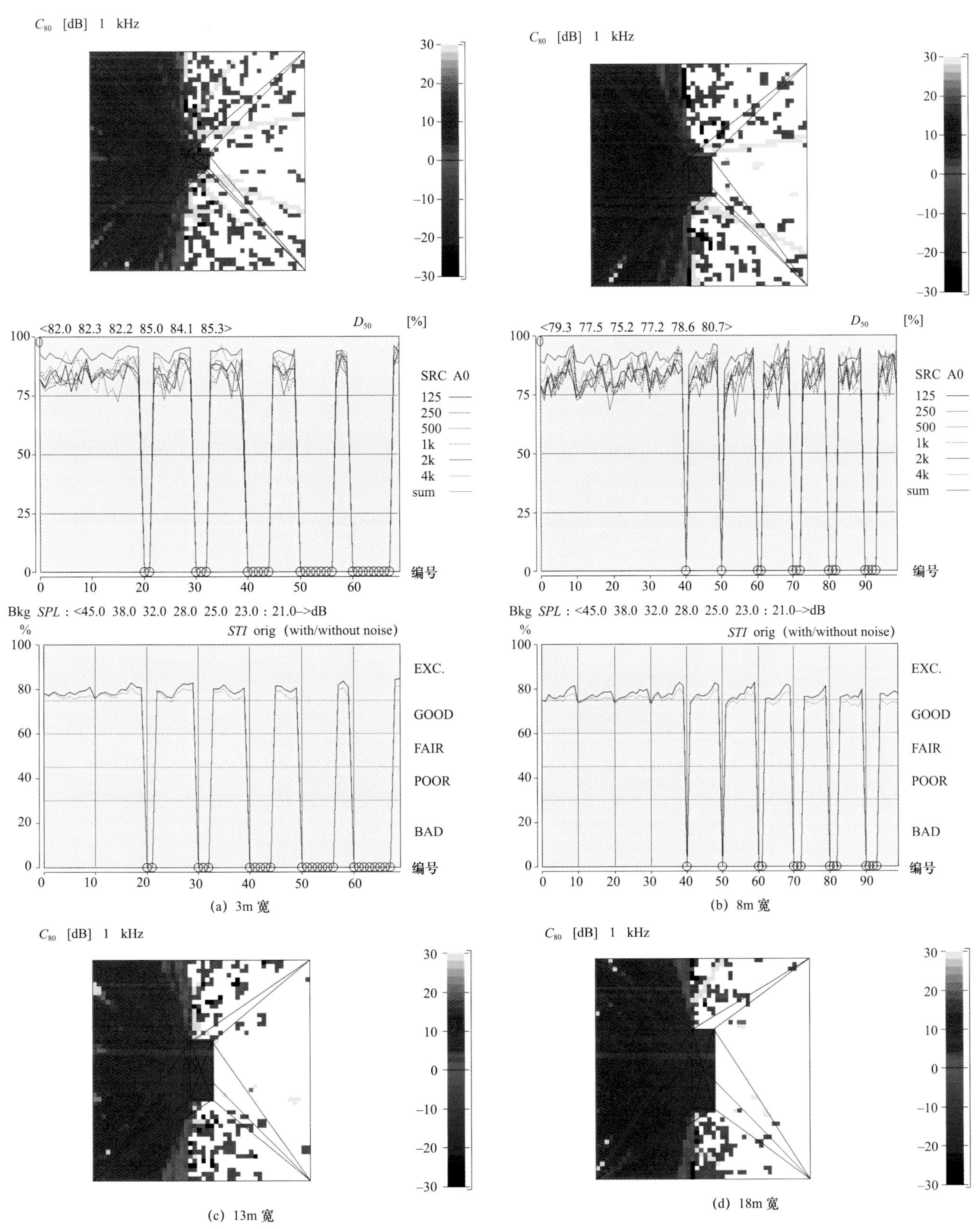

(a) 3m 宽　(b) 8m 宽

(c) 13m 宽　(d) 18m 宽

图 7–28　镜框式一面观抽象戏台宽度渐变过程中音质指标 C_{80}、D_{50}、*STI* 彩色等值线图及线形图

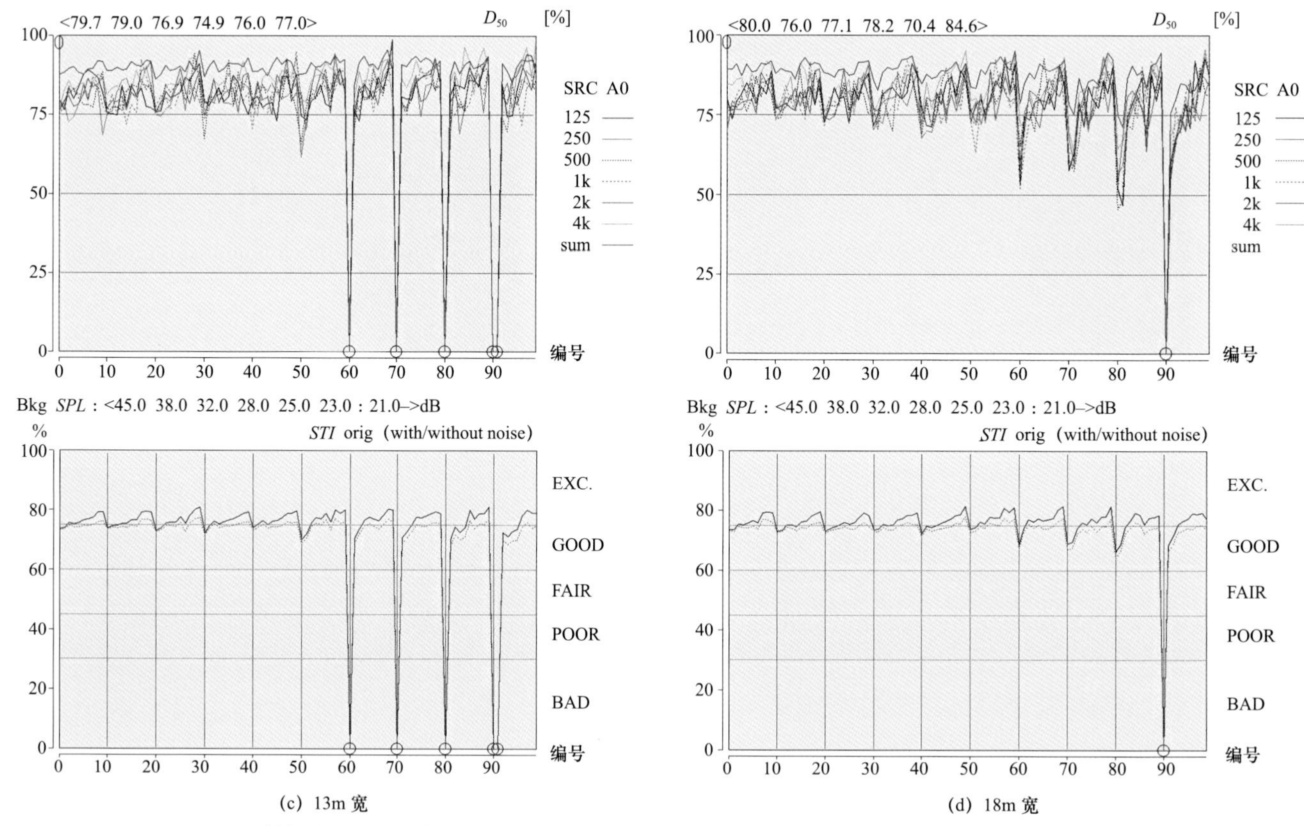

（c）13m 宽 （d）18m 宽

图 7–28 镜框式一面观抽象戏台宽度渐变过程中音质指标 C_{80}、D_{50}、STI 彩色等值线图及线形图（续）

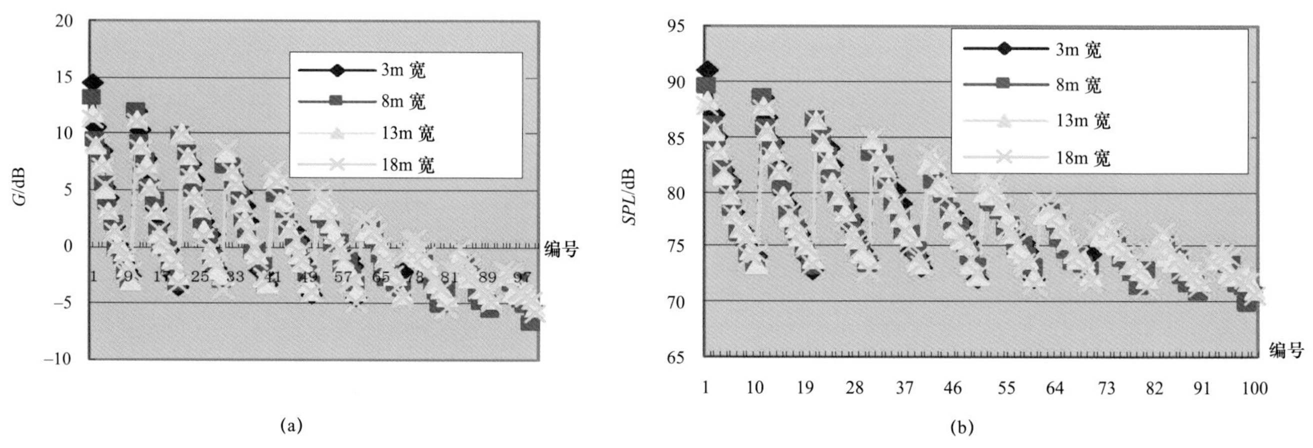

（a） （b）

图 7–29 镜框式一面观抽象戏台宽度渐变过程中音质指标 G（a）和 SPL（b）线形图

及台面的距离也不会变。因此，受声点所获得的由这些壁面所提供的反射声声能也基本保持不变。而逐渐增大的台面宽度则导致各受声点与戏台两面山墙的距离随之增大，致使由这两面山墙提供的侧向反射声传达至受声点的路径相应变长，所传达的声能也就相应减少，故镜框式一面观抽象戏台的声场强度指数 G 和声压级 SPL 均有所减小。

（2）假设二

保持镜框式一面观抽象戏台的台面宽度为 9m、台口框高度为 4m 以及台基高度为 1.5m 不变，如图 7–30 所示，当台面进深每次以 5m 为尺寸增量，从 3m 深逐渐增大至 13m 深时，通过对各模拟图表进行分析比对后，得出结论如下。

第一，从图 7–31 可以看出，与假设一中所述结果

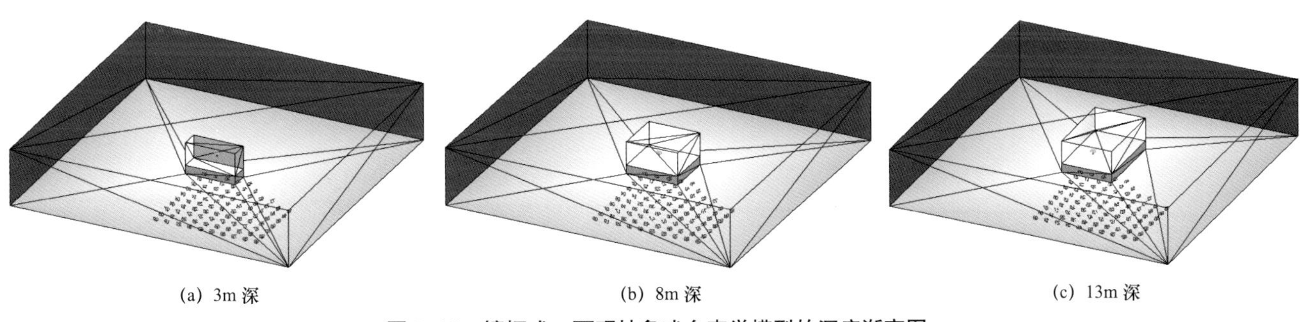

(a) 3m 深　　(b) 8m 深　　(c) 13m 深

图 7–30　镜框式一面观抽象戏台声学模型的深度渐变图

相似，不同台面进深的镜框式一面观抽象戏台，其观众区内侧向反射因子 *LF* 也均较小，整体平均值均不超过 10%，最大值不超过 25%。此外，侧向反射因子 *LF* 沿观众区纵向方向的变化趋势也是受声点离抽象戏台越远，所获相应的 *LF* 值就越小，其原因与假设一中所述原因一致。

第二，从图 7-31 还可看出，当戏台台面进深逐渐增大时，观众区内侧向反射因子 *LF* 的变化均较小，几乎没有任何变化，且均保持在 0% ~ 25% 的区间范围内。这意味着镜框式一面观抽象戏台台面进深的尺寸变化对其观众区内侧向反射声声能的大小影响并不大。此外，因观众区内侧向反射声的大小依旧主要由抽象戏台两侧的山墙所提供，且因台面宽度和台口框高度均保持不变，而戏台台面进深逐渐增大的过程，会使两片山墙的界面随之增大。如前所述，在相同声源发声的条件下，抽象戏台声场中侧向反射因子 *LF* 的大小与提供侧向反射声壁面的界面大小有关，界面越大，所提供侧向反射声的声能也就越多。所以，在台面进深逐渐增大的情况下，理论上图 7–31 中侧向反射因子 *LF* 应随之变大。但为何戏台 *LF* 的模拟值在该情况下却没有发生明显的变化呢？

这是因为：事实上，声场中侧向反射因子 *LF* 与戏台山墙界面大小有关的结论并没错。从图 7–32 中较易看出，随着戏台台面进深及两山墙界面的增大，声场中侧向反射声的声能实际上也在相应增多，只是增多的声能主要集中在声源背向观众区的一侧，即戏台空间后部随台面进深增大的区域内。在台面进深逐渐增大的过程中，声源一直保持着距离台口框 2.5m 的相对位置不变，这便导致两山墙为观众区提供侧向反射声的有效界面大小不变，即声源面向观众区一侧的山墙界面大小不变；而声源背向观众区一侧的山墙界面则随台面进深

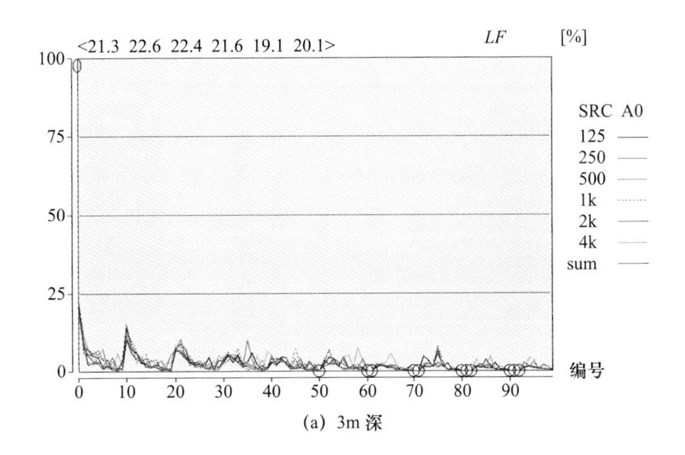

(a) 3m 深

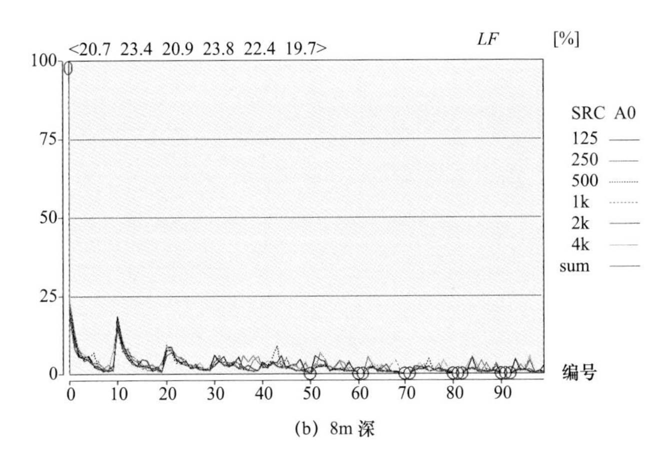

(b) 8m 深

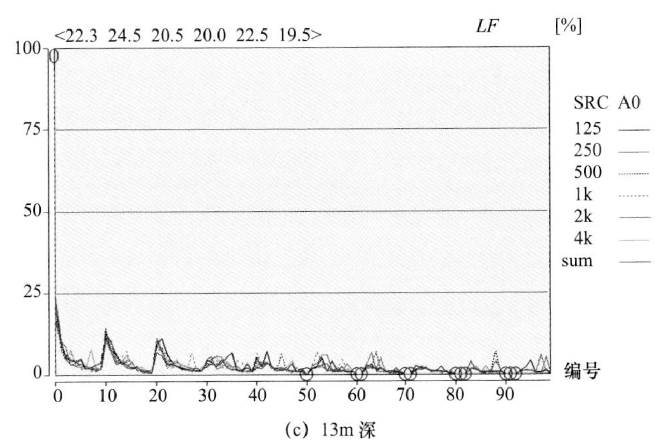

(c) 13m 深

图 7–31　镜框式一面观抽象戏台深度渐变过程中音质指标 *LF* 线形图

的增大而变大，故声源背向观众区一侧的侧向反射声声能也便随之增多。因此，在声源与戏台台口之间的距离保持不变的情况下，镜框式一面观抽象戏台声场内侧向反射声的总声能确实是随着台面进深的增大而增多的。只是，增多的声能主要集中在声源背向观众区一侧的戏台内。

第三，从图 7–31 中还可看出，与假设一不同的是，在台面进深逐渐增大的过程中，镜框式一面观抽象戏台所提供的侧向反射声在观众区内的扩散范围基本没变。同时，与假设一相同的是，如图 7–32 所示，三个侧向反射声声能分布的 *LF* 彩图中也均存在着不太明显的“<”符号状耀斑。该现象也可通过几何声学原理来得到解释。

第四，随着戏台台面进深的逐渐增大，戏台的体量也在相应地随之变大。根据赛宾公式理论，混响时间也会相应地随之增加。对此，从图 7–33 可以看出，镜框式一面观抽象戏台声场中早期衰减时间 *EDT* 和混响时间 T_{15}、T_{30} 也确实随着台面进深的增大而相应地在增加，

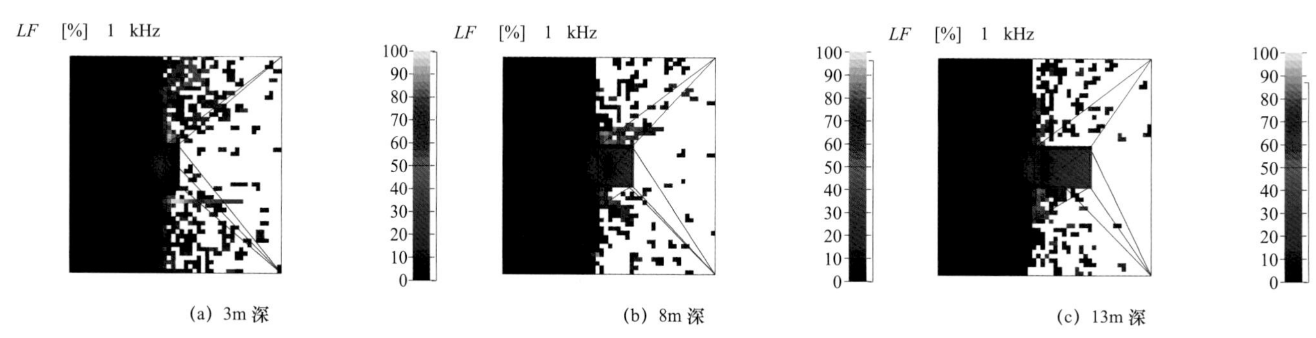

(a) 3m 深　(b) 8m 深　(c) 13m 深

图 7–32　镜框式一面观抽象戏台深度渐变过程中音质指标 *LF* 彩色等值线图

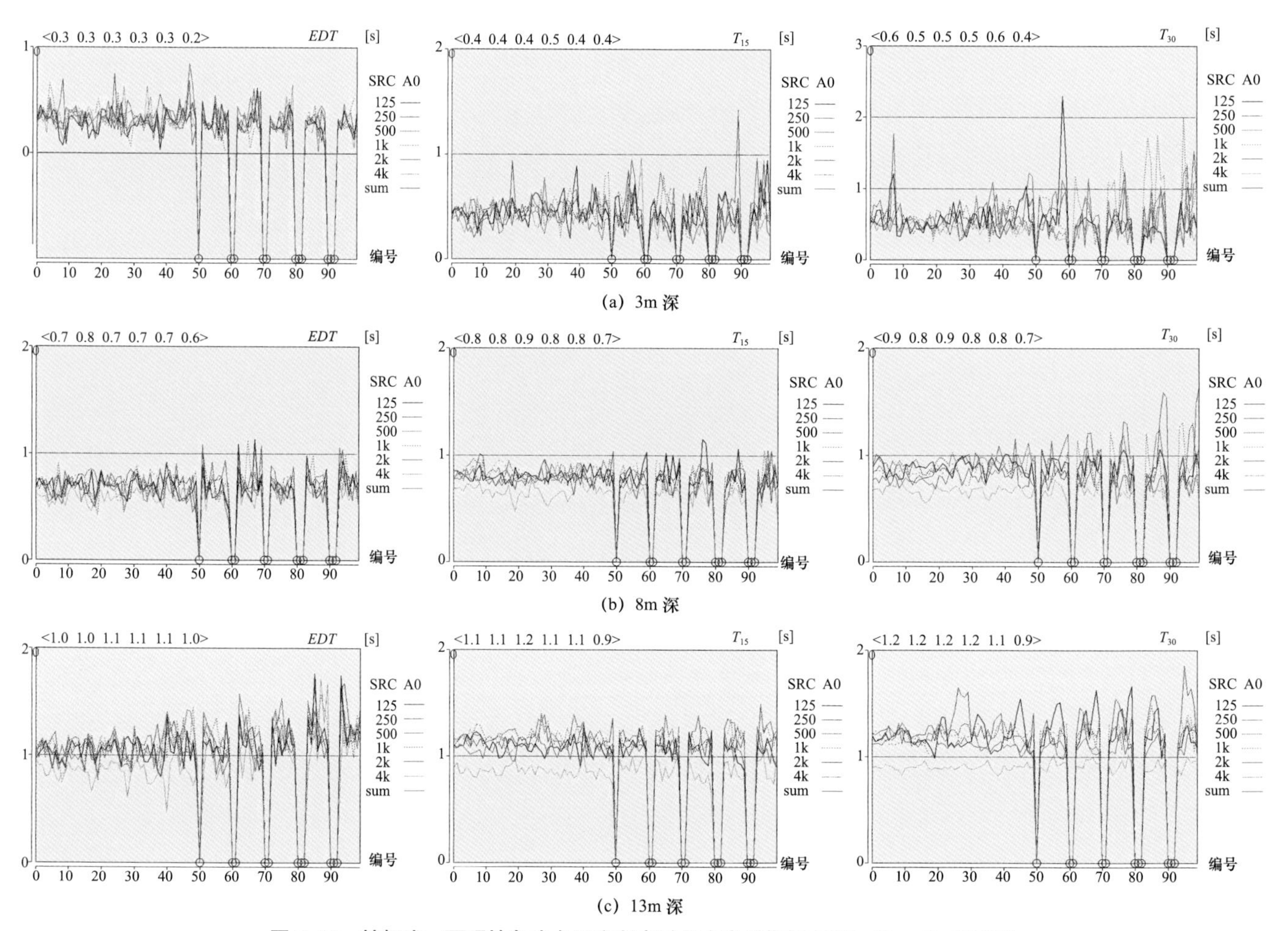

(a) 3m 深

(b) 8m 深

(c) 13m 深

图 7–33　镜框式一面观抽象戏台深度渐变过程中音质指标 *EDT*、T_{15}、T_{30} 线形图

只是与假设一不同的是，*EDT*、T_{15} 和 T_{30} 的增幅均较为明显，即增量较大，平均增量甚至接近于 1s。这是因为，如前所述，在相同声源发声的条件下，混响时间的长短与声场中混响声声能的大小有一定关系；且与假设一中所述情况不同的是，台面宽度和高度保持不变，当台面进深逐渐增大使得戏台体量相应变大的时候，作为镜框式一面观抽象戏台开敞面的台口框大小则始终保持不变，从而致使戏台内混响声声能的逸散度也就相对保持不变。因此，在戏台体量明显增大的情况下，混响声声能的实际增量较为充足。从而，戏台声场早期衰减时间 *EDT* 和混响时间 T_{15}、T_{30} 的增幅较假设一中的增幅显著。

第五，如图 7-34 所示，当戏台台面进深逐渐增大时，镜框式一面观抽象戏台声场中的清晰度 D_{50}、明晰度 C_{80} 及语言传输指数 *STI* 均随之降低，且与假设一中所示现象存在差异的是，D_{50}、C_{80} 和 *STI* 的降幅均较为明显，即下降幅度较大。如前所述，该类音质参数与声场中混响声声能的大小也有一定关系，尤其与 50ms 或 80ms 之后的混响声声能关系更为密切。因混响声声能的实际增量较假设一中的增量显著，故对应的清晰度 D_{50}、明晰度 C_{80} 及语言传输指数 *STI* 的降幅也便均较假设一中的降幅明显。

第六，如图 7-35 所示，当戏台台面进深逐渐增大时，镜框式一面观抽象戏台的声场强度指数 *G* 和声压级 *SPL* 均有所减小，且与假设一中所述现象相似的是，其减幅也均较小，甚至微乎其微，以至于各强度指数 *G* 和声压级 *SPL* 的模拟值几乎没有任何变化。这是因为，在戏台台面进深逐渐增大的过程中，声源和各受声点的相对位置没有发生变化，故受声点所获声源直达声的声能则保持不变。此外，台面宽度和台口框高度不变，故各受声点与戏台两山墙、屋顶及台面的距离也不会变。因此，受声点所获得的由这些壁面所提供的反射声声能也就基本保持不变。而逐渐增大的台面进深则导致各受声点与戏台后墙的距离随之增大，致使由该戏台后墙提

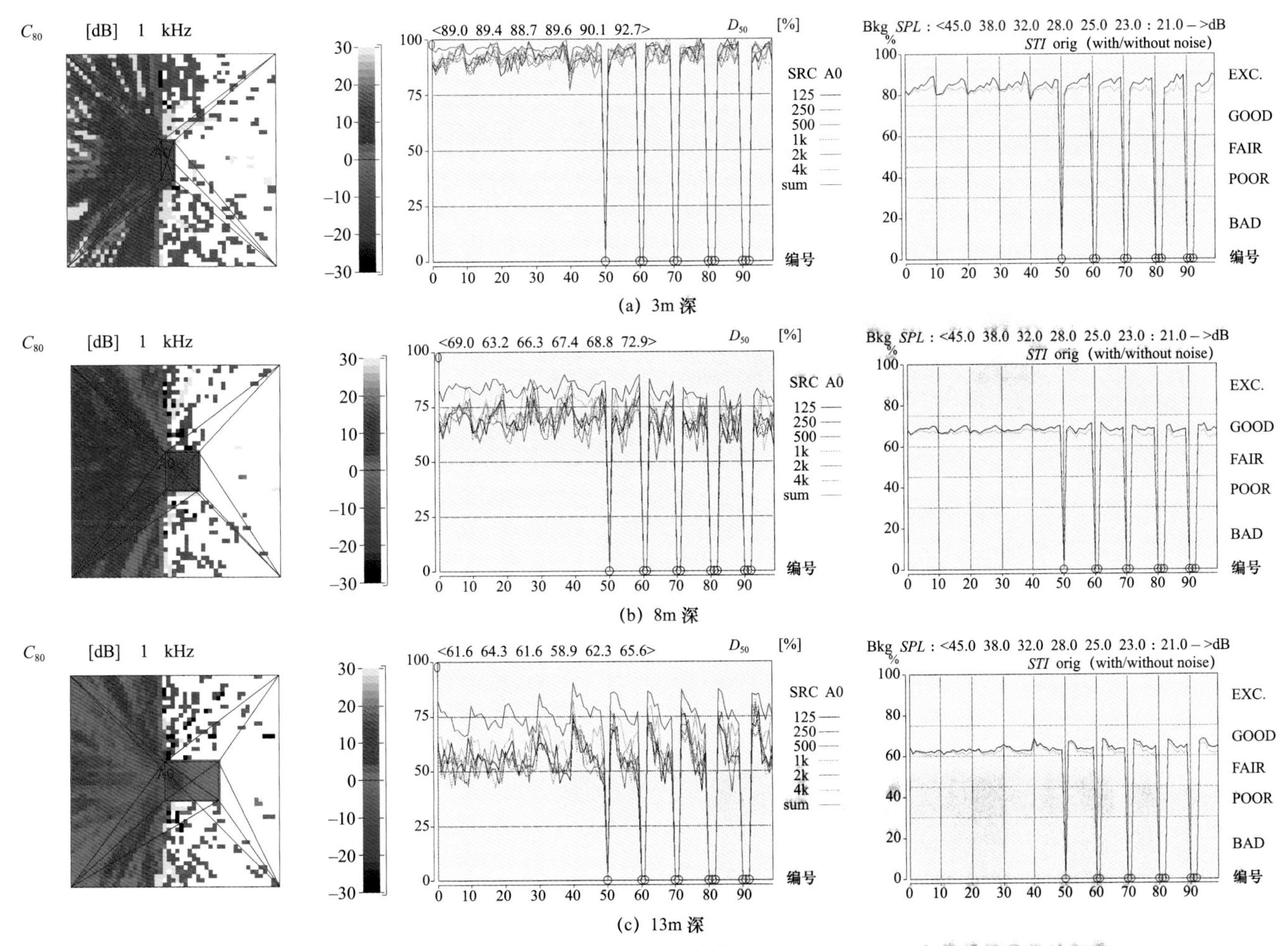

图 7-34　镜框式一面观抽象戏台深度渐变过程中音质指标 C_{80}、D_{50}、*STI* 彩色等值线图及线形图

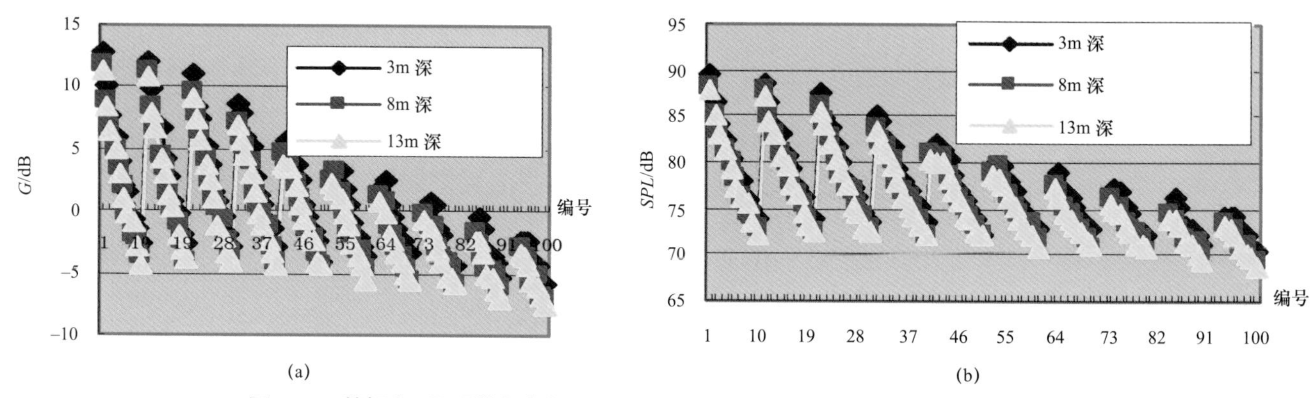

(a)　　　　(b)

图 7–35　镜框式一面观抽象戏台深度渐变过程中音质指标 G（a）和 SPL（b）线形图

供的反射声传达至受声点的路径相应变长，所传达的声能也就相应减少，故声场强度指数 G 和声压级 SPL 均有所减小。

7.4.2　过道式穿心楼抽象戏台的模拟与分析

（1）假设三

保持过道式穿心楼抽象戏台的台面进深为 5m、台口框高度为 4m 以及台基高度为 1.5m 不变，如图 7–36 所示，当台面宽度每次以 5m 为尺寸增量，从 3m 宽逐渐增大至 18m 宽时，通过对各模拟图表进行分析比对后，得出结论如下。

第一，从图 7–37 可以看出，与假设一相同的是，不同台面宽度的过道式穿心楼抽象戏台，其观众区内侧向反射因子 LF 均较小，最大值不超过 25%。甚至如图 7–37（a）所示，其侧向反射因子 LF 的整体平均值几乎接近于 0%。而且，在台面宽度逐渐增大的过程中，观众区内侧向反射因子 LF 虽有所增加，但其整体平均值依然较小，均不超过 10%。此外，侧向反射因子 LF 沿观众区纵向方向的变化趋势依旧是，受声点离抽象戏台越远，所获相应的 LF 值越小。而且，从图 7–37 还可看出，除图 7–37（a）中所示侧向反射因子 LF 的变化幅度较小外，其他戏台观众区内侧向反射因子 LF 的变

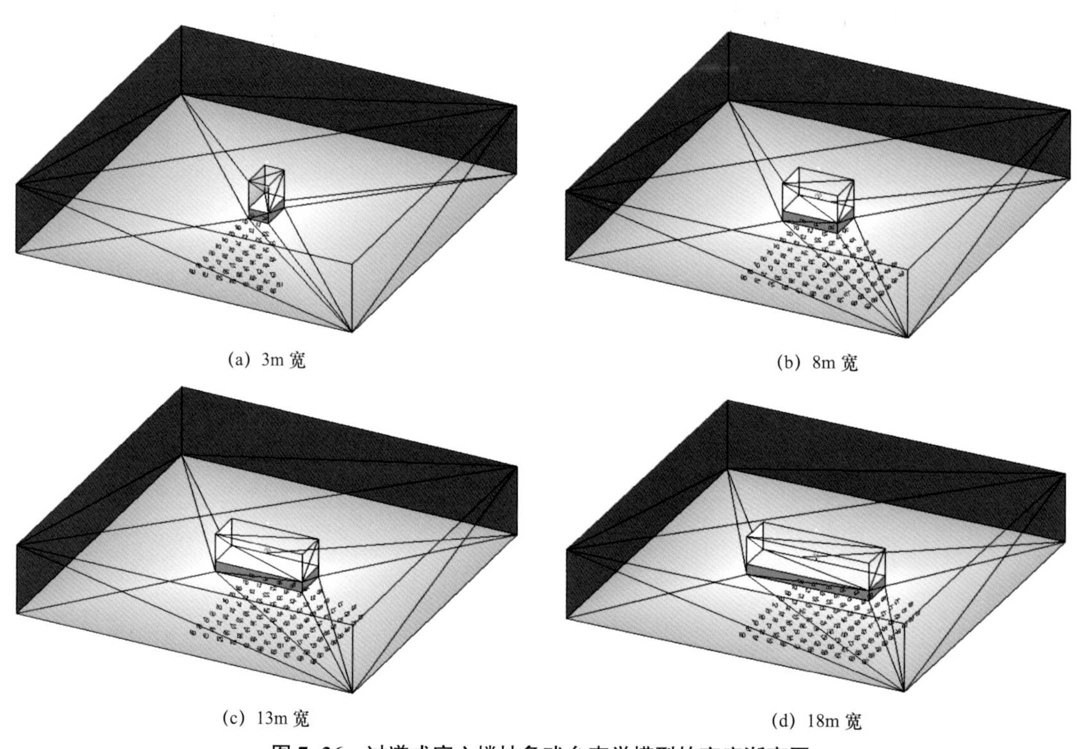

(a) 3m 宽　　(b) 8m 宽

(c) 13m 宽　　(d) 18m 宽

图 7–36　过道式穿心楼抽象戏台声学模型的宽度渐变图

化幅度都较大，且基本一致，均保持在 0% ~ 25% 的区间范围内。这意味着与假设一情况一致，除台面宽度处于较小时（3m 左右）的情况之外，过道式穿心楼抽象戏台台面宽度的尺寸变化对其观众区内侧向反射声声能的大小影响也并不大，原因与假设一中所述一致。

第二，从图 7–37 中还可看出，与假设一情况相似，当台面宽度逐渐增大时，过道式穿心楼抽象戏台所提供的侧向反射声在观众区内扩散的范围也在随之增大。此外，如图 7–38（b、c、d）所示，三个侧向反射声声能分布的 *LF* 彩图中均存在着戏台前后不太明显的“<”和“>”符号状耀斑。该现象也可通过几何声学原理来得到解释。

第三，从图 7–39 可以看出，与假设一相同的是，过道式穿心楼抽象戏台声场中早期衰减时间 *EDT* 和混响时间 T_{15}、T_{30} 随着台面宽度的增大而相应地有所增加，只是 *EDT*、T_{15} 和 T_{30} 的增幅均不明显，即增量较小，平均增量仅约 0.09s。原因与假设一中所述一致。

第四，如图 7–40 所示，当戏台台面宽度逐渐增大时，与假设一相同的是，过道式穿心楼抽象戏台的声场清晰度 D_{50}、明晰度 C_{80} 及语言传输指数 *STI* 均有所降低，但其降幅均较小，甚至微乎其微，以至于各清晰度 D_{50}、明晰度 C_{80} 及语言传输指数 *STI* 的模拟值几乎没有变化。原因与假设一中所述一致。

第五，如图 7–41 所示，与假设一相同的是，当戏台台面宽度逐渐增大时，过道式穿心楼抽象戏台的声场强度指数 *G* 和声压级 *SPL* 均有所减小，但其减幅也均较小，甚至微乎其微，以至于各强度指数 *G* 和声压级 *SPL* 的模拟值几乎没有变化。原因与假设一中所述一致。

（2）假设四

保持过道式穿心楼抽象戏台的台面宽度为 9m、台口框高度为 4m 以及台基高度为 1.5m 不变，如图 7–42 所示，当台面进深每次以 5m 为尺寸增量，从 3m 深逐渐增大至 13m 深时，通过对各模拟图表进行分析比对后，得出结论如下。

第一，从图 7–43 可以看出，与假设二中情况相似的是，不同台面进深的过道式穿心楼抽象戏台，其观众

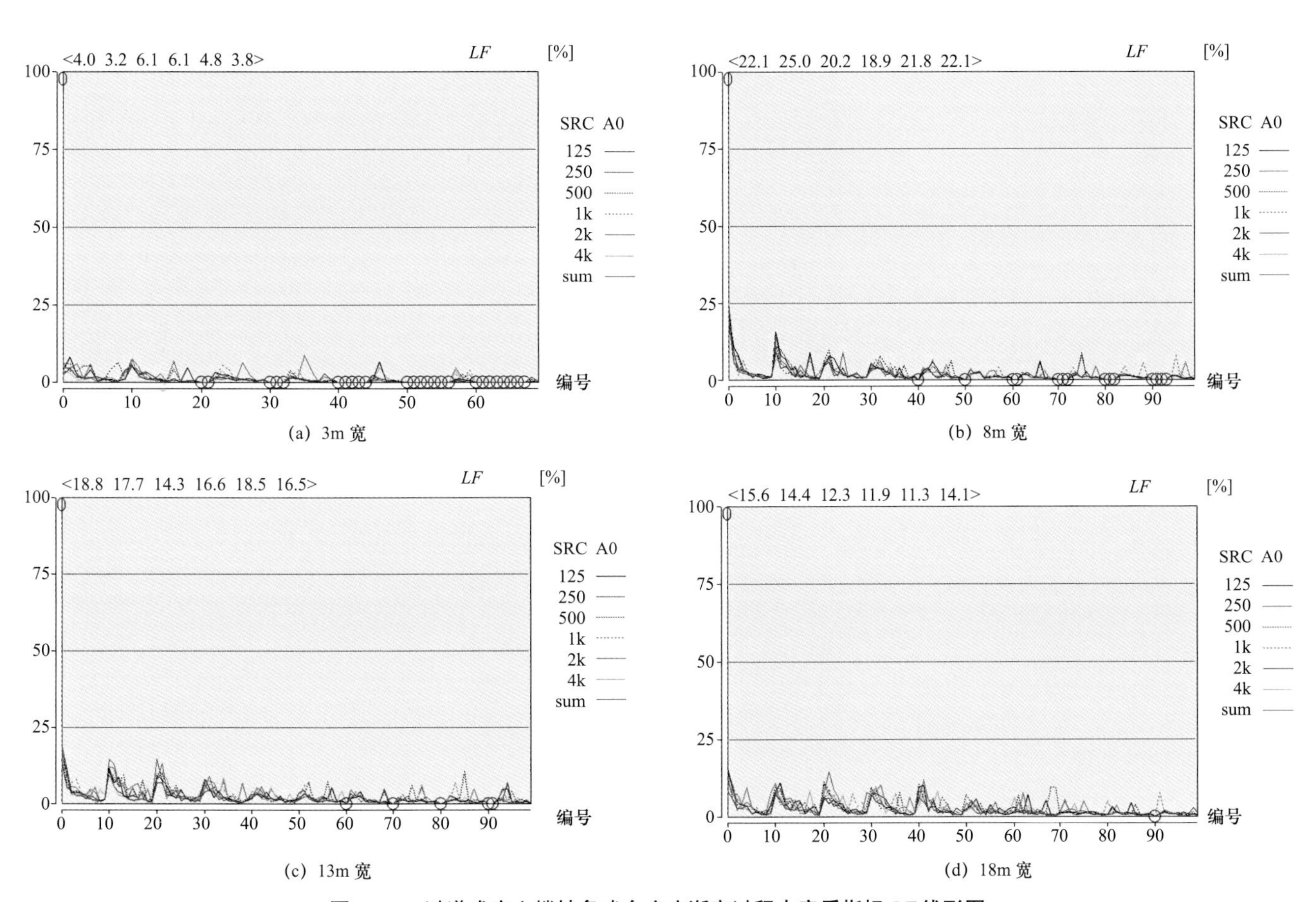

图 7–37　过道式穿心楼抽象戏台宽度渐变过程中音质指标 *LF* 线形图

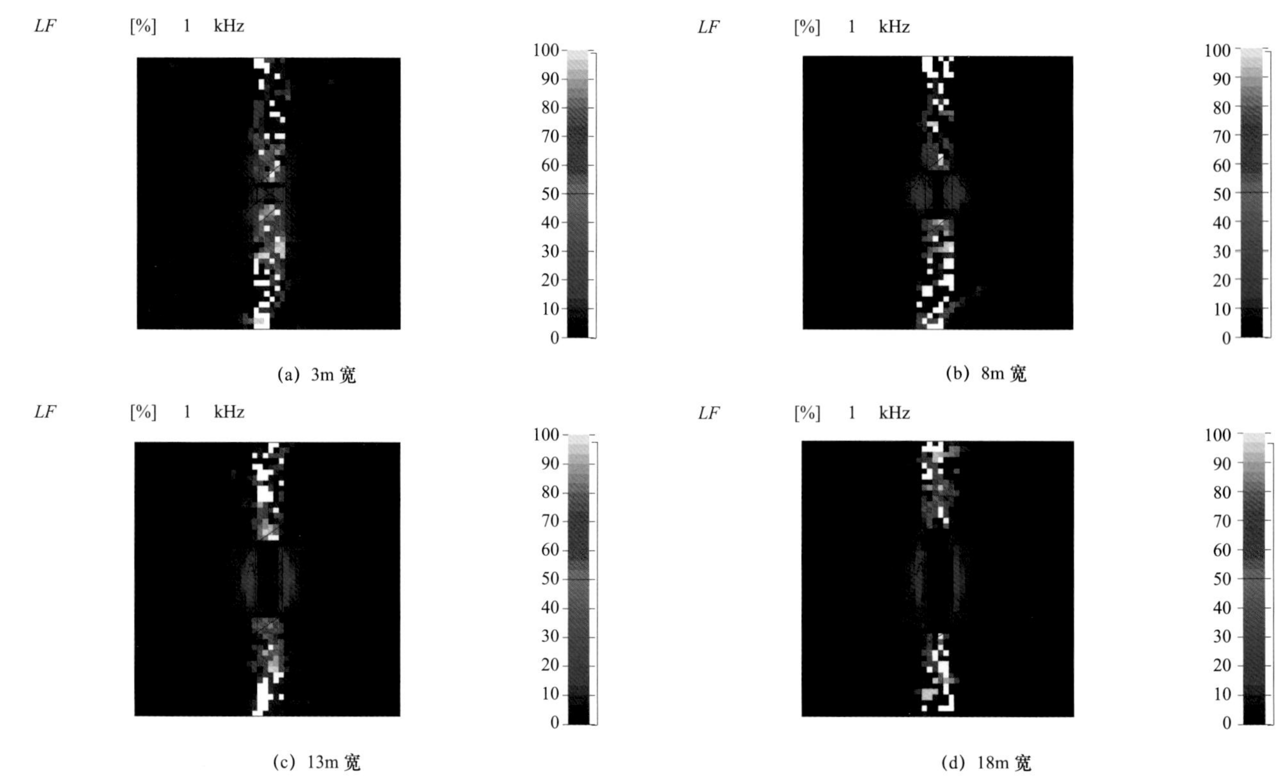

图 7–38 过道式穿心楼抽象戏台宽度渐变过程中音质指标 *LF* 彩色等值线图

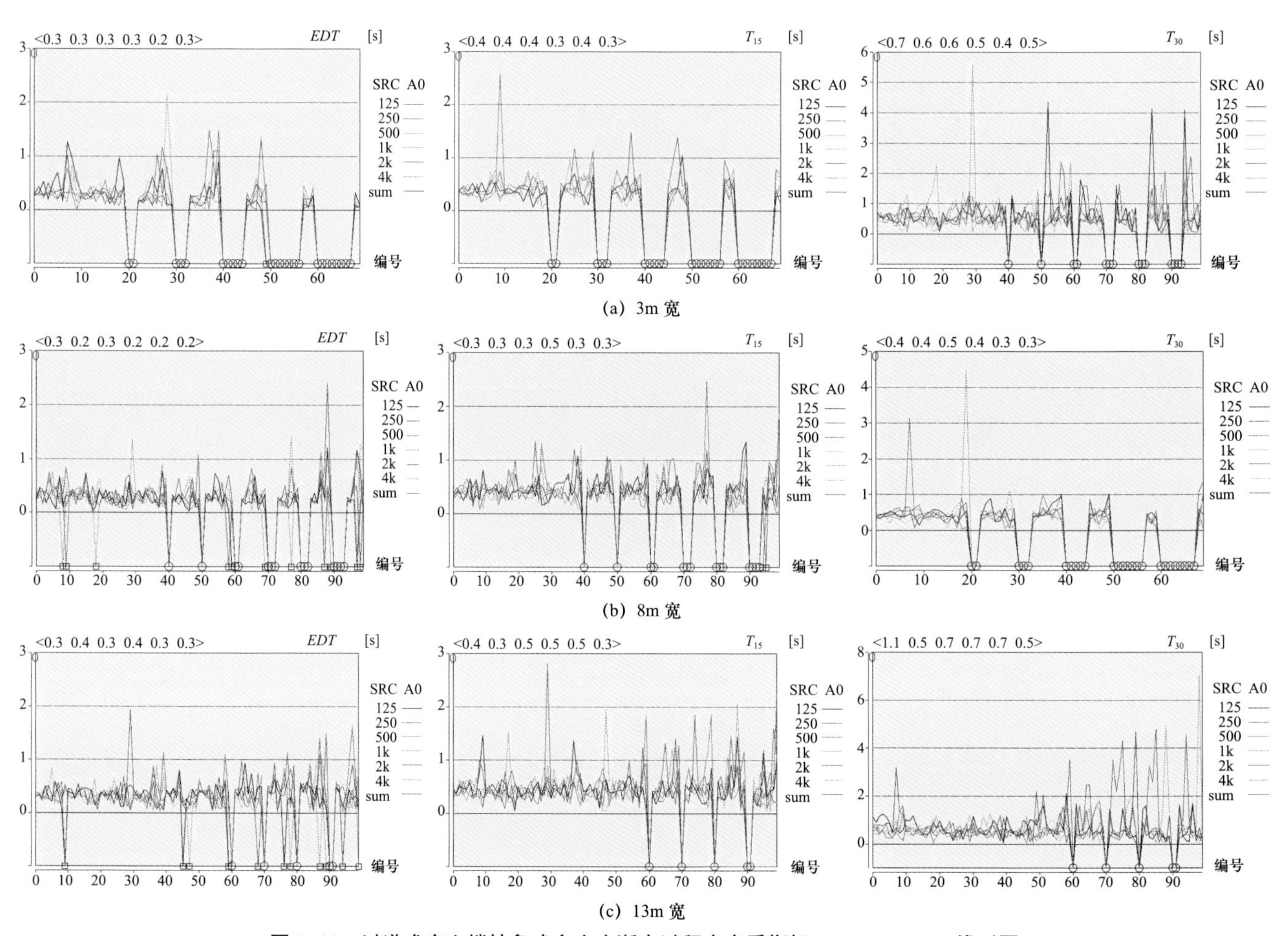

图 7–39 过道式穿心楼抽象戏台宽度渐变过程中音质指标 *EDT*、T_{15}、T_{30} 线形图

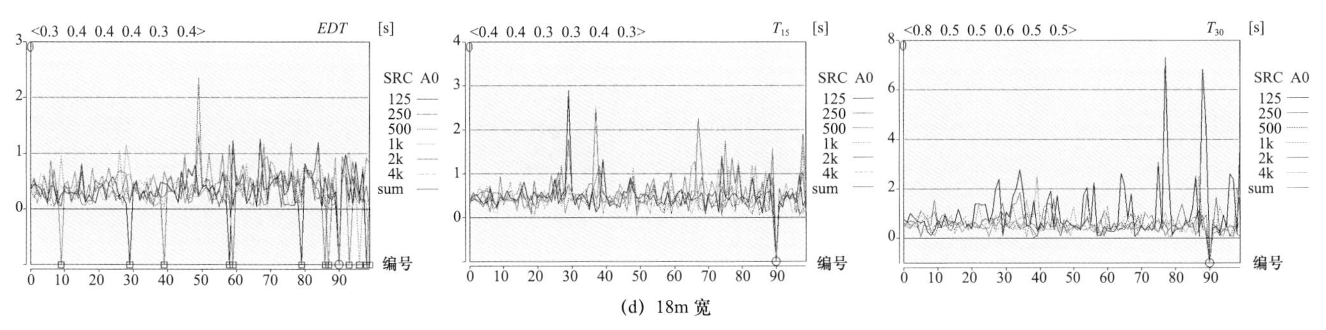

(d) 18m 宽

图 7–39　过道式穿心楼抽象戏台宽度渐变过程中音质指标 EDT、T_{15}、T_{30} 线形图（续）

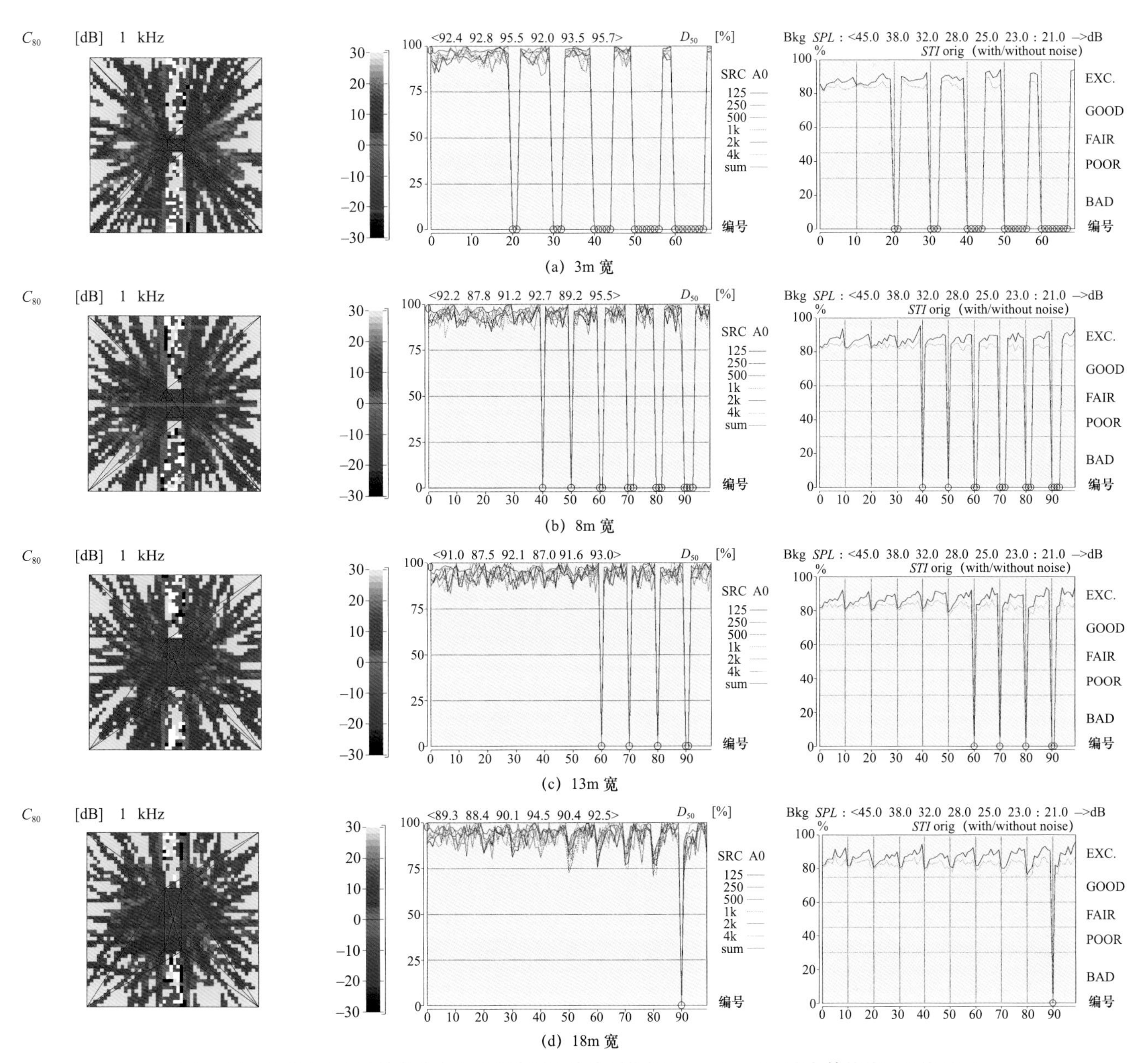

(a) 3m 宽

(b) 8m 宽

(c) 13m 宽

(d) 18m 宽

图 7–40　过道式穿心楼抽象戏台宽度渐变过程中音质指标 C_{80}、D_{50}、STI 彩色等值线图及线形图

区内侧向反射因子 LF 也均较小，整体平均值均不超过 10%，最大值不超过 25%。此外，侧向反射因子 LF 沿观众区纵向方向的变化趋势也是受声点离戏台越远，所获相应的 LF 值就越小。同时，从图 7–43 还可看出，当戏台台面进深逐渐增大时，与假设二情况一致的是，观众区内侧向反射因子 LF 的变化也均较小，几乎没有任

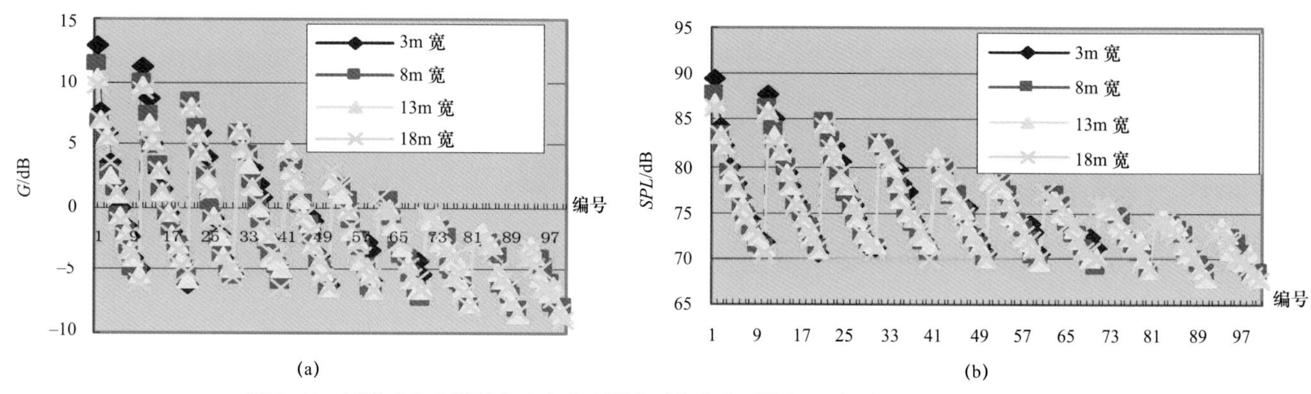

图 7–41　过道式穿心楼抽象戏台宽度渐变过程中音质指标 G（a）和 SPL（b）线形图

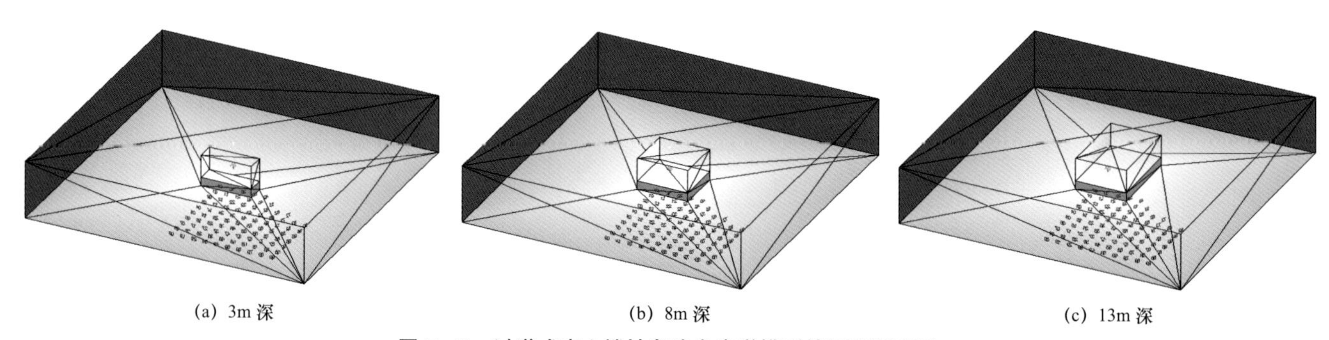

图 7–42　过道式穿心楼抽象戏台声学模型的深度渐变图

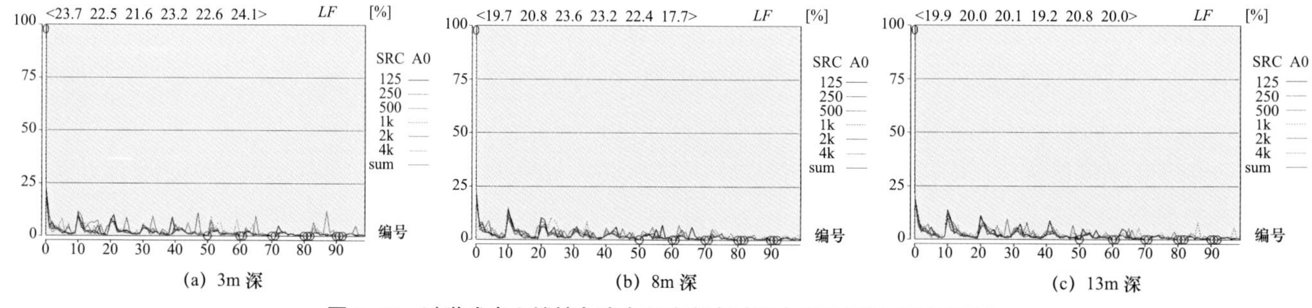

图 7–43　过道式穿心楼抽象戏台深度渐变过程中音质指标 LF 线形图

何变化，且均保持在 0 ~ 25% 的区间范围内。这意味着过道式穿心楼抽象戏台台面进深的尺寸变化对其观众区内侧向反射声声能的大小影响并不大。只是，如图 7–44 所示，随着戏台台面进深的逐渐增大，戏台背面区域内侧向反射声的声能在相应增加。原因与假设二中所述一致。

第二，从图 7–43 和图 7–44 中还可看出，与假设二情况相似，当台面进深逐渐增大时，过道式穿心楼抽象戏台所提供的侧向反射声在观众区内扩散的范围基本保持不变。此外，除图 7–44（a）中所示，因戏台进深较小（仅 3m 深），导致两山墙所提供戏台背部侧向反射声的声能极其有限，从而仅戏台前部存在着一个不太明显的“<”符号状耀斑外；如图 7–44（b、c）所示，其他两个戏台前后侧向反射声声能分布的 LF 彩图中均存在着一个不太明显的“<”和“>”符号状耀斑。该现象也均可通过几何声学原理来得到解释。

第三，从图 7–45 可以看出，过道式穿心楼抽象戏台声场中早期衰减时间 EDT 和混响时间 T_{15}、T_{30} 随着台面进深的增大而相应地在增加，且与假设二相同的是，此处 EDT、T_{15} 和 T_{30} 的增幅均较假设三中的明显，即增量较大，某些增量甚至接近于 1s。原因与假设二中所述一致。

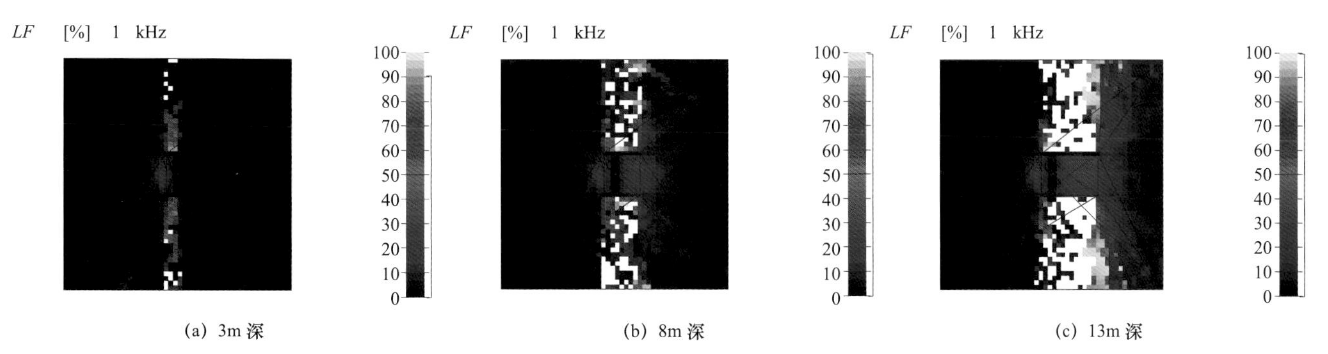

(a) 3m 深　(b) 8m 深　(c) 13m 深

图 7–44　过道式穿心楼抽象戏台深度渐变过程中音质指标 *LF* 各彩色等值线图

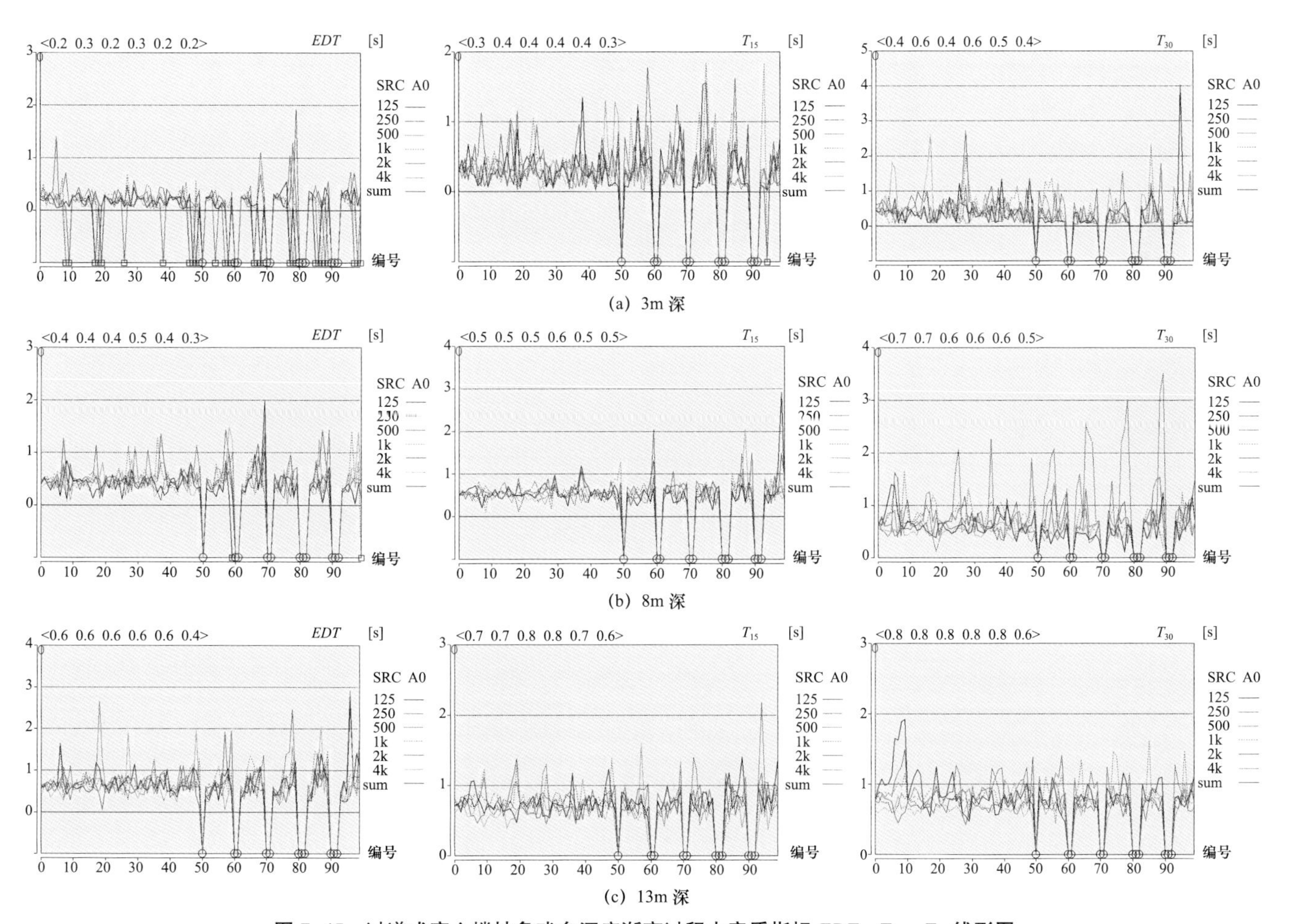

(a) 3m 深

(b) 8m 深

(c) 13m 深

图 7–45　过道式穿心楼抽象戏台深度渐变过程中音质指标 *EDT*、T_{15}、T_{30} 线形图

第四，如图 7–46 所示，与假设二情况相似，当戏台台面进深逐渐增大时，过道式穿心楼抽象戏台声场中的清晰度 D_{50}、明晰度 C_{80} 及语言传输指数 *STI* 均随之降低，且与假设三中情况相比，D_{50}、C_{80} 和 *STI* 的降幅均更为明显，即下降幅度较大。原因与假设二中所述一致。

第五，如图 7–47 所示，当戏台台面进深逐渐增大时，与假设二中所述现象不同的是，过道式穿心楼抽象戏台的声场强度指数 *G* 和声压级 *SPL* 的模拟值几乎均保持不变。这是因为，与镜框式一面观抽象戏台不同的是，过道式穿心楼抽象戏台失去了后墙的围合，因此在戏台进深逐渐变化的过程中，观众区内受声点与戏台山墙、屋顶及地面的距离均保持不变，故其所获得的由这些壁面所提供的反射声声能也基本保持不变，从而戏台声场强度指数 *G* 和声压级 *SPL* 的模拟值也就相应地保持不变。

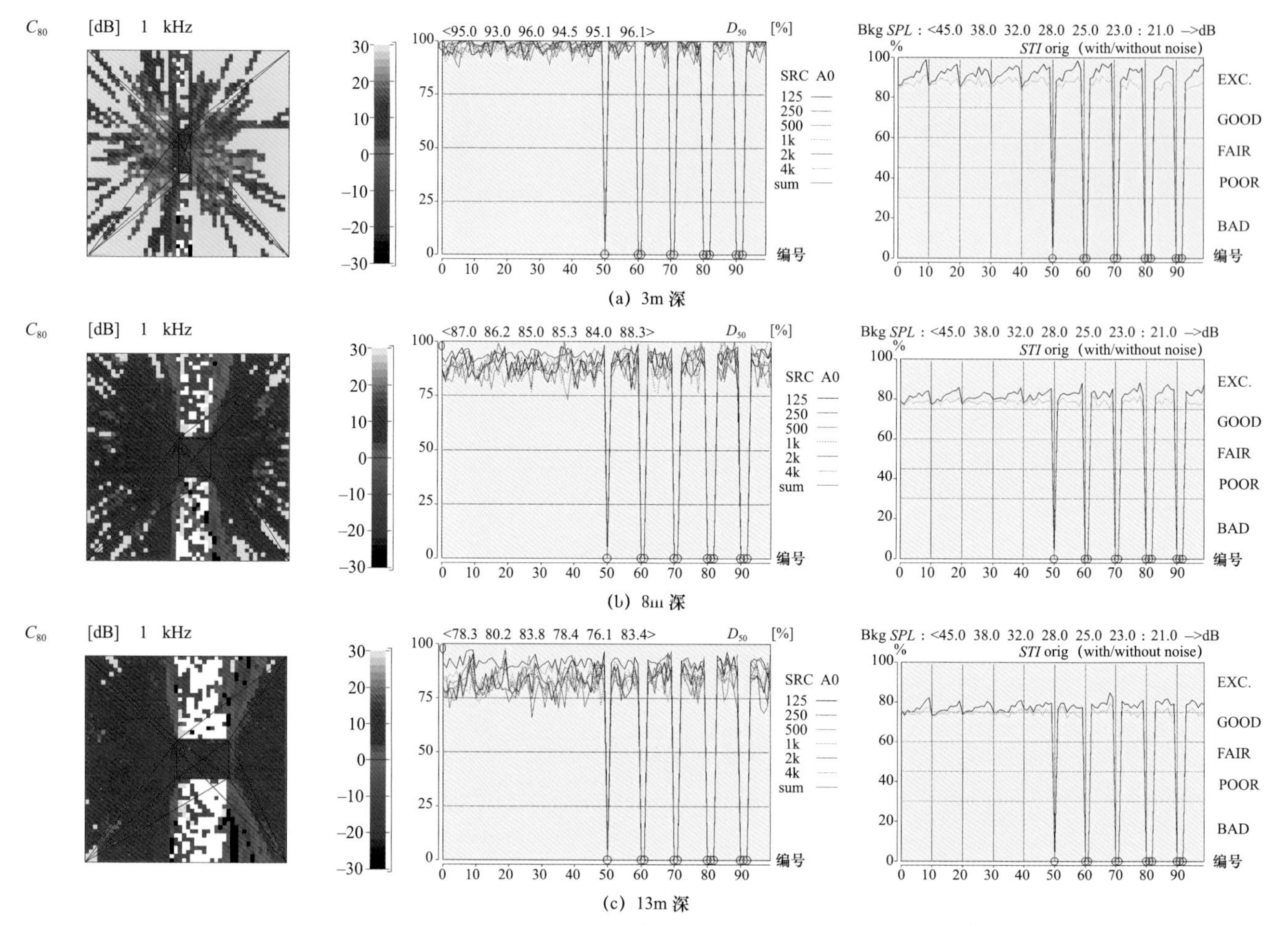

图 7-46 过道式穿心楼抽象戏台深度渐变过程中音质指标 C_{80}、D_{50}、STI 彩色等值线图及线形图

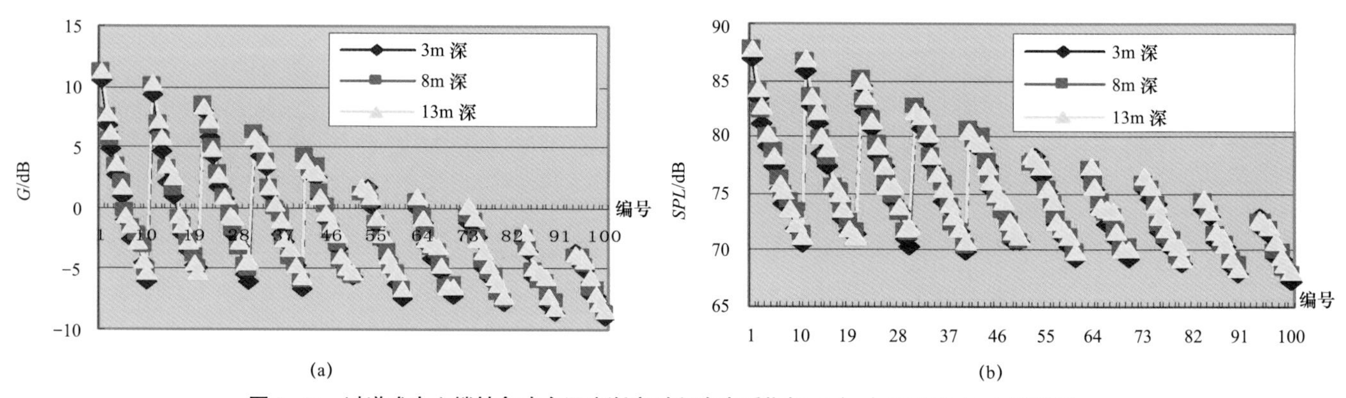

图 7-47 过道式穿心楼抽象戏台深度渐变过程中音质指标 G（a）和 SPL（b）线形图

7.4.3 伸出式三面观抽象戏台的模拟与分析

（1）假设五

保持伸出式三面观抽象戏台的台面进深为 5m、台口框高度为 4m 以及台基高度为 1.5m 不变，如图 7-48 所示，当台面宽度每次以 5m 为尺寸增量，从 3m 宽逐渐增大至 18m 宽时，通过对各模拟图表进行分析比对后，得出结论如下。

第一，从图 7-49 可以看出，不同台面宽度的伸出式三面观抽象戏台，其观众区内侧向反射因子 LF 的模拟值均明显较镜框式一面观和过道式穿心楼抽象戏台的 LF 模拟值小，其最大值不超过 10%，整体平均值小

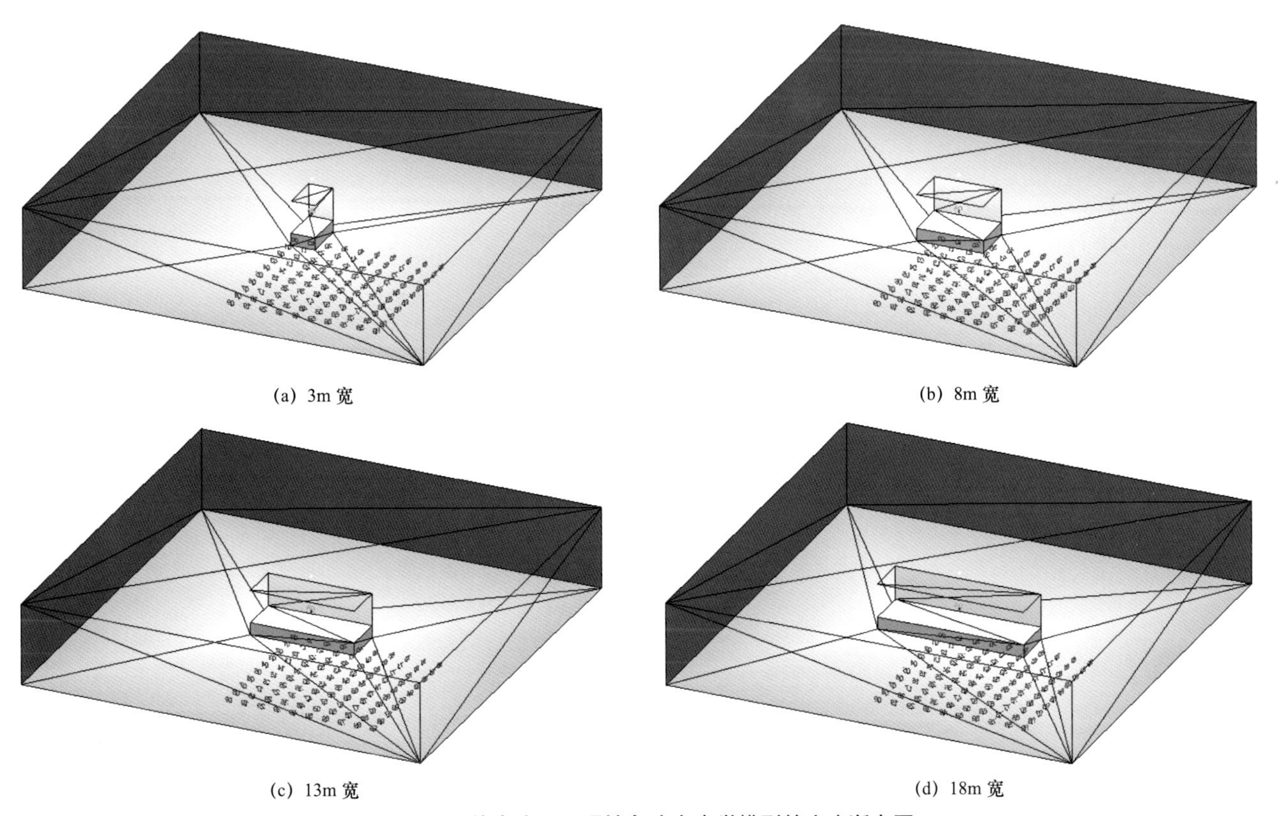

(a) 3m 宽　(b) 8m 宽

(c) 13m 宽　(d) 18m 宽

图 7–48　伸出式三面观抽象戏台声学模型的宽度渐变图

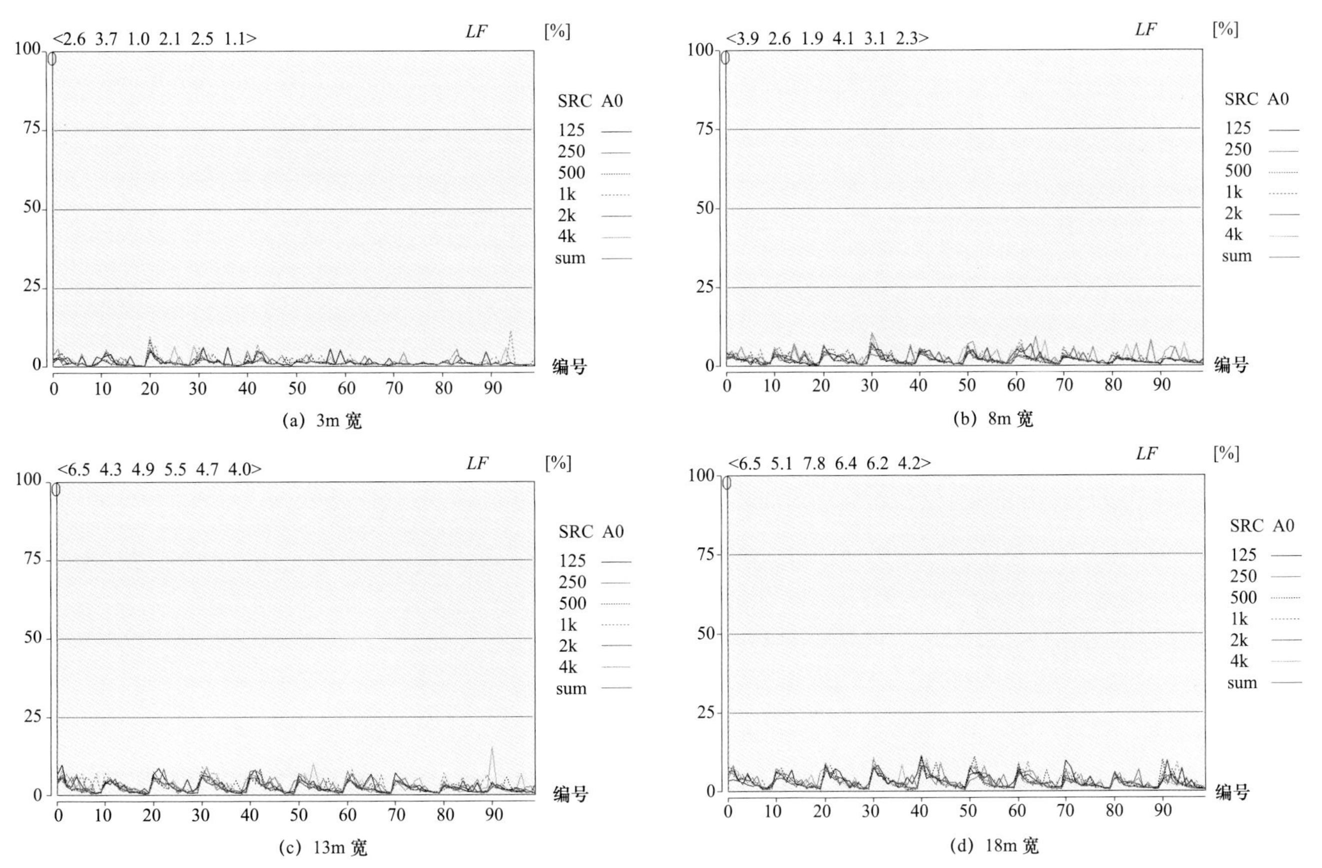

(a) 3m 宽　(b) 8m 宽

(c) 13m 宽　(d) 18m 宽

图 7–49　伸出式三面观抽象戏台宽度渐变过程中音质指标 *LF* 线形图

于 3%，甚至接近于 0%。这是因为，与上述两种抽象戏台相比，伸出式三面观抽象戏台的两侧敞开，即失去了两面山墙的围合，从而该戏台所提供的侧向反射声声能也就相应地显著减少。不过，与上述两种抽象戏台相同的是，侧向反射因子 *LF* 沿观众区纵向方向的变化趋势依旧是受声点离抽象戏台越远，所获相应的 *LF* 值越小。这是因为，此刻伸出式三面观抽象戏台观众区内侧向反射声的声能主要由戏台后墙提供，所以离后墙越远，受声点所获得的侧向反射声声能也就越少，反之越多。

第二，从图 7–49 中还可看出，与上述两种抽象戏台不同的是，当台面宽度逐渐增大时，伸出式三面观抽象戏台所提供的侧向反射声在观众区内扩散的范围基本变化不大，但所提供侧向反射声的声能则在逐渐增大。这是因为，与镜框式一面观和过道式穿心楼抽象戏台不同的是，此处伸出式三面观抽象戏台观众区内所获得的侧向反射声主要由戏台后墙所提供，且因戏台两侧敞开，故后墙尺寸的变化对侧向反射声在观众区内扩散的范围影响并不大，但对所提供侧向反射声的声能影响却相对较大，即后墙界面在随着台面宽度的增加而逐渐增大时，所提供侧向反射声的声能也就相应地随之增大，反之则减少。该现象可由几何声学原理得到解释。

第三，如图 7–50 所示，与上述两种抽象戏台不同的是，台面宽度不同的伸出式三面观抽象戏台侧向反射声声能分布的 *LF* 彩色等值线图中均存在着一个不太明显的“>”符号状耀斑。之所以此处的“>”符号状耀斑与上述两种抽象戏台中观众区域的“<”符号状耀斑方向相反，其原因是伸出式三面观抽象戏台观众区内的侧向反射声主要由戏台后墙来提供，而镜框式一面观和过道式穿心楼抽象戏台观众区内的侧向反射声则主要由戏台的两面山墙来提供。同时，再结合几何声学原理来进行分析便可得到理解。

第四，从图 7–51 可以看出，伸出式三面观抽象戏台声场中早期衰减时间 *EDT* 和混响时间 T_{15}、T_{30} 随着台面宽度的增大而相应地在增加，且与假设一和假设三相同的是，此处 *EDT*、T_{15} 和 T_{30} 的增幅均不明显，即增量较小，平均增量仅约 0.14s。原因与假设一中所述一致。

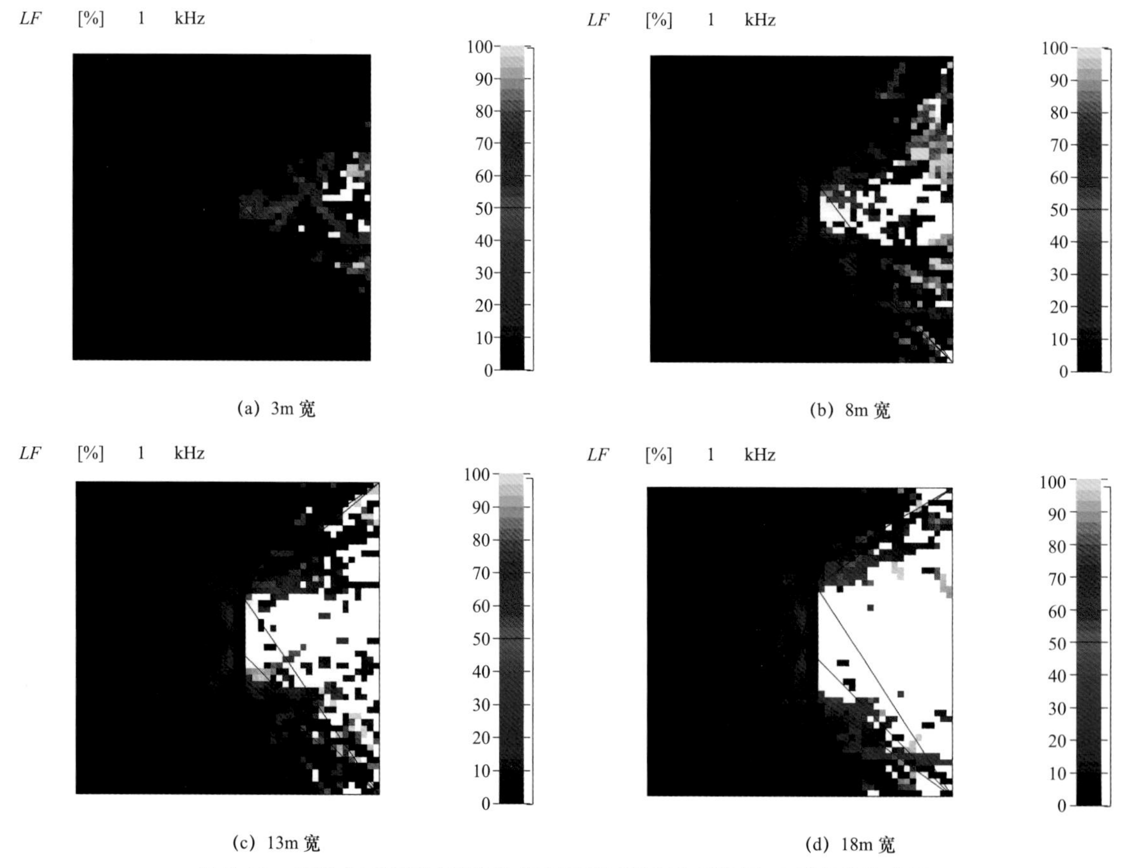

图 7–50 伸出式三面观抽象戏台宽度渐变过程中音质指标 *LF* 彩色等值线图

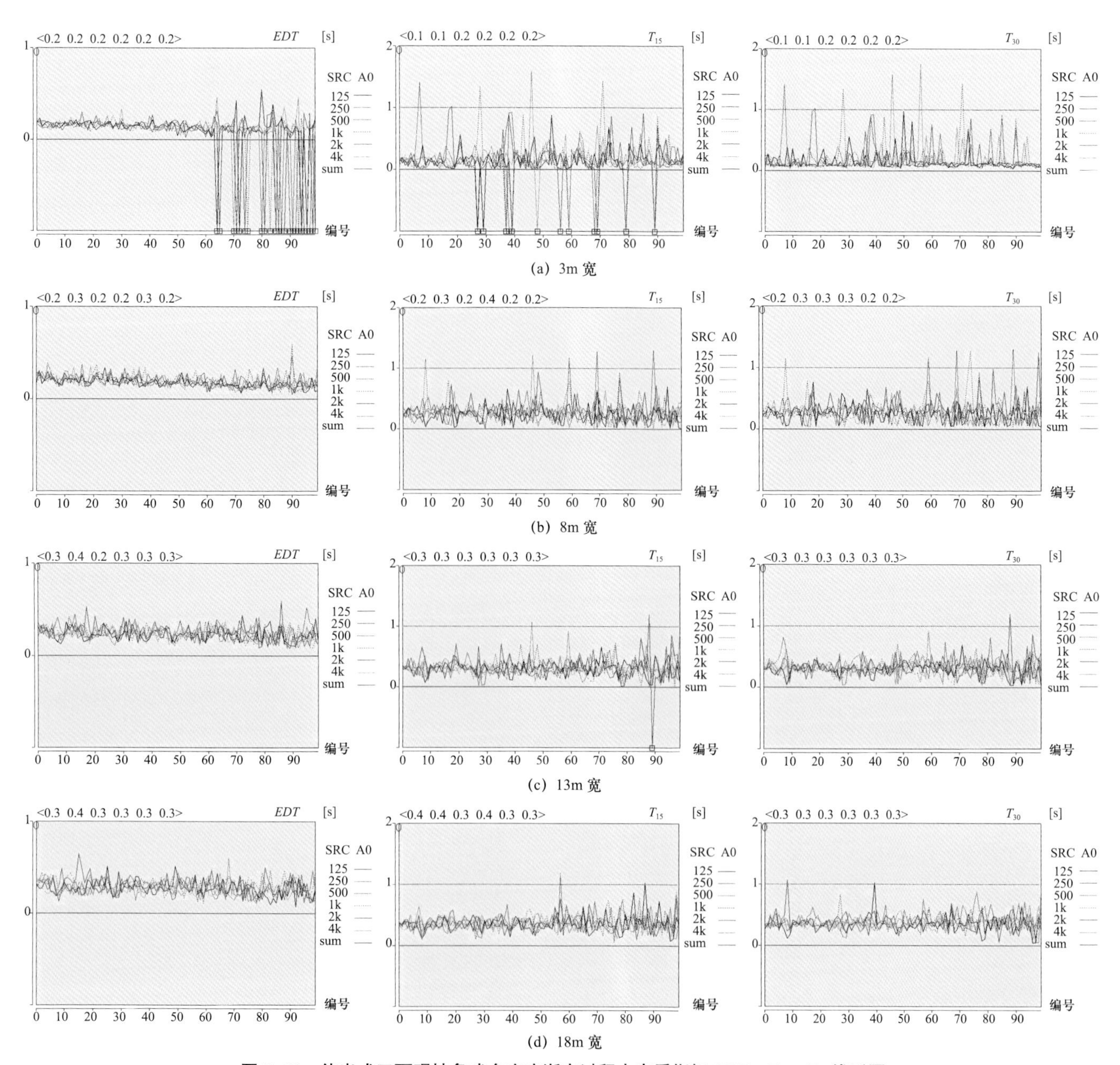

图 7–51　伸出式三面观抽象戏台宽度渐变过程中音质指标 *EDT*、T_{15}、T_{30} 线形图

第五，如图 7–52 所示，与上述两种抽象戏台模拟情况相同的是，当戏台台面宽度逐渐增大时，伸出式三面观抽象戏台声场清晰度 D_{50}、明晰度 C_{80} 及语言传输指数 *STI* 的模拟值也均随之降低；但与之不同的是，其 D_{50}、C_{80} 和 *STI* 的降幅较镜框式一面观和过道式穿心楼抽象戏台的降幅更趋明显。主要原因有两点：一是，与一面敞开的镜框式一面观抽象戏台和两面敞开的过道式穿心楼抽象戏台相比，三面敞开的伸出式三面观抽象戏台空间围合度极低，从而造成其声场清晰度 D_{50}、明晰度 C_{80} 及语言传输指数 *STI* 的模拟值极高；二是，随着台面宽度的逐渐增加，伸出式三面观抽象戏台声场中混响声声能的增幅相对较大，尤其是在台面从 3m 宽增大至 13m 宽的过程中，其混响声声能的增量较镜框式一面观和过道式穿心楼抽象戏台的增量更趋明显。由此，也侧面反映出古戏台的两面山墙对古剧场声场音质的影响效果是十分显著的，尤其对提升观众听戏时的混响感和增强演员演出时的主观感受非常有利。

第六，如图 7–53 所示，当戏台台面宽度逐渐增大时，与上述两种抽象戏台模拟情况不同的是，伸出式三面观抽象戏台的声场强度指数 *G* 和声压级 *SPL* 的模拟

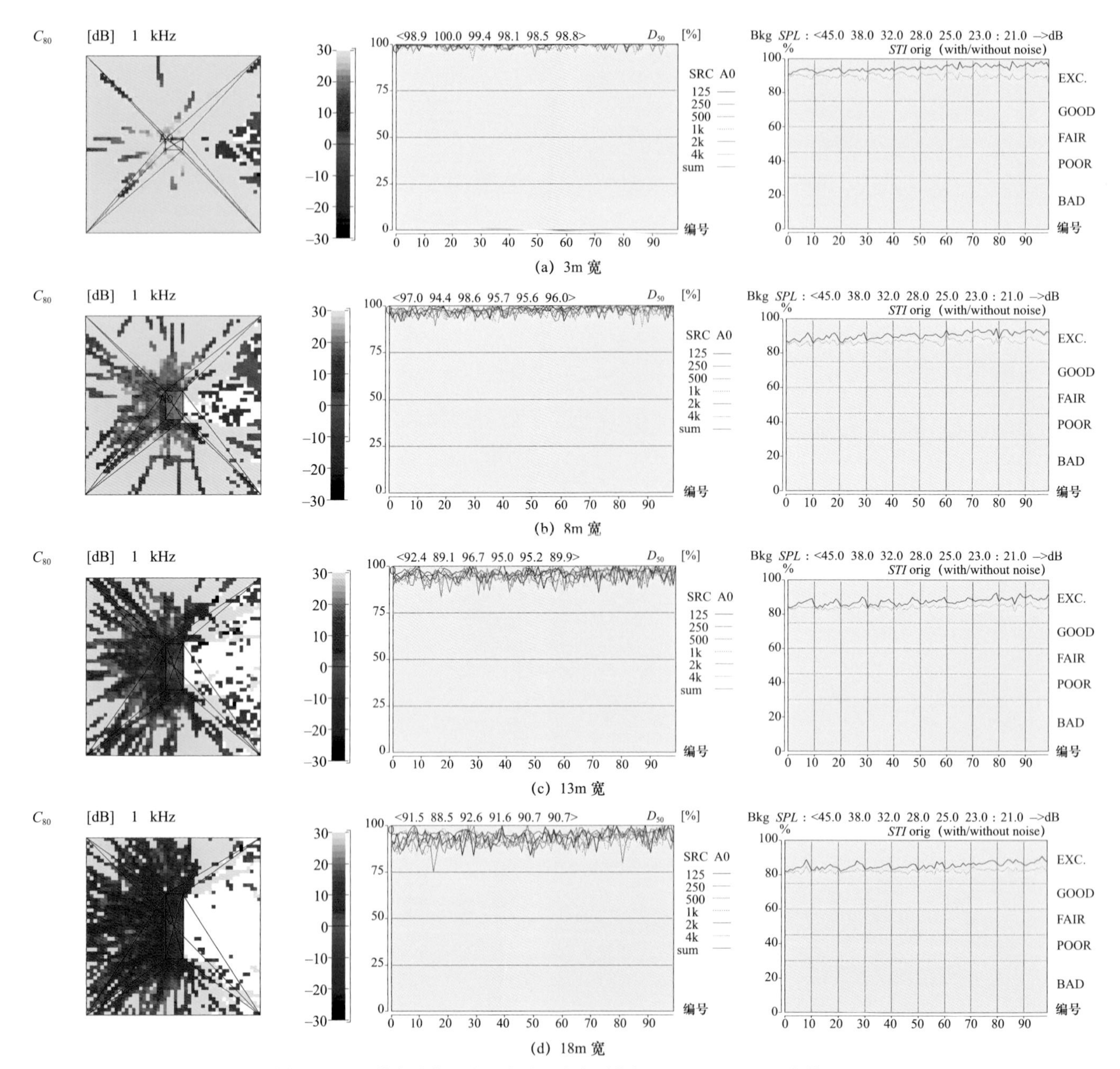

(a) 3m 宽

(b) 8m 宽

(c) 13m 宽

(d) 18m 宽

图 7–52　伸出式三面观抽象戏台宽度渐变过程中音质指标 C_{80}、D_{50}、*STI* 彩色等值线图及线形图

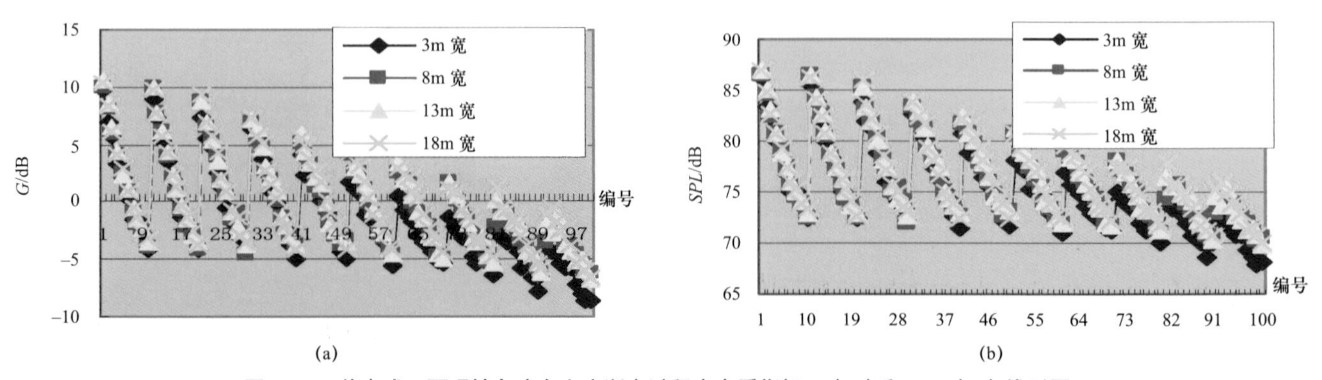

(a)

(b)

图 7–53　伸出式三面观抽象戏台宽度渐变过程中音质指标 *G*（a）和 *SPL*（b）线形图

值几乎均保持不变。这是因为，与镜框式一面观和过道式穿心楼抽象戏台不同的是，伸出式三面观抽象戏台失去了两片山墙的围合，因此在保持台面进深和台口框高度不变，台面宽度逐渐变化的过程中，观众区内受声点与戏台后墙、屋顶及地面的距离均保持不变，故其所获得的由这些壁面所提供的反射声声能也基本保持不变，从而戏台声场强度指数 *G* 和声压级 *SPL* 的模拟值也就相应地保持不变。

（**2**）假设六

保持伸出式三面观抽象戏台的台面宽度为 9m、台口框高度为 4m 以及台基高度为 1.5m 不变，如图 7–54 所示，当台面进深每次以 5m 为尺寸增量，从 3m 深逐渐增大至 13m 深时，通过对各模拟图表进行分析比对后，得出结论如下。

第一，从图 7–55 可以看出，与假设五中情况相似的是，不同台面进深的伸出式三面观抽象戏台，其观众区内侧向反射因子 *LF* 也均较小，最大值不超过 10%，整体平均值均不超过 3%，甚至几乎接近于 0%。此外，侧向反射因子 *LF* 沿观众区纵向方向的变化趋势也是受声点离戏台越远，所获相应的 *LF* 值就越小。原因与前述一致。

第二，与镜框式一面观和过道式穿心楼抽象戏台不同的是，伸出式三面观抽象戏台声场中的侧向反射声主要由戏台后墙所提供，且台面两侧敞开，故从图 7–56 中可以看出，侧向反射声大多集中在戏台两侧，台前区域则分布较少；而且，从图 7–56 中还可看出，当台面进深逐渐增大时，与上述两种抽象戏台不同的是，伸出式三面观抽象戏台所提供的侧向反射声在观众区内扩

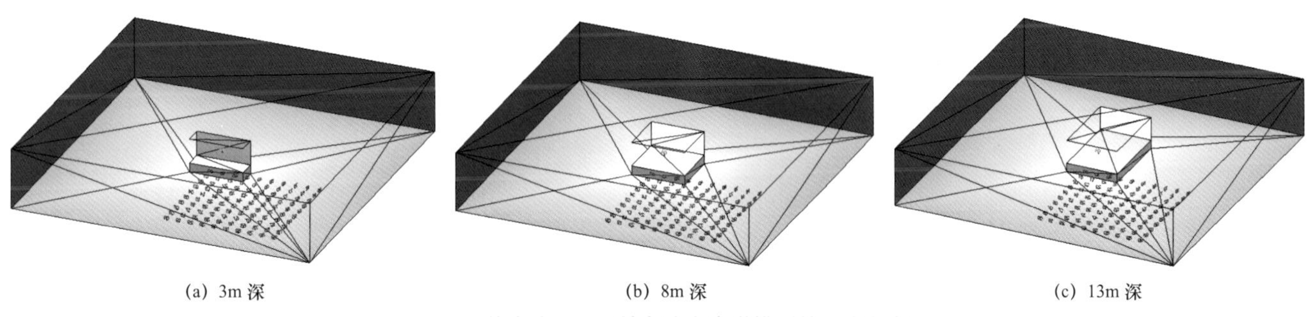

(a) 3m 深　　(b) 8m 深　　(c) 13m 深

图 7–54　伸出式三面观抽象戏台声学模型的深度渐变图

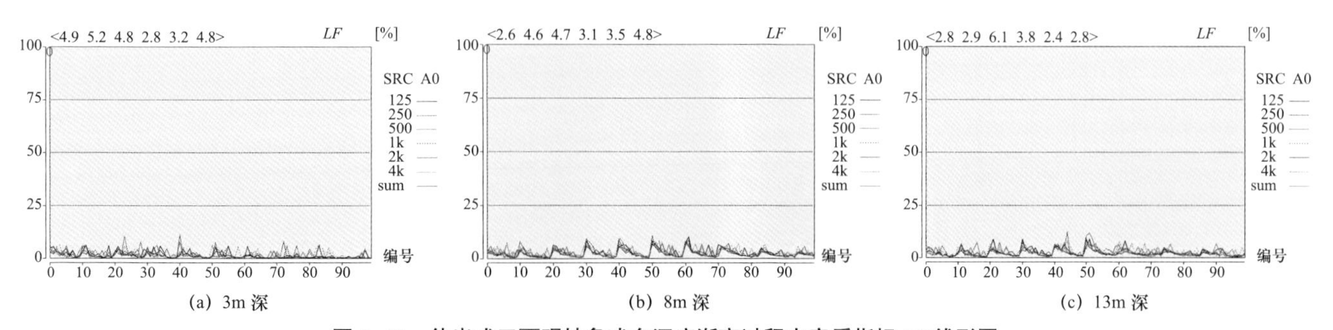

(a) 3m 深　　(b) 8m 深　　(c) 13m 深

图 7–55　伸出式三面观抽象戏台深度渐变过程中音质指标 *LF* 线形图

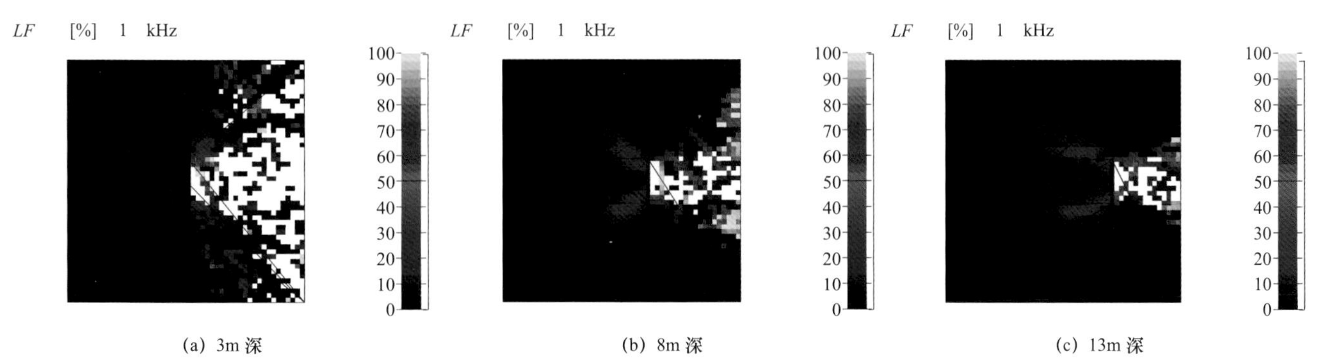

(a) 3m 深　　(b) 8m 深　　(c) 13m 深

图 7–56　伸出式三面观抽象戏台深度渐变过程中音质指标 *LF* 彩色等值线图

散的范围在随之变小，尤其如图 7-56（b、c）所示，两个侧向反射声声能分布的 *LF* 彩色等值线图中所存在着的明显的“>”符号状耀斑，其耀斑的夹角随着台面进深的增大而相应变小。这也是为何如图 7-55 所示，随着台面进深的逐渐增大，观众区内所获侧向反射声的声能相应变大的主要原因，尤其如图 7-55（a、b）中侧向反射因子 *LF* 的变化更为明显。这是因为，在台面宽度和台口框高度不变的情况下，后墙界面的大小也就保持不变，理论上所提供观众区内侧向反射声的总声能会随着台面进深的增大，离声源的距离越远，而相应有所减少；但因后墙所提供的侧向反射声随着台面进深的增大逐渐由戏台两侧更多地向戏台前部集中，从而造成了观众区内，尤其是戏台前部区域内受声点侧向反射因子 *LF* 的模拟值不仅没有减小，相反有所增大。该现象也可通过几何声学的原理得到解释。

第三，如图 7-57 所示，伸出式三面观抽象戏台声场中早期衰减时间 *EDT* 和混响时间 T_{15}、T_{30} 随着台面进深的增大而相应地有所增加，但与假设二和假设四不同的是，此处 *EDT*、T_{15} 和 T_{30} 的增幅均不明显，即增量均显著小于镜框式一面观和过道式穿心楼抽象戏台的相应增量。不过，与假设五情况相似的是，其平均增量也不大，仅约 0.12s。这是因为，伸出式三面观抽象戏台无山墙围合，台面两侧敞开的界面会随着台面进深的逐渐增加而增大，从而直接导致混响声的声能逸散度相应加大。因此，上述伸出式三面观抽象戏台声场中早期衰减时间 *EDT* 和混响时间 T_{15}、T_{30} 模拟值随戏台进深尺寸的变化也就并不大。

第四，如图 7-58 所示，与镜框式一面观和过道式穿心楼抽象戏台模拟情况相同的是，当戏台台面进深逐渐增大时，伸出式三面观抽象戏台声场清晰度 D_{50}、明晰度 C_{80} 及语言传输指数 *STI* 的模拟值也均随之降低，且降幅与上述两种抽象戏台的降幅也相似，均较为明显。如前所述，在相同声源发声的条件下，清晰度 D_{50}、明晰度 C_{80} 及语言传输指数 *STI* 与声场中混响声声能的

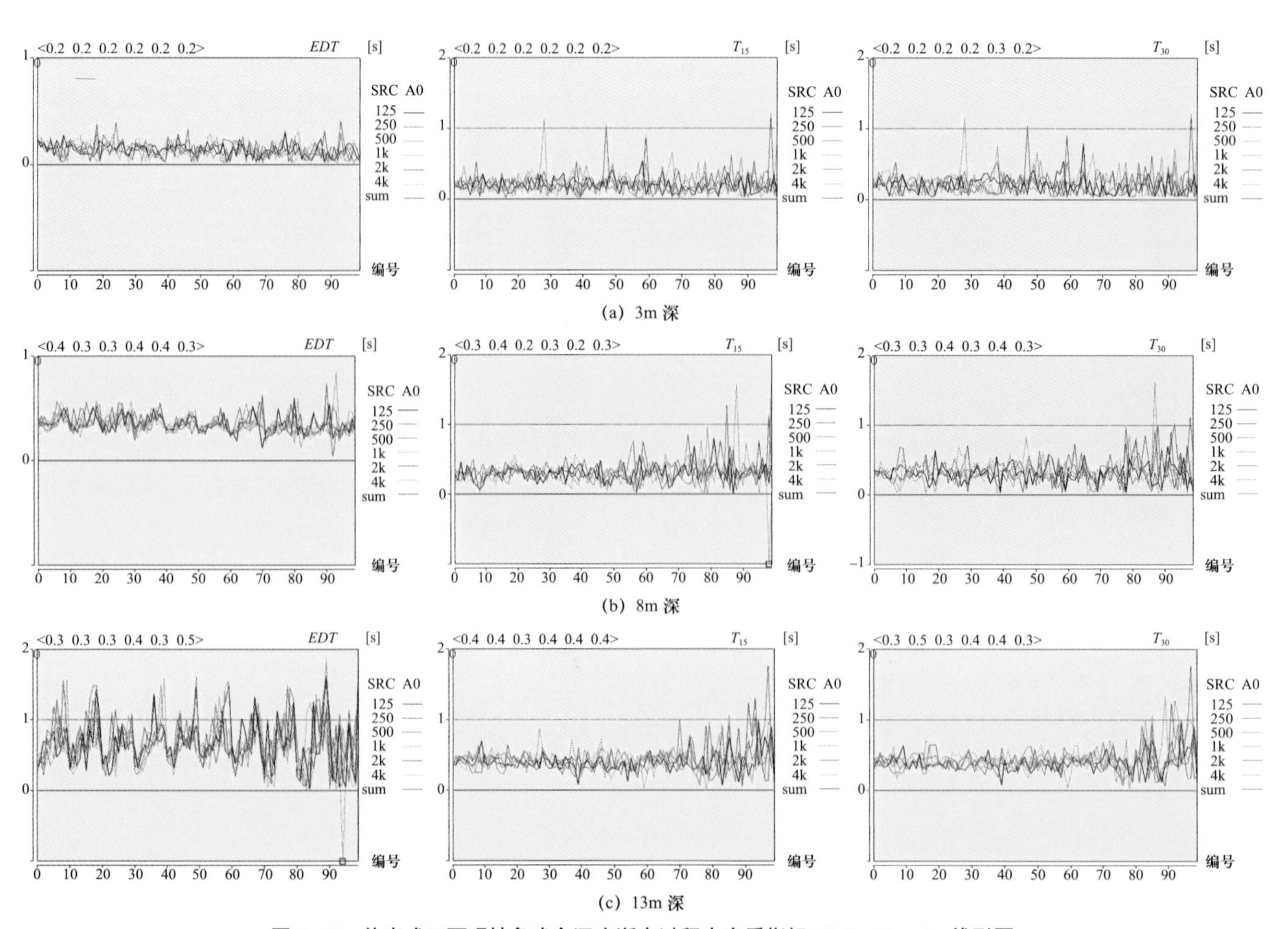

图 7-57 伸出式三面观抽象戏台深度渐变过程中音质指标 *EDT*、T_{15}、T_{30} 线形图

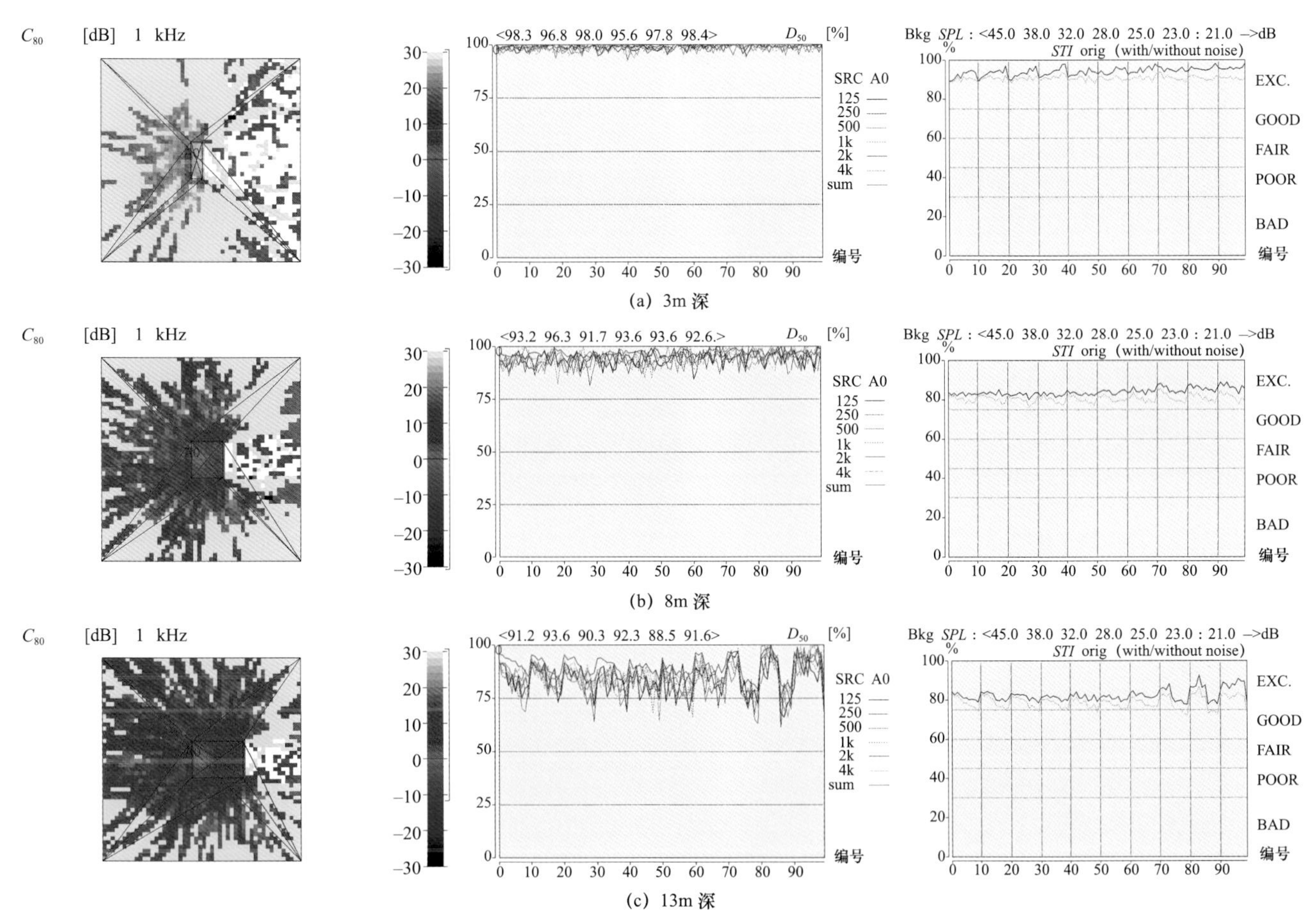

(a) 3m 深

(b) 8m 深

(c) 13m 深

图 7–58　伸出式三面观抽象戏台深度渐变过程中音质指标 C_{80}、D_{50}、STI 彩色等值线图及线形图

大小有一定关系。此外，因伸出式三面观抽象戏台的台面宽度和台口框高度不变，当戏台体量随着台面进深的增大而相应变大时，作为戏台两侧开敞面的大小也在随之增大，从而致使戏台内混响声声能的逸散度也随之变大，最终造成更多混响声的逸散和大量声能的损失。因此，相较于戏台体量的显著增大，伸出式三面观抽象戏台内混响声声能的实际增量却并不大，从而戏台声场清晰度 D_{50}、明晰度 C_{80} 及语言传输指数 STI 模拟值的降幅理应并不明显。但为何出现与此推理截然不同的现象呢？其主要原因是由戏台后墙所提供的侧向反射声所导致，即如图 7–56 所示，随着台面进深的逐渐增大，戏台后墙所提供侧向反射声的辐射夹角（“>”符号状耀斑的夹角）在相应变小，尤其从 3m 的进深增大至 8m 进深这个阶段，分散在戏台两侧的侧向反射声向戏台前部集中的现象非常明显，从而造成观众区所获侧向反射声的声能显著增大。因此，导致了戏台声场清晰度 D_{50}、明晰度 C_{80} 及语言传输指数 STI 的明显降低。

第五，如图 7–59 所示，与假设二相同而与假设四不同的是，当戏台台面进深逐渐增大时，伸出式三面观抽象戏台的声场强度指数 G 和声压级 SPL 均有所减小，且与假设二中模拟情况相似的是，其减幅也均较小，甚至微乎其微，以至于各强度指数 G 和声压级 SPL 的模拟值几乎没有任何变化。这是因为，在戏台台面进深逐渐增大的过程中，声源和各受声点的相对位置没有发生变化，故受声点所获声源直达声的声能则保持不变。此外，台面宽度和台口框高度不变，故各受声点与戏台屋顶及台面的距离也不会变。因此，受声点所获得的由这些壁面所提供的反射声声能也就基本保持不变。而逐渐增大的台面进深则导致各受声点与戏台后墙的距离随之增大，致使由该戏台后墙提供的反射声传达至受声点的路径相应变长，所传达的声能也就相应减少，故声场强度指数 G 和声压级 SPL 均有所减小。

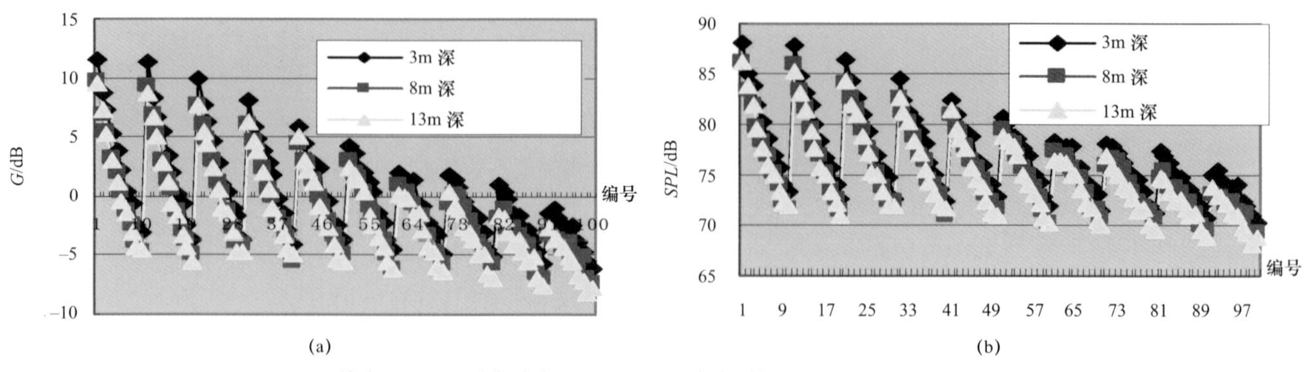

图 7–59　伸出式三面观抽象戏台深度渐变过程中音质指标 *G*（a）和 *SPL*（b）线形图

7.5　本章小结

影响古戏台纵向尺度变化的两大因素主要为戏台台基与台口框的高度。显而易见的是，在台基高度较为有限的尺寸变化范围之内，戏台台面越高，演员声音对于观众群的“穿透力”就越强，辐射范围也越广，且戏台表演的视觉效果也越好，尤其有利于提升远戏台观众区内的视听感受。此外，鉴于古戏台台口框高度大多在 3.5 ~ 4.5m，宫廷大戏楼的台口框高亦不过 5.25m，相较于戏台宽度与进深在尺寸上的变化幅度较小，其对声场的影响效果自然也较小，故本章重点讨论的是古戏台在横向尺度变化上对声场的影响效果，即研究古戏台台面宽度与进深的尺度变化对声场音质所产生的影响。

总之，对于镜框式一面观古戏台而言，在台面宽度上的尺寸变化主要对声场中的侧向反射因子 *LF*、强度指数 *G* 和声压级 *SPL* 产生影响，而在台面进深上的尺寸变化则主要对声场中的早期衰减时间 *EDT*、混响时间（T_{15} 和 T_{30}）、清晰度 D_{50}、明晰度 C_{80}、语言传输指数 *STI*、强度指数 *G* 和声压级 *SPL* 产生影响；对于过道式穿心楼古戏台而言，在台面宽度上的尺寸变化也主要对声场中的侧向反射因子 *LF*、强度指数 *G* 和声压级 *SPL* 产生影响，而在台面进深上的尺寸变化则主要对声场中的早期衰减时间 *EDT*、混响时间（T_{15} 和 T_{30}）、清晰度 D_{50}、明晰度 C_{80} 及语言传输指数 *STI* 产生影响；对于伸出式三面观古戏台而言，在台面宽度上的尺寸变化与上述两种戏台不同，其主要对声场中的侧向反射因子 *LF*、清晰度 D_{50}、明晰度 C_{80} 及语言传输指数 *STI* 产生影响，而在台面进深上的尺寸变化则主要对声场中的侧向反射因子 *LF*、清晰度 D_{50}、明晰度 C_{80}、语言传输指数 *STI*、强度指数 *G* 和声压级 *SPL* 产生影响。

第八章　中国传统庭院式剧场的建筑及声学特性

庭院是千百年来中国传统建筑的主要表现形式，承载着中华文明的思想观念及审美情致，在广场式、庭院式及厅堂式三种主要传统剧场的建筑类型中，传统庭院式剧场占据着绝大多数。同时，与广场式剧场的半自由声场和厅堂式剧场的扩散声场不同的是，作为无顶空间的庭院式剧场声场，可以认为是介于这两者之间的一种特殊声场，经典声学理论对其是否依然适用？为此，本章将在简要阐述传统庭院式剧场基本建筑形制的基础上，运用软件 CATT 对不同建造样式和规模的庭院式剧场逐一进行声学模拟和对比分析，旨在进一步探究该特殊声场的声学特性究竟如何。

图 8–1　浙江嵊州市清风庙古剧场

（资料来源：https：//www.19lou.com/board-123456801339429-thread-182001362671039629-1.html）

8.1　传统庭院式剧场的基本格局

在传统庭院式剧场中，戏台的设置通常位于庭院的中轴线上，且坐北朝南，台口面向正厅或正殿等主要建筑。中国传统庭院式剧场的典型形式就是戏台和主要殿堂相对而建，两侧设厢房（或称看楼），四面围合，形成合院形式。如浙江嵊州市清风庙古剧场（图 8–1）、浙江宁海县城隍庙古剧场（图 8–2）和江苏苏州市全晋会馆古剧场（图 8–3）。

图 8–2　浙江宁海县城隍庙古剧场

（资料来源：http：//nh.cnnb.com.cn/system/2016/06/13/011411553.shtml）

中国传统庭院式剧场的空间格局是由戏曲演出的祭祀性和建筑群体的轴线对称布局所决定的[①]。首先，由于中国传统戏曲演出具有明显的祭祀性，且大量碑文对于建造祠庙的目的便是为了祭祀神灵或祖先也多有提及。因此，为了祭神娱祖，让神灵或祖先便于观戏，戏台台口与正殿相对而建则显得理所当然。其次，中国古代建筑大多强调坐北朝南、左右对称和中轴线布局，也使得作为传统庭院式剧场主体建筑的戏台和正殿势必位于南北向的中轴线上，左右则对称分布厢房或过廊

图 8–3　江苏苏州市全晋会馆古剧场

（资料来源：http：//www.naic.org.cn/html/2018/gjzg_0423/42302.html）

① 王季卿．中国传统戏场建筑考略之一——历史沿革 [J]. 同济大学学报（自然科学版），2002，30（1）.

等次要建筑。其中，正殿是祠庙中最为重要的建筑，等级最高，规模最大；而戏台从其功能上讲，是服务于正殿，因此等级相对较低，规模相对较小。

8.2 传统庭院式剧场戏台方位的设置

根据戏台和庭院、山门的位置关系，剧场的布局大致可分为三种[①]，即戏台位于庭院之中、戏台与山门组合而建及戏台位于庭院之外。值得注意的是，对于戏台位于庭院的山门之外，以及几座庙宇共用一座戏台，甚至有些戏台（如山西临汾魏村牛王庙古戏台）在设置上特意远离主要殿宇等现象，严格而言都并非属于传统庭院式剧场，故笔者本章对此类剧场不做声学研究。

8.2.1 戏台位于庭院之中

此种剧场布局，戏台完全独立，位于庭院之中，不与其他建筑相连接。若是去掉戏台，也无损整座建筑群体的完整性。例如，始建于元至正五年的山西临汾东羊村东岳庙古剧场，步入山门，首先看到的便是戏台的背面（图 8–4），戏台台口与正殿正对，但较为特别的是，两者之间还竖立着一座两侧建有钟鼓楼的牌楼（图 8–5、图 8–6）。目前，山西现存元代戏台四周的建筑多已损毁，其剧场的具体布局不得而知，但从残存的痕迹来看，大多采用的是戏台位于庭院之中的布局形式。

图 8–4　山西临汾市东羊村东岳庙古剧场戏台

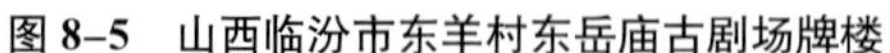

图 8–5　山西临汾市东羊村东岳庙古剧场牌楼

① 薛林平 . 中国传统剧场建筑 [M]. 北京：中国建筑工业出版社，2009.

图 8-6　山西临汾市东羊村东岳庙古剧场正殿

8.2.2　戏台与山门组合而建

戏台与山门组合而建，是明清常见的一种庭院式剧场形式。祠庙坐北朝南，戏台与山门均位于正殿之南，这就使戏台和山门的组合而建成为可能。同时，戏台一般需要较高的台基，并将台基贯通形成山门。从庭院中看是戏台，从庭院外看则是山门。这种布局形式节省了祠庙的面积，拓展了剧场的空间。戏台与山门的具体组合形式有三种：一种是戏台建于山门之上，如山西运城河津市真武庙古剧场戏台（图 8-7）；一种是戏台与山门前后勾连，如山西盂县城关镇西关村大王庙古剧场戏台（图 8-8）；一种是戏台位于两侧山门之间，如山西临汾王曲村东岳庙古剧场戏台（图 8-9）。

8.2.3　戏台位于庭院之外

将戏台建于山门之外，也是常见的一种剧场形式。特别是当需要补建戏台而庙宇内又无空地时，便将戏台置于山门之外。如山西泽州县大阳镇汤帝庙戏台就是位于山门外（图 8-10）。当然，这种形式的剧场并不是严格意义上的庭院式古剧场，戏台和山门之间并没有组合成庭院，但也不同于一般的广场式古剧场。因为山门之外的戏台仍是庙宇不可分割的有机组成部分。

图 8-7　山西运城河津市真武庙古剧场戏台

图 8-8　山西盂县城关镇西关村大王庙古剧场戏台

（资料来源：https：//www.sohu.com/a/335154808_120066382）

图 8–9　山西临汾市王曲村东岳庙古剧场戏台

图 8–10　山西泽州县大阳镇汤帝庙山门及对面的戏台
（资料来源：http：//blog.sina.com.cn/s/blog_71af1ad301011mwt.html）

8.3　传统庭院式剧场的观众空间

8.3.1　观众区的尺度

作为观众空间的庭院，一般由中轴线上的戏台、正殿和两侧的厢房围合而成。明清时，制砖业较为发达，庭院多由砖块铺砌而成，稍讲究者则用石板铺砌。如此可防尘土飞扬，观演条件有所改善。就围合程度而言，一般会馆剧场、庙宇剧场的庭院比祠堂剧场的庭院相对开阔。其主要原因是会馆剧场和庙宇剧场更具公众性，需要容纳更多的观众；而宗祠剧场一般只是一个家族所有，剧场庭院一般较小一些，有的庭院开口甚至仅为一个天井，故具有很强的围合感，且台口与正厅之间的距离较近，也使得观演关系非常密切。此外，同一地域同一类型的剧场，有时差别也很大。例如，山西长治城隍庙古剧场庭院的宽度，即两厢房檐柱之间的距离达 35.08m，庭院长度，即戏台前檐柱到献殿前檐柱之间的距离达 41.12m，面积为 1442.49m^2。若假设每 0.40m^2 站一人，那么该剧场至少可容纳 3600 多人。而山西蒲县华佗庙古剧场庭院的长度仅为 11.48m，宽度为 11.20m，面积仅 128.58m^2。城隍庙剧场庭院面积是华佗庙的 11 倍多，相差悬殊（图 8–11）。

中国传统庭院式剧场的规模相差很大，表现出较大的随意性。而且，作为剧场观众空间的庭院，更多是充当庙宇、祠堂、会馆等空间的有机组成部分，只有演戏之时，观众站立于其中，才临时变为观众空间。从而，与现代剧场规模主要取决于观众区满场人数所不同的是，传统庭院式剧场的规模大小则更多地取决于整座建筑的组织布局以及建筑的规模和等级[①]。

① 车文明．中国神庙剧场概说 [J]. 中央戏剧学院学报，2008（3）．

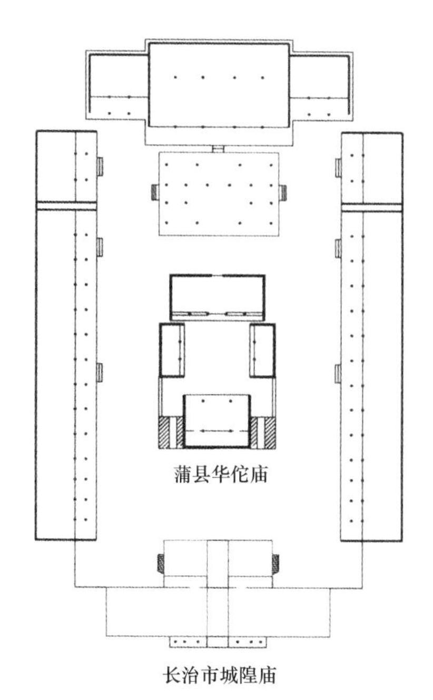

图 8-11　按同一比例绘制的山西长治城隍庙和蒲县华佗庙古剧场

（资料来源：薛林平．中国传统剧场建筑 [M]．北京：中国建筑工业出版社，2009.）

8.3.2　观众区的地面

中国传统庭院式剧场观众区多为平地，容易产生观众视线的阻挡问题。因此，有些剧场顺应山势而设立坡度或台阶，较好地解决了视线阻挡的问题，并有利于直达声的传播。至于起坡角度的大小一般则顺应自然地势来决定。中国传统庭院式剧场建筑多选址于山头的南坡，坐北朝南，正殿面南，位于高处，而戏台向北，位于低处，从而也就自然而然地形成了观众区的坡度或高差。例如，山西运城市新绛县城隍庙古戏台四周虽无明显建筑物围合，属广场式古剧场，但台前较好地利用了山地地形，沿山坡砌 93 级石阶（图 8-12），兼作观戏时的看台之用。又如，山西临县碛口镇黑龙庙古剧场，位于山坡之南，顺应山势，戏台设置在前边的低位处，庭院的地面逐渐升高，殿宇则安置在较高的台阶之上（图 8-13），整座剧场显得非常自然、协调、合理。再如，重庆湖广会馆古剧场则利用山势抬高正殿的台基，台基

图 8-12　山西运城市新绛县城隍庙古剧场戏台及观众区 93 级石阶

图 8-13　山西临县碛口镇黑龙庙古剧场山门、戏台及正殿

前建面积很大的月台，并设有台阶，可作为观众观戏时的看台（图 8–14）。

8.3.3 观众区的看楼

中国传统庭院式剧场中，看楼一般避开中轴线，位于东西两侧，作为妇女、小孩的专用看戏空间。从现存传统剧场建筑的研究来看，看楼的出现大约在明代末期。清代庭院式剧场中，看楼的设置则变得非常普遍。看楼的创建和流行，有多方面的原因。首先，是戏曲演出由娱神为主转变到娱人为主的必然结果。庙宇剧场的建造很大程度上是为了娱神，但随着戏曲的发展，庙宇剧场演出中娱人的成分逐渐增加。其次，看楼的出现满足了妇女、儿童观戏的需要。庙宇剧场人众交叉，男女同区观戏不免有伤风化。为了“严男女之大防”，就专门建看楼，作为妇女观戏之所，男人自然不准进入。有的剧场甚至专门刻碑，作出具体的硬性规定[①]。

在传统庭院式剧场中，看楼的面宽一般为三开间或五开间，最宽的则达到九开间，开间多为奇数，其中以三开间最为多见。例如，浙江宁海县清潭村双枝庙古剧场看楼（图 8–15）、浙江宁海县加爵科村林氏宗祠古剧场看楼（图 8–16）和山西临县碛口镇黑龙庙古剧场看楼（图 8–17）均面宽三间。其中，山西临县碛口镇黑龙庙古剧场还建有五开间的看楼，其下设三孔窑洞，较为少见，通面阔 7.87m，进深单间四椽 2.34m，不施斗栱，朴实无华。

中国传统庭院式剧场建筑的看楼一般为奇数开间，很少采用偶数开间，但也有例外，如江苏苏州全晋会馆古剧场的看楼则采用六开间的形式（图 8–18）；此

图 8–14　重庆湖广会馆古剧场戏台及观众区看台

① 薛林平 . 中国传统剧场建筑 [M]. 北京：中国建筑工业出版社，2009.

图 8-15　浙江宁海县清潭村双枝庙古剧场三开间看楼

图 8-16　浙江宁海县加爵科村林氏宗祠古剧场三开间看楼

图 8-17　山西临县碛口镇黑龙庙古剧场三开间和五开间看楼

图 8-18　江苏苏州全晋会馆古剧场六开间看楼
（资料来源：http：//blog.sina.com.cn/s/blog_5ccecb810100mna8.html）

外，一些规模较大的剧场，其看楼多采用五开间或七开间的形式，如山西阳城县上伏村成汤庙古剧场的看楼为七开间（图 8-19）；而一些规模更大的古剧场，其看楼的开间则会增大至九开间或十一开间，如河南社旗县山陕会馆古剧场的看楼为十一开间（图 8-20）。

8.3.4　观众区的观戏方式

与现代剧场设置座席的情况不同的是，传统庭院式剧场观众看戏时一般随意站立于庭院之中，这一传统甚至延续至今，如苏州山塘街古剧场演出时，大部分观众站立观戏（图 8-21）；也有的庭院式剧场设置临时性的长凳，观众坐于长凳上观戏，如江苏昆山周庄古剧场（图 8-22）。此外传统庭院式剧场常采用左右分区、前后分区以及设置台阶的方式来将男性和女性观众群划分开来，这些分区大多是临时设置的，即男性观众和女性观众分别在暂时划定的区域内观戏。

8.4　探究方法及其运用

8.4.1　音质参数的选择

依据厅堂音质方面的评价体系，本章主要选取以下声学参数来对中国传统庭院式剧场的声场进行定

图 8-19　山西阳城县上伏村成汤庙古剧场七开间看楼

图 8-20　河南社旗县山陕会馆古剧场十一开间看楼
（资料来源：http：//blog.sina.com.cn/s/blog_4c021c4d0102wnxt.html）

图 8-21　苏州山塘街古剧场

（资料来源：https：//www.sohu. com/a/130575367-224377）

图 8-22　江苏昆山周庄古剧场

（资料来源：https：//www.tuniu.com/trips/12563078）

性与定量分析，它们分别是：早期衰减时间 *EDT*、混响时间 T_{15} 和 T_{30}、声压级 *SPL*、强度指数 *G*、清晰度 D_{50}、明晰度 C_{80} 以及语言传输指数 *STI* 等。值得注意的是，对于传统广场式剧场而言，在不考虑戏台自身建筑形制所造成影响的情况下，剧场声场中极少获得来自周边环境的反射声，故反映剧场声场重要音质参数的混响时间对此也便失去了其重要意义。与广场式剧场不同的是，尽管传统庭院式剧场声场中也少有混响声，但笔者依然选取混响时间来作为对其音质的重要评价参数，主要原因在于传统庭院式剧场能带给观众一定的主观混响感[①]。

所谓主观混响感，它是一种听觉上的主观感受，至今学界也尚未给出一个确切的定义，但国内外学者对它的研究却始终没有停止[②]。在西方，很早就开展了有关主观混响感的研究，Bishnu S. Atal 等人指出声场的早期衰变部分对混响感的主观感受影响较大；在国内，戴璐、孟子厚等学者则通过问卷调查的形式对主观混响感的影响因素进行了一系列听感实验的研究。结果表明，除混响时间外，声压级、频率、感知距离、平均吸声系数以及反射声方向等因素也对混响感具有显著影响。因此，对于无顶空间这种少有混响声的特殊声场，笔者不仅选取了混响时间（T_{15} 和 T_{30}）作为研究其音质的评价参数，而且还对早期衰减时间 *EDT* 进行了对比分析。

8.4.2　庭院式剧场的声学建模

根据不同的地势环境、庭院布局以及建筑规模等建造条件，传统庭院式剧场有着不同的建筑样式。对此，笔者在综合归纳各类传统庭院式剧场尺度规模的基础上，定制出一个基础的声学抽象模型，并通过对该模型的尺度规模、围合高度、散射系数等因素进行渐变的模拟方式来观察模型声场中各音质参数的变化情况，从而探究传统庭院式剧场所具有的某些声学特性。

值得注意的是，在整个庭院式剧场抽象模型尺寸渐变的过程中，庭院内的戏台始终保持着长、宽、高分

① 王季卿 . 中国传统戏场声学问题初探 [J]. 声学技术，2002（Z1）.

② Bradley J S. The Influence of Late Arriving Energy on Spatial Impression[J]. The Journal of the Acoustical Society of America，1995；Marshall A H，Barron M. Spatial Responsiveness in Concert Halls and the Origins of Spatial Impression[J]. Applied Acoustics，2001.

庭院式及厅堂式古剧场声学抽象模型各壁面吸声与散射系数　表 8-1

模型壁面	吸声系数						散射系数
	125Hz	250Hz	500Hz	1kHz	2kHz	4kHz	平均值
藻井（b）	30	20	15	13	10	8	80
立柱（b）	30	20	15	13	10	8	10
地面（a）	2	3	3	3	4	7	20
戏台（a）	2	3	3	3	4	7	20
戏台顶棚（b）	30	20	15	13	10	8	60
戏台墙面（b）	30	20	15	13	10	8	40
戏台斗栱（b）	30	20	15	13	10	8	80
戏台屋顶（a）	1	1	1	2	2	2	80
厅堂顶棚（b）	30	20	15	13	10	8	30
庭院侧墙（b）	30	20	15	13	10	8	40
观众人群（a）	15	38	42	43	45	45	55
透射界面	99.99	99.99	99.99	99.99	99.99	99.99	100

别为 7m、6m 及 1.5m 的尺度不变。同时，无指向性点声源设置在距戏台台面 1.6m 高，距台口框 3m 远的位置；各受声点则分别以彼此相隔 2m 或 4m 的间距在庭院内沿中轴线及其左侧排布成矩形方阵的形式，该方阵边界与戏台台口距离为 2m，且所有受声点均设置在距庭院地面 1.6m 高的位置；模型中无指向性点声源的声功率系数来源于软件 CATT 自带数据库，设置为 70 73 76 79 82 95 : 95 95；如表 8-1 所示，庭院式剧场抽象模型各壁面的吸声系数均源自于数据库 BB93[①]（用字母 a 加以标识）或 CATT 自带数据库（用字母 b 加以标识）；模型壁面各频带的散射系数则根据所建造的不同材质统一取各自相应的平均散射系数。

8.5　模拟与分析

8.5.1　庭院式剧场的庭院大小对其声场音质的影响

根据不同的建造规模，传统庭院式剧场空间尺度的大小则不尽相同。笔者通过查阅文献及实地调研，发现庭院式剧场的长度普遍控制在 12 ~ 46m 长的范围内，宽度则普遍控制在 10 ~ 32m 宽的范围内，且大多数剧场庭院的面积普遍控制在 250m^2 左右。对此，笔者创建出 3 个高度相同，但庭院大小不同的庭院式剧场声学抽象模型，它们的具体尺寸分别为（长度 × 宽度 × 高度）：15m × 10m × 8m（线形图中的模拟结果用 A 表示）、30m × 20m × 8m（线形图中的模拟结果用 B 表示）和 45m × 30m × 8m（线形图中的模拟结果用 C 表示），所建声学抽象模型见图 8-23。

（1）*EDT*、T_{15} 及 T_{30} 的对比分析

从图 8-24 中可以看出，在庭院式剧场抽象模型的高度保持不变的情况下，剧场各频带早期衰减时间 *EDT* 及混响时间 T_{15}、T_{30} 的模拟值均随着庭院面积的增大而逐渐增加，只是增幅并不大，尤其早期衰减时间 *EDT* 的增幅更是微乎其微，而混响时间 T_{30} 的增幅最大，但平均增幅也仅为 0.74s。这是因为在相同声源发声的条件下，剧场混响时间的长短主要由剧场的吸声量和空间大小所决定，即空间越大且吸声量越小的剧场，混响时间越长，而吸声越强且空间越小的剧场，混响时间也就越短。对于庭院式剧场而言，庭院面积的增大将导致庭院顶部的开敞面随之扩大，从而造成声场中混响声的逸散度相应增强。对此，也可理解成在庭院式剧场高度保持不变的情况下，尽管庭院式剧场声场空间随着庭院

① Department for Education. Building Bulletin 93 : Acoustic Design of Schools. London : TSO, 2003.

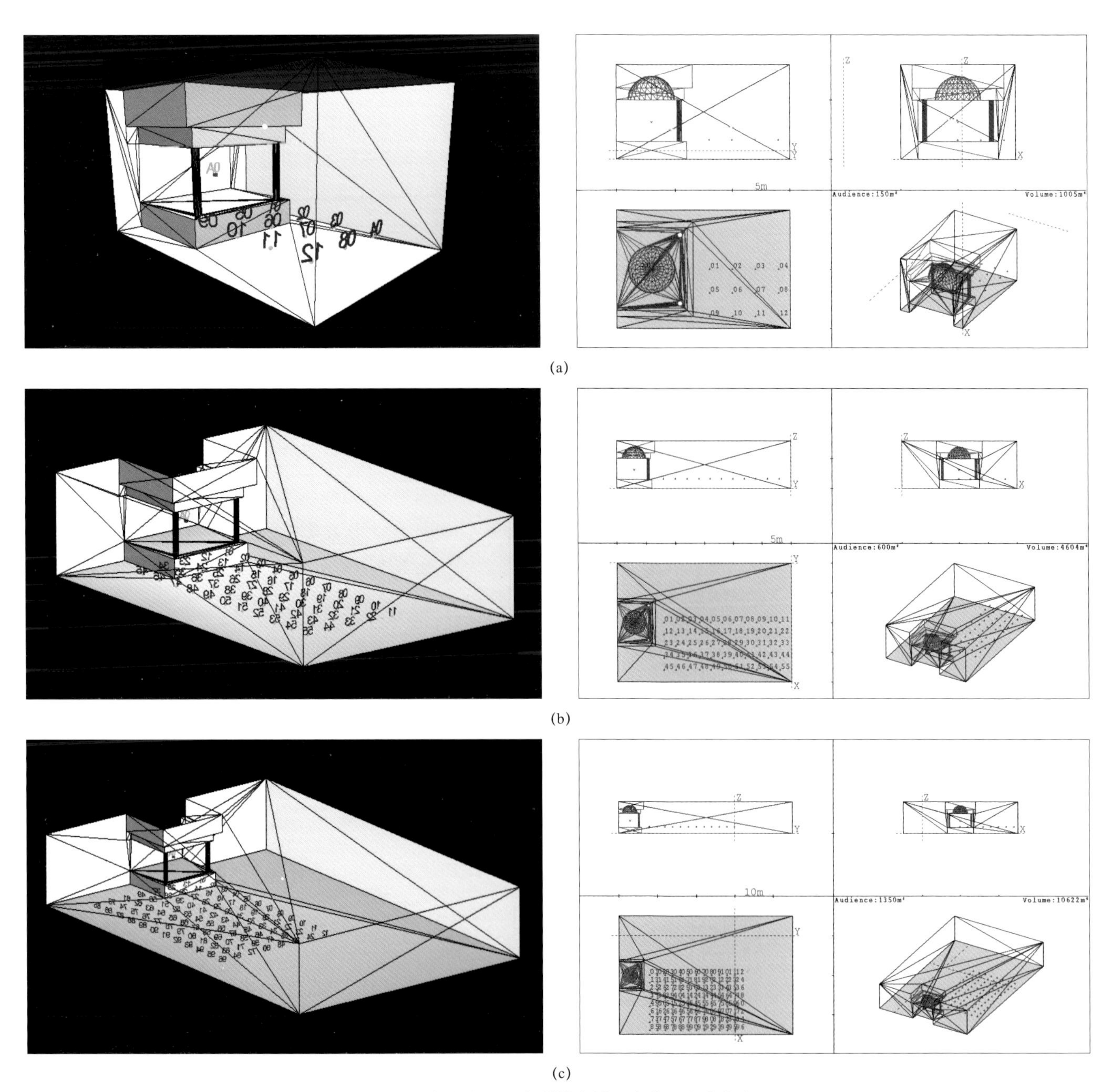

(a)

(b)

(c)

图 8-23　庭院式剧场声学抽象模型中庭院大小渐变图

面积的增加而逐渐增大，但剧场的吸声效果也在相应增强，尤其是庭院顶部开敞面的"吸声量"更是显著增多，从而使得庭院式剧场早期衰减时间 *EDT* 及混响时间 T_{15}、T_{30} 的模拟值并未发生显著变化。但可以看出的是，在庭院式剧场高度保持不变的情况下，庭院面积与剧场早期衰减时间 *EDT* 及混响时间 T_{15}、T_{30} 均呈正相关性。

此外，从图 8-24（c）中还可看出，随着庭院面积的逐渐增大，由软件 CATT 运用赛宾公式所计算得出的庭院式剧场各频带混响时间 T_{30} 与其模拟值一样，也在相应增加，只是其增幅更加不明显，最大平均增幅仅为 0.12s，显著小于混响时间 T_{30} 模拟值的最大平均增幅 0.74s。而且，除了庭院面积最小的剧场混响时间 T_{30} 的模拟值 0.91s 与赛宾公式计算值 0.97s 基本吻合外，随着庭院面积的逐渐增大，剧场混响时间 T_{30} 模拟值与赛宾公式计算值之间的差距也越来越大。这是因为在剧场庭院面积较小时，庭院顶部的开敞面也相应较小，其占整个剧场空间总表面积的比例也不大。所以，尽管存在着混响声从庭院顶部开敞面向外逸散的现象，但此时庭院式剧场声场的扩散性依旧良好，能够基本满足赛宾公式的计算条件。不过，随着庭院顶部开敞面的逐渐扩大，混响声向外逸散的程度也越来越多，从而导致庭院式剧场声场的扩散性也就越来越差，传统赛宾公式便不再适用。

（**2**）D_{50}、C_{80} 及 *STI* 的对比分析

从图 8–25 可以看出，随着庭院面积的逐渐增大，剧场声场清晰度 D_{50}、明晰度 C_{80} 及语言传输指数 *STI* 的模拟值也在相应提升，但提升幅度并不大，尤其明晰度 C_{80} 及语言传输指数 *STI* 几乎没有任何变化。这是因为，直达声（包括早期反射声）与混响声（尤其 50ms 或 80ms 之后的后期反射声）的声能比是直接影响声场清晰度和明晰度的重要参数。即直达声之后 50ms（对于语言声）或 80ms（对于音乐声）内到达的早期反射声能与此后到达的后期反射声能的比值越高，对音质的清晰度越有利，反之则越不利。对于庭院式剧场而言，庭院面积的增大将导致庭院顶部的开敞面随之扩大，此举对直达声的影响并不大，但能增强声场中早期反射声以及混响声的逸散度。因此，在庭院面积逐渐增大，而声场中早期反射声及混响声（尤其 50ms 或 80ms 之后的后期反射声）同时都减少的情况下，庭院式剧场的清晰度 D_{50}、明晰度 C_{80} 及语言传输指数 *STI* 模拟值的变化也便不会太明显。但可以看出的是，在庭院式剧场高度保持不变的情况下，庭院面积与剧场清晰度 D_{50}、明晰度 C_{80} 及语言传输指数 *STI* 均呈正相关性。

（**3**）*SPL* 及 *G* 的对比分析

从图 8–26 可以看出，随着庭院面积的逐渐增大，剧场声压级 *SPL* 及强度指数 *G* 的模拟值均相应在减小，且减幅相对较大。这是因为声压级 *SPL* 和强度指数 *G* 均是用来评价厅堂响度（或声音强弱）的音质指标，并与声源的指向性、声源的声功率、离声源的距离、剧场的空间尺度及平均吸声系数等因数相关。所以，在声源设置及受声点与声源的距离均保持不变的情况下，庭院式剧场的声压级 *SPL* 和强度指数 *G* 主要由剧场的空间尺度及平均吸声系数的大小所决定。而剧场高度不变，

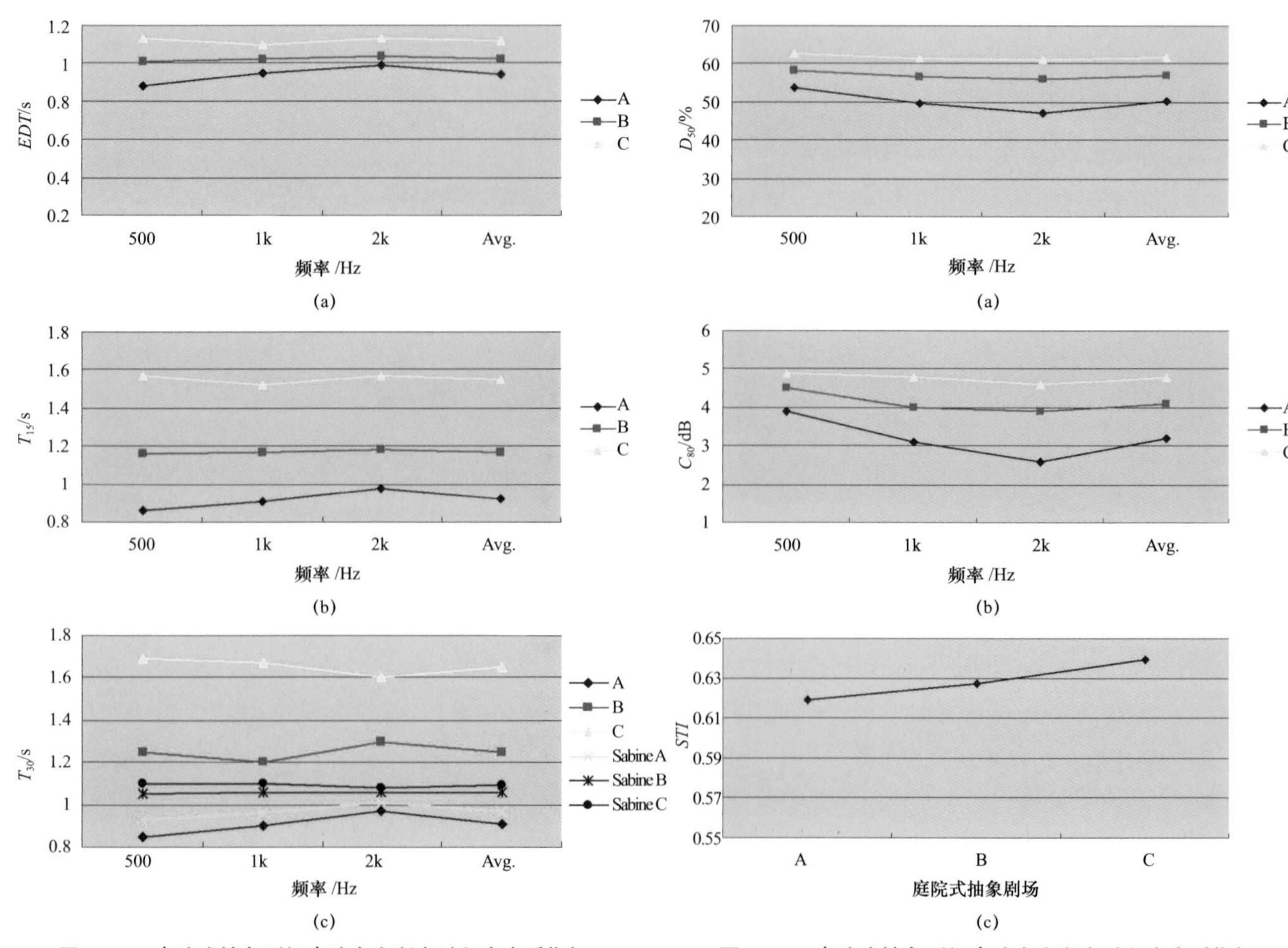

图 8–24　庭院式抽象剧场庭院大小渐变过程中音质指标 *EDT*、T_{15}、T_{30} 线形图

图 8–25　庭院式抽象剧场庭院大小渐变过程中音质指标 D_{50}、C_{80}、*STI* 线形图

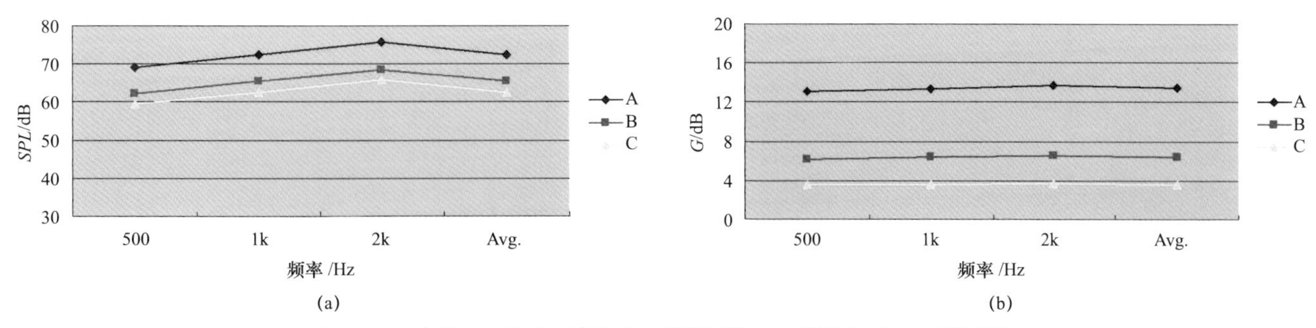

图 8–26　庭院式抽象剧场庭院大小渐变过程中音质指标 *SPL*、*G* 线形图

庭院面积逐渐增加的同时，庭院式剧场的空间尺度及庭院顶部的开敞面均随之增大，从而导致剧场各壁面所提供的反射声因到达受声点的反射路径变长而略微变小，反射声的逸散度因剧场顶部开敞面的增大而骤然变大（可理解成剧场的平均吸声系数骤然变大），以至于庭院式剧场内的混响声骤然减少，故声压级 *SPL* 和强度指数 *G* 也就明显减小。

8.5.2　庭院式剧场的围合高度对其声场音质的影响

根据不同的建造规模，传统庭院式剧场两侧厢房（看楼）的高度则不尽相同。笔者通过查阅文献及实地调研，发现庭院式剧场的围合高度普遍控制在 4 ~ 12m 高的范围内，且大多数单层厢房庭院的围合高度普遍在 4.5m 左右，双层厢房庭院的围合高度则普遍在 10m 左右。对此，笔者创建出 3 个庭院大小相同，但围合高度不同的庭院式剧场声学抽象模型，它们的具体尺寸分别为（长度 × 宽度 × 高度）：30m × 20m × 4m（线形图中的模拟结果用 A 表示）、30m × 20m × 8m（线形图中的模拟结果用 B 表示）和 30m × 20m × 12m（线形图中的模拟结果用 C 表示），所建声学抽象模型见图 8–27。

（1）*EDT*、T_{15} 及 T_{30} 的对比分析

从图 8–28 中可以看出，在庭院式剧场抽象模型的庭院大小保持不变的情况下，剧场各频带早期衰减时间 *EDT* 及混响时间 T_{15}、T_{30} 的模拟值均随着庭院围合高度的升高而逐渐增加，只是增幅并不明显，尤其混响时间 T_{30} 的增幅更是微乎其微，而早期衰减时间 *EDT* 的平均增幅最大，但也仅为 0.43s。这是因为在相同声源发声的条件下，剧场混响时间的长短主要由剧场的吸声量和空间大小所决定，即空间越大且吸声量越小的剧场，混响时间越长，而吸声越强且空间越小的剧场，混响时间也就越短。与上述庭院面积大小的变化情况不同的是，庭院围合高度的逐渐升高虽然致使剧场声场空间在相应地增大，但庭院顶部开敞面的大小却始终保持不变，从而造成声场中混响声的逸散度基本不变，因此剧场声场中的混响声也就随之增多。

理论上，剧场早期衰减时间 *EDT* 及混响时间 T_{15}、T_{30} 的增幅应当较为明显，但为何与上述庭院面积大小的变化情况一致，其增幅也都不太显著呢？这是因为，庭院围合高度的变化幅度（高差变化仅 8m）远不如庭院面积的变化幅度（大小变化为 1200m^2）那么大，所以庭院围合高度的升高造成剧场声场混响声能的增量也就并不太多，从而导致庭院式剧场早期衰减时间 *EDT* 及混响时间 T_{15}、T_{30} 的模拟值并未发生显著变化。但可以看出的是，在剧场庭院面积保持不变的情况下，庭院围合的高度与剧场早期衰减时间 *EDT* 及混响时间 T_{15}、T_{30} 均呈正相关性，这与上述庭院面积大小的变化情况一致。

此外，从图 8–28（c）中还可看出，与上述庭院面积大小的变化情况不同的是，随着庭院围合高度的逐渐升高，由软件 CATT 运用赛宾公式所计算得出的庭院式剧场各频带混响时间 T_{30} 与其模拟值一样，也在相应增加，只是其增幅虽然并不明显，但却较模拟值的增幅略大，其最大平均增幅为 0.45s，略大于混响时间 T_{30} 模拟值的最大平均增幅 0.23s。而且，随着庭院围合高度的逐渐升高，剧场混响时间 T_{30} 模拟值与赛宾公式计算值之间的差距也越来越小。尤其庭院围合高度最高的庭院式抽象剧场，其混响时间 T_{30} 的模拟值 1.31s 与赛宾公式计算值 1.30s 基本吻合。这是因为，随着庭院围合高度的逐渐升高，庭院顶部的开敞面所占整个剧场空间总表面积的比例在不断减小，尽管存在着混响声从庭院顶部开敞面向外逸散的现象，但庭院式剧场声场的扩散性则变得越来越好，甚至能基本满足赛宾公式的计算条

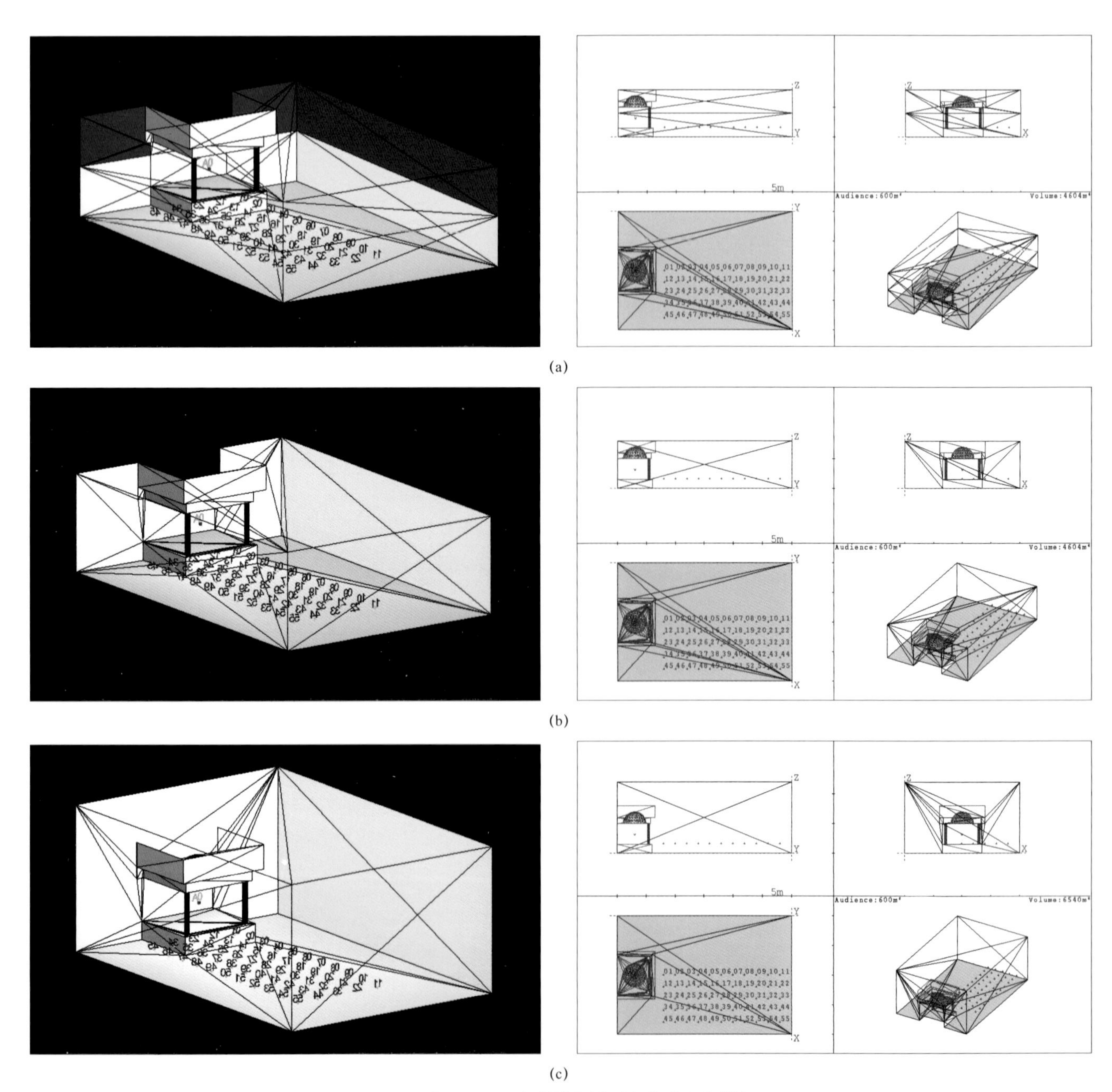

(a)

(b)

(c)

图 8-27　庭院式剧场声学抽象模型中庭院高度渐变图

件，从而致使 CATT 软件模拟值与赛宾公式计算值之间的偏差越来越小。

（**2**）D_{50}、C_{80} 及 *STI* 的对比分析

从图 8-29 可以看出，与上述庭院面积大小的变化情况不同的是，随着庭院围合高度的逐渐升高，剧场声场清晰度 D_{50}、明晰度 C_{80} 及语言传输指数 *STI* 的模拟值则在相应地降低，但降低幅度并不大。这是因为，直达声（包括早期反射声）与混响声（尤其 50ms 或 80ms 之后的后期反射声）的声能比是直接影响声场清晰度和明晰度的重要参数。即直达声之后 50ms（对于语言声）或 80ms（对于音乐声）内到达的早期反射声能与此后到达的后期反射声能的比值越高，对音质的清晰度越有利，反之则越不利。

对于庭院式剧场而言，庭院围合高度的升高不会造成庭院顶部开敞面的扩大，但会导致剧场空间的增大，所以此举对直达声的影响并不大，但能增强声场中早期反射声以及混响声的声能。不过，因为庭院围合高度的变化范围非常有限，最多仅 8m 的高差变化，所以

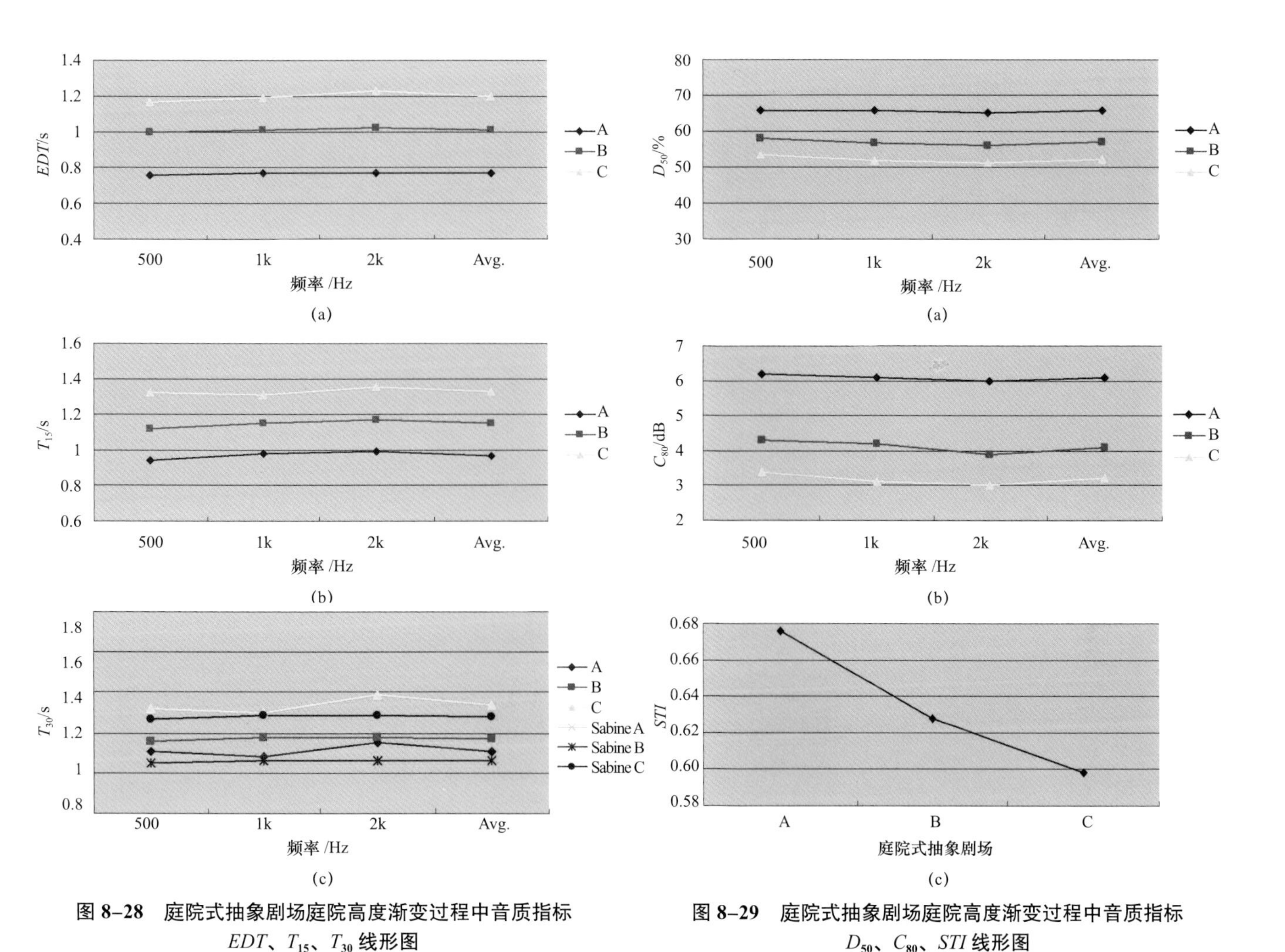

图 8–28　庭院式抽象剧场庭院高度渐变过程中音质指标 EDT、T_{15}、T_{30} 线形图

图 8–29　庭院式抽象剧场庭院高度渐变过程中音质指标 D_{50}、C_{80}、STI 线形图

导致声场中混响声的变化也是非常有限。从而，庭院式剧场的清晰度 D_{50}、明晰度 C_{80} 及语言传输指数 STI 模拟值的变化也就并不十分明显。但可以看出的是，在庭院式剧场面积大小保持不变的情况下，庭院围合高度与剧场清晰度 D_{50}、明晰度 C_{80} 及语言传输指数 STI 均呈负相关性，这与上述庭院面积大小的变化情况正好相反。

（**3**）*SPL* 及 *G* 的对比分析

从图 8–30 可以看出，随着庭院围合高度的逐渐升高，剧场声压级 *SPL* 及强度指数 *G* 的模拟值几乎均保持不变。这是因为声压级 *SPL* 和强度指数 *G* 均是用来评价厅堂响度（或声音强弱）的音质指标，并与声源的指向性、声源的声功率、离声源的距离、剧场的空间尺度及平均吸声系数等因数相关。在声源设置及受声点与声源的距离均保持不变的情况下，庭院式剧场的声压级 *SPL* 和强度指数 *G* 则主要由剧场的空间尺度及平均吸声系数的大小所决定。而剧场庭院大小不变，围合高度逐渐升高的同时，庭院式剧场的空间尺度虽随之增大，导致混响声能相应增多，但增幅并不明显（因庭院围合高度的提升幅度不大），且反射声的逸散度也不因剧场围合高度的升高而发生任何变化（可理解成剧场的平均吸声系数基本不变），故剧场声压级 *SPL* 和强度指数 *G* 的增幅也就很小，甚至可以忽略不计。

8.5.3　庭院式剧场的细部构造对其声场音质的影响

中国传统剧场和中国其他类型的古代建筑一样，均采用木料作为建造材料，故在建材种类的选择上显得相对单一。但中国古代建筑的美往往是以各建筑构件的精湛工艺和丰富内涵来得以体现，兼具实用性和观赏性。此外，因各建筑构件均为纯手工制作，故传统建筑的美也体现在了对各构件细部的打造上，例如榫卯搭建

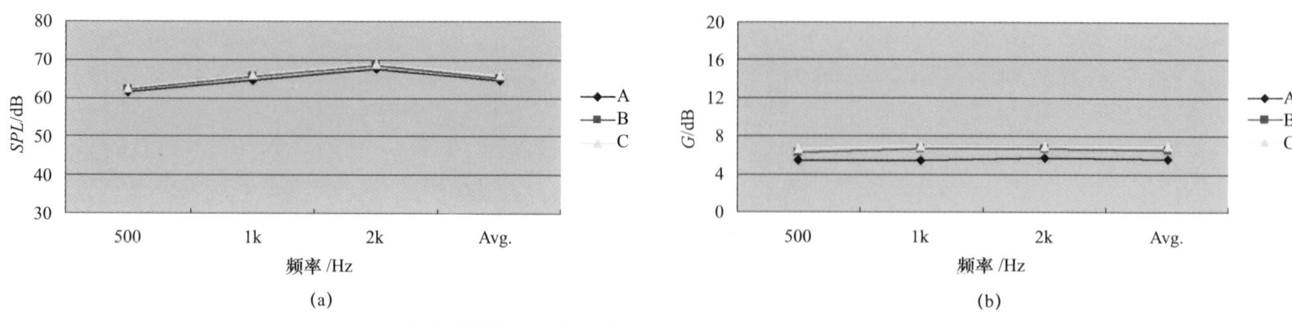

图 8–30　庭院式抽象剧场庭院高度渐变过程中音质指标 *SPL*、*G* 线形图

的斗栱、别样精致的栏杆、圆形镂空的窗花等。然而，所有这些细部的构造处理均无法精确地反映到声学模型的创建之中，但这些细部的构造却又真实地影响着声音的反射效果。因此，为了达到与之近似的模拟效果，唯一的办法便是逐渐改变模型各壁面的散射系数。而根据实际情况以及经验判断，中国传统建筑构件在软件 CATT 中的散射系数大致处于 20 ~ 80 的区间范围。此外，建筑细部的构造对厅堂式剧场声场的影响又如何，是否与其对庭院式剧场声场所造成的影响一致，也是值得进一步探究的问题。对此，笔者分别创建出尺度完全相同的庭院式和厅堂式剧场的声学抽象模型，它们的具体尺寸均为（长度 × 宽度 × 高度）：30m × 20m × 8m，各线形图中的 A、B、C 则代表了模型壁面吸声系数不变，而墙面散射系数分别为 20、50、80 的模拟结果，所建声学抽象模型见图 8–31。

（1）*EDT*、T_{15} 及 T_{30} 的对比分析

从图 8–32 中可以看出，庭院式剧场各频带早期衰减时间 *EDT* 及混响时间 T_{15}、T_{30} 的模拟值均随着庭院各壁面散射系数的增大而逐渐减少，只是减幅并不明显，尤其早期衰减时间 *EDT* 的减幅更是微乎其微，而混响时间 T_{30} 的减幅最大，但平均减幅也仅为 0.69s。这是因为在相同声源发声的条件下，剧场混响时间的长短

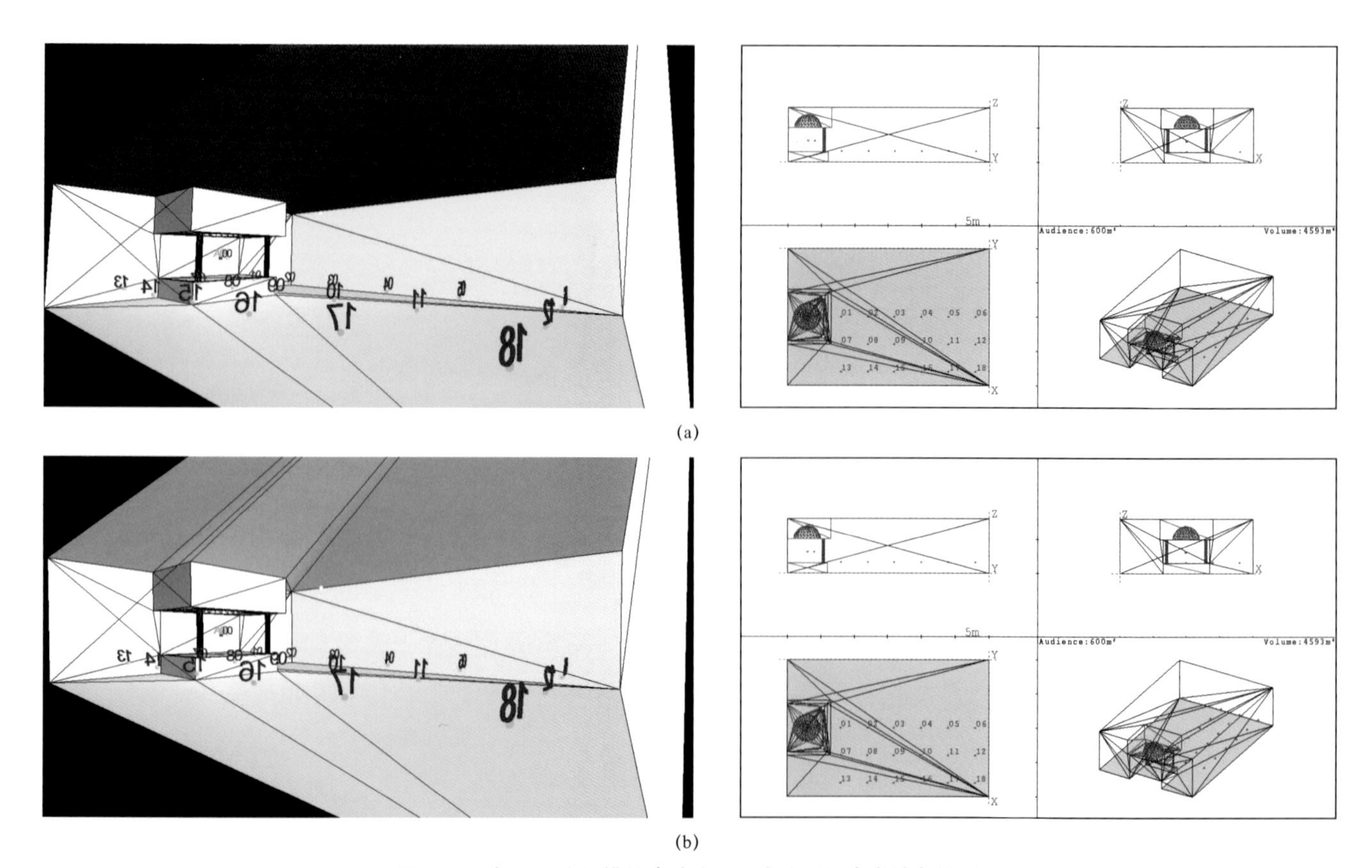

图 8–31　相同尺度规模的庭院式及厅堂式剧场声学抽象模型

主要由混响声能的大小所决定。即空间越大，吸声量越小，混响声越多的剧场，混响时间越长；而吸声越强，空间越小，混响声越少的剧场，混响时间也就越短。

首先，在剧场庭院各壁面散射系数逐渐增大的情况下，庭院式剧场的尺度自始至终没有发生任何的变化，因此庭院顶部开敞面的大小也就始终保持不变。其次，剧场庭院各壁面散射系数的逐渐增大，将导致越来越多的混响声从庭院顶部的开敞面扩散至剧场之外，从而增大了剧场混响声的逸散度，导致剧场声场内混响声的声能越来越少，混响时间也就相应地变短。不过，由于庭院式剧场声场内的混响声本来就很少，以至于随着剧场庭院各壁面散射系数的逐渐增大而逸散至剧场之外的混响声也并不多，庭院式剧场早期衰减时间 *EDT* 及混响时间 T_{15}、T_{30} 模拟值的减幅也就并不十分明显。

对于传统厅堂式抽象剧场而言，从图 8–33 中可以看出，剧场各频带早期衰减时间 *EDT* 及混响时间 T_{15}、T_{30} 的模拟值随着厅堂各壁面散射系数的增大而无任何变化。这是因为，与庭院式抽象剧场不同的是，厅堂式抽象剧场为全封闭空间，声场内混响声的逸散度几乎为0。所以，不论厅堂各壁面散射系数如何发生变化，声场内的混响声均无法逸散至剧场之外，即混响声能的大小基本保持不变。从而厅堂式抽象剧场早期衰减时间 *EDT* 及混响时间 T_{15}、T_{30} 的模拟值也就相应保持不变。此外，值得注意的是，从图 8–32 及图 8–33 中还可看出，不论庭院式抽象剧场还是厅堂式抽象剧场，随着剧场各壁面散射系数的逐渐增大，其通过赛宾公式计算得出的混响时间 T_{30} 均无任何变化。这也充分表明，赛宾公式计算的混响时间仅与声场空间的大小及总的吸声量相关，与空间各壁面的散射系数关联不大。总之，相较于传统厅堂式剧场而言，建筑构件的细部构造对庭院式剧场声场的影响更大，即建筑构件越繁琐，细部构造越华丽，厅堂式或庭院式剧场声场的扩散性便越好，以至于庭院式剧场声场混响声的逸散度也就越高，从而其

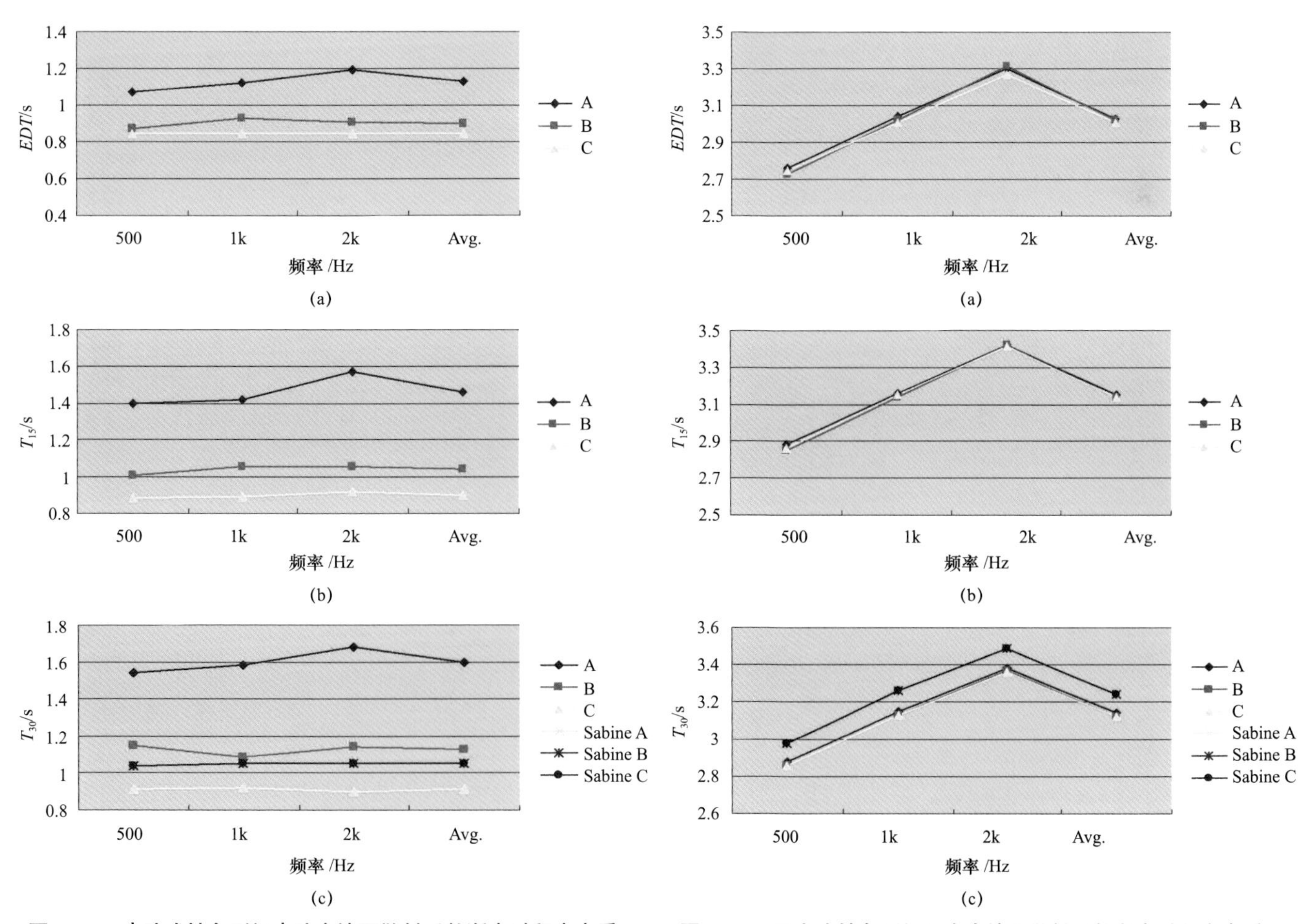

图 8–32　庭院式抽象剧场庭院内墙面散射系数渐变过程中音质指标 *EDT*、T_{15}、T_{30} 线形图

图 8–33　厅堂式抽象剧场厅堂内墙面散射系数渐变过程中音质指标 *EDT*、T_{15}、T_{30} 线形图

早期衰减时间 EDT 及混响时间 T_{15}、T_{30} 也就相应减少，但减幅并不大。

（2）D_{50}、C_{80}、SPL、G、LF 及 STI 的对比分析

对于传统庭院式抽象剧场而言，庭院各壁面散射系数的增大将导致剧场声场混响声的逸散度相应增加。因此，如图 8-34 所示，随着庭院式抽象剧场各壁面散射系数的逐渐增大，声场中的混响声则随之减少，声场清晰度 D_{50}、明晰度 C_{80} 及语言传输指数 STI 的模拟值便得到相应提升。同时，因声场中混响声的减少幅度并不大，故剧场声压级 SPL 及强度指数 G 基本保持不变；且因声场变得更为扩散，故侧向反射因子 LF 则随之减小，但减幅并不明显。此外，对于传统厅堂式抽象剧场而言，厅堂各壁面散射系数的增大不会导致剧场声场混响声能的任何改变。因此，如图 8-35 所示，随着厅堂式剧场各壁面散射系数的逐渐增大，声场清晰度 D_{50}、明晰度 C_{80} 及语言传输指数 STI 的模拟值几乎保持不变，剧场声压级 SPL 及强度指数 G 也基本保持不变，且因声场变得更为扩散，故侧向反射因子 LF 则随之减小，但减幅也不明显。

8.5.4 庭院式剧场的满场观众对其声场音质的影响

对于中国传统庭院式剧场建筑而言，上述各项因素主要分析的是剧场建筑本身对声场音质所产生的影响。除此之外，还有一项重要因素——观众人群，它对剧场声场音质的影响又如何呢？与厅堂式剧场相比，它对庭院式剧场声场音质的影响是否会更为明显呢？为一探究竟，笔者分别创建出尺度完全相同的庭院式和厅堂式剧场在观众满场时的抽象模型，它们的具体尺寸均为（长度 × 宽度 × 高度）：30m × 20m × 8m，所建声学抽象模型见图 8-36。此外，值得注意的是，笔者对满场观众的建模则是将其建成具有适当吸声和散射系数（见表 8-1）的一整块立方体来作为观众人群的抽象模型；该立方体的具体尺寸为（长度 × 宽度 × 高度）：

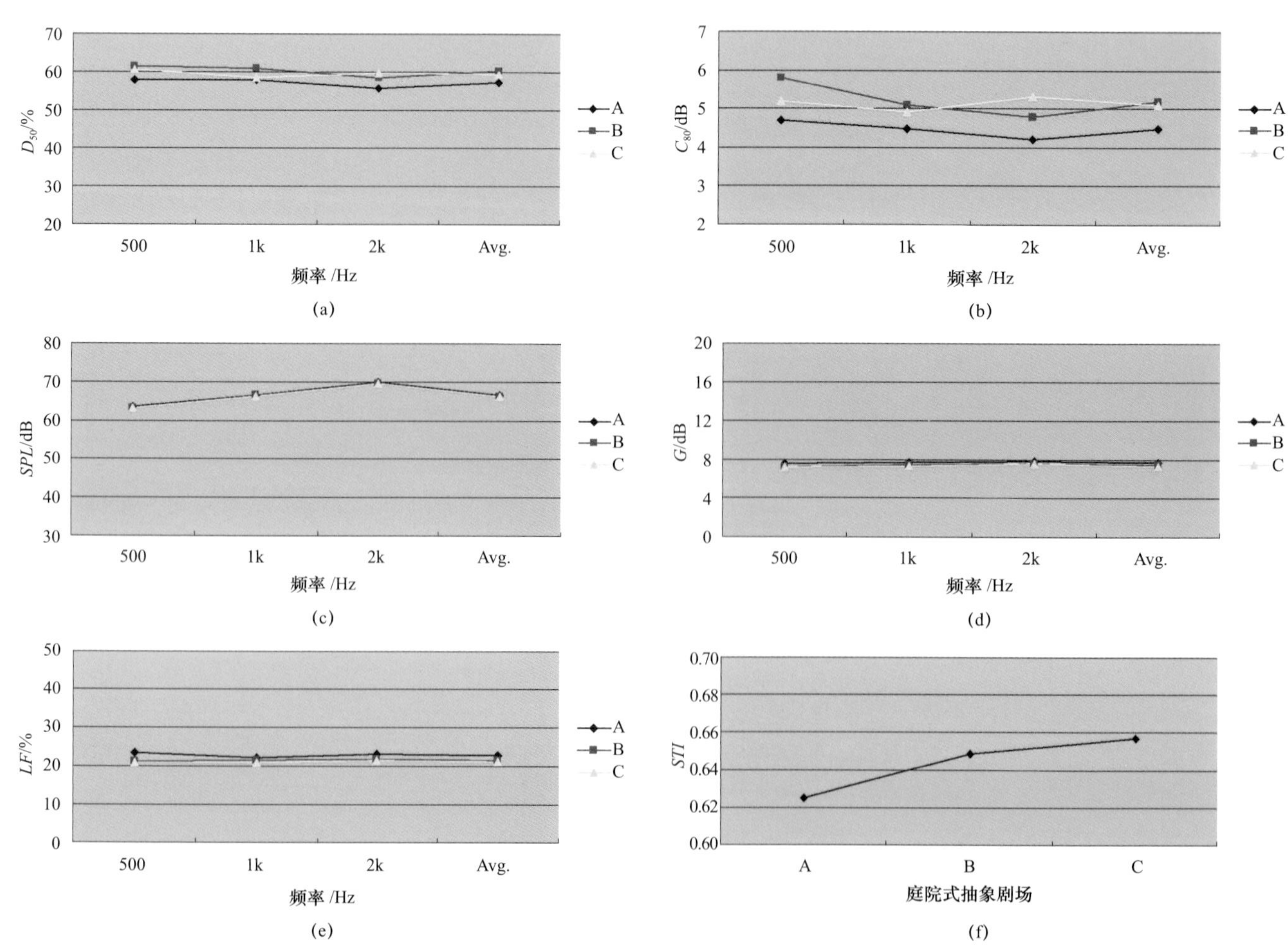

图 8-34 庭院式抽象剧场庭院内墙面散射系数渐变过程中音质指标 D_{50}、C_{80}、SPL、G、LF、STI 线形图

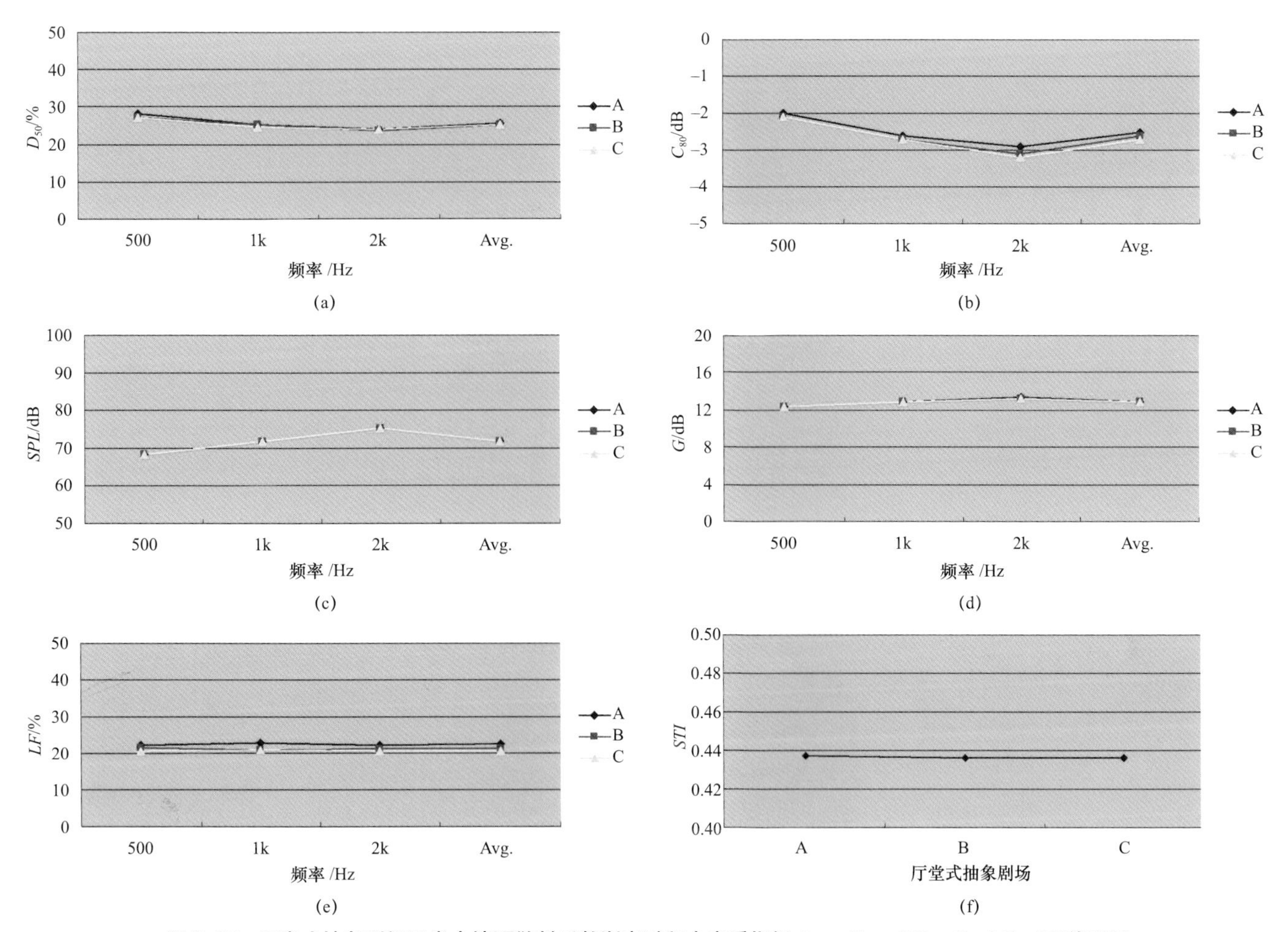

图 8-35　厅堂式抽象剧场厅堂内墙面散射系数渐变过程中音质指标 D_{50}、C_{80}、SPL、G、LF、STI 线形图

20m × 16m × 1.6m；且各线形图中的 A 和 B 分别表示剧场观众空场与满场时的模拟结果。

（1）EDT、T_{15} 及 T_{30} 的对比分析

如图 8-37 及图 8-38 所示，不论是传统庭院式还是传统厅堂式抽象剧场，观众满场时的混响时间均较空场时的混响时间短。这是因为剧场中的观众人群具有一定的吸声效果，能够吸收剧场声场中的一部分混响声。此外，从图 8-37 及图 8-38 中还可看出，厅堂式抽象剧场在空场与满场时混响时间的变化幅度较庭院式抽象剧场的变化幅度更为明显。对于庭院式抽象剧场而言，空场与满场混响时间的变化幅度并不大，甚至可以忽略不计。这是因为，与封闭空间的厅堂式抽象剧场相比，顶部开敞的庭院式抽象剧场声场中的混响声本来就不多，远不及厅堂式抽象剧场中的混响效果，故观众人群对庭院式抽象剧场声场音质的影响程度要显著小于其对厅堂式抽象剧场音质的影响程度。

此外，值得注意的是，不论是传统厅堂式抽象剧场还是传统庭院式抽象剧场，满场时的观众人群对剧场各频带早期衰减时间 EDT 的影响程度最大（其中厅堂式抽象剧场 EDT 的空场与满场平均变化幅度为 1.08s，庭院式抽象剧场 EDT 的空场与满场平均变化幅度为 0.12s），对剧场各频带混响时间 T_{15} 的影响程度次之（其中厅堂式抽象剧场 T_{15} 的空场与满场平均变化幅度为 0.86s，庭院式抽象剧场 T_{15} 的空场与满场平均变化幅度为 0.11s），而对剧场各频带混响时间 T_{30} 的影响程度则最小（其中厅堂式抽象剧场 T_{30} 的空场与满场平均变化幅度为 0.57s，庭院式抽象剧场 T_{30} 的空场与满场平均变化幅度为 0.08s）。

（2）D_{50}、C_{80}、SPL、G、LF 及 STI 的对比分析

从图 8-39 及图 8-40 中可以看出，不论是传统庭院式还是传统厅堂式抽象剧场，观众满场时剧场声场的清晰度 D_{50}、明晰度 C_{80} 及语言传输指数 STI 均较空场时的高。同时，从图 8-39 及图 8-40 中还可看出，厅堂式抽象剧场在空场与满场时清晰度 D_{50}、明晰度 C_{80} 及

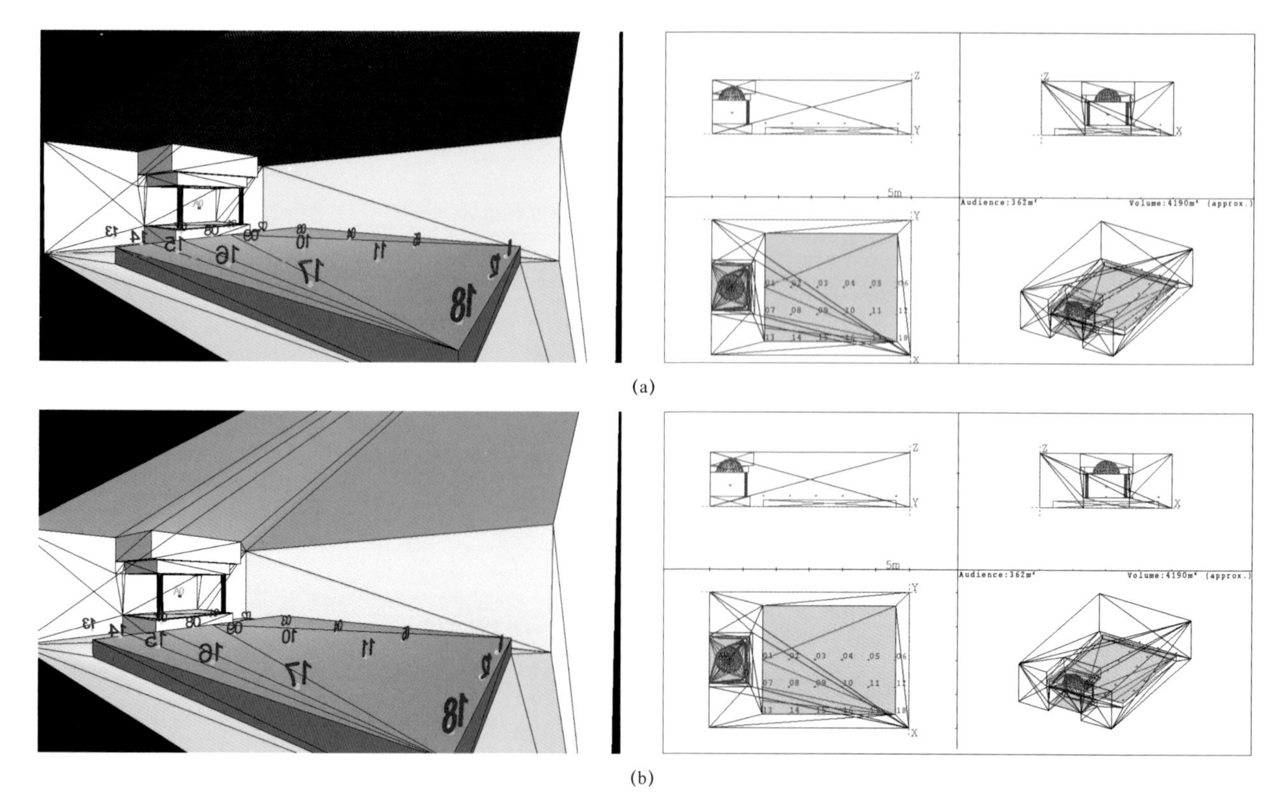

(a)

(b)

图 8-36　相同尺度规模的庭院式及厅堂式剧场观众区满场声学抽象模型

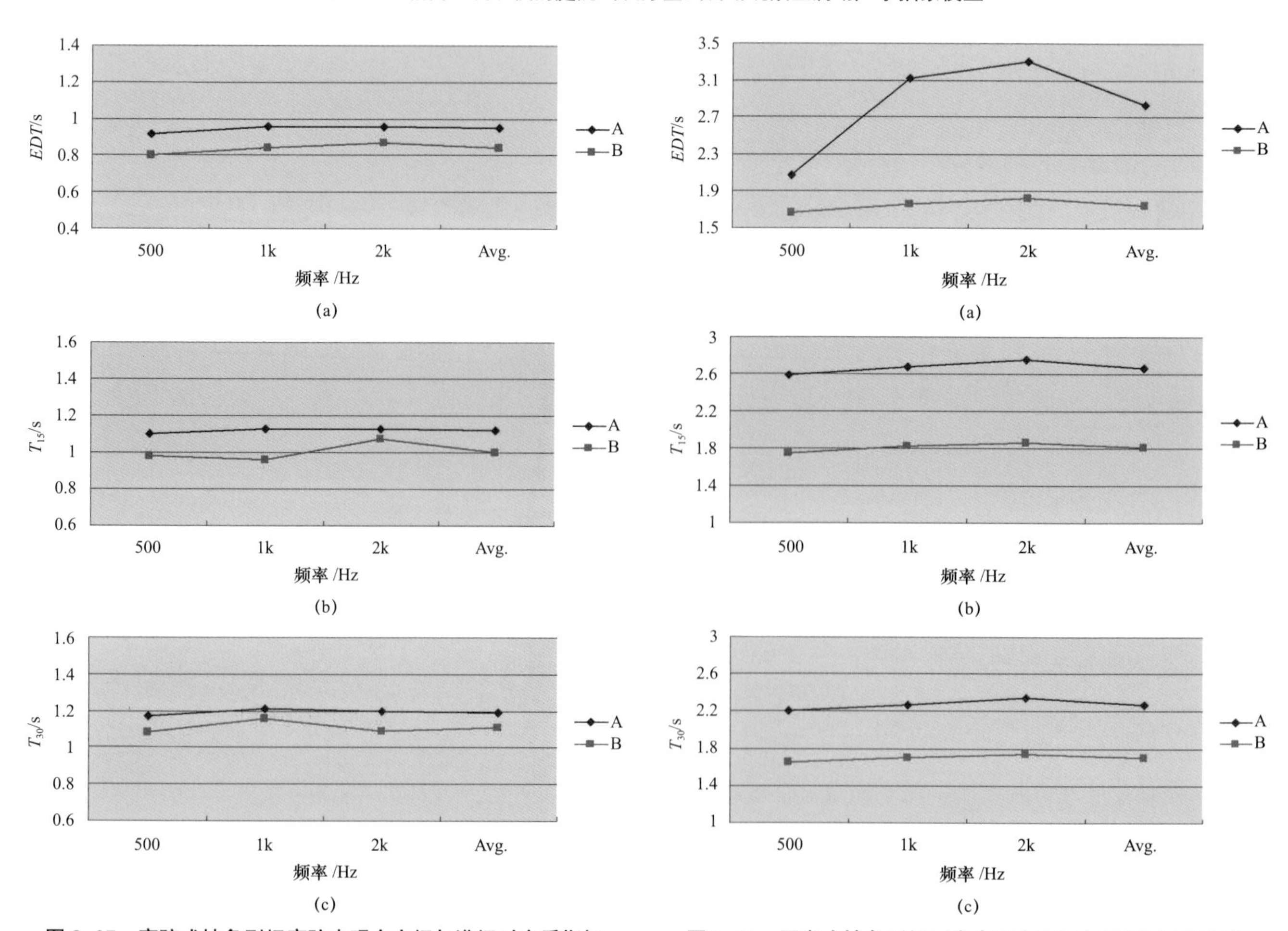

图 8-37　庭院式抽象剧场庭院内观众空场与满场时音质指标 EDT、T_{15}、T_{30} 线形图

图 8-38　厅堂式抽象剧场厅堂内观众空场与满场时音质指标 EDT、T_{15}、T_{30} 线形图

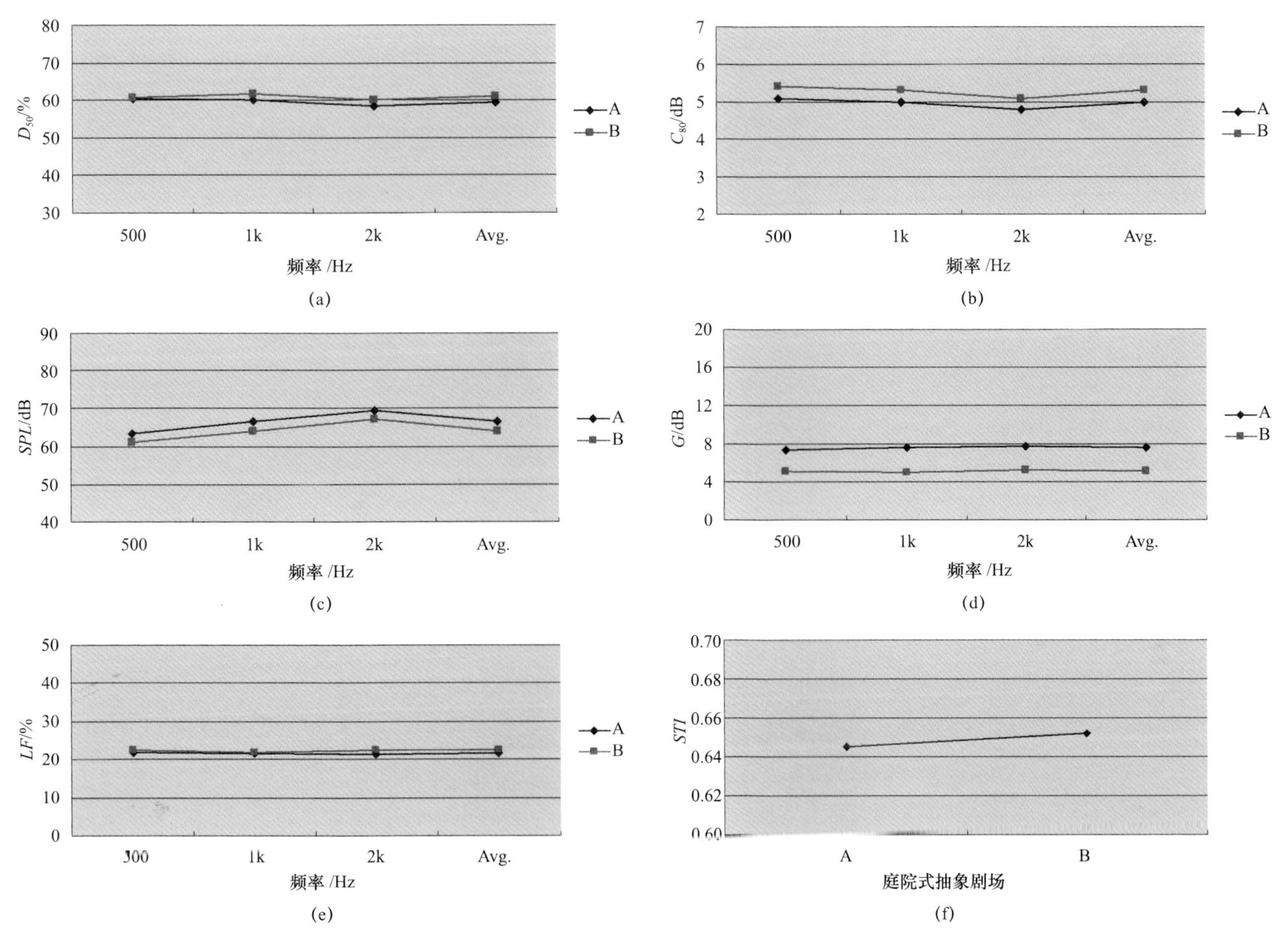

图 8-39　庭院式抽象剧场庭院内观众空场与满场时音质指标 D_{50}、C_{80}、SPL、G、LF、STI 线形图

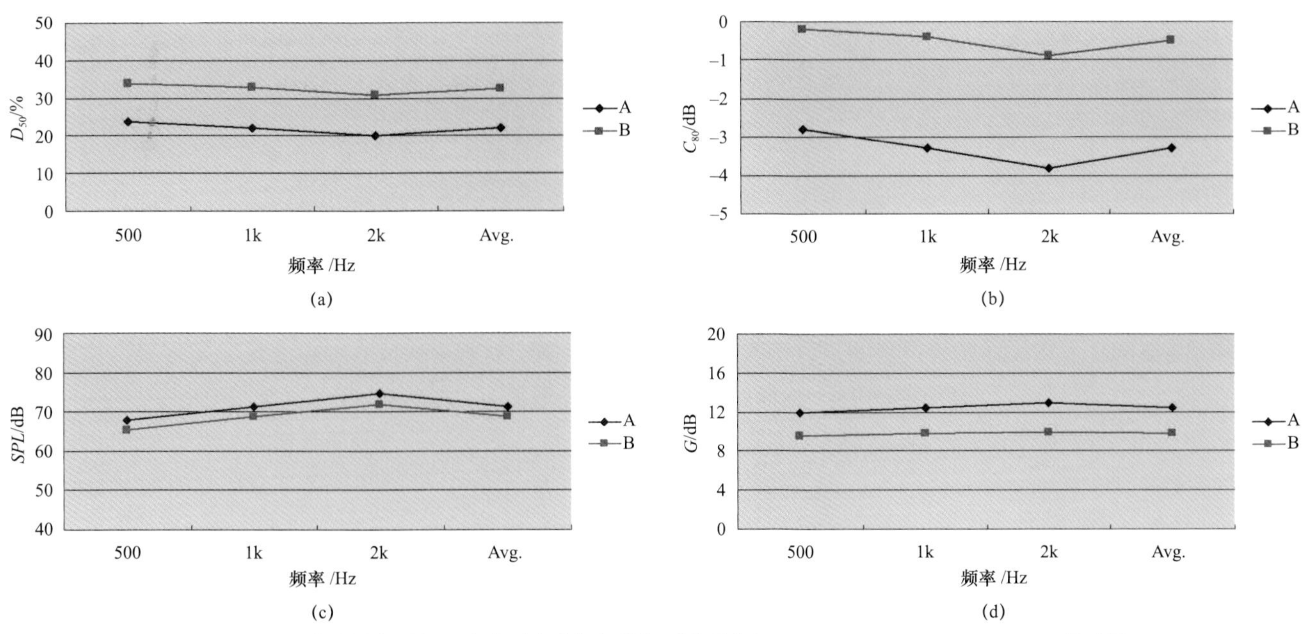

图 8-40　厅堂式抽象剧场厅堂内观众空场与满场时音质指标 D_{50}、C_{80}、SPL、G、LF、STI 线形图

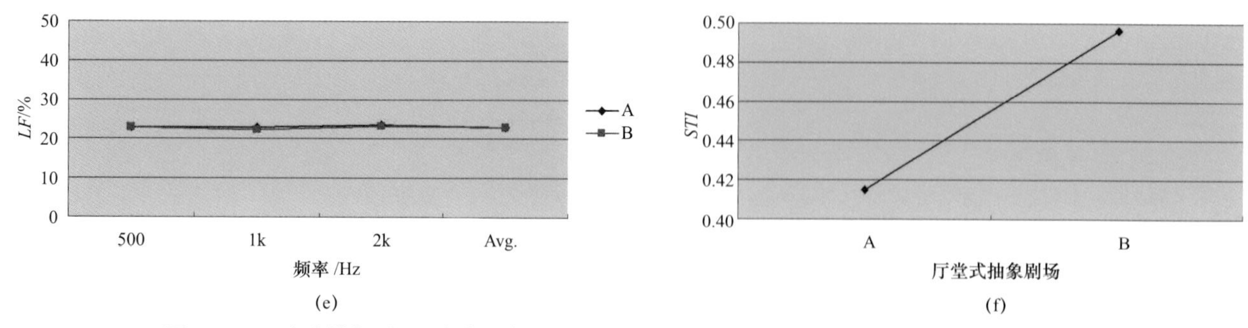

图 8-40 厅堂式抽象剧场厅堂内观众空场与满场时音质指标 D_{50}、C_{80}、*SPL*、*G*、*LF*、*STI* 线形图（续）

语言传输指数 *STI* 的变化幅度较庭院式抽象剧场的变化幅度更为明显。对于庭院式抽象剧场而言，空场与满场时清晰度 D_{50}、明晰度 C_{80} 及语言传输指数 *STI* 的变化幅度并不大，甚至可以忽略不计。这是因为清晰度 D_{50}、明晰度 C_{80} 及语言传输指数 *STI* 均与剧场声场内混响声的变化幅度紧密相关。

此外，如图 8-39 及图 8-40 所示，不论是传统庭院式还是传统厅堂式抽象剧场，观众满场时剧场声场的声压级 *SPL*、强度指数 *G* 以及侧向反射因子 *LF* 均较空场时的小。而且，厅堂式抽象剧场在空场与满场时声压级 *SPL*、强度指数 *G* 以及侧向反射因子 *LF* 的差异与庭院式抽象剧场的差异基本一致。这是因为声压级 *SPL*、强度指数 *G* 以及侧向反射因子 *LF* 受剧场声场混响声变化幅度的影响相对较小，其中声压级 *SPL* 及强度指数 *G* 主要受直达声及早期反射声的影响较大，而侧向反射因子 *LF* 则主要与剧场提供侧向反射声的壁面大小及其散射系数相关。因此，观众人群对剧场声场的声压级 *SPL*、强度指数 *G* 以及侧向反射因子 *LF* 的影响并不大。

8.6 本章小结

作为无屋顶覆盖的半开敞空间，传统庭院式剧场其声场有着与全开敞空间的传统广场式剧场和全封闭空间的传统厅堂式剧场截然不同的特殊性。比如，在剧场庭院面积保持不变的情况下，庭院围合的高度与剧场早期衰减时间 *EDT* 及混响时间 T_{15}、T_{30} 均呈正相关性，且剧场音质对庭院在围合高度变化上的反应较为敏感，不过由于传统庭院式剧场的看楼（厢房）最多不超过两层，庭院空间在围合高度上的尺度变化范围极为有限，致使其对剧场音质的实际影响并不大。又如，在庭院式剧场的围合高度保持不变的情况下，庭院面积与剧场早期衰减时间 *EDT* 及混响时间 T_{15}、T_{30} 均呈正相关性，且剧场音质对庭院在面积大小变化上的反应并不敏感。再如，庭院各壁面的散射系数与庭院式剧场早期衰减时间 *EDT* 及混响时间 T_{15}、T_{30} 均呈负相关性，即建筑构件越繁琐，细部构造越华丽，庭院式剧场声场的扩散性便越好，声场内混响声的逸散度也就越高，从而其早期衰减时间 *EDT* 及混响时间 T_{15}、T_{30} 也就相应减少。总之，对于不同规模的传统庭院式剧场，庭院面积越小，围合高度越高，细部构造越华丽，声场的扩散性便越好，实际混响时间与赛宾公式计算的混响时间也就越接近；反之，剧场声场的扩散性越差，两者的差异也就越大。但无论庭院的面积大小或围合高度如何发生变化，只要剧场的建造规模在增大，其实际混响时间便会随之增加，且清晰度 D_{50}、明晰度 C_{80} 及语言传输指数 *STI* 也会相应降低，但降幅不会太大，而声压级 *SPL* 及强度指数 *G* 主要与庭院的面积大小呈负相关性，与庭院围合高度的关系并不大。

综上所述，无论传统庭院式剧场的建筑形态及建造规模如何变化，其围合的庭院空间均能为观众提供一定程度的主观混响感，且混响时间大多集中在 1s 左右；同时，观众人群对演员唱腔的失真度及唱音频谱的均衡度影响并不大，剧场声场也具有较高的清晰度和一定的响度，能较好满足传统戏曲表演对唱腔可懂度方面的要求；此外，剧场内的建筑构件及其细部构造所形成的凹凸不平的漫反射结构还能有效规避噪声干扰、回声干扰及颤动回声干扰等方面的音质缺陷。

第九章　中国传统剧场建筑声学的发展

与第三部分其他各章节从微观角度对中国传统剧场的局部构件、组成单元及尺度规模等方面的建筑特征和声学特性进行回顾与探究不同的是，本章将首先从宏观的角度对不同类型传统剧场的建筑特征进行简要阐述，然后再根据露天广场式、庭院围合式及室内厅堂式三种类型的建筑样式，对中国传统剧场建筑声学特性进行整体性的对比分析，旨在更好地探究传统剧场建筑历史演变过程中的建筑声学发展状况。

9.1　中国传统剧场建筑的历史演变及建筑类型

9.1.1　历史演变过程

中国戏曲在世界戏剧文化史中独树一帜，与之密切相关的中国传统剧场在世界古代剧场史中也别具一格，故两者均入选了世界文化遗产名录。中国传统戏曲历史悠久，中国传统剧场也有着悠久的历史渊源。最早的传统剧场建筑保存至今者可追溯至金代（山西省高平市王报村二郎庙古剧场），迄今已有 838 年历史，且历朝历代传统剧场均是社会文化生活的重要活动中心，其在不同时期和地域曾有过多种名称和样式，如勾栏、瓦舍、舞亭、看棚、乐棚、戏楼、戏园、戏场等。

因戏曲最早起源于祭祀酬神活动，且延绵至近代，故用于祭祀酬神的传统剧场遍及全国各地，为数最多。随之而起的还有营业性传统剧场的出现，使戏曲队伍更为专业化，成为戏曲艺术提高和发展的主要支柱，以及一些供本帮商贾在通都大邑聚会活动的会馆中常设的传统剧场，以乡音联络情谊、酬酢助兴等活动为主。此外，在皇宫中更有规模宏大、装饰华丽、供节庆盛典之用的大型传统剧场和供帝王自娱的中型传统剧场，以及在一些王府、官邸、私宅、家园中亦有设置的小型传统剧场，成为一种风雅的时尚。随着戏曲发展、时代变迁及建筑条件的进步，出现了许多不同规模和制式的剧场，但就其建筑样式而言，主要有露天广场式剧场、庭院围合式剧场以及室内厅堂式剧场三种类型。

纵观历史演变，露天广场式、庭院围合式和室内厅堂式剧场在中国历史上是处于并存发展的状态，但就其建筑样式的具体演变过程而言，传统剧场建筑大致经历了两次历史沿革阶段[①]：一次是为了脱离纷繁杂扰的外界环境，获得相对安静独立的观演空间，剧场建筑样式从露天广场式演变至庭院围合式；一次是为了遮风避雨，不受季节气候影响，获得更为安静独立的观演空间，剧场建筑样式从庭院围合式演变至室内厅堂式。不过，这一建筑样式的历史演变过程还有待商榷。但不论传统剧场建筑有着怎样的样式演变过程，露天广场式剧场是传统剧场建筑最初的模式与形态，也是庭院围合式和室内厅堂式剧场的起源。因其布局简单随意，露天广场式剧场的观演模式在我国乡村至今仍有保留，尤其南方各省。如图 9-1 展示的是在贵州省安顺市西秀区大西桥镇鲍家屯村上演的黔剧“杨家将”，演出择一空旷开阔之地，观众四面环绕围观，一个简单而和谐的观演环境便由此形成。

9.1.2　露天广场式剧场

中国传统戏曲表演的早期场地与世界其他各国戏剧演出类的早期表演场地均为相似，仅一空旷的开阔场地即可展示戏曲表演。如图 9-2 所示，从原始野外的随地表演演变到固定的、甚至有屋顶的亭式戏台是传统剧场建筑形成的初级阶段[②]。戏台均高出地面，观众在广场上从戏台的正面或两侧三面围观，前台演戏后台扮

① 王季卿 . 中国传统戏场建筑考略之二——戏场特点 [J]. 同济大学学报（自然科学版），2002，30（2）.
② 朱雨溪 . 露天剧场建筑设计研究 [D]. 西安：西安建筑科技大学，2017.

图 9-1 露天广场式剧场的观演模式

（资料来源：https：//wenku.baidu.com/view/b5535fdbb8f67c1cfad6b8ee.html）

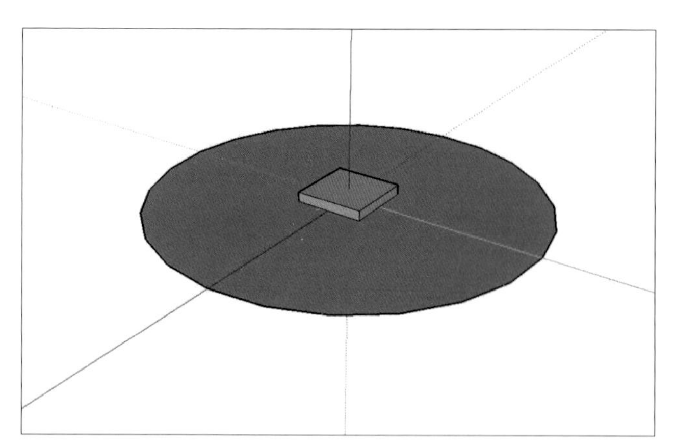
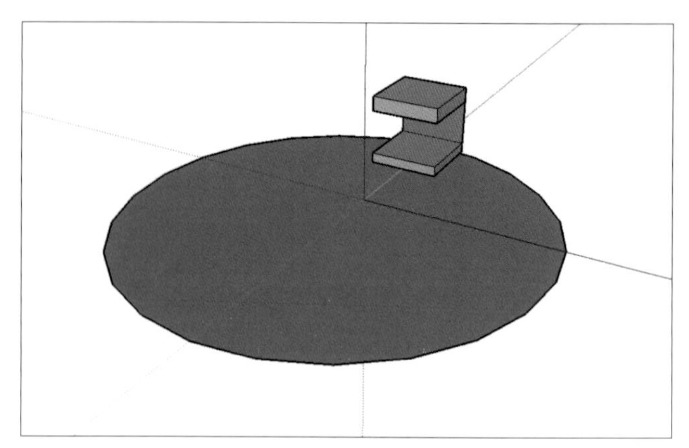

图 9-2 露天广场式剧场示意图

戏，中间有隔断的戏台格局便逐渐形成。这种剧场式样在古画中以及金、元以来的戏台遗址中均可考证。

9.1.3 庭院围合式剧场

四合院建筑形式在中国有着悠久的历史，亦多见于经济发达地区的寺庙建筑。作为庭院围合式剧场，它既能限制观众人群的数量，也能使剧场空间与四邻适当隔离，便于管理。庭院式剧场的正殿一般为供奉神像的宝殿，且名义上的戏曲演出也是为了酬神祈福，因此，戏台必设在正殿对面，通常布置在四合院中轴线上；中间有庭院相隔，也是观众站立看戏之地；且戏台大多采用三面开敞的形式，伸入庭院之中（图 9-3）。剧场内部两侧所设的配殿有时亦用作看戏的厢房。此外，庭院式剧场多为单层建筑，但也有将两侧厢房建成二层阁楼供女眷观戏之用的样式，该类样式多在江浙一带较为常见。

9.1.4 室内厅堂式剧场

随着建筑结构的发展，将戏台与观众席置于同一屋檐下所形成的大跨度厅堂空间成为现实。这类全封闭的传统剧场可以不受外界环境干扰以及天气季节影响而全天候地进行演出，对于营业性的专业剧场尤为重要，并更有利于戏曲表演的发展和进步。厅堂式传统剧场的历史并不长，不过 200 年左右。它保留了伸出式舞台三面围观的格局，池座中布置了桌椅，听众可边看戏边饮食，提高了娱乐享受条件（图 9-4）。因此，清代中叶以后，该类茶园剧场广为盛行。此外，当戏文中的唱腔成为戏曲发展中极为重要的因素之后，

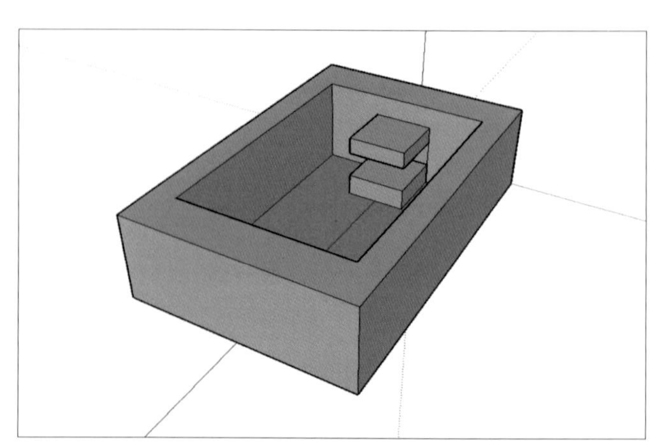

图 9-3 庭院围合式剧场示意图

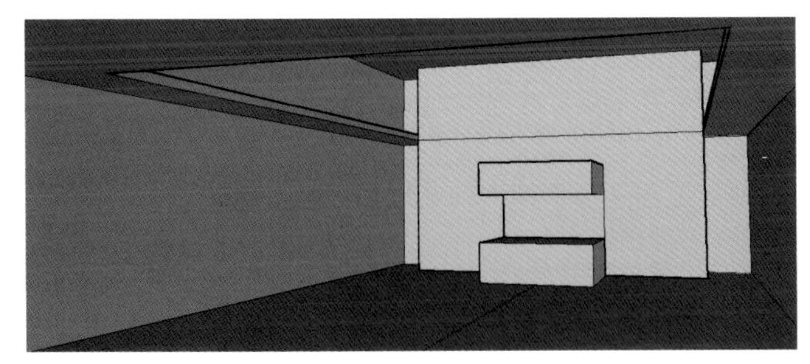

图 9-4　室内厅堂式剧场示意图

人们对听音要求亦随之提高。为了增加听众容量而又保持至舞台的视距不太远，清末民初的厅堂式传统剧场中大多设有楼座，这种又称为包厢的座席居高临下，视听效果俱佳，亦与一般观众分开而显其位置特殊。有时包厢亦专供女眷使用，以符合当时男女授受不亲，不能混杂而坐的封建礼仪。

9.2　探究方法及其运用

探究中国传统剧场建筑历史演变过程中的声学发展特性，最为直接、最为有效的方法便是对其进行实地测量。因为实测既能获得传统剧场声场真实状况的第一手声学数据，又能设身处地地感受其声场音质效果，但缺点是无法根据主观设想对其建筑形制及声学发展特性展开较为全面、系统的探索研究。比如，就算在资金与建材均为充沛的情况下，想在现实环境中通过改造古建的方式来改变传统剧场的建筑形制从而达到探究其声学发展特性的目的，其可行性也不大。然而，构建计算机声学模型则是解决这一问题最为有效和可行的探究方法。

对此，笔者首先建立了一个早期露天广场式传统剧场的抽象模型，然后在该模型的基础上依据剧场建筑的历史演变进程逐渐对其样式进行改造，接着通过逐一的声学模拟及对比分析来对传统剧场建筑形制在逐步历史演变进程中其声学特性所发生的相应变化展开全面、系统的探究。

9.2.1　音质参数的选择

本章主要选取以下音质参数来展开定性和定量分析，它们分别是：早期衰减时间 *EDT*、混响时间 T_{15} 和 T_{30}、声压级 *SPL*、强度指数 *G*、清晰度 D_{50}、明晰度 C_{80}、侧向反射因子 *LF* 以及语言传输指数 *STI*。

9.2.2　传统剧场建筑历史演变过程的声学建模

纵观传统剧场建筑的历史演变进程，4 个抽象模型即可概括其全部的建筑样式（图 9-5），它们分别是：露天广场式剧场、亭式戏台式剧场、庭院围合式剧场以及室内厅堂式剧场[①]。其中，露天广场式剧场的模型仅呈现为一个单纯的至于开阔平面上的台子，台面四周及顶部均无任何建筑物围合；而亭式戏台式剧场的模型则呈现为一个抽象的三面观戏台，戏台的各组成构件均被简化，例如戏台顶部的藻井被抽象简化为一个半径为 2m 的半球体；对于庭院围合式剧场及室内厅堂式剧场的模型，则仅在亭式戏台式剧场模型的基础上建成半开敞和全封闭的剧场空间围合样式。

值得注意的是，笔者在综合考量各类传统剧场尺度规模的基础上，定制出一个标准模型，即尺度规模较为适中的抽象剧场模型。例如，古戏台的高度大多处于 1 ~ 2.5m 的区间范围内，为此笔者取 1.5m 作为抽象剧场标准模型中戏台台面的高度。从而，抽象剧场中戏台长度、进深及高度的尺寸分别为 7m、6m 和 1.5m；庭院式及厅堂式剧场空间长度、宽度及高度的尺寸则分别为 30m、20m 和 8m。此外，无指向性声源位于戏台中部距台口 3m 远，距台面 1.6m 高的位置；同时，从距台口 3m 处起，各受声点分别以彼此相隔 4m 的间距由近及远在观众区内呈方形阵列排布，且均距地面 1.6m 高；戏台上还设有一个距无指向性声源 1m，并与其等高的受声点，该受声点旨在为评价舞台支持度所设。

模拟中，无指向性点声源的声功率系数来源于软件 CATT 自带数据库，设置为 70 73 76 79 82 95 : 95 95，上述 4 个抽象剧场模型各壁面材质的吸声及平均扩散系数的设置如表 9-1 所示。其中，剧场抽象模型各壁面的吸声系数均源自于数据库 BB93[②]（用字母 a 加以标识）或 CATT 自带数据库（用字母 b 加以标识）；模型壁面各频带的散射系数则根据所建造的不同材质统

① 本章为表述方便，各图表中的 A、B、C、D 分别代指露天广场式剧场、亭式戏台式剧场、庭院围合式剧场和室内厅堂式剧场抽象模型。

② Department for Education. Building Bulletin 93 : Acoustic Design of Schools. London : TSO，2003.

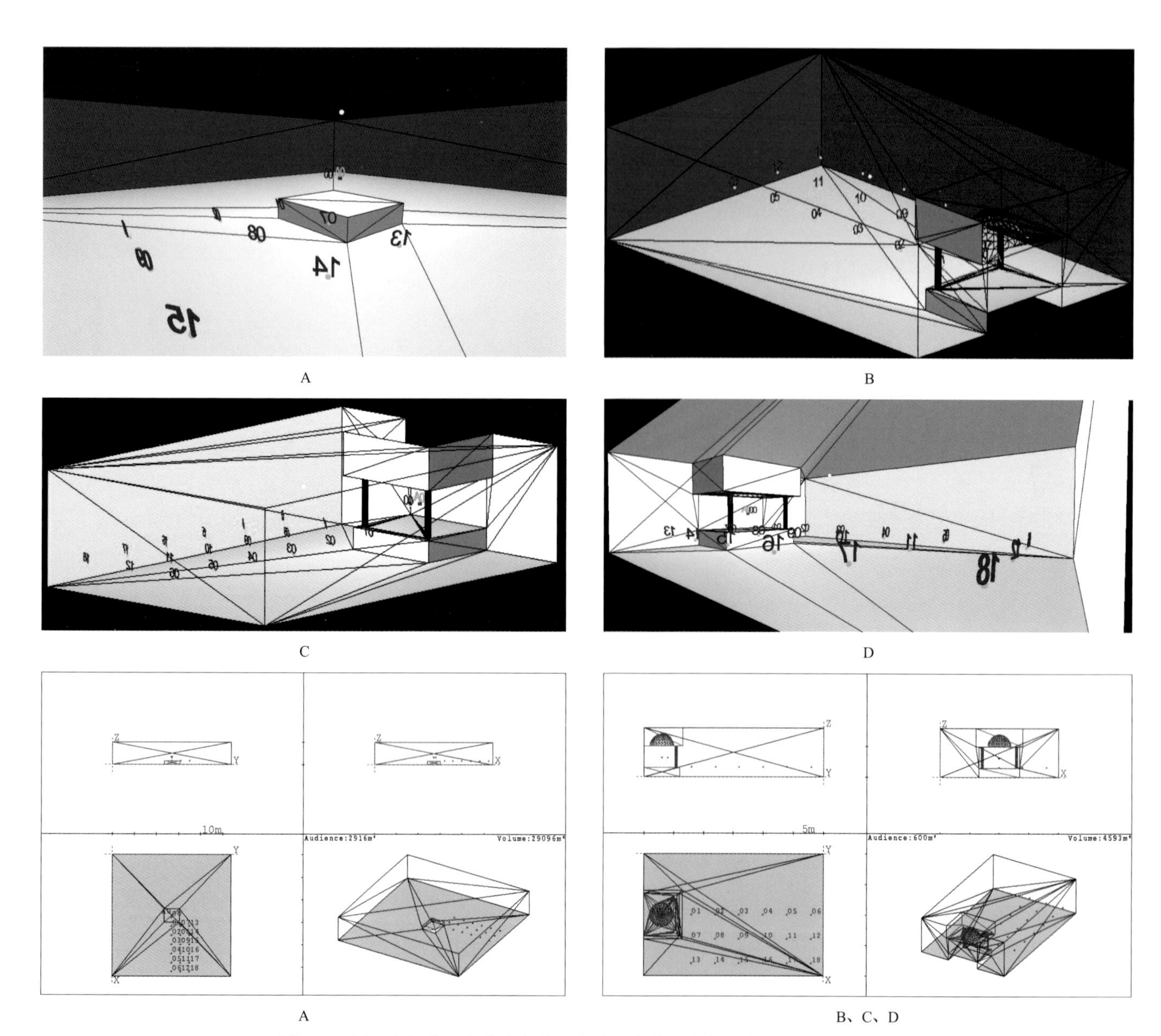

图 9-5　露天广场式、亭式戏台式、庭院围合式及室内厅堂式剧场抽象模型

露天广场式、亭式戏台式、庭院围合式及室内厅堂式剧场抽象模型各壁面吸声与散射系数　　表 9-1

模型壁面	吸声系数						散射系数
	125Hz	250Hz	500Hz	1kHz	2kHz	4kHz	平均值
藻井（b）	30	20	15	13	10	8	80
立柱（b）	30	20	15	13	10	8	10
地面（a）	2	3	3	3	4	7	20
戏台（a）	2	3	3	3	4	7	20
戏台顶棚（b）	30	20	15	13	10	8	60
戏台墙面（b）	30	20	15	13	10	8	40
戏台斗栱（b）	30	20	15	13	10	8	80
戏台屋顶（a）	1	1	1	2	2	2	80
厅堂顶棚（b）	30	20	15	13	10	8	30

续表

模型壁面	吸声系数						散射系数
	125Hz	250Hz	500Hz	1kHz	2kHz	4kHz	平均值
剧场墙面（b）	30	20	15	13	10	8	40
观众人群（a）	15	38	42	43	45	45	55
透射界面	99.99	99.99	99.99	99.99	99.99	99.99	100

一取各自相应的平均系数。下文将针对上述 4 个传统剧场抽象模型的各项声学模拟指标展开对比分析。

9.3　模拟与分析

9.3.1　早期衰减时间 *EDT*

如图 9-6（a）所示，按传统剧场由露天广场式，到亭式戏台式，到庭院围合式，再到室内厅堂式的发展演变过程来看，4 个抽象剧场观众区内早期衰减时间 EDT_m 的模拟值随着剧场模型空间封闭性的逐渐增强而相应增大（因考虑到戏曲唱腔的发声频率大多集中在 500 ~ 1000Hz 的频带范围内，故此处的 EDT_m 是各剧场模型在 500Hz 及 1000Hz 两个频带下各自早期衰减时间 *EDT* 的平均值）。图表中，数值最小的露天广场式剧场抽象模型（A）观众区内早期衰减时间 EDT_m 的平均模拟值几乎为 0s，而数值最大的室内厅堂式剧场抽象模型（D）观众区内早期衰减时间 EDT_m 的平均模拟值则为 2.80s。这一偌大的差距充分表明，剧场观众区内早期衰减时间 *EDT* 的长短与剧场空间的封闭性呈正相关性。即剧场空间的封闭性越强，其观众区内所测得的早期衰减时间 *EDT* 也就相应越长，反之越短。

相同的是，戏台上受声点 EDT_m 的模拟值也随着剧场模型空间封闭性的逐渐增强而增大。如图 9-6（a）所示，数值最小的露天广场式剧场抽象模型（A）戏台上早期衰减时间 EDT_m 的模拟值几乎为 0s（因模拟值太小，导致软件 CATT 未能计算出），而数值最大的室内厅堂式剧场抽象模型（D）戏台上早期衰减时间 EDT_m 的模拟值则为 0.62s。这一细微的差距表明，剧场戏台上早期衰减时间 *EDT* 的长短与剧场空间的封闭性也呈正相关性，但远不如观众区的正相关性变化明显；或者说，剧场封闭性的强弱对戏台声学支持度的影响效果远不如对观众区内声场音质的影响效果更加显著。同时，图 9-6（a）还展示了剧场模型中各受声点早期衰减时间 EDT_m 的相互差异及变化情况。即，从 EDT_m 与受声点到声源距离的线性图各趋势线可以看出，其斜率均较小，且各受声点 EDT_m 的模拟值与相应趋势线的偏差也较小，这表明 4 个抽象剧场模型观众区内的声能分布都非常均衡。

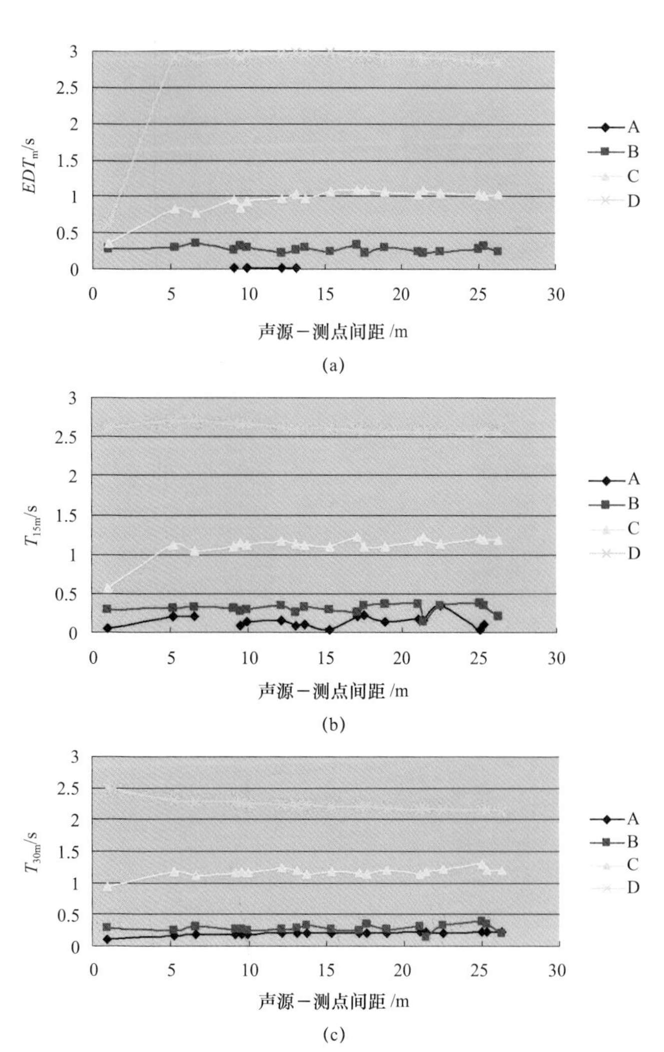

图 9-6　露天广场式、亭式戏台式、庭院围合式及室内厅堂式剧场抽象模型中音质指标 EDT_m、T_{15m}、T_{30m} 线形图

此外，从图 9-6(a)中还可以看出，庭院围合式(C)及室内厅堂式（D）剧场抽象模型中戏台上 EDT_m 的模拟值均明显小于其各自观众区内 EDT_m 的模拟值，而露天广场式（A）及亭式戏台式（B）剧场抽象模型中戏台上 EDT_m 的模拟值则与其各自观众区内 EDT_m 的模拟值非常相近，甚至基本一致。这是因为受声点在庭院围合式（C）及室内厅堂式（D）剧场抽象模型戏台上所获得的早期反射声较观众区内所获得的虽然更大，但其声能衰减速度也更快，而受声点在露天广场式（A）及亭式戏台式（B）剧场抽象模型戏台上所获得的早期反射声较观众区内所获得的虽然也更大，但其声能衰减速度却基本相同。因此，庭院围合式（C）及室内厅堂式（D）剧场抽象模型中戏台上早期反射声声能衰减曲线的斜率较观众区内的稍大，而露天广场式（A）及亭式戏台式（B）剧场抽象模型戏台上早期反射声声能衰减曲线的斜率则与观众区内的基本一致，该现象可由声场脉冲响应图 9-7 得到较为直观的展现。

9.3.2 混响时间 T_{15}

如图 9-6（b）所示，剧场模型观众区内混响时间 T_{15m} 模拟值的线条图总体看来与观众区内早期衰减时间 EDT_m 模拟值线条图的变化趋势基本一致（此处的 T_{15m} 是各剧场模型在 500Hz 及 1000Hz 两个频带下各自混响时间 T_{15} 的平均值）。即剧场观众区内混响时间 T_{15m} 的长短与剧场空间的封闭性也呈正相关性。换言之，剧场空间的封闭性越强，其观众区内所测得的混响时间 T_{15} 也就相应越长，反之越短。此外，剧场模型戏台上混响时间 T_{15m} 模拟值的变化情况总体看来与戏台早期衰减时间 EDT_m 模拟值的变化情况也基本一致。即剧场戏台混响时间 T_{15m} 的长短与剧场空间的封闭性也呈正相关性。但值得注意的是，室内厅堂式剧场抽象模型（D）戏台上混响时间 T_{15m} 的模拟值与其观众区内混响时间 T_{15m} 的模拟值基本相同。这是因为室内厅堂式剧场抽象模型（D）中戏台上紧随直达声后各反射声声压级降低

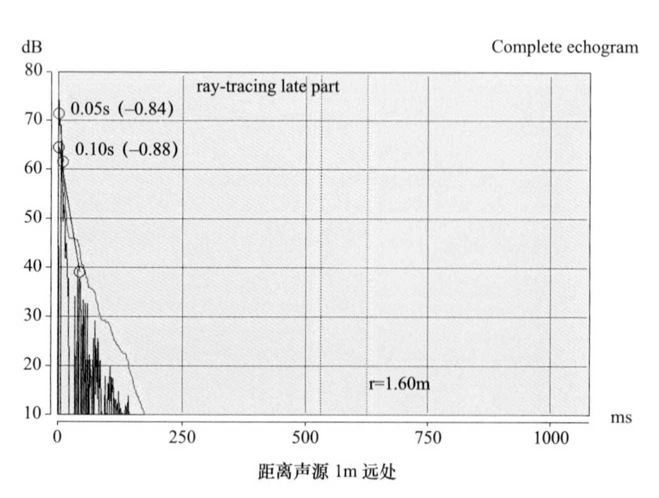

距离声源 1m 远处

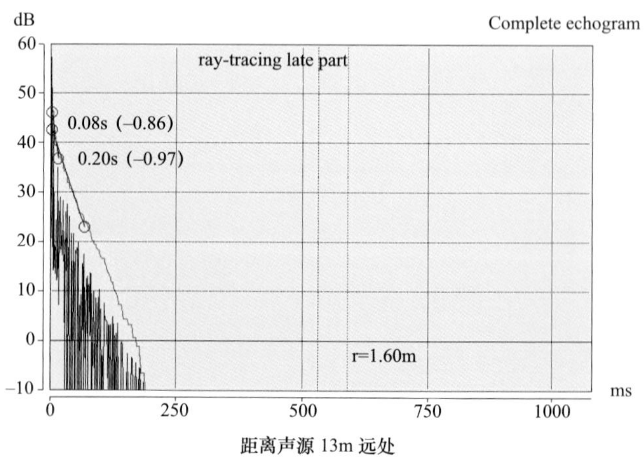

距离声源 13m 远处

A

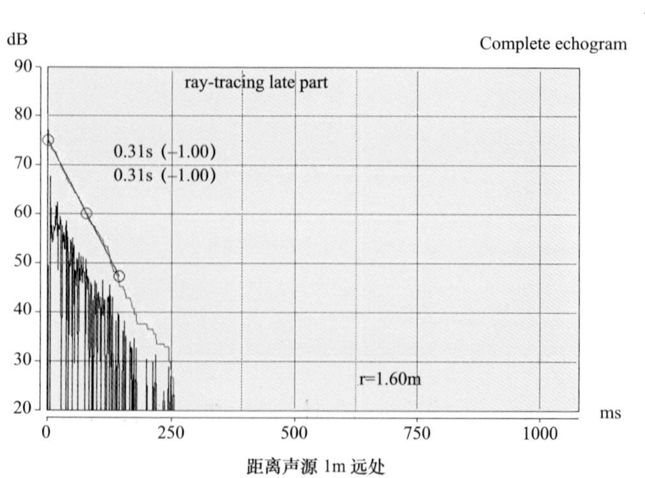

距离声源 1m 远处

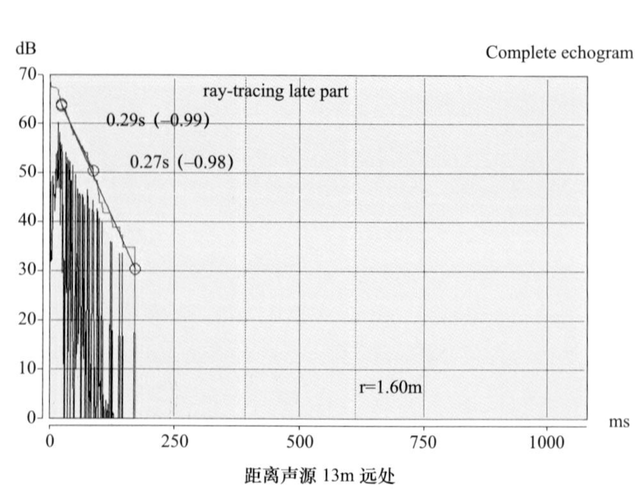

距离声源 13m 远处

B

图 9-7　露天广场式（A）、亭式戏台式（B）、庭院围合式（C）及室内厅堂式（D）剧场抽象模型声学模拟中两受声点处声场脉冲响应图

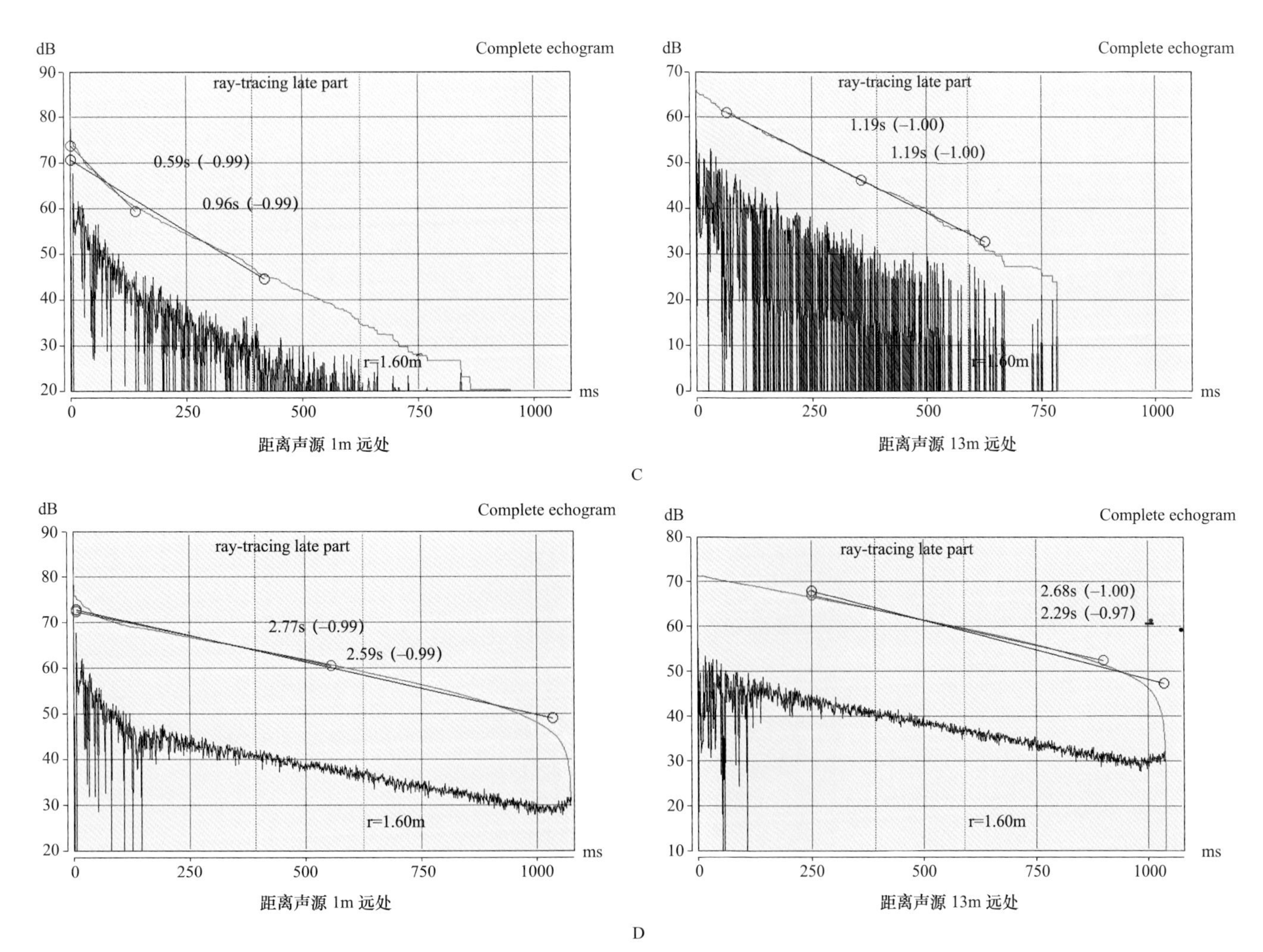

图 9-7　露天广场式（A）、亭式戏台式（B）、庭院围合式（C）及室内厅堂式（D）剧场抽象模型声学模拟中两受声点处声场脉冲响应图（续）

15dB 所经历的衰减时间或衰减曲线的斜率与观众区内的基本一致。

9.3.3　混响时间 T_{30}

如图 9-6（c）所示，剧场模型观众区内混响时间 T_{30m} 模拟值的线条图总体看来与观众区内混响时间 T_{15m} 模拟值线条图的变化趋势基本一致（此处的 T_{30m} 是各剧场模型在 500Hz 及 1000Hz 两个频带下各自混响时间 T_{30} 的平均值）。即剧场观众区内混响时间 T_{30m} 的长短与剧场空间的封闭性同样也呈正相关性。换言之，剧场空间的封闭性越强，其观众区内所测得的混响时间 T_{30} 也就相应越长，反之越短。不过，与混响时间 T_{15m} 不同的是，室内厅堂式剧场抽象模型（D）戏台上混响时间 T_{30m} 的模拟值较其观众区内混响时间 T_{30m} 的模拟值稍大。这是因为室内厅堂式剧场抽象模型（D）中戏台上紧随直达声后各反射声声压级降低 30dB 所经历的衰减时间或衰减曲线的斜率较观众区内的略小。此外，对图 9-6 中早期衰减时间 EDT_m、混响时间 T_{15m} 及 T_{30m} 的全部线条图进行总览后可以看出，露天广场式剧场（A）、亭式戏台式剧场（B）以及庭院围合式剧场（C）内的早期衰减时间 $EDT_m \approx$ 混响时间 $T_{15m} \approx$ 混响时间 T_{30m}，而室内厅堂式剧场的早期衰减时间 $EDT_m >$ 混响时间 $T_{15m} >$ 混响时间 T_{30m}，这充分展现了开敞空间与封闭空间在声学特性上的不同之处。

9.3.4　声压级 *SPL* 和强度指数 *G*

从图 9-8 中可以看出，受声点所获声压级 *SPL* 和强度指数 *G* 均与其距离声源的远近呈负相关性。即受声点距离声源越远，所获得的声压级 *SPL* 和强度指数 *G* 就越小，反之越大。同时，从图 9-8 中还可以看出，按照传统剧场由露天广场式，到亭式戏台式，到庭院围合式，再到室内厅堂式的发展演变过程来看，声场中声压级

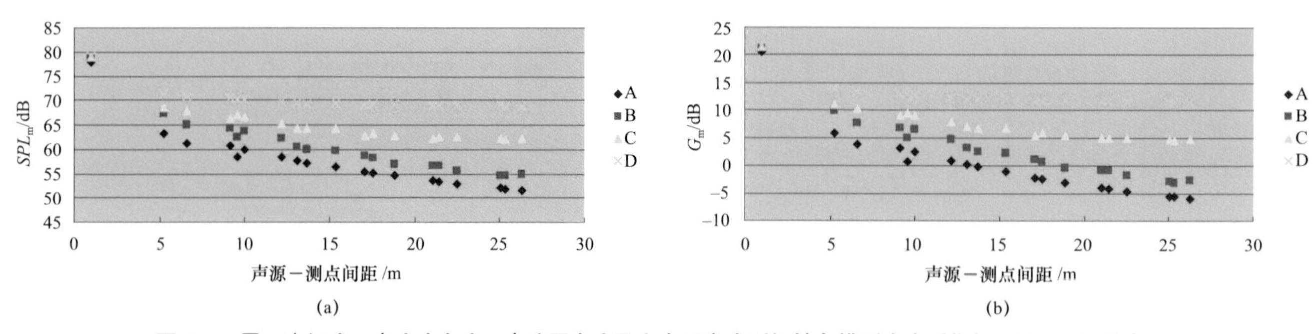

图 9–8　露天广场式、亭式戏台式、庭院围合式及室内厅堂式剧场抽象模型中音质指标 SPL_m、G_m 散点图

SPL 和强度指数 G 的模拟值均随着剧场模型空间封闭性的逐渐增强而相应增大，但各自散点图的斜率却在相应减小。这表明，随着传统剧场建筑的历史演变发展，剧场声压级 SPL 和强度指数 G 在逐渐得到提升，且在声场中的分布状况也变得越来越均衡。换言之，剧场声压级 SPL 和强度指数 G 的大小及其在声场中分布的均衡度与剧场空间的封闭性均呈正相关性。亦即，剧场空间的封闭性越强，剧场声压级 SPL 和强度指数 G 就越大，并在声场中分布的均衡度也越高；反之，则越小和越低。

此外，图 9–9 为山西牛王庙古剧场、浙江秦氏支祠古剧场和北京湖广会馆古剧场三个传统剧场模型声压级 SPL 和强度指数 G 的彩色等值线图[①]，图中展示了三个剧场实例随着空间封闭性的逐渐增强，其观众区内整体声压级 SPL 和强度指数 G 的模拟值也随之增大的情况，尤其对于山西牛王庙古剧场和浙江秦氏支祠古剧场之间的变化则十分明显。同时，还展示了三个剧场实例声压级 SPL 和强度指数 G 随着距声源越远，其彩色等值线颜色变得越暗的声场分布情况，尤其北京湖广会馆古剧场一层茶座区域内声压级 SPL 和强度指数 G 彩色等值线的颜色明显较二层楼座区域内的颜色更为鲜亮。

9.3.5　清晰度 D_{50} 及明晰度 C_{80}

图 9–10（a）展示了剧场内清晰度 D_{50} 模拟值的分布情况。可以看出，4 个剧场抽象模型观众区内清晰度 D_{50m} 的模拟值随着剧场模型空间封闭性的逐渐增强而相应降低（此处的 D_{50m} 是各剧场模型在 500Hz 及 1000Hz 两个频带下各自清晰度 D_{50} 的平均值）。换言之，剧场观众区内清晰度 D_{50} 的高低与剧场空间的封闭性呈负相关性。即剧场空间的封闭性越强，其观众区内所测得的清晰度 D_{50} 也就相应越低，反之越高。这是因为清晰度 D_{50} 反映的是 0 ~ 50ms 内反射声与总声能的比值，而剧场空间的封闭性越强，能够反射声音的壁面也就越多，从而为声场所提供的反射声（尤其是 50ms 之后的后期反射声）也就相应越多，声场的混响效果也就越发明显。但值得注意的是，各剧场模型戏台上清晰度 D_{50} 的模拟值均较大，基本都在 90% 以上，尤其是庭院围合式（C）与室内厅堂式剧场抽象模型（D）内戏台上的清晰度 D_{50} 明显较各自观众区内的大。这是由于受声点在戏台上所获得的早期反射声与混响声的能量差异要显著大于其在观众区内所获早期反射声与混响声的能量差异所造成。同时也表明，声场内反射声随剧场封闭性的变化对戏台清晰度 D_{50} 的影响并不大。

图 9–10（b）则展示了剧场内明晰度 C_{80} 模拟值的分布情况。可以看出，4 个剧场抽象模型观众区内明晰度 C_{80m} 的模拟值随着剧场模型空间封闭性的逐渐增强而相应降低（此处的 C_{80m} 是各剧场模型在 500Hz 及 1000Hz 两个频带下各自明晰度 C_{80} 的平均值）。换言之，剧场观众区内明晰度 C_{80} 的高低与剧场空间的封闭性也呈负相关性。即剧场空间的封闭性越强，其观众区内所测得的明晰度 C_{80} 也就相应越低，反之越高。此外，庭院围合式（C）与室内厅堂式剧场抽象模型（D）内戏台上的明晰度 C_{80} 也明显较其观众区内的大，而露天广场式（A）与亭式戏台式剧场抽象模型（B）内戏台上的明晰度 C_{80} 与其观众区内的差异则并不明显。这也是因为，空间全开敞的露天广场式剧场内少有混响声，其声场音质效果主要由直达声主导，而空间半开敞的庭院

① He J, Kang J. Acoustic Measurement and Comparison of Three Typical Traditional Chinese Theatres. 5th International Symposium on Temporal Design, 2011.

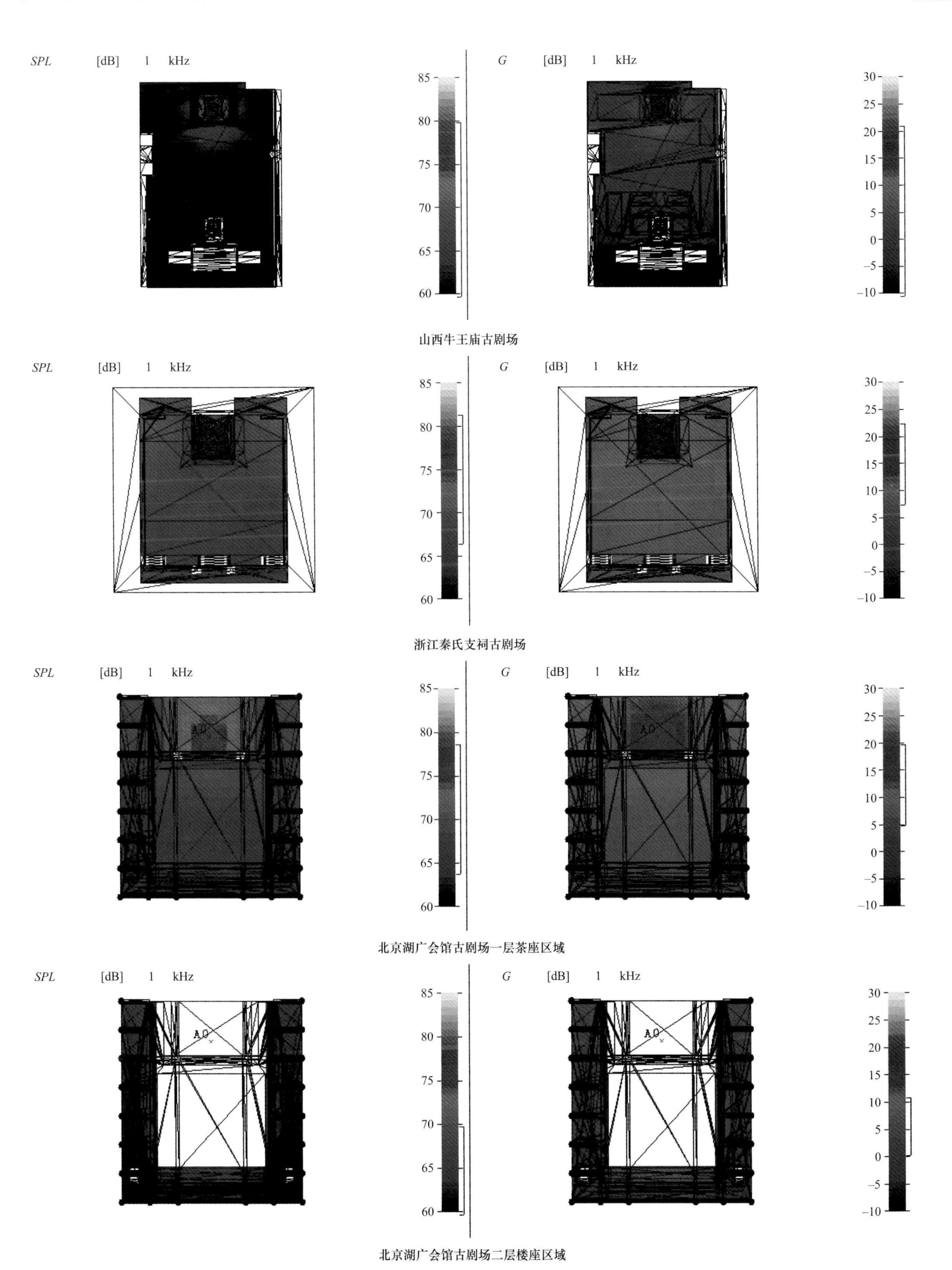

图 9–9　山西牛王庙、浙江秦氏支祠及北京湖广会馆古剧场中音质指标 *SPL*、*G* 彩色等值线图

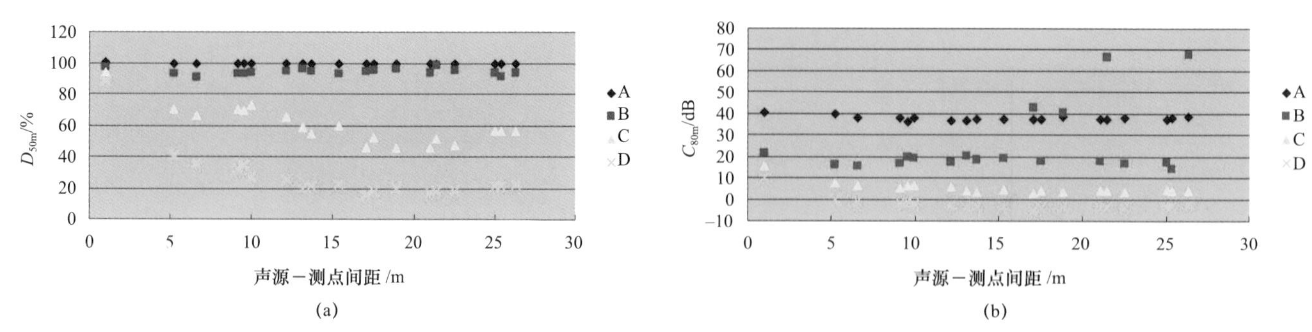

图 9–10 露天广场式、亭式戏台式、庭院围合式及室内厅堂式剧场抽象模型中音质指标 D_{50m}、C_{80m} 散点图

围合式剧场内则具有一定量的混响声，至于空间全封闭的室内厅堂式剧场内混响声则更甚所造成；且露天广场式（A）与亭式戏台式抽象剧场中受声点在戏台上所获得的早期反射声与混响声的能量差异与其在观众区内所获差异基本一致，其差异性都很小。此外，如图 9–10 所示，庭院围合式（C）与室内厅堂式剧场抽象模型（D）内清晰度 D_{50} 和明晰度 C_{80} 散点图的斜率均较露天广场式（A）与亭式戏台式剧场抽象模型（B）内的稍大。这表明，清晰度 D_{50} 和明晰度 C_{80} 在庭院式与厅堂式剧场声场中分布的均衡性较其在全开敞空间剧场声场中分布的均衡性略差。这是由于庭院式与厅堂式剧场声场相较于露天广场式与亭式戏台式剧场声场更接近于扩散场所致。

图 9–11 为山西牛王庙古剧场、浙江秦氏支祠古剧场和北京湖广会馆古剧场三个传统剧场模型清晰度 D_{50} 与明晰度 C_{80} 的彩色等值线图，图中展示了三个剧场实例随着空间封闭性的逐渐增强，其观众区内清晰度 D_{50} 与明晰度 C_{80} 的模拟值随之相应降低的情况，尤其对于山西牛王庙古剧场和浙江秦氏支祠古剧场之间的变化则十分明显。同时，图中还展示了北京湖广会馆古剧场一层茶桌区域内清晰度 D_{50} 和明晰度 C_{80} 彩色等值线的颜色均较二层楼座区域内的颜色略为鲜亮，尤其清晰度 D_{50} 的色差较为明显，其原因与声场中混响声能的分布情况有关。

9.3.6 侧向反射因子 *LF*

从图 9–12 中可以看出，4 个剧场抽象模型观众区内侧向反射因子 *LF* 的模拟值随着剧场模型空间围合性的逐渐增强而相应增大。换言之，剧场观众区内侧向反射因子 *LF* 的大小与剧场空间的围合性呈正相关性。即剧场空间的围合性越强，其观众区内所测得的侧向反射因子 *LF* 也就相应越大，反之越小。值得注意的是，空间围合性与封闭性是存在区别的，即围合性强调的是二维空间的围闭程度，而封闭性强调的则是三维空间的密闭程度。因此，从图 9–12 中还可以看出，庭院围合式（C）与室内厅堂式（D）剧场抽象模型声场中侧向反射因子 *LF* 间的差异非常之小。这表明剧场顶棚的有无对声场中侧向反射因子 *LF* 的影响并不大，或者说两者的空间围合性基本一致。

图 9–13 为山西牛王庙古剧场、浙江秦氏支祠古剧

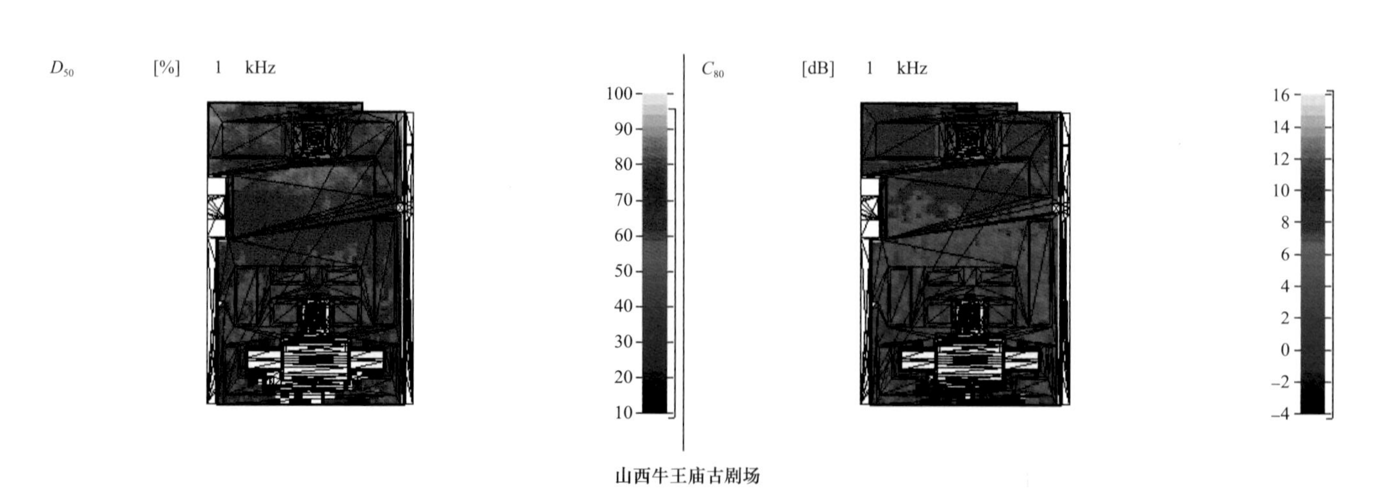

图 9–11 山西牛王庙、浙江秦氏支祠及北京湖广会馆古剧场中音质指标 D_{50}、C_{80} 彩色等值线图

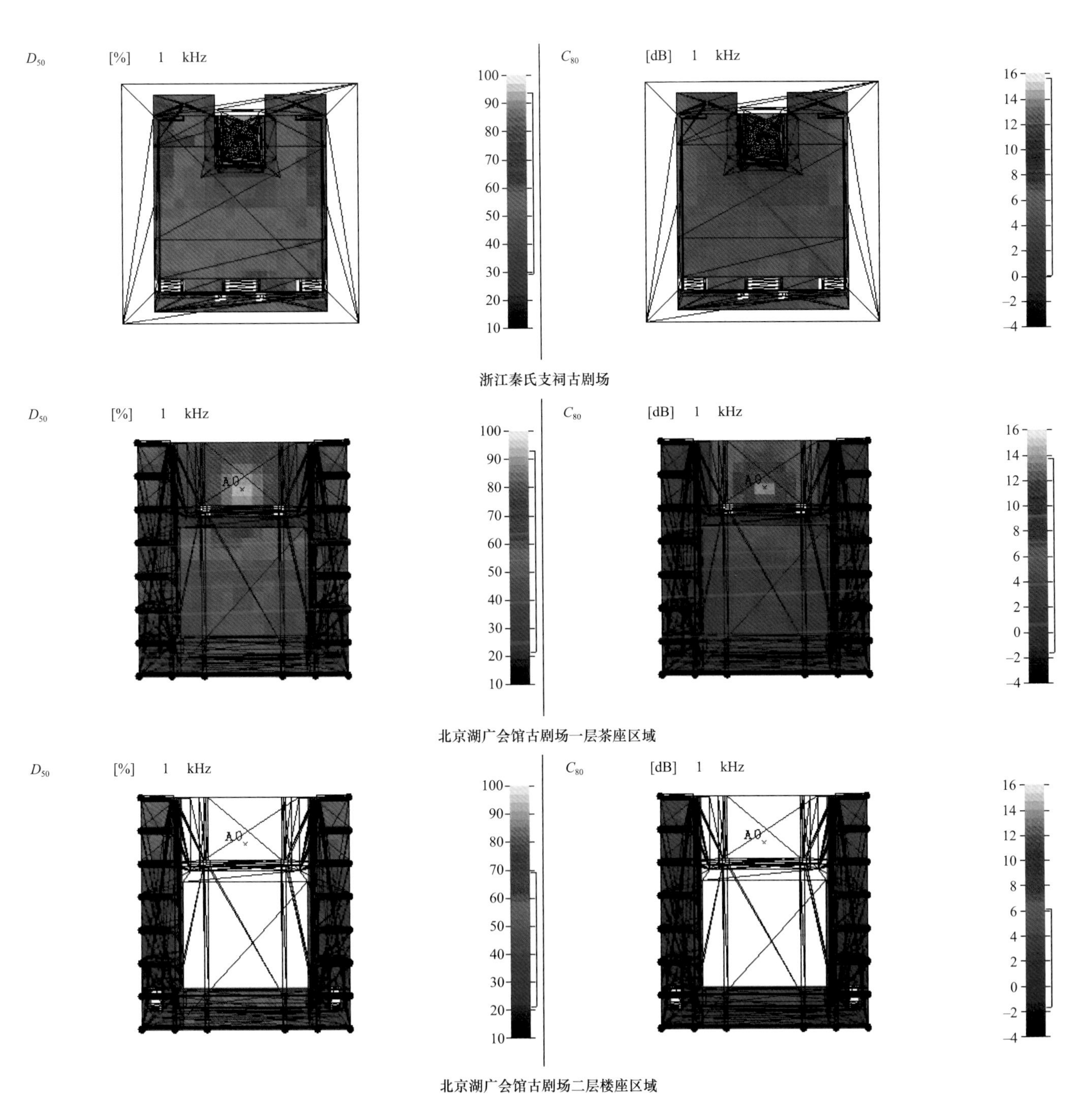

图 9–11　山西牛王庙、浙江秦氏支祠及北京湖广会馆古剧场中音质指标 D_{50}、C_{80} 彩色等值线图（续）

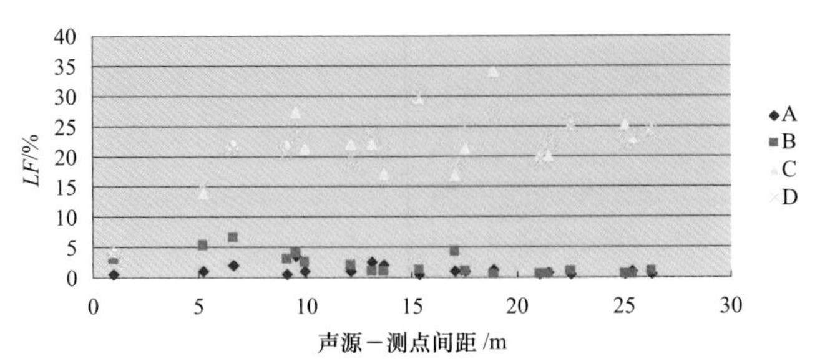

图 9–12　露天广场式、亭式戏台式、庭院围合式及室内厅堂式剧场抽象模型中音质指标 *LF* 散点图

场和北京湖广会馆古剧场三个传统剧场模型侧向反射因子 *LF* 的彩色等值线图。如图所示，因牛王庙古剧场为亭式戏台式剧场，空间围合性差，且戏台三面敞开，导致观众区内的侧向反射因子 *LF* 非常之小，尤其前部及中部区域内的 *LF* 几乎为 0。同时，在浙江秦氏支祠古剧场和北京湖广会馆古剧场中，越靠近观众区中部，其侧向反射因子 *LF* 也便越小。综上，衡量剧场空间感的重要客观指标之一的侧向反射因子 *LF* 与剧场空间的

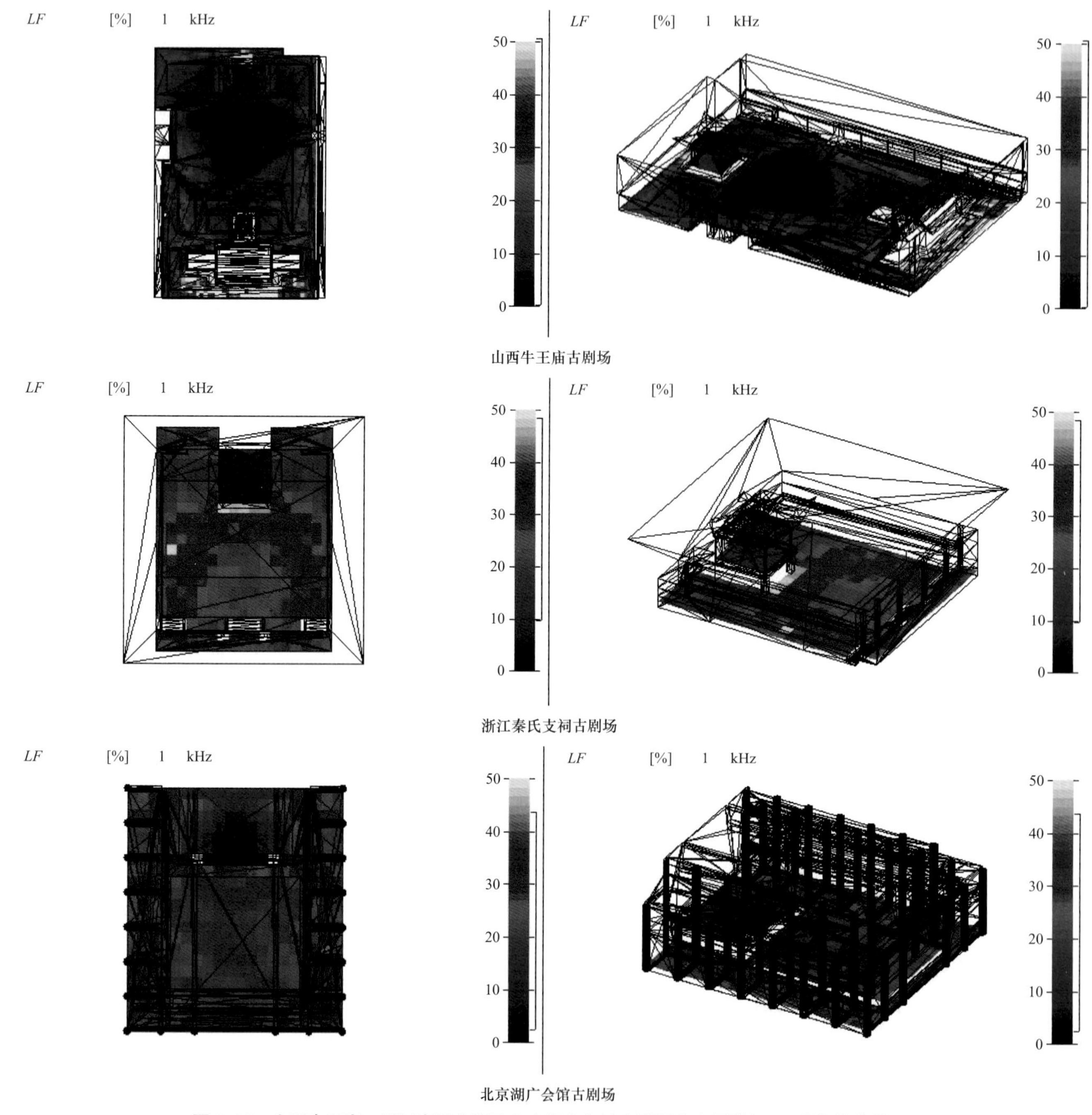

图 9–13 山西牛王庙、浙江秦氏支祠及北京湖广会馆古剧场中音质指标 *LF* 彩色等值线图

宽度、围合性以及侧墙的建筑形态等因素有着直接的关系。

9.3.7 语言传输指数 *STI*

从图 9–14 可以看出，抽象剧场模型从露天广场式（A）到亭式戏台式（B），再从庭院围合式（C）到室内厅堂式（D）的变化过程中，其语言传输指数 *STI* 的模拟值随着剧场空间封闭性的逐渐增强而相应减小，但即便是最小的模拟值也仍然高于语言传输指数评价档次为“中”档的最低临界值 0.45。这表明，中国传统剧场声场清晰度整体上均较好。换句话说，传统观演场所提供的声场条件与戏曲演员在唱、念中特别讲究咬字准确、字音清晰、不飘不倒、轻重适度的要求相适应。另外，值得注意的是，各抽象剧场戏台台面上语言传输指数 *STI* 的模拟值均较高，基本都处于评价档次为“优”档的区间范围内，并且除露天广场式剧场抽象模型（A）

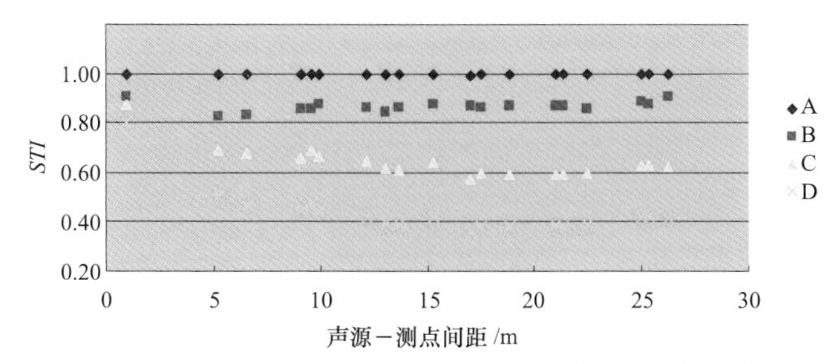

图 9–14　露天广场式、亭式戏台式、庭院围合式及室内厅堂式剧场抽象模型中音质指标 *STI* 散点图

之外，其他各剧场抽象模型戏台台面上语言传输指数 *STI* 的模拟值均明显高于观众区内 *STI* 的模拟值，这说明剧场空间的封闭性对于提升戏曲演员演出时的自我感受有利，即剧场空间的封闭性越高，演员演出时的自我感受也就越好。

9.4　传统剧场建筑声学发展状况

9.4.1　露天广场式传统剧场的声学特性

露天广场式传统剧场为全开敞空间，且正因为缺少空间上的围合性与封闭性，其声场中的混响声极少，混响时间几乎为 0s。可以说露天广场式传统剧场基本上无任何剧场音效可言。

9.4.2　庭院围合式传统剧场的声学特性

庭院围合式传统剧场为无顶半开敞空间，庭院空间的围合性给剧场声场带来了一定量的混响声，且混响时间大多集中在 1s 左右。造成该现象的主要原因是无顶空间在围合高度上的变化虽然对其声场的混响效果影响较大，但现实中传统庭院式剧场在庭院围合高度上的变化却十分有限，庭院两侧的厢房（或称看楼）最高不过两层而已，总体来看，庭院围合高度的变化对传统庭院式剧场声场混响效果的影响也就并不明显。此外，传统庭院式剧场根据建造规模的不同，庭院空间在面积大小上的差异变化虽然较大，但无顶空间面积大小的变化对其声场混响效果的影响却不大，总体来看，庭院面积的变化对传统庭院式剧场声场混响效果的影响同样也并不明显。因此，无论传统庭院式剧场建筑的围合高度及规模大小如何发生变化，剧场混响时间大多集中在 1s 左右，且此时的剧场声场已具备一定程度的剧场音效。

9.4.3　室内厅堂式传统剧场的声学特性

室内厅堂式传统剧场为全封闭空间，在此条件下能形成稳定的混响场，因此此类传统剧场的声学问题基本可用近代厅堂音质的规律来分析。但值得一提的是，与传统庭院式剧场相似，室内厅堂式剧场声场的混响时间大多也集中在 1s 左右。造成该现象的主要原因是中国传统建筑的屋顶普遍采用木结构的坡屋顶形式，无论当时的建造材料还是施工技术都限制了厅堂式传统剧场在空间跨度和建筑体量上均不会过大。同时，当时观众围桌而坐，且座位宽敞，走道又占据了很大面积，大厅在满场的情况下人数也不会太多，一般不过二三百，天津广东会馆为现存规模最大的室内厅堂式传统剧场，楼上楼下根据桌椅的安排方式总共也不过四五百座。此外，剧场内的地面、门窗、楼板以及顶棚等均为木制薄板结构，当声场中的声波入射到该类结构时，薄板在声波交变压力激发下被迫振动，使板心弯曲变形，出现了板材内部摩擦损耗，将机械能转变为热能，即所谓的薄板共振现象。与此类似，各建筑构件均采用榫卯连接，声波引起的构件振动也会迫使榫卯连接处产生摩擦损耗，这些细微的物理现象也许通过肉眼无法识别，但却真实存在，并产生出一定程度的吸声效果。所以，无论室内厅堂式传统剧场的建造规模和内部样式如何变化，其声场混响时间与庭院围合式传统剧场一样，也都大多集中在 1s 左右，且基本具备了能与现代观演建筑相媲美的剧场音效。

9.4.4　传统剧场建筑声场音质的演进

从原始野外随地表演演变到固定的、有屋顶的亭式戏台，是传统剧场建筑形成的初级阶段。戏台高出地面，前台演戏后台扮戏，中间有隔断，观众在广场上从台的正面或三面围观的戏台格局从此形成。为此，传统剧场发展的此次演变，不仅起到了为演员遮风避雨的作用，还使演唱者在一个半围蔽的戏台上受到来自三面（顶棚、后墙及台面）或五面（加上戏台两面侧墙）的声反射而获得声学上的支持，使演唱更为舒畅，大大改善了演员演出时的自我感受。同时使听众除了接收到演员的直达声外，还有相当的早期反射声到达，增加了剧场听音的响度和宏亮度。另外，从亭式戏台的历史发展来看，早期戏台两侧敞开较多，适合三面围观，随着后台的扩展，两侧墙向台口逐渐延伸乃至直到台口为止，从而只适合于正面围观。此种三面围蔽的戏台空间更有利于演员在台上获得较多的反射声，也使广场上的观众能听到更好的音质效果。尤其北方的一些广场式剧场，戏台台口两侧还建有八字形展开的音壁，使戏台体量更为宏大壮观，也更有利于对广场观众区增强侧向反射声的效果。传统剧场建筑发展的又一次历史沿革则是从露天广场式剧场向庭院围合式剧场进行演变。作为传统庭院式剧场，庭院空间的围合不仅可以有控制地限制观众入场人数，与四邻适当隔离，便于内部秩序的管理维护，还能提供更多的反射声来提升剧场音效。此外，剧场主入口通常设在戏台台下，促使台面增高，对剧场整体视听效果的提升也更为有利。所以，其音质效果远比广场式剧场要好。

随着木制结构的逐步成熟，传统剧场的发展迎来了再一次的变革，即在建筑样式的建造上将戏台和观众席置于同一屋檐下的大跨度厅堂成为现实，这类全围蔽的剧场既可以不再顾及天气和季节变化，更好满足商业性专业剧场全天候进行演出的需求，又有利于戏曲表演的快速发展与成熟。因此，与上空敞开、声能大量外逸的传统庭院式剧场相比，室内厅堂式剧场的音质效果可谓进一步得到了大幅提升。特别值得一提的是，室内厅堂式传统剧场的历史不过200年左右，剧场中伸出式戏台较好地保留了广场式剧场中亭式戏台三面围观的格局，此举对提升观演关系和增强剧场氛围有利。

9.5　本章小结

随着传统剧场建筑的逐渐演变与发展，剧场无论是在建造样式和戏台功能，还是在观演环境和娱乐享受条件等方面均得到了较大改善，尤其在主观混响感（早期衰减时间 *EDT*）及声场响度等剧场音质方面更是得到了大幅提升。特别是庭院式与厅堂式剧场在观众空场时声场的混响时间大多均集中在1s左右，这无不与我国传统戏曲在唱、念中十分讲究咬字准确、字音清晰、不飘不倒、轻重适度的音质要求相吻合。由此可见，我国传统戏曲与传统剧场两者间自古以来便具有良好的适应性与融合性[①]。

① He J，Kang J. Architectural Categories and Acoustic Characteristics of Traditional Chinese Theatres. Proceedings of the 20th International Congress on Acoustics，2010.

第四部分 设计启示

出于古为今用、推陈出新的目的，本书第四部分包含七个章节，分别从剧场的选址设计、观众厅设计、舞台设计、前厅设计、造型设计以及声学设计等方面，深度挖掘传统剧场建筑的精髓和价值，旨在探寻出能为我国现代戏曲剧场所适宜应用的设计启示。

第十章　近现代中国戏曲及戏曲剧场的发展与变迁

对于当今戏曲文化的载体——现代戏曲剧场，我们该如何继承传统？如何激活传统并汲取当代资源，在继承的基础上创新？如何依据多样的剧种、多元的戏曲文化来设计出适应传统戏曲表演的现代戏曲剧场，以求达到既经济、美观、实用，又形态各异、百花齐放的理想状态呢？对此，笔者出于古为今用、推陈出新的目的，拟从传统剧场中找寻能为现代戏曲剧场所适宜应用的设计启示，本章将对我国近现代戏曲及戏曲剧场的发展状况进行一个简要梳理，旨在为后续各章节展开论述做一个铺垫。

10.1　近现代戏曲的发展状况

戏曲起源于秦汉的乐舞、俳优和百戏，来自民间歌舞、说唱、滑稽戏三种不同艺术形式，且不同的剧种主要通过不同声腔系统的音乐唱腔来区别。这些音乐唱腔则是以所产生地区的语言、民歌、民间音乐为依据，并兼收其他地区音乐而产生的。各个剧种的剧中人物大部分由生、旦、净、丑等角色行当扮演，表演上按角色行当而各有不同的程式动作和唱、做、念、打的特点[①]。

我国剧种繁多，比较流行的剧种有：京剧、昆曲、越剧、豫剧、湘剧、粤剧、秦腔、川剧、评剧、晋剧、汉剧、潮剧、闽剧、祁剧、河北梆子、安庆黄梅戏、湖南花鼓戏等50多个剧种，尤以京剧流行最广，遍及全国，不受地区限制。

一直以来，由于我国地方戏曲剧种的多元化，观众也相应呈现出多元化的态势。不同的人偏爱不同的剧种，同一个剧种又吸引着不同年龄段的观众。如今，伴随着信息化、网络化的发展与普及，各地区的文化界限随之淡化，剧种受众面的地域性划分也逐渐变得不如早期那么明显。这些均充分表明我国当代戏曲的发展已迎来了一个多元化的时代。

10.2　西方文明的侵入与演出条件的改善（19世纪末至中华人民共和国成立）

10.2.1　新式剧场的建设

中国传统戏曲早期演出与西方戏剧演出相比，一直是在较为原始、较为简陋的演出条件下进行的。戏曲艺人有戏台可以演戏，没有戏台照样可以演戏。19世纪末，随着西方文明的侵入，我国戏曲舞台在演出条件、技术手段上都有了不同程度的改进与丰富。西方舞台艺术在这一时期对中国戏曲的一个最直接、最根本的影响，就是带来了戏曲演出场地的突破性变化，较之传统戏台或剧场在格局、形制、观演关系以及环境条件等方面都出现了极为重要的改观。

我国建设新式剧场这一现象的产生，应追溯到上海开埠初期欧洲人所建的剧场。西方列强打开我国大门之后，西方戏剧如同其他“舶来品”一样被带了进来。1874年，英国侨民率先在上海建造了兰心剧场（图10–1），这是中国最早的有近代化设备和镜框式舞台的剧场，并且直接影响了后来用于戏曲演出的同类剧场在中国的出现。例如，上海新舞台的创建者正是在看了兰心剧场的演出后，坚定了他们建立新剧场的决心。1908年，仿造欧洲剧场的新式戏曲演出场所——上海新舞台正式建成。在此之后，以新舞台为基本样式，上海、北京等诸多大城市竞相建造了一批新式剧场，有上海的大舞台、新剧场、丹桂第一舞台、新新舞台、天蟾舞台，南通的更俗剧场，北京的第一舞台、新明大戏

---

① 叶长海．曲学与戏剧学[M]．上海：学林出版社，1999.

图 10–1　上海兰心剧场立面、前厅及观众厅
（资料来源：https：//www.sohu.com/a/249575277_273525）

院、开明戏院、中华舞台，天津的大舞台、中国大戏院，武汉的和记大舞台、新市场大舞台、共舞台、立舞台，广州东堤广舞台、太平戏园等。

这类新式剧场的结构较之传统剧场有了多方面的改善，其中最重要的两点：一是采用钢筋混凝土代替木结构，扩大了剧场的规模容量；二是观众席地面逐渐升起，座位的布局更加集中统一，大大改善了视听效果[①]。此外，剧场的辅助功能也更趋完善，如太平门四面通达、防火设备设置齐全、男女厕所整洁卫生，等等，这些配套设施的建立使得新式剧场的合理性及文明度均大幅增加，为观演提供了较好的外部条件。

10. 2. 2　观演关系的改善

戏曲舞台近代出现的变化，是长期以来戏曲观演关系不断改善的延续。这种改善来自两个方面：一方面来自演出场所结构和形式上的变化，它虽不是改善观演关系的唯一方式，但至少决定或促进了这种改善；另一方面来自剧场习俗和气氛的变化，比如旧时的茶园剧场存在着诸多陈旧的面貌和落后的习俗，使观演双方感到不适[②]。张谬子在《京剧发展略史》[③]中曾这样谈到传统戏园，“我记得在光宣年间，在北京中和园看谭鑫培的戏，前台座位都是一条一条的长桌子和长凳子，看客一个个侧身坐着

① 吴硕贤 . 剧院与音乐厅的形成与演变 [J]. 新建筑，1995（4）.
② 刘振业 . 当代观演建筑 [M]. 北京：中国建筑工业出版社，1999.
③ 张谬子 . 京剧发展略史 . 上海大公报，1951.

（桌子板凳都是竖着摆，不是横摆，所以坐着看戏，必须斜身回头）。场中兜卖各种食物的很多，而最触目的是长颈的水烟筒，颈长好几尺。卖水烟的人，可以立在老远，将烟嘴送到好几排前一位座客嘴里……”。因此，长期以来戏曲演出的传统观演关系的确有其落后、不完备的一面。直到民国初期，演出条件和戏园秩序仍旧十分杂乱。旧式戏园中的上述种种弊端非但难以构成观演双方凝神的起码条件，反而成为损伤观演之间交流的因素。梅兰芳在南通戏院演戏时的意见，“一是演戏的时候不准人拥挤在台前观看；二是在台上不可喝茶；三是不可抛垫子。”对于中国旧式剧场的陈规陋习，他也看不惯，他说：“演出时最讨厌的就是茶房，绞手巾和卖甘蔗。”他主张设立剧场休息室，实行中场休息制。

对此，从新舞台、第一舞台到全国各地的新式剧场，不仅舞台本身演出条件更加完善，而且无不废止了送茶水、抽水烟、递手巾、嗑瓜子、吃零食等现象，剧场管理方面也都各尽其责，变得井然有序，彻底扫除了旧式剧场的陋习，使得观众和演员之间的交流更为顺畅与密切，观演双方的效果也均达到了较为理想的境地。这在戏曲演出史上，不能不说是一次带有革命性的举措。

10.2.3 观演模式的统一

近代戏曲剧场同传统剧场相比最大的区别是取消了旧式戏台前面的两根角柱，把三面开敞的戏台变成了镜框式舞台[①]。好在当时镜框式舞台的台唇都比较大，呈半月形，即保留了一个半圆形外凸的台唇突出于观众区达4.5m左右。演出时演员可以到台唇上表演，观众也可环绕舞台呈半圆式排布，因此也算保留了一些传统伸出式戏台的特征。总而言之，自1908年引入西方镜框式舞台之后，镜框式舞台就成为近代戏曲剧场近乎唯一的观演模式。

10.3 戏曲改良对观演条件的影响（中华人民共和国成立初期至改革开放前）

10.3.1 戏曲改良运动的历史回顾

应该说，新中国的戏曲及戏曲剧场建筑的发展经历了两个演变阶段，即以1978年改革开放为界，前30年为戏曲改良阶段，后40年为戏曲繁荣阶段。

20世纪进入下半叶，中国的历史翻开了新的一页。中国戏曲的改良，也进入了一个新的历史时期。1950年底，219位京剧和各地方戏曲剧种的戏曲艺人相聚北京，参加了全国戏曲工作会议。大会郑重宣告：从此废除“旧艺人”的称谓。濒临死亡的戏曲，以及赖以为生的广大戏曲艺人，从此获得了新生。1950年，中华人民共和国文化部先后成立了戏曲改进局和由43位专家和艺术家组成的顾问机构，以及戏曲改进委员会等戏曲领导机构。1951年，中央人民政府政务院发布了《关于戏曲改革工作的指示》，对戏曲改良的目的和主要任务作了全面阐述。这一《指示》的基本内容，被概括成“改戏、改人、改制”的戏曲改革基本方针。1952年10月6日至11月14日，第一届全国戏曲观摩演出大会在北京举行。全国23个剧种的37个剧团、1600多名演员为大会演出了82个剧目。这是一个空前的聚会，是一次盛大的检阅。这次盛会第一次集中地展示了中国戏曲文化的优秀遗产，振奋了人心，交流了技艺，从而开创了戏曲艺术走向新的繁荣的局面。从《指示》发布之日至1956年底，全国挖掘出传统戏曲剧目51867个，记录下14632个，整理改编4000余个，上演剧目达10000余个。据统计，当时全国有专业戏曲作者819人，业余作者587人，以及从事剧目工作的专职人员3061人。昆剧《十五贯》的改编和演出，便是这一时期最为杰出的成果。

10.3.2 戏曲改良时期的戏曲剧场建筑

戏曲改良对戏曲剧场建筑的影响是极大的，中华人民共和国成立后70年的中国戏曲剧场建筑历史是曲折而坎坷的。同戏曲前30年“一花独放”，后40年“百花齐放”一样，戏曲剧场建筑前30年“千篇一律”，后40年“万舟竞发”。此外，前30年中国建筑师的创作环境可能是世界上最严苛的，而后40年则可能是世界上最繁忙的。

前30年中，国内外局势、苏联的影响以及自身发展延续的需要都促使政治思想、阶级斗争成为左右戏

① 燕翔．剧场建筑声学的发展[J]．建筑技艺，2012（4）．

曲剧场建筑创作的主导因素。比如，一是因为政治的需要，全国各地各行各业纷纷建造了自己的样式单调、带有红旗或红五星标志的大礼堂和大会堂，专为开会和演样板戏使用；二是在文艺要为工农兵服务的方针指引下，广大戏曲工作者送戏下乡下厂，划地为场，就地演出的传统而原始的观演模式又失而复得，焕发青春；三是在对崇洋媚外的批判声中，一方面一些国家重点观演建筑工程的古典民族风格得以复兴，另一方面以影剧院为主的单厅式观演建筑简单、朴素的面貌迅速成熟起来并形成定制，在全国各地结合一定的当地特色而大量修建。因此，在这样的历史背景下，归纳起来我国当时戏曲剧场建筑主要存在着以下六大问题①：

一是设计不够深入。建筑体形单调，缺乏文化底蕴，缺乏观演建筑应有的视觉冲击力。内部功能组织僵化，缺乏对人的行为及心理上的关注，厅堂体量呆板，尺度失调，缺乏活力，并且没有为以后的使用和发展提供二次设计的余地。

二是一些戏曲剧场内部存在着诸多雷同的地方。甚至，有的戏曲剧场服务设施组织无序，交通流线组织不畅，并随意与各种商业活动组合，增大了营业性空间，减少了中介公共空间。

三是缺乏必要的配套设施。舞台形式单一，大多受西方剧场影响，建为或改为镜框式舞台，抛弃了原伸出式或大台唇等更适合戏曲演出的舞台形式。有的戏曲剧场由于用地紧张，没有广场、停车场、排练场等配套场所，且化妆室、道具间等后台空间狭小。关键是无论内外都缺少一些必要的环境设施。

四是一味追求多功能。尽管陆续建立了一些专业性的戏曲剧场，但为了追求剧场的高使用率，仍以多功能戏曲剧场占绝大多数。比如，同一观众厅既能上演音乐剧、戏剧、歌剧和话剧，又能作为电影院和会议厅来使用。这种状况在当时十分普遍，就是在今天也仍在某种程度上继续延续。

五是外观程式化。该时期建设的大量戏曲剧场建筑明显缺少个性，檐口、柱廊、大台阶成了许多戏曲剧场建筑的基本模式。另外有些也存在着盲目追求体量，强调宏伟气派，造成尺度失调的现象。

六是施工水平较差。有些戏曲剧场由于经费等原因，造成施工上无论是主体建造还是室内装饰，都较为粗糙。观演条件差，不能保证环境的宜人性和舒适度。

10.4 市场经济的发展与观演条件的改进（改革开放至今）

10.4.1 影响近现代戏曲剧场建筑发展的直接因素

（1）演出形式种类的多样化

从戏曲演出种类看，我国地域辽阔，各省市都有着其独特的地域特色和民族文化，地方戏曲就更是种类繁多，并且不仅仅只在自己生长的地方牢牢扎根，还通过各种信息渠道展开广泛传播，从而也不断进行着互融和演变。

从戏曲演出形式看，20 世纪 50 年代以来，由于观演活动已不限于传统的戏曲，话剧、哑剧、歌唱、音乐、舞蹈等各种形式的演出活动日臻繁盛。就目前来看，传统戏曲仍占有重要地位，但也有相当一部分戏剧家和观众希望在演出中寻找到传统戏曲所没有的东西，诸如戏剧中的象征、荒诞等手法，以及贴近欣赏，甚至观众参与演出等观演关系变化的模式，这一切均促进了对戏曲剧场新形式的不断探索②。这一时期我国戏曲剧场建筑的代表作品有：中国剧院、长安大戏院、梅兰芳大剧院、杭州小百花艺术中心、广州红线女艺术中心等。

（2）建筑思潮的发展

近现代剧场建筑基本上是从 18 世纪的欧洲开始发展起来的。在这期间，建筑思潮经历了欧洲古典主义、现代主义、后现代主义、晚期现代主义和解构主义等，目前形成多种思潮并存发展的局面。建筑的哲学基础由理性趋于感性，非理性建筑的创作由功能趋于形式，建筑的形式由大众化趋于个性化，单一化逐步走向多元化的发展状态。而建筑设计理念的多元化表明了审美价值取向上抛弃了非此即彼、单一僵硬的审美模式，采

① 袁烽 . 观演建筑设计 [M]. 北京：同济大学出版社，2012.
② 周靖波 . 中国现代戏剧论 [M]. 北京：北京广播学院出版社，2003.

用了更趋灵活兼容的审美态度，体现出一种“共生”的精神。这种多元化的建筑设计思潮也势必影响到我国近现代戏曲剧场建筑的创作实践，指导和改变着近现代戏曲剧场建筑的发展方向，使其呈现出多元化发展的特点[①]。

（3）建筑技术的逐步发展

一是声学研究的发展。声学研究的发展，特别是对厅堂空间形态的研究，打破了原有对一些固定平面模式的迷信。比如，原来认为完美的音乐厅体型应为长方形的鞋盒式厅堂，完美的歌剧院体形应为马蹄形平面多层包厢式厅堂。但现代声学研究打破了这一禁区，开创了一些新的适合音乐演奏和歌剧、戏剧表演的厅堂形式[②]。

二是舞台技术的发展。当前更趋多样化的戏曲演出形式，更为专业性的戏曲观演场所，对剧场舞台都有着不同的技术要求。随着现代舞台技术的发展，机械制造水平的不断提高，特别是计算机智能控制技术对复杂的舞台机械、设备布景、灯光音响的综合智能化控制，诸如升降乐池、升降舞台、旋转舞台、点式布景等先进舞台技术的广泛采用，给戏曲剧场舞台的多样化与现代化铺设了发展道路。

三是建筑结构和材料技术的发展。近现代戏曲剧场建筑是一种大跨度的建筑类型，其结构形式对其空间规模及外观形制都有着直接影响。20世纪60年代以前，由于结构的限制大大制约了戏曲剧场建筑的发展，传统结构满足不了日益发展的建筑需要。而市场经济的发展，综合国力的增强，为促进戏曲和戏曲剧场建筑的发展提供了包括资金、技术、设备在内的雄厚物质基础，给近现代戏曲剧场建筑的多样化提供了条件，观众厅的体型不再受限，观众厅的跨度也大大提高，建筑的造型也因结构形式的变化而日益丰富。比如，除传统的网架屋顶外，目前还有壳体结构、弯顶结构、拱形结构、充气结构、张拉膜结构等。而在新型材料方面，如金属材料、玻璃以及石材、计算机切割控制技术等也都为丰富戏曲剧场建筑的设计提供了手段。

10.4.2 影响近现代戏曲剧场建筑发展的间接因素

（1）社会环境的改变

20世纪80年代至今的40年，是中国改革开放和向市场转型的40年，也是我国戏曲和戏曲剧场建筑空前发展的40年。这一阶段对于近现代戏曲剧场的更加完善具有两项间接的社会影响因素：一是随着改革开放的深化和市场经济的发展，戏曲和戏曲剧场建筑工作者均面临新的形势和任务；二是国家为适应这一形势和任务所制定的各项方针政策，对促进戏曲和戏曲剧场建筑的发展提供了良好的环境和条件。

（2）消费观念的改变

对于近现代戏曲剧场建筑而言，消费就是观看表演、聆听戏曲，消费观念就是广大听众对如何“看”、如何“听”提出的要求。这里的消费观念是一种物质上的要求，即功能需要，同时也是一种精神上的追求，即高品质的视听条件、高质量的空间环境、高品位的建筑造型等。其中，最重要的表现形式是随着观众对“听”和“看”要求的提高，逐步淘汰了一厅多用的综合性多功能戏曲剧场建筑的观演模式，取而代之的是由一个综合性大厅向多个专业性小厅的现代化大型演艺中心的转变[③]。因此，更为专业性、多样化的视听享受，更为优越的观演条件正逐步取代过去综合性的一般化观演模式。

10.5 本章小结

随着时代的进步，戏曲剧场这种传统的观演建筑类型，在全新设计理念、优质建筑材料、先进机械设备和高超施工技术等的共同作用下，已逐渐具备三大特征和发展趋势：一是多样化的特征。如矩形、钟形和马蹄形等多样化的观众厅平面；又如，镜框式、伸出式和全功能机械化等多种形式的舞台并存；再如，丰富多彩的空间特征，以及强调几何体积的现代主义、强调历史文脉的后现代主义、反映地域文化的新地方主义、打破理

① 董云帆．多元·整合·适应——现代西方剧场建筑设计发展趋势研究[D]．重庆：重庆大学，2001.
② 卢向东．中国现代剧场的演进——从大舞台到大剧院[M]．北京：中国建筑工业出版社，2009.
③ 刘振业．现代剧场设计[M]．北京：中国建筑工业出版社，2000.

性的解构主义等多样化的建筑形式风格及个性发展，无不在近现代戏曲剧场建筑设计上得到了充分体现。二是专业化的特征。由一厅多用的多功能模式向一厅一用的专业化模式发展，且剧场规模及样式日趋小型化、多元化。如观众厅座席数通常控制在600 ~ 800座，甚至更小，并且由以多功能大厅为中心向各专业厅组成的多功能演艺综合体转变。三是高科技化的特征。近现代戏曲剧场建筑已逐渐成为高技术的综合体。如先进的声学设计和音质控制技术、先进的材料加工技术、先进的建筑结构形式、先进的舞台机械、复杂的背景布置和灯光设施以及对整个演出过程的计算机预设控制系统等设备的设置，无不见证和体现着人类科技的发展和进步。

第十一章　传统剧场对现代戏曲剧场在选址设计中的启示

建筑形体的生成首先是因建筑内在功能的需要，而同一类型建筑却有着迥然不同的形式，这是不同基地及环境造就的结果。严格地说，任何建筑工程的设计与规划都是被动的，都是在基地环境条件的限定下考量和发挥着建筑师创作的聪明才智。而基地所包含的信息将在很大程度上决定最后建筑的空间分割和建造形体，对于最终形成的空间品质影响尤为深远。因此，为避免选址失误对后续建筑设计的不良影响，本章将在传统剧场研究的基础上，探究和提炼为现代戏曲剧场选址所适宜借鉴或应用的几点设计启示，以求为建筑师在剧场的布局和设计上提供能够充分发挥其主观能动性的创作空间。

11.1　现代戏曲剧场与普通剧场选址的共性因素

对于现代戏曲剧场选址的重要性甚至高于其本身的建筑设计。因为，选址背后的商业性和政治性这两只无形的手都直接影响着现代戏曲剧场建成后的运营效益及区域地标的塑造。也正因为有这样的两只“手”，现代戏曲剧场的选址也便成为极富争议的话题。如今，城乡规划学、投资经营学等学科的发展已足够为我们提供许多系统的分析标准和依据来供参考，但这些标准都是建立在现代戏曲剧场设计预期目标的基础上，即现代戏曲剧场建筑的规模、投资的大小等都已确定的情况下。一般来说，现代戏曲剧场在选址过程中与普通剧场基本一致，都必须考虑以下六大因素[①]。

11.1.1　保证良好的交通状况

基地附近城市交通便捷也许是所有需要考虑的因素中最重要的一个。因为这是保证高上座率的必要条件。

11.1.2　保证用地和周边道路有良好的关系

由于既要保证入口的合理性也要满足剧场建筑的特殊性——人流的聚集往往需要比较长的时间，而疏散时间则很短。戏曲剧场和人行道保持顺畅简洁的交通连接尤为重要。

11.1.3　保证足够的停车面积

虽然搭乘公共交通一直是我国大众的主要选择方式，然而不可否认的是，作为需要容纳观众数目庞大的含有专业性戏曲小剧场的大型综合性演艺中心，其成功经营是离不开足够的停车面积和方便的停车地点的。此外，现代戏曲剧场附近公共交通的方便与否，也将在很大程度上决定停车面积是否足够。当然，在现代戏曲剧场的选址附近已经存在有停车场，或附近其他商业场所具备了停车场。这样的情况下，此处则为最佳的选址地。总之，在大中城市用地越来越紧张、地价越来越昂贵的今天，停车场在现代戏曲剧场的选址阶段是十分重要的参考因素。

11.1.4　保证与城市规划相协调

主要公共设施的布局是城市规划详规阶段的必要内容。因此，对于现代戏曲剧场的规划，需要布点均匀并有合理的服务半径，且与周边商业及市政辅助服务设施相融合。

11.1.5　保证避免外界噪声的干扰

考虑到基地周围过大的噪声源将对以后戏曲剧场的隔声处理造成很大的困难。因此，基地的选择应尽量远离繁忙的公路运输干道、铁路干线、噪声巨大的工厂区、机场附近以及飞机起落必经的空域下方等区域。

---

① 吴德基 . 观演建筑设计手册 [M]. 北京：中国建筑工业出版社，2007.

11.1.6 保证足够的用地面积和合适的基地形状

现代戏曲剧场在建设基地上，除了布置主体建筑和必要的辅助用房外，还要考虑观众、演员和职工进出场的交通疏散，各种车辆的停放，内部交通的联系，演出道具等的运送和消防车辆进入的道路，以及为周围景观布置和环境的优化美化提供足够的空间。另外，对于基地形状则应尽量规则、方正，避免狭长和含有零碎面积的用地，但有时局部的不规则也可通过建筑组合、室外场地和绿化等的处理加以巧妙地利用。

11.2 现代戏曲剧场选址经典实例分析

11.2.1 长安大戏院的选址分析

老长安大戏院的选址：老长安大戏院建于1937年，是一个1200座的剧场，砖混结构、木屋架，6m宽的立面是一个竖线条的西式洋楼的样式，门洞上白色大理石刻着“长安大戏院”五个鎏金大字。人们对该戏院的认同不仅出于传统京剧，还包含有对它悠久历史和所处场地的首肯。它位于北京西长安街的西单路口东南侧，是繁华商业区的一个重要文化娱乐设施，也是西单的一个重要组成部分。

新长安大戏院的选址：由于北京城市交通的发展及修建地铁线的需要，加上老长安大戏院年久失修已不能保证防火、抗震的要求，1989年4月戏院被拆除。在原址重建已无可能，北京市有关领导及专业人员多次实地选址，最终决定新长安大戏院重建必须仍在长安街上。1996年新建长安大戏院的选址位于长安街的东端——建国门内大街的北侧（图11–1）[①]。

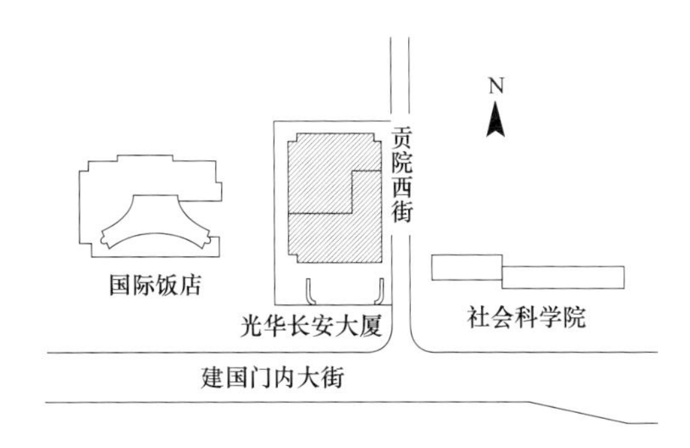

图 11–1　光华长安大厦区位图

（资料来源：魏大中. 传统与时代——长安大戏院的易地重建[J]. 建筑学报，1997（5）: 45.）

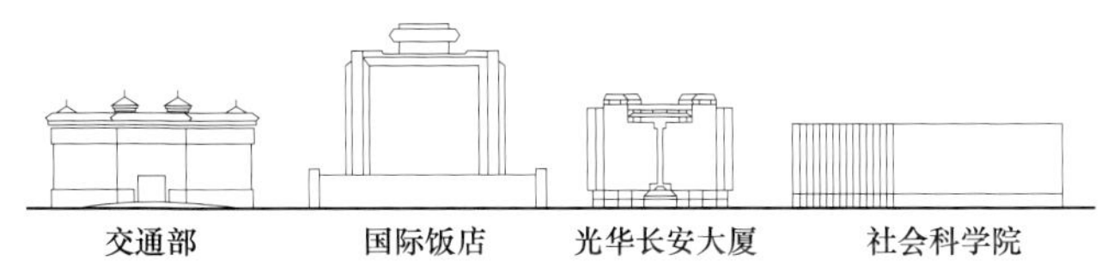

图 11–2　光华长安大厦沿街立面图

（资料来源：魏大中. 传统与时代——长安大戏院的易地重建[J]. 建筑学报，1997（5）: 45.）

（1）选址有利因素

一是考虑到市民的感情，即作为人们心目中的长安大戏院不能在原场地重现，着实令人惋惜，因为人们已有了认同感。仍能建在长安街上，则可使得该情感上的损失尽量减少一些，并逐渐使人们产生出新的认同感。二是与城市规划相协调，即剧场西面是国际饭店，东面与社会科学院相邻，南面隔街与中粮广场和中国海关大楼相对，能够形成完整和谐的外部空间环境（图11–2）。三是与周边道路关系良好，即剧场正面是长安街主干道，东面与社会科学院之间有一条次干道——贡院西街，且有过街地下通道与路南相连。四是交通便捷，即在社科院东端是地铁建国门站，交通方便，位置明显。五是有足够停车场地，即剧场前面空出34m深，80m宽的广场，广场地下设有三层的地下停车库。

（2）选址不利因素

一是在用地的西南角有一地下热力站，对建筑的布局有一定影响；二是处于城市中心区，用地条件比较紧张；三是地价昂贵。

（3）结论

总体来说，新长安大戏院的选址是非常成功的，原因是它不仅权衡了戏曲剧场选址所必须要考虑的各种利弊条件，而且重视了民众对于长安大戏院不能旧址重建而造成心理情感上的失落。这项选址优势是种隐性价值，并没得到任何实质经济或物质上的回报，但正是这种隐性价值给人们精神上所带来的安慰则是无价的。

① 魏大中. 传统与时代——长安大戏院的易地重建[J]. 建筑学报，1997（5）: 45.

11.2.2 梅兰芳大剧院的选址分析

中国首座专门针对京剧演出设计的现代化剧场——梅兰芳大剧院，地处金融街北端，阜成门、新街口、西直门商圈中心。在剧院周围有19个政府机构，20家金融机构总部，2000余家公司商户。

（1）选址有利因素

一是与周边道路关系良好，即剧院北部有集散广场，与周围道路关系顺畅；二是有足够停车场地，即在群体建筑的地下设有800多个停车位，可供商务办公和观看演出使用；三是交通便捷，即剧院地处西二环与平安里大街的枢纽地段，毗邻地铁车公庄站，周边公共交通资源丰富，地上地下的交通设施交织成立体的行程网络，为观看演出提供了方便。

（2）选址不利因素

一是剧院与基地周边建筑连体，对于自身造型设计价值的体现束缚较大；二是处于城市中心区，用地条件比较紧张；三是地价昂贵。

（3）结论

总体来说，梅兰芳大剧院的选址是非常成功的，尤其在城市规划上作为城市节点的意义非凡，即若在北京市地图上画两条线，那么最繁华的金融街与印有大量历史记忆的平安大街交汇处，就是梅兰芳大剧院选址所在。

11.2.3 浙江小百花艺术中心的选址分析

浙江小百花艺术中心基地位于杭州市宝石山下，曙光路南侧，东临杭大路延伸段穿山隧道线，属西湖风景名胜区域。建设用地东西向长约320m，南北向最宽处约170m。用地为老年大学和小百花艺术中心两个单位所共同使用，划分为东西两部分。西侧地块为浙江省老年大学用地，面积约为1.53hm^2，东侧地块为小百花艺术中心用地，面积约为1.50hm^2。

（1）选址有利因素

一是基地位于杭州市宝石山北麓，西侧为城市绿化游园——圆缘民俗文化园，东边毗邻黄龙洞景区，属于西湖风景名胜区内的山地环境，环境优美、绿化植被良好，有多株古树名木，地理位置得天独厚；二是基地北面与世界贸易中心、黄龙饭店以及黄龙体育中心相对，该地段是集旅游、商贸、文化、体育为一体的文化区域，文化设施和景点建筑鳞次栉比，选址机理与城市规划理念相协调；三是基地位于杭州市文化一条街曙光路南侧，东临杭大路穿山隧道线延伸段，交通线路便捷。

（2）选址不利因素

一是基地与杭州世贸中心、黄龙饭店、黄龙体育中心相毗邻，这些重要大型公建形态造型各异，体量有明显差别，使基地内新建单体建筑造型的定位较难把握；二是基地内原艺校的现有建筑形式、体量差别较大，空间环境略显凌乱；三是基地内有一护国寺遗迹，现存一殿堂，殿堂周边遗存有残碑一块、经幢一座、古井一口，如何保护历史环境和遗迹，并能与新建筑形成有机统一体是基地带来的另一制约[①]。

（3）结论

总体来说，浙江小百花艺术中心的选址是较为成功的，尤其所选基地环境良好，属于西湖风景名胜区内的山地环境，这是其独特优点；但也正因为是风景名胜区，其地理位置极为重要与敏感，使建筑方案充满了挑战。设计得好则与环境共生为之增色，反之则失去了存在的意义，甚至破坏了环境。

11.2.4 重庆国泰艺术中心的选址分析

重庆国泰艺术中心位于重庆市渝中区解放碑商业区CBD核心地带（图11–3），地处临江支路，江家巷、青年路和邹容路合围地段，由国泰大戏院和重庆美术馆组成，是重庆市十大文化公益设施项目之一。

（1）选址有利因素

一是解放碑是重庆市传统意义上的文化中心、城市中心，有沿袭已久的文化向心力；二是地理位置优越，交通方便；三是解放碑是重庆市一级商业区，该地段的商业价值很高，单就停车场来说，也可以获得极大的收益；四是周围商业已发展成熟，配套服务设施也十分齐全，可以与剧院形成商业互补、运营互助的良性循环；五是解放碑高楼林立，在景观上形成了

① 田利，仲德崑．轮廓消失的建筑——浙江省老年大学暨小百花艺术中心设计创作体会[J].华中建筑，2002，20（5）：53.

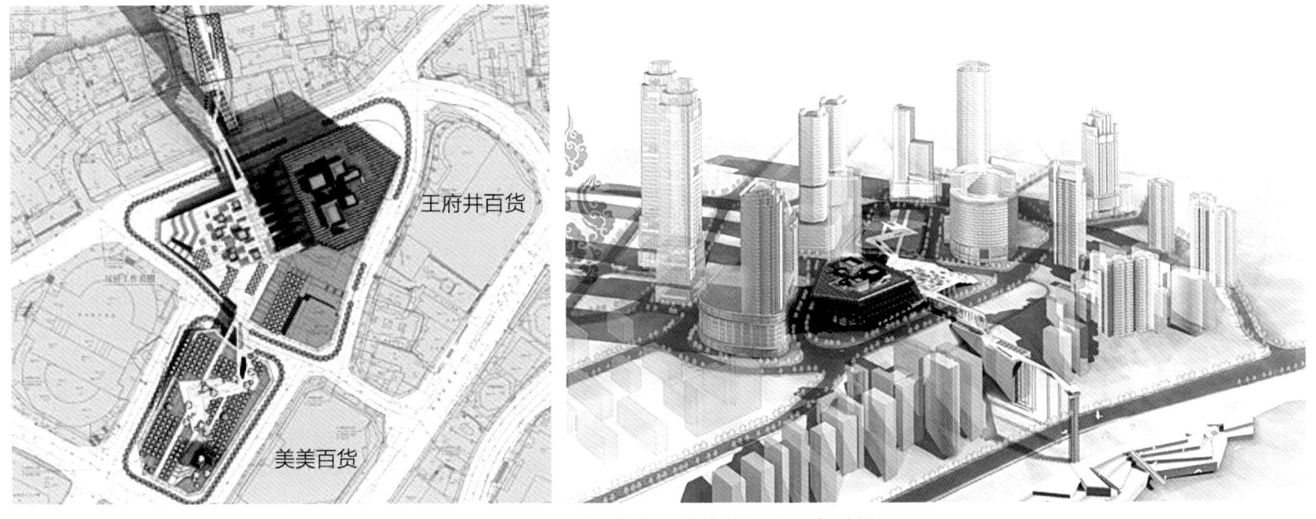

图 11-3　重庆国泰艺术中心的选址及剧院鸟瞰效果图
（资料来源：http：//hr.cadreg.com/works/content.asp?id=8）

"峡谷"效应，而演艺中心大跨度的观众厅和立面造型，极具景观效果，可以为该地区的景观添色；六是解放碑的公共空间明显不足，而剧院内部的流动空间将在很大程度上改善解放碑的城市空间质量；七是剧院采用的大红颜色和斗栱造型，从南滨路隔江望去十分鲜明，丰富了解放碑城市景观，尤其夜幕时分，为"重庆夜景"这块品牌更添光彩；八是提高了解放碑的文化地位。

（2）选址不利因素

一是选址此处，地价昂贵，不但提高了建设成本，还增加了后期的经营成本；二是解放碑目前每天的人流量已经很高，此处再增设一个剧场无形之中会加大该片区的人流密度，造成中心区域的环境和空气质量进一步降低，形成城市热岛效应。

（3）结论

对于普通的重庆市民而言，不同时期的国泰剧院都是这个城市的历史记忆，可谓浓缩了重庆城半个多世纪的文化娱乐史。此外，作为标志性建筑，对其他地块形成统领作用，既统一于解放碑地区现有建筑，又为解放碑地区创造了新的秩序。该艺术中心及其森林广场与洪崖洞项目相连，直抵嘉陵江，给解放碑打开了一个"呼吸"的窗口。

11.2.5　上海大剧院的选址分析

上海大剧院位于上海市人民广场西北侧，南临人民大道，西沿黄陂北路，东临市政大厦，建设用地面积约为 2.1hm^2。

（1）选址有利因素

一是与城市规划相协调，地段性质重要且与广场北侧上海市人民政府、东北侧上海城市规划展示馆及南侧上海博物馆围合相融，使人民广场成为上海名副其实的政治文化中心；二是交通便捷，人民广场东北侧的地铁人民广场站以及武胜路上"月亮岛"式弧线形的八个公交线路及相应起始站点构成了便捷的交通系统，方便剧场人流的汇集和短时间人流的疏散；三是停车场地充足，广场西南侧拥有亚洲最大的地下车库，车库共分为 7 个区域，可同时停放 600 余辆车；四是商业辅助服务设施完善，人民广场地下拥有我国目前最大的地下商业中心，总面积 3 万余 m^2，包括地下商业街和地下商场等，大剧院选址此处能与集旅游、购物、观光、休闲为一体的人民广场构成商业性上的良性循环。

（2）选址不利因素

一是建造地价昂贵；二是停车费用高。

（3）结论

在寸土寸金的市中心地带，选址得天独厚的优势在于其基地环境开阔，非常难得。剧场前 8 万 m^2 的广场绿化与 12 万 m^2 的人民公园连为一体，构成了上海市中心的两叶"城市绿肺"，使得改造后的人民广场既是一个绿化和美化的园林式广场，又是一个融行政、文化、交通、商业为一体的上海政治文化中心。

11.2.6 国家大剧院的选址分析

北京城最突出的特点是它的中心轴线，而天安门广场是其南北轴线与东西轴线的交汇点，这个尺度宏大的几何空间是北京城视觉和心理上的中心，是整个城市规划和城市设计的出发点，它对周围地段的建筑物具有控制性的影响力。国家大剧院的选址就位于北京天安门广场西，人民大会堂西侧，西长安街以南（图 11-4）。

（1）选址有利因素

一是交通便捷，即地面的长安街及地下的地铁构成便捷的交通系统，方便剧场人流的汇集和短时间人流的疏散；二是与城市规划相协调，符合城市规划建筑布局的要求，即基地处于整个城市的方格网中，对城市肌理没有任何破坏；三是政治意义，即增强了天安门广场政治中心、文化中心的职能以及此区域作为北京城视觉和心理中心的分量；四是土地利用价值，即填补了人民大会堂以西的空白，使宝贵的建筑用地不至于长期闲置，完善了这一区域的城市建筑环境；五是功能意义，即大剧院配套的服务设施一定程度上弥补了天安门广场这方面的不足；六是有足够停车场地，即大剧院的地下停车场不仅可以满足演出时的需要，平时还可以为天安门广场以北的停车提供场所，地处广场以南前门大街的大型地下停车场也是一个有利因素；七是有利缩短建设周期，即由于历史原因，剧院建设前这一用地内拆迁已基本完成，且有挖槽 5 ~ 12m 深，土方量大部分完成。

（2）选址不利因素

一是原人大办公楼基槽较深较大，不适合大剧院的要求，基础处理需增加投资；二是据媒体报道，日常情况下，长安街各种车辆日均流量近 15 万辆，高峰小时双向流量近 8700 辆，个别高峰小时流量甚至达到 11000 辆，这么大的交通流量直接后果就是严重的交通噪声，交通噪声和地铁的震动噪声都对演出和录音有影响。

（3）结论

从政治性层面上看，国家大剧院建设的目标就是立国家文化之标志，创世界一流艺术殿堂。天安门广场是国家政治中心，其四周围合的建筑群构成了一种庄严的氛围，是国家政治权力的象征与标志。大剧院选址在人民大会堂西侧能够与其他建筑在职能上相协调，在象征意义上相融合。从商业性层面上看，天安门广场作为城市的中心地，本身交通便捷、人口密度大，为剧场的运营提供了良好的基础，同时作为国家政治中心的象征地又吸引着国内外无数的游客，这也无形之中为国家大剧院提供了为数众多的潜在观众；而标志性大剧院的建成会激起旅游者的兴趣，在某种程度上也反作用于广场周围旅游经济值的增加，这样便形成了商业性上的一种良性循环。

总而言之，国家大剧院自 1958 年周恩来总理批示，地址“以在人民大会堂以西为好”，到后来经多方

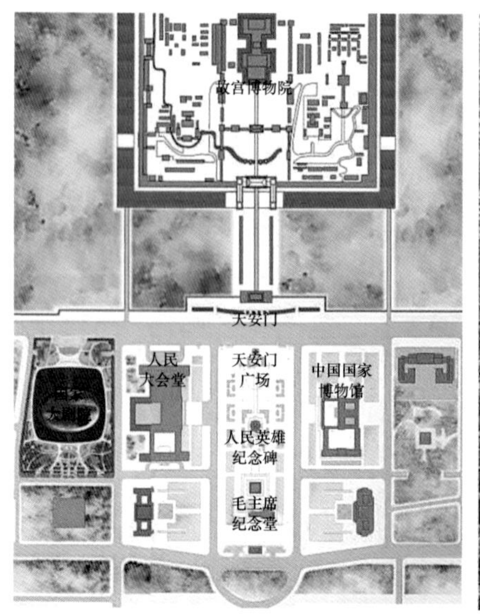

图 11-4 国家大剧院的选址及其鸟瞰图

（资料来源：左：https://www.archdaily.com/1218/national-grand-theater-of-china-paul-andreu/500ec44028ba0d0cc700036e-national-grand-theater-of-china-paul-andreu-image；右：https://www.sohu.com/a/231794445_171048）

审议最终确定选址"人民大会堂西侧，西长安街以南"的决议是最优的正确选择。

11.3　传统剧场对现代戏曲剧场选址的设计启示

11.3.1　建议设计师及广大民众共同参与选址过程

用地选择与总体布局，是单体设计开始前首先要解决的问题。其中用地问题一般都由建设方会同承建方共同商定，设计方往往被动地接受既成事实。而我国传统剧场建筑文化内涵丰富，其内部建筑活动受到传统建筑哲学的深刻影响。虽说术业有专攻，但其实了解一定的建筑哲学知识，包括中国古代的阴阳、五行、八卦等学说，无论是对设计的解读还是向建设方汇报方案，都是一件锦上添花的好事，甚至有时是打动建设方的关键。对此，建议在选址过程中，设计方特别是设计师本人应当参与到选址过程中来，并从建筑技术上提出论证和要求，以免因选址不当造成以后总体布局和单体造型设计工作上的被动。

此外，在西方国家，剧院选址这一部分的工作一般都有大量的市民参与。通常的做法是组织者成立一个专门的小组或委托一些专业人士，在进行了大量的市民调查和可行性调查后，提出相应的研究报告，再由组织者和市民讨论，最后确定选址结果。因此，从设计制度的角度上，还可让普通市民特别是广大戏曲爱好者及戏曲演员等戏曲界专业人士参与到新建戏曲剧场的选址环节中来。尤其对于长安大戏院等著名传统剧场建筑异地重建的项目，更应充分重视广大戏迷们的选址意愿与怀旧情怀。

11.3.2　建议强化城市总体规划统一布局思维

选址与设计上还应更加强化结合地方戏曲文化来利用环境和创造环境的城市总体规划统一布局思维。通常，一栋建筑的自身要有对比，与其周围的建筑、环境也要有对比。只有对比才能给人们留下深刻的印象，才能与众不同，才能使它所产生的美感不同于一目了然的坦荡。使之在个性上对比，在文脉的图底关系上延续，并综合运用各种手法产生更加生动的和谐。但是作为对比必须讲究适度，对比过强可能会造成过分刺激或喧宾夺主，对比过弱可能会视而不见。例如，国家大剧院在选址上可谓无可挑剔，且在法国建筑师保罗·安德鲁（Paul Andreu）主持的设计下，剧场单体对新现代主义的诠释也堪称典范，不过与周边古建筑群之间却形成了一种极强的对比，即前卫、现代、漂浮与传统、古典、庄重的对冲。因此，合理延承传统建筑中的对比之美在现代戏曲剧场建筑设计中起着重要作用，尤其在当下大量运用单一建筑材料构筑空间和环境的境况下，在剧场这类高技术建筑中对待情感、人性和文脉的延承上，如何做到在变化中求统一、统一中求变化，构成一个既和谐统一，又富有变化的有机整体，在观演建筑朝着多元化发展的今天，是建筑师应着重考虑的设计要点[①]。比如，举世闻名的悉尼歌剧院的创作灵感就是得益于它的选址，该剧院位于澳大利亚伸入大海的半岛上，选址环境给设计提供了创造的空间与灵感，而设计出的歌剧院本身的独特造型又为港湾增色，成为澳大利亚的标志，这不能不说是利用环境、创造环境的杰作。

11.4　本章小结

建造地址的选择往往存在城市中心区和郊区的比较，考虑到交通的易达性给民众所带来的便捷，一般会将新建的戏曲剧场选在城市人口相对密集的商业区。但现今停车场地的限制及停车费用的日趋升高，都不如郊区停车场这方面有优势。如果考虑对未来城镇区域的发展及带动新城区的建设，那么现代戏曲剧场的建造地址则应该设在城市近郊。而如果建造的目的是复兴旧的城市中心区或商业区，那么选址的范围往往就会变得很小。但不论选址如何，现代戏曲剧场在性质上、标准上、位置上及景观上常常构成城市的主要中心之一，对城市面貌有着重要影响。因此，必须结合公共中心的规划，特别是当地的地方戏曲文化特色的建筑表现与城市历史文脉的结合来进行统一考虑，最终达到与周边建筑构成完整和谐的外部空间环境。

---

① 邓登，李倩．重塑传统建筑的价值与意义 [J]. 科技促进发展，2008.

第十二章　传统剧场对现代戏曲剧场在观众厅设计中的启示

每个时代的文化或多或少都会以建筑立面及内部空间处理的方式来得以反映，我国现代戏曲剧场像其他建筑物一样，也直接或间接地反映着整个社会和时代的发展。而观众厅又是剧场建筑中功能性极强且极其专业化的重要部分，是剧场的“心脏”。对此，本章将在传统剧场建筑研究的基础上，探究和提炼为现代戏曲剧场观众厅所适宜借鉴或应用的几点设计启示，旨在能更好反映当代政治文化、经济文化和科技文化精神的同时，还能兼顾展现传统观演文化、戏曲文化和民族文化特色。

图 12–1　矩形平面示意图

12.1　现代戏曲剧场观众厅的平面类型

由于现代戏曲剧场观众厅的容量一般不大，其相应的平面类型通常采用如下三种平面形式[①]。

12.1.1　矩形平面

矩形平面（图 12–1）的优点是：建筑结构简单，施工方便，容易满足声学上的各种需求，不会出现严重的声缺陷。缺点是：前部两侧偏座较多，跨度一般限于 30m 以内。因此，该平面一般仅适用于 1000 座席以内的中小型剧场，而这一点正适合规模不大的现代戏曲剧场，尤其我国早期的近代戏曲剧场采用较多。新长安大戏院观众厅采用的便是矩形平面形制（图 12–2）。

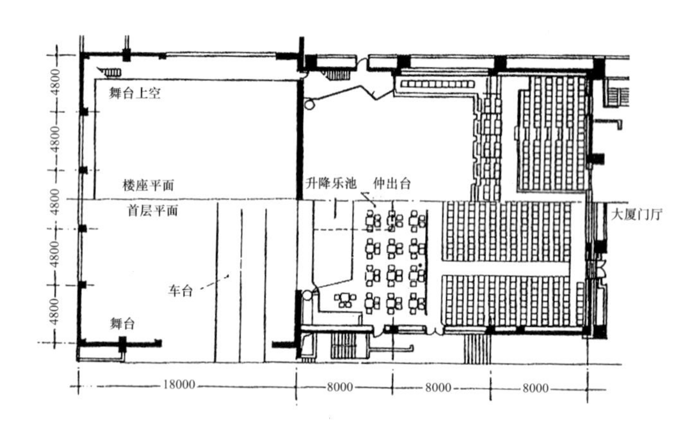

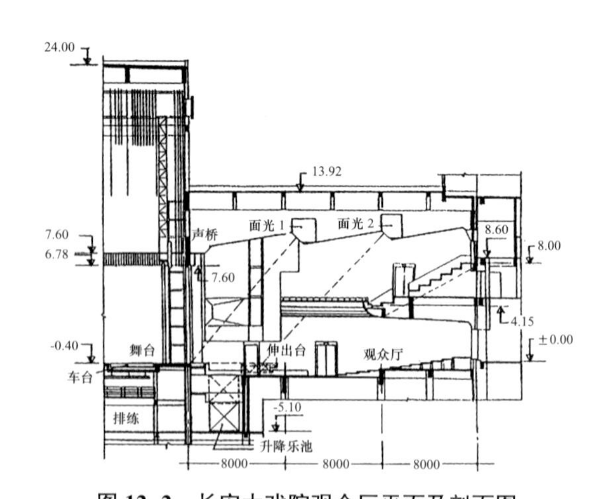

图 12–2　长安大戏院观众厅平面及剖面图

（资料来源：项端祈 . 传统与现代——歌剧院建筑 [M]. 北京：科学出版社，2002.）

12.1.2　钟形平面

钟形平面（图 12–3）是将矩形平面前部两侧偏座的位置切除，可布置耳光室和工作楼梯间，该平面巧妙地利用其墙面角度，加强了前排中区观众席的早期

---

① 吴德基 . 观演建筑设计手册 [M]. 北京：中国建筑工业出版社，2007.

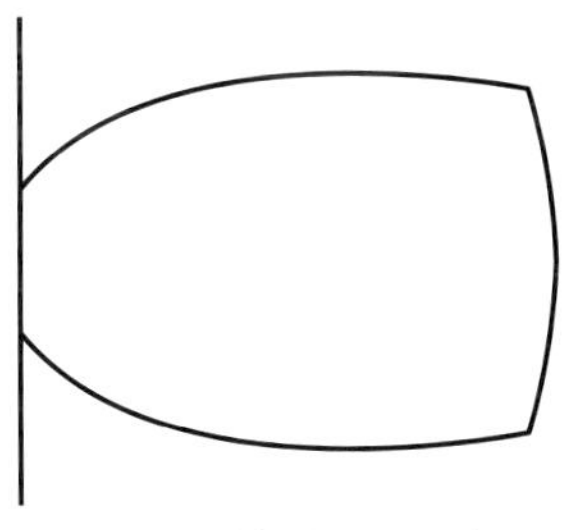

图 12-3　钟形平面示意图

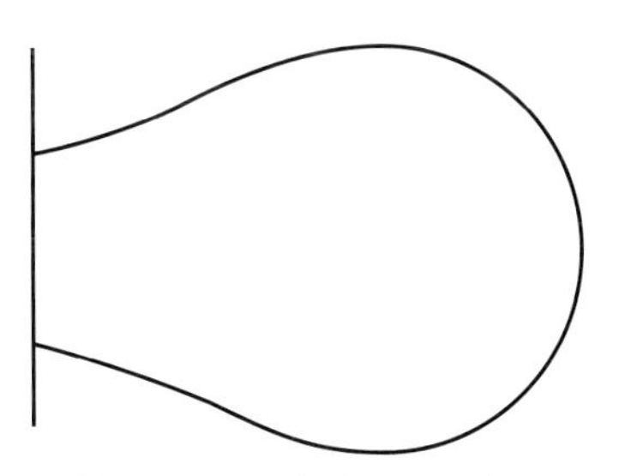

图 12-5　马蹄形平面示意图

反射声，因此有较好的声学和视觉效果，是我国现代戏曲剧场采用最多的一种平面形式。比如，重庆川剧艺术中心观众厅便采用钟形平面的形制（图 12-4）。

12.1.3　马蹄形平面

马蹄形平面是与鞋盒式平面旗鼓相当的经典剧院平面模式，它的观众席呈现出一种半包围式的环形结构。因此，在视距和水平控制角相同的条件下，与前两种平面形式相比，马蹄形平面（图 12-5）能容纳更多的观众，舞台向心力更强，观众也更容易投入到演出气氛中，从而能真切地感受到一种具有“放射感”的舞台冲击力。缺点是台口两边的观众虽然离舞台很近，但视觉效果却较差。比如，上海宛平剧院中大剧场的观众厅采用的便是马蹄形平面形制（图 12-6）。

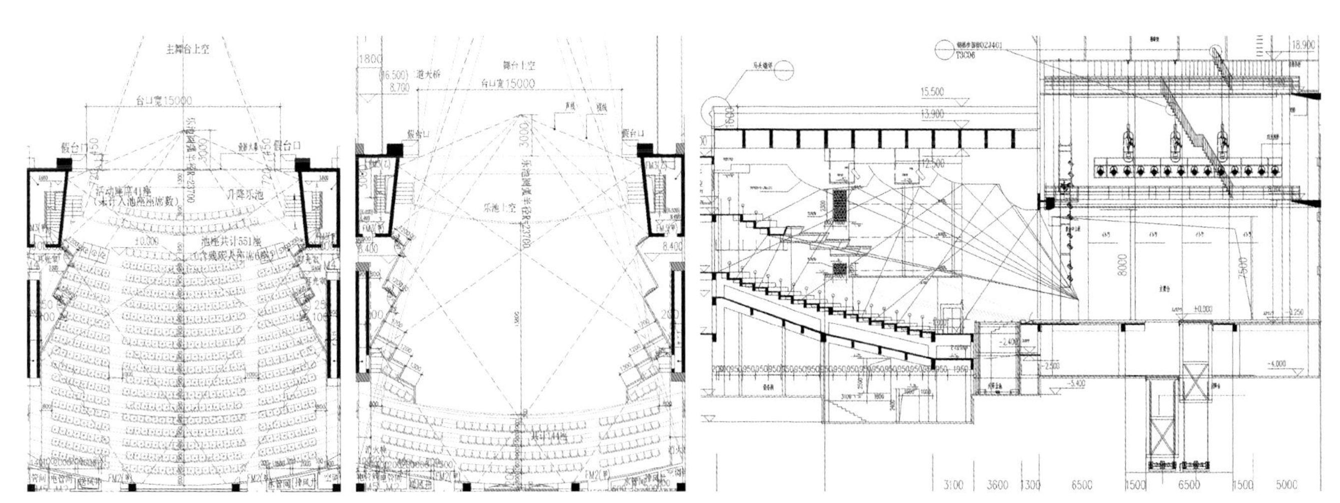

图 12-4　重庆川剧艺术中心观众厅平面及剖面图

（资料来源：重庆大学建筑规划设计研究总院有限公司）

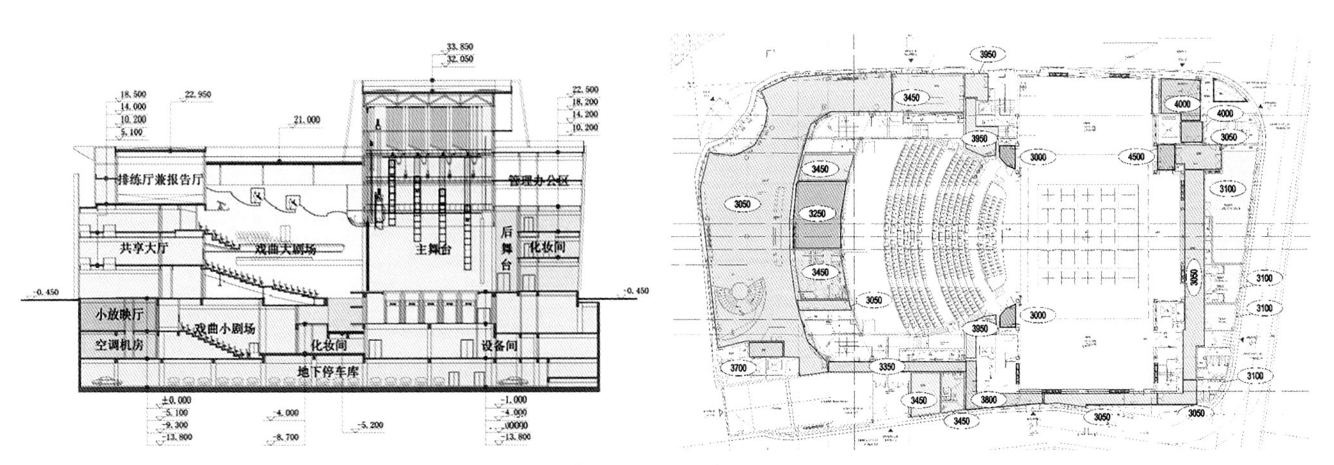

图 12-6　上海宛平剧院观众厅平面及剖面图

（资料来源：https://sghexport.shobserver.com/html/haijiahao/2021/10/27/571476.html）

12.2 传统观众区与现代观众厅的对比与分析

12.2.1 普通剧场观众厅与戏曲表演的相斥性

之所以说普通剧场的观众厅与我国戏曲表演艺术存在着一定程度的相斥性，是因为普通剧场观众厅存在着以下问题而不太能完全满足戏曲剧目的表演要求：

一是池座容量大，一般占总容量的2/3，可容纳650 ~ 750人。而观众厅真正算得上视听效果均较佳的位置大约在12排之前居中的区域，约600座，其余200多座的位置要不较偏，要不较远，要不较深（位于楼座之下），总之是不太适合观赏戏曲表演的。而且，按理说应降价售票，但同在池座范围内，票价档次却并没拉开。

二是设有楼座的普通剧场由于楼座下开口与进深的矛盾，只能退至观众厅后半部，并提高了楼座第一排的高度。这样，楼座座位与上述池座区靠后的座位在视听效果上均不太好。

三是普通剧场的包厢则更不值一提，基本是剧场增容及装饰的副产品，视听效果根本谈不上多好，要不溜边声，要不斜着看，要不歪着坐，名不副实，票价当然也不太上得去，只能是让包厢内的观众获得心理上的一种优越感而已。

四是对于普通剧场中比较特殊的一种剧场——多功能剧场，虽可用于戏曲演出，但所谓的“多功能”，其实是以某样功能为主，兼顾其他各方面功能而得名。这种名义上的多功能，在实际演出中往往很难将某一功能发挥得淋漓尽致，相反，正因为要迁就其他功能而常常出现“不太功能”的尴尬局面。因此，对于戏曲表演这种专业性很强的演出则是很难完全与其相适应的。

综上所述，普通剧场观众厅的平面布局与剖面形式是不太符合戏曲表演艺术专业演出要求的。

12.2.2 传统观众区与现代观众厅规模的对比

传统厅堂式剧场的平面布局很简单，并有其定式：通常为矩形平面，戏台面北，后设道具、化妆、乐队和服务用房。观众席三面环绕，座席均为方桌，靠背为硬座，每桌设6座。会馆剧场中，则通常有楼座和两侧厢座，但座席依然较少，通常为200 ~ 300座，容量一般不超过500座。而现代戏曲剧场观众厅的容量也一般不大，其相应的平面类型也不多，通常主要采用矩形和钟形两种平面形式，尤以钟形平面为主。

如表12–1所示，笔者通过实地调研及查阅资料等方式，对诸多不同剧种的现代专业戏曲剧场观众厅的相关数据进行了整理（因某些数据与实际情况可能存在偏差，故仅供参考）。从表12–1可以看出，早期建造的近代戏曲剧场一般都不大，约在800 ~ 1000座，每座容积约为4.3m^3。由于规模小，观众厅平面形式几乎均采用矩形平面或台口前切角的钟形平面这两种形式，使之能加强前、中座的早期反射声和后座声压级。出于同样目的，地面起坡高度也较大。同时，根据戏曲表演艺术的要求，台前一般不设乐池，而将伴奏的乐队配置在侧台上。这样做还减少了演唱者前面乐队声所构成的“声墙”，增加了观众区直达声的强度，可惜的是伴奏声在场内分布不太均匀。对此，笔者建议可将配置乐队的区域适当伸入至观众厅内，做透声屏障来遮挡。

现代戏曲剧场观众厅数据统计表　　表12–1

剧院名称	剧种	建造地点	观众厅平面形式	容量/座	容积/m^3	每座容积/m^3
长安大戏院（拆）	京	北京	矩形	1200	3225	2.7
长安大戏院	京	北京	矩形	800	4400	5.5
梅兰芳大剧院	京	北京	钟形	1028	5813	5.7
东方剧场（拆）	京	北京	矩形	1200	3520	2.9
开明大戏院	京	苏州	钟形	1450	8370	5.8
东风剧院	京	西安	钟形	1368	6310	4.6
东风剧院	京	青海	钟形	1627	6609	4.1
中州剧院	京	郑州	钟形	1285	6560	5.1

续表

剧院名称	剧种	建造地点	观众厅平面形式	容量/座	容积/m³	每座容积/m³
台湾大戏院	京	福州	钟形	1252	5850	4.7
鲁艺剧院	京	济南	钟形	1500	6282	4.2
更俗剧院	京	南通	钟形	1215	4860	4.0
中国评剧大剧院	评	北京	钟形	800	4630	5.8
大众剧场	评	北京	矩形	1130	4230	3.7
郫县剧场	川	成都	钟形	1115	4550	4.1
成都川剧艺术中心	川	成都	钟形	719	4550	6.3
重庆川剧艺术中心	川	重庆	钟形	696	4107	5.9
贵阳川剧院	川	贵阳	钟形	1226	4880	4.0
重庆国泰大戏院	川	重庆	钟形	800	4650	5.8
红线女艺术中心	粤	广州	钟形	230	1020	4.4
河北剧场	梆子	石家庄	钟形	1510	7228	4.8
儋州大戏院	琼	儋州	钟形	1438	6350	4.4
浙江小百花越剧院（旧）	越	杭州	钟形	507	2150	4.2
红星剧院	锡、越	常州	钟形	1641	5776	3.5
山西晋剧院	晋	太原	钟形	1056	4620	4.4
易俗社	秦腔	西安	矩形	902	3880	4.3
瑞金剧院	越、沪	上海	钟形	1106	4550	4.1
中国国家大剧院（戏剧场）	各剧种	北京	钟形	957	5050	5.3

随着时代发展与形势变迁，为数不多的新建的现代戏曲剧场发生了逐步的变化[①]：一是规模较早期扩大了不少，容量一般均大于1000座，甚至超过了1500座，导致每座容积远小于传统戏曲剧场；二是剧场容积的扩大，致使观众厅跨度增加，从而减少了池座前中区域的侧向早期反射声；三是舞台面积也相应加大了不少，虽然舞台机械和灯光等设备大有改进，但多采用镜框式箱型舞台，缺乏传统伸出式舞台那种演员与观众之间感情上的亲密交流；四是为提高经济效益，普遍设置乐池以达到所谓多用途、多功能的要求，造成了演员与观众之间距离的拉大，削弱了直达声的强度；五是多数观众厅的混响时间偏长，不能很好满足戏曲表演所需最佳混响时间的要求；六是新建的现代戏曲剧场，观演环境也几乎与普通剧场并无太大差异，缺乏专业剧场所应有的特质。

12.2.3　现代戏曲剧场观众厅空间“量”的探讨

面对上述新形势下现代戏曲剧场的诸多变化，其是好是坏观众心中自有评判。作为当代建筑师，我们该怎样作出抉择？是任其顺应时代的发展，满足形势的变迁呢？还是继承传统戏曲剧场的特色，找回早期近代戏曲剧场的那些优势？如若选择继承，我们又该怎样在今天的时代下做到两全？为此，笔者将对现代戏曲剧场观众厅的规模大小作一个粗浅的探讨。

在对表12–1中观众厅容积数据进行分析时，可以发现，与传统剧场相比，现代戏曲剧场观众厅容积的变化范围缩小了。我们知道，分析观众厅面积大小的主要因素有两个：一是座席的类型及其排列的方式，比如软椅、硬椅、排距、长排法与短排法等；二是走道面积。

① 项端祈．剧场建筑声学设计实践[M]．北京：北京大学出版社，1990.

另外，分析观众厅容积大小的主要因素有三个[①]：一是声学，即混响时间所要达到的理想值与观众厅容积的密切关系；二是通风和卫生的要求；三是观众厅空间适当的比例尺度。

这里，笔者采用另外一种方法来进行分析，即取表 12–1 中全部 27 个剧场观众厅的每座容积值，求得其平均值 $X \approx 4.5\text{m}^3$。在这 27 个典型现代戏曲剧场中，观众厅每座容积在 4.0 ~ 4.8m^3 的有 16 个，约占 59%，而仅从新建或建成不久的现代戏曲剧场来看，则占到了 87%，数值小于 4.0m^3 和大于 4.8m^3 的都很少，其变化区间也相对较小，这说明该数据有着很大的现实性。此外，笔者调研时发现，早期近代戏曲剧场观众厅采用硬座、短排法的较多；与近期现代戏曲剧场相比，早期近代戏曲剧场每座容积较大。戏迷感情上更趋向于前者，因此建议在规定新建戏曲剧场该项设计数据时，可稍稍提高一些。不应一味满足市场需求，强调观演效果，而降低了观众身心上某些必要的怀旧感与舒适度。通常，我国话剧、戏曲类专业剧场每座容积为 3.5 ~ 5.5m^3[②]，而针对这一区间值，笔者建议可适当提高至 4.5 ~ 6.0m^3。

12.3 传统剧场观众区对现代戏曲剧场观众厅的设计启示

12.3.1 听好

我国戏曲表演艺术与其他歌舞戏剧表演艺术在要求上所具有的最大不同，第一是演员——追求演员的原声，因此我国戏曲剧场应是原声剧场，应确保剧场观众厅的原声效果。第二是观众——满足观众的听觉，因为许多戏曲的戏迷是只带耳朵来剧场的，大多仰首闭目、手指击节、悠然自得，简单说他们是来听戏而非看戏的。因此，保证每个座位的观众“听好”就成为现代戏曲剧场观众厅设计上最为重要的一环。对于“听好”不只是听清、听到，而是要让演员表演时所发出的原声传到坐席区每个观众的耳朵里达到足够响、听得真、很耐听。观众欣赏到的是原声，是演员、乐队的真声传播，不失真，少损耗，原汁原味。这就必然要求观众厅具有极高的建筑声学指标，因此做好现代戏曲剧场观众厅的建声设计是重中之重。

从演员的角度来讲，观众厅是检验演员嗓音真功夫的地方。世界上优秀的、传统的歌剧院或戏剧院观众厅都是原声的[③]。我国传统戏曲历来讲究原声演唱，如今戏曲界的老前辈及协会领导也纷纷主张恢复原声。当然，在能够保证自然声前提下，建议还是在戏曲剧场中再配备一套先进的高质量的电声设备系统，采用国际上先进的补声理念来进行声场补声，即以建声为主、电声为辅的设计原则来指导观众厅的声学设计，以弥补建声的不足与缺陷，并达到在使用电声时听不出是电声效果的目的。当然，为良好传承戏曲文化的表演特色，更好发挥戏曲演员的唱腔功底，防止突出个别演员的主角效果，建议现代戏曲剧场在大多数表演场合中最好不使用电声，尽量少地让演员佩戴无线话筒等扩音设备。

12.3.2 看好

古代由于建造水平的限制，除了极个别依据地形自身特点产生坡度外，传统剧场基本没有出现带坡度的观众区，但在视线上已有了一定分析。比如，安徽会馆观众区末排座席的视线极限范围正好是戏台的前沿上框，剧场的侧向视距在 6m 以内，正中最远视距也仅为 12m。因此，除听好外，现代戏曲剧场观众厅也应提供优良的视觉环境以保证观众看好，而且要使大多数观众能看仔细。目前，对于普通剧场而言，观众厅的视觉环境是第一位的，但由于强调戏曲原声的主导性，现代戏曲剧场大多把视觉设计退到第二位。其实听好和看好是需要建筑师花同样心血的，两者应该同等重要。

众所周知，戏曲欣赏的特殊性及专业性在于它是一种近距离观赏艺术，希望观众能够在比较近的距离来观赏华丽的服饰、漂亮的脸谱、丰富的表演、细腻的脸眼传神……这自然就限定了现代戏曲剧场的规模一般不宜做大，观众厅的平面形式只能较多地采用矩形和钟形这两种，以及存在楼座地面起坡会相应较陡等多方面设计上的局限性。对此，现代戏曲剧场观众厅座席的起坡设计建议采用水平垂直双重标准的视线设计法，即

---

① 许宏庄，赵伯仁，李晋奎 . 剧场建筑设计 [M]. 北京：中国建筑工业出版社，1984.
② 项端祈 . 音乐建筑——音乐・声学・建筑 [M]. 北京：中国建筑工业出版社，1999.
③ 项端祈 . 演艺建筑——音质设计集成 [M]. 北京：中国建筑工业出版社，2003.

对于前排观众席以控制水平遮挡为主，后排观众席以控制垂直遮挡为主。

12.3.3　坐好

一般情况下，坐好是比较容易做到的。比如，采用合适的排距、足够的座宽、合理的高度、座椅的舒适程度等。这里，笔者着重探讨的是池座形式是否依旧采用传统剧场茶馆式的散座方式，以及楼座形式是否保留沿边柱廊式的设计手法。

传统戏曲剧场有着较为固定的观演模式，即戏台为三面开敞，观众主要在戏台前的广场或庭院中看戏。一般前排观众坐着看，后排观众站着看。戏台两侧回廊通常在二层，这里的观众视点较高且偏，但却常常是达官显贵的“雅座或包厢”。此外，随着戏曲的逐渐繁荣，看戏喝茶、做小买卖等便与演出同时进行。也就是说，传统观演模式是同叼烟袋、嗑瓜子、喝茶等其他休闲方式紧密联系在一起，并成为一个统一体的。从以人为本的角度出发，在现代戏曲剧场观众厅设计中，考虑观、演、游、憩和玩的有机结合则是体现继承传统剧场观演文化的一个重要举措。1996 年易地重建的新长安大戏院，剧场共 800 座，其中池座 544 个，楼座 256 个，观众厅呈 21m × 24m 的矩形平面，其在观众厅的设计上做到了对传统剧场观演文化的良好传承（图 12–7）。即将池座前区做成无坡度的平地面，摆上 26 张红木条案和 130 把中国古典红木梳背式座椅，并配以长安大戏院特别订制的手绘《婴戏图》高级茶具、餐具，以供应仿清宫御膳房的食品，可边品茶、边看戏，古色古香，传统观演风格韵味十足。同时，在楼座的前区还分成 9 个包厢座区，用半隔断相隔，正中是贵宾席包厢，老长安戏院也曾有过类似的做法[①]。

图 12–7　长安大戏院观众厅池座前区

因此，笔者认为在现代戏曲剧场中对于这种传统剧场茶馆式的散座形式是值得被采用的，但仅适合于那些规模不大（800 座以内）的现代戏曲剧场，对于中、大型现代戏曲剧场就不太合适了。原因有四：一是散座占用面积较大，且占据了池座中最好的区域；二是散座座席数量不多，把大多数座席挤到了后面及旁边；三是观众厅秩序不易维持，显得不太严肃也不符合时代潮流；四是座椅一味追求传统而达不到现代座席的舒适度，不适合长时间观戏使用。这样的设计虽是对传统观演文化的一种良好传承，但在实际使用中还是弊多利少。不过，这种池座的布置方式可作适当保留，即当设有活动乐池的戏曲剧场将乐池升至观众厅标高作为池座时，布置个两三排带茶几的沙发散座（相较于古典红木梳背式座椅，沙发则更为柔软舒适）来满足个别贵宾或重要观众的需求。

另外，从空间形式和比例来看，传统庭院式剧场观众区两侧往往设有回廊（一层）或看楼（二层）环绕戏台，而传统厅堂式剧场台前立柱位置则更接近于观演区中央，这样既对结构有利，也形成了侧廊或楼座对戏台的深度环绕，对于演剧气氛和观演亲切感来说也是极好的。因此，在观演空间的处理手法上注重对传统剧场侧廊或看楼的良好再现则显得尤为必要。当下，带有挑台的伸出式舞台观众厅几乎成为一种潮流，在现代戏曲剧场中这种传统形式与情感的再现十分可贵，但它又不是简单地重复过去，而是运用现代技术，基于现代的功能，并渗透着现代构成的美感。不少经验证明，观众席可以划分成不同视向的散座或挑台区块，设置侧向挑台，并结合其栏板设置声反射装置，以增强早期反射声，这样可以大大改善视听条件，活跃剧场气氛，丰富

① 魏大中．传统与时代——长安大戏院的易地重建 [J]. 建筑学报，1997（5）.

图 12–8 中国评剧大剧院观众厅内不同视向的散座和挑台区块
（资料来源：项端祈．演艺建筑——音质设计集成 [M]. 北京：中国建筑工业出版社，2003.）

空间效果，使其更具穿插感，同时也可以减少非满场时的空旷感。例如，中国评剧大剧院用分区块错落的正厅和挑台，以富有现代感的折线造型，形成了活跃的剧场气氛（图 12–8）。但值得注意的是，该形式边座的视线效果往往较差，而且栏板结构对视野常有遮挡，存在着一定的视效缺陷。

12.4 本章小结

与西方戏剧表演不同，我国各地方戏曲表演的演出条件是相对简单的，它们不是要求很苛刻的剧种，那些具有复杂而繁多设备的综合性剧场反而并不适合戏曲的演出，设备用不上不说，还可能是一种累赘。若让戏曲表演去适应和迁就这类综合性剧场的固有条件，必然适得其反。因此，用这些所谓“多功能”的综合性剧场来上演地方戏曲演出不仅大材小用，而且还妨碍了戏曲本身专业性特长的发挥。然而，在当前戏曲业不太景气的大形势下，戏曲表演往往就是在这些多功能剧场内进行演出，所谓专业的戏曲剧场多数也是近代戏曲剧场，新建的其实并不多。只有少数剧种，如京剧、评剧、川剧、粤剧等才修建一些专业的戏曲剧场，但这些剧场大多也都考虑了多功能使用的可能性，既严格以地方戏曲的表演要求来进行设计，同时也兼顾其他类型演出使用。

对此，为确保我国戏曲表演艺术在现代戏曲剧场中得以不失真的完美表达，戏曲表演只有在为自己量身定制的专业剧场里演出，才是传承与发展的出路。因此，作为剧场“心脏”的观众厅，是现代戏曲剧场建筑中功能性很强，也很专业化的重要组成部分。建筑师在设计与构思中不应固守某一种空间模式和设计手法，而应适应时代的潮流，接受时代文化的信息，运用科技最前沿的技术，最大限度地满足总体构思，创造新颖的、富有时代感的、戏曲表演专业艺术的形象空间。

第十三章　传统剧场对现代戏曲剧场在舞台设计中的启示

舞台是观众厅内空间构图的中心，无论是顶棚的倾势，耳、面光槽的向心性还是各种建筑处理和构件的重复，无不众星拱北斗似地烘托着它的核心地位。因此，舞台设计的重要性便不言而喻。而想要做好现代戏曲剧场的舞台设计，对传统戏台进行研究和分析则显得尤为必要。因为中国传统戏台与传统戏曲之间一直有着鱼水关系，两者受到华夏文化以及历史上的政治、社会、经济、建筑技术等变迁和进步所带来的长期影响，并形成了传统戏台独立于世界古代剧场史中别具一格的舞台形制。本章将在传统戏台研究的基础上，探究和提炼为现代戏曲舞台所适宜借鉴或应用的几点设计启示，旨在让演员充分展现戏曲艺术表演文化的同时，也能为观众更好提供戏曲艺术观演文化，使舞台表演在观众厅达到一个良好的场面效果。

13.1　现代戏曲舞台的平面类型

现代剧场的舞台大体可分为开敞式舞台和箱型舞台（或称镜框式舞台）两大类。其中，开敞式舞台又包括伸出式舞台和中心式舞台两种。此外，还有一些过渡型和变化型舞台。目前，我国现代戏曲剧场所采用的舞台形制主要为镜框式和伸出式两种，尚不存在中心式舞台，今后是否修建则不得而知。

13.1.1　箱型舞台

箱型舞台（图 13–1）因有一个独立于观众厅以外的箱型空间而得名，观众通过镜框式台口观看戏曲表演，整个演出场景只有一面暴露于观众厅，因此也被称为镜框式舞台[①]，它包括台口、台唇、主台、侧台、栅顶、台仓等。这种舞台是在欧洲文艺复兴时期形成的，非常适合于斯坦尼斯拉夫斯基表演体系[②]。

（1）箱型舞台的优点

一是有利于布置各种布景道具，包括立体道具和透视布景。台口和表演区的各类幕布能满足演剧时分幕分场的要求，迁换布景十分方便。能充分应用科技成就提高舞台现代化程序，为舞台戏曲艺术创作提供完善的条件。二是对演员心理行为因素方面而言，此类舞台表演的安全感最强，因为演员的背后是天幕，侧面是边幕和关注表演的演职人员，受观众的影响较小，利于表演情绪的一贯性。

（2）箱型舞台的缺点

一是镜框式舞台用台口、大幕等部分把观众和演员分割于两个不同的空间中，使观众感到自己只是在看戏，而不易入戏，就仿佛是在看一幅动态的画面；二是有些台前设置的乐池也加大了观众与演员之间的距离，不利于演员与观众密切地交流感情，使戏曲表演应有的感染力受到限制，削弱了观演互动的场面效果；三是就演员心理行为因素方面而言，演员容易陷入“目中无人”的表演状态，容易忽略观众的反应，同时也限制了传统戏曲写意表演所需的情景创造。

13.1.2　伸出式舞台

伸出式舞台（图 13–2），即将箱型舞台的台唇部分向观众席内伸出成半岛状，观众席三面包围舞台。后面的箱型舞台较浅，称尽端式舞台，台口宽，无明显台框。表演区主要在伸出部分，布景简练，无大幕，道具

---

① 吴德基 . 观演建筑设计手册 [M]. 北京：中国建筑工业出版社，2007.

② 世界戏剧三大表演体系即分别以斯坦尼斯拉夫斯基（Konstantin Stanislavsky，苏联戏剧家）、布莱希特（Bertolt Brecht，德国戏剧家）、梅兰芳为代表的三种表演体系。20 世纪以来，有三个戏剧艺术家团体产生了世界性影响，这就是以斯坦尼斯拉夫斯基为首的莫斯科艺术剧院、以布莱希特领导的柏林剧团和以梅兰芳为代表的中国京剧艺术家群体。这三个戏剧艺术家团体创造的戏剧艺术各自自成一格，体现了现代三种不同的戏剧观或戏剧美学思想。

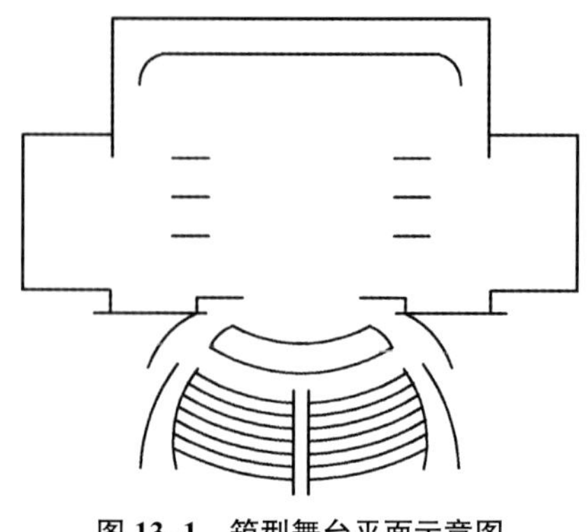

图 13–1　箱型舞台平面示意图

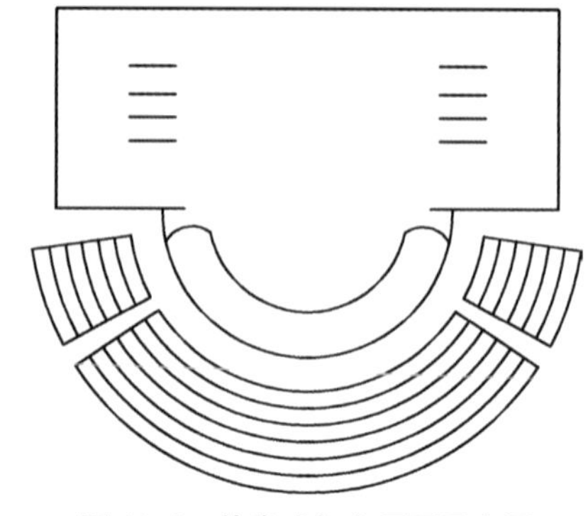

图 13–2　伸出式舞台平面示意图

少[1]。伸出式舞台历史悠久，古希腊和古罗马的露天剧场、文艺复兴时期的莎士比亚式剧场、我国明清以前的传统戏台等均为伸出式格局。

（1）伸出式舞台的优点

一是在伸出式舞台的戏曲剧场内，演员与观众处于同一空间中，这就使观众具有一种参与感，观众不再是剧场中的消极成员，而成为观演环境的有机组成部分。二是伸出式舞台戏曲剧场多给人以亲切、朴实之感，较小的容量、内聚的席座布置、连续完整的空间，使得它比镜框式舞台观演关系更为密切，可使更多的观众接近戏曲演员，除了能使观众看得见演员外，还能保证大部分观众看清演员的面部表情，使演员与观众能有更亲切、更紧密的互动关系。三是镜框式舞台经过多年的使用，已形成基本固定的格式，而现代伸出式舞台种类丰富，形式灵活，根据戏曲演出需要，可以布置成矩形、梯形和半圆形等多种形式。三维的表演空间，可以使得戏曲演员的表演得到更为立体的发挥。四是因伸出式舞台部分置于观众厅内，舞台现代化设施较为简化，相较镜框式舞台的投资大为节省。

（2）伸出式舞台的缺点

一是在戏曲演员心理行为因素方面，由于伸出式舞台的表演区三面暴露在观众厅中，对戏曲演员表演要求较高。在这种舞台上，演出的力度是垂直于观众的，许多剧情的展开不像镜框式舞台那样平行于观众，而是在舞台纵深空间中发展。戏曲演员在此类舞台上表演会比在镜框式舞台上表演更为紧张，但创作激情则会更高，因为他们能很容易地观察到观众的反应并交流感情。戏曲演员可以假定自己就是剧中人物，但因观众影响的存在，常常会提醒自己“我”的存在。所以戏曲演员会经常在“角色”和“自我”的意识中不停转换，他们必须有很强的演出把控力，才能保持戏曲表演的连贯性（对于演员来说，这也许是缺点，但对于观众而言，这正是伸出式舞台的魅力所在）。二是因为伸出式舞台的开敞导致无法保留箱型舞台的基本优点，既不能装置丰富多彩的场景，也无法上演配有大型乐队伴奏的复杂剧目，在演出类型方面存在很大的局限性。

13.2　传统戏台与现代戏曲舞台的对比与分析

13.2.1　伸出式舞台与我国戏曲表演艺术的相融性

19 世纪末，随着西方镜框式舞台剧场的引进，我国伸出式戏曲舞台受到严重冲击，不仅新建戏曲剧场均采用镜框式舞台，就连早期伸出式舞台剧场也纷纷改建为镜框式舞台剧场。这样，无形地在观众心目中形成一种偏见，认为伸出式舞台是戏曲剧场没能跟上时代、相对落后的一种剧场形式。对此，笔者想要阐明及强调的是伸出式舞台与我国戏曲表演艺术恒久的鱼水之情不可磨灭。为什么这么说呢？其原因主要从以下两大方面来看：

（1）从戏台布置及戏曲剧目的特点和要求上来看

一是在戏曲表演戏台布置方面，中国传统戏曲表演一般很少用布景来表现环境，也基本不用复杂的道具来说明情节和动作，在传统戏台上甚至有真物不准上台的规定，道具都需经过程式化的处理，戏台上除了在上下场门之间挂一幅锦绣的守旧（底幕）和一些油漆彩

① 吴德基 . 观演建筑设计手册 [M]. 北京：中国建筑工业出版社，2007.

画之外，往往只留一桌两椅等简单的大砌末（道具），整个表演区就是一个让人有着强烈扮戏欲望的固定空间[①]。如图 13–3 所示，古戏台的这种布置最终成为戏曲演出的程式化内容之一。

二是在戏曲表演程式化方面，经改编后的现代戏曲剧目依然继承了传统戏曲以人物表演为中心的主旨，因此也不过多追求表面的视觉真实，而用形神兼备的手法来刻画人物的精神面貌。对环境的表现也同样是借助最简练的道具，通过人物的虚拟表演动作，使观众的想象得到高度的发挥[②]。比如，扬鞭以示骑马，划桨以示行舟等。只要演员心到、眼到、手到，观众就可以理解到、感受到。

三是在戏曲表演观演情感方面，中国戏曲从来就把与观众的交流作为表演的主要目的。京剧艺术大师梅兰芳先生曾说过："每次演戏，并不完全是一样的情绪，这和观众的关系是很密切的。"戏剧理论家焦菊隐先生也曾这样描述观演之间的情感交流："中国的戏曲演员从不漠视观众的存在，而是把观众作为他演出的见证人，当演员考虑问题、作出判断时，往往有意识地争取观众的支持和同情。而中国的戏曲观众，往往早已熟知剧情，他们是来看戏演得好坏的，他们要用自己的见解和修养去和演员的见解、修养相对照……当观众感

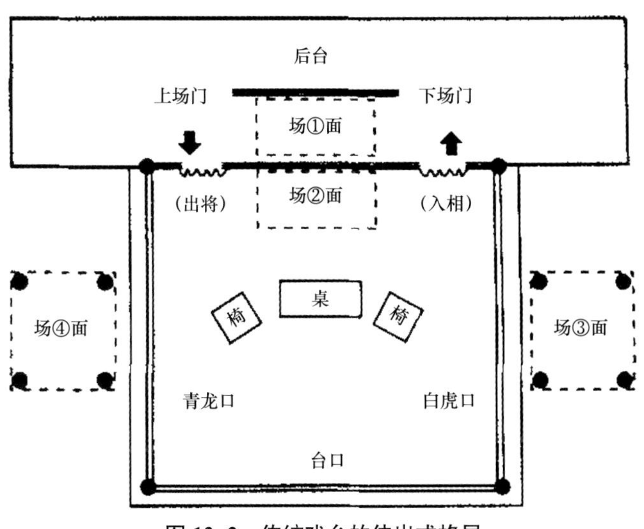

图 13–3　传统戏台的伸出式格局

（资料来源：王季卿 . 中国传统戏场建筑考略之二——戏场特点 [J]. 同济大学学报（自然科学版），2002，30（2）：178.）

到舞台上的表演符合他们的愿望与修养标准时，他们就兴奋、喝彩、受感动。"可见演员的艺术水平在观众心目中有着突出的地位，观众拥有可随时表达感情、反馈信息、干预台上表演的权利，而演员势必也十分注意观众的表情变化、情绪反应。当代中国戏曲随着千百年来文学性的日益加强，表演已十分细腻、丰富，这种观演情感交流的深度也已十分深厚与成熟。

四是在戏曲表演空间视效方面，中国戏曲非常讲究表演的空间造型，从人物的服装、身段到全台的总体形象，都十分注意舞蹈的美。如舞台调度上扯四门、档子、大、小、正、反的圆场，还有用龙套来交代军营和战争的场面，并通过运动来形成一种热烈的空间感，这些都是为了凸显三维空间的视觉目的。不像镜框式舞台，用一堵无形的"第四面墙"划分出两个观界——台口外是观众的现实世界，台口内是演员的戏剧世界，演员和观众的情感交流受到一定程度的局限，不利于观众本身的精神世界参与到戏剧艺术的再塑中去。而在伸出式舞台上，演员置身于观众之中，不再只是与观众面对面了，演员的组合、动作、形态不再是镜框式舞台中的线性效果，而是变成了更加生动的三维立体效果，必须兼顾三面观众。如果说镜框式舞台剧场中观众看的是"平面图形"，那么伸出式舞台剧场中观众欣赏到的则是"立体雕塑"。因此，伸出式舞台较镜框式舞台更有利于表现我国戏曲演出的三维动作、演员的三维形态，并能与周围的多向观众区间产生更为协调的观演互动关系。

（2）从箱型舞台对戏曲剧目及剧团的影响上来看

一是在舞台发展演变方面，20 世纪初，一方面欧洲的镜框式舞台、布景和灯光技术传入中国，使人们耳目一新，很快就成了资产阶级的营利手段；另一方面，在"五四"新文化运动前后，欧洲批判现实主义的进步文学和戏剧被介绍到中国，装备着写实布景的"文明戏"也就成了我国早期话剧的首批剧目，进步的运动对传统戏曲从内容到剧场风气都进行了改革。与技术落后的传统戏台相比，新型镜框式舞台的功能、视线、照明、音质等多方面都显示出其无可比拟的优越性。于是在我国各大城市纷纷建起时兴的镜框式舞台剧场，旧的戏曲

① 王遐举，金耀章 . 戏曲的砌末与舞台装置 [M]. 北京：中国戏剧出版社，1960.
② 周贻白 . 中国戏剧史长编 [M]. 北京：人民文学出版社，1960.

舞台则被改建或淘汰，顺应世界时代潮流的箱型舞台一时间成为统治各类剧场的唯一形式。

二是在舞台演出声效方面，由于镜框式舞台造成演员和观众的距离疏远，使一些含蓄细致的表演无法让观众感知，写实的表现又不能采用戏曲那种程式化的演出特征，于是代之以过度的动态和拙劣的"口腔体操"，而挂满吸音材料的庞大台箱又消耗了戏曲演员发出的大量声能[①]，不得已时还得加上扩声设备，这就更加恶化了戏曲讲究原声的表演效果。

三是在舞台时空变迁方面，箱型镜框式舞台在欧洲的出现是为了满足现实主义戏剧大量布景表现场景，并以台口将演员与观众隔离开来，力图让观众产生真实的幻觉，实现其艺术感染力。而箱型镜框式舞台中复杂的写实装置却充满了限制，即舞台上场面的固定、单一与生活素材的广阔、丰富之间常常发生矛盾。

四是在舞台演出形式方面，在箱型镜框式舞台主导各类剧场的时间里，我国戏曲表演的传统特色受到极大限制、压缩甚至曲解。戏剧理论家焦菊隐就曾说过："戏曲自从采用了话剧式的镜框舞台后，表演和调度上的立体感便已削弱了不少，这是很令人惋惜的；更令人惋惜的是，戏曲舞台艺术家不但对这个问题未加重视，相反把话剧仅平面打光的缺点也吸收了过来，使戏曲的演出形式更加平板化了。"

五是在舞台演出视效方面，新建的镜框式舞台戏曲剧场普遍把大量观众的视距加大至 20 ～ 30m 甚至更大，使细致表演的感染力和观演之间的情感交流都大为逊色。由于视距远，且不说表情和小道具必须夸大，还得用浓重的化妆和强光的照明才能使观众看清，这就把戏曲演员的面部变成好像一张张活动的面具，这一切"不真实"的后果正是由于追求"真实"幻觉而建的箱型镜框式舞台所造成的。因此，许多戏曲前辈在回顾近百年来表演艺术生涯时，也都常常怀念晚清北京的茶楼戏园，以及个别几座建于 20 世纪二三十年代的镜框式舞台戏曲剧场，如北京的长安大戏院、上海的天蟾舞台等，这些都是由于采用了凸出大幕 4m 以上的大台唇，能让演员走向前去把唱声直接送入观众席，并且视距也能得以拉近。又如上海的中国大戏院（1928 年建）二楼首排到大幕仅为 12.5m，至今还是戏曲艺术家十分喜爱的表演舞台。

六是在舞台设备投资方面，由于对写实布景的要求日益复杂，刺激了箱型镜框式舞台台箱的日益扩大，舞台机械自动化的程度也日益提高，舞台投资在各类剧场中所占的比重随之也日益增大。尤其对于规模不大的戏曲剧场而言，台箱部分占用了整个剧场更多的投资，但对于戏曲表演艺术而言，这类舞台空间和机械设备的利用率均较低，并极大地影响了现代戏曲剧场的经营效益和一些戏曲剧团的演出收益。

综上所述，根据现代戏剧界的发展要求，持写实戏剧观的戏剧学派，如西方各流派的戏剧在演出中往往需要造成场景的幻觉，舞台上要求表现其山其水的效果，因此必须要借助于复杂的布景、灯光以及机械设备来达到这一目的，因而其在体积高大的箱型镜框式舞台上来展开表演是显得尤为必要的。而对于持写意戏剧观的戏剧学派，如我国的京剧及各地方戏曲的表演则无需复杂多变的布景、灯光等，也就不一定非要建造这种箱型镜框式舞台了。事实上，西方在 20 世纪初就开始注意到了这一点，并出现了多种形式的舞台实验性剧场，如中心式、伸出式舞台观演场所等，剧场规模均趋于小型化，常常是 600 ～ 800 座，甚至更小，最远视距也都小于 20m，一般为 15m 左右。而我国在 20 世纪 80 年代之后，戏曲界也开始了这方面的研究，即针对不同的戏剧、表演采用不同的剧场形式，只是在实践上由于经济原因而尚未推广。不过，确实有利用传统剧场进行演出的成功实例，如 1990 年夏，天津人民艺术剧院与天津河北梆子剧院协同演出的《中国孤儿》在天津戏剧博物馆（原广东会馆）内进行，剧场为传统的三面包厢围绕的伸出式舞台，导演将表演区分为两个，剧场舞台是一个，大厅地面铺上地毯为另一个，观众在三面回廊看戏，将大厅与伸出式舞台紧密围住，体现了亲切的观演关系，演出上获得了很大的成功。

对此，从符合我国各戏曲剧种的演出条件和观演要求上来看，虽然由于时代的不同，科技的进步带来先进的舞台技术、现代化的舞台设备和多样的伸出形式，使得我国传统伸出式戏台与现代伸出式舞台已有了很大变化，但剧场空间的自由性、暗示性和开放性等共通

① 高建亮．剧院舞台吸声对观众厅主要声学参数的影响初探 [D]. 广州：华南理工大学，2014.

之处没变。相较于现代箱型镜框式舞台而言，笔者认为现代伸出式舞台与我国戏曲表演之间存在着更好的相融性，且在追求多功能舞台的特性上也更具发展前途。比如，在演出现代歌舞剧时可将伸出式舞台突出的台面部分下降，一部分作为乐池，一部分作为贵宾席；若演出京剧、地方戏或实验性的其他新型戏剧时，可将凸出的台面升起，还原为伸出式舞台。

13.2.2　传统戏台与现代戏曲舞台高度及视线的对比

在传统戏台的建造中，古人往往是在观众区（内庭院或坝坝）的标高确定好的情况之下，再反过来设计戏台的升起高度，这个高度的标准一般是以观众区最远处的视线刚好同戏台台面齐平，即能够看见演员的脚部动作为准绳。当然，大部分戏台前的观众区没设起坡，观众基本也是看不到演员脚部动作的，这时戏台两侧的回廊及看楼便发挥了极大的作用。而在现代戏曲剧场建筑设计中，一般是先确定舞台台面的高度，再根据观众厅要求的座席数来推算地面起坡坡度，这与传统戏台在台面高度上的设计正好相反。

而在视线方面的设计，传统戏曲的演出是面向三方的，即对前、左、右三方的视觉观赏都会考虑到。因此，水平视角的影响在欣赏传统戏曲时就显得不那么重要了，对视距的控制就成了决定观众区平面形状的主要因素，这直接导致了戏台前庭院面积的横向展开。从图 13–4、图 13–5 的分析中可以看出，传统戏台的观众区最差视角和最远视距均符合现代观演建筑设计的技术要求范围[①]。

13.2.3　传统戏台与现代戏曲舞台台口框的对比

因为三面观戏台长期存在并占据重要分量，所以台口框在中国传统戏台中的作用则远不及西方剧场镜框式台口框那么重要，后者导致了舞台布景的发展。不过，无论是三面观古戏台还是一面观古戏台，其正面是主要观赏面，它既正对神灵所在的正殿，又面对数量最多的观众，因此中国传统戏台的台口框仍有着不可忽视的视觉作用。

一般而言，人眼双眼的有效视野，在水平方向上约为 180°，垂直方向上约为 120°，由此可推算出最佳画框的高宽比应为 1∶1.5。而元代戏台有着超乎常规的大额，除拥有大跨度的结构功能之外，同样也起到台口框的视觉作用。从表 13–1 中可以看出，元代戏台台口框的高宽比变化范围较大，最小的仅 1∶2.8，最大的可达到 1∶1.7，平均值为 1∶1.9，与其相对应的柱高与面阔比则均略小于台口框高宽比，平均值为 1∶2.3。由此可见，两者与最佳画框的高宽比均存在着一定的差距。

而明清戏台数量庞大且分布广泛，因此想要通过查阅资料和实地测量的方式来对所有明清戏台台口框

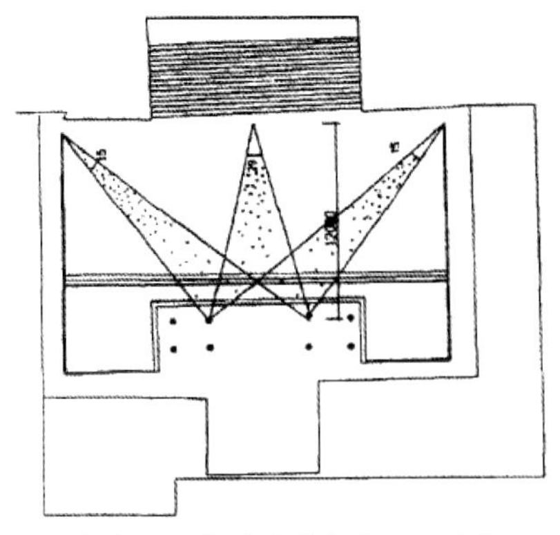

图 13–4　四川资中县罗泉镇盐神庙古剧场戏台平面视线分析
（资料来源：廖奔 . 中国古代剧场史 [M]. 郑州：中州古籍出版社，1994.）

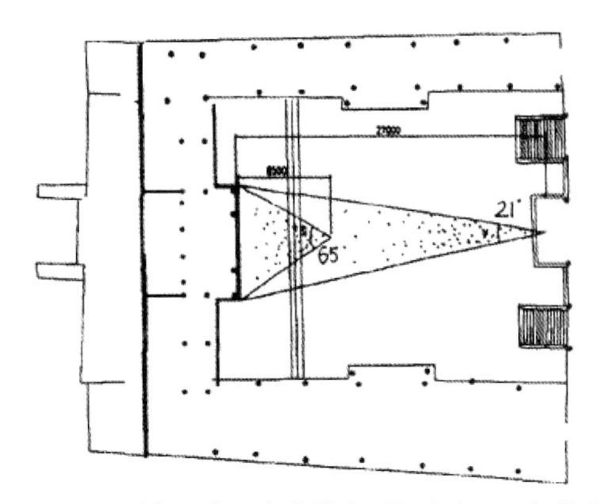

图 13–5　四川自贡市西案会馆古剧场戏台平面视线分析
（资料来源：廖奔 . 中国古代剧场史 [M]. 郑州：中州古籍出版社，1994.）

① 廖奔 . 中国古代剧场史 [M]. 郑州：中州古籍出版社，1994.

元代 9 座古戏台台口框数据列表　　表 13-1

古戏台	台口高/m	台口宽/m	台口框高宽比	柱高与面阔比
永济董村二郎庙戏台	2.84	7.95	1 : 2.8	1 : 3.1
翼城武池乔泽庙戏台	3.67	8.54	1 : 2.4	1 : 2.6
临汾魏村牛王庙戏台	3.79	6.96	1 : 1.9	1 : 2.2
万荣孤山风伯雨师庙戏台遗址	2.85	5.13	1 : 1.8	1 : 2.3
洪洞景村牛王庙戏台遗址	3.10	5.58	1 : 1.8	1 : 2.1
临汾东羊村东岳庙戏台	4.43	7.54	1 : 1.7	1 : 2.0
临汾王曲村东岳庙戏台	4.14	6.79	1 : 1.7	1 : 2.0
石楼张家河圣母庙戏台	2.57	4.20	1 : 1.7	1 : 1.7
沁水海龙池天齐庙戏台遗址	2.85	4.85	1 : 1.7	1 : 2.8
平均			1 : 1.9	1 : 2.3

的数据进行统计着实存在一定难度。这里，不妨拿《清式营造则例》① 中关于无斗栱大木大式做法的规定，即以明间按柱高六分之七，次稍间递减，各按明间八分之一来对明清以面阔三开间为主流的戏台作一番推算，可以得出戏台的通面阔与柱高（含柱础高）的比值应为 1 ： 3.2。于是明清三开间戏台的柱高与通面阔之比是否总体上大于其他类型的三开间建筑尚不好下结论，但较之元代单开间戏台的柱高与面阔之比，其变小的趋势则十分明显。所以，明清三开间戏台的柱高与通面阔之比变小，使得观众在欣赏戏曲时的画框变得更为扁长，也使得台口框的面积在台口高度不变的前提下得到了一定程度的增大。这与 20 世纪 50 年代诞生的宽银幕电影对视觉效果更有利的原理相类似，即当代影院中占主导的变形宽银幕电影之所以采用高宽比为 1 ： 2.4 的银幕，除了能增大画面面积提升可视范围之外，宽银幕电影还通过拉长银幕形成扁长形的画面来使人眼在观看电影的过程中不得不频繁地移动焦距，而达到增强视觉冲击力的作用 ②。

最后，特别值得提到的一个实例是取消台口框的传统戏台。即光绪三十三年（1907 年）建成的天津广东会馆古剧场，如图 13–6 所示，剧场戏台前檐两柱均被取消，屋顶“悬挂”在戏台上方。没有了前檐的角柱，观众不用再受戏台立柱遮挡视线之苦，这不得不说是一个进步。该剧场的建成距中国第一个镜框式戏曲剧场——上海新舞台（建于 1908 年）的落成仅 1 年，可谓新式戏曲剧场出现的一个先兆。

图 13–6　天津广东会馆古剧场戏台

（资料来源：https://baike.baidu.com/item/%E5%B9%BF%E4%B8%9C%E4%BC%9A%A6%86/1364938）

13.2.4　传统戏台与现代戏曲舞台规模的对比

我国传统戏曲在早期就朝着虚拟时空的表现手法方向发展，以超脱的态度在一个没有什么背景装置的戏台上创造出独特的意境，对生活作出广泛的形象概括，带来了艺术表现的自由。它强调以形传神、形神兼备的

① 《清式营造则例》是 1934 年中国营造学社出版的图书，作者是梁思成。书中详述了清代宫式建筑的平面布局、斗栱形制、大木构架、台基墙壁、屋顶、装修、彩画等的做法及其构件名称、权衡和功用，并附《清式营造辞解》《各件权衡尺寸表》和《清式营造则例图版》。

② 冷御寒 . 观演建筑 [M]. 武汉：武汉工业大学出版社，1999.

舞台形象美，在一个空空荡荡的戏台上，可以把人物故事演绎得淋漓尽致。因此，传统戏台是一个裸台式的建筑形制。即便在穷乡僻壤的地方也能有条件搭台唱戏，且历久不衰，大大推动了当时地方剧种的兴起和普及。

对于传统戏台的尺度，决定了戏台的规模大小。虽然各地戏台大小有所区别，但大部分尽量向 9m × 5m（面宽 × 进深）的尺度规模靠近。也就是说，舞台表演区的宽度大于进深，一般为 1.8 ： 1 或更大。形成该平面尺度的原因主要有两点：一是戏台前的观众区是横向展开的，戏台适当加宽则有利于更多的观众从正面看戏。二是与地方戏曲表演的程式化特点有很大关系。首先，传统地方戏曲表现剧情不需要庞大和复杂的道具，一般的剧目只需一桌（弓马桌）、两椅（弓马椅）就足够了，更多的物器、环境则由演员来表现。其次，对于传统戏曲的程式化特点，即各类角色有一套完整的规范化表演动作。不论出场亮相、走台步、跑园场以及打斗等均按规定的锣鼓点子节奏行动，导致台面尺寸必须与之相应。台面太小，便无法舒展开来；台面太大，则必须重做排练。锣鼓点子和台步等均有一定程式化要求，允许台面变化的面积也便十分有限。因此，传统戏台台面面积通常在 $45m^2$ 左右，至于宫内节庆大典的大戏楼和自娱的小戏台，则只是少数例外。

与传统戏台相比，我国近现代戏曲剧场舞台的尺度规模又是如何呢？带着这一问题，笔者分别对我国主要剧种的近代及现代戏曲剧场进行了实地调研，同时结合网络搜索和资料查阅等方式统计了多个近现代戏曲剧场舞台尺度规模的相关资料，现将其列于表 13-2 中（某些数据与实际可能存在偏差，仅供参考）。

近现代戏曲剧场舞台数据统计表　　表 13-2

剧院名称	剧种	建造地点	舞台面高/m	台口/m		主台/m			乐池/m			有效容积/m³
				宽	高	宽	深	高	长	宽	深	
天蟾舞台	京	上海	1.0	13.5	6.8	23	13	17.5				
长安大戏院	京	北京	1.0	18	7	24	18	24.4	15	4.2	1.9	7873
中国大戏院	京	天津	1.0	11.8	8	25	9.5	16	13	4	1.9	5993
开明大戏院	京	苏州	1.0	18	7.8	23	16	20	15.5	5	2.1	6480
东风剧院	京	西安	1.1	13	8	25	17	19.4	16	6	2.2	7436
东风剧院	京	青海	1.0	15	7	28	18	19	17.6	4.7	2.1	7348
中州剧院	京	郑州	1.0	12	7.3	24	16	22	15	5	1.9	7200
台湾大戏院	京	福州	1.2	12	6.4	20	16	15	16	4.5	2.0	6253
欧阳予倩剧院	京	浏阳	1.0	12	7	25.4	22.4	21.4	13	4.5	2.0	7462
更俗剧院	京	南通	1.1	16	9	24	20	21	14.5	4.5	1.9	7585
鲁艺剧院	京	济南	1.0	13.6	8	28	20	22	20	4.6	1.9	7992
中国评剧大剧院	评	北京	1.0	14	8	23	18.5	18.5	15	4.5	2.1	7153
大众剧场	评	北京	1.1	13	7	22.4	16	15	14.6	5	2.2	6975
郫县剧场	川	成都	1.0	11.5	7.5	26	15	17	16	4.4	1.9	6253
成都川剧艺术中心	川	成都	1.0	14	9	27	20	20	16	3.5	2.0	6588
重庆川剧艺术中心	川	重庆	1.0	15	8	24	24	23	17	4.5	2.3	7430
川剧院	川	贵阳	1.1	12	7	22.8	15	16	13	3.5	1.9	6958
河北剧场	梆子	石家庄	1.0	12	7	24	17	18.2	13.5	4.5	2.0	7164
浙江小百花越剧院	越	杭州	1.0	12	7.5	22	14	18				
红星剧院	锡、越	常州	1.2	15	7.7	27	18	16	17.5	3.6	1.9	7858
山西晋剧院	晋	太原	1.0	12	7	21	13	12				7052
易俗社	秦腔	西安	1.0	18	7	18	10	15				5742

从表 13–2 可以明显看出，近现代戏曲剧场的舞台规模较传统戏台已发生了较大变化，且虽属观演建筑大类，但与普通剧场舞台的规模也还存在着一定的差异，具体表现在如下几个方面：

一是现代戏曲剧场舞台的尺度规模虽然远大于传统戏台，但较普通剧场舞台的规模还是偏小，且无后台，因此戏曲演员演唱时虽不如传统戏台，但较普通剧场而言更易获得舞台声学上的支持。二是与传统戏台相似，现代戏曲剧场在演出时乐队规模也较小，多配置于台侧，因此伴奏声不会阻碍演唱声向观众席内传播[①]。然而普通剧场，尤其在上演歌剧演出时，演唱声必须穿透乐池中乐队伴奏所构成的“声墙”才能到达观众席，从而减弱了其在观众席声场中的响度。三是与传统戏台相似，现代戏曲剧场台前一般不设乐池，但市场的要求驱使今天的舞台必须“多功能化”，从而大多设置了升降乐池。虽然，这是与普通剧场舞台趋同化的相通之处，当然也是可行的，但笔者依旧建议在今后的现代戏曲剧场建筑设计中，尤其针对专业剧种的戏曲剧场，台前不设乐池更为适宜。这样既降低了造价，还拉近了演员与观众之间的距离，便于观演互动，增进感情交流。

如今，我国传统戏曲剧目在进入现代戏曲剧场，使用现代戏曲舞台后呈现出了一系列的新问题。比如，传统戏曲原先适用于传统剧场的那种名为多余而实不多余的多余度，搬上现代戏曲剧场的舞台之后，不少倒成了名副其实的“多余”，震耳欲聋的打击乐就是一个典型。另外，对于写实布景用不用，戏剧假唱好不好等争论，也一直长期困挠着戏曲界。因此，笔者认为传统戏台的这种尺度较为固定，适宜尺度为 9m × 5m × 4m（面宽 × 进深 × 高度）的规模，在当今现代戏曲剧场的建筑设计中创造与当今戏曲表演艺术相适应的舞台空间是有一定借鉴意义的。即在追求现代化、专业化的戏曲舞台空间时，其规模不宜做大。

13. 2. 5 现代戏曲舞台空间“量”的探讨

因舞台大小与台口尺度关系密切，笔者在对表 13–2 所有数据进行加权平均后发现，现代戏曲剧场舞台以台口为母度，主台宽度一般为台口宽度的两倍，主台进深平均在 16.5m（它包括表演区深度加远景区深度再加天幕灯光区的深度，如条件允许，还可加上后舞台的深度），但这些量只存在于一般意义上，因为对于台口的宽度而言，一方面与观众厅容量有关，另一方面与剧种有关。对于近代和现代戏曲剧场存在着不同的值，同一剧种不同剧目要求尺度也不一样，同一剧目对进深要求也有弹性。考虑到这些因素，制定这些数据时也只能是定出一个相对适宜的区间来。表 13–3 是《剧场建筑设计规范》JGJ 57—2016 中规定的台口和主台尺度，是目前各方面都较为满意的尺度。我们掌握这一尺度，则可避免设计上出现重大缺陷，但随着时间的推移和戏曲艺术的发展变化，具体尺度也会随之进行调整和修改。

此外，笔者在调研时还发现，我国现代戏曲剧场仍较多采用近代西方引进的箱型镜框式舞台，但也存在少数个别，尤其是近几年新建的几个现代戏曲剧场，采用了将表演区前移至台口以外的形式，有的甚至将乐池改为表演区，演员直接从观众厅上场和下场等。这种表演区的前移，势必引起舞台后部尺寸上的变化，而对于这种变化，目前褒贬不一。

不同容量的现代戏曲剧场对台口及主台尺度的要求　　表 13–3

观众厅容量/座	台口/m		主台/m		
	宽	高	宽	进深	净高
<800	8 ~ 10	5 ~ 6	15 ~ 18	9 ~ 12	13 ~ 15
801 ~ 1200	10 ~ 12	6 ~ 7	18 ~ 24	12 ~ 18	15 ~ 18

（资料来源：剧场建筑设计规范 JGJ 57—2016[R]. 北京：中国建筑工业出版社，2017.）

① 刘奕奕 . 乐队位置对中国地方戏剧院音质影响初探 [D]. 广州：华南理工大学，2014.

13.3　传统戏台对现代戏曲舞台的设计启示

13.3.1　舞台台唇的设计

因京剧的表演区常常在台口之外，所以我国早期近代戏曲剧场的台唇伸入大厅的距离都很大，如上海劳动剧场（原天蟾舞台）的台唇离大幕线为 4.5m，北京长安大戏院的舞台也是较多地伸入大厅之内，且三面都朝向观众区，使得演出音质及观演效果均较好。目前，西方也逐渐增多这种将舞台伸向大厅的做法，从声学角度看，也是对观众厅音质有利的一种做法。因为该做法缩短了演员与观众之间的距离，加强了直达声，增进了亲切感。所以，对于当前戏曲舞台的台唇大多离舞台大幕线仅 2m 左右的情况，笔者建议在今后建造戏曲舞台的过程中，可适当借鉴上述两个实例的做法，将台唇尽量多地伸入观众厅内，以增强演员与戏迷间观演互动的关系。

13.3.2　舞台台面的设计

传统戏台为木构建筑，戏台台面一般也为木制地板，戏曲演员对于在木质台面上进行演出可以说是早已具备了“先天的”相融性。因此，现代戏曲舞台采用木质台面也是十分适宜的。但笔者在调研时了解到，当今戏曲剧团并不希望全部的舞台区域都为木制地板，因为舞台上除表演区外，其他地方往往活动也较为频繁，有戏曲演员上场前的翻腾预备活动，有临时修钉布景道具的打击声，有演员调度和后台工作人员的跑动声等，这些嘈杂的声音是不希望被传到表演区甚至观众区去干扰演出声效的，而木地板却往往有此弊病。笔者建议在设计中除表演区为木制地板外，其余宜采用水泥地面，这样既能消除不足，也能降低造价。

此外，传统戏曲的演出通常都会在戏台铺设台毯，它是一块 6 ~ 8m 见方的地毯，一般由两块组成，中缝与舞台中轴对齐，主要用来保护戏曲演员安全，尤其对跳腾等动作起到缓冲的作用。而今，现代戏曲剧场的舞台开始有意忽略，甚至不主张台毯的使用，原因是其阻碍换景、不利于机械舞台的升降以及所谓的多余。但对于传统戏曲艺术的表演，它的的确确可谓是一块“魔毯”，有了它演员演出驾轻就熟。对此，笔者建议将其继续保留，而且换个角度来看，保留的台毯在某种程度上也为新建剧场增添了那么一丝怀旧的韵味，能勾起观众和演员对传统戏台的某种回味。不过，若想继续保留这块台毯，实现舞台机械化就会比较困难。好在传统戏曲表演艺术本身的特殊性，造成其对舞台机械设备的要求并不高。比如，车台对于戏曲表演来说，基本是没有必要的，意念化的换景比任何转台、车台来得都快，而且我国戏曲演出的实景也很少、很轻，用不着机械化。因此，戏曲表演现在还没有、将来也不会全盘西化，相反那些装备齐全的箱型镜框式舞台倒不太适应戏曲的表演，尤其那些高档的舞台机械设备在某种程度上甚至成了戏曲表演的累赘。但为给戏曲艺术留下其发展空间，建议足够的景杆、灯杆、舞台后半部机械升降台（形成上天的单机吊点、入海的地孔及分块的升降乐池）等基本的舞台机械则是必须保留的。

13.3.3　舞台台口的设计

首先，对于镜框式舞台的戏曲剧场，其台口高度通常对舞台总造价的影响很大，因为出于挂置布景的需要，舞台高度一般为两倍台口高度加上结构的操作高度。台口抬高必然导致舞台增高，出现吃音现象严重等一连串恶果。由于戏曲剧目一般不需要很高的表演区，京剧武打的要求一般也就三桌半高，即 3m 左右，现代戏曲剧场的发展趋势是将舞台加宽而不是加高。在满足戏曲演出场景需要的前提下，台口不应过高；台口高，则面光相应抬高，面光角度易陡，且射程加大，同时台口外天花声学反射板也随之加高，对声音反射不利。因此，建议镜框式戏曲舞台的台口高度控制在 6m 左右为宜。

其次，对于镜框式戏曲舞台的台口宽度，通常应比表演区略宽才能让更多观众看全演出，以便消除镜框感。笔者通过对观演效果较好的一些早期近代戏曲剧场进行实地调研后发现，其观众厅跨度一般都不大，台口宽度多与观众厅等同。如图 13-7、图 13-8 所示，西安易俗社剧场舞台台口的宽度就是如此。因此，对于上演戏曲剧目的镜框式舞台，建议其台口宽度控制在 10m 左右为宜。

再次，对于传统广场式和庭院式剧场戏台，台口两侧一般都设有立柱用于支撑戏台的顶棚。而传统厅堂式剧场为了要求结构上能形成大空间，通常采用传统木构的勾连搭形式来满足这种要求，但立于大厅中部的柱子

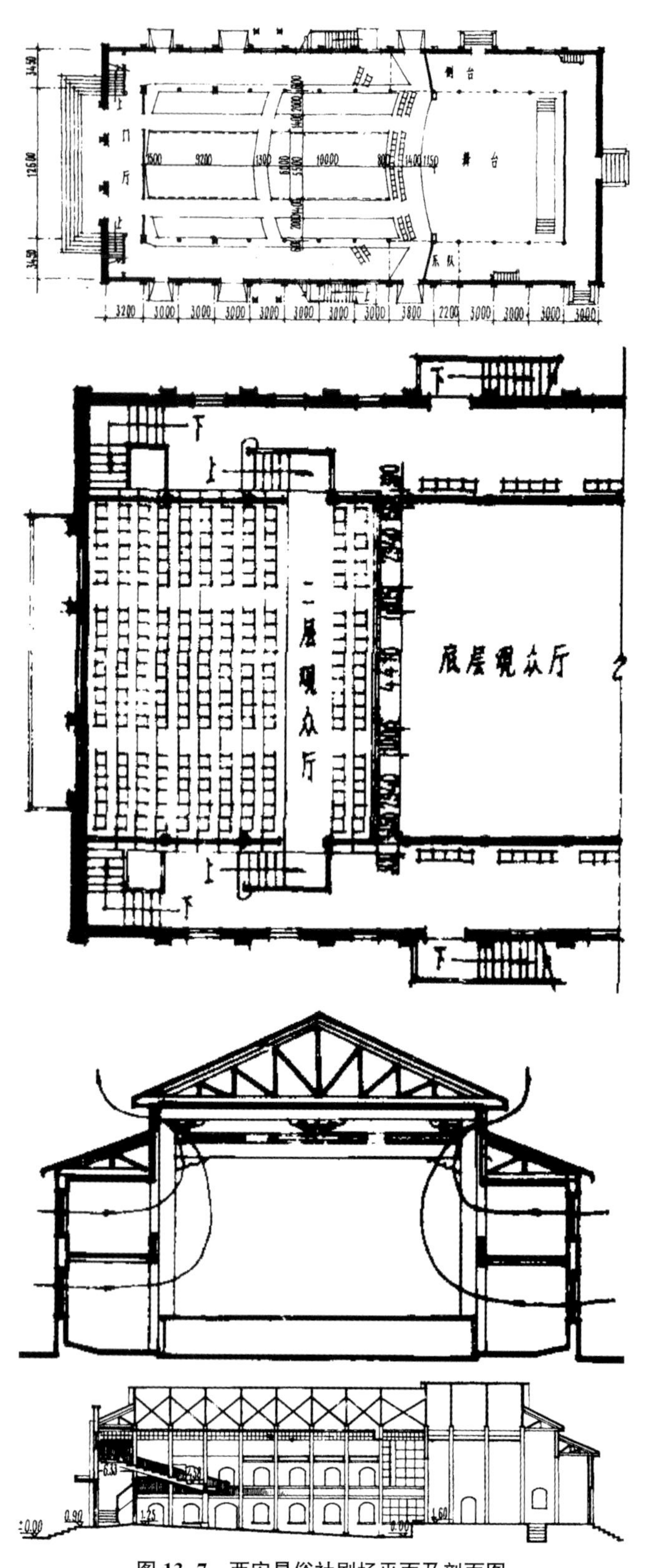

图 13–7　西安易俗社剧场平面及剖面图
（资料来源：雷茅宇，刘振亚，葛悦先，郑士奇．"古调独弹"——西安易俗社剧场剖析 [J]. 建筑学报，1983（1）.）

图 13–8　西安易俗社剧场舞台
（资料来源：https：//dy.163.com/article/DTCBNCHI0530PFVH.html）

必然要与戏台构架结合在一起，这样台前的两根柱子也不可缺少。作为高约 7m 的独立木柱，它们通常承受着约三分之一的屋顶荷载，因而取材也特别粗壮。鉴于此，在重建新长安大戏院时，设计师对观众厅的装修也是力求古朴而不奢华，以突出舞台表演为主要目的。比如，台口做成仿木梁柱的形式，墙面有中式木隔扇形式的护墙，顶部则做成竖向类似栅条的立体分隔，色调以茶灰色为基调，配以柚木本色，并没有施以彩画雕花，厅堂壁面象征京剧脸谱的雕饰也极具戏曲文化底蕴，这样处理使剧场显得既传统又现代，且不至于让装饰喧宾夺主[①]。因此，根据结构需要，如依旧保留舞台台口两侧混凝土仿木梁柱构造形式的话，那么便可大大缩短舞台上方大梁的跨度，对压缩剧场造价便有着较大意义。但目前对于这两根立柱具体设置在哪个位置，其争议颇多。笔者在对不同戏曲剧种的表演经过一番观察后发现，大多数情况下，戏曲演员是从舞台两侧中间上场的，京剧武打演员则多为从舞台左后方沿 30° 角线翻腾上场，且下场演员也多为中间或向右后方下场，也有武戏演员向左后方下场的。总之，舞台前三分之一处基本是死角。因此，笔者认为可将立柱设置在该区域内较为合适。

最后，假台口的主要功能是安装台口内侧光灯具和调节演出台口尺寸以满足不同剧种的表演需要。而我国戏曲艺术在表演上有着某些固有程式及一贯做法影响着

① 魏大中．传统与时代——长安大戏院的易地重建 [J]. 建筑学报，1997（5）.

现代戏曲舞台台口的设计。比如，戏曲乐队的构成很特别，一般传统剧目 11 ～ 12 人，其中武（打击）乐 4 ～ 5 人，文（弦）乐 6 ～ 7 人。中、大型戏曲剧目增加民乐，共约 16 ～ 18 人，位置仍在台上，占地一般为 4m × 7m。由于绝大多数传统戏曲剧目乐队是在左侧（在舞台上，面对观众而言也叫下场口）大幕后面，二道幕前的侧台范围内，以鼓师、琴师为首依次向左排开，占地约 3.5m × 6m[①]。因此，乐队的这个最佳位置在有些现代戏曲剧场里往往被假台口所占据，而使乐队分成两半，造成鼓师无法统一指挥演出。若将乐队全部摆在假台口前而勉强挤下（大幕距假台口一般 1.5 ～ 7.5m），鼓师与演员的交流则又会被假台口所阻挡，同样无法演出。如果将其全部摆在假台口后，乐队则处于演员后面距大幕较远且距观众就更远了，这样乐队的声音将被假台口阻挡，并从演员的身后绕出来，会非常失真。同时，乐队在演员后面，双方也无法交流，鼓师想观察台下观众的反应也将被假台口遮挡。因此，假台口对于戏曲表演会产生一定的阻碍，笔者建议今后建造专业性的戏曲剧场时，尽量不做假台口。

13.3.4　舞台深度的设计

舞台的进深、宽度和高度，尤其是进深与舞台艺术表演要求密切相关。而从戏曲表演艺术要求上来看，不同剧种剧目由于其表演、布景、灯光等各有特点，故对舞台大小及机电设备等方面均有其不同要求。比如，我国戏曲剧目大体分为传统戏、新编历史剧和现代戏三大类[②]。其中，传统戏又分为文戏和武戏，情节结构均有一气呵成之势，中间不间断，不用天幕，不用布景，仅有一桌两椅，一块守旧，且武戏表演区较文戏稍大，约 10m × 10m；新编历史剧则有少量风格化景片，但所用台深大多也不超过 10m；而现代戏往往有较多演员出场，群众场面多，且综合运用歌剧、话剧等形式的灯光布景，一般将天幕吊在距大幕线 15m 的深处。然而过去一段时期里，一些地方在盲目攀比下筹建的现代戏曲剧场大多采用进深 24m 或更深的大舞台。其实，建成这个尺度未尝不可，但对于戏曲的表演会存在三大问题：一是舞台经常性使用不足，空间浪费较大；二是演员跑场不太方便；三是主台空间太大，吃音太甚，给戏曲表演这种以自然声的高标准演出造成先天困难，从而必须采取电声辅助或增设舞台声学反声罩等复杂措施来进行弥补。因此，对于现代戏曲舞台并不是越深越好，浅了固然施展不开，但深了不但造价过高，而且因为加大进深必然需要增大台框高度，也增加整个舞台的高度，有损于戏曲演员的发声量，出现舞台吃音严重的现象。

对此，应当在满足戏曲演出使用要求的前提下尽可能地压缩进深。至于压缩至多少米合适，笔者调研时在与多位剧场舞台工作人员和一些剧团演员的攀谈中记录了他们依据舞台演出经验口述的某些主观数据（并无理论支撑，仅供参考），如为满足重点省、市剧团的演出要求，他们认为做到天幕区 3m、布景区 3m、表演区 6m 就足够了。可见，一个合理的现代戏曲表演舞台主要反映在空间构成合理、大小适度、符合戏曲艺术表演要求，以及机电设备适当安装、操纵可靠方便上。笔者建议在今后的设计中，戏曲剧场的舞台进深若不满足 10m 时，适当加深是必要的，但要深得恰当，并非越深越好，这样既能上演各种类型的京剧及地方戏，也能演出中小型的话剧和歌舞剧等。

13.3.5　舞台面光的设计

传统剧场中的室内厅堂式剧场有着基本一致的平面布局，且出于结构上能形成大空间而通常采用勾连搭形式造成大厅的屋脊一般高于过厅屋脊。正是由于存在着这种高差，从而形成了一个采光口，自然光可通过大厅上方三角形的采光口照射进来，实现了与现代剧场内舞台面光相同的使用功能。加之传统戏曲注重意境，对光线形式要求并不严格，所以如此形式的自然采光已能满足白天戏曲演出的表演要求。

而如今，现代戏曲剧场内的面光设计均已采用人工照明，技术上早已今非昔比，且更富表现力，但古人在传统剧场建造中那种尊重自然的精神，以及利用自然的能力依旧值得借鉴。

13.3.6　伸出式舞台的设计

与传统戏台相比，现代伸出式舞台虽然没有水平视角的限制，但更注重的是对舞台环绕感的形成，即坐

---

① 刘奕奕 . 乐队位置对中国地方戏剧院音质影响初探 [D]. 广州：华南理工大学，2014.
② 董健 . 戏剧与时代 [M]. 北京：人民文学出版社，2004.

席布置应尽量环绕于舞台边缘，以增强对舞台的包围程度。鉴于如今伸出式舞台在伸出的形式上已变得多样化，即观众席对于舞台可以有不同的围合角度，那么结合我国传统戏曲表演艺术的展示，到底拥有多少度的围合效果才算最佳呢？对此很难作出一个确切的回答。因为观众处于不同的角度时能够欣赏到不同角度的观演效果，而这种不同观演效果，带给观众的又是不同的心理感受。调研时，笔者随机采访了长安大戏院一场戏结束后的诸多观众，得到的结论却是：观众赏戏后的评价和感受与舞台围合角度的不同没有明显的关系，即同排处于不同角度赏戏的观众对于同一场戏曲表演欣赏的感受基本一致。倒是坐席远近的程度与赏戏后的评价和感受有着一定的关系，即同一场戏，坐席位离舞台远的观众对戏曲表演的反应普遍没有离舞台近的观众反响热烈。因此，理论上容座量相同的剧场，其舞台环绕度越高，近距离赏戏的观众就越多，观演关系也就越亲近，但是任何问题都存在着一个度①，即从设计的角度考虑，建议对于戏曲表演艺术，伸出式舞台围合在120° 左右为宜，超过120° 以后便有如下几个问题需要引起注意了。

一是除了舞台之外，另一侧的观众也会进入视野，即产生互视现象；同时，舞台灯光也容易造成眩光。当然，在设计上是可以利用一定手段来控制舞台眩光和互视程度大小的，比如采用较低的舞台，以较陡的坐席升起来减弱互视和眩光。另外，舞台愈小，环绕度愈大，则互视愈多，因此减小环绕度是减弱互视现象的最佳办法。此外，在演出时还可通过灯光来调整观众区与表演区的明暗反差以削弱互视。二是戏曲演员在发声时存在着方向性，从而会引起观众在听音效果上存在着一定的差异。当然，这个问题可以通过扩音设备来解决。但如果这样，便与戏曲剧场的原声性要求相违背了，因此伸出式舞台的围合度并非越大越好。三是布景和道具是否会遮挡视线，其体积位置如何处理。对于这个问题，或许可采用一些比较通透的道具来解决，但必然会影响布景和道具的舞台效果。

13.4 本章小结

对剧场建筑而言，体现其核心功能的部位应是观众厅。若将观众厅比作剧场的“心脏”，那么其心脏跳动的原动力则来自于舞台。因为舞台是艺术家表现艺术和施展才华的平台，是艺术表演“能量”（视效能及声效能）产生的源点，并源源不断地传向观众区。所以，如果我们从能量守恒的观点来看：演员在“高势能点”——舞台，把展现出来的能量传向“低势能点”——池座、楼座及包厢，并转化成观众的“反馈能”——对表演所反响的热烈程度，而最终达到一种“能量守恒”的状态，那么这种能量守恒的状态可看作演员与观众间观演互动所产生的一种场面效果。而我国传统剧场不仅给观众提供了赏戏的场所，还营造出一种浓厚的戏曲艺术氛围，这种氛围给观众带来了戏曲艺术的亲民感，并强有力地吸引和调动着观众的情绪。

今天的戏曲或戏剧革新者可能会对传统的戏曲演出场所再度发生兴趣，但这绝不意味着完全回归过去的演出空间，或是简单重复历史曾有过的演出形式，而是对观演关系恰到好处的整体把握。因此，在现代戏曲剧场建筑设计中，要充分体现以人为本的设计理念，即剧场戏曲艺术氛围的浓与淡、观演关系的亲与疏是设计成败的关键所在。

① 魏大中，吴亭莉，项端祈，王亦民，余军．伸出式舞台剧场设计[M]．北京：中国建筑工业出版社，1992.

第十四章　传统剧场对现代戏曲剧场在前厅设计中的启示

任何一类公共建筑其本身都分为主要功能部分和辅助功能部分。剧场的观演部分就属于主要功能部分，处于“主”的位置；而前厅则属于辅助功能部分，处于“次”的位置，是剧场建筑中供观众入场或散场时人流集散以及候场和幕间休息的场所。同时，作为剧场的辅助使用空间，它又起着保温、隔热、防风、隔声等作用，也是观众入、散场时对环境、气氛变化作心理或物理感觉上准备的过渡空间。目前，剧场设计中出现的一些新手法、新技巧往往源自于此。未来，其涵盖的范围将越来越广，涉及的领域也将越来越多，时代发展还将赋予它更多、更新鲜的内容。因此，为了更好地弘扬我国传统戏曲文化，增加剧场经济收益，体现以人为本的建筑设计理念，本章将继续在传统剧场研究的基础上，探究和提炼为现代戏曲剧场前厅所适宜借鉴或应用的几点设计启示，以求达到剧场主次功能上的完美衔接与和谐统一。

14.1　现代戏曲剧场前厅平面类型

现代戏曲剧场在前厅布局方式上和普通剧场差别不大，主要存在前厅独立设置与联合设置两大类[①]。

14.1.1　独立式前厅的布局方式

（1）纵向布局

纵向布局是指把前厅布置在观众厅的纵向轴线位置上，观众由室外进入前厅后再进入观众厅（图 14–1）。此种布局方式面积紧凑，占地少，路线快捷，管理集中方便，因此比较适合于规模不大的现代戏曲剧场建筑中。比如，西安东风剧院前厅采用的就是此种布局方式（图 14–2）。

（2）横向布局

横向布局是指将前厅布置在与观众厅纵向主轴线相平行的位置（图 14–3）。在基地进深浅、面宽大时常常采用，但由于观众厅存在高差，前厅内必须设踏步以找平与观众厅前后出入口的高差，此做法不但较为麻烦，还会导致人流的不均衡出入。该布局方式在现代戏曲剧场中不多见，只有在特定地形条件下才会采用。比如，武汉黄鹤楼剧场就是利用山坡地形将前厅顺坡而上，既减少了土石方量，又形成了独特风格（图 14–4）。

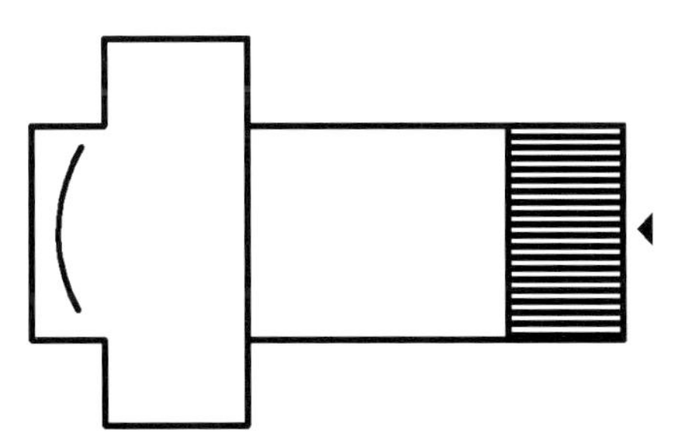

图 14–1　前厅纵向布局示意图

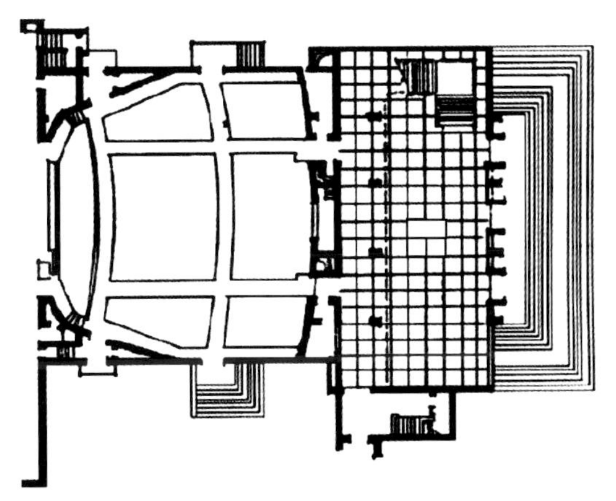

图 14–2　西安东风剧院前厅平面图

（资料来源：刘振亚 . 现代剧场设计 [M]. 北京：中国建筑工业出版社，2000.）

---

① 吴德基 . 观演建筑设计手册 [M]. 北京：中国建筑工业出版社，2007.

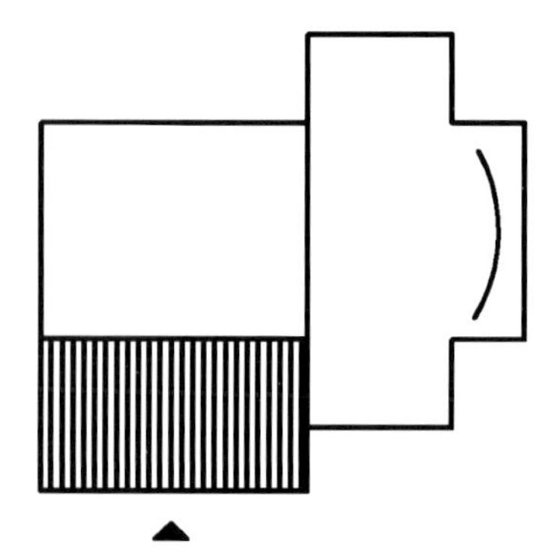

图 14–3　横向布局示意图

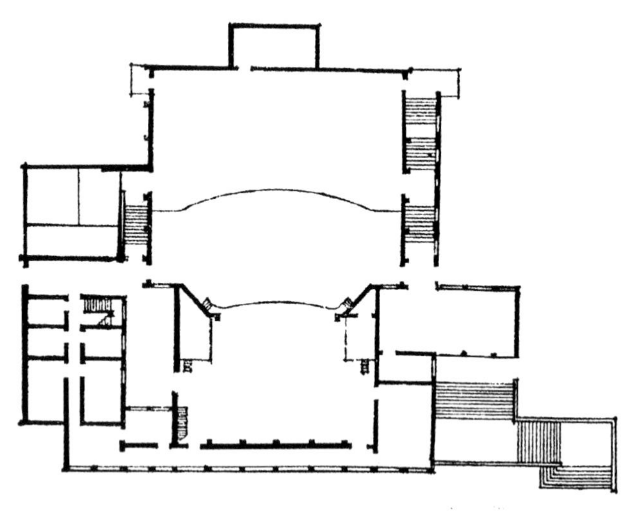

图 14–4　武汉黄鹤楼剧场平面图
（资料来源：刘振亚．现代剧场设计 [M]. 北京：中国建筑工业出版社，2000.）

（3）半包式布局

半包式布局是指将前厅布置在观众厅的一角呈转角形式（图 14–5）。由于基地限制或地段处于转角位置，为适应人群流入、散场集中在一侧的特点，减少临街噪声，使建筑沿街立面更为气派，常常采用该布局方式。特别在现代戏曲剧场这种规模不大、面积比较集中、空间相对紧凑的情况下，这种布局方式可将建筑造型处理得更为活泼，将大厅空间处理得相对宽敞，因此较常采用。比如，安徽大剧院前厅采用的就是此种布局方式（图 14–6）。

（4）全包式布局

全包式布局是指将前厅布置在观众厅的两侧和一端或围绕观众厅布置（图 14–7），多适用于标准较高、前厅面积相对较大的现代戏曲剧场。其优点是观众休息方便、分散，有利于观众厅对周边环境噪声的隔离，同时对剧场内空调供热或制冷效果较为有利。比如，南通更俗剧院前厅采用的就是此种布局方式（图 14–8）。

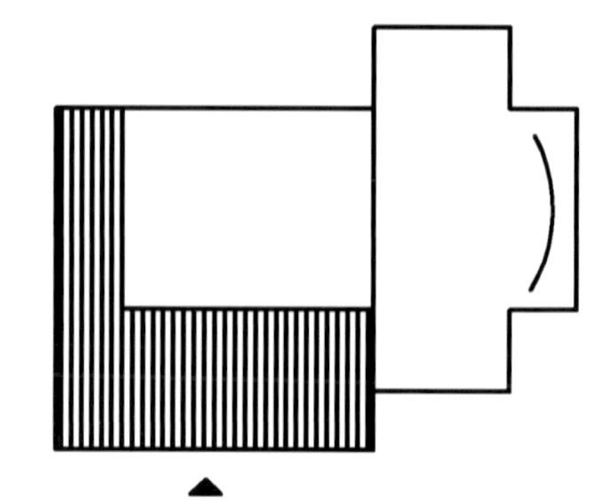

图 14–5　半包式布局示意图

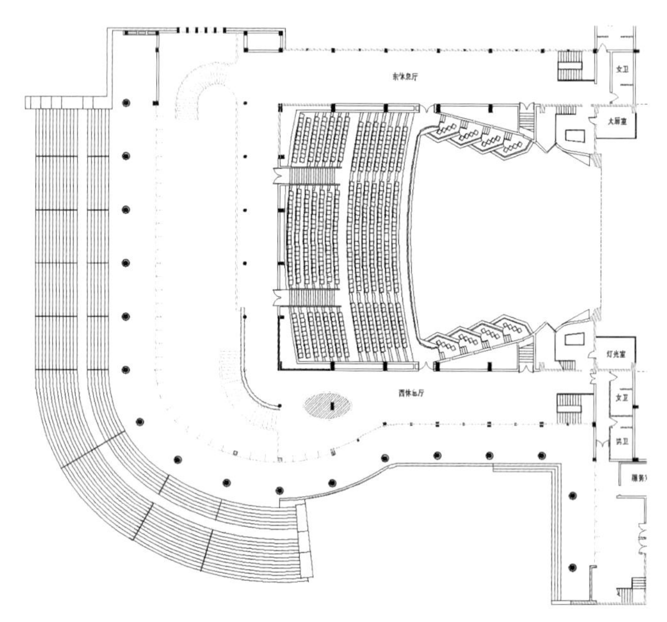

图 14–6　安徽大剧院前厅平面图
（资料来源：安徽大剧院官网）

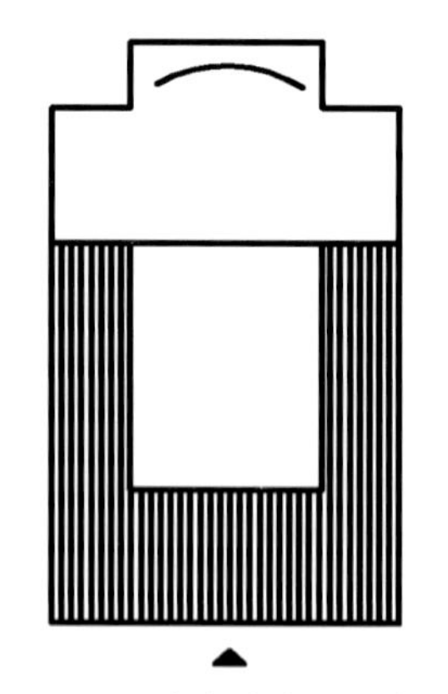

图 14–7　全包式布局示意图

（5）竖向布局

竖向布局是指将前厅与观众厅分层布置，通常是将前厅设置于观众厅的底层，两者通过竖向交通进行连接，再以小面积的过廊进行过渡（图 14–9）。当建筑基

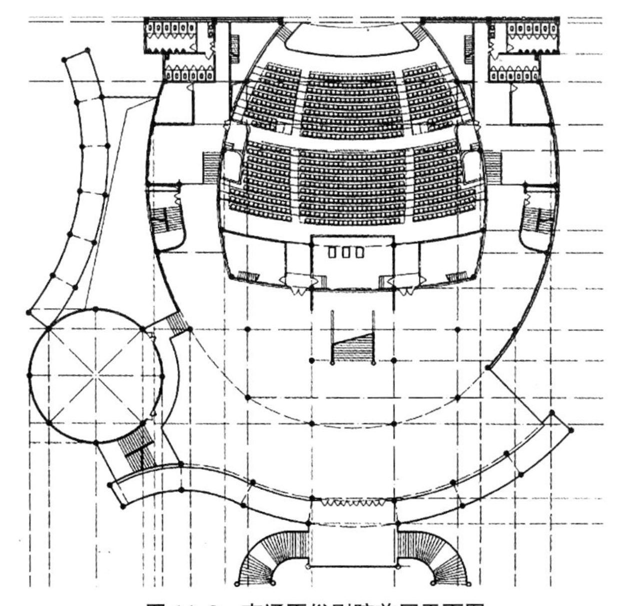

图 14-8　南通更俗剧院前厅平面图

（资料来源：仲德崑，田利．借古托今 兼容并蓄——南通更俗剧院设计的历史渊源与现实表达 [J]. 建筑学报，2003（11）：52.）

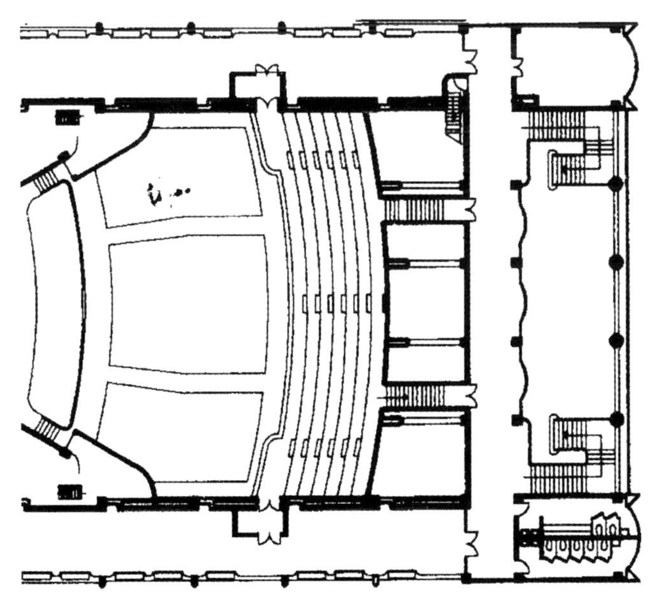

图 14-10　儋州大戏院前厅平面图

（资料来源：金卫钧．限制中创作与五线谱的灵感——儋州大戏院设计构思 [J]. 建筑创作，1996（2）.）

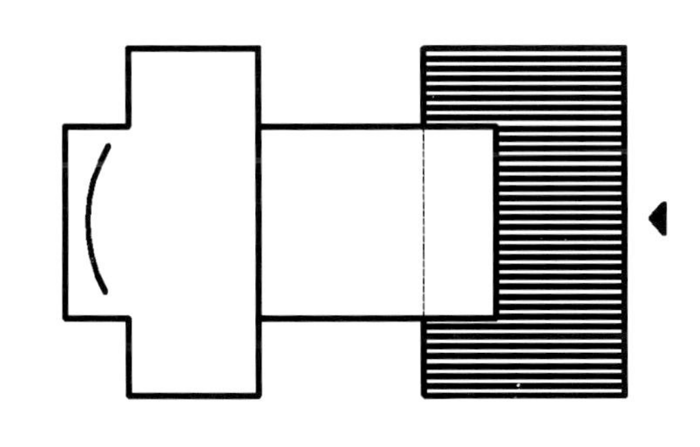

图 14-9　竖向布局示意图

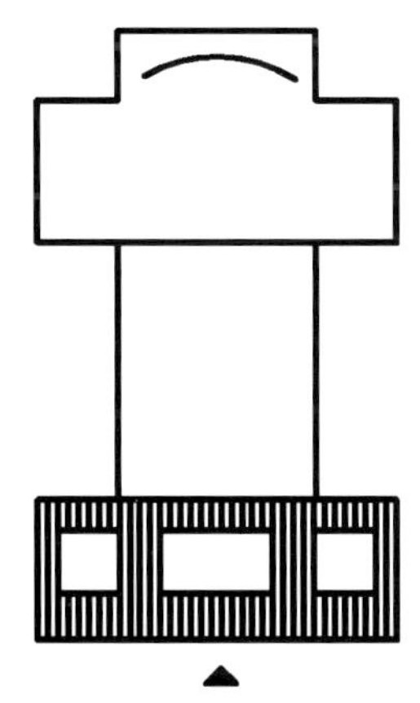

图 14-11　庭院式布局示意图

地狭小，建筑空间难以在水平向度内展开时，这种布局方式则十分适用。由于现代戏曲剧场本身规模不大，一般而言用不着节约占地面积，除非特殊情况，该布局方式采用不多。比如，儋州大戏院前厅采用的就是此种布局方式（图 14-10）。

（6）庭院式布局

庭院式布局是指将前厅布置成回廊、单廊等形式，或将前厅与室外休息廊及绿化庭园相结合（图 14-11）。对于现代戏曲剧场而言，这种布局方式除了有节省建筑面积、美化街景、减弱城市环境噪声干扰等优势外，最重要的一点则是在设计手法上对传统剧场庭院式空间形式的一种再现，使观众能更贴切地置身于浓厚传统戏曲艺术氛围之中。比如，重庆川剧艺术中心前厅就是采用的此种布局方式（图 14-12）。

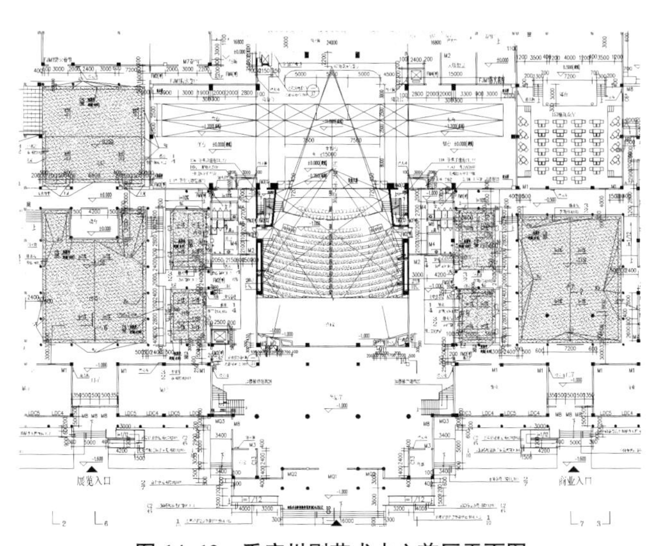

图 14-12　重庆川剧艺术中心前厅平面图

（资料来源：重庆大学建筑规划设计研究总院有限公司）

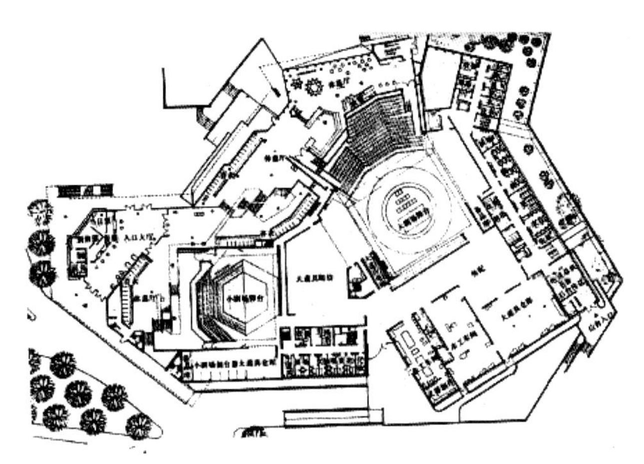

图 14–13　德国卡尔斯鲁厄·巴登国立剧场平面图
（资料来源：高宝真，金东霖．舞台表演建筑 [M]. 北京：中国建筑工业出版社，1986.）

图 14–14　中国国家大剧院平面图
（资料来源：https：//bbs.zhulong.com/101010_group_201808/detail10018732/?louzhu=1）

14.1.2　联合式前厅的布局方式

（**1**）*分散布局*

分散布局是指将剧场内各观演空间分别设置前厅，并通过交通空间相互联合。这是因为目前越来越多的新建大型演艺中心正由以多功能大厅为主向各专业小厅组成的多功能演出综合体转变，所以那些上演戏曲剧目的专业小剧场便设立于其中，成为此类大型观演建筑中的一个组成部分。该布局方式所需建筑占地面积较大，一般仅用于规模和档次均较高的特大型综合性演艺中心。比如，德国卡尔斯鲁厄·巴登国立剧场的前厅采用的就是此种布局方式（图 14–13）。

（**2**）*集中布局*

集中布局是指将不同观演空间的前厅集中布置，通常设置较大的共享空间或室内步行街来组织交通，人流由共享空间再依次进入各个功能性空间。因为这种方式较分散布局方式节省建筑占地面积，所以我国目前新建的大型综合性演艺中心多采用此方式。比如，中国国家大剧院的前厅采用的就是此种布局方式（图 14–14）。

14.2　现代戏曲剧场前厅设计浅析

14.2.1　现代戏曲剧场前厅建设概况

现代戏曲剧场前厅与普通剧场前厅的功能基本相同，主要包括 8 个部分：门厅、售票处、文化娱乐部分、商业服务部分、贵宾休息厅、观众用厕所、办公管理及建筑设备用房。这些用房并非每个现代戏曲剧场均配备齐全，而是视剧场等级、规模及具体使用要求来定。以贵宾休息厅为例，如今大多数现代戏曲剧场已不再单独设置。此外，我国普通剧场的运营管理体制，主要存在两种模式，而这两种不同的运营模式造成了剧场前厅部分在内容和形式上的巨大区别[①]。一种是由政府或行政主管部门全权承办，这种运营管理模式下的普通剧场，其设施的建设与经营管理皆由政府或行政主管部门统管统包，或多或少具有一定的社会公益性。因此，其前厅部分的内容和形式一般比较简单，仅能满足基本职能。另一种是由政府、剧团和个人共同兴办，这种运营管理模式下的普通剧场由于要与新形势下的社会经济发展相适应，其前厅部分必须随之发生内容和形式上的变革，以适应观众的消费活动，满足观众多元化、多层次的文化娱乐消费需求，达到提高剧场社会效益和经济效益的目的。

当下，我国专业化的戏曲剧场正处于一个改革、创新的转型期，它肩负着展示我国戏曲表演艺术的重任，更承担着弘扬我国戏曲文化精神的职责。因此，为很好地顺应新时期市场经济的体制，它不能仅仅扮演一个“文化产品”，更应作为一个“文化商品”来经营。但如果我们依然沿用第一种管理模式，那么其结果必将会像某些戏曲剧场一样，特色消失殆尽。比如，有的戏曲剧场被现代化的大型商场所替代；有的因租金过高，致使

① 李畅．谈谈剧场建造的选型和经营 [J]. 艺术科技，2004（3）.

收入不高的剧团难以承受而处于闲置的状态；甚至有些城市的当地戏曲已走到了一个“无台可演”的尴尬境地。而这要怨剧团表演不够敬业吗？怨戏剧在当地没有观众吗？怨戏曲剧场在当今没有存在的意义吗？带着这些问题，笔者实地调研时走访了一些城市的当地茶楼、戏院，见到满是前来观赏戏曲和品茶聊天的戏迷们，但逢双休日，茶楼、戏院更是高朋满座。由此说明，不是剧团不敬业，不是地方戏没有市场，而是剧场建设自身出现了问题。

14.2.2　现代戏曲剧场前厅设计要求

我国现代戏曲剧场前厅在设计上与普通剧场并不存在很大差别，只是具体到空间“量”的大小上有着不同要求，原因是现代戏曲剧场多为原声剧场，其整体规模不宜做大，从而在体量上也限制了其前厅的空间大小。另外，普通剧场前厅部分包含的门厅与休息厅既可以合并设置，也可以分开设置；而现代戏曲剧场也同样因其规模的局限性，多采用合并设置的方式来处理。其设计的基本要求归纳如下：

第一，观众的入场及散场流线方向要明确，分区要清晰，并应符合《剧场建筑设计规范》JGJ 57–2016 等现行标准的要求。

第二，前厅作为观众进入观众厅前必经的一个空间，必须重视与观众厅的良好融合，注意流线的合理安排，同时还应满足朝向、采光和通风等卫生条件的要求。

第三，现代戏曲剧场多采用门厅、休息厅合并设置的处理方式，因此，一般会在观众厅入口处设置一个过渡空间作为声、光锁。此外，前厅的布局还应从剧场整体平面布局入手，考虑与室外空间环境的良好融合。

第四，在现代戏曲剧场中，前厅往往是体现戏曲剧场整体艺术格调的地方，承担着展示戏曲文化特色的职能。它应给人以古朴而不失活泼、庄肃而不失亲切的感觉，尤其在室内装修、家具陈设、色彩处理等方面均应符合现代戏曲剧场整体艺术格调，体现传统戏曲文化精神。

14.2.3　现代戏曲剧场前厅空间“量”的探讨

（1）影响前厅空间“量”的因素

普通剧场前厅空间的量其实是一个模糊量，很难用严格的定义和数据来规定。即使剧场完全不设前厅也并非不能演出和观看，只是少了一个观众等候、交流的场所。那么剧场前厅到底应该设多大？什么样的标准才适宜？这些都很难用统一的数据来规定。既然这样，不妨反弹琵琶，用逆向思维的方式，倒推出影响这个量的因素来：

一是剧场建筑的等级。剧场不同的等级对建筑的投资、面积的定额、设施的档次、装修的标准等，均有着不同的要求。二是剧场建筑的规模。剧场建筑的规模一般按观众厅的容座量，即观众厅座席数来划分为特大型、大型、中型、小型四个等级。不同规模对剧场相应的要求也不同。三是观众厅的数量。剧场建筑按照所含观众厅的数量，可分为单厅式和多厅式两种。这两种方式对剧场前厅也都有着不同的要求。

以上三点只是影响前厅空间量的直接硬性因素，实际中则还存在一些不定的软性因素。比如，观众因社会地位的不同、所处地理环境气候的不同、生活习惯的不同，而存在不同的休息要求。再加上建筑师设计手法的不同，使得这个量成为一个不确定的值。

（2）前厅空间“量”的调研和探讨

现代戏曲剧场前厅空间的量到底多大才算合适？这是一个很难找到标准答案的问题。正如上述所说，存在着许多硬性和软性的参变因素，因此我们在确定这个量的时候，实际上大多含有“约定俗成”的性质，即含有人们主观规定和经验决定的成分（表 14–1）。

从笔者实地调研分析的情况来看，对于表 14–1 中的指标范围，现代戏曲剧场大多能够吻合，尤其早期戏曲剧场更是如此，但对于新建的一些戏曲剧场则是另外一番景象。例如两个著名的现代京剧院，长安大戏院为 800 座，前厅面积 344m^2，约合 0.43m^2/ 座，观众厅面积 0.73m^2/ 座；梅兰芳大剧院为 1028 座，前厅面积 628m^2，约合 0.61m^2/ 座，观众厅面积 0.86m^2/ 座。

以上两个剧场，一个是北京著名“戏园子”老长安大戏院易地重建的，一个是以受人爱戴的京剧大师梅兰芳来命名的。而这些光环无形之中也勾起了人们的怀旧与爱戴之情，从而很少听到对剧场设计方面有诸多负面评论和意见的反馈，但笔者认为上述两个戏曲剧场前厅在空间的量上分别略显过高和过大。例如，在对长安大戏院实地调研时发现，高大的前厅十分空旷（图 14–15），大部分观众幕间更愿意集中在二层茶座周围，有的甚至闲逛至两侧的餐厅和通向厕所的狭窄走廊里休息等候。可

普通剧场前厅面积指标 表 14-1

类别	前厅			休息厅			前厅兼休息厅			小卖
等级	甲	乙	丙	甲	乙	丙	甲	乙	丙	
指标 /（m^2/ 座）	0.20 ~ 0.40	0.12 ~ 0.30	0.12 ~ 0.20	0.30 ~ 0.50	0.20 ~ 0.30	0.12 ~ 0.20	≤ 0.60	0.30 ~ 0.40	≥ 0.15	0.04 ~ 0.10

（资料来源：建筑设计资料集编委会 . 建筑设计资料集（第三版）[M] 北京：中国建筑工业出版社，2017.）

见这种前厅体量过高的设计，一是容易使空间显得空旷，缺乏亲切感，尤其在当今戏曲发展不太景气、上座率不高的情况下更显冰冷、凄凉；二是容易使观众与戏曲艺术之间产生心理上的距离感，因为戏曲艺术本应是走向民间、服务大众的，只有“接地气”的戏曲艺术，才能迸发出强大的生命力，而高大空旷的前厅虽能营造出一种气派与高大上的感觉，但也无形之中产生了心理上对戏曲艺术的敬畏感和距离感；三是从设计上看体量过高，对于前厅的采光、保温和隔热均为不利（图 14-16）。

另外，我国戏曲演出的幕间休息平均仅 10 ~ 15min，观众出来主要是饮水、吸烟、上厕所。而不像西方国家，观众能趁这个机会来进行一些社交活动，而且一般也不使用存衣间。因此前厅面积过大，对我国民众而言既无用也无益。例如梅兰芳大剧院，由于当初建设选址的基地十分狭小，建筑空间难以在水平向度上展开，采用了前厅与观众厅分层设置的竖向布局方式。这样节约了占地面积，本来是件好事，可对于剧场本身所需前厅空间的量上则并非那么好。笔者在调研时发现，在入、散场和幕间休息时，前厅内表现出明显的人流汇聚与分布不太均匀、不太合理的情况。一层空间相对狭小拥挤（图 14-17），二、三层则又明显空旷冷清（图 14-18、图 14-19）。通常，剧场的特殊性在于短时间内能形成巨大人流的汇聚，那么便于观众疏散也是剧场功能上的关键点。而梅兰芳大剧院在入口门洞和大门的做法上也许是出于新颖或其他某种目的，采用了较为独到的设计手法，殊不知产生了适得其反的效果，造成其通道过于狭小而不能很好地满足人流迅速疏散的要求。笔者发现，在多次的入、散场期间都出现了观众大量拥堵出入口的情况（图 14-20）。

当然，笔者对于以上两座著名现代京剧院的评论毕竟不是建立在长时间（半年或一年）观察与详尽研究（如人流分析统计、上座率分析统计等）的基础上，

图 14-15　长安大戏院幕间休息时高大空旷的前厅

图 14-16　长安大戏院前厅内光线不佳

图 14–17　梅兰芳大剧院一层大厅内开场与幕间休息时人流密集

图 14–18　梅兰芳大剧院二层大厅内开场与幕间休息时人流稀少

图 14–19　梅兰芳大剧院三层大厅内开场与幕间休息时人流稀少

图 14–20　梅兰芳大剧院散场时人流拥堵

而是仅凭一两天的匆匆考察得出的上述评论，难免存在着较大的片面性。

此外，笔者调研时还发现一部分现代戏曲剧场的前厅面积过小，装修上也显得十分简陋。这样必然会造成观众情绪上的消极和抵触，甚至直接影响到观戏的氛围。而戏曲剧团为了避免此现象的发生，往往以取消幕间休息的方式来处理。其结果反而更增添了观众的抱怨，导致恶性循环的局面。因此，笔者认为就算建造等级再低的戏曲剧场也需采用基本的定额指标来确保其具有一定量的前厅空间。此外，笔者通过网络搜索及查阅资料等方式统计了一些现代戏曲剧场前厅的相关数据（见表 14–2，仅供参考）。

针对列表中的统计数据进行分析可以看出，对于门厅、休息厅分开设置的戏曲剧场，其门厅面积指标平均为 0.24m^2/ 座，休息厅面积指标平均为 0.18m^2/ 座；对于门厅、休息厅合并设置的戏曲剧场，门厅、休息厅面积指标平均值为 0.22m^2/ 座。由此可见，平均值 0.21m^2/ 座的面积指标可以作为门厅或休息厅在戏曲剧场设计中的一个参考值。但笔者认为这一参考值并不适应当前现代戏曲剧场的运营状况。原因是，列表中的诸多戏曲剧场均为早期所建，其指标、规模也仅适应当时情况，而如今需要更多的配套服务项目及更高的舒适度来适应前厅设计要求。因此，这一参考值应稍大一些。

但目前，我国戏曲演出市场依然还处在较为萧条的状态，来听戏的观众并不多，基本还是老一辈的戏迷，青少年观众很少，存在着明显的断代现象。若普遍采用体量过大的前厅空间，必然会产生不利效果和不必要的投资浪费。因此，在今天上座率并不高的情况下，

现代戏曲剧场的门厅、休息厅概况统计表　　表 14-2

剧场名称	门厅、休息厅形式	座位数	门厅面积/m²	休息厅面积/m²	门厅指标/（m²/座）	休息厅指标/（m²/座）
大众剧场	分开	1130	121	172	0.11	0.15
河北剧场	分开	1510	440	158	0.29	0.10
东风剧院	分开	1368	536	118	0.39	0.09
太原长风剧场	分开	1344	268	399	0.20	0.30
郫县剧场	分开	1115	210	310	0.19	0.28
贵阳川剧院	合并	1226	395		0.32	
合肥江淮大戏院	合并	1430	200		0.14	
黄鹤楼剧场	合并	1230	160		0.13	
中州剧院	合并	1285	270		0.21	
美琪大戏院	合并	1612	500		0.31	

笔者认为现代戏曲剧场（800 ~ 1000 座）的前厅面积指标建议控制在不小于 $0.25m^2$/ 座的标准是比较符合使用要求的，某些情况下甚至可以达到不小于 $0.35m^2$/ 座的面积标准。此外，值得注意的还有如下四点：

一是我国地域辽阔，各个地区应根据当地的气候、环境和生活习惯等特点灵活处理剧场前厅部分。

二是前厅部分不仅要注意横向空间上量的控制，还应注意竖向空间上量的控制。如前厅部分只一味讲究高大、气派，而不考虑实际情况，那么势必会增加造价，并且产生心理感受上的负面效果。

三是随着我国戏曲演出市场的逐渐回暖、建筑师设计手法的逐渐成熟以及现代戏曲剧场自身的发展需求，前厅所占的空间比重将会越来越大。而且，前厅包含的各组成部分也将越来越多，各功能界限也将变得越来越模糊。因此，上述建议的该项指标范围以及相关标准规范并不一定适应未来戏曲剧场的前厅设计要求，仅供当前参考。

四是鉴于我国目前越来越多新建的大型演艺中心正由以多功能大厅为主向各专业小厅组成的多功能演出综合体转变，对于前厅空间量的要求上早已不单是为满足观众在演出前和幕间时等候、休息的功能即可，更注重的是为观众提供更多、更完善的服务和可供选择的消费项目。这些服务和消费项目，以及其面积指标的设定本身就非常复杂，因此制定出前厅空间某个固定统一的量的标准也就十分困难。

14.3 传统剧场对现代戏曲剧场前厅的设计启示

14.3.1 现代戏曲剧场前厅如何体现戏曲文化精神

（1）通过戏曲文化展示的体现

新时期我国现代戏曲剧场前厅的发展要求之一，就是对传统戏曲文化的保护。过去很长一段时期，由于剧场前厅一直被认为只是通往观众厅的一个过场，导致前厅对戏曲文化的展示处于现代戏曲剧场建筑设计上的一个盲点。

我国很多剧场拥有丰富的历史背景，尤其戏曲剧场本身往往更是有着悠久璀璨的文化底蕴，而这些则都可通过前厅这一空间场所让观众在进入观众厅之前提前得到领略。比如，有很多现代戏曲剧场在我国文化史上承担了某些具有重要意义的戏曲艺术表演，那么前厅对其的展示则可作为对剧场历史的一种回顾、一种缅怀。这样既能让新戏迷了解相关历史，又能唤起老戏迷某些情感上的记忆。因此，现代戏曲剧场前厅的展示可以看成是剧场的一张“名片”或一则“简介”，也可以看成观众在听戏之前的一个“前奏”。总之，让人们在进入观众厅之前，能够通读戏曲文化历史，感受戏曲文化氛围，达到弘扬我国戏曲文化精神的目的。因此，其内部的展示可以是一套该剧院的历史图片，可以是著名戏曲艺术家的雕像，可以是戏曲故事人物的巨幅油画，也可以是具有文物价值的剧目服装或道具，还可以是优秀剧目演出的一些精彩照片等。鉴于此，笔者认为以下几座新、老戏曲剧场的前厅在对戏曲文化的成功展示上值得我们借鉴。

①老戏曲剧场：在北京湖广会馆内看戏，观众不仅可以欣赏到经典戏曲艺术表演，还可以参观北京戏曲博物馆（图 14–21）。馆中翔实的戏曲艺术史料、珍贵的戏曲艺术文物、文献及其音像制品等，展示了从金代至民国，以京剧戏曲艺术为主的戏曲发展历史。因此，北京湖广会馆已成为北京一家集中展示戏曲发展历史和弘扬普及戏曲文化的阵地。其浓郁的中国传统文化氛围也成为海内外游客、外国驻华人员了解中国戏曲文化瑰宝、领略戏曲表演艺术的绝佳之处。

②新戏曲剧场：人们一步入广州红线女艺术中心，便可看见迎面的弧形墙面上镌刻着毛泽东主席给红线女的亲笔手信（图 14–22），厅里展示着红线女曾成功表演过的 70 多个戏剧人物的雕像（图 14–23）、图片及文字资料，这些都加深了人们对其艺术造诣的了解[1]。另外，前厅与排练厅过渡区的带状天窗，既解决了采光、通风问题，又丰富了室内空间环境，还使得建筑正立面的墙体上不用再开窗，保证了整座建筑空间复合体在雕塑造型上的完整性[2]。

而一步入北京长安大戏院，高大宽敞的大厅就给人以朴素、大气的感觉。厅内正中摆设的是销售京剧道具及音像制品的专柜，柜内光碟琳琅满目（图 14–24）。二层休息厅内则陈列着许多的历史图片。其中，一部分

图 14–21　北京湖广会馆戏曲博物馆

图 14–23　红线女所演戏剧人物的雕像

图 14–22　弧形墙面上毛泽东致红线女书信手迹

① 顾孟潮．“轻歌曼舞”的红线女艺术中心 [J]. 建筑工人，2001（5）.

② 莫伯治，莫京．广州红线女艺术中心 [J]. 建筑学报，1999（4）.

图 14–24　长安大戏院京剧音像制品专柜

图 14–25　长安大戏院陈列的京剧服饰

是叙述老长安大戏院历史背景的，一部分则是展现曾在老长安大戏院上演过的一些具有历史意义的精彩剧目的。此外，在休息厅与餐厅相连的走道里，还陈列着许多具有文物价值的京剧服饰供人们参观（图 14–25）。

（2）通过内部空间环境的体现

一个有文化内涵的厅堂和一个粗制滥造或仅用高档建材装点起来的厅堂，给人的心理感受是大不相同的。戏曲剧场前厅内图片、物品等的陈列与销售只是展示戏曲文化的一种外在表达方式，而更能打动人心的则是剧场前厅的室内装饰和环境营造这种内在表达方式。因此，戏曲剧场前厅对于能否给予观众良好的心理感受，以及激发这种心理感受所需营造的戏曲艺术环境是十分看重的，它是评判前厅好坏的直接标准。

现代戏曲剧场随着戏剧观的逐渐回归，人们越来越清楚环境的重要性，环境成为戏剧体验的一部分，但是这种因素又与社会文化息息相关。各种人群的情感必然受到不同地域差别、民俗习惯、文化结构、观念形态以及时代背景等因素的影响，面对科技水平的高速发展，现代戏曲剧场的时代特征之一就是追求“高科技”中的“高情感”，即运用现代的技术、材料和设备，营造出体现传统戏曲文化的剧场内部空间环境。而内部环境的营造一般是通过建筑空间形态、材料、光、色以及声、热等元素所构成的总和来具体实现的[①]。它不是各元素机械的、简单的累加，而是一种相互补充、相互加强、相互协调的结合。建筑是凝固的音乐，只有做好了现代戏曲剧场前厅内部空间环境的处理，融入戏曲文化精神，才能真正创造出良好的前厅空间环境，“弹”好弘扬我国戏曲艺术文化的“前奏”。

北京梅兰芳大剧院前厅室内的墙面以中国红为底色，墙上镶嵌着百余个直径约 1.5m 的金色木质圆形浮雕，每一浮雕均以各个经典京剧戏曲故事为题材，由民间艺人手工制作，凝固和再现着 200 多年来京剧传承的精华，也使得该墙成为内容丰富且极具观赏价值和艺术价值的主题墙面（图 14–26）。另外，剧院内部装饰还融入了中国传统建筑形式的精髓——朱红色的立柱以及柱网排布所形成的柱廊，远望去，犹如一道道向世人开放的艺术长廊，传递出北京这座历史名城深厚的文化底蕴和京剧艺术海纳百川的包容胸怀（图 14–27~图 14–29）。

14.3.2　现代戏曲剧场前厅如何体现地域性和地方风格

目前，我国大部分普通剧场前厅设计的处理手法是纵向构图法，即对称门厅直通观众厅后部，一边一部楼梯通向楼座休息厅，休息厅贯穿观众厅两侧。不可否认这种处理方式在功能上是十分合理的，但我国城市众多，如果处理不好，不重视变化，不讲究特点，很容易产生标准化、程式化的建筑造型。其平面相同、体型一

① 彭一刚 . 建筑空间组合论 [M]. 北京：中国建筑工业出版社，1998.

图 14–26　梅兰芳大剧院红墙上的金黄色木雕

图 14–27　梅兰芳大剧院一层大厅柱廊空间

图 14–28　梅兰芳大剧院二层大厅柱廊空间

图 14–29　梅兰芳大剧院三层大厅柱廊空间

致，如果在外立面的细部处理上再采取相似的手法，那就更加容易产生类似的剧场风格了。为避免这种现象的发生，就必须强调地域性，突出地方风格。而为使我国各地现代戏曲剧场建筑形式多样、各具特色，除了解放思想、敢于创新外，在具体设计中首先应从前厅的平面设计着手，比如平面布局因地制宜，采取非对称平面，侧面入口、转角入口等形式，再在室内外空间处理、空间组合上多作构思。

例如，贵阳具有典型的山城特色。此地的剧场门厅与室外地面容易形成 1.5 ~ 2m 的高差。因此，在面对临街的门厅前没有足够用地面积，且不能采用大踏步方式的特殊情况下，贵阳市曲艺剧场采取了在门厅内部调整高差的方法，进门时做 7 级台阶，直至观众厅后部，从而化解了这个矛盾。这种对门厅与室外地面进行高差调整的设计方法，正是体现现代戏曲剧场地域性特色的一个典型设计手法。又如，拉萨剧院在内部装饰上为了体现出地方风格，按照西藏的习惯，地面均铺地毯。藏式休息室尤为突出，按藏式布局卡垫、茶几，墙壁贴米色、淡青、浅灰壁纸，顶棚全部吊轻钢龙骨钉装饰石膏板，门窗为青铜色铝合金门窗，内为木门。除上述装修做法外，各厅室还创作了一些壁画，例如剧院门厅正面绘制有一幅长 7m、高 3.5m 的珠穆朗玛峰雪山壁画，它象征着西藏人民的骄傲。藏式贵宾室创作了一幅文成公主进藏图，汉式贵宾休息室壁画的题材是西藏人民歌舞图。这些壁画增加了建筑装饰色彩，突出了剧场地方风格。再如，天津的中华剧院在其前厅内部装修风格上选用花梨木与天然石材相配，运用细腻的中式纹样，辅以大幅京剧彩绘（图 14–30），显得既庄重大气，又富

图 14-30　中华剧院前厅
（资料来源：http：//gc.zbj.com/20150808/n3579.shtml）

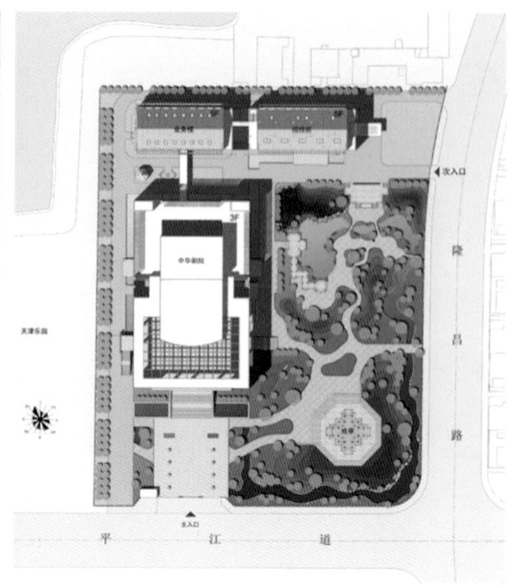

图 14-31　中华剧院总平面图
（资料来源：http：//gc.zbj.com/20150808/n3579.shtml）

有京剧特点。而前厅外部的室外园林则是该剧院的重要组成部分，在总体布局上采用了中国传统园林及借景手法（图 14-31），本着师法自然的设计理念，以创造自然美、生态美为核心，种植了白皮松、油松、雪松、银杏、紫薇、法桐、刺柏等四十余种近 9000 棵树木和近 5000 余株花卉，还建造了戏亭、假山、水池，为剧院增添了强烈的民族色彩，使其与“中华剧院”之名更为相符。

14.3.3　现代戏曲剧场前厅如何充分利用以提高经济效益

调研时笔者发现，有些标准高、专业化强的现代戏曲剧场由于不作一般性演出，因而利用率较低，导致装修精致华丽，空间丰富多彩的前厅大量时间处于空空荡荡，白白闲置着的状态。对此，我们能否想点办法来增大其利用率，甚至使其为剧场运营增加部分经济收益呢？

英国国家剧院的例子可以给我们一些启发，剧院前厅中休息厅部分的面积非常之大，而且各层休息厅的楼板均延伸至室外成为落台，观众既可以登台眺望泰晤士河风光，又可以在这里举行集会、演讲等群众性活动（图 14-32）。这个剧院内有三个专业小剧场，而这个休息厅部分则被人形象地称为“第四剧场”，可见其利用率是非常之高的。鉴于此，笔者建议可将戏曲剧场前厅中门厅或休息厅的部分面积结合室外的空间环境或园林景观等一并设计为在非演出时间段可供

图 14-32　英国国家剧院前厅及外景
（资料来源：https：//www.sohu.com/a/322389739_100191009）

观众文娱活动的场所，这样既能提高前厅利用率，还能丰富和活跃前厅空间。

另外，为了充分开发现代戏曲剧场的运营潜力，提高其社会经济效益，建议在剧场前厅内适当增加一些能为观众提供更多服务和可供选择的娱乐、购物等消费项目。比如，设置戏曲音像书报销售处、戏曲沙龙阅览室、咖啡厅快餐部等供戏迷阅览交流的地方，以及开展一些群众性的戏曲活动（例如，在前厅空间中增设戏曲音乐沙龙、戏迷群众的即兴献艺、戏曲艺术大师的签名售书等活动），让广大戏迷除了来此赏戏，还能额外收获一份参与感。同时，考虑到剧场人性化服务的一面，前厅内还可预留部分空间专为迟到的观众提供在场外欣赏厅内前段戏曲影像的场所等。

14.4　本章小结

我国传统戏曲历史悠久，为更好地保护我国传统文化瑰宝，现代戏曲剧场的前厅应充分展示戏曲文化艺术、竭力弘扬戏曲文化精神，使更多人，尤其是当代年轻人来了解、接受并喜爱上它。此外，在新的形势下，还应将现代戏曲剧场作为一个“文化商品”来经营，建议更多采用由政府、剧团和个人共同兴办的剧场运营管理模式，注重将剧场前厅与戏迷的文化消费和娱乐消费等商业形式的活动紧密结合起来，设立一些诸如文娱、餐饮、阅览、交流等消费空间场所，以增加剧场经济收益。当然，现代戏曲剧场是高级文化场所，也不宜过分商业化，形成喧宾夺主的现象。

第十五章　传统剧场对现代戏曲剧场在造型设计中的启示

在当今全球观演建筑文化交流加速而出现趋同现象的情况下，我国现代戏曲剧场建筑文化所具有的民族性、地方性与时代性、世界性的对立统一，是个性与共性、变异性与趋同性、多样性与统一性的关系，互为前提、互为条件、缺一不可。因此，为了更好树立现代戏曲剧场作为城市发展建设的地标性特质，体现多元并存的设计理念，本章将继续在传统剧场研究的基础上，探究和提炼为现代戏曲剧场造型所适宜借鉴或应用的几点设计启示，以求充分展现戏曲剧场与空间、环境及戏曲文化相关联的民族性和地方性特色。

15.1　影响我国传统剧场建筑精神文化的因素

15.1.1　宗教信仰

在我国传统文化中，供奉神灵、纪念先祖、祭拜鬼灵等宗教活动具有悠久的历史。各历史时期，不同的地域都建有相应等级的宫观神庙及数不胜数的民间祠堂。其祭拜的对象各不相同，大致可分为：自然神、人神、动物神、物品神及其他神等。根据宗教信仰的政治关系，又可分为正统宗教和民间信仰。

从广义观演空间来看，在我国传统宗教信仰中，宗教建筑群内部的行为活动仪式均具有戏剧性的“场”效应①。因此，宗教信仰在我国传统社会中具有举足轻重的作用，也是传统剧场建筑发展与演变的主导因素之一。

15.1.2　社会民俗

民俗内容众多，有观念民俗、物质民俗、行为民俗之分，此处主要论述行为民俗。而行为民俗又包括家族社团、乡里社会、人生礼俗、岁时节令和各种文化娱乐活动等，统称为社会民俗。

传统剧场建筑便体现了社会民俗的文化特征。例如，我国南方聚落推崇宗族观念，同姓社群与异姓社群的宗祠之间具有不同的空间形态及建筑布局。此外，家族宗祠的祭拜方式也直接影响着观演行为主体的具体活动，进而间接影响到祠庙戏台的建造样式，因此传统剧场建筑具有与社会民俗重合的文化特征。

15.1.3　地域文化

我国幅员辽阔，信仰与民俗在地域上具有较大差异，反映到剧场空间分布及形态上则具有不同的建筑文化，这种建筑文化的差异便构成了我国传统剧场建筑的多样表现。此特征不仅在固定的观演建筑形式——如戏楼、戏台等建筑中得以体现，在那些不具有固定的观演建筑形式——如撂地为场、串巷子、跑大棚、土台子等临时性表演场地中也具有浓郁的地域文化特征。

15.1.4　戏曲曲艺

我国宗教信仰与戏曲曲艺等传统表演艺术具有深厚的渊源，而戏曲曲艺的产生对传统剧场建筑的发展和变化又有着重要的推进作用。一方面，传统剧场在尺度、布局上需要满足戏曲表演艺术本身的功能需要；另一方面，在剧场空间上也需满足民众信仰和娱乐的心理需求。此外，中国传统建筑具有一项显著的特点，即利用木构架的材质与质感来进行艺术加工，充分展现出雕饰缤纷、色彩绚丽的状态。这种特点在传统剧场建筑中表现得尤为突出，因为传统剧场建筑在民间是作为礼制建筑的一部分而存在，所以戏曲文化作为艺术的表现，就自然而然地体现在了传统剧场的建筑装饰上。

---

① 周谷城．中国通史（上下册）[M]. 上海：上海人民出版社，1957.

15.2　传统剧场对现代戏曲剧场造型的设计启示

我国传统剧场建筑经过不断发展、演变，形成了各自的特征，为人们提供了熟悉而又亲切的观演场所。反过来，传统剧场建筑也体现了人们对观和演的习惯需求，反映了人们看戏的娱乐模式和习惯。另外，传统剧场本身还承载了当时社会的审美习惯、建造做法、政治、经济、文化等多层次的信息。因此，传统剧场建筑其实是一个复杂的社会文化与建筑文化的综合载体。

现代戏曲剧场建筑设计在材料、技术等方面，以及设计的方式和最终结果都与传统剧场建筑有了很大区别。传统剧场由于受技术、材料的限制和戏剧本身虚拟性特点的影响，其戏台仅仅是为戏曲演出提供一个有顶盖的简易场所，没有先进的舞台设备和自觉的科学设计方法。镜框式舞台从西方传入我国后，虽然不能从本质上起到对传统戏曲艺术表演有直接的提升，但观众可以从现代剧场中获得良好的听觉效果。因此，伴随着科技的迅猛发展，如今人们有能力从视线、声音、光、电、机械设备等方面提供更好的支持，为演出提供现代化舞台和设计科学的观众厅是当代观演建筑的优势。同时，观众厅视听设计也有了诸如计算观众厅地面起坡、混响时间、声音传播路线、平剖面视距视角控制等系统理论的科学依据和大量工程实践的总结。

但从另一方面来看，传统剧场建筑及其观演模式与人们的文化生活习惯紧密联系，如果忽视了这一点，现代戏曲剧场建筑设计就会脱离实际。近年来，一些建筑师对如何在现代戏曲剧场建筑设计中体现传统精神方面作出了有益的探索和实践[1]，值得我们分析、总结和借鉴。下面，笔者将结合实例来展现传统与现代的结合。

15.2.1　传统精神的重生

（1）折旧建新——形的延续

人们对于那些留在记忆和情感中的历史场景，往往并不会因为实物的消失而逝去，有时反而会更加炙热地激起对往昔片段的怀旧之情，产生出不同的看待事物的观念和方法。因此，我们在新建旧的剧场建筑时，就不能无视历史的渊源，忽略文化的积淀，而应做到对历史环境的延续，只有这样才能满足多数人心理上的那种怀旧感。重建旧的剧场除了通过信息媒介的方式，在旧剧场的相关文字和图片描述中寻找可以因借的东西外，切不要忘了我们今日的时代，今天的剧场建筑应以现代的技术条件为基础，表达时代的特征，做到借古托今、兼容并蓄。

江苏南通的更俗剧院（图 15-1 ~图 15-3）兴建于 1919 年，是由我国建筑师孙支厦仿上海新舞台设计，剧场观众厅为马蹄形平面，造型为西方古典折中式风格，

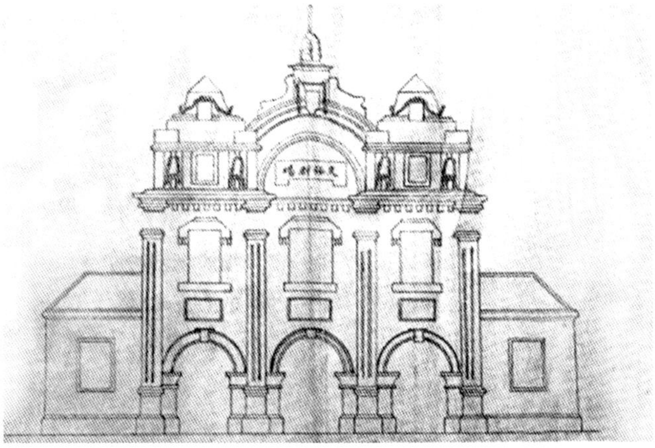

图 15-1　江苏南通老更俗剧院立面图

（资料来源：仲德崑，田利 . 借古托今　兼容并蓄——南通更俗剧院设计的历史渊源与现实表达 [J]. 建筑学报，2003（11）：50.）

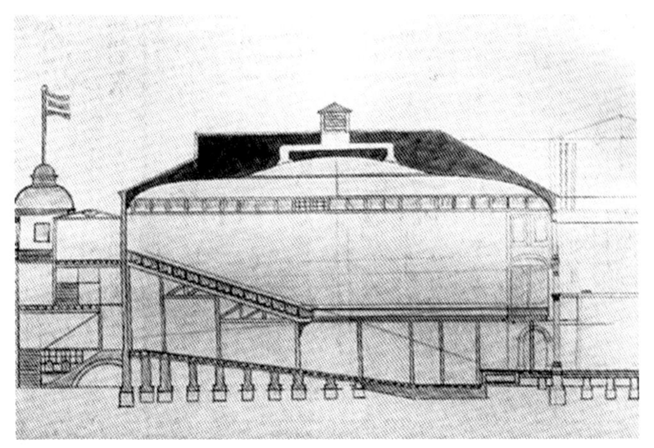

图 15-2　江苏南通老更俗剧院剖面图

（资料来源：仲德崑，田利 . 借古托今　兼容并蓄——南通更俗剧院设计的历史渊源与现实表达 [J]. 建筑学报，2003（11）：50.）

① 梁鼎森，何杰，梁路 . 足迹与启示——戏曲剧场建筑形式与空间特色的探析 [J]. 城市建筑，2008（9）.

图 15-3　江苏南通老更俗剧院外景
（资料来源：http：//ntgsjy.cn/intro.asp）

图 15-4　江苏南通新更俗剧院外景

由观众厅、舞台、四合院演员宿舍和梅欧阁等组成，其中梅欧阁是专为展示梅兰芳、欧阳予倩两位大师的京剧艺术成就所建，此阁也成为南北两大京剧流派巨匠交流会通、团结合作的历史见证。

更俗剧场于 1996 年被拆除，后来当地政府决定在原址重新兴建更俗剧院。2002 年 9 月，新更俗剧院（图 15-4）在历时三年的筹建后终于迎来了竣工庆典和首场演出。作为对旧剧场的重建，设计上为了达到对历史的延续，马蹄形的观众厅因其视听上的优势而被再次沿用，梅欧阁也作为一个重要的历史因素，在功能空间中被设置。对旧更俗剧院西方古典折中式立面的延续上则是在设计中将过去形式上的典型符号经过提炼后，集中体现在主入口巴洛克楼梯、西南侧圆形厅堂和柱式上，以此形成外表皮。主体造型上则尽量运用简化、现代的细部和材料，使古典语汇仅在南侧、西侧的两条柱廊处得到形式上的延续，这种延续也仅仅只是以现代的材料、简洁的细部为背景，这些也是剧场的几点"借古"之处。而"托今"之处则是其南广场主立面为"双层皮"构思，外层为柱廊、巴洛克楼梯，内层采用点式玻璃幕墙，材料由石材过渡到玻璃与钢，波浪形的金属雨篷更是展示了时代技术的特征。西柱廊内为无障碍坡道，透过玻璃表皮，现代剧场的共享空间和流动空间得到了全面展现。

在新更俗剧院的设计中，设计师对于形象的创造自始至终贯彻了三点意念：一是以形的适宜性组合，达到良好的观演氛围；二是找寻失去的记忆以延续历史的片段；三是不失剧场建筑应有的时代美[①]。

（2）拆旧建新——神的延续

新永远是旧的一种延续，它们不可割断、不可分离，总有着千丝万缕的联系。因此，不管我们运用什么样的技术、结合什么样的材料、展现什么样的手法，拆旧建新关键是对历史渊源及文化积淀的重视，以延续旧剧场建筑的特质，来满足人们心理上的那种怀旧之情。

生活中，勾起人们回忆的可以是历史上的一处场景，也可以是往昔的一件事情。拆旧建新最简单、最直接刺激人们回味过去的一种方式，也许就是上述新更俗剧院那种对形的延续，它使人们在最短的时间内感受到了历史。而另一种让人联想到过去的方式，就是对"神"的延续，它能使人们更贴切地感受历史，对往昔所发生的一些事情，就像放电影一样，一幕幕展现在眼前。

揭幕于 1937 年的重庆老国泰大戏院那麻灰色的瓜米石门柱、彩色的水门汀地面、铸铁架的翻板座椅、单双号的分座等，都透露出海派的影子。

但后来的国泰电影院已不是 20 世纪 30 年代的国泰大戏院了，在重庆大轰炸中，国泰大戏院部分炸毁，后又经过多次较大规模的重建与改造，改造后的国泰影院无论是建筑形态还是内部功能都和 20 世纪 30 年代有了很大差别（图 15-5、图 15-6）。因此，抗战时期的国

① 仲德崑，田利．借古托今 兼容并蓄——南通更俗剧院设计的历史渊源与现实表达 [J]. 建筑学报，2003（11）.

图 15-5　被广告牌包裹得还露一片“皮”的国泰电影院
（资料来源：http：//c.tieba.baidu.com/p/3063364789）

图 15-6　被广告牌已严实包裹的国泰电影院
（资料来源：http：//c.tieba.baidu.com/p/3063364789）

图 15-7　拆除中的国泰电影院
（资料来源：http：//c.tieba.baidu.com/p/3063364789）

图 15-8　国泰电影院已全部拆除
（资料来源：http：//c.tieba.baidu.com/p/3063364789）

泰大戏院现在留下来的只有一种精神，没有建筑实体了（图 15-7、图 15-8），而重建国泰大戏院正好能重塑这种已经被埋没几十年的精神。笔者认为，重建国泰大戏院得远远多于失，国泰是一种精神，并不单纯是实物上的国泰，只要能传承这种精神，国泰就还在。

新建成的国泰艺术中心由国泰大戏院和重庆美术馆组成（图 15-9），为了体现出国泰大戏院抗战时期民族精神堡垒文脉的延续，建筑运用多簇挑出的巨大构件、鲜红的颜色，表达民族的团结和不屈的呐喊（图 15-10）。同时，建筑色彩的设计也体现了地域性特色：红——作为中国的传统颜色，代表富贵吉祥，又如同重庆的红油火锅，体现出巴渝人刚烈耿直、热情好客的性格特征。棕黑——如同长江边纤夫石的颜色，是厚重和底蕴的象征，代表巴渝渊源的历史和西部发展的中流砥柱[①]。

剧场的造型源于中国古建中的多重斗栱构件（图 15-11），整个建构方式依据《汉书》中提到的题凑工法[②]，利用传统构件穿插形式，以现代简洁的手法表达传统建筑的精神内涵。建筑的第五立面——屋顶（图 15-12），在其他高层环绕下，依然延续总体构思，

① 张小雷. 从“草船借箭”到“黄肠题凑”：国泰艺术中心 [J]. 建筑创作，2007（8）.
② “题凑”是汉代普遍存在的一种营造工法。“题”指的是木头的端头，“凑”意为工法，一种排列的方式。此处国泰艺术中心的“题凑”就像搭积木一样，把很多条方方正正的钢梁进行横竖堆叠，达到“梁抬柱、柱抬梁”这一与众不同的承重方式。

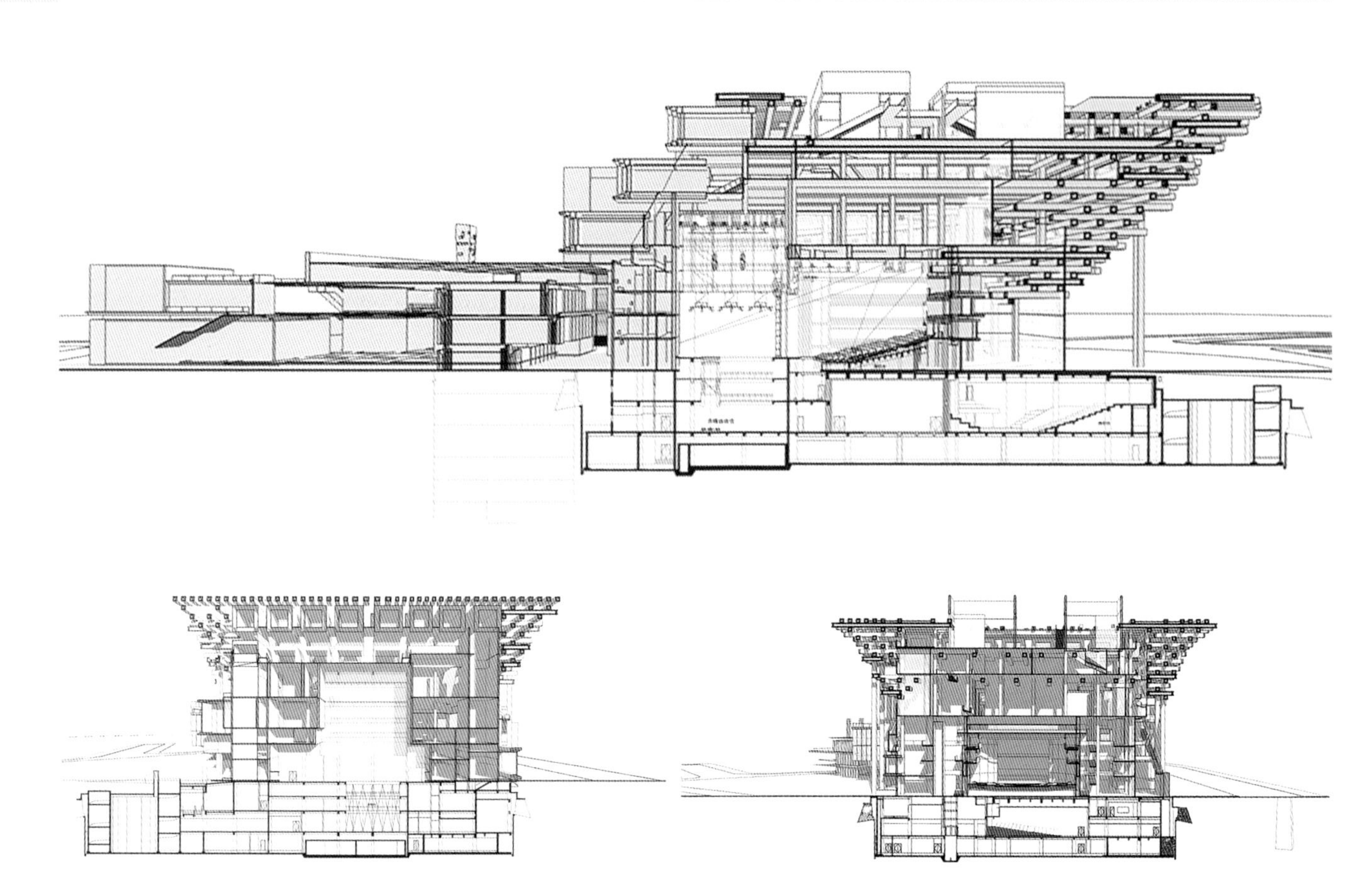

图 15-9　重庆国泰艺术中心剖面图
（资料来源：http：//www.ikuku.cn/project/zhongqingguotaiyishuzhongxinjingquanyucuieeyuanshihezuo）

图 15-10　重庆国泰艺术中心外景
（资料来源：http：//www.ikuku.cn/project/zhongqingguotaiyishuzhongxinjingquanyucuieeyuanshihezuo）

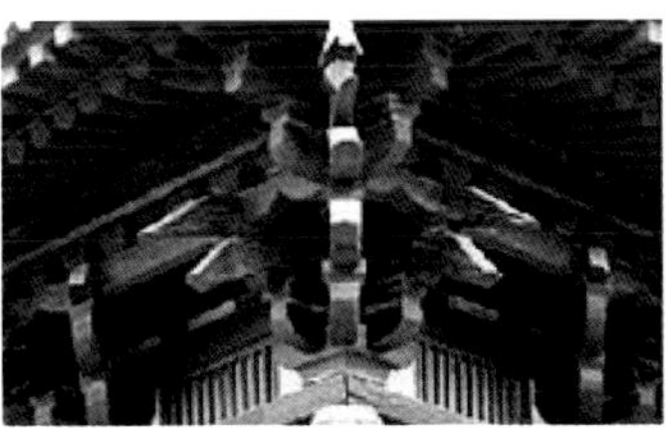

图 15–11　多重斗栱构件

（资料来源：http：//gj.yuanlin.com/Html/Detail/2016-7/1239_2.html）

图 15–12　重庆国泰艺术中心俯瞰实拍

（资料来源：http：//www.ikuku.cn/project/zhongqingguotaiyishuzhongxinjingquanyucuieyuanshihezuo）

按照传统重庆民居的肌理，把传统影像与建筑模数相结合，创造了一个由光井、院落组合的屋顶广场。从周围高楼俯视似乎还能找寻到往日重庆残存在心中的某些片断回忆。

在拆旧建新中，我们在强调历史渊源、重视文化积淀、传承精神文脉、体现地域特色之外，是否合理地运用了今天的技术与材料则是值得我们每位建筑师认真对待的一个问题。

（**3**）维护修复——形神兼备

我国近代史上一些早期的戏曲剧场能够保留下来，实在是件值得庆幸的事情。对于保留下来的这些早期近代戏曲剧场如能加以很好的维修和利用，无疑对多、快、好、省地发展我国戏曲文化、娱乐事业和旅游业，尤其是对保存我国悠久的文化艺术和建筑传统等方面是很有价值的。另外，作为现代戏曲剧场建筑与声学设计的研究资料，它们也提供了作为古迹本身的学术研究价值。

西安易俗社剧场创建于 1916 年，为木构建筑（图 15–13），建成使用已达一个多世纪，它具有我国传统剧场的某些特色，后经多次维修，仍保持着原有的风貌（图 15–14），算是古城西安最早的也是目前保存较完整的秦腔剧场。剧场正面为中国传统的垂花门主入口形式（图 15–15），悬挂“易俗社”牌匾。门内有一个不大的庭院，可供演出前观众等候休息之用，不演出时，这里可供演员练功习武。许多舞美人员、演员、观众，包括归国华侨以及一些来访的国际友人，对它印象良好。目前，到易俗社剧场看秦腔传统戏，已成为外宾来西安旅游的一个必不可少的项目。英国一个剧院设计专业人员旅游团来易俗社考察后，对该剧场给予了高度评价。称其具有浓厚的中国风格，且与英国近年来兴起的小型剧场有着诸多相似之处[①]。

图 15–13　西安易俗社剧场室内顶部木构架

① 雷茅宇，刘振亚，葛悦先，郑士奇．“古调独弹”——西安易俗社剧场剖析 [J]. 建筑学报，1983（1）.

图 15-14　西安易俗社剧场外景

图 15-15　西安易俗社剧场入口

15.2.2　传统精神的继承

（1）对传统建筑形态的借鉴

众所周知，在现代戏曲剧场的外观造型上对于传统剧场形态的模仿或借鉴是一种最直接，也是最深层调动戏迷情感的建筑设计手法。比如，四川戏台的那种简单三段式立面及空间形态虚实相映的视觉冲击力具有很强的标示性。而现代川剧剧场的建筑设计则宜体现出这种传统剧场建筑文化的内涵，体现出巴蜀地域的特色。

在现代戏曲剧场建筑形态借鉴传统剧场建筑特色这一点上，较为成功的例子是 2001 年底落成的成都川剧艺术中心。该艺术中心是国内第一家以川剧命名，以地方戏曲演出为主的综合文化娱乐场所。它建在原来旧悦来茶园和旧锦江剧场的地址上，总建筑面积 12715m^2，包括新的锦江剧场、川剧艺术博物馆、悦来茶园等建筑群（图 15-16）。其中新锦江剧场 4079m^2，是供戏曲演出的多功能剧场，在装饰方面具有川剧特色的文化内涵，剧场配备有电脑控制的推拉舞台、升降乐池、旋转舞台等现代设备。剧场观众容量 719 座，其中池座 424 座、楼座 295 座，座位角度及视听效果均优越，具有专业剧场的特点和优势。该艺术中心建筑群总体表现出传统建筑的风格，设计师通过理解、分析、简化、变形等手段，在似与不似之间找到了恰当的切入点，即通过错落有致的几个大屋顶和对传统建筑构件的简化与提炼，透出那股浓烈的四川传统戏台建筑文化内涵（图 15-17、图 15-18）。

又如，成都郫县剧场（四川省川剧学校剧场）的形态风格也是源自乡土，简化重组而成（图 15-19）。这类川剧戏曲剧场建筑在形态上很容易找到传统建筑的影子，是直接以建筑外部形态为出发点的设计。此外，还有一些仿古或复古的现代川剧观演场所。在这些川剧观演建筑中，设计的主要思维重心不是视听效果，而是为戏迷们提供一个熟悉的场所。在这个场所中，人们可以延续传统的观演模式，即看戏、喝茶、聊天等休闲娱乐活动与戏曲演出同时开展。这样的例子如成都武侯祠内三义庙新建的茶园剧场（图 15-20）。

（2）对传统院落空间的营造

换个角度，如果设计的出发点不是从传统剧场外部形态方面入手，而是从观演模式、观演环境、观演互动等建筑内部的方面去考虑借鉴传统观演文化，或许也

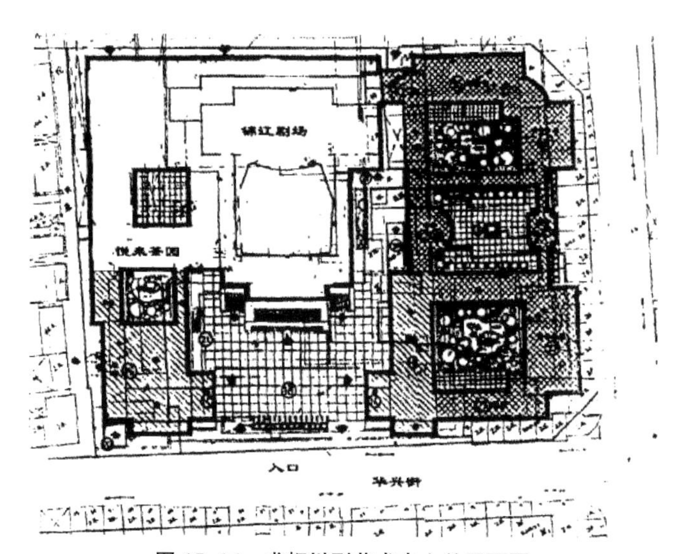

图 15-16　成都川剧艺术中心总平面图
（资料来源：邓位.四川传统观演建筑研究 [D]. 成都：西南交通大学，2002.）

图 15–17　成都川剧艺术中心新锦江剧场立面图
（资料来源：邓位 . 四川传统观演建筑研究 [D].
成都：西南交通大学，2002.）

图 15–19　成都郫县剧场立面图
（资料来源：邓位 . 四川传统观演建筑研究 [D].
成都：西南交通大学，2002.）

图 15–18　成都川剧艺术中心新锦江剧场外景

图 15–20　成都武侯祠内三义庙茶园剧场

是一种较好且合理的设计思路。比如，位于重庆北部新区金开大道和金山大道交会处转盘东北隅，背靠照母山植物园的重庆市川剧艺术中心，是将现代技术材料、设计手法及审美观念来融合传统剧场外部形态的又一运用，更是汲取传统观演环境精髓，营造传统院落空间，塑造现代川剧剧场的一次大胆尝试。

该剧场是以川剧表演艺术家沈铁梅领衔的市川剧院专业剧场，设计重点考虑戏曲演出、展览和川剧人才培训等功能。艺术中心由一个 696 座的主剧场、一个 150 座的旅游剧场（建成时调整为 300 座的实验剧场）、一个小型川剧博物馆和川剧院业务、行政用房及少量商业服务用房组成，总用地面积 20169m^2，总建筑面积 12261m^2（图 15–21）。该艺术中心于 2006 年年初设计，年底开工，2008 年主体竣工验收，总投资约 4500 万元。其中，696 座的剧场观众厅平面呈钟形，能较好满足自然声演唱的要求，为复古老剧院的文化特色，周边还设置有包厢与楼座；150 座的旅游剧场采用装修经典的传统表演戏台与休闲茶座观众厅形式，与观众更加融合，是一个充满古色古香的特色剧场。

该剧院建筑高度 27.9m，总层数为 4 层，其中地上 3 层，地下 1 层，大部分屋面为覆瓦坡屋面，建筑体现传统风格，反映川剧地方文化（图 15–22）。特别值得一提的是，艺术中心建筑主入口进行了坡道、栏杆及扶手等无障碍设计，且室内公共部分的高差处也均设有无障碍

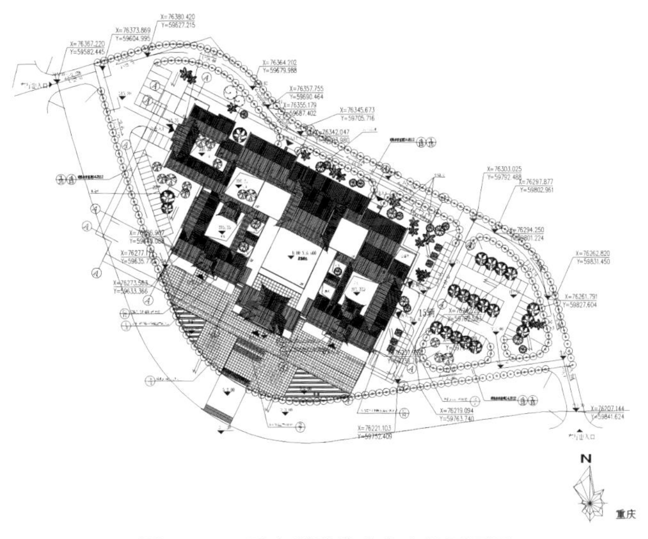

图 15–21　重庆川剧艺术中心总平面图
（资料来源：重庆大学建筑规划设计研究总院有限公司）

图 15-22　重庆川剧艺术中心外景

设施。残疾人轮椅由一层入口可到达剧场观众厅、舞台、化妆室、商业餐厅、展览培训及小剧场各部分，通过电梯还可到达二、三层有关部分。其中，在一层观众厅设残疾人座席 6 席，小剧场残疾人座席不限，而且一层观众厅、化妆室、商业餐厅用卫生间均设有残疾人专用厕位。这些均充分表明了该艺术中心在设计上注重体现传统剧场精髓的同时，不失现代设计理念、重视人性化的关键一面。

重庆川剧艺术中心在总体设计上还有一个亮点，那就是广场入口前的牌坊。设计它的缘由很简单，除了此处作为空间段落分隔之用外，作为我国特有的一种门洞式建筑，其历史悠久、源远流长，反映在中国传统文化中的独特地位则是引入它的关键原因，以起到整体建筑群在运用地方传统风格上画龙点睛的作用。

可惜的是该牌坊在实际工程中，由于种种原因终被取消。对此，笔者深感遗憾。在今后条件允许的情况下，还望建设方能按初期设计方案对广场入口前的牌坊重新予以增置建造。如图 15-23~ 图 15-25 所示为笔者在参与川剧艺术中心牌坊设计过程中所做的一套方案。

综上所述，就如何在新时代背景下，找寻已模糊的地域文化特征；如何在特定的现代功能空间要求下，传承和超越特定的地域文脉；如何运用现代建筑技术和手

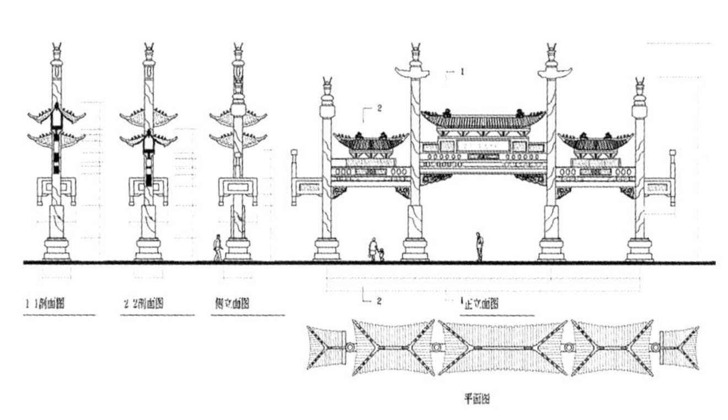

图 15-23　重庆川剧艺术中心牌坊平、立、剖面图

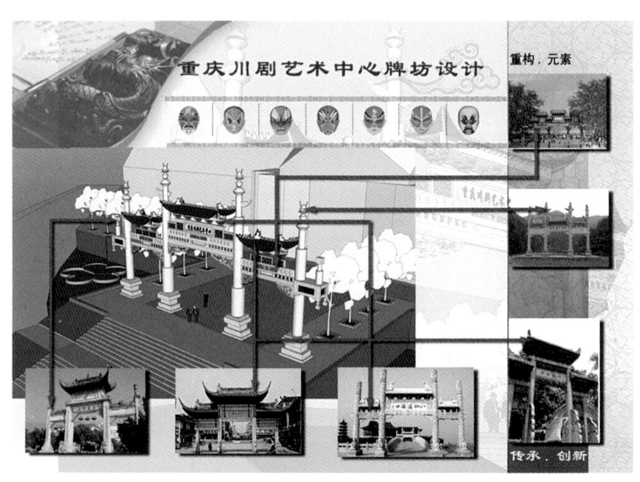

图 15-24　重庆川剧艺术中心牌坊模型鸟瞰图

图 15-25　重庆川剧艺术中心牌坊模型效果图

段，表达传统建筑的神韵等诸多方面，该艺术中心都体现出了其合理适当、细致入微的设计手法，重点表现在以下两大方面：

一是借鉴川渝会馆风格。川剧艺术中心在外部造型上借鉴了川渝地区传统会馆建筑的风格，采取了整体符号法，以坡屋顶（屋面瓦用灰色保持传统，见图 15-26）、封火墙为建筑的主要造型元素。内部建筑则进一步提炼和采纳了具有戏剧特征的建筑符号，在庭院内设置戏台、乐楼，建筑主入口采用看台的形式，以表明建筑的功能性质。

虽然艺术中心在总体设计上强调了追源传统文化的理念，但除门厅、旅游剧场、环廊等部位采用传统装饰外，室内建筑大部分还是以现代风格为主，比如细节处理上，去掉传统的装饰构件，屋顶重在表现构架关系，门窗划分方式、栏杆形式也都尽量简洁；观众厅更是反映了现代观演的功能要求，且采用平屋顶的形式，上边适当种植绿化，视觉上与照母山植物园融为一体。

二是传统院落空间的营造。中国传统建筑布局的一个重要特征即以院落式空间来组织建筑群体。在会馆建筑中，院落同时也是戏剧观演场所。戏楼、观楼、回廊、院子等构筑起传统观演空间的鲜明特色。重庆川剧艺术中心传承了这一传统空间形式，以院落串联建筑整体，根据功能要求的内向性与外向性来对剧院建筑整体各功能部分进行分区，比如，日常办公、排演等内容与文化展览围合一个院落，并以连廊划分为两进；小剧场及商业用房等围合成一个院落；主剧场则视作一个加了屋盖的戏院。这些尺度不一的院落多重并置、相互串通，各自都有独立的出入口[①]。

图 15-26　坡屋顶的屋面瓦

（资料来源：http：//news.sohu.com/20061211/n246944052.shtml）

总之，重庆川剧艺术中心的设计无论在手法还是在理念上都可谓是一次对传统建筑精神继承的成功运用——很好地展现了川剧剧场所特有的地域性、民族性和川剧文化的特质（图 15-27、图 15-28）。

15.2.3　传统精神的发扬

我国传统剧场建筑有着一种大致固定的模式，而这种模式已经被广大戏迷所接受。但是，传统剧场建筑毕竟有其局限性，无论建筑材料和舞台配置，还是建造尺度和观众厅规模等方面都在当今社会中受到挑战。而笔者研究传统剧场并不是提倡纯粹的复古主义，而是旨在发掘传统剧场中一些合理的可借鉴因素。

不可否认，传统剧场的建筑形式给予戏迷们的形象定位已经根深蒂固，并形成了一种思维和视觉的惯性，戏迷们一见到传统剧场的建筑形式就会产生出莫名的亲切感。因此，在设计现代戏曲剧场建筑时，正如以上所述的诸多实例一样，传统剧场的建筑形式是不能被遗忘的。但是，这种对传统剧场建筑形式的继承与借鉴，某种意义上说还只能算是原地踏步。社会是在发展的，随着物质基础的改变，人们的审美意向也在潜移默化地发生着改变。因此，我们的设计必须适应这种变化，要随着社会的进步不断探索、不断创新，对于传统的精神文化要有创造性的继承。这里，笔者认为可从以下三条设计理念来着手：

一是现代戏曲剧场建筑的形是否内含传统剧场建筑的神韵，追求神似；二是现代戏曲剧场建筑形的神韵是否出于传统剧场建筑，但又体现出现代人的审美意向；三是现代戏曲剧场建筑形的设计思路是否与传统剧场建筑形的独特表现性有着直接联系，即现代戏曲剧场建筑的形是否具有民众认同感。

---

① 丁素红，顾红男．重庆市川剧艺术中心地域性创作思考 [J]. 新建筑，2007（5）.

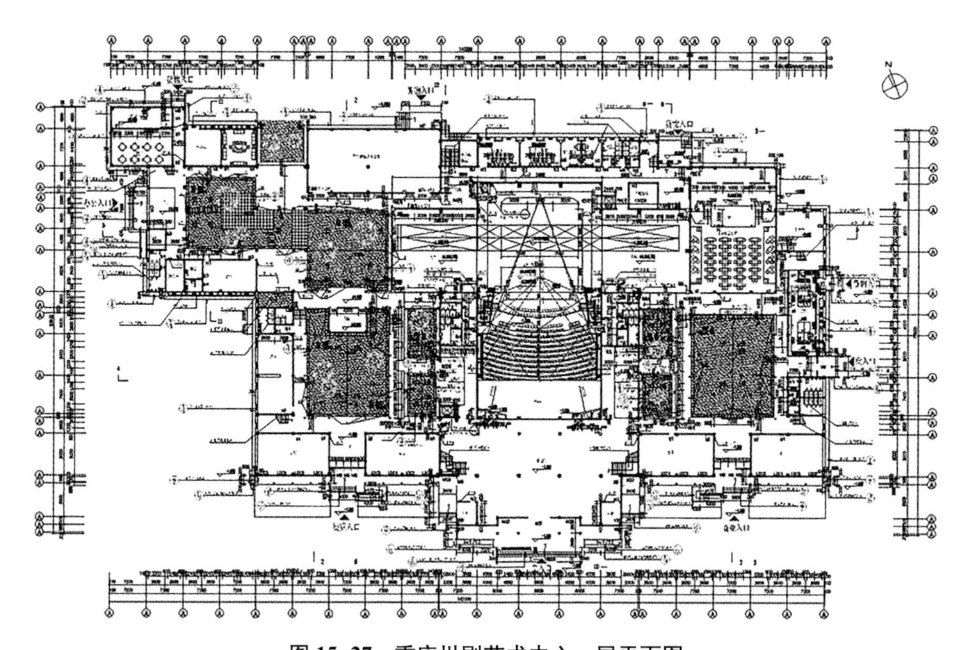

图 15-27　重庆川剧艺术中心一层平面图
（资料来源：重庆大学建筑规划设计研究总院有限公司）

图 15-28　重庆川剧艺术中心效果图
（资料来源：重庆大学建筑规划设计研究总院有限公司）

为了加深对上述设计理念的进一步认识，笔者将对不同实例的建筑风格和设计手法分别展开提炼与分析。

（1）对民族传统风格的创造性继承

我国 56 个民族，拥有着 56 个不同民族的传统文化，建筑往往是文化的载体，尤其观演类建筑更能够反映出一个民族的精神。但若仅仅是单纯的、不加修饰的传承民族风格，那必然走向纯粹的复古主义。这里并不是反对复古、反对传统，正如上述诸多实例所表明的，运用现代手法和理念对传统进行批判的继承，我们是热烈欢迎的，而且也得到了广大戏迷群众的认同。然而，批判的继承终归还是继承，并没有跳出传统的框架。创造性的继承则全然不同，它依附于传统，但不拘泥于传统，它将传统风格仅作为创作起步的一个平台，而追求自己更高更远的目标。比如，北京长安大戏院就是一个很好展现创造性继承设计理念的典型实例。

在光华长安大厦的外部造型和立面设计上（图 15-29），设计师首先考虑到著名的长安大戏院是上演中国传统京剧为主的文化建筑，应体现出民族传统风格；其次，它又包含一个大型的现代化写字楼，不能过分雕饰。因此，设计师在外墙材料上选择了与周围建筑形成较好对比，并能减轻体量感的玻璃幕墙材料，侧面和背面配以铝板墙（图 15–30、图 15–31）。玻璃幕墙的划分采用了绿色和银灰色两种反射玻璃，使人感觉出窗的尺度，同时也丰富了幕墙的立面。建筑造型的处理上，出于两个写字楼电梯机房的高起，故将两翼做高，中间压低，有别于常见的中间高起的对称形式，减弱其轴线感，以衬托出国际饭店的主楼。檐部做了简化的坡檐，中部还做成垂檐，屋顶材料用的是土黄色铝板，与其呼应的是在首层长安大戏院的入口做了一个花岗石梁柱与铝板顶的牌坊（图 15–32）。同时，为了能与老长安戏院增加些历史联系，在牌坊正中复制了老长安戏院白色大理石金字的匾额，每个字约 90cm 见方，在长安街上清晰可见。另外，为了更加烘托整体的戏剧文化气氛，在建筑底层的各立柱间做了 16 块京剧脸谱主题的浮雕（图 15–33）。每块约 2.2m 见方，图案各异，把靠色彩表现的脸谱变为靠光影来表现，从雕塑角度体现其美感[①]。

如今，从老长安大戏院开业到现在已经过去 80 多年（图 15–34），新长安大戏院易地重建在长安街上，其规模、内容、功能等都有了很大变化，形式上也自然会相应发生改变。因为该剧院是上演传统京剧为主的文化建筑，又在古都最重要的大街上，所以对于民族传统的问题就不能不考虑。但处于当今这个时代，又应该反映出这个时代的特点，不能简单地仿古。当然，低层建筑的方案有可能做得仿古成分更多些，其效果未必不好，但作为高层建筑，特别是还融合写字楼的功能，完全仿古就不太适宜了[②]。根据上述三条设计理念，长安大戏院的造型设计就是这种对于传统精神创造性探索和继承的典型。

（2）对戏曲表演形式的建筑艺术体现

我国戏曲剧种多样，各自展现的当地民间故事和人物不尽相同。从建筑文化上来看，对于不同剧种的现代戏曲剧场如为了区别彼此，则必然要以突出地方剧种特色，展现当地戏曲独到文化内涵这一方式来避免形成设计上的大一统。这也是我国现代戏曲剧场建筑展现出多元化发展的一个重要原因，比如广东三大剧种之一的粤剧有别于其他剧种的地方在于，它强调的是曲乐上的轻柔和舞艺上的飘曼，那么如何将其表现在粤剧戏曲剧场的建筑风格之上，红线女艺术中心便是一个成功的典范。

红线女艺术中心位于广州珠江新城，是广州市政府为表彰红线女对艺术事业的卓越贡献而投资兴建的，并于庆祝红线女从艺 60 周年前夕的 1998 年 12 月 20 日正式落成。建筑物本身体量不大，仅 4 层，占地 3177m^2，

图 15–29　光华长安大厦正立面

图 15–30　光华长安大厦侧立面

① 魏大中 . 传统与时代——长安大戏院的易地重建 [J]. 建筑学报，1997（5）.
② 魏大中 . 传统与时代——长安大戏院的易地重建 [J]. 建筑学报，1997（5）.

图 15-31　光华长安大厦背立面

图 15-32　光华长安大厦入口牌坊

图 15-33　光华长安大厦以京剧脸谱为主题的浮雕

图 15-34　老长安大戏院入口
（资料来源：http：//www.ilf.cn/Mate/32607.html）

建筑面积 6840m^2，建筑物的最高点 21.8m。地下层为停车场，一层为 230 座的观摩演出大厅，二层可为观摩座位，也是红线女剧目欣赏、学习厅，三层为音像工作厅。该建筑设计上最大的特点是：真正成为一首“凝固的音乐”，即剧场建筑形象地向人们展示了“轻歌曼舞”的美好瞬间，使造访者如见红线女其人，如闻红线女之声①。

粤剧戏曲中舞姿的回旋飘忽，音乐曲调的婉转抑扬，如何以凝固的建筑艺术与之相映成趣，并给人以相辅相成的艺术享受，是这个艺术中心建筑创作的初衷，也是对建筑师的一种挑战。因此，设计者以空间体量为构图要素，以错位、组合、扭转为构图手法，使整个建筑造型表达了一种婉转回旋的动感，使粤剧艺术与建筑艺术在观感上和意念上形成良好的融会与沟通②。

如图 15-35 所示，剧场室外平台以飞动的彩色大理石图案为导引；正立面半圆形斜向玻璃墙及入口形式是乐器和乐声的象征；舒卷开合、高低错落的白色墙体和位于端部旋梯的回旋形式是对中国粤剧戏曲表演艺术中飘动的服饰和水袖的摹写，使人产生了该建筑正在载歌载舞地欢迎着您的感受。这不仅是对地方戏曲文化特色的一次摹写，更是以建筑艺术来形象表现戏剧艺术家创造激情的一次尝试。

（3）对地方风格的体现

现代戏曲剧场建筑的多元化，部分还源自于地域环境、地区文化的差异性。具有地方风格的戏曲剧场

① 顾孟潮．“轻歌曼舞”的红线女艺术中心 [J]. 建筑工人，2001（5）.
② 莫伯治，莫京．广州红线女艺术中心 [J]. 建筑学报，1999（4）.

图 15-35　红线女艺术中心外景

图 15-36　拉萨剧院外景

（资料来源：https：//baike.baidu.com/item/%E8%A5%BF%E8%97%8F%E4%BA%BA%E6%B0%91%E4%BC%9A%E5%A0%82/2962377?fr=aladdin）

意在吸收本地、本民族的精华特色，体现出当地特定的精神内涵与情感色彩，且建筑代表和服务于特定地区，从而也有着强烈的个性感情和可识别性。因此，现代戏曲剧场的这种地方风格除了戏曲文化的因素外，主要体现在建筑的地域文化以及地方的民族文化两方面。

①建筑地域文化的体现：对于现代戏曲剧场建筑地域文化体现的一个典型实例就是拉萨剧院，该剧院是援藏工程重点项目之一（图 15-36），反映出浓郁的藏族建筑风格，同时结合了剧院建筑的要求。剧院立面吸取寺院柱廊的手法，柱顶作花岗岩雕刻雀替，墙身白色面砖贴面，黑色面砖窗套、金黄色的檐子、花岗岩台基，突出反映出藏族建筑的特色和风格。为了使建筑的藏味更浓，正面窗间墙还做了蓝色如意花纹。墙面嵌镶了菱形琉璃花饰，门前制作了两组以“藏戏”“热巴情”为题材的人物雕塑，象征着“歌舞的海洋”，为装饰建筑起到了很好的艺术效果[①]。

②地方民族文化的体现：对于地方民族文化体现的典型实例则数北京的中国评剧大剧院（图 15-37）。剧院位于北京市丰台区西罗园四区 19 号，是中国评剧院的专业评剧演出剧场，于 1996 年开始设计施工，1998 年建成。总建筑面积 1.1 万 m^2，地下 1 层，地上 3 层，剧场内设有 800 个观众席位，设有贵宾室、贵宾席和包厢。

声音高亢清越、明快粗犷，风格大方、朴实流畅是评剧的特点，与京剧相比，评剧显得更为通俗，且极具北方特色。在当初设计时，除立足体现评剧剧种文化特色外，设计师还着力于在设计上借鉴和融入北方各种民间艺术的特点，如剪纸、年画、花灯、刺绣等，将其提炼以创造出一个质朴、亲切且具有鲜活民俗特色的现代评剧戏曲剧场形象。同时，因为评剧是一种很大众化且通俗易懂的艺术，所以评剧剧场建筑本身也应该“通俗易懂”。中国评剧大剧院的建筑语言简省而有力，使游人、过客和观众没有任何形式上的压抑感。

比如，在剧场入口，利用柱廊的凌空特点，上方设计了透空的红色金属花饰（图 15-38），使人们立刻能想起民间的剪纸窗花。剧场入口处三块花饰的主题分别为《喜鹊登梅》《凤穿牡丹》《金鱼戏水》，均为家喻户晓的喜庆图案，这几处关键的处理可以瞬间激发观众对北方戏曲的感受。又如，在建筑转角女儿墙处设计了镂空的图案，这是对民间的挑花刺绣艺术的建筑拟态。再如，评剧大剧院坐北朝南，主要观众入口朝东，剧场和剧团的入口处各设计了两片弧形柱廊，它们同样赋予建筑以活泼生动的艺术特征，其弧形所对应的弦和剧场的东墙轴线形成夹角，其中南端夹角小些，北端夹角大些，从而强化了柱廊的导向性。柱廊的另一个重要作用是统一了整个立面，使柱廊后的墙面设计较为方便合理。另外，民间浓郁的风格尤其体现在大堂中的莲花形灯饰、柱子上的漆雕、墙上富有民族特色的装饰画等。

尽管剧院的中国特色鲜明，但在平面功能设计、空间处理都是很现代的。许多高科技材料和设施的使用让中国评剧大剧院拥有了一流的硬件设施，这其中更有

① 杨金城 . 拉萨剧院介绍 [J]. 建筑学报，1986（5）.

图 15-37　中国评剧大剧院外景

图 15-38　中国评剧大剧院柱廊上方红色金属花饰

一些独具匠心的设计。例如，在剧场观众厅两侧的壁墙上做类似传统民居窗棂的装饰，可以起到吸声和反射的作用，达到了功能与形式的统一。剧院的亲民性还表现在由于剧场位于小区内，排练场均采用了中空玻璃，以防扰民。

（4）对抽象与移情的体现

艺术意志存在着两种冲动，一为抽象冲动，一为移情冲动。抽象冲动是人周围世界的矛盾冲突不和谐导致内心不安而乞求的一种艺术意志，在抽象中，人们获得心灵的栖息之所；移情冲动是外在世界相对平静、圆满、和平时，人将自身所感受到的企求、欢乐、活力等内部活动移植入对象中，对其作人格化的关照，从而产生审美享受。因而在审美关照时，人们于对象中所欣赏的并不是对象本身，而是自我。

上海新的宛平剧院是对抽象体现的典型代表，剧场巧妙采用中国传统戏曲元素，打造具有海派文化特质的标志性建筑，造型取意海派玉雕（图 15-39），外部体量简洁凝厚，内部空间灵活多彩，契合宛平剧院作为戏曲专业剧场的定位，效果表达和整个环境的结合程度较为清晰。立面取意中国折扇（图 15-40），将外部造型与传统戏曲结合比较紧密，体现传统戏曲文化的特征。

项目主要建设内容为 1 个满足大型戏曲剧目演出的 1000 座戏曲专业剧场和 1 个 300 座的戏曲小剧场，以及配套的艺术展览展示用房、艺术交流用房、艺术普及教育用房、管理保障用房、停车及设备用房等功能用房（图 15-41）。经过近 5 年的筹建，宛平剧院于 2021 年 6 月 23 日正式启幕。

其实，对于现代戏曲剧场的抽象与移情，在某种程度上来说，则更多地偏向于移情的表现。现代戏曲剧场作为当代戏曲文化的载体，传达给人们的多应是轻松、愉快、戏曲故事的动情与回味之情。在现代戏曲剧场建筑设计时，建筑师可以从自身所能体味到的感受更多移情于建筑，在不脱离戏曲剧场所特有的传统精神文化的情况下，将自己的感情移植入建筑，使其成为现代戏曲剧场建筑灵魂的一部分。

图 15-39　宛平剧院造型取意海派玉雕
（资料来源：http：//www.sohu. com/a/337372260_100199095）

图 15-40　宛平剧院立面取意中国折扇
（资料来源：http：//www.sohu. com/a/337372260_100199095）

例如，以上演当地欢迎的地方戏琼剧为主的儋州大戏院是对移情体现的典型代表，名为大戏院更能为当地人所接受。大戏院由主剧场和一个俱乐部组成，总建筑面积 3950m^2。如图 15–42 ～图 15–44 所示，建筑造型和内部处理上有如下特点：一是戏院体型因戏院内部空间功能要求的差异设计得高低错落。观众厅、舞台侧台、放映室门厅皆根据具体的空间尺度要求来确定体型。二是选用明快的大面积虚实对比的设计手法，显得简洁流畅，但又不失传统。三是点、线、面构成手法的运用。其中线的运用，即五线谱和琴弦的联想使得大戏院充满灵气，充满音乐般的韵律与节奏感，也充满文化意蕴。观众厅与侧台的外墙利用柱和梁的厚边做凹型处理，加强了立体感，也更强调了建筑语言的特性。入口处玻璃幕墙选用蓝色镀膜反光玻璃，横向采用不锈钢框处理，与之对应的休息厅、门厅外墙在浅色面砖墙上做深灰色横向线条，通过这些横线把形状皆不相同的各个立面窗洞连成一个整体。舞台、观众厅上的排风口百叶则起到点缀的作用。四是放映室外墙采用大弧形，墙面按节奏开竖条形窗洞，更加强了建筑的个性。五是大戏院整个色彩以浅米色为基调，配以深灰色的横、竖线条，显得淡雅明快①。

（5）对人情化和乡土气的体现

赖特（F. L. Wright）的代表作流水别墅在空间的处理、体量的组合及与环境的结合上均取得了极大成功，为有机建筑理论作了确切的注释，在现代建筑史上占有重要地位。因此，只有在结合当地的环境、风俗、材料、技术等条件下的建筑才能具有很强的生命力和亲和力，才能体现人情化、乡土气所特有的“山中轻泉”的味道。

例如，杭州小百花艺术中心的一个设计方案，结合基地特殊且敏感的环境，创造了与景区风景融为一体的“山中轻泉”。方案设计将建筑布置在基地后部，尽量贴近山体，以符合覆土建筑的主要构思，空间构思结合自然地形、山体走向、周边环境和建筑朝向，以两个变异的半圆为构图主线，将建筑空间组织于扭转 45° 的规则轴网中，形成融于山体、南高北低、错落有致的形体。最北侧 2 层高的辅楼以优美的弧线形体与主体相围合，

图 15–41　宛平剧院外景

（资料来源：http：//sghexpoot.shobserver.com/html/baijiahao/2021/10/27/571476.html）

图 15–42　儋州大戏院外景

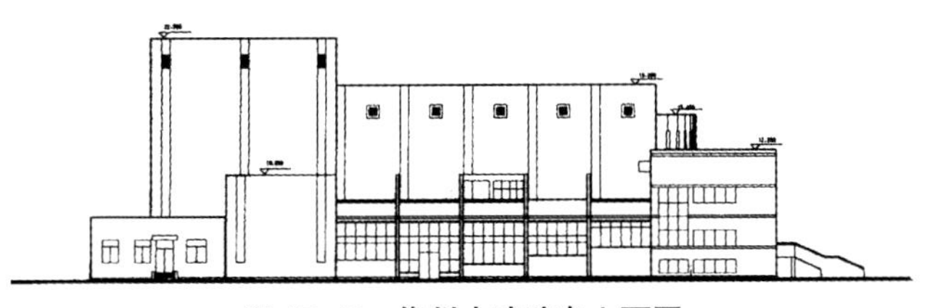

图 15–43　儋州大戏院东立面图

（资料来源：金卫钧 . 限制中创作与五线谱的灵感——儋州大戏院设计构思 [J]. 建筑创作，1996（2）：32.）

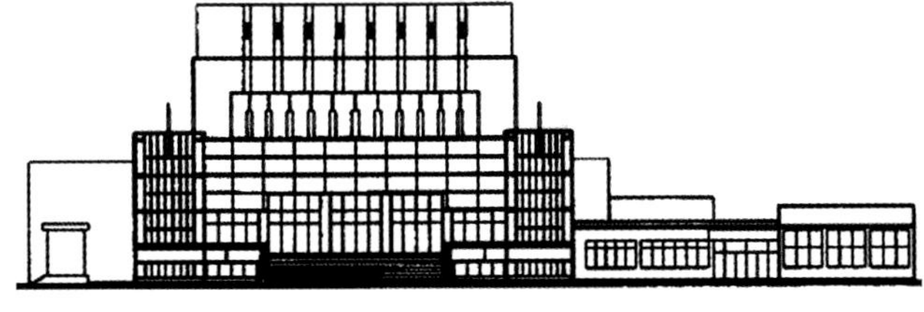

图 15–44　儋州大戏院北立面图

（资料来源：金卫钧 . 限制中创作与五线谱的灵感——儋州大戏院设计构思 [J]. 建筑创作，1996（2）：32.）

① 金卫钧 . 限制中创作与五线谱的灵感——儋州大戏院设计构思 [J]. 建筑创作，1996（2）.

恰好将基地内需要保护的古护国禅寺遗址包含在它所围合形成的庭院之中，形成充满动感的空间群体组合①（图 15–45、图 15–46）。

与上述设计方案不同的是，最终建成的浙江小百花艺术中心则是抽象体现的代表。建成的艺术中心位于杭州市曙光路南侧原浙江省艺校地块，建设用地面积 1.85 万 m^2，建设面积 2.46 万 m^2，建筑分为东西相对独立体，上部钢架相连接（图 15–47）。东侧为 4 层展览厅，主要以实物、图片、录像放映形式展示越剧百年历史的起源、沿革和发展。西侧为近 800 座的剧场、经典小剧场、排练厅、多功能厅、相对独立的演艺场以及团部办公楼。

该剧场由建筑师李祖元通过梁山伯与祝英台“化茧成蝶”的爱情故事带来设计灵感，对建筑风格进行优化修改，并融入越剧元素，使越剧与建筑有机结合，其蝴蝶造型、屋面天地草台构思新颖、别具一格（图 15–48），生动地展现了中国越剧这一非物质文化遗产及浙江地域文化代表取得的成就，呈现出“城市即剧场、建筑即舞台”这一文化地标的追求。

（6）对传统与时代碰撞的体现

如果将上述对“传统精神的继承”，即将现代技术、材料、设计手法、审美观融入传统建筑外部形态，或汲取传统观演环境精髓，营造传统院落空间的这种设计理念比喻为“旧瓶装新酒”的话，那么这里所要谈到的“传统与时代的碰撞”则是它的一种逆向思维，亦即“新瓶装旧酒”的设计理念——用崭新的理念和最先进的手

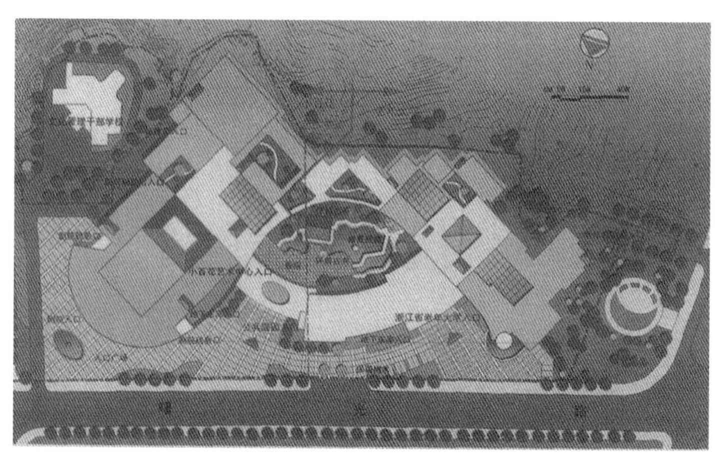

图 15–45　浙江小百花艺术中心方案总平面图

（资料来源：田利，仲德崑．轮廓消失的建筑——浙江省老年大学暨小百花艺术中心设计创作体会 [J]. 华中建筑，2002，20（5）：56.）

图 15–46　浙江小百花艺术中心方案模型

（资料来源：田利，仲德崑．轮廓消失的建筑——浙江省老年大学暨小百花艺术中心设计创作体会 [J]. 华中建筑，2002，20（5）：56.）

图 15–47　浙江小百花艺术中心外景

（资料来源：http：//photo.eastday.com/2018slideshow/20180801_4/index_K26672.html）

图 15–48　浙江小百花艺术中心效果图

（资料来源：https：//www.sohu.com/a/199905993_99958131）

① 田利，仲德崑．轮廓消失的建筑——浙江省老年大学暨小百花艺术中心设计创作体会 [J]. 华中建筑，2002，20（5）.

段来包装传统的精神，用最现代化的“建筑容器”来盛装古老的“文化琼浆”。

例如，北京梅兰芳大剧院其内部装饰融入了中国传统建筑形式，红色的弧墙，镶嵌着百余尊金色的木质圆形浮雕，每一浮雕都凝固和再现着200多年来京剧传承的精华。且此弧形倾墙贯穿各层观众休息厅，直出屋顶，气贯长虹。对于剧场的立面则为突出其时代形象，处理成大面积弧形倾斜单索玻璃幕墙，从而构成了一个动态的结构平衡体系，形成了流畅、生动、富有乐感的通透空间（图15-49）。

梅兰芳大剧院的这种外部具有典型时代特征，内部突显传统风格的构筑方式，在通透空间的联系下所显示出的一静一张、一虚一实，既反映了传统与时代的碰撞，又验证了科学与文化的交融。

（7）对包容与整合的体现

“包容与整合”实质上是系统论，它常常被用于建筑设计和城市规划领域。即将建筑、规划的各部分要素包容与整合起来，当它作为一个整体来运作时，其可塑性和灵活性有时会出人意料的强。

例如，上海大剧院将体量联结起来形成整体，又采用逆向思维，取反曲面屋顶，创造了活泼生动的形象。中国国家大剧院也是如此，设计师将建筑体量充分进行整合，并在这个整体上作足了文章。而在世界各地的剧院大多喜好弧形设计的今天，重庆大剧院则另辟蹊径，将11块棱角分明的“石块”整合成大剧院外形，象征山城特点，完美体现重庆人耿直、刚硬的性格特征。

①上海大剧院：如图15-50所示，外观造型上，上海大剧院的构思为“天地之间”，被设计师定位为“开放的宫殿”。大剧院透过一座水、土相融的坚实台基，奠定在上海市中心，并向蓝天展开其屋顶。大剧院的外观由透明的水平墙面，有韵律的垂直线条，有乐感的弯曲面屋顶来体现，以水、玻璃、光线，通过透明、流畅的线条，朴实有力的造型，多功能形体和技术空间的组合来突出都市理想，贯彻其设计构思。

为了体现艺术外形与内在功能的完美统一，顶部以钢结构减轻自重，用6根透明的立柱撑起它向天空反翘的顶盖，给人以飘浮的动感。下部以混凝土结构组合成不同的板块，中间留有空隙，便于钢结构的插入。另外，上海大剧院的设计还沿用了中国九宫格式的建筑风格，整个建筑以玻璃和大理石组成，从上至下晶莹透亮，既具有强烈的时代感又具有浓厚的民族风情。每当夜晚华灯初上，晶体的立面和屋顶组合的光幕与喷水池的水光反射交相辉映，整个建筑物顿时幻变成一座晶莹剔透的水晶宫殿（图15-51）。

②中国国家大剧院：剧院由法国建筑师保罗·安德鲁主持设计。国家大剧院（图15-52）主体建筑由外部围护钢结构壳体和内部2416个坐席的歌剧院、2017个坐席的音乐厅、957个坐席的戏剧场、公共大厅以及配套用房组成。剧院外部围护钢结构壳体呈半椭球形，其平面投影东西方向长轴长度为212.20m，南北方向短轴长度为143.64m，椭球形屋面主要采用钛金属板饰面，中部为渐开式玻璃幕墙，剧院占地11.89万m^2，总建筑面积约16.50万m^2。剧院主体建筑外环绕人工湖，整个湖的水池被分为22格，每一格相对独立，但外观上保持了整

图15-49　梅兰芳大剧院外景

图15-50　上海大剧院外景

图 15-51　上海大剧院夜景

图 15-52　中国国家大剧院外景

体一致性。为了保证水池中的水冬天不结冰和夏天不长藻，还采用了一套称作“中央液态冷热源环境系统控制”的水循环系统。整个建筑漂浮于人造水面之上，行人需从一条 80m 长的水下通道进入演出大厅。

一般而言，国家剧院是一个国家最高级别的表演艺术场所，是国家级艺术团体演出的主要剧场，是严肃艺术的主阵地。同时它也是举行国家庆典、外交礼仪活动和国际文化交流的重要场所，更是国家综合国力的一种体现[①]。它以国家和政府行为为主，保证政府安排的文艺活动、国家文化交流以及本国传统的优秀保留剧目的上演。中国国家大剧院 2007 年建成，是首都和中国的一个标志，也是迎接北京 2008 年奥运会和中国时代的一个里程碑。不考虑周边环境，就建筑单体而言，在设计方面的确体现了国际一流水准，尤其四周碧波荡漾的水池及柔和的具有金属光泽的壳体，在夜晚各色灯光的映衬下，与波光粼粼的水面交相辉映，景色壮观而富有想象力（图 15-53）。大剧院的设计可谓开创了国内建筑的先河，进行了许多大胆的尝试，新颖、前卫、构思独特，整体上体现了 21 世纪世界标志性建筑的特点，堪称新现代主义建筑中浪漫与现实的完美结合。唯一美中不足的则是与天安门古建筑群之间形成了一种极强的对比，即前卫、现代、漂浮与传统、古典、庄重的对冲。

③重庆大剧院：剧院选址于长江、嘉陵江汇合处的江北嘴，该剧院由一个 1800 座的大剧场、一个 800 座的中型剧场、一个多功能排练厅以及其他附属和配套设施组成（图 15-54、图 15-55）。剧院从方案选择到开工兴建，备受各方关注，最终“孤帆远影”方案胜出，并于 2005 年 6 月奠基，2008 年 2 月封顶。

图 15-53　国家大剧院夜景

① 姜维 . 国家大剧院建筑方案设计探讨 [D]. 北京：清华大学，1999.

重庆既是一座山城，又是一座江城。因此，“孤帆远影”是一个抽象地表现“船”的主题的方案，整个大剧院是一艘晶莹剔透的时空船，船头朝着江北嘴，和同为船形的朝天门遥相呼应，表示从过去驶向未来（图 15–56）。建筑具有强烈的个性和清晰的肌理，有极高的可识别性。建筑物表面选用的是一种浅绿色的有机玻璃。整个建筑笼罩在这个用玉石玻璃制成的外壳之下，可以在任何光线和天气条件下呈现出朦胧的艺术美（图 15–57）。

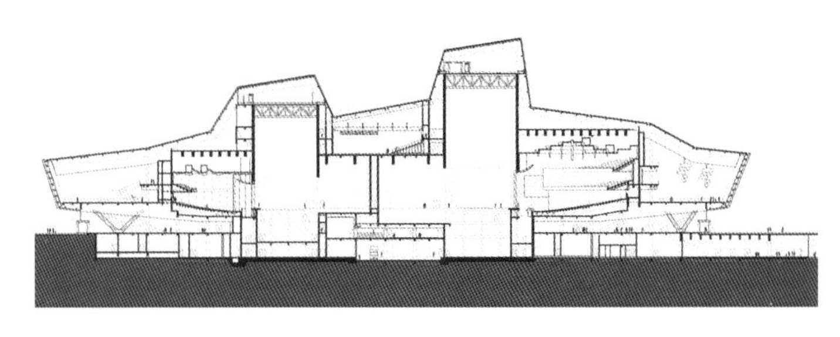

图 15–55　重庆大剧院剖面图
（资料来源：http：//gc.zbj.com/20150906/n15433.shtml）

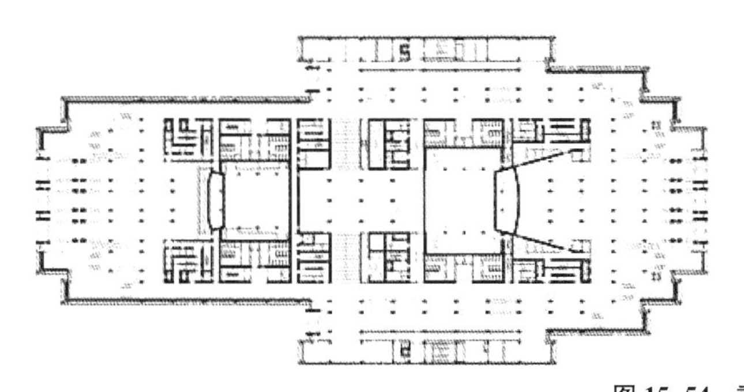

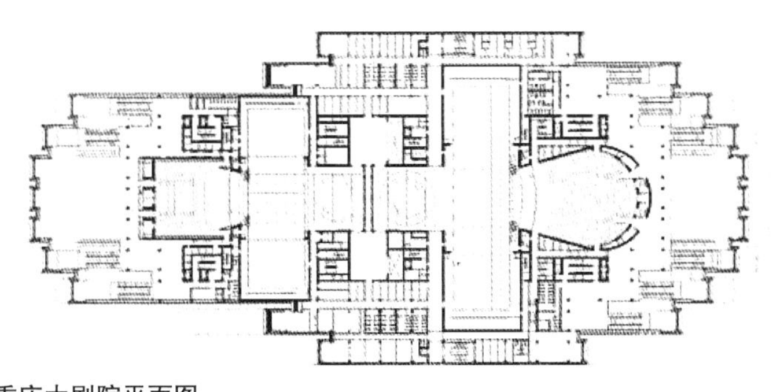

图 15–54　重庆大剧院平面图
（资料来源：http：//gc.zbj.com/20150906/n15433.shtml）

图 15–56　重庆大剧院外景

图 15–57　重庆大剧院夜景
（资料来源：http：//gc.zbj.com/20150906/n15433.shtml）

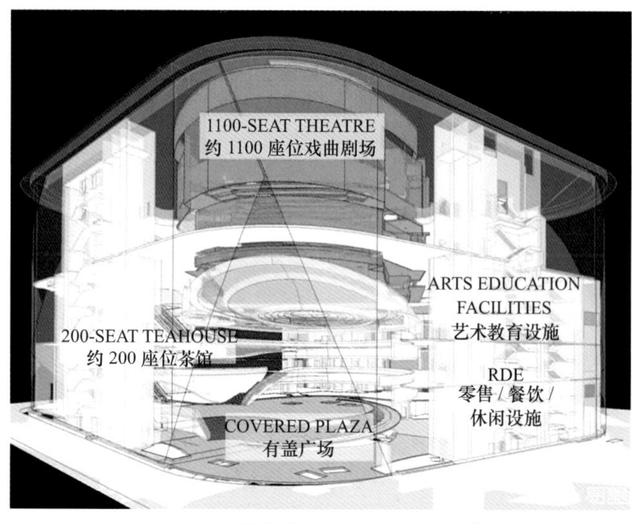

图 15-58　香港西九戏曲中心场馆布置图

（资料来源：https：www.baidu.com/link?url=pKD5h136WzHPhZX6n6zyZPKZ_C41VJ_uKdx4IuP007sRpVvTBf-EQ9gDidfNSFn&wd=cd018bb200149138000000025f24395e）

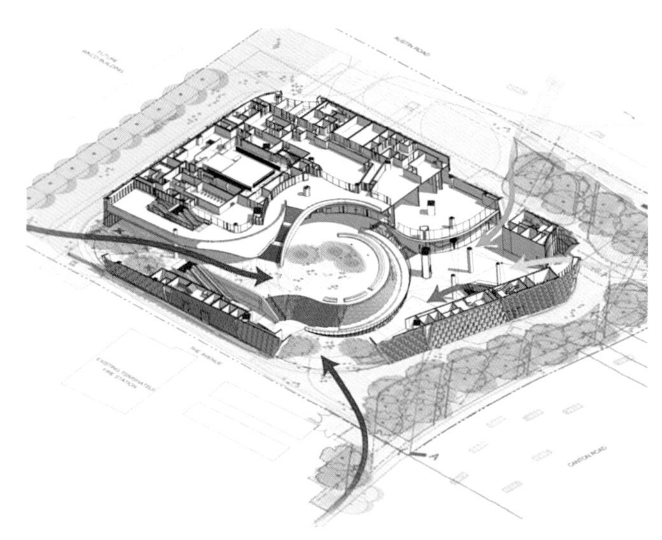

图 15-59　香港西九戏曲中心动线示意图

（资料来源：https：//www.sohu.com/a/308092340_271842）

图 15-60　香港西九戏曲中心中庭空间路径的曲线形设计

（资料来源：https：//www.sohu.com/a/308092340_271842）

（8）对“道”的体现

在现代戏曲剧场建筑的设计过程中，既要体现当代人的审美情趣和现代观演建筑技术的发展，又要体现传统观演建筑美学的“道”。这就要求建筑师对建筑艺术的言、象、意、道，一步一步进行总结、分析、归纳、消解和提取。而且，随着设计师的审美原则和修养不断变化，这个思维方式的过程和结果都会是不同的。但是，这种思维方式确实是笔者认为的建筑设计中的重中之重，即在技术的保证下，在设计作品中画龙点睛地加入“道”这个元素，体现出传统与现代的有机融合。

然而，这个“道”的寻找却实在太难，它不仅有自身所带来的传统文化精髓的特质，还要受到周围环境的影响。可以说，它是设计师、业主、建筑本身、建筑文化的一个综合体。

例如，香港西九戏曲中心内的大剧院巧妙地“悬浮”在首层空间上方约 27m 的位置，从而将礼堂与喧闹的城市环境分隔开，避免了噪声带来的干扰（图 15-58）。此外，这种抬高剧院的做法还为建筑带来了多层高的中庭空间，以及自然通风的、带有排练空间的广场。尤其如图 15-59~ 图 15-61 所示，曲线形的路径环绕着宽阔的圆形中庭，以及剧院观众厅内部的曲线形设计，均展现出一种以“气”为主题的设计概念。闪闪发亮的外立面上，流线型的图案重新诠释了剧院的幕布与华丽戏服的裙摆（图 15-62），由数控切割的航海级铝管（图 15-63）构成的模块化系统为建筑赋予了优质的性能和引人注目的外观。这些交错排布的、如鳞片般的建筑表皮散发出一种迷人的光彩，使戏曲中心看上去犹如旧时在珠帘背后闪烁的灯笼（图 15-64）。

该戏曲中心于 2019 年 1 月开业，通过创造当代化的表达方式，让它充分体现了东西方文化的丰富性，使戏曲这一古老的中国传统艺术形式能够随着现代的科技发展共同进步。

15.3　本章小结

现代戏曲剧场在建筑设计上应注重因地制宜，除有其共性外，更应具有民族性和地方性的独特风格。要考虑所处的地理条件，环境的特殊情况以及与此相适应的建筑形式。要使现代戏曲剧场建筑形式多样、各具

图 15-61　香港西九戏曲中心观众厅内部的曲线形设计
（资料来源：https：//www.sohu.com/a/304761781_698769）

图 15-62　香港西九戏曲中心流线型的立面设计
（资料来源：https：//www.sohu.com/a/304761781_698769）

图 15-64　香港西九戏曲中心夜景
（资料来源：https：//www.sohu.com/a/304761781_698769）

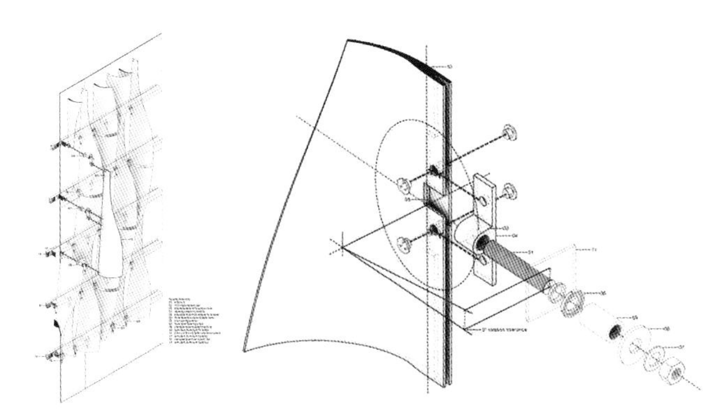

图 15-63　香港西九戏曲中心立面流线型模块化构建轴测图
（资料来源：https：//www.sohu.com/a/304761781_698769）

特色，除了解放思想、敢于创新外，在具体设计中首先要从平面设计着手，如平面布置因地制宜，采取非对称平面、侧面入口、转角入口、舞台做单面侧面、不同形式的观众厅平面、多层楼座的观众厅设计等，再在室内外空间处理、空间组合上多作构思。只有这样，剧场体型、立面形式才会起到相应变化。总之，要设计出独特风格、避免雷同，做好平面设计是重中之重。

第十六章 传统剧场对现代戏曲剧场在声学设计中的启示

倘若观众厅是观演建筑的“心脏”，那么舞台便是“心脏”跳动的“原动力”，但仅有心脏和跳动的活力，却没有血液来充实它，是构不成所谓肌体完整的血液循环系统的。因此，演员唱戏时发出的声音即厅堂中充斥的“血液”，声音的传播即“血液的流动”。对此，本章将在传统戏曲剧场声学研究的基础上，探究和提炼为现代戏曲剧场声学所适宜借鉴或应用的几点设计启示，旨在能更好反映当代政治文化、经济文化和科技文化精神的同时，兼顾展现传统观演文化、戏曲文化和民族文化特色。

16.1 传统戏曲及传统剧场的主要声学特性

16.1.1 传统戏曲的声学特性

我国传统戏曲唱腔发音的频率特性与普通人正常发音的频率特性存在着显著的不同，即普通人正常发声的主要频率集中在500Hz左右，高频区急剧下降，高嗓门发音主要频率也只在1000Hz左右，1000Hz以上则迅速下降，而戏曲演员发声的主要频率包含高频区的范围较广，最高可达4000Hz左右。

现代声学理论研究表明，相同声压级不同频率声音的主观响度不同。其中，高频声的主观响度大于低频声的主观响度。我国传统戏曲唱腔正是利用高频特性的声音较相同条件正常发声的主观响度高这一特性来提高演唱主观响度级的，而且戏曲演员唱腔的平均线性声压级本身也很高，可达91 ~ 96dB。因此，在古代无任何扩音设备，又大多处于户外演出环境的条件下，这样的声学特性是很有优势的[①]。究其根源，如此声音品质的产生与戏曲演出受观演环境的条件影响是有一定关系的。

综上所述，传统戏曲演出的唱腔和念白与一般的演唱和说话不同，其唱音多趋高昂，频率主要集中在高频区，且声功率较大。其中，唱腔强调演员运用丹田之气，念白强调咬字吐音的功夫，这些声学特性均使声音能送得远而清晰。

16.1.2 传统剧场的声学特性

（1）露天广场式传统剧场

从原始野外随地表演进步到固定的、有屋顶的亭式戏台都属于露天广场式传统剧场建筑范畴。传统剧场发展的这种进步，不仅为戏曲演员在一个半围蔽戏台上受到来自三面（顶棚、后墙和地面）或五面（加上两片侧墙）的声反射而获得声学上的支持外，还能使听众接收到相当的早期反射声从而增强近戏台观众区内听音的响度和宏亮度。

（2）庭院围合式传统剧场

多作为庙宇的庭院围合式传统剧场建筑，它除了可以有控制地限制听众与四邻适当隔离，便于管理外，还因四周围合而有反射声到达，所以其音质效果整体上要比广场式剧场好一些。不过，由于观众区依然露天，形成大量声波外逸而不再反射，其音质效果整体上又会比有屋顶覆盖的厅堂式传统剧场差很多。

（3）室内厅堂式传统剧场

室内厅堂式传统剧场保留了伸出式古戏台三面围观的格局，池座中布置桌椅，戏迷们可边看戏边饮食，较上述两种传统剧场形式提高了娱乐享受条件，但因观众围桌而坐，且座位和走道都较为宽敞，所以观众区容座量一般不过300座。对于此类传统剧场的声学问题则因其发展历史仅200多年，且符合扩散声场的特性，基

---

① 盖磊，赵越喆. 建筑声学设计中关于演员发声特性的研究进展——以西洋唱法和中国戏曲唱法演员为例[J]. 华中建筑，2019，37（5）.

本可用近代厅堂音质的声学规律来进行分析。

综上所述，随着传统剧场建筑在中国建筑史中的逐步演变与发展，无论是建筑样式、戏台功能还是观演环境和剧场音质等方面均得到了较大改善。

16.2　传统剧场对现代戏曲剧场声学的设计启示

传统剧场经历了勾栏、瓦舍、舞亭、看棚、乐棚、戏楼、戏台的发展过程，在长期的建造发展历程中汇聚了广大人民的经验与智慧，但其声学设计上由于受到当时科技水平的限制，没有完整的理论基础和技术手段，与现代戏曲剧场的声学设计可谓天差地别。尽管如此，传统剧场依旧有着诸多的设计理念和设计方法至今仍值得我们在现代戏曲剧场声学设计中所延续与借鉴。

16.2.1　混响时间的设计

露天广场式传统剧场因空间为全开敞状态，其声场内的混响效果极弱，混响时间也便无从谈起。而分布最广，遗存数量最多的庭院围合式传统剧场，无论其建筑形态和建造规模如何变化，由厢房（或看楼）及正殿围合而成的庭院空间均能为观众提供一定程度的主观混响感，且混响时间与室内厅堂式传统剧场的混响时间基本一致，大多集中在1s左右。鉴于传统戏曲与传统剧场在各自的发展历程中相互间有着共生、共存及共融的密切关系，故该混响时间值对于现代戏曲剧场观众厅的声学设计具有重要的参考价值。

16.2.2　早期反射声的设计

传统厅堂式剧场大多为矩形平面，且跨度较小（一般均小于20m），反射声的时延间隙较短，能够产生较强的侧向反射声，而且覆盖面较大，乃至观众区前、中部也都能获得较强的早期侧向反射声，从而使得厅堂音质具有良好的亲切感[①]。同时，传统剧场内的建筑构件及其细部构造所形成的凹凸不平的漫反射结构还能有效规避噪声干扰、回声干扰及颤动回声干扰等方面的音质缺陷。对此，小型现代戏曲剧场的观众厅也宜选用矩形平面类型，并可效仿传统剧场，注重防止平行侧墙引起的颤动回声等音质缺陷问题的出现。

16.2.3　厅堂容量的设计

所谓“余音绕梁，三日不绝于耳”，因为戏曲演出所用道具不多，主要是依靠演员的表演，所以它讲求的是观众看得真、听得切，这也正是传统剧场的最大特点——原声剧场[②]。即以前传统剧场内的戏曲演出都是用的自然声，且场内背景噪声较大。在这种噪声杂乱的观演环境里，戏曲演员必须具备相当好的嗓音和表演技能才能掌控住听众的注意力。

而戏曲演出与话剧、歌舞剧及音乐剧等不同之处在于，它既有对白，又有演唱和音乐。由此，若在不使用扩音系统，保留传统戏曲原声演唱的演出条件下，现代戏曲剧场声学设计上除考虑对白听闻清晰的同时，还须兼顾音乐的丰满度，其观众厅的容量一般不宜做大[③]，通常容积宜控制在4000m^3以下，容量在800～1000座左右为佳。

16.2.4　舞台格局的设计

传统剧场内的戏台多采用三面围观的伸出式格局，因戏台伸出于观众区内，使演员与观众互动紧密，同时还缩短了后排观众至戏台的距离，观众区能够获得较强的直达声，有着很高的亲切感。此外，古戏台的容积往往较小，与传统剧场观众区的差别一般很少，因而受到耦合空间的声学影响大多较小。而且乐队通常配置在戏台的一侧，对演唱者的发音不构成“声墙”的阻碍效果。对此，现代戏曲剧场的舞台宜借鉴古戏台三面围观的格局，尽可能多地伸入池座中，且舞台尺度不宜做大，并考虑一定的吸声处理，以防止混响过长和回声的干扰。

16.2.5　建造材质的设计

中国传统建筑普遍采用以吸收低频声能为主的木材建造，而戏曲演员表演时的发音通常集中在中高频带，因此受到传统剧场建造材质的影响相对较小，戏迷

① 王季卿，蒋国荣．早期反射声对响度影响的实验研究[J].声学学报，1994（2）.
② 文景彻．传统戏曲在当代剧场的探索[J].上海艺术评论，2020（1）.
③ 何杰．我国现代地方戏曲剧场建筑设计研究[D].重庆：重庆大学，2008.

们就是在半开敞空间的庭院式古剧场中听戏时所获得的主观混响感依然是较为充沛的。可以说，木质材料有利于戏曲唱腔的成长过程，是能够较好满足我国戏曲表演音质要求的合适建材，宜为现代戏曲剧场厅堂内硬装时所采用。

16.2.6 可调混响的设计

传统剧场内门窗界面的吸声系数在门窗分别处于开启和关闭的两种状态下是不同的。比如，门窗在关闭时的吸声系数就等于门窗构造本身的吸声系数，但当门窗变为开启状态时，其吸声系数就变成了耦合界面吸声系数[①]。而且，门窗开启幅度的不同也会影响界面的吸声系数。在古代，由于没有现代社会这么多的环境噪声，也就不必担心开启门窗后会引入很强的噪声干扰。总之，控制开、闭门窗的数量和幅度可以控制界面吸声量，进而达到控制传统剧场内声场混响时间的目的，这不能不说与现代多功能戏曲剧场内可调耦合空间结构（混响室）有着异曲同工之妙。

16.3 本章小结

传统剧场由于受到当时建造技术及建筑材料等的限制，可以说仅仅是为戏曲表演提供了一个遮风避雨的简易场所，它既没有先进的舞台设备，也无科学的设计方法，与如今现代戏曲剧场的建造可谓天壤之别。但传统剧场中诸如可调混响、声音扩散、防止声干涉等建筑声学处理手法与现代戏曲剧场内的声学设计方法有着诸多共通之处。尤其，传统剧场这种更能体现我国戏曲表演自身艺术特点，更加注重生态、尊重自然的设计理念值得当今建筑师所学习与借鉴。

① 王季卿．耦合空间与厅堂音质 [J]. 电声技术，2005（11）.

结　语

纵观我国近现代戏曲剧场建筑的百年历程，其发展势头迅猛异常，尤其在建造技术、建筑材料革新的影响下，不仅使舞台技术表现出高技化、复杂化，还使剧场外部表现出造型的多元化及内部表现出观众厅形式的多样化等特点。对于未来戏曲剧场建筑设计的发展趋势，总体来看，可从以下五个方面进行展望①。

1. 向专业剧场群的发展

所谓专业剧场群，是多功能剧场的分离体和派生体。即随着民众对剧场音质欣赏水平的逐渐提高，个体功能将逐渐从多功能体中剥离出来，以服务单一剧场功能的空间为单元，从而相互间形成专业剧场群组。这种设计模式的有益之处在于既强化了单一剧场功能的专业性，又体现了剧场建筑群组的综合性，是多功能剧场建筑的一种演变与革新；不足之处则是专业综合体主观增大了剧场建筑的使用面积，即换算成单位面积内的使用效率将远远小于单体多功能剧场的使用效率，导致其成本投资与运营风险大幅提升。

2. 向建筑综合体的发展

我国传统剧场一般不是自我完善的建筑整体，往往只是作为建筑的一部分与建筑整体的其他部分在空间上彼此渗透。如传统庭院式剧场往往是和庙会结合在一起的，传统厅堂式剧场一般是和会馆其他功能结合在一起的，而露天广场式剧场更多是与集市等民俗活动联系在一起的。因此，现代戏曲剧场建筑由单一建筑模式向建筑综合体发展，其本质正是民众生活多层次、社会需求多方面的反映。剧场内不只是经营戏剧，还增设展览、商业、娱乐、餐饮等众多功能于一体。这类高利用率空间的加入，可平衡建筑整体使用效率，形成戏曲产业带动配套产业，配套产业促进戏曲产业发展的良性循环。此外，从观者的角度来看，也许这种重返传统戏园的形式使得观众所享受到的美感“情境”与舞台上表演艺术的丰富“物境”更加平等、互动，对待舞台上演出的超然姿态让观众的行为和思想更趋自由，情、景交融。

3. 向多功能化观演模式的回归

一厅多用的多功能剧场诞生于19世纪的美国，后发展至日本、欧洲等地。其采用的箱型舞台、镜框式台口，可将歌舞剧、音乐剧、交响乐、话剧、戏剧等剧种集中融合于一个剧场之内。在功能技术上不改变舞台形式的条件下，这种采用固定的声学条件和观演关系的模式，往往只能保留住主要功能，而牺牲掉其他功能，功能多样性实则非常受限。这让我们不得不重新认识一厅一用专业性剧场的重要性。但建筑的定义不仅仅涵盖承建，还包括建成后的运营、维护等诸多问题。我国现代戏曲剧场建筑若要健康生存与持续发展，必然要回归多功能剧场的发展之路，以提高场地利用率，减少场地成本支出。对此，当代智能化技术的高度成熟，使得现代剧场可通过调节观众厅混响时间、使用电声辅助及改变舞台形式等手段来形成符合各类专业需求的观演条件，这也侧面支持了我国高尖端多功能剧场建筑的发展与研究。

4. 向传统戏台伸出式格局的回归

反观传统戏台，我们会惊奇地发现，传统剧场建筑在其实体和相关设施已不能满足现代功能需求的表

① 王铮，单踊. 当代国内剧场建筑发展的两重趋势 [J]. 山西建筑，2008，34（6）.

象下，其空间模式和架构理念却因根植于民族文化和戏曲艺术而常常有着潜在的生命力和延续性。比如，传统戏台多为伸出式格局，且从来不回避戏曲艺术的剧场性和扮演性，观众一进入剧场就能以积极的态度，相当主动地融入戏曲演出，他们应和着戏台的韵律及节奏，关注着演员的一招一式、一唱一念、一板一腔，并聆听着音乐锣鼓的伴奏与打击。当演员出色地完成一段表演后，他们又不失时机、恰到好处地叫好、鼓掌。观众这种积极、主动地参与已成为戏曲演出中不可或缺的组成部分。因此，传统戏台这种极尽简练的伸出式格局是与我国戏曲艺术本身的歌舞性、虚拟性、程式性的表现形式以及超然自由的时空观一脉相承、相映生辉的。我们对这种舞台格局的继承，决不意味着简单回归到过去的演出模式，而是对戏曲文化意境之美的追求、对亲密无间观演行为的找寻、对和谐交融观演气氛的营造，并因地制宜地根据发展现状来完善传统戏曲的舞台样式，在保持本体写意性演剧风格的前提下，积极大胆地吸收一切当代艺术优秀的表现手法，使之与现代戏曲剧场艺术及当代观众审美情趣达到和谐统一才是重心所在。

5. 向文脉主义的回归

传统美学讲究情景交融。即强调单体建筑与周边环境的文脉，注重新、老建筑在视觉、心理、环境上的和谐统一。因为单体建筑只有有机地融入周边环境之中，其个体功能和意义才能通过时间与空间的文脉来得以体现；反之，单体建筑的功能与意义也能影响甚至支配文脉。宏观来讲，在城市规划方面，文脉同样也是环境艺术所追求的目标之一，它强调特定空间范围内的个别环境因素对整体环境保持时空三维的联系性，即和谐的对话关系及人与自然间的协调平衡。因此，在现代戏曲剧场建筑外形的设计上我们应力求通过对传统的吐故纳新，来寻求建筑形式多元化和人文情感传承性之间的平衡点。

总之，我国观演建筑设计的研究与实践已成为一个引人瞩目，却又问题繁多的领域。该领域如何正确认识和继承传统剧场建筑文化，如何准确体悟其内在精神信仰和审美意境，无疑还有很多值得我们思考和探讨的地方。本书仅仅是在传统剧场建筑形制及声学研究的基础之上作了初步探索，希望能在西方建筑思潮影响的大环境下为创造华夏新风提供一些参考。

主要参考文献

中文论文（按姓氏拼音及出版时间排序）：

[1] 车文明 . 中国神庙剧场概说 [J]. 中央戏剧学院学报，2008（3）.

[2] 陈家义，章楠 . 剧院工程项目建筑声学浅析 [J]. 建设监理，2020（S1）.

[3] 董云帆 . 多元 · 整合 · 适应——现代西方剧场建筑设计发展趋势研究 [D]. 重庆：重庆大学，2001.

[4] 邓志勇，张梅玲，孟子厚 . 天津广东会馆舞台天花藻井声学特性测量与分析 [C]. 中国声学学会 2006 年全国声学学术会议论文集，2006.

[5] 邓登，李倩 . 重塑传统建筑的价值与意义 [J]. 科技促进发展，2008.

[6] 丁素红，顾红男 . 重庆市川剧艺术中心地域性创作思考 [J]. 新建筑，2007（5）.

[7] 傅英杰 . 音乐厅声学原理探究 [J]. 世界建筑，1996（2）.

[8] 付扬 . 多用途厅堂室内可变音质研究 [D]. 北京：清华大学，2016.

[9] 顾孟潮 ."轻歌曼舞"的红线女艺术中心 [J]. 建筑工人，2001（5）.

[10] 葛强 . 多功能厅堂建筑的声学设计与耦合空间的研究 [D]. 西安：长安大学，2014.

[11] 高建亮 . 剧院舞台吸声对观众厅主要声学参数的影响初探 [D]. 广州：华南理工大学，2014.

[12] 古林强，谢璇 . 一种穹幕展演空间的 CATT 声学模拟分析 [J]. 电声技术，2017（Z3）.

[13] 高乐乐 . 清代平定州古戏台声学技术调查 [D]. 太原：山西大学，2019.

[14] 盖磊，赵越喆 . 建筑声学设计中关于演员发声特性的研究进展——以西洋唱法和中国戏曲唱法演员为例 [J]. 华中建筑，2019，37（5）.

[15] 何杰 . 我国现代地方戏曲剧场建筑设计研究 [D]. 重庆：重庆大学，2008.

[16] 何杰 . 对建筑节能的思考 [J]. 山西建筑，2008（12）.

[17] 黄帅，刘燕彬 . 近现代中外剧场声学技术探索与实践 [J]. 山西建筑，2014（17）.

[18] 黄渤，田燕，吕斯俊 . 探讨建筑声学设计与空间技艺的融合 [J]. 城市建筑，2020（2）.

[19] 金卫钧 . 限制中创作与五线谱的灵感——儋州大戏院设计构思 [J]. 建筑创作，1996（2）.

[20] 姜维 . 国家大剧院建筑方案设计探讨 [D]. 北京：清华大学，1999.

[21] 康健 . 模糊数学在厅堂音质评价中的初步应用 [J]. 应用声学，1987（2）.

[22] 雷茅宇，刘振亚，葛悦先，郑士奇 ."古调独弹"——西安易俗社剧场剖析 [J]. 建筑学报，1983（1）.

[23] 吕学军 . 观演建筑空间特性及空间组合研究 [D]. 长沙：湖南大学，2001.

[24] 罗德胤，秦佑国 . 中国戏曲与古代剧场发展关系的五个阶段 // 张复合 . 建筑史论文集 [M]. 北京：清华大学出版社，2002.

[25] 罗德胤 . 中国古戏台建筑研究 [D]. 北京：清华大学，2003.

[26] 李畅 . 谈谈剧场建造的选型和经营 [J]. 艺术科技，2004（3）.

[27] 刘先觉 . 研究中国近现代建筑艺术的意义与价值 [J]. 新建筑，2004（1）.

[28] 刘海生，盛胜我 . 传统庭院式戏场厢房的响度分析 [J]. 同济大学学报，2004（9）.

[29] 梁鼎森，何杰，梁路 . 足迹与启示——戏曲剧场建筑形式与空间特色的探析 [J]. 城市建筑，2008（9）.

[30] 刘奕奕 . 乐队位置对中国地方戏剧院音质影响初探 [D]. 广州：华南理工大学，2014.

[31] 莫伯治，莫京 . 广州红线女艺术中心 [J]. 建筑学

报，1999（4）.

[32] 毛万红.传统戏场建筑研究及其音质初探——暨浙江传统戏场[D].杭州：浙江大学，2003.

[33] 宋效曾.多功能剧场的声学设计探讨[J].电声技术，2002（1）.

[34] 孙海涛，刘培杰，王红卫.DIRAC软件在建筑声学测量中的应用[J].电声技术，2009（12）.

[35] 田利，仲德崑.轮廓消失的建筑——浙江省老年大学暨小百花艺术中心设计创作体会[J].华中建筑，2002，20（5）.

[36] 王季卿，蒋国荣.早期反射声对响度影响的实验研究[J].声学学报，1994（2）.

[37] 王季卿.中国建筑声学的过去和现在[J].声学学报，1996（1）.

[38] 王季卿.中国传统戏场建筑考略之一——历史沿革[J].同济大学学报（自然科学版），2002，30（1）.

[39] 王季卿.中国传统戏场建筑考略之二——戏场特点[J].同济大学学报（自然科学版），2002，30（2）.

[40] 王季卿.中国传统戏场声学问题初探[J].声学技术，2002（Z1）.

[41] 王季卿.析古戏台下设瓮助声之谜[J].应用声学，2004（4）.

[42] 王季卿.耦合空间与厅堂音质[J].电声技术，2005，（11）.

[43] 王季卿，莫方朔.中国传统戏场亭式戏台拢音效果初析[J].应用声学，2013（4）.

[44] 王铮，单踊.当代国内剧场建筑发展的两重趋势[J].山西建筑，2008，34（6）.

[45] 王鹏，燕翔，张洋洋，李卉.大唐真容寺大禅堂的室内建筑声学工程[J].中国环保产业，2019（10）.

[46] 吴硕贤.中国古代声学的发展[J].艺术科技，1994（4）.

[47] 吴硕贤.剧院与音乐厅的形成与演变[J].新建筑，1995（4）.

[48] 文景彻.传统戏曲在当代剧场的探索[J].上海艺术评论，2020（1）.

[49] 魏大中.传统与时代——长安大戏院的易地重建[J].建筑学报，1997（5）.

[50] 肖普云.剧场建筑声学基础（上）[J].实用影音技术，2002（11）.

[51] 肖普云.剧场建筑声学基础（中）[J].实用影音技术，2003（1）.

[52] 肖普云.剧场建筑声学基础（下）[J].实用影音技术，2003（2）.

[53] 许晏方.中国传统合院式戏场建筑声环境之研究[D].台北：台湾科技大学，2006.

[54] 杨金城.拉萨剧院介绍[J].建筑学报，1986（5）.

[55] 燕翔.建筑声学与多功能剧场的发展[J].城市建筑，2010（9）.

[56] 燕翔.剧场建筑声学的发展[J].建筑技艺，2012（4）.

[57] 余斌.声线法在剧院建筑声学设计中的应用[J].演艺科技，2018（2）.

[58] 曾向阳，陈克安，刘峰.计算房间脉冲响应的经典方法——声线跟踪法研究.电声技术，1999（3）.

[59] 章奎生.声学与建筑[J].声学技术，2002（Z1）.

[60] 张淑娴.中国古代建筑藻井装饰的演变及其文化内涵[J].文物世界，2003（6）.

[61] 仲德崑，田利.借古托今 兼容并蓄——南通更俗剧院设计的历史渊源与现实表达[J].建筑学报，2003（11）.

[62] 张小雷.从“草船借箭”到“黄肠题凑”：国泰艺术中心[J].建筑创作，2007（8）.

[63] 赵昕.浅析山西河津真武庙的建筑布局[J].文艺生活·文艺理论，2015（9）.

[64] 朱相栋.观演建筑声学设计进展研究[D].北京：清华大学，2012.

[65] 朱雨溪.露天剧场建筑设计研究[D].西安：西安建筑科技大学，2017.

中文书目（按姓氏拼音及出版时间排序）：

[1] 董健.戏剧与时代[M].北京：人民文学出版社，2004.

[2] 龚德顺，邹德侬，窦以德.中国现代建筑史纲[M].天津：天津科技出版社，1989.

[3] 侯希三.北京老戏园子[M].北京：中国城市出版社，1996.

[4] 建筑科学研究院建筑理论及历史研究室，中国建筑史编辑委员会.中国建筑简史[M].北京：中国工业出版社，1962.

[5] 建筑设计资料集编委会.建筑设计资料集（第三

版）[M]. 北京：中国建筑工业出版社，2017.
[6] 李斗 . 工段营造录 [M]. 北京：中国营造学社，1931.
[7] 刘敦桢 . 中国古代建筑史 [M]. 北京：中国建筑工业出版社，1981.
[8] 廖奔 . 中国古代剧场史 [M]. 郑州：中州古籍出版社，1994.
[9] 廖奔 . 中国戏剧图史 [M]. 郑州：河南教育出版社，1996.
[10] 廖奔，刘彦君 . 中国戏曲发展史 [M]. 太原：山西教育出版社，2000.
[11] 李畅 . 清代以来的北京剧场 [M]. 北京：燕山出版社，1998.
[12] 梁思成 . 中国建筑史 [M]. 天津：百花文艺出版社，1998.
[13] 梁思成 . 梁思成全集 [M]. 北京：中国建筑工业出版社，2001.
[14] 冷御寒 . 观演建筑 [M]. 武汉：武汉工业大学出版社，1999.
[15] 李道增，傅英杰 . 西方戏剧・剧场史 [M]. 北京：清华大学出版社，1999.
[16] 李庆臻 . 科学技术方法大辞典 [M]. 北京：科学出版社，1999.
[17] 刘先觉 . 现代建筑理论 [M]. 北京：中国建筑工业出版社，1999.
[18] 刘振业 . 当代观演建筑 [M]. 北京：中国建筑工业出版社，1999.
[19] 刘振业 . 现代剧场设计 [M]. 北京：中国建筑工业出版社，2000.
[20] 藺海波 . 90 年代中国戏剧研究 [M]. 北京：北京广播学院出版社，2003.
[21] 刘徐州 . 趣谈中国戏楼 [M]. 天津：百花文艺出版社，2004.
[22] 卢向东 . 中国现代剧场的演进——从大舞台到大剧院 [M]. 北京：中国建筑工业出版社，2009.
[23] 马大猷，沈壕 . 声学手册（修订版）[M]. 北京：科学出版社，2004.
[24] 马大猷 . 现代声学理论基础 [M]. 北京：科学出版社，2004.
[25] 彭一刚 . 建筑空间组合论 [M]. 北京：中国建筑工业出版社，1998.
[26] 清华大学建筑设计研究院 . 建筑结构型式概论 [M]. 北京：清华大学出版社，1982.
[27] 施旭生 . 中国现代戏剧重大现象研究 [M]. 北京：北京广播学院出版社，2003.
[28] 王遐举，金耀章 . 戏曲的砌末与舞台装置 [M]. 北京：中国戏剧出版社，1960.
[29] 魏大中，吴亭莉，项端祈，王亦民，余军 . 伸出式舞台剧场设计 [M]. 北京：中国建筑工业出版社，1992.
[30] 吴硕贤，张三明，葛坚 . 建筑声学设计原理 [M]. 北京：中国建筑工业出版社，2000.
[31] 王季卿 . 建筑厅堂音质设计 [M]. 天津：天津科学技术出版社，2001.
[32] 吴德基 . 观演建筑设计手册 [M]. 北京：中国建筑工业出版社，2007.
[33] 许宏庄，赵伯仁，李晋奎 . 剧场建筑设计 [M]. 北京：中国建筑工业出版社，1984.
[34] 项端祈 . 实用建筑声学 [M]. 北京：中国建筑工业出版社，1992.
[35] 项端祈 . 剧场建筑声学设计实践 [M]. 北京：北京大学出版社，1990.
[36] 项端祈 . 音乐建筑——音乐・声学・建筑 [M]. 北京：中国建筑工业出版社，1999.
[37] 项端祈 . 传统与现代——歌剧院建筑 [M]. 北京：科学出版社，2002.
[38] 项端祈 . 演艺建筑——音质设计集成 [M]. 北京：中国建筑工业出版社，2003.
[39] 薛林平 . 中国传统剧场建筑 [M]. 北京：中国建筑工业出版社，2009.
[40] 叶长海 . 曲学与戏剧学 [M]. 上海：学林出版社，1999.
[41] 袁烽 . 观演建筑设计 [M]. 上海：同济大学出版社，2012.
[42] 周谷城 . 中国通史（上下册）[M]. 上海：上海人民出版社，1957.
[43] 周贻白 . 中国戏剧史长编 [M]. 北京：人民文学出版社，1960.
[44] 周贻白 . 中国戏曲发展史纲要 [M]. 上海：上海古籍出版社，1979.
[45] 张庚，郭汉城 . 中国戏曲通史 [M]. 北京：中国戏剧

出版社，1980.

[46] 中国戏曲志编辑委员会．中国戏曲志．中国 ISBN 中心，1993 ~ 1998.

[47] 周华斌．京都古戏楼 [M]. 北京：海洋出版社，1993.

[48] 周华斌，朱联群主编．中国剧场史论 [M]. 北京：北京广播学院出版社，2003.

[49] 周靖波．中国现代戏剧论 [M]. 北京：北京广播学院出版社，2003.

[50] 中华人民共和国住房和城乡建设部，中国建筑西南设计研究院．剧场建筑设计规范 JGJ 57—2016 [R]. 北京：中国建筑工业出版社，2017.

英文论文（按姓氏拼写及出版时间排序）：

[1] Barron M. The Subjective Effects of First Reflections in Concert Halls—The Need for Lateral Reflections[J]. Journal of Sound and Vibration，1971.

[2] Barron M，Marshall A H. Spatial Impression Due to Early Lateral Reflections in Concert Halls：The Derivation of a Physical Measure[J]. Journal of Sound and Vibration，1981.

[3] Barron M，Lee L J. Energy Relations in Concert Auditoriums[J]. The Journal of the Acoustical Society of America，1988.

[4] Barron M. Interpretation of Early Decay Times in Concert Auditoria[J]. Acoustica，1995.

[5] Barron M. Late Lateral Energy Fractions and the Envelopment Question in Concert Halls[J]. Applied Acoustics，2001.

[6] Bradley J S. The Influence of Late Arriving Energy on Spatial Impression[J]. The Journal of the Acoustical Society of America，1995.

[7] Beranek L L，Martin D W. Concert and Opera Halls：How They Sound[J]. The Journal of the Acoustical Society of America，1996.

[8] Cox T J，Lam Y W. Prediction and Evaluation of the Scattering from Quadratic Residue Diffusers[J]. The Journal of the Acoustical Society of America，1994.

[9] Chourmouziadou K. Ancient and Contemporary Use of Open-air Theatres：Evolution and Acoustic Effort of Scenery Design[D]. The University of Sheffield，Dissertation submitted for the degree of PhD in Architecture，2007.

[10] Chourmouziadou K，Kang J. Acoustic Evolution of Ancient Greek and Roman Theatres[J]. Applied Acoustics，2008.

[11] Evjen P，Bradley S J. The Effect of Late Reflections from above and behind on Listener Envelopment[J]. Applied Acoustics，2001.

[12] Furuya H，Fujimoto K，Ji C Y. Arrival Direction of Late Sound and Listener Envelopment[J]. Applied Acoustics，2001.

[13] Hargreaves T J，Cox T J，Lam Y W. Surface Diffusion Coefficients for Room Acoustics：Free-field measures[J]. The Journal of the Acoustical Society of America，2000.

[14] Hidaka T，Beranek L L. Objective and Subjective Evaluations of Twenty-three Opera Houses in Europe，Japan，and the Americas[J]. The Journal of the Acoustical Society of America，2000.

[15] He J，Kang J. Architectural Categories and Acoustic Characteristics of Traditional Chinese Theatres[J]. Proceedings of the 20th International Congress on Acoustics，2010.

[16] He J，Kang J. Architectural and Acoustic Features of the Caisson Ceiling in Traditional Chinese Theatres[J]. International Symposium on Room Acoustics，2010.

[17] He J，Kang J. Architectural and Acoustic Characteristics of the Stage of Traditional Chinese Theatres[J]. 8th International Conference on Auditorium Acoustics，2011.

[18] He J，Kang J. Acoustic Measurement and Comparison of Three Typical Traditional Chinese Theatres[J]. 5th International Symposium on Temporal Design，2011.

[19] He J. Acoustics in Traditional Chinese Theatres[D]. The University of Sheffield，Dissertation submitted for the degree of PhD in Architecture，2013.

[20] Jordan V L. Room Acoustics and Architectural Development in Recent Years[J]. Applied Acoustics，1969.

[21] Jordan V L. Acoustical Criteria for Auditoriums and Their Relation to Model Technique[J]. The Journal of

the Acoustical Society of America, 1970.

[22] Kang J. Sound Attenuation in Long Enclosures[J]. Building and Environment, 1996.

[23] Kang J, Yang H S. Absorption and Scattering Characteristics of Soil and Leaf [J]. Proceedings of the Institute of Acoustics, 2013.

[24] Lam Y W. The Dependence of Diffusion Parameters in a Room Acoustics Prediction Model on Auditorium Sizes and Shapes[J]. The Journal of the Acoustical Society of America, 1996.

[25] Lam Y W. Comparison of Three Diffuse Reflection Modelling Methods Used in Room Acoustics Computer Models[J]. The Journal of the Acoustical Society of America, 1996.

[26] Marshall A H. A Note on the Importance of Room Cross-section in Concert Halls[J]. Journal of Sound and Vibration, 1967.

[27] Morimoto T. Sound Absorbing Materials[J]. The Journal of the Acoustical Society of America, 1993.

[28] Marshall A H, Barron M. Spatial Responsiveness in Concert Halls and the Origins of Spatial Impression[J]. Applied Acoustics, 2001.

[29] Morimoto M, Iida K, Sakagami K. The Role of Reflections from behind the Listener in Spatial Impression[J]. Applied Acoustics, 2001.

[30] Nijs L, Jansens G, Vermeir G. Absorbing Surfaces in Ray-tracing Programs for Coupled Spaces[J]. Applied Acoustics, 2002.

[31] Orlowski R. The Acoustic Design of the Elisabeth Murdoch Hall, Melbourne, Australia[J]. The Journal of the Acoustical Society of America, 2008.

[32] Orlowski R, Aretz M. Sound Strength and Reverberation Time in Small Concert Halls[J]. The Journal of the Acoustical Society of America, 2009.

[33] Oldham D J, Egan C A, Cookson R D. Sustainable Acoustic Absorbers from the Biomass[J]. Applied Acoustics, 2010.

[34] Rindel J H. Design of New Ceiling Reflectors for Improved Ensemble in a Concert Hall[J]. Applied Acoustics, 1991.

[35] Sabine W C. Architectural Acoustics[J]. Journal of the Franklin Institute, 1915.

[36] Schmidt R O. Multiple Emitter Location and Signal Parameter Estimation[J]. Journal of IEEE, 1986.

[37] Shield B M, Greenland E E. A Survey of Acoustic Conditions in Semi-open Plan Classrooms in the United Kingdom[J]. The Journal of the Acoustical Society of America, 2011.

[38] Tisseyre A, Moulinier A. An Application of the Hall Acoustics Computer model[J]. Applied Acoustics, 1999.

[39] Wang L M, Rathsam J. The Influence of Absorption Factors on the Sensitivity of a Virtual Room's Sound Field to Scattering Coefficients[J]. Applied Acoustics, 2008.

英文书目（按姓氏拼写及出版时间排序）：

[1] Beranek L L. Concert Halls and Opera Houses（2nd Edition）[M]. New York：Springer, 2004.

[2] Barron M. Auditorium Acoustics and Architectural Design（2nd Edition）[M]. London：Spon Press, 2009.

[3] Cremer L, Muller H A. Principles and Applications of Room Acoustics[M]. London：Applied Science Publishers, 1982.

[4] Dalenbäck. CATT-Acoustic v8 User's Manual[M]. Gothenburg Sweden, 2002.

[5] Department for Education. Building Bulletin 93：Acoustic Design of Schools[M]. London：TSO, 2003.

[6] Izenour G C. Theater Design[M]. New York：McGraw-Hill Higher Education, 1977.

[7] Kang J. Acoustics of Long Spaces：Theory and Design Guidance[M]. London：Thomas Telford Publishing, 2002.

[8] LMS. Raynoise V3.0 User's Manual[M]. Leuven Belgium, 2005.

书中古建名词术语诠释

【昂】是斗栱中斜置的构件，起杠杆作用，有上昂下昂之分。

【檩】是架在梁头位置的沿建筑面阔方向的水平构件，其作用是直接固定椽子，并将屋顶荷载通过梁向下传递。

【枋】是在柱子之间起联系和稳定作用的水平向或者与梁垂直方向的穿插构件，它往往是随着梁或檩而设置。

【椽】位于槫以上，瓦以下的屋顶主要构件，按部位不同可分为脑椽、花架椽等。平面上与桁、檩互相垂直，共同承受板、砖或瓦的荷载。

【楹】厅堂前部的柱子。

【间】中国古代木架建筑把相邻两榀屋架之间的空间称为间，房屋的进深则以架数或椽数来表述。

【斗栱】是中国木构架建筑结构的关键性部件，在横梁和立柱之间挑出以承重，将屋檐的荷载经斗栱传递到立柱。

【大斗】是斗栱下部承载的方斗形构件，形如量米之斗，故得此称。

【正脊】位于屋顶前后两坡相交处，是屋顶最高处的水平屋脊。

【阑额】也称额枋，是中国古代建筑中柱子上端联络与承重的水平构件。

【要头】最上一层栱或昂之上，与令栱相交而向外伸出如蚂蚱头状的部分，也叫作爵头或胡孙头。

【侧脚】为了加强建筑稳定性，古代建筑中最外一圈柱子的下脚通常向外侧移一定尺寸，使外檐柱子的上端略向内侧倾斜，这种做法在宋《营造法式》中称为侧角。

【生起】古代建筑立面上，檐柱自中央由当心间向两端依次升高，使檐口呈一缓和优美的曲线，这种做法在宋《营造法式》中称为生起。

【收分】中国古代圆柱除瓜柱一类的短柱之外，任何柱子都不是上下等径的圆柱体，而是根部略粗，顶部略细，这种做法称为收分。柱子做出收分，既稳定又轻巧。

【抹角】即去掉或者圆顺方角的做法。

【面阔】木构建筑正面相邻两檐柱间的水平距离称为开间，又叫面阔。各开间的总和称为通面阔。

【进深】指建筑物纵深各间的长度，各间进深总和称通进深。

【卷杀】宋代栱、梁、柱等构件端部通常做成弧形，形成柔美而有弹性的外观，称为卷杀。

【雀替】是置于梁枋下与柱子相交的短木，可用来缩短梁枋的净跨距离。

【榫卯】是指在两个木构件上采用凹凸部位相结合的一种连接方式。凸出部分叫榫，凹进部分叫卯。

【角蝉】藻井中八角井与方形井之间形成的三角部分称角蝉。

【硬山】是中国古代建筑双坡屋顶形式之一，外观呈人字形，两侧山墙平于或略高于屋顶，屋顶双坡交界处多砖砌瓦垒。

【悬山】有前后两坡，从基座结构、柱网分布到正身梁架、屋面瓦饰、脊饰等与两坡硬山基本相同，没有大的区别。所不同的是它的屋面悬挑出山墙以外，檩桁未被封护在墙体以内而悬在半空，故名悬山，亦称挑山。悬山顶等级上低于庑殿顶和歇山顶，仅高于硬山顶。

【歇山】形式上看是两坡顶加周围廊形成的屋顶样式，宋称九脊殿，有单檐、重檐、卷棚等形式，为中国古代建筑屋顶样式之一，在规格上仅次于庑殿顶。

【庑殿】由一条正脊和四条垂脊共五脊组成，因此又称五脊殿。由于屋顶有四面斜坡，故又称四阿顶。此屋顶样式在中国古代各屋顶样式中等级最高。

【攒尖】是几条垂脊交会于顶部的锥形屋顶。

【卷棚】是屋顶前后两坡交界处不用正脊，而做成弧形曲面的屋顶。有卷棚悬山顶、卷棚歇山顶等式样，屋顶外观卷曲，舒展轻巧。

【单檐】古代建筑中仅有一重出檐者。

【重檐】是中国古代建筑中有两层或多层屋檐者。在基本型屋顶重叠下檐而形成。其作用是扩大屋顶和屋身的体重，增添屋顶的高度和层次，增强屋顶的雄伟感和庄严感，调节屋顶和屋身的比例。因此，重檐主要用于高级的庑殿顶、歇山顶和追求高耸效果的攒尖顶，形成重檐庑殿、重檐歇山和重檐攒尖三大类别。

【大吻】殿宇顶上正脊两端的吻兽，一般呈龙头形，张大口衔住脊端，故又称吞脊兽。

【龙吻】是中国宫殿建筑屋顶所用装饰物。龙吻高3m多，宽2m多，重约4t，由13块琉璃构件组成，俗称十三拼。

【配殿】庙宇或宫殿中正殿两旁的偏殿。

【抱厦】清以前叫龟头屋，是指在原建筑之前或之后接建出来的小房子。在主建筑之一侧突出1间（或3间），由两个歇山顶（宋称九脊殿）丁字相交，插入部分叫抱厦。

【影壁】也称照壁，是中国古代建筑中用来遮挡视线的墙，通常用砖砌成，由座、身、顶三个部分构成。

【悬鱼】建筑装饰，大多用木板雕刻而成，位于悬山或歇山顶两端的博风板下，垂于正脊。因最初为鱼形，并从屋顶悬垂，故名悬鱼。

【山门】寺庙正面的楼门。过去的寺庙多居山林，故名山门。

【山墙】是指沿建筑物短轴方向布置的墙。建筑物两端的横向外墙一般称为山墙，它的作用主要是与邻居的住宅隔开和防火。

【山柱】硬山或悬山式建筑的山墙内，正中由台基上直通脊檩下的柱子称为山柱。

【垂柱】上端功用与檐柱相同，用于垂花门或牌楼门的四角上。下部悬空的部位，端头上常有莲花雕饰，故常称垂莲柱。

【柱础】是承受屋柱压力的垫基石。古代匠人为使落地屋柱不受潮腐烂，在柱脚添上一块石墩，使柱脚与地坪隔离，起到防潮作用，同时又加强柱基的承压力。

【移柱造】在中国古代木结构建筑中，将若干内柱移位，增加或减少柱距，以达到所需空间和功能的做法，这种做法常见于宋、辽、金、元时代的建筑中。

【须弥座】由佛座演变而来，指上下皆有枭混的台基，形体与装饰比较复杂，一般用于高级别的古代建筑中。

【抹角梁】在建筑面阔与进深成45°角处放置的梁，似抹去屋角，故称抹角梁，起加强屋角建筑力度的作用，是古代建筑内檐转角处常用的梁架形式。

【六架梁】其上承六根檩，长度为四步架加一顶步之梁。清式古建中的梁主要有七架梁、六架梁、五架梁、四架梁、三架梁、顶梁、双步梁、单步梁、抱头梁、桃尖梁、顺梁、扒梁和踩步金等。

【博风板】又称博缝板、封山板，常用于古代歇山顶和悬山顶建筑中。这些建筑的屋顶两端伸出山墙之外，为了防风雪，用木条钉在檩条顶端，也起到遮挡桁（檩）头的作用。

【穿斗式】是用穿枋把柱子串起来，形成一榀榀房架，檩条直接搁置在柱头，再沿檩条方向，用斗枋把柱子串联起来，由此形成屋架。穿斗式木构架用料小，整体性强，但柱子排列密，只有当室内空间尺度不大时才使用。

【抬梁式】是在立柱上架梁，梁上又抬梁。因抬梁式木构架可采用跨度较大的梁，以减少柱子的数量，取得室内较大的空间，故多用于古代宫殿、庙宇等建筑。

【由额垫板】位于大额枋和小额枋之间，三者共同构成固定的构件单元。由额垫板的高度为二斗口，宽度为一斗口。

【柱头铺作】又称柱头科斗栱，是位于柱头部位的斗栱，为明清时期的主要承重斗栱，其受力构件的截面尺寸比其他斗栱同类构件截面尺寸大。

【补间铺作】又称平身科斗栱，它其实是宋代对柱间斗栱的统称。

【转角铺作】又称角科斗栱，它位于建筑物的角柱之上，是连接边柱顶端与天花的重要部件。

附录

基于对传统剧场研究所需，以及为该领域学者后续研究提供有价值的参考，笔者将现场实测的各项数据进行了整理，初步建立起一套传统剧场音质参数数据库。不过，在调研过程中，由于受到各种客观因素的影响，导致部分传统剧场无法开展声学实测，而仅对这些剧场进行现场拍照，以作资料留存。

附录 A　现场实测数据资料

A.1　牛王庙古剧场

剧场类型：露天广场式传统剧场

建造地址：山西省临汾市魏村

始建年代：元代

剧场照片：图 3-61 ~ 图 3-64

实测数据：

（1）EDT/s

测点	500Hz	1000Hz	2000Hz	平均值
a1	0.40	0.46	0.57	0.48
a4	0.67	0.55	0.63	0.62
a7	0.51	0.43	0.59	0.51
e1	0.51	0.60	0.76	0.62
e4	0.46	0.59	0.58	0.54
e7	0.56	0.65	0.80	0.67
总平均值				0.57

（2）T_{20}/s

测点	500Hz	1000Hz	2000Hz	平均值
a1	0.61	0.93	1.04	0.86
a4	0.85	1.05	1.00	0.97
a7	0.88	1.07	1.07	1.01
e1	0.80	1.02	1.06	0.96
e4	0.81	1.05	1.08	0.98
e7	0.92	1.03	1.12	1.02
总平均值				0.97

（3）T_{30}/s

测点	500Hz	1000Hz	2000Hz	平均值
a1	0.74	0.96	1.04	0.91
a4	0.85	1.04	1.02	0.97
a7	0.85	1.03	1.03	0.97
e1	0.86	1.04	1.01	0.97
e4	0.86	1.01	1.04	0.97
e7	0.94	0.99	1.02	0.98
总平均值				0.96

（4）T_s/ms

测点	500Hz	1000Hz	2000Hz	平均值
a1	33.9	38.2	47.5	39.9
a4	34.8	40.0	38.7	37.8
a7	25.9	34.1	33.5	31.2
e1	33.8	38.2	47.9	40.0
e4	25.6	37.8	34.9	32.8
e7	36.5	41.1	49.4	42.3
总平均值				37.3

（5）C_{80}/dB

测点	500Hz	1000Hz	2000Hz	平均值
a1	10.77	9.85	7.49	9.37
a4	8.30	8.60	8.27	8.39
a7	10.37	9.75	8.88	9.67
e1	9.92	8.40	6.92	8.41
e4	10.93	8.77	8.93	9.54
e7	9.06	8.19	6.95	8.07
总平均值				8.91

（6）G/dB

测点	500Hz	1000Hz	2000Hz	平均值
a1	4.68	6.04	3.45	4.72
a4	−4.38	−1.32	−2.39	−2.70
a7	−3.91	−1.58	−5.11	−3.53
e1	1.81	3.61	1.45	2.29
e4	−7.33	−5.19	−3.08	−5.20
e7	−1.16	1.16	−1.16	−0.39
总平均值				−0.80

（7）*STI*

测点	a1	a4	a7	e1	e4	e7	平均值
STI	0.71	0.70	0.70	0.70	0.71	0.68	0.70

（8）*SPL*/dB

测点	125Hz	250Hz	500Hz	1000Hz	2000Hz	4000Hz	8000Hz	L	W
a1	49.9	66.9	69.2	73.0	75.0	70.9	65.1	80.6	79.2
a2	48.8	65.6	65.2	71.2	71.7	68.5	61.8	78.3	76.8
a3	48.8	64.6	63.7	69.7	71.1	68.2	61.7	77.4	75.6

续表

测点	125Hz	250Hz	500Hz	1000Hz	2000Hz	4000Hz	8000Hz	L	W
a4	48.8	61.8	59.4	69.1	69.9	66.6	59.6	75.6	74.5
a5	47.8	63.3	57.9	68.0	69.1	66.4	58.5	75.6	73.7
a6	46.8	62.0	56.9	67.2	68.8	65.5	57.3	74.6	73.0
c1	47.9	61.5	61.6	65.2	71.5	69.5	60.8	75.9	74.9
c2	47.5	60.7	59.3	65.2	72.3	69.0	61.1	75.7	75.0
c3	46.6	61.5	57.9	62.3	69.9	67.0	59.5	74.4	73.0
c4	46.5	62.6	57.0	64.0	68.1	68.0	57.6	74.7	72.7
c5	46.5	63.2	56.3	65.2	68.6	66.5	57.1	74.9	72.7
c6	47.0	61.6	57.8	61.9	68.3	64.4	55.2	73.6	71.5

A.2 水镜台古剧场

剧场类型：露天广场式传统剧场

建造地址：山西省太原市晋祠

始建年代：明代

剧场照片：图 3–3 ~ 图 3–7

实测数据：

（1）*EDT*/s

测点	500Hz	1000Hz	2000Hz	平均值
a1	0.39	0.44	0.44	0.42
a2	0.39	0.34	0.34	0.36
a3 ☆	0.44	0.32	0.31	0.36
b1	0.37	0.50	0.41	0.43
b2	0.49	0.22	0.30	0.34
b3	0.54	0.38	0.34	0.42
c1	0.44	0.41	0.39	0.41
c2 ☆	0.47	0.31	0.41	0.40
c3	0.51	0.34	0.33	0.39
d1	0.33	0.42	0.35	0.37
d2	0.33	0.49	0.50	0.44
d3	0.42	0.46	0.43	0.44
总平均值				0.40

（☆因该测点测值不合理，故在数据整体分析时不予考虑）

（2）T_{20}/s

测点	500Hz	1000Hz	2000Hz	平均值
a1	0.44	0.42	0.48	0.45
a2	0.55	0.67	0.51	0.58
a3 ☆	0.75	0.67	0.57	0.66
b1	0.50	0.56	0.58	0.55
b2	0.72	0.46	0.54	0.57
b3	0.86	0.82	0.63	0.77
c1	0.73	0.63	0.53	0.63
c2 ☆	0.72	0.57	0.54	0.61
c3	0.90	0.80	0.77	0.82
d1	0.79	0.86	0.84	0.83
d2	0.71	0.84	0.78	0.78
d3	0.76	0.83	0.79	0.79
总平均值				0.68

（☆因该测点测值不合理，故在数据整体分析时不予考虑）

（3）T_{30}/s

测点	500Hz	1000Hz	2000Hz	平均值
a1	0.64	0.86	0.90	0.80
a2	0.84	0.97	0.89	0.90
a3 ☆	0.85	0.85	0.90	0.87
b1	0.90	1.08	0.89	0.96
b2	0.90	0.96	0.93	0.93
b3	0.96	1.04	1.04	1.01
c1	0.87	1.02	0.91	0.93
c2 ☆	0.87	0.94	0.91	0.91
c3	0.95	0.99	0.95	0.96
d1	0.87	1.07	0.99	0.98
d2	0.87	1.03	0.92	0.94
d3	0.84	1.03	0.93	0.93
总平均值				0.93

（☆因该测点测值不合理，故在数据整体分析时不予考虑）

（4）T_s/ms

测点	500Hz	1000Hz	2000Hz	平均值
a1	26.1	34.1	33.8	31.3
a2	28.7	30.8	29.4	29.6
a3 ☆	37.1	32.2	33.0	34.1
b1	21.9	32.5	29.5	28.0
b2	35.6	29.8	32.9	32.8

续表

测点	500Hz	1000Hz	2000Hz	平均值
b3	50.5	34.1	36.1	40.2
c1	37.3	34.5	28.6	33.5
c2 ☆	36.9	29.3	29.9	32.0
c3	40.8	26.7	32.0	33.2
d1	33.2	27.9	28.2	29.8
d2	23.8	34.0	34.8	30.9
d3	30.2	33.1	32.3	31.9
总平均值				32.1

（☆因该测点测值不合理，故在数据整体分析时不予考虑）

（**5**）C_{80}/dB

测点	500Hz	1000Hz	2000Hz	平均值
a1	13.16	12.28	11.15	12.20
a2	11.85	11.54	12.78	12.06
a3 ☆	9.88	11.93	12.26	11.36
b1	13.62	10.29	12.03	11.98
b2	10.14	14.73	12.99	12.62
b3	7.37	11.63	11.93	10.31
c1	10.36	10.47	12.41	11.08
c2 ☆	10.18	12.86	11.55	11.53
c3	8.94	12.97	12.96	11.62
d1	11.78	12.56	12.25	12.20
d2	13.96	10.21	9.69	11.29
d3	11.59	10.33	10.27	10.73
总平均值				11.61

（☆因该测点测值不合理，故在数据整体分析时不予考虑）

（**6**）G/dB

测点	500Hz	1000Hz	2000Hz	平均值
a1	5.14	6.60	4.69	5.48
a2	–1.47	2.87	3.08	1.49
a3 ☆	–20.54	–17.37	–20.02	–19.31
b1	0.16	0.06	–1.03	–0.27
b2	–8.19	0.35	–4.92	–4.25
b3	1.48	6.45	4.48	4.14
c1	–0.24	4.25	2.83	2.28
c2 ☆	–19.38	–12.35	–14.42	–15.38
c3	–3.62	4.38	–1.24	–0.16
d1	3.03	4.76	1.74	3.18

续表

测点	500Hz	1000Hz	2000Hz	平均值
d2	7.25	4.59	0.10	3.98
d3	-0.40	3.64	1.10	1.45
总平均值				1.73

（☆因该测点测值不合理，故在数据整体分析时不予考虑）

（7）*STI*

测点	a1	a2	a3☆	b1	b2	b3	c1	c2☆	c3	d1	d2	d3	平均值
STI	0.74	0.76	0.75	0.75	0.77	0.76	0.76	0.75	0.77	0.77	0.79	0.75	0.76

（☆因该测点测值不合理，故在数据整体分析时不予考虑）

A.3　东岳庙古剧场

剧场类型：露天广场式传统剧场

建造地址：山西省临汾市土门镇东羊村

始建年代：元代

剧场照片：图 3-40 ~ 图 3-46

实测数据：

（1）*EDT*/s

测点	500Hz	1000Hz	2000Hz	平均值
a2	0.60	0.58	0.63	0.60
a4	0.55	0.61	0.58	0.58
b2	0.70	0.69	0.64	0.68
b4	0.56	0.58	0.64	0.59
c1 ☆	0.51	0.48	0.52	0.50
总平均值				0.61

（☆因该测点位置特殊，故在数据整体分析时其测值不予考虑）

（2）T_{20}/s

测点	500Hz	1000Hz	2000Hz	平均值
a2	0.80	0.70	0.72	0.74
a4	0.81	0.89	0.79	0.83
b2	0.81	0.88	0.81	0.83
b4	0.92	0.94	0.93	0.93
c1 ☆	1.01	0.99	0.85	0.95
总平均值				0.83

（☆因该测点位置特殊，故在数据整体分析时其测值不予考虑）

（3）T_{30}/s

测点	500Hz	1000Hz	2000Hz	平均值
a2	0.92	0.82	0.87	0.87
a4	0.93	0.90	0.87	0.90
b2	1.15	0.92	0.87	0.98
b4	1.06	1.00	0.90	0.99
c1 ☆	1.05	0.98	0.90	0.98
总平均值				0.94

（☆因该测点位置特殊，故在数据整体分析时其测值不予考虑）

（4）T_s/ms

测点	500Hz	1000Hz	2000Hz	平均值
a2	43.1	46.1	55.7	48.3
a4	44.5	38.8	36.1	39.8
b2	43.7	45.6	45.3	44.9
b4	47.1	48.6	54.6	50.1
c1 ☆	41.1	41.2	41.4	41.2
总平均值				45.8

（☆因该测点位置特殊，故在数据整体分析时其测值不予考虑）

（5）C_{80}/dB

测点	500Hz	1000Hz	2000Hz	平均值
a2	7.99	7.96	5.48	7.14
a4	8.50	8.32	9.15	8.66
b2	6.04	6.91	7.16	6.70
b4	8.59	7.70	6.35	7.55
c1 ☆	9.02	9.32	8.74	9.03
总平均值				7.51

（☆因该测点位置特殊，故在数据整体分析时其测值不予考虑）

（6）G/dB

测点	500Hz	1000Hz	2000Hz	平均值
a2	1.97	4.77	0.17	2.30
a4	–4.14	–1.29	–0.48	–1.97
b2	–1.54	0.75	1.60	0.27
b4	–0.66	1.32	–1.61	–0.32
c1 ☆	–7.94	–2.88	–3.32	–4.71
总平均值				0.07

（☆因该测点位置特殊，故在数据整体分析时其测值不予考虑）

（7）*STI*

测点	a2	a4	b2	b4	c1☆	平均值
STI	0.69	0.67	0.68	0.64	0.70	0.67

（☆因该测点位置特殊，故在数据整体分析时其测值不予考虑）

（8）*SPL*/dB

测点	125Hz	250Hz	500Hz	1000Hz	2000Hz	4000Hz	8000Hz	L	W
a1	50.2	70.9	69.9	72.6	74.7	74.9	65.2	82.6	80.3
a2	46.7	67.0	67.2	70.1	71.0	71.6	62.5	79.2	77.1
a3	42.9	62.6	67.9	67.3	69.2	69.5	59.2	76.8	75.1
a4	43.8	60.4	64.5	67.0	67.7	67.2	56.2	74.6	73.3
b1	43.1	62.9	60.8	65.9	68.5	65.1	56.3	74.8	72.7
b2	44.4	62.2	61.0	65.0	68.4	66.5	56.6	74.6	72.7
b3	43.0	61.6	62.2	61.9	71.8	66.3	57.1	75.3	74.4
b4	45.3	58.7	61.2	63.5	67.4	63.1	57.1	72.7	71.1
c1	45.2	61.0	61.1	65.5	71.1	65.5	57.7	74.8	74.0

A.4　泰岳祠古剧场

剧场类型：庭院围合式传统剧场

建造地址：山西省太原市晋源镇东街

始建年代：不详（推测明清）

剧场照片：图 3-19 ~ 图 3-21

关闭模式（Case1）实测数据：

（1）*EDT*/s

测点	500Hz	1000Hz	2000Hz	平均值
a1 ☆	0.76	0.88	0.90	0.85
a2	0.80	0.89	0.93	0.87
a3	0.76	0.82	0.81	0.80
b1	0.87	0.88	0.83	0.86
总平均值				0.84

（☆因该测点测值不合理，故在数据整体分析时不予考虑）

（2）T_{20}/s

测点	500Hz	1000Hz	2000Hz	平均值
a1 ☆	0.70	0.81	0.80	0.77
a2	0.72	0.79	0.77	0.76
a3	0.75	0.80	0.79	0.78
b1	0.75	0.79	0.80	0.78
总平均值				0.77

（☆因该测点测值不合理，故在数据整体分析时不予考虑）

（3）T_{30}/s

测点	500Hz	1000Hz	2000Hz	平均值
a1 ☆	0.70	0.76	0.76	0.74
a2	0.76	0.78	0.80	0.78
a3	0.80	0.80	0.80	0.80
b1	0.74	0.79	0.80	0.78
总平均值				0.79

（☆因该测点测值不合理，故在数据整体分析时不予考虑）

（4）T_s/ms

测点	500Hz	1000Hz	2000Hz	平均值
a1 ☆	43.0	55.4	45.9	48.1
a2	57.1	59.6	63.6	60.1
a3	64.2	70.3	60.9	65.1
b1	64.3	66.5	59.8	63.5
总平均值				59.2

（☆因该测点测值不合理，故在数据整体分析时不予考虑）

（5）C_{80}/dB

测点	500Hz	1000Hz	2000Hz	平均值
a1 ☆	7.04	5.46	6.22	6.24
a2	4.38	4.32	3.76	4.15
a3	3.85	2.18	4.43	3.49
b1	4.16	3.51	4.65	4.11
总平均值				4.50

（☆因该测点测值不合理，故在数据整体分析时不予考虑）

（6）G/dB

测点	500Hz	1000Hz	2000Hz	平均值
a1 ☆	–28.68	–26.26	–24.69	–26.54
a2	–1.66	1.19	–0.07	–0.18
a3	–3.72	–1.60	–2.79	–2.70
b1	1.56	4.67	4.02	3.42
总平均值				0.18

（☆因该测点测值不合理，故在数据整体分析时不予考虑）

（7）*STI*

测点	a1☆	a2	a3	b1	平均值
STI	0.64	0.64	0.60	0.62	0.62

（☆因该测点测值不合理，故在数据整体分析时不予考虑）

（8）SPL/dB

测点	125Hz	250Hz	500Hz	1000Hz	2000Hz	4000Hz	8000Hz	L	W
a1	40.0	61.2	62.8	67.0	71.6	68.0	63.0	75.7	75.0
a2	40.2	57.6	62.1	67.2	70.7	67.8	59.1	74.5	74.4
a3	41.8	56.0	59.8	64.0	68.8	64.0	57.6	72.3	72.1
b1	44.9	59.8	62.2	67.0	69.1	67.3	57.5	74.4	73.4

开启模式（Case2）实测数据：

（1）EDT/s

测点	500Hz	1000Hz	2000Hz	平均值
a1	0.65	1.04	0.93	0.87
a2	0.77	0.91	0.85	0.84
a3	0.71	0.78	0.79	0.76
b1	0.79	0.82	0.87	0.83
总平均值				0.83

（2）T_{20}/s

测点	500Hz	1000Hz	2000Hz	平均值
a1	0.81	0.78	0.79	0.79
a2	0.81	0.80	0.78	0.80
a3	0.86	0.83	0.82	0.84
b1	0.77	0.77	0.80	0.78
总平均值				0.80

（3）T_{30}/s

测点	500Hz	1000Hz	2000Hz	平均值
a1	0.80	0.76	0.79	0.78
a2	0.82	0.79	0.77	0.79
a3	0.81	0.83	0.81	0.82
b1	0.73	0.76	0.77	0.75
总平均值				0.79

（4）T_s/ms

测点	500Hz	1000Hz	2000Hz	平均值
a1	47.0	70.3	65.5	60.9
a2	50.9	57.1	56.0	54.7
a3	59.2	63.3	58.1	60.2
b1	52.2	57.6	56.8	55.5
总平均值				57.8

（5）C_{80}/dB

测点	500Hz	1000Hz	2000Hz	平均值
a1	7.49	3.44	4.28	5.07
a2	5.31	5.01	5.14	5.15
a3	5.01	4.23	4.35	4.53
b1	5.28	4.38	4.96	4.87
总平均值				4.91

（6）*G*/dB

测点	500Hz	1000Hz	2000Hz	平均值
a1	1.81	1.46	0.44	1.24
a2	–2.17	–0.68	–2.60	–1.82
a3	–2.24	–0.03	–0.71	–0.99
b1	–0.04	2.12	–0.29	0.60
总平均值				–0.24

（7）*STI*

测点	a1	a2	a3	b1	平均值
STI	0.65	0.62	0.61	0.63	0.63

（8）*SPL*/dB

测点	125Hz	250Hz	500Hz	1000Hz	2000Hz	4000Hz	8000Hz	L	W
a1	40.9	61.0	62.5	67.3	71.8	68.2	63.0	75.9	75.5
a2	43.6	57.8	62.7	66.6	70.5	67.1	59.2	74.4	73.9
a3	48.8	57.6	60.4	62.9	66.2	62.2	54.3	73.1	70.2
b1	44.9	60.6	62.2	67.0	69.0	67.6	58.0	74.8	73.7

A.5 湖广会馆古剧场

剧场类型：室内厅堂式传统剧场

建造地址：北京

始建年代：清代

剧场照片：图 3–74 ~ 图 3–76

实测数据：

（1）*EDT*/s

测点	500Hz	1000Hz	2000Hz	平均值
a1	1.29	1.01	0.92	1.07
a2	1.09	1.06	1.02	1.06

续表

测点	500Hz	1000Hz	2000Hz	平均值
a3	0.96	0.93	0.93	0.94
a4	0.99	1.02	0.98	1.00
总平均值				1.02

（2）T_{20}/s

测点	500Hz	1000Hz	2000Hz	平均值
a1	0.94	0.94	0.93	0.94
a2	0.99	0.87	0.92	0.93
a3	0.96	0.91	0.91	0.93
a4	0.94	0.89	0.89	0.91
总平均值				0.93

（3）T_{30}/s

测点	500Hz	1000Hz	2000Hz	平均值
a1	0.93	0.94	0.92	0.93
a2	0.97	0.91	0.90	0.93
a3	0.93	0.91	0.92	0.92
a4	0.93	0.90	0.91	0.91
总平均值				0.92

（4）T_s/ms

测点	500Hz	1000Hz	2000Hz	平均值
a1	96.2	84.5	81.9	87.5
a2	93.4	83.4	83.8	86.9
a3	80.2	80.5	78.4	79.7
a4	90.6	88.1	85.3	88.0
总平均值				85.5

（5）C_{80}/dB

测点	500Hz	1000Hz	2000Hz	平均值
a1	1.31	1.68	2.09	1.69
a2	0.26	1.27	1.87	1.13
a3	2.57	3.28	2.80	2.88
a4	0.45	1.27	1.80	1.17
总平均值				1.72

（6）G/dB

测点	500Hz	1000Hz	2000Hz	平均值
a1	9.09	12.86	13.32	11.76
a2	2.55	6.54	7.65	5.58
a3	1.24	5.63	6.88	4.58
a4	5.8	9.57	9.94	8.44
总平均值				7.59

（7）STI

测点	a1	a2	a3	a4	平均值
STI	0.56	0.58	0.59	0.58	0.58

A.6 九龙庙古剧场

剧场类型：庭院围合式传统剧场

建造地址：山西省太原市晋源区晋源镇古城营村

始建年代：清代

剧场照片：图 3-11 ~ 图 3-15

实测数据：

（1）EDT/s

测点	500Hz	1000Hz	2000Hz	平均值
a1	0.42	0.44	0.48	0.45
a2	0.47	0.73	0.58	0.59
a3	0.71	0.66	0.66	0.68
b1	0.59	0.70	0.73	0.67
b2	0.58	0.61	0.58	0.59
b3	0.58	0.66	0.50	0.58
c1	0.48	0.63	0.63	0.58
c2	0.73	0.84	0.69	0.75
c3	0.70	0.86	0.68	0.75
d1	0.46	0.66	0.67	0.60
d2	0.54	0.59	0.66	0.60
e1	0.50	0.64	0.57	0.57
e2	0.80	0.84	0.75	0.80
总平均值				0.63

（2）T_{20}/s

测点	500Hz	1000Hz	2000Hz	平均值
a1	0.82	0.82	0.80	0.81
a2	0.81	0.81	0.85	0.82
a3	0.79	0.83	0.81	0.81
b1	0.71	0.78	0.85	0.78
b2	0.81	0.83	0.85	0.83
b3	0.83	0.79	0.84	0.82
c1	0.75	0.83	0.86	0.81
c2	0.85	0.77	0.83	0.82
c3	0.80	0.76	0.82	0.79
d1	0.89	0.93	0.90	0.91
d2	0.89	0.91	0.86	0.89
e1	0.90	0.85	0.80	0.85
e2	0.80	0.88	0.88	0.85
总平均值				0.83

（3）T_{30}/s

测点	500Hz	1000Hz	2000Hz	平均值
a1	0.79	0.82	0.81	0.81
a2	0.78	0.86	0.86	0.83
a3	0.73	0.80	0.82	0.78
b1	0.77	0.82	0.85	0.81
b2	0.86	0.84	0.85	0.85
b3	0.80	0.82	0.83	0.82
c1	0.76	0.82	0.84	0.81
c2	0.80	0.81	0.84	0.82
c3	0.81	0.80	0.82	0.81
d1	0.88	0.92	0.88	0.89
d2	0.87	0.87	0.87	0.87
e1	0.84	0.85	0.82	0.84
e2	0.83	0.87	0.86	0.85
总平均值				0.83

（4）T_s/ms

测点	500Hz	1000Hz	2000Hz	平均值
a1	31.3	35.7	35.1	34.0
a2	41.9	52.7	42.0	45.5
a3	43.8	50.9	46.4	47.0
b1	36.4	45.9	47.8	43.4

续表

测点	500Hz	1000Hz	2000Hz	平均值
b2	45.0	48.0	48.4	47.1
b3	43.4	48.8	45.1	45.8
c1	36.7	46.0	42.2	41.6
c2	48.6	57.8	48.6	51.7
c3	49.6	60.3	51.1	53.7
d1	41.1	49.9	56.0	49.0
d2	48.6	53.1	61.0	54.2
e1	38.1	40.6	38.3	39.0
e2	47.0	50.3	49.1	48.8
总平均值				46.2

（**5**）C_{80}/dB

测点	500Hz	1000Hz	2000Hz	平均值
a1	10.31	9.62	9.27	9.73
a2	8.99	5.94	8.10	7.68
a3	7.14	6.49	7.39	7.01
b1	8.40	7.13	6.74	7.42
b2	7.94	6.67	7.12	7.24
b3	8.19	7.32	8.34	7.95
c1	9.81	6.81	7.08	7.90
c2	6.13	4.72	6.27	5.71
c3	5.95	4.56	6.34	5.62
d1	9.02	6.71	5.51	7.08
d2	7.87	7.22	5.79	6.96
e1	9.12	7.59	8.53	8.41
e2	6.49	5.63	6.50	6.21
总平均值				7.30

（**6**）G/dB

测点	500Hz	1000Hz	2000Hz	平均值
a1	–2.15	0.18	–0.42	–0.80
a2	1.63	2.40	4.86	2.96
a3	–1.11	0.84	–0.56	–0.28
b1	5.69	5.75	3.21	4.88
b2	1.54	3.24	2.22	2.33
b3	–4.67	–0.72	–1.82	–2.40
c1	–6.02	–3.83	–3.20	–4.35
c2	–2.07	1.58	2.69	0.73

续表

测点	500Hz	1000Hz	2000Hz	平均值
c3	−8.10	−6.23	−7.23	−7.19
d1	−0.08	1.42	0.04	0.46
d2	−18.52	−14.52	−16.11	−16.38
e1	−2.02	1.66	1.66	0.43
e2	−7.84	−4.47	−5.92	−6.08
总平均值				−1.98

（**7**）*STI*

测点	a1	a2	a3	b1	b2	b3	c1	c2	c3	d1	d2	e1	e2	平均值
STI	0.76	0.69	0.69	0.70	0.69	0.69	0.70	0.66	0.66	0.67	0.68	0.72	0.69	0.69

（**8**）*SPL*/dB

测点	125Hz	250Hz	500Hz	1000Hz	2000Hz	4000Hz	8000Hz	L	W
a1	44.9	64.6	66.0	69.5	72.5	69.8	62.7	78.0	76.5
a2	44.6	61.8	63.6	68.6	71.1	70.3	61.7	76.5	75.6
a3	45.0	60.1	62.2	66.8	70.9	68.1	58.6	75.2	74.5
b1	43.4	63.9	66.1	69.9	74.6	72.1	65.8	78.9	78.2
b2	46.5	59.8	64.9	69.5	73.4	71.5	64.3	77.5	77.2
b3	46.3	61.6	66.1	68.8	72.0	69.8	60.9	77.1	76.3
c1	46.2	63.4	65.3	69.7	74.4	70.3	66.8	78.5	77.6
c2	46.3	59.8	64.6	68.2	73.7	71.7	64.4	77.4	77.0
c3	46.4	59.6	64.1	67.9	71.5	69.3	61.9	76.0	75.5
d1	43.2	60.5	59.7	63.4	67.7	64.7	54.3	73.2	71.5
d2	49.6	61.3	62.5	63.2	68.3	65.7	54.8	74.6	72.5
e1	44.0	63.6	63.2	66.9	70.2	67.0	58.6	76.0	74.4
e2	46.7	59.0	60.4	64.5	70.5	67.6	57.7	74.3	73.6

A.7　秦氏支祠古剧场

剧场类型：庭院围合式传统剧场

建造地址：浙江省宁波市

始建年代：民国时期

剧场照片：图 3-68 ~ 图 3-70

实测数据：

（**1**）*EDT*/s

测点	500Hz	1000Hz	2000Hz	平均值
a1	0.79	0.84	0.85	0.83
a3	0.90	0.87	0.82	0.86

续表

测点	500Hz	1000Hz	2000Hz	平均值
c2	0.79	0.90	0.90	0.86
总平均值				0.85

（**2**）T_{20}/s

测点	500Hz	1000Hz	2000Hz	平均值
a1	0.85	0.89	0.93	0.89
a3	0.84	0.87	0.94	0.88
c2	0.93	1.01	0.92	0.95
总平均值				0.91

（**3**）T_{30}/s

测点	500Hz	1000Hz	2000Hz	平均值
a1	0.89	0.93	0.95	0.92
a3	0.89	0.94	0.94	0.92
c2	0.91	0.98	0.95	0.95
总平均值				0.93

（**4**）T_s/ms

测点	500Hz	1000Hz	2000Hz	平均值
a1	60.8	70.4	67.2	66.1
a3	65.5	70.1	74.3	70.0
c2	62.7	70.9	69.3	67.6
总平均值				67.9

（**5**）C_{80}/dB

测点	500Hz	1000Hz	2000Hz	平均值
a1	4.98	3.40	4.05	4.14
a3	3.64	3.57	3.32	3.51
c2	4.20	3.61	3.71	3.84
总平均值				3.83

（**6**）G/dB

测点	500Hz	1000Hz	2000Hz	平均值
a1	6.19	7.88	7.71	7.26
a3	2.55	4.4	4.53	3.83
c2	2.05	3.76	4.89	3.57
总平均值				4.89

（7）*STI*

测点	a1	a3	c2	平均值
STI	0.65	0.64	0.63	0.64

（8）*SPL*/dB

测点	125Hz	250Hz	500Hz	1000Hz	2000Hz	4000Hz	8000Hz	L	W
a1	54.2	71.0	70.8	71.9	75.4	72.1	65.0	82.8	79.9
a2	49.8	70.3	68.8	70.0	74.8	72.3	64.8	81.7	79.0
a3	49.7	67.9	68.2	71.1	74.0	72.0	64.0	80.4	78.6
a4	49.9	70.8	69.9	69.3	73.0	71.8	63.7	81.6	78.4
c1	48.2	69.8	66.8	70.0	74.5	72.1	63.6	81.1	78.7
c2	48.0	67.9	67.9	70.8	73.7	70.6	62.8	80.1	78.2
c3	48.3	68.7	67.1	69.5	73.8	70.3	62.5	80.2	77.8
c4	47.0	67.9	66.6	68.0	72.6	69.0	60.9	79.3	76.7

A.8 后土庙古剧场

剧场类型：庭院围合式传统剧场

建造地址：山西省介休市

始建年代：北魏

剧场照片：图 3-27 ~ 图 3-36

实测数据：

（1）*EDT*/s

测点	500Hz	1000Hz	2000Hz	平均值
a2	0.84	1.01	0.87	0.91
a3	0.66	0.84	0.86	0.79
a4	0.61	0.72	0.80	0.71
b3	0.75	0.79	0.92	0.82
总平均值				0.81

（2）T_{20}/s

测点	500Hz	1000Hz	2000Hz	平均值
a2	0.97	0.99	0.93	0.96
a3	0.89	0.95	0.94	0.93
a4	1.00	1.05	0.98	1.01
b3	0.98	0.95	0.91	0.95
总平均值				0.96

（3）T_{30}/s

测点	500Hz	1000Hz	2000Hz	平均值
a2	0.95	0.99	0.96	0.97
a3	0.98	0.94	0.95	0.96
a4	1.03	1.05	0.99	1.02
b3	0.98	1.02	0.98	0.99
总平均值				0.99

（4）T_s/ms

测点	500Hz	1000Hz	2000Hz	平均值
a2	53.8	69.9	62.0	61.9
a3	59.5	64.4	53.4	59.1
a4	53.1	52.8	61.4	55.8
b3	58.0	60.9	68.1	62.3
总平均值				59.8

（5）C_{80}/dB

测点	500Hz	1000Hz	2000Hz	平均值
a2	4.80	2.79	4.19	3.93
a3	4.29	3.82	4.89	4.33
a4	6.99	6.29	5.24	6.17
b3	5.49	5.26	3.51	4.75
总平均值				4.80

（6）G/dB

测点	500Hz	1000Hz	2000Hz	平均值
a2	0.13	1.64	0.64	0.80
a3	–2.16	0.41	1.19	–0.19
a4	6.44	6.36	1.50	4.77
b3	–3.66	–2.62	–7.45	–4.58
总平均值				0.20

（7）STI

测点	a1	a2	a3	b1	平均值
STI	0.63	0.59	0.64	0.61	0.62

（8）SPL/dB

测点	125Hz	250Hz	500Hz	1000Hz	2000Hz	4000Hz	8000Hz	L	W
a1	52.4	66.8	66.5	70.6	73.2	70.4	61.7	79.7	77.4
a2	46.9	63.5	65.1	68.9	70.3	67.4	59.7	76.8	75.1
a3	47.6	62.2	64.7	68.1	71.2	68.2	60.6	76.5	75.2
a4	47.1	61.7	64.4	67.9	69.3	65.4	56.6	75.5	73.9
b1	45.0	63.3	63.4	65.7	71.7	69.1	60.6	76.6	75.3
b2	42.8	62.8	62.8	66.5	71.5	69.0	59.7	76.4	75.0
b3	47.1	64.5	62.8	66.3	72.4	69.3	59.3	77.4	75.7
b4	44.3	65.5	62.0	65.9	71.0	66.7	57.1	74.1	74.5

A.9 真武庙古剧场

剧场类型：庭院围合式传统剧场

建造地址：山西省河津市

始建年代：明代

剧场照片：图 3-50 ~图 3-57

实测数据：

（1）EDT/s

测点	500Hz	1000Hz	2000Hz	平均值
a1	0.69	0.71	0.77	0.72
a3	0.97	0.91	0.90	0.93
b1	0.86	0.85	0.81	0.84
b3	0.93	0.82	0.85	0.87
总平均值				0.84

（2）T_{20}/s

测点	500Hz	1000Hz	2000Hz	平均值
a1	0.78	0.74	0.69	0.74
a3	0.81	0.79	0.80	0.80
b1	0.81	0.82	0.74	0.79
b3	0.77	0.80	0.81	0.79
总平均值				0.78

（3）T_{30}/s

测点	500Hz	1000Hz	2000Hz	平均值
a1	0.79	0.77	0.74	0.77
a3	0.81	0.79	0.78	0.79

续表

测点	500Hz	1000Hz	2000Hz	平均值
b1	0.85	0.80	0.76	0.80
b3	0.76	0.78	0.78	0.77
总平均值				0.78

（**4**）T_s/ms

测点	500Hz	1000Hz	2000Hz	平均值
a1	52.4	58.4	66.9	59.2
a3	71.4	69.5	71.5	70.8
b1	61.2	63.8	70.3	65.1
b3	62.9	58.7	65.3	62.3
总平均值				64.4

（**5**）C_{80}/dB

测点	500Hz	1000Hz	2000Hz	平均值
a1	6.23	5.19	3.59	5.00
a3	2.30	2.40	2.46	2.39
b1	4.21	3.22	2.62	3.35
b3	3.85	4.67	4.03	4.18
总平均值				3.73

（**6**）G/dB

测点	500Hz	1000Hz	2000Hz	平均值
a1	2.63	4.15	2.95	3.24
a3	1.94	4.04	2.03	2.67
b1	4.42	5.92	4.98	5.11
b3	−1.54	2.31	0.21	0.33
总平均值				2.84

（**7**）*STI*

测点	a1	a3	b1	b3	平均值
STI	0.64	0.60	0.63	0.63	0.63

（**8**）*SPL*/dB

测点	125Hz	250Hz	500Hz	1000Hz	2000Hz	4000Hz	8000Hz	L	W
a1	48.8	68.8	66.8	69.0	74.6	69.7	63.0	80.4	77.7
a2	48.3	63.3	65.2	66.9	70.3	67.6	58.9	76.4	74.4
a3	43.9	64.8	64.6	64.1	68.7	66.3	55.9	76.2	73.2
a4	44.9	60.5	61.1	62.1	65.3	63.2	52.6	72.8	70.0
b1	48.8	67.8	65.2	66.5	71.1	69.6	60.4	78.9	75.6

续表

测点	125Hz	250Hz	500Hz	1000Hz	2000Hz	4000Hz	8000Hz	L	W
b2	46.1	66.9	64.5	67.3	70.3	66.9	58.7	77.9	74.7
b3	43.7	60.3	61.8	62.8	67.4	63.0	53.0	73.0	71.0
b4	43.6	59.3	61.2	61.1	66.7	61.4	52.4	72.1	69.9

A. 10　渠家大院古剧场

剧场类型：庭院围合式传统剧场

建造地址：山西省晋中市祁县

始建年代：清代

剧场照片：

实测数据：

（1）声学整体测量结果

	500Hz	1000Hz	2000Hz	平均值
EDT/s	0.78	0.67	0.69	0.71
T_{30}/s	0.69	0.72	0.69	0.70
G/dB	4.96	6.93	5.19	5.69
STI				0.66（良）

（2）*EDT*/s

测点	500Hz	1000Hz	2000Hz	平均值
a1	0.82	0.75	0.68	0.75
a2	0.77	0.65	0.72	0.71
a3	0.76	0.66	0.67	0.70
a4	0.75	0.62	0.68	0.68
总平均值				0.71

（3）T_{20}/s

测点	500Hz	1000Hz	2000Hz	平均值
a1	0.67	0.68	0.69	0.68
a2	0.63	0.71	0.68	0.67
a3	0.72	0.74	0.68	0.71
a4	0.70	0.71	0.69	0.70
总平均值				0.69

（4）T_{30}/s

测点	500Hz	1000Hz	2000Hz	平均值
a1	0.68	0.71	0.71	0.70
a2	0.67	0.71	0.69	0.69
a3	0.71	0.74	0.68	0.71
a4	0.70	0.71	0.69	0.70
总平均值				0.70

（5）T_s/ms

测点	500Hz	1000Hz	2000Hz	平均值
a1	45.7	51.6	46.8	48.0
a2	51.9	53.8	55.5	53.7
a3	35.9	42.3	37.8	38.7
a4	45.8	53.8	46.4	48.7
总平均值				47.3

（6）C_{80}/dB

测点	500Hz	1000Hz	2000Hz	平均值
a1	5.76	5.31	6.54	5.87
a2	5.90	6.27	5.16	5.78
a3	8.74	7.00	7.41	7.72
a4	6.35	6.41	6.51	6.42
总平均值				6.45

（7）*G*/dB

测点	500Hz	1000Hz	2000Hz	平均值
a1	3.06	5.67	4.69	4.47
a2	3.92	6.04	3.59	4.52
a3	8.33	8.42	5.70	7.48
a4	4.51	7.57	6.79	6.29
总平均值				5.69

（8）*STI*

测点	a1	a2	a3	a4	平均值
STI	0.68	0.61	0.72	0.63	0.66

（9）*SPL*/dB

测点	125Hz	250Hz	500Hz	1000Hz	2000Hz	4000Hz	8000Hz	L	W
a1	51.7	69.9	69.6	74.0	77.4	74.9	67.8	82.9	81.6
a2	51.0	65.8	66.9	70.6	74.6	72.7	64.7	79.8	78.7
a3	53.3	69.1	67.2	69.2	74.7	72.5	64.1	81.0	78.7
a4	48.7	66.3	65.1	70.9	73.9	72.9	63.3	79.6	78.3

A.11 东岳庙古剧场

剧场类型：庭院围合式传统剧场

建造地址：山西省临汾市吴村镇王曲村

始建年代：元代

剧场照片：

实测数据：

（1）声学整体测量结果

	500Hz	1000Hz	2000Hz	平均值
EDT/s	0.71	0.58	0.66	0.65
T_{30}/s	0.79	0.84	0.90	0.84
G/dB	–9.85	–6.05	–7.64	–7.85
STI				0.67（良）

（2）*EDT*/s

测点	500Hz	1000Hz	2000Hz	平均值
a1	0.65	0.50	0.60	0.58
a2	0.55	0.65	0.70	0.63
a3	1.11	0.80	0.85	0.92
b1	0.48	0.45	0.49	0.47
b2	0.67	0.44	0.62	0.58
b3	0.77	0.63	0.72	0.71
总平均值				0.65

（3）T_{20}/s

测点	500Hz	1000Hz	2000Hz	平均值
a1	0.78	0.87	0.88	0.84
a2	0.74	0.87	0.89	0.83
a3	0.80	0.91	0.90	0.87
b1	0.71	0.70	0.78	0.73
b2	0.87	0.84	0.85	0.85
b3	0.87	0.81	0.78	0.82
总平均值				0.82

（4）T_{30}/s

测点	500Hz	1000Hz	2000Hz	平均值
a1	0.77	0.82	0.84	0.81
a2	0.76	0.84	0.92	0.84
a3	0.84	0.88	0.96	0.89
b1	0.69	0.78	0.85	0.77
b2	0.85	0.91	0.90	0.89
b3	0.81	0.80	0.90	0.84
总平均值				0.84

（5）T_s/ms

测点	500Hz	1000Hz	2000Hz	平均值
a1	39.8	45.8	47.2	44.3
a2	32.0	48.5	42.4	41.0
a3	51.2	48.9	57.8	52.6
b1	38.0	37.4	38.6	38.0
b2	42.6	41.5	42.7	42.3
b3	41.8	40.2	50.0	44.0
总平均值				43.7

（6）C_{80}/dB

测点	500Hz	1000Hz	2000Hz	平均值
a1	8.09	8.58	7.29	7.99
a2	9.54	7.12	6.54	7.73
a3	4.32	6.04	4.69	5.02
b1	8.79	9.85	9.01	9.22
b2	7.62	7.88	7.80	7.77
b3	7.42	8.22	6.32	7.32
总平均值				7.51

（7）G/dB

测点	500Hz	1000Hz	2000Hz	平均值
a1	4.17	7.83	5.98	5.99
a2	−3.72	−2.07	−3.04	−2.94
a3	−22.47	−18.02	−22.16	−20.88
b1	4.01	6.13	4.77	4.97
b2	−13.01	−8.10	−7.80	−9.64
b3	−28.09	−22.06	−23.58	−24.58
总平均值				−7.85

（8）STI

测点	a1	a2	a3	b1	b2	b3	平均值
STI	0.64	0.65	0.66	0.68	0.71	0.68	0.67

（9）SPL/dB

测点	125Hz	250Hz	500Hz	1000Hz	2000Hz	4000Hz	8000Hz	L	W
a1	50.0	65.9	67.8	71.1	73.1	71.4	64.0	80.2	77.8
a2	45.8	60.3	62.0	66.8	68.3	66.1	59.5	74.3	72.9
a3	45.7	59.7	56.6	65.1	67.0	64.5	57.0	72.8	71.3
a4	44.7	59.1	58.0	61.6	65.0	60.9	53.3	71.3	68.9
a5	45.1	60.1	54.5	59.8	63.3	59.6	51.9	71.8	67.6
a6	42.2	58.1	54.6	59.1	64.0	58.2	50.4	69.8	67.3
a7	41.2	56.8	55.2	57.4	62.2	57.5	49.7	68.6	65.9
a8	39.3	55.9	55.8	57.2	61.9	60.3	49.2	68.2	66.3
b1	48.2	61.4	63.2	69.2	74.7	70.1	61.7	77.6	77.4
b2	48.0	60.9	59.6	66.2	70.9	65.7	58.6	75.5	73.8
b3	44.3	57.9	56.2	64.1	66.8	62.9	55.7	71.5	70.5
b4	44.5	59.2	54.1	63.3	65.2	62.0	54.9	71.5	69.4
b5	45.1	57.5	53.4	59.7	63.7	60.1	51.5	69.8	67.4
b6	44.5	57.3	66.0	64.5	65.5	62.4	50.8	73.1	70.5
b7	42.7	57.5	54.1	57.7	61.5	58.9	48.6	69.0	65.8
b8	41.4	56.3	53.5	56.2	59.5	55.8	47.5	67.6	64.1

A.12 城隍庙古剧场

剧场类型：露天广场式传统剧场

建造地址：山西省运城市新绛县

始建年代：明代

剧场照片：

实测数据：

（1）声学整体测量结果

	500Hz	1000Hz	2000Hz	平均值
EDT/s	0.82	0.87	0.82	0.84
T_{30}/s	1.03	1.02	0.94	1.00
G/dB	−2.83	−0.04	−1.73	−1.53
STI				0.65（良）

（2）*EDT*/s

测点	500Hz	1000Hz	2000Hz	平均值
a1	0.87	0.81	0.80	0.83
a2	0.74	0.95	0.84	0.84

续表

测点	500Hz	1000Hz	2000Hz	平均值
a3	0.79	0.78	0.82	0.80
a4	0.89	0.93	0.82	0.88
总平均值				0.84

（**3**）T_{20}/s

测点	500Hz	1000Hz	2000Hz	平均值
a1	1.04	1.02	0.91	0.99
a2	1.06	1.04	0.95	1.02
a3	1.05	1.02	0.97	1.01
a4	1.16	0.99	0.96	1.04
总平均值				1.02

（**4**）T_{30}/s

测点	500Hz	1000Hz	2000Hz	平均值
a1	1.05	1.04	0.93	1.01
a2	1.00	1.03	0.93	0.99
a3	1.03	1.04	0.95	1.01
a4	1.04	0.98	0.94	0.99
总平均值				1.00

（**5**）T_s/ms

测点	500Hz	1000Hz	2000Hz	平均值
a1	66.9	64.5	60.2	63.9
a2	55.4	65.1	55.8	58.8
a3	54.0	50.3	46.5	50.3
a4	53.0	52.8	49.1	51.6
总平均值				56.2

（**6**）C_{80}/dB

测点	500Hz	1000Hz	2000Hz	平均值
a1	4.64	4.61	5.40	4.88
a2	5.82	3.57	5.07	4.82
a3	5.69	6.48	6.93	6.37
a4	5.82	5.25	6.15	5.74
总平均值				5.45

（**7**）*G*/dB

测点	500Hz	1000Hz	2000Hz	平均值
a1	7.10	9.62	7.13	7.95
a2	−2.74	−0.47	−0.88	−1.36
a3	−9.21	−6.04	−8.32	−7.86
a4	−6.46	−3.28	−4.84	−4.86
总平均值				−1.53

（**8**）*STI*

测点	a1	a2	a3	a4	平均值
STI	0.67	0.63	0.64	0.67	0.65

（**9**）*SPL*/dB

测点	125Hz	250Hz	500Hz	1000Hz	2000Hz	4000Hz	8000Hz	L	W
a1	51.4	67.6	67.6	71.5	74.3	72.1	64.2	80.5	78.4
a2	46.0	67.5	66.5	70.0	72.6	70.4	61.4	79.4	77.0
a3	44.1	63.7	63.1	66.5	68.8	66.1	58.2	75.9	73.3
a4	44.8	58.9	64.5	65.3	67.3	66.3	56.1	74.0	72.3

A.13　二郎庙古剧场

剧场类型：庭院围合式传统剧场

建造地址：山西省高平市寺庄镇王报村

始建年代：金代

剧场照片：

实测数据：

（1）声学整体测量结果

	500Hz	1000Hz	2000Hz	平均值
EDT/s	0.79	0.79	0.87	0.82
T_{30}/s	1.01	1.00	1.02	1.01
G/dB	–1.77	0.94	–1.22	–0.68
STI				0.65（良）

（2）*EDT*/s

测点	500Hz	1000Hz	2000Hz	平均值
a1	0.70	0.71	0.73	0.71
a2	0.69	0.77	0.90	0.79
a3	1.03	1.00	0.94	0.99
a4	0.63	0.73	0.93	0.76
a5	0.92	0.76	0.84	0.84
总平均值				0.82

（3）T_{20}/s

测点	500Hz	1000Hz	2000Hz	平均值
a1	0.93	0.99	1.03	0.98
a2	0.96	0.99	1.01	0.99
a3	1.03	1.02	1.04	1.03
a4	1.01	0.91	0.98	0.97
a5	0.98	1.02	1.01	1.00
总平均值				0.99

（**4**）T_{30}/s

测点	500Hz	1000Hz	2000Hz	平均值
a1	0.97	1.02	1.01	1.00
a2	0.99	0.98	1.00	0.99
a3	1.09	1.05	1.08	1.07
a4	1.02	0.93	1.01	0.99
a5	1.00	1.00	1.02	1.01
总平均值				1.01

（**5**）T_s/ms

测点	500Hz	1000Hz	2000Hz	平均值
a1	45.6	51.6	51.0	49.4
a2	51.0	57.8	62.7	57.2
a3	71.2	77.6	72.3	73.7
a4	47.7	54.8	65.5	56.0
a5	69.0	58.3	67.2	64.8
总平均值				60.2

（**6**）C_{80}/dB

测点	500Hz	1000Hz	2000Hz	平均值
a1	7.40	7.05	6.80	7.08
a2	6.73	6.20	4.97	5.97
a3	3.35	2.87	3.60	3.27
a4	7.53	6.14	3.99	5.89
a5	3.65	5.77	4.18	4.53
总平均值				5.35

（**7**）G/dB

测点	500Hz	1000Hz	2000Hz	平均值
a1	3.28	5.64	4.31	4.41
a2	0.67	3.39	1.96	2.01
a3	−1.36	1.21	−0.28	−0.14
a4	1.07	3.53	0.08	1.56
a5	−12.49	−9.07	−12.18	−11.25
总平均值				−0.68

（**8**）STI

测点	a1	a2	a3	a4	a5	平均值
STI	0.70	0.63	0.62	0.65	0.64	0.65

(9) *SPL*/dB

测点	125Hz	250Hz	500Hz	1000Hz	2000Hz	4000Hz	8000Hz	L	W
a1	52.1	71.4	70.2	70.5	74.7	72.1	62.8	82.5	79.3
a2	49.5	68.5	67.6	66.6	71.8	68.5	60.5	79.6	76.2
a3	49.0	65.2	64.5	64.7	70.4	66.7	57.7	76.9	74.3
a4	46.2	61.8	63.2	64.0	68.3	66.1	55.8	74.6	72.6
a5	46.2	67.4	64.6	64.4	68.1	65.2	54.3	77.7	73.5
a6	45.8	64.9	64.0	62.9	67.3	65.2	53.2	75.9	72.4
a7	45.1	62.8	61.2	63.7	66.7	62.9	51.0	74.1	71.2
b1	48.2	65.6	64.8	65.2	68.9	66.6	58.1	76.9	73.8
b2	46.4	62.7	65.1	65.5	70.0	64.3	56.4	75.7	73.7
b3	46.4	62.9	63.2	65.5	70.5	64.6	57.0	75.5	73.8
b4	46.5	64.4	61.4	64.9	69.8	64.9	55.7	75.8	73.4
b5	46.5	62.6	60.6	63.6	68.7	62.9	53.5	74.4	72.1
b6	44.8	63.8	60.4	64.7	68.4	62.1	53.4	74.9	72.0
b7	44.8	62.9	59.0	62.3	67.2	60.5	51.5	73.9	70.7

A.14 仙翁庙古剧场

剧场类型：庭院围合式传统剧场

建造地址：山西省高平市寺庄镇伯方村

始建年代：元代

剧场照片：

实测数据：

（1）声学整体测量结果

	500Hz	1000Hz	2000Hz	平均值
EDT/s	0.78	0.82	0.73	0.78
T_{30}/s	0.76	0.85	0.86	0.82
G/dB	-25.63	-22.43	-22.46	-23.51
STI				0.63（良）

（2）*EDT*/s

测点	500Hz	1000Hz	2000Hz	平均值
a1	0.71	0.62	0.57	0.63
a2	0.91	0.99	0.77	0.89
a3	0.81	0.86	0.74	0.80
a4	0.81	0.84	0.81	0.82
b1	0.65	0.81	0.75	0.74
总平均值				0.78

（3）T_{20}/s

测点	500Hz	1000Hz	2000Hz	平均值
a1	0.63	0.71	0.77	0.70
a2	0.76	0.80	0.79	0.78
a3	0.80	0.86	0.87	0.84
a4	0.79	0.89	0.87	0.85
b1	0.77	0.90	0.90	0.86
总平均值				0.81

（4）T_{30}/s

测点	500Hz	1000Hz	2000Hz	平均值
a1	0.71	0.78	0.81	0.77
a2	0.77	0.83	0.81	0.80
a3	0.77	0.85	0.86	0.83
a4	0.82	0.89	0.89	0.87
b1	0.74	0.90	0.93	0.86
总平均值				0.83

（5）T_s/ms

测点	500Hz	1000Hz	2000Hz	平均值
a1	48.4	47.3	49.4	48.4
a2	62.4	53.6	54.0	56.7
a3	49.3	64.1	55.8	56.4
a4	58.9	70.9	71.7	67.2
b1	43.5	69.1	53.8	55.5
总平均值				56.8

（6）C_{80}/dB

测点	500Hz	1000Hz	2000Hz	平均值
a1	6.64	6.73	6.90	6.76
a2	4.30	4.41	5.27	4.66
a3	6.18	3.66	5.00	4.95
a4	4.42	3.19	2.96	3.52
b1	7.79	3.19	4.79	5.26
总平均值				5.03

（7）G/dB

测点	500Hz	1000Hz	2000Hz	平均值
a1	-2.74	1.42	-1.26	-0.86
a2	-28.33	-22.73	-21.61	-24.22

续表

测点	500Hz	1000Hz	2000Hz	平均值
a3	-27.22	-24.37	-23.12	-24.90
a4	-49.67	-46.84	-47.02	-47.84
b1	-20.17	-19.61	-19.30	-19.69
总平均值				-23.50

（**8**）*STI*

测点	a1	a2	a3	a4	b1	平均值
STI	0.63	0.65	0.65	0.58	0.62	0.63

（**9**）*SPL*/dB

测点	125Hz	250Hz	500Hz	1000Hz	2000Hz	4000Hz	8000Hz	L	W
a1	50.2	68.3	67.7	68.1	74.3	70.4	60.8	80.2	77.8
a2	43.5	65.6	66.1	67.2	72.2	68.5	59.3	77.8	76.1
a3	46.4	62.0	64.0	65.1	71.3	66.8	57.5	75.6	74.8
a4	48.5	61.8	63.9	64.3	68.8	65.5	56.2	74.9	72.9
a5	44.2	61.2	60.1	63.2	70.2	64.4	54.1	74.1	72.9
a6	44.9	59.9	58.3	62.8	68.4	65.0	53.4	73.0	71.8
a7	44.5	58.7	58.9	61.5	66.3	64.3	53.1	71.9	70.3
a8	43.9	59.6	58.4	61.7	66.1	63.0	51.6	72.0	70.0
a9	44.1	59.2	57.0	59.7	65.0	61.5	50.7	71.1	68.8
a10	42.6	56.0	57.0	58.9	63.6	61.8	49.5	69.4	67.7
a11	40.6	57.1	55.4	56.6	61.6	57.3	47.0	68.5	65.5
a12	37.1	53.5	52.3	55.2	60.1	55.7	46.4	65.7	63.7
b1	42.9	63.8	60.8	64.1	68.6	63.1	53.8	74.9	72.3
b2	41.8	60.8	61.4	63.3	67.8	63.5	52.7	73.3	71.5
b3	40.3	58.3	59.9	61.3	66.2	61.8	52.3	71.4	69.8
b4	40.8	57.3	59.5	60.5	66.2	61.4	52.3	71.0	69.5
b5	41.9	57.2	58.0	59.8	66.1	60.7	50.2	70.6	69.1
b6	42.5	57.9	56.6	60.1	64.0	59.9	49.0	70.0	67.9
b7	40.6	58.1	58.1	59.9	63.2	59.0	50.6	70.0	67.7
b8	36.2	48.8	52.7	55.6	61.0	57.2	47.6	64.8	64.3
b9	36.3	55.1	52.6	53.7	60.0	56.0	45.3	66.5	63.9
b10	34.8	50.4	48.6	53.5	58.4	54.7	43.8	63.5	62.0
b11	36.1	49.2	48.8	52.3	56.9	53.6	42.5	63.0	60.8
b12	37.2	49.7	50.6	51.8	57.2	54.2	42.4	63.3	60.9

A.15 成汤庙古剧场

剧场类型：庭院围合式传统剧场

建造地址：山西省晋城市阳城县上伏村

始建年代：明代

剧场照片：

实测数据：

（1）声学整体测量结果

	500Hz	1000Hz	2000Hz	平均值
EDT/s	1.01	1.03	0.93	0.99
T_{30}/s	1.05	1.03	0.97	1.02
G/dB	−8.23	−5.35	−6.25	−6.61
STI				0.61（良）

（2）*EDT*/s

测点	500Hz	1000Hz	2000Hz	平均值
a1	0.94	0.83	0.81	0.86
a2	0.91	0.98	0.92	0.94
b1	0.94	1.04	0.90	0.96
b2	1.00	1.11	0.95	1.02
c1	1.25	1.09	1.04	1.13
c2	0.99	1.11	0.98	1.03
总平均值				0.99

（测点 c 位于古剧场厢房处）

（3）T_{20}/s

测点	500Hz	1000Hz	2000Hz	平均值
a1	1.01	1.05	0.96	1.01
a2	0.99	1.05	0.95	1.00
b1	1.02	1.02	0.98	1.01
b2	1.01	1.01	0.96	0.99
c1	1.03	1.03	0.95	1.00
c2	1.15	1.05	0.97	1.06
总平均值				1.01

（测点 c 位于古剧场厢房处）

（4）T_{30}/s

测点	500Hz	1000Hz	2000Hz	平均值
a1	1.02	1.04	1.00	1.02
a2	1.00	1.02	0.95	0.99
b1	1.05	1.05	0.95	1.02
b2	0.98	0.98	0.96	0.97
c1	1.02	1.04	0.97	1.01
c2	1.23	1.05	1.00	1.09
总平均值				1.02

（测点 c 位于古剧场厢房处）

（5）T_s/ms

测点	500Hz	1000Hz	2000Hz	平均值
a1	69.9	59.7	53.4	61.0
a2	72.4	78.6	77.2	76.1
b1	56.9	61.8	66.7	61.8
b2	65.1	73.0	69.2	69.1
c1	108.1	99.0	89.6	98.9
c2	77.6	78.2	78.1	78.0
总平均值				74.2

（测点 c 位于古剧场厢房处）

（6）C_{80}/dB

测点	500Hz	1000Hz	2000Hz	平均值
a1	4.29	5.61	5.67	5.19
a2	2.47	2.47	2.68	2.54
b1	5.30	4.41	4.42	4.71
b2	4.06	2.34	3.42	3.27
c1	−1.30	0.11	1.23	0.01
c2	2.94	2.50	2.88	2.77
总平均值				3.08

（测点 c 位于古剧场厢房处）

（7）G/dB

测点	500Hz	1000Hz	2000Hz	平均值
a1	−4.02	0.32	0.52	−1.06
a2	−13.78	−12.40	−13.40	−13.19
b1	−2.06	0.20	−0.60	−0.82
b2	−12.04	−8.60	−9.65	−10.10
c1	−9.43	−6.19	−7.82	−7.81
c2	−8.04	−5.44	−6.55	−6.68
总平均值				−6.61

（测点 c 位于古剧场厢房处）

（8）STI

测点	a1	a2	b1	b2	c1	c2	平均值
STI	0.67	0.57	0.62	0.62	0.57	0.58	0.61

（测点 c 位于古剧场厢房处）

(9) SPL/dB

测点	125Hz	250Hz	500Hz	1000Hz	2000Hz	4000Hz	8000Hz	L	W
a1	50.8	69.6	68.8	71.8	77.5	72.9	63.2	82.1	80.4
a2	48.5	66.7	67.4	68.4	74.0	70.9	60.8	79.4	77.6
a3	48.1	65.1	63.3	65.2	68.5	63.6	52.4	76.2	72.9
a4	47.1	67.0	64.7	65.7	68.7	64.1	52.8	77.5	73.6
a5	46.5	62.7	64.9	63.3	67.9	63.5	50.5	74.9	72.1
b1	51.8	68.7	65.9	70.0	73.3	69.0	61.8	80.1	77.3
b2	47.7	65.1	68.2	69.5	71.7	68.1	58.5	78.2	76.3
b3	47.4	63.8	65.0	66.4	71.0	66.8	54.6	76.5	74.7
b4	44.7	63.1	64.5	65.6	70.3	65.8	54.9	75.8	73.9
b5	45.5	61.4	61.9	64.1	68.3	64.1	52.7	74.0	72.1
c1	43.8	60.2	62.3	63.1	67.1	62.2	52.3	73.6	71.0
c2	44.8	61.6	61.5	63.4	67.7	63.0	51.5	73.6	71.2
c3	43.2	61.1	62.4	63.0	66.0	61.5	49.6	73.0	70.4
c4	42.1	61.2	61.3	63.6	65.9	61.0	49.5	72.9	70.3
c5	42.5	60.6	61.9	63.6	66.6	62.4	49.8	72.9	70.8

(测点 c 位于古剧场厢房处)

A.16 关帝庙古剧场

剧场类型：庭院围合式传统剧场

建造地址：山西省晋城市沁水县

始建年代：明代

剧场照片：

实测数据：

（1）声学整体测量结果

	500Hz	1000Hz	2000Hz	平均值
EDT/s	0.86	0.93	0.81	0.87
T_{30}/s	0.77	0.79	0.75	0.77
G/dB	–0.87	1.94	1.24	0.77
STI				0.60（良）

（2）*EDT*/s

测点	500Hz	1000Hz	2000Hz	平均值
a1	0.74	0.79	0.69	0.74
a2	0.80	0.94	0.86	0.87
b1	1.01	0.93	0.84	0.93
b2	0.72	0.99	0.80	0.84
c1	1.02	0.98	0.82	0.94
c2	0.87	0.95	0.82	0.88
总平均值				0.87

（测点 c 位于古剧场厢房处）

（3）T_{20}/s

测点	500Hz	1000Hz	2000Hz	平均值
a1	0.65	0.69	0.73	0.69
a2	0.75	0.79	0.75	0.76
b1	0.74	0.77	0.71	0.74

续表

测点	500Hz	1000Hz	2000Hz	平均值
b2	0.83	0.77	0.78	0.79
c1	0.74	0.81	0.76	0.77
c2	0.76	0.80	0.74	0.77
总平均值				0.75

（测点c位于古剧场厢房处）

（**4**）T_{30}/s

测点	500Hz	1000Hz	2000Hz	平均值
a1	0.74	0.77	0.73	0.75
a2	0.82	0.80	0.73	0.78
b1	0.73	0.78	0.74	0.75
b2	0.77	0.77	0.75	0.76
c1	0.76	0.80	0.75	0.77
c2	0.79	0.82	0.77	0.79
总平均值				0.77

（测点c位于古剧场厢房处）

（**5**）T_s/ms

测点	500Hz	1000Hz	2000Hz	平均值
a1	55.4	61.8	56.0	57.7
a2	59.7	71.6	69.2	66.8
b1	72.8	76.6	64.5	71.3
b2	62.1	72.3	65.5	66.6
c1	77.0	60.7	62.7	66.8
c2	72.6	65.8	58.9	65.8
总平均值				65.8

（测点c位于古剧场厢房处）

（**6**）C_{80}/dB

测点	500Hz	1000Hz	2000Hz	平均值
a1	4.58	3.98	5.28	4.61
a2	5.67	3.10	3.18	3.98
b1	3.25	2.28	3.48	3.00
b2	4.61	2.93	3.94	3.83
c1	2.35	4.28	3.78	3.47
c2	2.77	3.24	4.68	3.56
总平均值				3.74

（测点c位于古剧场厢房处）

（7）G/dB

测点	500Hz	1000Hz	2000Hz	平均值
a1	5.91	7.20	5.18	6.10
a2	2.28	3.91	3.48	3.22
b1	1.24	4.09	4.29	3.21
b2	−0.87	1.78	1.51	0.81
c1	−5.19	0.44	1.05	−1.23
c2	−8.58	−5.77	−8.07	−7.47
总平均值				0.77

（测点 c 位于古剧场厢房处）

（8）*STI*

测点	a1	a2	b1	b2	c1	c2	平均值
STI	0.60	0.59	0.63	0.62	0.58	0.60	0.60

（测点 c 位于古剧场厢房处）

（9）*SPL*/dB

测点	125Hz	250Hz	500Hz	1000Hz	2000Hz	4000Hz	8000Hz	L	W
a1	54.8	72.4	71.2	73.8	79.5	75.3	65.6	84.7	82.8
a2	52.8	68.4	69.4	71.6	76.3	72.6	62.0	82.8	80.2
a3	51.3	68.9	68.9	71.3	74.6	71.5	61.5	81.0	78.8
a4	51.5	67.3	68.4	69.9	73.9	69.8	59.1	79.8	77.8
b1	50.7	71.2	67.4	71.0	74.1	70.2	60.8	81.9	78.6
b2	51.5	69.6	66.4	70.1	74.4	70.7	60.3	81.3	78.3
b3	50.5	66.7	67.6	69.3	73.7	69.5	59.8	79.4	70.5
b4	49.0	67.8	65.6	68.8	73.6	69.3	59.9	79.5	77.2
c1	49.2	63.6	63.9	67.2	71.8	66.6	56.2	76.6	75.1
c2	51.6	67.1	64.7	69.1	73.1	69.0	59.5	79.0	76.8
c3	50.7	66.3	64.3	68.7	71.5	67.1	56.0	78.1	75.6
c4	50.4	66.7	64.6	67.6	71.3	66.1	55.3	78.0	75.2

（测点 c 位于古剧场厢房处）

A.17 舜帝陵古剧场

剧场类型：露天广场式传统剧场

建造地址：山西省运城市

始建年代：清代

剧场照片：

实测数据：

（1）声学整体测量结果

	500Hz	1000Hz	2000Hz	平均值
EDT/s	0.65	0.57	0.54	0.59
T_{30}/s	0.61	0.68	0.60	0.63
G/dB	-1.53	0.30	0.30	-0.31
STI				0.69（良）

（2）*EDT*/s

测点	500Hz	1000Hz	2000Hz	平均值
a1	0.52	0.55	0.47	0.51
a2	0.79	0.68	0.68	0.72

续表

测点	500Hz	1000Hz	2000Hz	平均值
a3	0.68	0.53	0.48	0.56
b1	0.62	0.53	0.53	0.56
总平均值				0.59

（3）T_{20}/s

测点	500Hz	1000Hz	2000Hz	平均值
a1	0.53	0.51	0.47	0.50
a2	0.58	0.69	0.59	0.62
a3	0.56	0.56	0.49	0.54
b1	0.65	0.72	0.62	0.66
总平均值				0.58

（4）T_{30}/s

测点	500Hz	1000Hz	2000Hz	平均值
a1	0.55	0.54	0.54	0.54
a2	0.62	0.73	0.61	0.65
a3	0.60	0.68	0.58	0.62
b1	0.68	0.76	0.67	0.70
总平均值				0.63

（5）T_s/ms

测点	500Hz	1000Hz	2000Hz	平均值
a1	35.7	37.9	38.7	37.4
a2	47.9	48.0	43.0	46.3
a3	40.4	36.6	31.6	36.2
b1	45.2	36.7	36.0	39.3
总平均值				39.8

（6）C_{80}/dB

测点	500Hz	1000Hz	2000Hz	平均值
a1	9.34	8.16	9.26	8.92
a2	6.32	6.73	7.18	6.74
a3	6.95	9.02	10.55	8.84
b1	7.19	8.91	9.01	8.37
总平均值				8.22

（7）G/dB

测点	500Hz	1000Hz	2000Hz	平均值
a1	4.96	5.20	4.62	4.93
a2	–4.82	–2.54	–2.83	–3.40
a3	1.67	3.94	4.68	3.43
b1	–7.92	–5.40	–5.29	–6.20
总平均值				–0.31

（8）STI

测点	a1	a2	a3	b1	平均值
STI	0.70	0.65	0.71	0.68	0.69

（9）SPL/dB

测点	125Hz	250Hz	500Hz	1000Hz	2000Hz	4000Hz	8000Hz	L	W
a1	56.8	70.7	70.2	73.0	76.7	73.9	65.3	83.1	80.7
a2	49.0	69.6	68.5	72.8	75.5	73.5	65.7	81.9	79.9
a3	51.1	63.9	66.8	70.7	71.8	70.1	62.0	78.2	76.7
a4	50.0	66.7	66.6	69.1	70.3	68.2	60.8	78.0	75.5
a5	47.2	62.5	63.9	68.2	68.9	67.0	59.6	75.8	73.9
b1	51.3	71.9	68.4	74.4	76.3	72.8	63.9	83.2	80.6
b2	49.9	66.9	67.4	72.8	74.1	73.9	64.8	80.6	79.2
b3	48.0	66.1	65.9	69.4	71.2	70.7	61.0	78.5	76.3
b4	48.8	63.6	64.2	68.8	69.0	67.4	58.4	76.5	74.3
b5	45.9	61.4	61.1	67.1	68.2	66.9	57.4	74.7	73.1

A.18　清风庙古剧场

剧场类型：庭院围合式传统剧场
建造地址：浙江省嵊州市三界镇姚岙村
始建年代：元代
剧场照片：

实测数据：

（1）声学整体测量结果

	500Hz	1000Hz	2000Hz	平均值
EDT/s	0.61	0.55	0.57	0.58
T_{30}/s	0.79	0.83	0.78	0.80
G/dB	0.26	2.60	2.19	1.68
STI				0.70（良）

（2）*EDT*/s

测点	500Hz	1000Hz	2000Hz	平均值
a1	0.47	0.47	0.44	0.46
a2	0.72	0.67	0.74	0.71
b1	0.37	0.39	0.42	0.39
b2	0.89	0.67	0.66	0.74
总平均值				0.58

（3）T_{20}/s

测点	500Hz	1000Hz	2000Hz	平均值
a1	0.72	0.75	0.70	0.72
a2	0.82	0.86	0.78	0.82
b1	0.77	0.81	0.75	0.78
b2	0.79	0.79	0.80	0.79
总平均值				0.78

（4）T_{30}/s

测点	500Hz	1000Hz	2000Hz	平均值
a1	0.74	0.81	0.75	0.77
a2	0.84	0.88	0.79	0.84
b1	0.78	0.83	0.79	0.80
b2	0.80	0.79	0.78	0.79
总平均值				0.80

（5）T_s/ms

测点	500Hz	1000Hz	2000Hz	平均值
a1	35.9	37.5	35.0	36.1
a2	48.5	56.4	54.9	53.3
b1	30.1	34.7	37.8	34.2
b2	53.0	51.7	45.4	50.0
总平均值				43.4

（6）C_{80}/dB

测点	500Hz	1000Hz	2000Hz	平均值
a1	9.28	9.47	9.39	9.38
a2	6.03	5.65	5.16	5.61
b1	11.36	9.82	9.66	10.28
b2	5.66	6.51	6.47	6.21
总平均值				7.87

（7）G/dB

测点	500Hz	1000Hz	2000Hz	平均值
a1	4.58	6.12	5.57	5.42
a2	−1.10	0.26	−0.16	−0.33
b1	1.48	3.47	2.02	2.32
b2	−3.92	0.54	1.32	−0.69
总平均值				1.68

(8) *STI*

测点	a1	a2	b1	b2	平均值
STI	0.73	0.68	0.74	0.64	0.70

(9) *SPL*/dB

测点	125Hz	250Hz	500Hz	1000Hz	2000Hz	4000Hz	8000Hz	L	W
a1	57.1	71.3	71.9	74.2	76.9	76.0	69.5	84.1	81.7
a2	45.7	69.7	70.0	71.0	76.6	73.0	65.4	82.0	80.0
a3	48.6	66.7	67.8	69.6	72.9	69.8	60.8	79.2	76.9
a4	49.9	65.0	67.3	68.8	72.2	69.4	60.5	78.4	76.2
b1	54.3	69.4	67.1	68.4	74.5	71.0	63.9	81.0	78.0
b2	50.2	70.0	66.6	68.3	73.7	70.8	64.2	80.9	77.7
b3	51.3	66.1	66.4	67.7	73.7	70.2	61.5	79.2	76.9
b4	48.3	64.3	66.9	67.4	72.5	69.7	60.5	78.2	76.2

A.19 城隍庙古剧场

剧场类型：庭院围合式传统剧场
建造地址：浙江省嵊州市
始建年代：清代
剧场照片：

实测数据：

（1）声学整体测量结果

	500Hz	1000Hz	2000Hz	平均值
EDT/s	0.68	0.79	0.78	0.75
T_{30}/s	0.90	0.92	0.85	0.89
G/dB	−1.82	−0.56	−1.95	−1.44
STI				0.65（良）

（2）*EDT*/s

测点	500Hz	1000Hz	2000Hz	平均值
a1	0.62	0.67	0.67	0.65
a2	0.75	0.85	0.93	0.84
b1	0.64	0.69	0.71	0.68
b2	0.69	0.94	0.80	0.81
总平均值				0.75

（3）T_{20}/s

测点	500Hz	1000Hz	2000Hz	平均值
a1	0.84	0.79	0.81	0.81
a2	0.83	0.93	0.82	0.86
b1	0.81	0.91	0.82	0.85
b2	0.94	0.95	0.88	0.92
总平均值				0.86

（4）T_{30}/s

测点	500Hz	1000Hz	2000Hz	平均值
a1	0.90	0.89	0.83	0.87
a2	0.88	0.91	0.85	0.88
b1	0.90	0.91	0.85	0.89
b2	0.92	0.96	0.87	0.92
总平均值				0.89

（5）T_s/ms

测点	500Hz	1000Hz	2000Hz	平均值
a1	39.7	47.8	47.4	45.0
a2	66.0	75.3	78.2	73.2
b1	41.9	50.7	56.9	49.8
b2	62.1	66.2	56.7	61.7
总平均值				57.4

（6）C_{80}/dB

测点	500Hz	1000Hz	2000Hz	平均值
a1	7.83	6.92	7.10	7.28
a2	5.07	3.37	2.44	3.63
b1	7.94	6.26	5.31	6.50
b2	5.19	4.22	5.53	4.98
总平均值				5.60

（7）G/dB

测点	500Hz	1000Hz	2000Hz	平均值
a1	2.02	3.37	1.34	2.24
a2	–7.99	–6.31	–8.17	–7.49
b1	2.35	2.47	0.85	1.89
b2	–3.65	–1.76	–1.82	–2.41
总平均值				–1.44

（8）*STI*

测点	a1	a2	b1	b2	平均值
STI	0.69	0.60	0.69	0.62	0.65

（9）*SPL*/dB

测点	125Hz	250Hz	500Hz	1000Hz	2000Hz	4000Hz	8000Hz	L	W
a1	50.6	70.2	69.1	70.2	73.5	70.8	63.2	81.4	78.1
a2	48.5	67.3	65.2	66.1	69.8	68.5	58.3	78.3	74.8
a3	44.4	63.9	64.3	63.2	67.4	65.7	55.3	75.4	72.3
a4	47.4	65.3	63.2	62.9	67.6	65.4	55.9	76.1	72.3

续表

测点	125Hz	250Hz	500Hz	1000Hz	2000Hz	4000Hz	8000Hz	L	W
b1	50.1	67.5	64.4	68.2	72.3	68.4	59.6	78.9	76.1
b2	46.9	64.8	64.3	66.7	70.7	67.2	60.7	76.9	74.6
b3	43.3	63.1	64.6	65.6	70.7	67.2	58.8	76.0	74.3
b4	44.4	63.2	63.1	65.0	69.2	65.0	57.0	75.3	73.1

A.20　史氏宗祠古剧场

剧场类型：庭院围合式传统剧场

建造地址：浙江省宁波市宁海县西店镇史家码村

始建年代：清代

剧场照片：

实测数据：

（1）声学整体测量结果

	500Hz	1000Hz	2000Hz	平均值
EDT/s	0.64	0.72	0.70	0.69
T_{30}/s	0.77	0.73	0.70	0.73
G/dB	–0.27	2.26	1.30	1.10
STI				0.66（良）

（2）*EDT*/s

测点	500Hz	1000Hz	2000Hz	平均值
a1	0.59	0.47	0.58	0.55
a2	0.62	0.80	0.69	0.70
a3	0.79	0.79	0.82	0.80
a4	0.18	0.59	0.55	0.44
a5	0.73	0.79	0.74	0.75
b1	0.92	0.86	0.80	0.86
总平均值				0.68

（3）T_{20}/s

测点	500Hz	1000Hz	2000Hz	平均值
a1	0.74	0.70	0.65	0.70
a2	0.73	0.70	0.70	0.71
a3	0.79	0.76	0.71	0.75
a4	0.74	0.70	0.62	0.69
a5	0.77	0.77	0.69	0.74
b1	0.77	0.74	0.73	0.75
总平均值				0.72

（4）T_{30}/s

测点	500Hz	1000Hz	2000Hz	平均值
a1	0.77	0.73	0.67	0.72
a2	0.74	0.73	0.70	0.72
a3	0.81	0.77	0.73	0.77
a4	0.75	0.70	0.68	0.71
a5	0.78	0.73	0.70	0.74
b1	0.76	0.73	0.70	0.73
总平均值				0.73

（5）T_s/ms

测点	500Hz	1000Hz	2000Hz	平均值
a1	38.6	42.6	46.5	42.6
a2	50.7	57.5	55.6	54.6
a3	51.9	49.9	60.5	54.1
a4	39.9	44.2	39.5	41.2
a5	38.5	49.3	53.6	47.1
b1	74.5	72.0	64.3	70.3
总平均值				51.7

（6）C_{80}/dB

测点	500Hz	1000Hz	2000Hz	平均值
a1	8.97	8.84	6.77	8.19
a2	6.99	4.17	4.96	5.37
a3	5.43	5.67	4.27	5.12
a4	8.46	7.73	8.14	8.11
a5	7.36	6.03	5.44	6.28
b1	2.34	2.48	4.33	3.05
总平均值				6.02

（7）G/dB

测点	500Hz	1000Hz	2000Hz	平均值
a1	5.53	8.07	6.26	6.62
a2	1.70	2.90	3.04	2.55
a3	−0.09	2.80	1.28	1.33
a4	−0.04	3.02	1.78	1.59
a5	−1.09	0.39	−0.53	−0.41
b1	−7.64	−3.60	−4.06	−5.10
总平均值				1.10

（8）STI

测点	a1	a2	a3	a4	a5	b1	平均值
STI	0.72	0.63	0.64	0.73	0.64	0.61	0.66

（9）SPL/dB

测点	125Hz	250Hz	500Hz	1000Hz	2000Hz	4000Hz	8000Hz	L	W
a1	57.2	72.2	72.6	73.5	77.4	74.8	68.3	84.4	81.6
a2	50.3	70.6	69.2	71.6	74.7	73.4	66.8	82.1	79.6
a3	49.4	68.6	66.7	70.6	73.0	70.8	62.4	80.2	77.7

续表

测点	125Hz	250Hz	500Hz	1000Hz	2000Hz	4000Hz	8000Hz	L	W
a4	52.2	69.3	67.6	68.6	71.2	68.8	60.6	80.2	76.6
a5	47.3	66.2	66.5	68.4	70.2	67.3	60.2	77.5	75.4
b1	54.5	71.8	71.4	73.2	77.5	73.8	66.5	83.8	81.4
b2	52.5	70.8	68.6	70.0	73.6	71.6	63.4	81.8	78.4
b3	48.5	69.1	68.3	67.8	73.3	70.9	63.0	80.4	77.6
b4	45.2	67.4	66.9	67.8	71.4	69.6	61.2	78.9	76.2
b5	47.1	66.2	66.4	66.1	70.9	67.4	59.1	77.8	75.1
b6	46.4	63.9	64.9	65.1	69.1	67.0	58.1	76.1	73.7

A. 21　双枝庙古剧场

剧场类型：庭院围合式传统剧场
建造地址：浙江省宁波市宁海县清潭村
始建年代：明代
剧场照片：

实测数据：

（1）声学整体测量结果

	500Hz	1000Hz	2000Hz	平均值
EDT/s	0.66	0.64	0.65	0.65
T_{30}/s	0.69	0.69	0.65	0.68
G/dB	−3.37	−0.87	−1.65	−1.96
STI				0.66（良）

（2）*EDT*/s

测点	500Hz	1000Hz	2000Hz	平均值
a1	0.81	0.69	0.71	0.74
a2	0.52	0.58	0.62	0.57
c1	0.62	0.65	0.59	0.62
c2	0.70	0.64	0.68	0.67
总平均值				0.65

（测点 c 位于古剧场厢房处）

（3）T_{20}/s

测点	500Hz	1000Hz	2000Hz	平均值
a1	0.74	0.72	0.68	0.71
a2	0.72	0.66	0.59	0.66
c1	0.64	0.60	0.62	0.62
c2	0.72	0.64	0.60	0.65
总平均值				0.66

（测点 c 位于古剧场厢房处）

（4）T_{30}/s

测点	500Hz	1000Hz	2000Hz	平均值
a1	0.73	0.73	0.69	0.72
a2	0.72	0.67	0.62	0.67
c1	0.68	0.65	0.65	0.66
c2	0.64	0.70	0.63	0.66
总平均值				0.68

（测点 c 位于古剧场厢房处）

(5) T_s/ms

测点	500Hz	1000Hz	2000Hz	平均值
a1	58.9	57.7	57.9	58.2
a2	38.3	35.7	45.0	39.7
c1	52.1	52.6	45.2	50.0
c2	49.3	49.1	52.1	50.2
总平均值				49.5

(测点 c 位于古剧场厢房处)

(6) C_{80}/dB

测点	500Hz	1000Hz	2000Hz	平均值
a1	4.95	5.85	4.81	5.20
a2	8.88	8.24	7.22	8.11
c1	6.67	5.63	7.18	6.49
c2	5.66	6.49	5.48	5.88
总平均值				6.42

(测点 c 位于古剧场厢房处)

(7) G/dB

测点	500Hz	1000Hz	2000Hz	平均值
a1	−10.28	−7.77	−9.52	−9.19
a2	2.05	3.83	−0.43	1.82
c1	−1.28	0.75	1.95	0.47
c2	−3.98	−0.27	1.42	−0.94
总平均值				−1.96

(测点 c 位于古剧场厢房处)

(8) *STI*

测点	a1	a2	c1	c2	平均值
STI	0.60	0.70	0.68	0.67	0.66

(测点 c 位于古剧场厢房处)

(9) *SPL*/dB

测点	125Hz	250Hz	500Hz	1000Hz	2000Hz	4000Hz	8000Hz	L	W
a1	54.7	72.6	70.8	71.7	78.1	75.5	67.6	84.3	81.6
a2	49.9	70.2	67.4	68.6	73.4	69.4	60.7	80.9	77.5
a3	44.9	66.9	65.1	66.3	69.9	66.1	57.5	77.7	74.4
b1	49.9	71.7	68.5	72.1	75.0	72.7	65.1	82.7	79.6
b2	48.3	72.0	66.0	69.4	72.1	70.2	63.8	82.0	77.6
b3	48.5	66.7	65.4	67.5	72.3	69.7	61.6	78.6	76.3
b4	45.3	65.1	65.4	65.3	70.7	67.4	58.2	77.0	74.6

续表

测点	125Hz	250Hz	500Hz	1000Hz	2000Hz	4000Hz	8000Hz	L	W
c1	45.7	62.0	65.3	70.6	70.8	66.8	59.2	76.6	75.5
c2	42.4	61.6	62.8	67.2	68.7	65.3	58.6	74.7	73.4
c3	41.7	62.5	62.9	66.0	68.8	65.5	57.5	74.9	73.0

（测点 c 位于古剧场厢房处）

A.22　林氏宗祠古剧场

剧场类型：庭院围合式传统剧场

建造地址：浙江省宁波市宁海县加爵科村

始建年代：清代

剧场照片：

实测数据：

（1）声学整体测量结果

	500Hz	1000Hz	2000Hz	平均值
EDT/s	0.62	0.59	0.53	0.58
T_{30}/s	0.63	0.64	0.61	0.63
G/dB	–2.02	1.05	1.24	0.09
STI				0.71（良）

（2）*EDT*/s

测点	500Hz	1000Hz	2000Hz	平均值
a1	0.50	0.42	0.39	0.44
a4	0.69	0.71	0.59	0.66
b1	0.60	0.50	0.43	0.51
b2	0.71	0.70	0.62	0.68
c2	0.59	0.62	0.61	0.61
总平均值				0.58

（测点 c 位于古剧场厢房处）

（3）T_{20}/s

测点	500Hz	1000Hz	2000Hz	平均值
a1	0.52	0.63	0.56	0.57
a4	0.68	0.67	0.64	0.66
b1	0.62	0.62	0.59	0.61
b2	0.63	0.67	0.64	0.65
c2	0.62	0.60	0.60	0.61
总平均值				0.62

（测点 c 位于古剧场厢房处）

（4）T_{30}/s

测点	500Hz	1000Hz	2000Hz	平均值
a1	0.59	0.61	0.58	0.59
a4	0.64	0.65	0.64	0.64
b1	0.64	0.65	0.60	0.63
b2	0.65	0.67	0.64	0.65
c2	0.62	0.63	0.61	0.62
总平均值				0.63

（测点 c 位于古剧场厢房处）

（5）T_s/ms

测点	500Hz	1000Hz	2000Hz	平均值
a1	33.3	37.5	31.6	34.1
a4	53.0	48.4	45.4	48.9

续表

测点	500Hz	1000Hz	2000Hz	平均值
b1	35.5	34.2	33.5	34.4
b2	49.1	51.3	44.7	48.4
c2	49.9	48.1	40.4	46.1
总平均值				42.4

（测点 c 位于古剧场厢房处）

（**6**）C_{80}/dB

测点	500Hz	1000Hz	2000Hz	平均值
a1	10.47	10.46	11.33	10.75
a4	6.25	6.11	7.59	6.65
b1	8.55	9.28	9.72	9.18
b2	5.80	5.86	7.02	6.23
c2	7.08	6.40	7.64	7.04
总平均值				7.97

（测点 c 位于古剧场厢房处）

（**7**）*G*/dB

测点	500Hz	1000Hz	2000Hz	平均值
a1	2.63	4.42	6.04	4.36
a4	−3.96	−1.21	−0.92	−2.03
b1	0.70	4.34	4.64	3.23
b2	0.80	2.65	1.32	1.59
c2	−10.28	−4.97	−4.86	−6.70
总平均值				0.09

（测点 c 位于古剧场厢房处）

（**8**）*STI*

测点	a1	a4	b1	b2	c2	平均值
STI	0.75	0.69	0.74	0.67	0.68	0.71

（测点 c 位于古剧场厢房处）

（**9**）*SPL*/dB

测点	125Hz	250Hz	500Hz	1000Hz	2000Hz	4000Hz	8000Hz	L	W
a1	56.2	72.6	73.7	76.2	77.6	77.5	70.5	85.3	83.0
a2	51.5	72.8	69.1	72.3	75.3	75.0	66.9	83.7	80.6
a3	48.6	68.3	68.5	70.6	72.1	70.7	62.6	80.1	77.3
a4	47.2	66.0	67.5	68.8	70.9	68.6	60.8	78.3	75.8
b1	51.5	70.6	68.8	71.1	75.9	73.2	65.9	82.3	79.7

续表

测点	125Hz	250Hz	500Hz	1000Hz	2000Hz	4000Hz	8000Hz	L	W
b2	52.8	71.6	69.7	70.1	74.2	73.7	64.4	82.6	79.3
b3	48.0	70.3	67.0	69.8	75.2	72.2	64.3	81.5	78.9
b4	47.9	67.2	66.3	67.8	71.6	71.2	63.2	79.0	76.5
c1	45.7	66.1	63.5	65.2	70.7	69.8	61.6	77.6	75.1
c2	47.3	63.3	65.4	66.3	74.7	68.6	60.7	77.7	76.9
c3	44.2	63.2	63.7	66.0	70.9	68.3	60.4	76.2	74.6
c4	44.2	62.0	60.1	63.8	69.7	65.7	59.5	74.5	72.6

（测点 c 位于古剧场厢房处）

A. 23　潘氏宗祠古剧场

剧场类型：庭院围合式传统剧场

建造地址：浙江省宁波市宁海县潘家岙村

始建年代：清代

剧场照片：

实测数据：

（1）声学整体测量结果

	500Hz	1000Hz	2000Hz	平均值
EDT/s	0.55	0.63	0.59	0.59
T_{30}/s	0.64	0.61	0.60	0.62
G/dB	0.16	2.58	2.14	1.63
STI				0.69（良）

（2）EDT/s

测点	500Hz	1000Hz	2000Hz	平均值
a1	0.34	0.48	0.46	0.43
a4	0.57	0.63	0.60	0.60
c2	0.73	0.79	0.70	0.74
总平均值				0.59

（3）T_{20}/s

测点	500Hz	1000Hz	2000Hz	平均值
a1	0.56	0.58	0.53	0.56
a4	0.66	0.63	0.63	0.64
c2	0.68	0.65	0.62	0.65
总平均值				0.62

（测点 c 位于古剧场厢房处）

（4）T_{30}/s

测点	500Hz	1000Hz	2000Hz	平均值
a1	0.60	0.60	0.55	0.58
a4	0.65	0.63	0.62	0.63
c2	0.66	0.61	0.62	0.63
总平均值				0.61

（测点 c 位于古剧场厢房处）

（**5**）T_s/ms

测点	500Hz	1000Hz	2000Hz	平均值
a1	33.7	35.6	32.4	33.9
a4	41.4	50.7	47.5	46.5
c2	58.3	48.5	48.7	51.8
总平均值				44.07

（测点 c 位于古剧场厢房处）

（**6**）C_{80}/dB

测点	500Hz	1000Hz	2000Hz	平均值
a1	11.54	10.32	10.49	10.78
a4	8.05	6.46	7.07	7.19
c2	5.48	5.91	6.18	5.86
总平均值				7.94

（测点 c 位于古剧场厢房处）

（**7**）G/dB

测点	500Hz	1000Hz	2000Hz	平均值
a1	4.07	5.20	6.25	5.17
a4	1.33	3.27	1.45	2.02
c2	−4.91	−0.74	−1.29	−2.31
总平均值				1.63

（测点 c 位于古剧场厢房处）

（**8**）*STI*

测点	a1	a4	c2	平均值
STI	0.75	0.68	0.63	0.69

（测点 c 位于古剧场厢房处）

（**9**）*SPL*/dB

测点	125Hz	250Hz	500Hz	1000Hz	2000Hz	4000Hz	8000Hz	L	W
a1	56.3	73.7	72.6	73.4	78.3	78.1	69.8	85.6	82.7
a2	55.5	72.1	71.6	72.8	75.2	73.5	65.9	83.6	80.1
a3	47.7	69.5	68.3	70.4	73.7	70.4	63.1	80.9	77.8
a4	47.8	66.6	66.5	69.9	72.3	68.0	60.3	78.7	76.2
b1	55.5	72.9	74.7	74.9	77.9	77.4	69.0	85.4	82.7
b2	52.1	74.4	72.3	72.0	76.3	73.9	66.3	85.0	80.9
b3	47.2	71.2	70.0	71.3	75.9	74.0	65.7	82.7	79.9
b4	47.9	68.5	67.6	69.3	72.5	69.9	62.0	79.9	76.7
b5	45.5	66.6	65.8	67.7	72.6	68.3	60.2	78.4	75.8
c1	46.9	69.2	64.7	69.8	76.7	74.8	66.1	81.5	79.8
c2	44.4	66.4	66.3	68.8	73.4	72.9	65.3	79.3	77.6
c3	46.4	66.1	64.9	69.2	73.4	69.9	64.4	78.7	76.7

（测点 c 位于古剧场厢房处）

附录B　现场调研照片资料

B.1　二仙庙古剧场

剧场类型：庭院围合式传统剧场
建造地址：山西省高平市北诗镇西李门村
始建年代：金代
剧场照片：

B.2 水草庙古剧场

剧场类型：庭院围合式传统剧场

建造地址：山西省晋城市阳城县凤城镇山头村

始建年代：元代

剧场照片：

山头村水草庙修复效果图

B.3 万寿宫古剧场

剧场类型：庭院围合式传统剧场

建造地址：山西省晋中市祁县王贤庄村

始建年代：明代

剧场照片：

B.4　关帝庙古剧场

剧场类型：庭院围合式传统剧场

建造地址：山西省河津市樊村

始建年代：明代

剧场照片：

B.5 城隍庙古剧场

剧场类型：庭院围合式传统剧场

建造地址：山西省长治市

始建年代：明代

剧场照片：

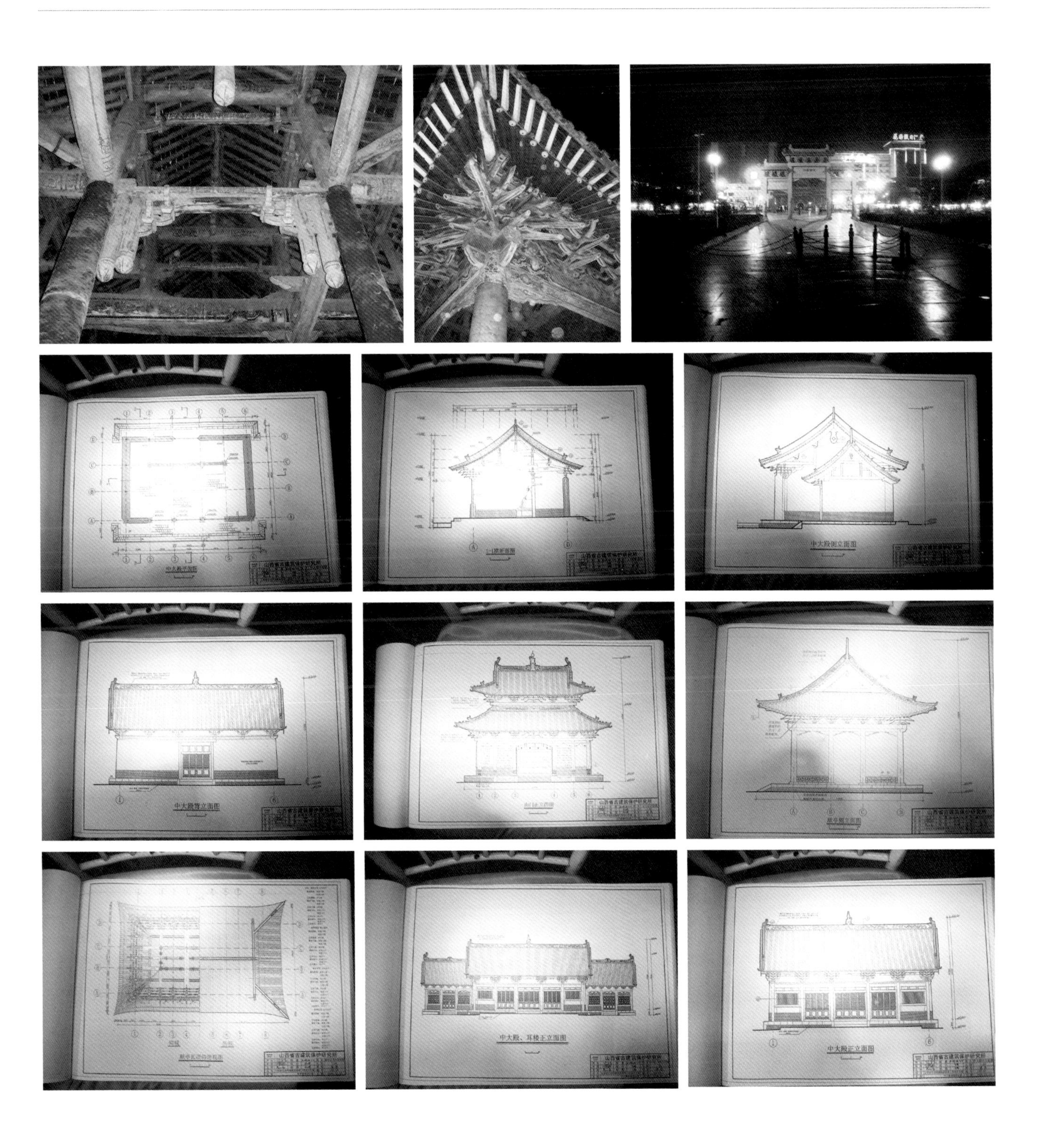

B.6　玉帝庙古剧场

剧场类型：庭院围合式传统剧场

建造地址：山西省晋城市

始建年代：明代

剧场照片：

晋城市重点文物保护单位
玉帝庙
晋城市人民政府
九九七年四月七日公布

B.7　高家堡村古剧场

剧场类型：露天广场式传统剧场

建造地址：山西省太原市清徐县高家堡村

始建年代：明代

剧场照片：

B.8 寨里村古剧场

剧场类型：露天广场式传统剧场

建造地址：山西省运城市泓芝驿镇寨里村

始建年代：清代

剧场照片：

B.9　魏氏宗祠古剧场

剧场类型：庭院围合式传统剧场
建造地址：浙江省宁波市宁海县下浦村
始建年代：清代
剧场照片：

B.10　湖广会馆古剧场

剧场类型：庭院围合式传统剧场
建造地址：重庆市
始建年代：明代
剧场照片：

B.11 故宫宁寿宫畅音阁古剧场

剧场类型：庭院围合式传统剧场

建造地址：北京市

始建年代：清代

剧场照片：

B.12　颐和园德和园古剧场

剧场类型：庭院围合式传统剧场
建造地址：北京市
始建年代：清代
剧场照片：

后 记

观今宜鉴古，无古不成今。传统与现代是一个相互联系、不可分割的整体。从建筑与声学的角度，撰写一部跨越我国古代、近代及现代戏曲剧场约 2800 年发展历史的专著，其过程不可不谓之艰辛。收笔之际，心中千言万语均化为了“感激”二字。

在此，由衷感谢重庆大学梁鼎森教授和英国伦敦大学康健院士分别在我攻读硕士与博士学位期间的悉心指导，两位恩师的言传身教和嘉惠奖掖，令我终身受益、没齿难忘!

同时，还特别感谢在调查、挖掘、梳理我国戏曲剧场历史发展相关资料及实测、研究和撰稿过程中，曾给予我慷慨相助的人士，他们分别是（按时间先后为序）：英国剑桥大学 Raf Orlowski 教授、同济大学王季卿教授、北京交通大学薛林平教授、华中科技大学徐桑教授、哈尔滨工业大学余磊教授、重庆大学谢辉教授、北京航空航天大学李阳教授、清华大学燕翔教授、英国伦敦南岸大学 Bridget Shield 教授、英国谢菲尔德大学高级讲师彭诚志博士、北京市建筑设计研究院声学工作室技术总工孟妍博士、德国 HEAD Acoustics 公司技术专家杨铭博士、中建科技未来城市人居环境研究院技术专家王波博士、中建股份有限公司斯里兰卡分公司副总经理贾瑞华、国家一级京剧演员龙春明、中国建筑工业出版社建筑与城乡规划图书中心主任陆新之及编辑张明等。他们的宝贵意见和多年支持，为本书的研究和撰写工作奠定了坚实基础。

最后，感谢我的家人，他们的关心、理解、体贴和鼓励给予了我莫大的动力。此外，由于实践经验的缺乏，拙著中疏漏与不足之处在所难免，恳请各位读者批评指正（作者邮箱：hejie_welcome@sina.com），谨此一并敬表谢忱!

何杰

2021 年 10 月于北京